疯狂Java学习路线图（第二版）

说明：

1. 没有背景色覆盖的区域稍有难度，请谨慎尝试。
2. 路线图上背景色与对应教材的封面颜色相同。
3. 已发现不少培训机构抄袭、修改该学习路线图，务请各培训机构保留对路线图的名称、引用说明。

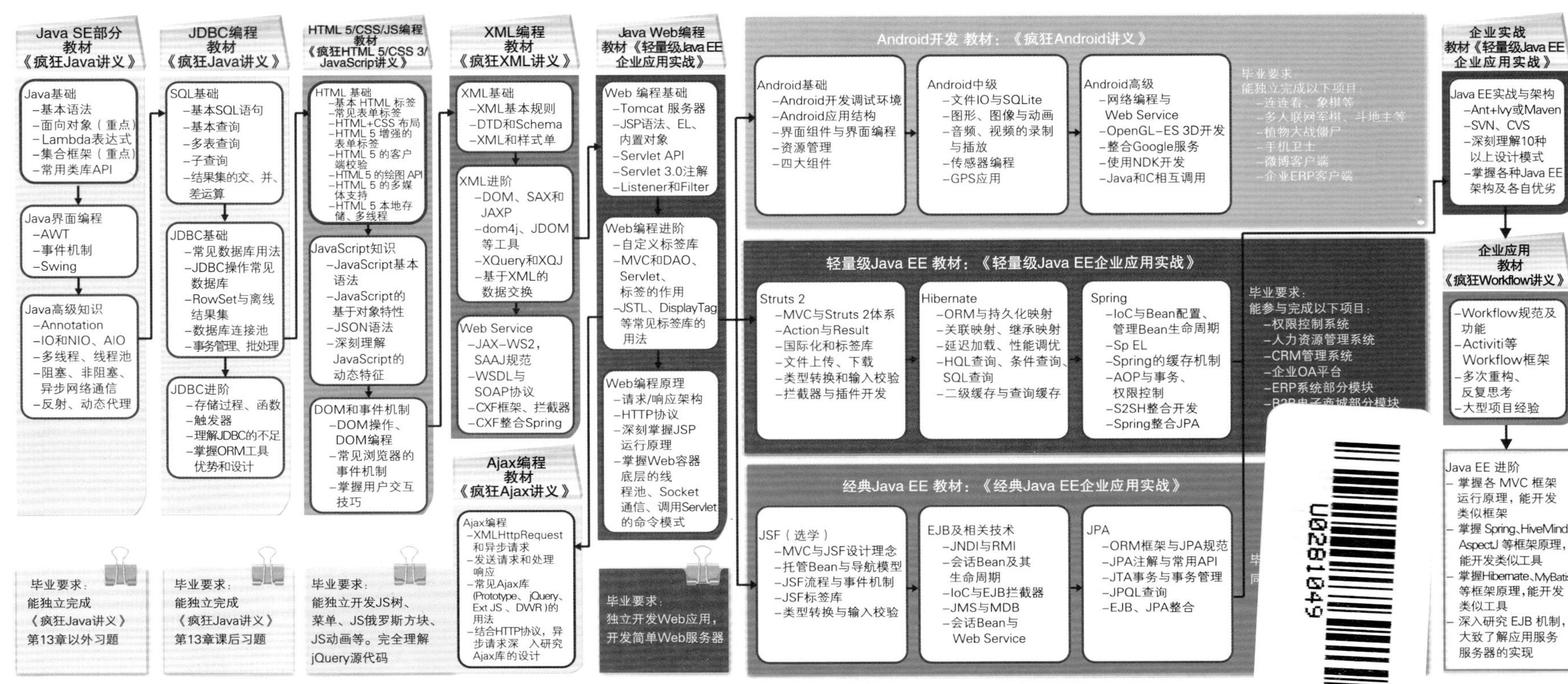

疯狂Java体系

疯狂源自梦想 技术成就辉煌

疯狂Java程序员的基本修养

作　　者：李刚
定　　价：59.00元
出版时间：2013-01
书　　号：978-7-121-19232-6

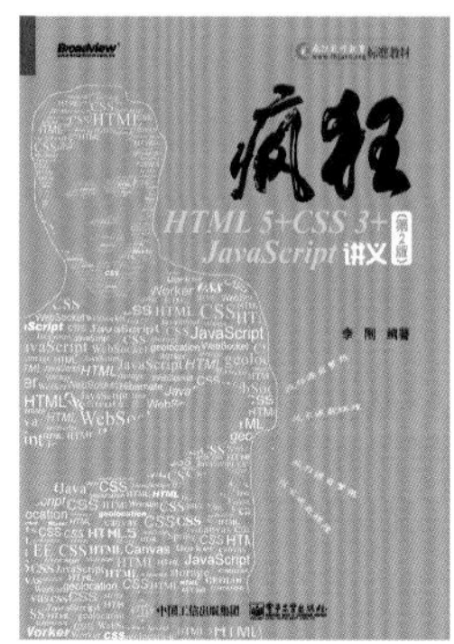

疯狂HTML 5＋CSS 3＋JavaScript 讲义（第2版）

作　　者：李刚
定　　价：89.00元
出版时间：2017-05
书　　号：978-7-121-31405-6

轻量级Java EE企业应用实战（第4版）——Struts 2＋Spring 4＋Hibernate整合开发

作　　者：李刚
定　　价：108.00元（含光盘1张）
出版时间：2014-10
书　　号：978-7-121-24253-3

经典Java EE企业应用实战——基于WebLogic/JBoss的JSF+EJB 3+JPA整合开发

作　　者：李刚
定　　价：79.00元（含光盘1张）
出版时间：2010-08
书　　号：978-7-121-11534-9

疯狂Java讲义（第3版）

作　　者：李刚
定　　价：109.00元（含光盘1张）
出版时间：2014-07
书　　号：978-7-121-23669-3

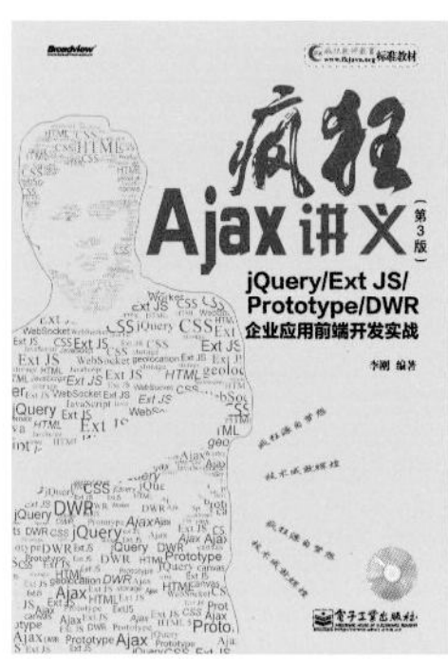

疯狂Ajax讲义（第3版）——jQuery/Ext JS/Prototype/DWR企业应用前端开发实战

作　　者：李刚
定　　价：79.00元(含光盘1张)
出版时间：2013-01
书　　号：978-7-121-19394-1

疯狂XML讲义（第2版）

作　　者：李刚
定　　价：69.00元（含光盘1张）
出版时间：2011-08
书　　号：978-7-121-14049-5

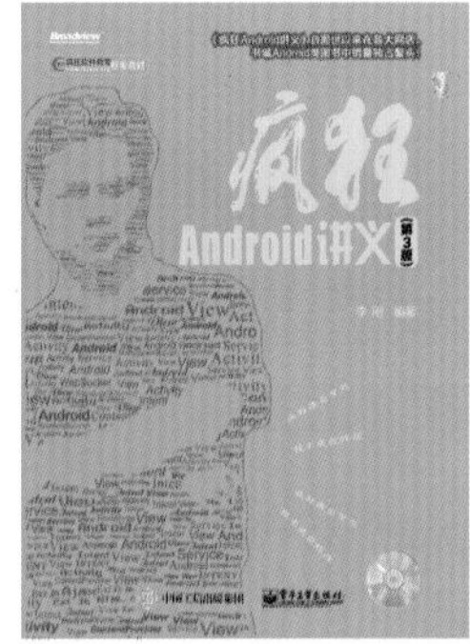

疯狂Android讲义（第3版）

作　　者：李刚
定　　价：108.00元（含光盘1张）
出版时间：2015-06
书　　号：978-7-121-25958-6

新浪微博：weibo.com/crazyjavabooks @疯狂Java体系图书

疯狂HTML 5+CSS 3+JavaScript讲义（第2版）

李 刚 编著

電子工業出版社
Publishing House of Electronics Industry
北京•BEIJING

内 容 简 介

W3C 于 2016 年 11 月 1 日正式发布了 HTML 5.1 规范，该规范已经得到广大浏览器厂商的支持，主流的最新版本的浏览器几乎都支持该规范。与此同时，前端开发的持续火爆，使得 HTML 5 成为目前的热门领域。

本书是一本全面介绍 HTML 5、CSS 3 和 JavaScript 前端开发技术的图书，系统地介绍了 HTML 5 常用的元素和属性、HTML 5 的表单元素和属性、HTML 5 的绘图支持、HTML 5 的多媒体支持、CSS 3 的功能和用法、最前沿的变形与动画功能等。除此之外，本书还系统地介绍了 JavaScript 编程知识，包括 JavaScript 基本语法、DOM 编程，以及 HTML 5 新增的本地存储、Indexed 数据库、离线应用、JavaScript 多线程、客户端通信支持、WebSocket 编程等。

本书的定位是一本前端开发的"实战性"图书，因此在介绍各知识点时并不是简单地停留在知识点层面阐述，而是结合了大量实例来让读者对照练习、学以致用。本书最后还提供了一个基于 HTML 5 技术的小游戏：疯狂俄罗斯方块。该游戏综合运用了 HTML 5 的绘图支持、客户端存储等技术，具有较高的参考价值。本书提供了配套的答疑网站，如果读者在阅读过程中遇到了技术问题，可以登录疯狂 Java 联盟（http://www.crazyit.org）发帖，笔者将会及时予以解答。

本书对 HTML 5、CSS 3、JavaScript 的介绍是"从零开始"的，因此阅读本书并不需要额外的基础。对于刚刚从事前端开发的新人，本书具有很好的学习价值；对于有一定工作经验的前端工程师，本书具有很高的参考价值。本书也可作为高校、培训机构的教材使用。

图书在版编目（CIP）数据

疯狂 HTML 5+CSS 3+JavaScript 讲义 / 李刚编著. —2 版. —北京：电子工业出版社，2017.5
ISBN 978-7-121-31405-6

Ⅰ. ①疯… Ⅱ. ①李… Ⅲ. ①超文本标记语言－程序设计②网页制作工具③JAVA 语言－程序设计 Ⅳ. ①TP312②TP393.092

中国版本图书馆 CIP 数据核字（2017）第 085025 号

策划编辑：张月萍
责任编辑：葛　娜
印　　刷：涿州市京南印刷厂
装　　订：涿州市京南印刷厂
出版发行：电子工业出版社
　　　　　北京市海淀区万寿路 173 信箱　　邮编：100036
开　　本：787×1092　1/16　印张：41.75　字数：1177 千字　彩插：1
版　　次：2012 年 5 月第 1 版
　　　　　2017 年 5 月第 2 版
印　　次：2023 年 1 月第 14 次印刷
印　　数：16001–16500 册　　定价：89.00 元

凡所购买电子工业出版社图书有缺损问题，请向购买书店调换。若书店售缺，请与本社发行部联系，联系及邮购电话：（010）88254888，88258888。
质量投诉请发邮件至 zlts@phei.com.cn，盗版侵权举报请发邮件至 dbqq@phei.com.cn。
本书咨询联系方式：010-51260888-819　faq@phei.com.cn。

前　言

W3C 于 2016 年 11 月 1 日正式发布了 HTML 5.1 规范，再次引起广大前端开发者对 HTML 5 的极大热情。而 Firefox、Opera、Chrome、Safari 等主流浏览器的最新版本都能很好地支持该规范，这对广大开发者来说也是很大的利好消息。

本书作为《疯狂 HTML 5/CSS 3/JavaScript 讲义》的第 2 版，针对目前最新的 HTML 5.1 规范，对全书内容进行了大量的更新和升级。全书内容包括如下升级：

（1）重写了 HTML 5 增强的<a.../>、<img.../>、<iframe.../>、<textarea.../>等重要元素。

（2）重写了主流浏览器更新支持的<details.../>、<summary.../>、<ruby.../>、<rtc.../>、<rb.../>、<rt.../>和<rp.../>等元素。

（3）重写了 HTML 5.1 重新定义的拖放规范。

（4）新增了 HTML 5 绘图 API 关于点线模式支持的内容。

（5）新增了多媒体支持的<track.../>元素来添加外挂字幕的内容。

（6）详细介绍了 CSS 3 新增的渐变背景支持。

（7）详细介绍了 CSS 3 最新定义的弹性盒布局，这是 CSS 3 关于布局的最大改进。

（8）新增了关于手机浏览器响应式布局的内容。

（9）新增了 CSS 3 关于 3D 变换支持的内容。

（10）以 ES 6 标准为基础，介绍了最新的 JavaScript 语法，包括 JavaScript 的箭头函数、闭包语句、Promise 的重要内容。

（11）深入补充了 JavaScript 伪继承的常用实现方式。

（12）新增介绍了 HTML 5 最新添加的电池访问 API、通知 API 等内容。

（13）重写了上一版中关于事件机制的相关内容。既针对最新 DOM 3 事件模型做了详细介绍，也兼顾了传统 IE 事件模型。并补充了目前热门的手机浏览器中触碰事件的处理机制。

（14）新增介绍了 HTML 5 新增的 Indexed 数据库 API。

（15）新增介绍了 HTML 5 规范新增的 ArrayBuffer、TypedArray、Blob 等二进制支持的相关内容。

（16）新增介绍了 HTML 5 中使用 SharedWorker 创建共享线程的内容。

（17）补充介绍了 WebSocket 发送二进制数据的相关知识。

（18）新增介绍了 HTML 5 新增的 Server-Sent Events API、Beacon 等单向网络通信的内容。

本书有什么特点

本书是一本介绍 HTML 5、CSS 3 和 JavaScript 开发技术的实用图书。全书可分为 4 个部分。

第 1 部分：全面介绍了 HTML 5 的全部标签，并且详细介绍了各标签所支持的属性，并为各 HTML 标签、属性都提供了配套的示例页面，这些内容不仅可以作为学习 HTML 5 的教程，也可以作为日常开发的参考手册。

第 2 部分：详细介绍了 CSS 3 的绝大部分常用选择器、属性，并为这些选择器、属性提供了示例，方便广大读者参考本书全面、系统地掌握 CSS 3 的功能和用法。这部分内容也可以作为前端开发者的参考手册。

第 3 部分：重点介绍了 JavaScript 编程的相关内容，包括 JavaScript 基础语法、JavaScript 函数、JavaScript 对象、DOM 编程、事件处理、本地存储、Indexed 数据库、离线应用、多线程、跨文档消息通信、网络通信编程等知识，这些内容既覆盖了初学者的编程基础，也覆盖了 HTML 5 所支持的新功能，非常适合作为前端开发者的学习教程。

第 4 部分：综合运用了 HTML 5 的绘图支持、客户端存储、CSS 样式、JavaScript 编程等内容，开发了一个网页版的“疯狂俄罗斯方块”。这个小游戏既可让读者巩固前面所掌握的各种知识，也可让读者将所学理论运用到实际开发中。

需要说明的是，本书只是一本介绍 HTML 5、CSS 3、JavaScript 实际开发的图书，而不是一本关于所谓“设计思想”的书，不要指望学习本书能提高你所谓的“设计思想”，所以奉劝那些希望提高思想的读者不要阅读本书。

本书所介绍的知识都很“浅显”，只要读者愿意坐下来、静心阅读本书，并把书中所有示例循序渐进地练习一遍，本书带给你的只是 9 个字：“看得懂、学得会、做得出”。本书并没有堆砌“深奥”的新名词、堆砌“高深”的思想，本书依然保持了“疯狂 Java 体系”的一贯风格：思路清晰，语言平实，操作步骤详细。

不管怎样，只要读者在阅读本书时遇到知识上的问题，都可以登录疯狂 Java 联盟（http://www.crazyit.org）与广大 Java 学习者交流，笔者也会通过该平台与大家一起交流、学习。

本书具有如下几个特点。

1．知识全面，覆盖面广

本书全面介绍了 HTML 5、CSS 3、JavaScript 的各种相关知识，包括 HTML 5 增强的表单标签、绘图支持、多媒体支持、CSS 选择器、CSS 盒模型属性、CSS 变形和动画相关属性、离线应用、客户端存储、JavaScript 多线程、跨文档消息传递、WebSocket 等内容。本书基本全面覆盖了 W3C 官网上已发布的 HTML 5.1 新规范。

2．内容实际，实用性强

本书并不局限于枯燥的理论介绍，而是采用了“项目驱动”的方式来讲授知识点。无论是讲解 HTML 5 标签还是 CSS 3 选择器、属性的功能，几乎每个知识点都可找到对应的参考示例。本书最后还提供了“疯狂俄罗斯方块”案例，实用性很强。

3．讲解详细，上手容易

本书保持了“疯狂 Java 体系”的一贯风格：思路清晰，语言平实，操作步骤详细。只要认真阅读本书，把书中所有示例循序渐进地练习一遍，并把本书最后一个案例独立完成，读者就可达到企业前端开发的要求。

本书写给谁看

本书是一本“从零学习”的 HTML 5、CSS 3、JavaScript 专业图书，阅读本书并不需要额外

的基础。对于刚刚从事前端开发的新人，本书具有很好的学习价值；对于有一定工作经验的前端工程师，本书具有很高的参考价值。本书也可作为高校、培训机构的教材使用。由于本书是一本专业级的前端开发技术图书，对于那些只想简单了解 HTML、CSS 的业余人士，不推荐选择本书。

2017-3-10

轻松注册成为博文视点社区用户（www.broadview.com.cn），扫码直达本书页面。

- **下载资源**：本书所提供的示例代码及资源文件均可在【下载资源】处下载。
- **提交勘误**：您对书中内容的修改意见可在【提交勘误】处提交，若被采纳，将获赠博文视点社区积分（在您购买电子书时，积分可用来抵扣相应金额）。
- **与作者交流**：在页面下方【读者评论】处留下您的疑问或观点，与作者和其他读者一同学习交流。

页面入口：http://www.broadview.com.cn/31405

目录 CONTENTS

CHAPTER

1

第 1 章 HTML 5 简介

本章要点

- HTML 的发展历史
- HTML 4.01 规范与 XHTML 规范
- HTML 与 DTD 语义约束
- HTML 5 出现的缘由
- HTML 5 的强大功能
- HTML 5 更明确的语义支持
- HTML 5 基本结构的变化
- HTML 5 的语法变化

2014 年 10 月 28 日，HTML 5 规范正式发布，标志着 HTML 5 的时代已经真正到来；2016 年 11 月 1 日，W3C 再次发布了 HTML 5.1 规范，并已开始着手制定 HTML 5.2 规范。

提示：

HTML 5 规范的网址：https://www.w3.org/TR/2014/REC-html5-20141028/；HTML 5.1 规范的网址：https://www.w3.org/TR/2016/REC-html51-20161101/。

实际上，各大浏览器厂商早已迫不及待地支持了 HTML 5 功能。Edge（Internet Explorer）、Firefox、Opera、Chrome、Safari 各种主流浏览器都已经开始支持 HTML 5 功能。

HTML 5 时代的到来，对所有前端开发人员来说是一种福音，HTML 5 致力解决跨浏览器问题，可以部分取代原来的 JavaScript；HTML 5 致力把浏览器变成一个前端程序执行环境，而不是简单的视图呈现工具。借助于 HTML 5，前端开发人员可以花费更少的时间，开发出功能更加强大的人机界面。

1.1 HTML 历史与 HTML 5

HTML 的全称是 Hyper Text Markup Language（超文本标记语言），它是互联网上应用最广泛的标记语言。不要把 HTML 语言和 Java、C 等编程语言混淆起来（把 HTML 想得很复杂），HTML 只是一种标记语言，简单地说，HTML 文件就是普通文本+HTML 标记（很多地方也称为 HTML 标签），而不同的 HTML 标记能表示不同的效果。

HTML 的发展历史“比较复杂”，因为它实在太“随意”了，而负责解析 HTML 的浏览器又太“宽容”了，以至于到了“写一份对的 HTML 文档很容易，写一份错的 HTML 文档很难”的程度。而且不同浏览器之间又存在一些差异，因此导致 HTML 给人的感觉比较混乱。

1.1.1 HTML 发展历史

从 HTML 面世开始，它就显得“很不正规”：1991 年年底推出 HTML，但最早的 HTML 并没有任何严格的定义。直到 1993 年，IETF（Internet Engineering Task Force，互联网工程工作小组）才开始发布 HTML 规范的草案。在 HTML 语言的发展历史中，大致经历了如下发展历史：

- **HTML（第 1 版）**：1993 年 6 月由互联网工程工作小组发布的 HTML 工作草案。
- **HTML 2.0**：1995 年 11 月作为 RFC 1866 发布。
- **HTML 3.2**：1996 年 1 月 14 日由 W3C 组织发布，是 HTML 文档第一个被广泛使用的标准。
- **HTML 4.0**：1997 年 12 月 18 日由 W3C 组织发布，也是 W3C 推荐标准。
- **HTML 4.01**：1999 年 12 月 24 日由 W3C 组织发布，是 HTML 文档另一个重要的、广泛使用的标准。
- **XHTML 1.0**：发布于 2000 年 1 月 26 日，是 W3C 组织推荐标准，后来经过修订于 2002 年 8 月 1 日重新发布。

在 HTML 3.2 之前，HTML 的发展极为混乱，各软件厂商经常自行增加 HTML 标记，而各浏览器厂商为了保持最好的兼容性，总是尽力支持各种 HTML 标记。在 HTML 发展历史中，最广为人知的是 HTML 3.2 和 HTML 4.01。

在早期的 HTML 发展历史中，由于 HTML 从未执行严格的规范，而且各浏览器对各种错误的 HTML 极为宽容，这就导致了 HTML 显得极为混乱。例如有如下页面。

程序清单：codes\01\1.1\qs.html

```
<ol>
    <li>疯狂 Java 讲义
    <li>轻量级 Java EE 企业应用实战
    <li>疯狂 Android 讲义
</ol>
```

对于上面的 HTML 页面代码，它并不是一份完全规范的 HTML 页面，但随便使用任何浏览器来浏览它，基本上都可以看到一个“有序列表”的效果，如图 1.1 所示。

图 1.1 使用浏览器查看 HTML 文档

从图 1.1 可以看出，<ol>、<li>等 HTML 标记在浏览器中就可以呈现出特定效果——这就是 HTML 文档的作用：通过在文本文件中嵌入 HTML 标记，这些标记告诉浏览器如何显示页面，从而使 HTML 文件呈现出更丰富的表现效果。

提示： 当修改了 HTML 文档内容后，浏览器并不会自动更新该文档的显示，用户必须用浏览器重新打开该文档，或者单击浏览器的“刷新”按钮来重新加载该文档，这样浏览器才会显示 HTML 文档的最新改变。

1.1.2 HTML 4.01 和 XHTML

XHTML 的全称是（eXtensible Hyper Text Markup Language，扩展的超文本标记语言），XHTML 和 HTML 4.01 具有很好的兼容性，而且 XHTML 是更严格、更纯净的 HTML 代码。前面已经讲过了，由于 HTML 已经发展到一种极度混乱的程度，所以 W3C 组织制订了 XHTML，它的目标是逐步取代原有的 HTML。简单地说，XHTML 就是最新版本的 HTML 规范。

习惯上认为 HTML 也是一种结构化文档，但实际上 HTML 的语法非常自由、宽容（主要是各浏览器纵容的结果），所以才有如下 HTML 代码。

程序清单：codes\01\1.1\bad.html

```
<html>
<head>
<title>混乱的 HTML 文档</title>
<body>
<h1>混乱的 HTML 文档
```

上面代码中 4 个粗体字标签都没有正确结束，这显然违背了结构化文档的规则，但使用浏览器来浏览这份文档时，依然可以看到浏览效果——这就是 HTML 不规范的地方。而 XHTML 致力于消除这种不规范，XHTML 要求 HTML 文档首先必须是一份 XML 文档。

XML 文档是一种结构化文档，它有如下 4 条基本规则：

- 整个文档有且仅有一个根元素。
- 每个元素都由开始标签和结束标签组成（例如<a>和</a>就是开始标签和结束标签），除非使用空元素语法（例如
就是空元素语法）。

➢ 元素与元素之间应该合理嵌套。例如<div><span>疯狂 Java 讲义</span></div>，可以很明确地看出<span.../>元素是<div.../>元素的子元素，这就是合理嵌套；但<div><span>疯狂 Java 讲义</div></span>这种写法就比较混乱，也就是所谓的不合理嵌套。

➢ 元素的属性必须有属性值，而且属性值应该用引号（单引号和双引号都可以）引起来。

通常，计算机里的浏览器可以对付各种不规范的 HTML 文档，但现在很多浏览器运行在手机、平板等手持设备上，它们就没有能力来处理那些糟糕的标记语言。

为此，W3C 建议使用 XML 规范来约束 HTML 文档，将 HTML 和 XML 的长处加以结合，从而得到现在和未来都能使用的标记语言：XHTML。

XHTML 可以被所有的支持 XML 的设备读取，在其余的浏览器升级至支持 XML 之前，XHTML 强制 HTML 文档具有更加良好的结构，保证这些文档可以被所有的浏览器解释。

1.1.3 HTML 和 XHTML 的文档类型定义（DTD）

表面上看，HTML 和 XHTML 显得杂乱无章，但实际上 W3C（World Wide Web Consortium，万维网联盟，制订 Web 标准的权威组织）为 HTML 和 XHTML 制订了严格的语义约束。W3C 组织使用 DTD（Document Type Definition，文档类型定义）来定义 HTML 和 XHTML 的语义约束，包括 HTML 文档中可以出现哪些元素，各元素支持哪些属性等。

打开 HTML 4.01 的 DTD 文档（网址：http://www.w3.org/TR/html401/loose.dtd），在该文档中可以看到如下片段：

```
<!ELEMENT BODY O O (%flow;)* +(INS|DEL) -- document body -->
<!ATTLIST BODY
  %attrs;                                  -- %coreattrs, %i18n, %events --
  onload          %Script;   #IMPLIED      -- the document has been loaded --
  onunload        %Script;   #IMPLIED      -- the document has been removed --
  background      %URI;      #IMPLIED      -- texture tile for document
                                              background --
  %bodycolors;                             -- bgcolor, text, link, vlink, alink --
  >
```

上面的 DTD 片段定义了 BODY（全部大写）元素可以支持%attrs 指定的各种通用属性；除此之外，BODY 元素还可以指定 onload、onunload、background、bgcolor、text、link、vlink、alink 这些属性。

对 HTML 有一定熟悉的人可能经常看到 BODY 标签（也叫 BODY 标记）的说法，在 HTML 语言中，经常会发生把元素称为标签的情况。但实际上按标准说法，应该称为 BODY 元素。比如上面的 DTD 片段使用了 ELEMENT 来定义 BODY 元素。

BODY 元素能接受的子元素则由%flow 来决定，它是一个参数实体引用，这个参数实体的定义如下：

```
<!ENTITY %flow "%block; | %inline;">
```

其中%block 也是一个参数实体引用，它代表换行的“块模型”的 HTML 元素，它的定义如下：

```
<!ENTITY %block
    "P | %heading; | %list; | %preformatted; | DL | DIV | CENTER |
     NOSCRIPT | NOFRAMES | BLOCKQUOTE | FORM | ISINDEX | HR |
     TABLE | FIELDSET | ADDRESS">
```

其中%inline 也是一个参数实体引用，它代表不换行的“行内”HTML 元素，它的定义如下：

```
<!ENTITY % inline "#PCDATA | %fontstyle; | %phrase; | %special; | %formctrl;">
```

再打开 XHTML 1.0 的 DTD 文档（网址：http://www.w3.org/TR/xhtml1/DTD/xhtml1-transitional.dtd），在该文档中可以看到如下片段：

```
<!ELEMENT body %Flow;>
<!ATTLIST body
  %attrs;
  onload      %Script;      #IMPLIED
  onunload    %Script;      #IMPLIED
  background  %URI;         #IMPLIED
  bgcolor     %Color;       #IMPLIED
  text        %Color;       #IMPLIED
  link        %Color;       #IMPLIED
  vlink       %Color;       #IMPLIED
  alink       %Color;       #IMPLIED
  >
```

上面的 DTD 片段同样详细定义了 body 元素可包含哪些子元素，body 元素除了支持%attrs 指定的各种通用属性外，body 元素还可以指定 onload、onunload、background、bgcolor、text、link、vlink、alink 这些属性。body 元素可包含的子元素由%Flow 参数实体引用定义，该参数实体的定义如下：

```
<!ENTITY %Flow "(#PCDATA | %block; | form | %inline; | %misc;)*">
```

通过上面的对比不难发现，HTML 4.01 与 XHTML 基本相似，只是 HTML 4.01 允许元素使用大写字母，而 XHTML 则要求所有元素、属性都必须是小写字母。

无论是 HTML 4.01 还是 XHTML，它们都有 DTD 作为语义约束。也就是说，它们都有严格的规范标准，但实际上很少有 HTML 页面完全遵守 HTML 4.01 或 XHTML 规范。在这样的背景下，WHATWG（Web Hypertext Application Technology Working Group，Web 超文本应用技术工作组）制订了一个新的 HTML 标准，即 HTML 5。

1.1.4 从 XHTML 到 HTML 5

虽然 W3C 努力为 HTML 制订规范，但由于绝大部分编写 HTML 页面的人并没有受过专业训练，他们对 HTML 规范、XHTML 规范也不甚了解，所以他们制作的 HTML 网页绝大部分都没有遵守 HTML 规范。大量调查表明，即使在一些比较正规的网站中，也很少有网站能通过验证。例如 2008 年，一项关于 Alexa 全球 500 强网站的调查表明，仅有 6.57%的网站能通过 HTML 规范验证。如果把那些名不见经传的小网站考虑在内，整个互联网上就几乎都是不符合规范的 HTML 页面。

虽然互联网上绝大部分 HTML 页面都是不符合规范的，但各种浏览器却可以正常解析、显示这些页面，在这样的局面下，HTML 页面的制作者甚至感觉不到遵守 HTML 规范的意义。于是出现了一种非常尴尬的局面：一方面，W3C 组织“声嘶力竭”地呼吁大家应该制作遵守规范的 HTML 页面；另一方面，HTML 页面制作者却根本不太理会这种呼吁。

现有的 HTML 页面大量存在如下 4 种不符合规范的内容：

- 元素的标签名大小写混杂的情况。比如<p>HTML</P>，这个<p.../>元素的开始标签和结束标签采用了大小写不匹配的字符。
- 元素没有合理结束的情况。比如只有<p>标签，没有</p>结束标签。
- 元素中使用了属性，但没有指定属性值的情况。比如<input type="text" disabled>。
- 为元素的属性指定属性值时没有使用引号的情况。比如<input type=text>。

可能是出于“存在即合理”的考虑，WHATWG 组织开始制订一种“妥协式”的规范：HTML 5。既然互联网上大量存在上面 4 种不符合规范的内容，而且制作者从来也不打算改进这些页面，因此 HTML 5 干脆承认它们是符合规范的。换句话说，HTML 5 是规范制订者对现实的妥协。

由于 HTML 5 规范十分宽松，因此 HTML 5 甚至不再提供文档类型定义（DTD）。到 2008 年，WHATWG 的努力终于被 W3C 认可，W3C 开始着手制订 HTML 5 草案，并于 2014 年 10 月 28 日发布了 HTML 5 规范。

1.2　HTML 5 的优势

从 HTML 4.01、XHTML 到 HTML 5，并不是一种革命性的升级，而是一种规范向习惯的妥协，因此 HTML 5 并不会带给开发者过多的冲击，开发者会发现从 HTML 4.01 过渡到 HTML 5 非常轻松。但另一方面，HTML 5 也增加了很多非常实用的新功能，这些新功能将吸引开发者投入 HTML 5 的怀抱。

1.2.1　解决跨浏览器问题

对于有过实际开发经验的前端程序员来说，跨浏览器问题绝对是一个永恒的“噩梦”：明明在一个浏览器中可以正常运行的 HTML+CSS+JavaScript 页面，但换一个浏览器之后，可能会出现很多问题，比如页面布局混乱、JavaScript 运行出错……因此很多前端程序员在开发 HTML+CSS+JavaScript 页面时，往往会先判断对方浏览器，然后根据对方浏览器编写不同的页面代码。

HTML 5 的出现可能会改变这种局面，目前各种主流浏览器如 Edge（Internet Explorer）、Chrome、Firefox、Opera、Safari 都表现出对 HTML 5 的极大热情。

无论是 Internet Explorer 等早期主流的浏览器，还是之前不那么流行的浏览器（如 Firefox、Opera 等），由于它们在浏览器市场上的竞争白热化，因此尽快全面地支持 HTML 5 规范成为它们快速抢占市场的“杀手锏”。微软为了更好地跟上时代，甚至重新开发了一个新浏览器 Edge，用于取代原有的 Internet Explorer。

在 HTML 5 以前，各浏览器对 HTML、JavaScript 的支持很不统一，这样就造成了同一个页面在不同浏览器中的表现不同。HTML 5 的目标是详细分析各浏览器所具有的功能，并以此为基础制订一个通用规范，并要求各浏览器能支持这个通用标准。

就目前的形势来看，各浏览器厂商对 HTML 5 都抱着极大的热情，尤其是微软前期因为对 HTML 5 的支持不够积极，导致 Internet Explorer 市场份额下滑的事实，更成为各浏览器厂商的前车之鉴。如果各浏览器都能统一地遵守 HTML 5 规范，以后前端程序员开发 HTML+CSS+ JavaScript 页面时将会变得更加轻松。

1.2.2　部分代替了原来的 JavaScript

HTML 5 增加了一些非常实用的功能，这些功能可以部分代替 JavaScript，而这些功能只要通过为标签增加一些属性即可。

例如，打开一个页面后立即让某个单行文本框获得输入焦点，在 HTML 5 以前，可能需要通过 JavaScript 来实现。看如下页面片段。

程序清单：codes\01\1.2\focus.html

```
<body>
图书：<input type="text" name="book" id="name"/><br/>
价格：<input type="text" name="price" id="price"/>
```

```
<script type="text/javascript">
  document.getElementById("price").focus();
</script>
</body>
```

上面的页面片段通过 JavaScript 代码来完成整个功能，但在 HTML 5 中则只需要设置一个属性即可。如果使用 HTML 5，则可以把上面的页面片段改为如下形式。

程序清单：codes\01\1.2\autofocus.html

```
<body>
图书：<input type=text name=book/><br/>
价格：<input type=text autofocus name=price/>
</body>
```

把两个页面片段放在一起进行对比，不难发现使用 HTML 5 之后简洁多了。在浏览器中浏览该页面即可看到如图 1.2 所示的效果。

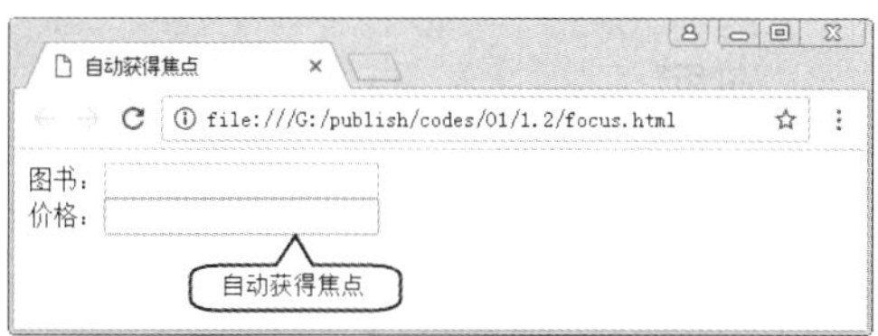

图 1.2　自动获得焦点

除了这里示范的 autofocus 可用于自动获得焦点之外，HTML 5 还支持其他一些属性，比如一些输入校验的属性，以前都必须通过 JavaScript 来完成，但现在都只要一个 HTML 5 属性即可。

1.2.3　更明确的语义支持

在 HTML 5 以前，如果要表达一个文档结构，可能只能通过<div.../>元素来实现。例如定义如下页面结构：

```
<div id="header">...</div>
<div id="nav">...</div>
<div id="article">
<div id="section">
...
</div>
</div>
<div id="aside">...</div>
<div id="footer">...</div>
```

在上面的页面结构中，所有的页面元素都采用<div.../>元素来实现，不同<div.../>元素的 id 不同，不同 id 的<div.../>元素代表不同含义，但这种采用<div.../>布局的方式导致缺乏明确的语义——因为所有内容都是<div.../>元素。

HTML 5 则为上面的页面布局提供了更明确的语义元素，此时可以将上面的页面片段改为如下形式：

```
<header>...</header>
<nav>...</nav >
<article>
<section>
...
</section>
</article>
<aside>...</aside>
<footer>...</footer>
```

上面的页面片段就可以提供更清晰的语义了，而不是通过语义不清的<div.../>元素来完成布局。

除此之外，以前的HTML可能会通过<em.../>元素来表示“被强调”的内容，但到底是哪一种强调，HTML却无法表达；HTML 5则提供了更多支持语义的强调元素，例如：

```
<time>2012-12-12</time>
<mark>被标记的文本</mark>
```

上面的第一个<time.../>元素用于强调被标记的内容是日期或时间，而<mark.../>元素则用于强调被标记的文本。HTML 5新增的这两个元素比<em.../>元素提供了更丰富的语义。

1.2.4 增强了Web应用程序的功能

一直以来，HTML页面的功能被死死地限制着：客户端从服务器下载HTML页面数据，浏览器负责呈现这些HTML页面数据。出于对客户机安全性的考虑，以前的HTML在安全性方面确实做得足够安全。

当HTML页面做得太安全之后，开发就需要通过JavaScript等其他方式来增加HTML的功能。换句话来说，HTML对Web程序而言功能太单薄了，比如上传文件时想同时选择多个文件都不行（前端开发者不得不通过Flash、JavaScript等各种技术来克服这个困难），为了弥补这种不足，HTML 5规范增加了不少新的API，如HTML 5新增的本地存储API、文件访问API、通信API等极大地增强了Web应用程序的功能，而各种浏览器正在努力实现这些API功能，在未来的日子里，使用HTML 5开发Web应用将会更加轻松。

1.3 HTML 5的基本结构和语法变化

首先要明确一点，HTML 5并不是对HTML 4、XHTML的革命，也就是说，原来按HTML 4开发的HTML网页同样可用；如果开发者受过严格训练，喜欢XHTML那种严格、规范的语法，同样可以按XHTML的严格要求来开发HTML 5。

HTML 5完全遵守以下3点规则。

- **兼容性**：HTML 5在老版本的浏览器上也可以正常运行。
- **实用性**：HTML 5内部并没有特别复杂的功能，它只封装了那些常用的简单功能。
- **非革命性的发展**：HTML 5并不是革命性的发展，它只是一种“妥协式”的规范。

1.3.1 HTML 5的基本结构

如果读者已有HTML 4、XHTML的基础，应该记得XHTML文档中必须具有DOCTYPE声明，它位于HTML文档的第一行，代码如下：

```
<!DOCTYPE html PUBLIC "-//W3C//DTD XHTML 1.0 Transitional//EN"
"http://www.w3.org/TR/xhtml1/DTD/xhtml1-transitional.dtd">
```

而HTML 5则非常简单，只要把XHTML中的DTD声明改为如下形式即可。

```
<!DOCTYPE html>
```

上面的DTD定义并不符合XML文档的DTD语法——这也正好符合HTML 5的设计哲学：HTML 5并不是“规范优先”的设计，HTML 5是“妥协式”的规范，它照顾了互联网上大量不规范的HTML页面。因此HTML 5并不需要严格意义上的DTD。

HTML 5对元素大小写不再严格区分，开发者可以随意使用大小写字符来定义HTML元素。

对于一份基本的 HTML 5 文档而言，它总有如下结构：

```
<!DOCTYPE html>
<html>
<head>
<title>页面标题</tile>
<meta http-equiv="Content-Type" content="text/html; charset=utf-8" />
<!-- 此处还可插入其他 meta、样式单等信息 -->
</head>
<body>
页面内容部分
</body>
</html>
```

从上面代码中可以看出，HTML 5 文档的根元素依然是<html.../>，这是固定不变的内容。在<html.../>元素里包含<head.../>和<body.../>两个子元素。<head.../>元素主要定义 HTML 5 文档的页面头，其中<title.../>元素用于定义页面标题，除此之外，还可以在<head.../>元素中定义 meta、样式单等信息；<body.../>元素用于定义页面主体，包括页面的文本内容和绝大部分标签。

当然，在使用工具时，也可以在 DOCTYPE 声明中加入 SYSTEM 声明，声明方法如下：

```
<!DOCTYPE html SYSTEM "about:legacy-compat">
```

HTML 5 支持两种方式来指定页面的字符集。

使用 Content-Type 指定页面所用的字符集。例如以下代码：

```
<meta http-equiv="Content-Type" content="text/html; charset=utf-8" />
```

直接使用 charset 指定页面所用的字符集。例如以下代码：

```
<meta charset="utf-8" />
```

需要指出的是，从 HTML 5 开始，HTML 文档推荐使用 UTF-8 字符集。

不要在<html>和<head>之间插入任何内容！不要在</head>和<body>之间插入任何内容！不要在</body>和</html>之间插入任何内容！

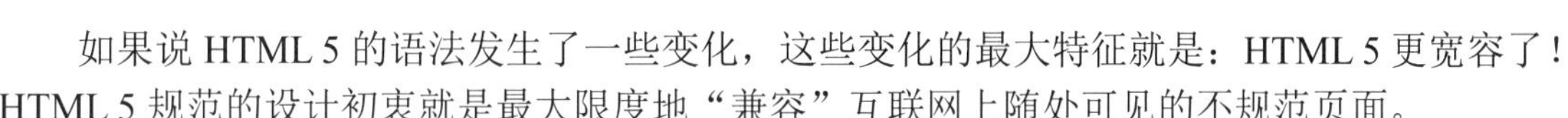

如果说 HTML 5 的语法发生了一些变化，这些变化的最大特征就是：HTML 5 更宽容了！HTML 5 规范的设计初衷就是最大限度地“兼容”互联网上随处可见的不规范页面。

归纳起来，HTML 5 存在如下几点语法变化。

1.3.2 标签不再区分大小写

例如，有如下 HTML 5 页面。

程序清单：codes\01\1.3\noCase.html

```
<!DOCTYPE html>
<html>
<head>
    <title> new document </title>
    <meta http-equiv="Content-Type" content="text/html; charset=utf-8" />
</head>
<body>
    <p>疯狂 Java 讲义</P>
</body>
</html>
```

上面页面中<p.../>元素的开始标签和结束标签的大小写并不匹配，但这完全符合 HTML 5 规范。

为了验证一个 HTML 页面是否符合规范，W3C 提供了一个在线验证页面，页面地址是 http://validator.w3.org/，如果把这个页面上传到该页面进行验证，可以看到如图 1.3 所示的验证结果。

图 1.3　在线验证 HTML 页面

1.3.3　元素可以省略结束标签

HTML 5 显得十分宽容，它允许部分 HTML 元素省略结束标签，甚至允许 HTML 元素同时省略开始标签和结束标签。具体来说，HTML 5 中的省略标签可分为如下 3 种情况。

1. 空元素语法的元素

空元素语法的元素有 area、base、br、col、command、embed、hr、img、input、keygen、link、mata、param、source、wbr。

这些空元素标签不允许将开始标签和结束标签分开定义。例如，<img.../>元素不允许写成如下形式：

```
<img src="a.gif" alt="a"></img>
```

<img.../>元素应该是空元素，因此它可以写成如下形式：

```
<img src="a.gif" alt="a"/>
```

与此同时，HTML 5 并不要求遵守 XML 规范，因此<img.../>元素写成如下形式也是正确的：

```
<img src="a.gif" alt="a">
```

2. 可以省略结束标签的元素

可以省略结束标签的元素有 colgroup、dt、dd、li、optgroup、option、p、rt、rp、thead、tbody、tfoot、tr、td、th。

这种语法纯属向以前那些不规范的 HTML 页面妥协，例如如下写法：

```
<p>疯狂 Java 讲义
```

上面代码中<p.../>元素只有开始标签，没有结束标签。这在以前是不符合规范的，但在 HTML 5 中就是符合规范的。

3. 可以省略全部标签的元素

可以省略全部标签的元素有 html、head、body、colgroup、tbody。

例如，给出如下 HTML 页面。

程序清单：codes\01\1.3\missTag.html

```
<!DOCTYPE html>
<title>test</title>
<p>
<ol>
<li>aaaa
<li>bbbb
<li>ccccc
<img src="a.gif" alt="a"/>
</ol>
```

上面页面中完全没有<html.../>、<head.../>和<body.../>这三个元素，且<p.../>、<li.../>元素都只有开始标签，没有结束标签，但这个页面是符合 HTML 5 规范的。

1.3.4 支持 boolean 值的属性

XHTML 要求所有元素的所有属性名都应该小写，所有属性都必须指定属性值，不能简写；而且所有属性值必须使用引号引起来。

HTML 5 再次回归“松散”的语法，允许部分“标志性”的属性可以省略属性值。例如，如下写法完全符合 HTML 5 的规范。

```
<input checked type="checkbox"/>
<input readonly type="text"/>
<input disabled type="text"/>
<option value="1" selected/>
```

这些属性都是支持 boolean 值的属性，因此上面 4 行代码等同于如下 4 行：

```
<input checked="true" type="checkbox"/>
<input readonly="true" type="text"/>
<input disabled="true" type="text"/>
<option value="1" selected="true">a</option>
```

当然，如果开发者习惯了 XHTML 严格的语法，HTML 5 同样也支持那种严格的语法。也就是说，下面写法也是有效的。

```
<input checked="checked" type="checkbox"/>
<input readonly="readonly" type="text"/>
<input disabled="disabled" type="text"/>
<option value="1" selected="selected">a</option>
```

HTML 5 规范还允许这些支持 boolean 值的属性使用空值，空值也代表 true。上面代码可写成如下形式：

```
<input checked="" type="checkbox"/>
<input readonly="" type="text"/>
<input disabled="" type="text"/>
<option value="1" selected="">a</option>
```

如果完全省略这些属性（连属性名都不出现），那么该属性的属性值相当于 false。

表 1.1 列出了 HTML 5 中允许省略属性值的属性。

表 1.1　HTML 5 中允许省略属性值的属性

HTML 5	XHTML
checked	checked="checked"
readonly	readonly="readonly"
disabled	disabled="disabled"
selected	selected="selected"
defer	defer="defer"
ismap	ismap="ismap"
nohref	nohref="nohref"
noshade	noshade="noshade"
nowrap	nowrap="nowrap"
multiple	multiple="multiple"
noresize	noresize="noresize"

1.3.5　允许属性值不使用引号

传统的 XHTML 按 XML 规范对属性值进行要求，要求所有的属性值都必须用引号引起来，但 HTML 5 允许直接给出属性值，即使不放在引号中也是正确的。

例如，下面页面中各属性的属性值都没有放在引号中，而是直接为属性设置了属性值。

程序代码：codes\01\1.3\noQuote.html

```
<!DOCTYPE html>
<html>
<head>
    <title> new document </title>
    <meta http-equiv="Content-Type" content="text/html; charset=utf-8" />
</head>
<body>
<img src=a.gif alt=测试><br>
<select size=4>
    <option value=java>疯狂 Java 讲义</option>
    <option selected value=ee>轻量级 Java EE 企业应用实战</option>
</select>
</body>
</html>
```

需要说明的是，如果某个属性的属性值包含空格等容易引起浏览器混淆的属性值，那么 HTML 5 依然建议使用引号把这种特殊的属性值引起来。假如我们在 my images 目录下存有一张 android.png 图片，如果直接在 HTML 页面中使用如下代码来定义图片：

```
<img alt=android src=my images/android.png />
```

上面代码很容易导致浏览器误解，浏览器会误以为 src 属性就是 my，这样程序将无法解析到真正的 android.png 图片，此时应该把该页面代码改为如下形式：

```
<img alt=android src="my images/android.png" />
```

1.4　本章小结

本章主要介绍了 HTML 漫长的发展简史，通过回顾 HTML 的发展简史可以让读者更好地理解以往 HTML 规范存在的问题，从而更好地理解 HTML 5 规范的优势。本章简单地介绍了 HTML 5 规范出现的历史背景，并简要介绍了 HTML 5 规范的改变：跨浏览器规范和强大的功能。本章的重点是 HTML 5 语法的改变：

- 标签不区分大小写。
- 元素可以省略结束标签。
- 元素的属性可以省略属性值。
- 属性的属性值可以不使用引号。

CHAPTER

2

第2章 HTML 5的常用元素与属性

本章要点

- HTML 5 保留的基本元素
- HTML 5 保留的文本格式化元素
- HTML 5 保留的语义相关的元素
- HTML 5 保留的超链接和锚点
- HTML 5 保留的列表相关元素
- HTML 5 保留的 img 元素
- HTML 5 保留的表格相关元素
- HTML 5 增强的 iframe 元素
- HTML 5 保留的通用属性
- HTML 5 新增的 contentEditable 属性
- HTML 5 新增的 designMode 属性
- HTML 5 新增的 hidden 属性
- HTML 5 新增的 spellcheck 属性
- HTML 5 新增的文档结构元素
- HTML 5 新增的语义相关元素
- HTML 5 头部和元信息
- HTML 5 新增的拖放 API

HTML 5规范并不是一种革命式的发展，因为HTML 5并未完全放弃前面版本的HTML规范，实际上，HTML 5规范保持了对现有HTML规范的最大兼容，这样既可保证互联网上现有网页的正常运行，也可让广大前端开发者能平稳过渡到HTML 5时代。

HTML 5保留了原有HTML规范的绝大部分元素和属性，删除了少量元素和属性——主要删除了各种文档样式相关的元素和属性，比如<font.../>元素、width属性等，HTML 5规范推荐使用CSS样式单来控制HTML文档样式。HTML 5新增了contentEditable、designMode、hidden、spellcheck通用属性，这些通用属性极大地增强了HTML文档的功能。

HTML 5新增的拖放API则可以让HTML页面的任意元素都变成可拖动的，通过使用拖放机制可以开发更友好的人机交互界面。

2.1 HTML 5保留的常用元素

前面已经提到过，HTML 5并不是一种革命式的发展，它是对HTML以前版本的继承和发展，因此HTML 5保留了以前HTML版本的绝大部分元素。

2.1.1 基本元素

正如第1章所介绍的，HTML文档是一份结构化的文档，HTML文档的根元素总是<html.../>元素，该元素内通常包含<head.../>和<body.../>两个子元素（HTML 5允许省略它们，HTML 5会隐式添加），这三个元素定义了HTML文档的基本结构。

HTML 5保留的基本元素有如下几个。

- <!--...-->：定义HTML注释。位于<!--与-->之间的内容会被当成注释处理。
- <html>：它是HTML 5文档的根元素。但HTML 5允许完全省略这个元素。
- <head>：它用于定义HTML 5文档的页面头部分。但HTML 5允许完全省略这个元素。
- <title>：它用于定义HTML 5文档的页面标题。
- <body>：它用于定义HTML 5文档的页面主体部分，该元素可以指定id、class、style等通用属性，还可以指定onload、onunload、onclick、ondblclick、onmousedown、onmouseup、onmouseover、onmousemove、onmouseout、onkeypress、onkeydown、onkeyup等事件属性，这些属性用于指定JavaScript脚本。

关于HTML 5元素的事件属性，请参阅本书后面相关内容，此处不会详细介绍这些事件属性的用法。后面介绍各元素时也不再详细列出各事件属性。

- <h1>到<h6>：定义标题一到标题六。
- <p>：定义段落，该元素可以指定id、class、style、dir、title等通用属性，还可以指定onclick等各种事件属性。

提示：

几乎所有的HTML元素都可指定id、style、class、dir、title等通用属性。其中id属性用于为HTML元素指定一个唯一标识，该标识是通过DOM访问HTML元素的重要途径。class和style属性是CSS样式相关属性，关于CSS样式的作用和用法请参考本书关于CSS章节的介绍。

-
：插入一个换行，该元素可以指定 id、class、style 等通用属性。
- <hr>：定义水平线，该元素可以指定 id、class、style 等通用属性，还可以指定 onclick 等各种事件属性。HTML 5 中<hr.../>还代表了主题结束的语义。
- <div>：定义文档中的节。该元素可以指定 id、class、style、dir、title 等通用属性，还可以指定 onclick 等各种事件属性。
- <span>：与<div>基本相似，区别是<span>只是表示一段一般性文本，该元素包含的文本内容默认不会换行。该元素可以指定和<div>相同的属性。

下面一份基本的 HTML 5 文档中包含了这些元素，页面代码如下。

程序清单：codes\02\2.1\basic.html

```
<!DOCTYPE html>
<html>
<head>
    <meta http-equiv="Content-Type" content="text/html; charset=utf-8" />
    <title>基本元素</title>
</head>
<body>
    <!-- 采用标题一到标题六来输出文本 -->
    <h1>疯狂 Java 讲义</h1>
    <h2>疯狂 Android 讲义</h2>
    <h3>轻量级 Java EE 企业应用实战</h3>
    <h4>疯狂 XML 讲义</h4>
    <h5>疯狂前端开发讲义</h5>
    <h6>经典 Java EE 企业应用实战</h6>
    <!-- 输出一条水平线 -->
    <hr />
    <!-- 使用三个 span 定义段文本 -->
    <span>Tomcat</span><span>Jetty</span><span>Resin</span>
    <!-- 输出换行 -->
    <br />
    <!-- 使用三个 div 定义三节 -->
    <div>Tomcat</div><div>Jetty</div><div>Resin</div>
    <!-- 使用三个 p 定义三个段落 -->
    <p>Tomcat<p>Jetty<p>Resin
</body>
</html>
```

在浏览器中浏览上面页面，会看到如图 2.1 所示的效果。

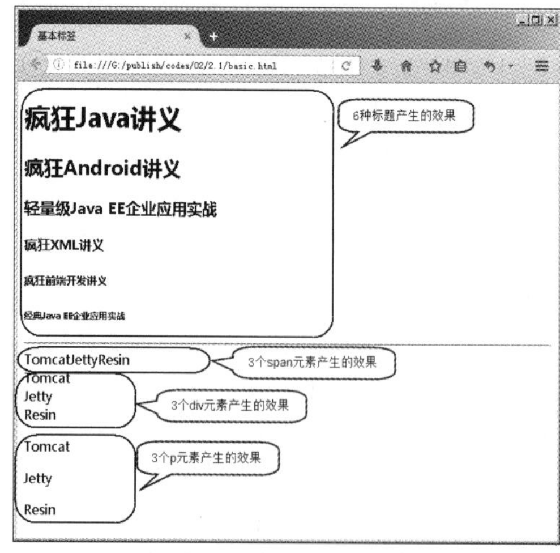

图 2.1　基本 HTML 元素的效果

本书写作过程中主要使用了 Firefox 49、Opera 41、Chrome 54、Internet Explorer 11 来浏览页面，这些浏览器都对 HTML 5 提供了良好的支持。以后如果不做特殊说明，本书所指的浏览器通常就是这四个浏览器的其中之一。

从图 2.1 中可以看出，<span.../>、<div.../>和<p.../>三个元素的效果有点类似，它们都可作为其他内容的“容器”——容纳文本和其他内容。在默认情况下，<span.../>元素不会导致换行，而<div.../>元素会导致换行，而<p.../>元素会产生一个段落，所以段落和段落之间默认有更大的间距。

除此之外，还有一点需要指出：<span.../>元素和<p.../>元素只能包含文本、图像、超链接、文本格式化元素和表单控件元素等内容，<p.../>可以包含<span.../>元素，但<span.../>不能包含<p.../>；<div.../>元素除了可以包含上面这些内容之外（包括<p.../>和<span.../>），还可以包含<h1.../>到<h6.../>、<form.../>、<table.../>、列表项元素和<div.../>元素——由此可见，<div.../>元素可以包含更多内容。

正因为<div.../>元素可以包含各种各样的内容，因此在 HTML 5 以前，经常会大量使用<div.../>元素来完成页面布局。

正是由于<div.../>元素的滥用，导致 HTML 网页中语义的清晰性下降，为了避免这种情况，HTML 5 规范推荐 HTML 5 的文档结构元素如<article.../>、<section.../>、<nav.../>等代替<div.../>。

2.1.2 文本格式相关元素

下面这些元素让文本内容在浏览器中呈现出特定效果。

- <b>：定义粗体文本。该元素可以指定 id、class、style、dir、title 等通用属性，还可以指定 onclick 等各种事件属性。
- <i>：定义斜体文本。该元素可以指定 id、class、style、dir、title 等通用属性，还可以指定 onclick 等各种事件属性。
- <em>：定义强调文本，实际效果与斜体文本差不多。该元素可以指定 id、class、style、dir、title 等通用属性，还可以指定 onclick 等各种事件属性。
- <strong>：定义粗体文本。与<b>元素的作用和用法基本相同。

提示：

HTML 5 为<strong.../>元素增加了语义，使用<strong.../>包起来的文本代表重要的文本。

- <small>：定义小号字体文本。该元素可以指定 id、class、style、dir、title 等通用属性，还可以指定 onclick 等各种事件属性。

注意：

奇怪的是，HTML 5 删除了原有的<big.../>元素，<big.../>元素用于定义大号字体文本。但 HTML 5 保留了<small.../>元素，且对<small.../>元素进行了重新定义，HTML 5 定义了<small.../>元素专门用于标识所谓的“小字印刷体”，通常用来标注诸如免责声明、注意事项、法律规定和版权相关的声明性文字。

- <sup>：定义上标文本。该元素可以指定 id、class、style、dir、title 等通用属性，还可以指定 onclick 等各种事件属性。

➢ <sub>：定义下标文本。该元素可以指定 id、class、style、dir、title 等通用属性，还可以指定 onclick 等各种事件属性。

➢ <bdo>：定义文本显示的方向。该元素可以指定 id、class、style、dir、title 等通用属性，还可以指定 onclick 等各种事件属性。除此之外，该元素应该指定 dir 属性，该属性值只能是 ltr 或者 rtl，用于指定文本的排列方向。

上面这些文本格式化元素能包含文本、图像、超链接、文本格式化元素和表单控件元素等，除此之外，这些元素还可以和<span...>元素相互包含。如下 HTML 页面示范了这些文本格式化相关元素的用法。

程序清单：codes\02\2.1\text.html

```
<!DOCTYPE html>
<html>
<head>
   <meta http-equiv="Content-Type" content="text/html; charset=utf-8" />
   <title> 文本格式化元素 </title>
</head>
<body>
   <span><b>加粗文本</b></span><br />
   <span><i>斜体文本</i></span><br />
   <span><b><i>粗斜体文本</i></b></span><br />
   <span><em>被强调的文本</em></span><br />
   <p><strong>加粗文本</strong></p>
   <small><span>小号字体文本</span></small><br />
   <div>普通文本<sup>上标文本</sup></div>
   <span>普通文本<strong><sub>下标加粗文本</sub></strong></span><br />
   <!-- 指定文本从左向右（正常情况）排列 -->
   <bdo dir="ltr">从左向右排列的文本</bdo><br />
   <!-- 指定文本从右向左排列 -->
   <bdo dir="rtl">从右向左排列的文本</bdo><br />
</body>
</html>
```

在浏览器中浏览该页面，会看到如图 2.2 所示的效果。

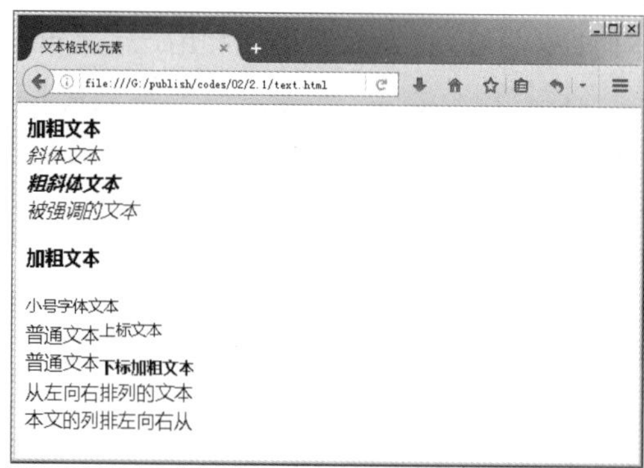

图 2.2　文本格式化元素的效果

提示：

如果希望让 HTML 页面内的文本更美观，例如改变它们的颜色、背景等，这些就不再由 HTML 元素来完成了。此处介绍的文本格式化元素只能进行一些基本格式化，如果需要对文本进行更丰富样式的格式化，则建议使用 CSS 样式单，关于 CSS 样式单请参考本书第 6 章内容。

2.1.3 语义相关元素

HTML 5 保留了如下语义相关元素。

- <abbr>：用于表示一个缩写。使用该元素时通常建议指定 title 属性，该属性用于指定该缩写所代表的全称。
- <address>：用于表示一个地址。浏览器通常会用斜体字显示<address.../>所包含的文本。
- <blockquote>：用于定义一段长的引用文本。浏览器会使用缩进的方式显示这段被引用文本。使用<blockquote.../>元素时可指定 cite 属性，该属性用于指定该引用文本所引用的网址 URL 或出处。
- <q>：用于定义一段短的引用文本。浏览器会为这段被引用文本添加引号。

提示：

<blockquote.../>与<q.../>元素的作用基本相似，区别只是<blockquote.../>用于引用一段带换行的、大段文本；但<q.../>元素则用于引用一段不带换行的、较短的文本。

- <cite>：用于表示作品（一本书、一部电影、一首歌曲）的标题。常常浏览器会用斜体字显示<cite.../>所包含的文本。

注意：

在 HTML 4 中，<cite.../>元素可用于表示作者，而 HTML 5 明确规定<cite.../>元素不能用于表示包括作者在内的任何人名（除非作品的标题就是人名）。但在实际开发中，为了与 HTML 4 兼容，即使用<cite.../>元素表示人名也不会认为是错误的。

- <code>：用于表示一段计算机代码。
- <dfn>：用于定义一个专业术语。浏览器通常会用粗体或斜体字显示<dfn.../>所包含的文本。
- <del>：定义文档中被删除的文本。浏览器通常会以中画线形式显示<del>包含的文本。
- <ins>：定义文档中插入的文本。浏览器通常会以下画线形式显示<ins>包含的文本。

提示：

<del.../>元素和<ins.../>元素通常结合使用，用于表示文档被“修订”的效果。其中<del.../>元素表示被删除，而<ins.../>表示更新的文本。而且使用这两个元素时都可以指定如下两个属性。

- cite：该属性值为一个 URL，该 URL 对应的文本解释了文本被删除或插入的原因。
- datetime：定义文本被删除或插入的日期、时间。

- <pre>：用于表示该元素所包含的文本已经进行了“预格式化”。也就是说，<pre.../>元素所包含文本中的空格、回车、Tab 键和其他格式字符都会被保留下来，但浏览器会处理<pre.../>元素内大部分 HTML 元素。
- <samp>：用于定义示范文本内容。
- <kbd>：用于定义键盘文本。该元素用于表示文本是通过键盘输入的。通常在计算机使用文档、使用说明中会经常使用该元素。
- <var>：用于表示一个变量。浏览器通常会用斜体字显示<var.../>所包含的文本。

下面的页面片段使用了<q.../>、<blockquote.../>、<cite.../>等语义相关的元素来定义 HTML 页面。

程序清单：codes\codes\02\2.1\semantic1.html

```
<body>
<!-- 使用 q 表示一段短的引用文本 -->
<p>疯狂 Java 的精神是<q>疯狂源自梦想，技术成就辉煌</q>
这也是所有疯狂 Java 程序员的精神。</p>
<div>
<!-- 使用 blockquote 表示一段长的引用文本 -->
<blockquote cite="李义山诗集">
锦瑟无端五十弦，一弦一柱思华年。<br>
庄生晓梦迷蝴蝶，望帝春心托杜鹃。<br>
沧海月明珠有泪，蓝田日暖玉生烟。<br>
此情可待成追忆，只是当时已惘然。</blockquote>
是唐朝诗人李商隐的代表作，诗中隐藏着一种淡淡的忧伤，让人无法言说，但又无以遣怀。</div>
<p>
<cite>《芙蓉镇》</cite>、<cite>《蓝风筝》</cite>是国内导演拍摄得很有思考深度的两部电影。</p>
<p>
下面代码定义了一个 Java 类：<br>
<code>
    public class Cat<br>
    {<br>
        private int name = "garfield";<br>
    }<br>
</code>
</p>
<!-- pre 元素包含的内容是"预格式化"文本 -->
<pre>
    public class Cat
    {
        private int name = "garfield";
    }
</pre>
<p>
</body>
```

使用浏览器浏览该页面，将可以看到如图 2.3 所示的效果。

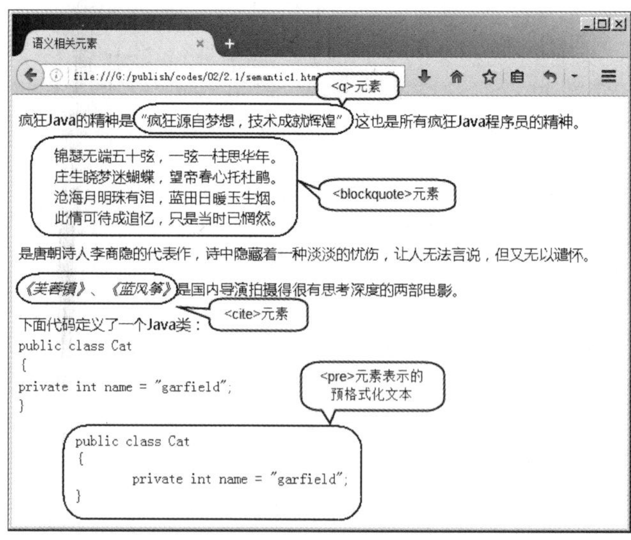

图 2.3　HTML 中语义相关元素的效果（一）

下面的页面片段使用了<abbr.../>、<address.../>、<code.../>等语义相关的元素来定义 HTML 页面。

程序清单：codes\codes\02\2.1\semantic2.html

```
<body>
<!-- 使用 abbr 定义缩写 -->
疯狂 Java 教育中心的缩写是<abbr title="疯狂 Java 教育">fkjava</abbr>。
<!-- 使用 address 定义地址 -->
疯狂软件地址是<address>广州市天河区车陂大岗路 4 号沣宏大厦 3006-3011</address>
<!-- 使用 dfn 定义专业术语 -->
<p>
<dfn>HTML</dfn>是一种广为人知的标记语言。
</p>
<p>
可通过输入如下命令：<br>
<kbd>list -l</kbd><br>
在 Linux 的 Shell 窗口查看当前目录下所有文件、目录的详细信息。</p>
<p>
如果您在阅读疯狂 Java 体系图书时，遇到有任何无法理解的技术问题，<br/>
请登录 www.fkjava.org 发帖提问，可按如下示例内容发帖：<br/>
<!-- 使用 samp 定义范例文本 -->
<samp>
我在阅读 XXX 图书的第 X 章、第 X 节时，遇到一个 XXX 问题，<br/>
错误提示信息是：XXX。
</samp>
</p>
<!-- 使用 var 定义变量 -->
<var>i</var>、<var>j</var>、<var>k</var>通常用于作为循环计数器变量。
<!-- 使用 del 和 ins 表示修订 -->
<p>Android 是一个<del>开发</del><ins>开放</ins>式的手机、平板电脑操作系统</p>
</body>
```

使用浏览器浏览该页面，将可以看到如图 2.4 所示的效果。

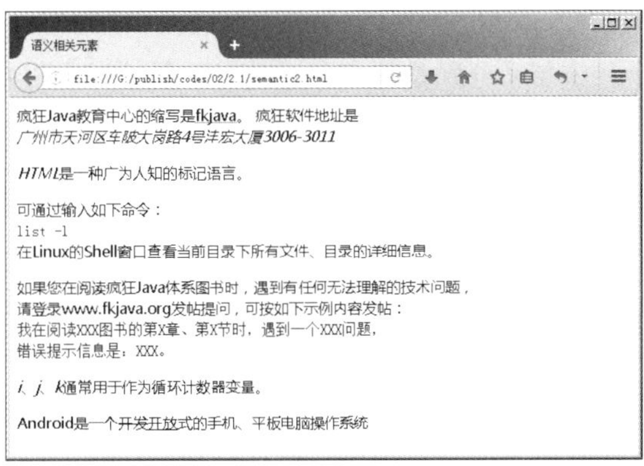

图 2.4 HTML 中语义相关元素的效果（二）

2.1.4 使用 a 元素添加超链接和锚点

HTML 页面使用超链接与网络上的另一个资源保持关联，当用户单击页面上的超链接时，浏览器会导航到超链接所指的资源。

HTML 5 保留了定义超链接的<a.../>元素，该元素可以指定 id、class、style、dir、title 等通用属性，也可以指定 onclick 等各种事件属性。它还可以指定如下 6 个重要属性。

➢ href：指定超链接所链接的另一个资源。

➢ hreflang：指定超链接所链接的文档所使用的语言。
➢ target：指定使用框架集中的哪个框架来装载另一个资源。该属性的属性值可以是_self、_blank、_top、_parent 四个值，分别代表使用自身、新窗口、顶层框架、父框架来装载新资源。
➢ download：用于让用户下载目标链接所指向的资源，而不是直接打开该目标链接。该属性的属性值指定用户保存下载资源时的默认文件名。
➢ type：指定被链接文档的 MIME 类型。
➢ media：指定目标 URL 所引用的媒体类型。默认值为 all。只有当指定了 href 属性时该属性才有效。

注意：

download、type、media 是 HTML 5 新增的属性。

<a.../>元素主要可以包含文本、图像、各种文本格式化元素和表单元素等内容。

下面代码定义了四个超链接。

程序清单：codes\02\2.1\anchor.html

```
<body>
<!-- 在本窗口中打开另一个资源 -->
<a href="http://www.crazyit.org"><b>疯狂 Java 联盟</b></a><br />
<!-- 在新窗口中打开另一个资源 -->
<a href="http://www.crazyit.org"
    target="_blank"><em>疯狂 Java 联盟</em></a><br />
<!-- 为图像增加超链接 -->
<a href="http://www.crazyit.org"><img src="images/logo.jpg"
    alt="疯狂 Java 联盟"/></a><br />
<!-- 基于相对路径指定另一个资源 -->
<a href="text.html">文本格式化元素</a><br />
</body>
```

上面代码定义了四个超链接，分别是粗体字超链接、斜体字超链接、图像超链接和普通超链接，单击前三个超链接中任意一个，浏览器将会导航到“疯狂 Java 联盟”站点；单击最后一个链接则会链接到 text.html。

提示：

在上面代码中使用<img.../>元素在页面上添加图片。关于<img.../>元素的用法可参考本章 2.1.6 节内容。

上面页面中前三个超链接的 href 属性值为一个绝对网址，最后一个超链接的 href 属性值只是一个文件名，那浏览器如何处理呢？这个文件名会被当成相对路径，浏览器会在该页面的基准路径上加上该文件名，作为此超链接所关联的资源——于是将看到该链接实际会链接到：file:///G:/publish/codes/02/2.1/text.html（假设 anchor.html 文件放在 G:/publish/codes/02/2.1 目录下）。

当使用<a.../>元素时，href 属性值既可是绝对路径，也可是相对路径。当指定绝对路径时，href 属性值为 URL（Uniform Resource Locator，统一资源定位器），URL 用于对互联网上的文档（或其他资源）进行寻址。一个完整的网址，例如 http://www.crazyit.org/index.php，遵守如下语法规则：

```
scheme://host.domain:port/path/filename
```

关于这个 URL 地址的解释如下。

- scheme：指定因特网服务的类型。最流行的类型是 HTTP。
- domain：指定因特网域名，比如 crazyit.org、fkjava.org 等。
- host：指定此域中的主机。如果被省略，HTTP 的默认主机是 www。
- port：指定主机的端口号。端口号通常可以被省略，HTTP 服务的默认端口是 80。
- path：指定远程服务器上的路径，该路径也可被省略，省略该路径则默认被定位到网站的根目录。
- filename：指定远程文档的名称。如果省略该文件名，通常会定位到 index.html、index.htm 等文件，或定位到 Web 服务器设置的其他文件。

表 2.1 显示了 URL 最流行的 scheme 以及对应资源。

表 2.1 URL 最流行的 scheme 以及对应资源

scheme	对应资源
file	访问本地磁盘上的文件
ftp	访问远程 FTP 服务器上的文件
http	访问 WWW 服务器上的文件
news	访问新闻组上的文件
telnet	访问 Telnet 连接
gopher	访问远程 Gopher 服务器上的文件

例如以下几个超链接：

- <a href="news:yeeku.html">HTML Newsgroup</a>，该链接将会产生一个访问新闻组资源的超链接。
- <a href="ftp://www.crazyit.org/tomcat.rar">下载 Tomcat</a>，这个链接将会产生一个指向 FTP 资源的链接。
- <a href="mailto:kongyeeku@163.com">写信给我</a>，这个链接会产生一个邮件链接。单击该链接将会开始发送电子邮件。

如果为<a.../>元素指定了 download 属性，则可控制让用户下载目标链接所指向的资源，而不是直接打开该目标链接。download 属性指定了目标资源另存为的文件名。例如如下代码。

程序清单：codes\02\2.1\download.html

```
<body>
<!-- 为图片增加超链接 -->
<a href="images/logo.jpg" download="疯狂 Java 联盟.jpg" type="image/jpeg"><img
src="images/logo.jpg"    alt="疯狂 Java 联盟"/></a><br>
</body>
```

在浏览器中浏览该页面，并单击页面上的超链接，将可以看到如图 2.5 所示的下载效果。

从图 2.5 可以看出，此时浏览器并没有直接打开 logo.jpg 图片，而是下载 logo.jpg 图片，而且保存该图片时默认的文件名是“疯狂 Java 联盟.jpg”，这就是 download 属性的作用。

上面<a.../>元素还指定了 type 属性，用于指定链接资源的 MIME 类型。由于此处被链接的目标资源是 JPG 图片，因此将该资源的 MIME 类型指定为 image/jpeg。

此外，<a.../>元素还可生成一个命名锚点，命名锚点用于在 HTML 页面中生成一个定位点，这样允许超链接直接链接到指定页面的该定位点。

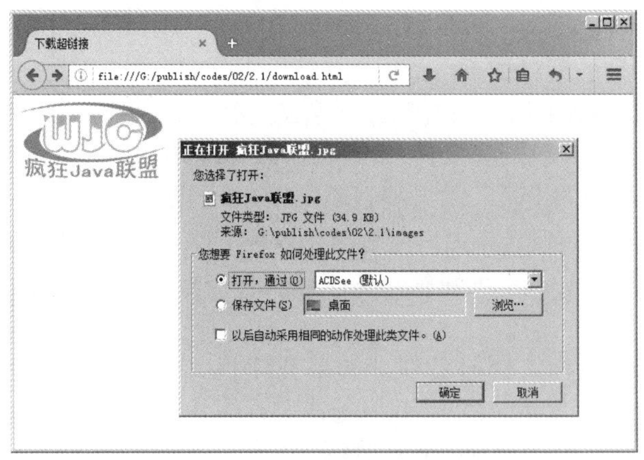

图 2.5　下载超链接的目标资源

插入定位锚点需要指定 name 属性，name 属性值就是该命名锚点的名称。例如如下代码。

程序清单：codes\02\2.1\anchor2.html

```
<!-- 下面代码会生成一个命名锚点 -->
<a name="test">test</a>
```

接下来即可使用如下超链接来定位到该锚点（程序清单同上）：

```
<a href="anchor2.html#test">定位到 test 锚点</a>
```

从上面粗体字代码可以看出，定位到指定锚点需要在 URL 资源后指定锚点名，锚点名和 URL 资源之间以“#”隔开。

如果要指定链接到当前页面的锚点，则可以省略页面资源的 URL，在 href 属性中直接在“#”后给出锚点名即可。下面代码与上面代码的作用完全相同：

```
<a href="#test">定位到 test 锚点</a>
```

在浏览器中浏览该页面，单击页面上的“定位到 test 锚点”链接，即可看到页面跳转到 test 锚点，如图 2.6 所示。

图 2.6　使用定位锚点

2.1.5　列表相关元素

HTML 5 还保留了如下几个列表相关元素。

- <ul>：定义无序列表。该元素可以指定 id、style、class 等属性，还可以指定 onclick 等事件属性。该元素只能包含<li.../>子元素。
- <ol>：定义有序列表。该元素可以指定 id、style、class 等属性，还可以指定 onclick 等事件属性。该元素只能包含<li.../>子元素。除此之外，在 HTML 5 规范中，该元素还可以指定如下三个属性。
  - start：指定列表项的起始数字。默认是第一个，如 1、A 等。
  - type：指定使用哪种类型的编号，例如 1 代表使用数字，A 或 a 分别代表使用大写或小写字母，I 或 i 代表使用大写或小写罗马数字。该属性在 HTML 5 规范中已经不推荐使用了，推荐使用 CSS 来定义。

- reversed：该属性指定是否将排序反转。很遗憾，目前没有任何浏览器支持该属性。

提示： reversed 是 HTML 5 新增的属性。

- <li>：定义列表项。该元素可以指定 id、style、class 等属性，还可以指定 onclick 等事件属性。该元素里可以包含与<div.../>完全类似的内容，因此可以包含较多类型的子元素。
- <dl>：用于定义术语列表。该元素只能包含<dt.../>和<dd.../>两种子元素。该元素可以指定 id、style、class 等属性，还可以指定 onclick 等事件属性。
- <dt>：定义标题列表项。该元素可以指定 id、style、class 等属性，还可以指定 onclick 等事件属性。该元素只能包含文本、图像、超链接、文本格式化元素和表单控件元素等。
- <dd>：定义普通列表项。该元素可以指定 id、style、class 等属性，还可以指定 onclick 等事件属性。该元素里可以包含与<div.../>完全类似的内容，因此可以包含较多类型的子元素。

如下页面代码使用<ul.../>、<ol.../>和<li.../>定义了列表。

程序清单：codes\02\2.1\list1.html

```
<body>
    <!-- 定义无序列表 -->
    <ul>
        <li>疯狂 Java 讲义</li>
        <li>轻量级 Java EE 企业应用实战</li>
        <li>疯狂 Android 讲义</li>
    </ul>
    <!-- 定义有序列表 -->
    <ol>
        <li>疯狂 Java 讲义</li>
        <li>轻量级 Java EE 企业应用实战</li>
        <li>疯狂 Android 讲义</li>
    </ol>
</body>
```

在浏览器中查看该页面，可以看到如图 2.7 所示的效果。

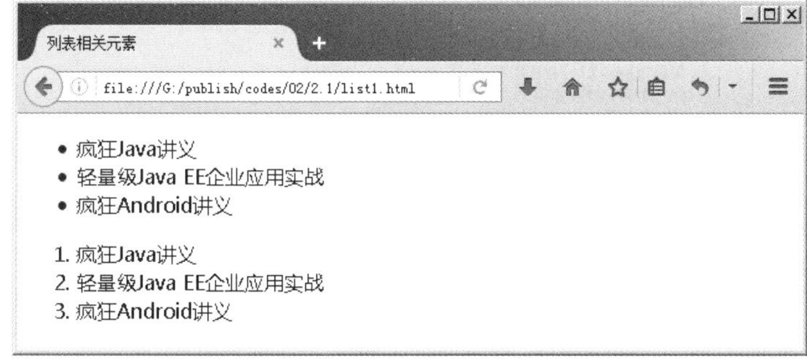

图 2.7　列表相关元素的效果

使用<ol.../>元素时可指定 start（控制列表编号的起始号码）、type（控制列表编号的类型）、reversed（控制是否反转编号）等属性。例如如下代码。

程序清单：codes\02\2.1\list2.html

```
<body>
    <h2>定义反序的有序列表</h2>
    <ol reversed="true">
        <li>疯狂 Java 讲义</li>
        <li>轻量级 Java EE 企业应用实战</li>
        <li>疯狂 Android 讲义</li>
    </ol>
    <h2>定义从 3 开始的有序列表</h2>
    <ol start="3">
        <li>疯狂 Java 讲义</li>
        <li>轻量级 Java EE 企业应用实战</li>
        <li>疯狂 Android 讲义</li>
    </ol>
    <h2>定义使用小写字母编号的有序列表</h2>
    <ol type="a">
        <li>疯狂 Java 讲义</li>
        <li>轻量级 Java EE 企业应用实战</li>
        <li>疯狂 Android 讲义</li>
    </ol>
    <h2>定义使用小写罗马数字、从 4 开始的有序列表</h2>
    <ol type="i" start="4">
        <li>疯狂 Java 讲义</li>
        <li>轻量级 Java EE 企业应用实战</li>
        <li>疯狂 Android 讲义</li>
    </ol>
</body>
```

在浏览器中查看该页面，可以看到如图 2.8 所示的效果。

图 2.8　各种有序列表

<dl.../>、<dt.../>和<dd.../>通常用于定义各种术语相关的列表，<dl.../>列表可包含多个列表项，其中<dt.../>用来定义术语的标题，一个<dl.../>下可包含多个<dt.../>定义多个术语，但多个

术语不允许重复。每个<dt.../>元素后面可紧跟一个或多个<dd.../>元素，<dd.../>元素的内容用于对<dt.../>指定的标题进行说明。

下面代码使用<dl.../>、<dt.../>和<dd.../>来定义多个术语列表。

程序清单：codes\02\2.1\list3.html

```
<body>
    <h2>dt 定义标题、dd 定义解释</h2>
    <dl>
        <dt>Java<dt>
        <dd>Java 是一门广泛使用的、跨平台的开发语言</dd>
        <dt>疯狂 Java 体系图书</dt>
        <dd>疯狂 Java 体系图书是李刚老师积十年之功创作的一套系统的 Java 学习图书，<br>
        且多次升级保持与最新技术同步，对广大初学者帮助很大。</dd>
        <dd>疯狂 Java 体系图书均已得到广泛的市场认同，多次重印成为超级畅销图书，<br>
        并被多所“985”“211”高校选作教材，<br>
        部分图书已被翻译成繁体中文版，授权到中国台湾地区。</dd>
    </dl>
</body>
```

上面代码中定义了两个术语：“Java”和“疯狂 Java 体系图书”，其中“Java”术语下使用了一个<dd.../>对术语进行说明，“疯狂 Java 体系图书”术语下使用了两个<dd.../>对术语进行说明，这都是符合 HTML 5 规范的。

提示：

使用 https://validator.w3.org/测试<dl.../>、<dt.../>和<dd.../>生成的列表时，即使同一个<dl.../>元素内包含多个同名的<dt.../>子元素，校验器暂时也不会报错。

2.1.6　使用 img 元素添加图片

HTML 5 保留了<img.../>元素在页面中定义图片，这个元素只能是一个空元素，它不可以包含任何内容。该元素除了可以指定 id、style、class 等通用属性外，也可以指定 onclick 等事件属性。不仅如此，使用该元素必须指定如下两个属性。

- src：该属性指定图片文件所在的位置，该属性值既可以是相对路径，也可以是绝对路径。
- alt：该属性指定一段文本，该文本将作为该图片的提示信息。

除此之外，该元素还可以指定如下两个可选属性。

- height：指定该图片的高度，该属性值可以是百分比，也可以是像素值。
- width：指定该图片的宽度，该属性值可以是百分比，也可以是像素值。

另外，与图片相关的还有如下两个元素。

- <map>：用于定义图片映射。该元素主要可以包含一个或多个<area.../>子元素，每个<area.../>子元素定义一个区域，不同区域可链接到不同 URL。
- <area>：用于定义图片映射的内部区域。该元素只能是一个空元素，该元素除了可以指定 id、style、class 等通用属性外，也可以指定 onclick 等事件属性，还可以指定 onfocus、onblur 等焦点相关属性。除此之外，还可以指定如下几个属性。
    - shape：指定该内部区域是哪种区域，该属性的默认值是"rect"，即矩形区域；除此之外，还可以是 circle 和 ploy，分别代表圆形区域和多边形区域。
    - coords：指定多个坐标值，用于确定区域位置。

- href：用于确定该区域所链接的资源。
- alt：该属性指定一段文本，该文本将作为该图片的提示信息。
- target：指定使用框架集中的哪个框架来装载另一个资源。该属性的属性值可以是_self、_blank、_top、_parent 四个值，分别代表使用自身、新窗口、顶层框架、父框架来装载新资源。

下面代码示范了使用<img.../>元素来添加图片。

程序清单：codes\02\2.1\img1.html

```
<body>
<h4>普通图片</h4>
<img src="images/logo.jpg" alt="疯狂 Java 的 Logo" /><br>
<h4>定义图片，指定高、宽</h4>
<img src="images/logo.jpg" width="300" height="120"
    alt="疯狂 Java 的 Logo" /><br>
<h4>在图片上添加链接</h4>
<a href="http://www.crazyit.org"><img src="images/logo.jpg"
alt="疯狂 Java 的 Logo" /></a><br>
</body>
```

在浏览器中浏览该页面，可以看到如图 2.9 所示的效果。

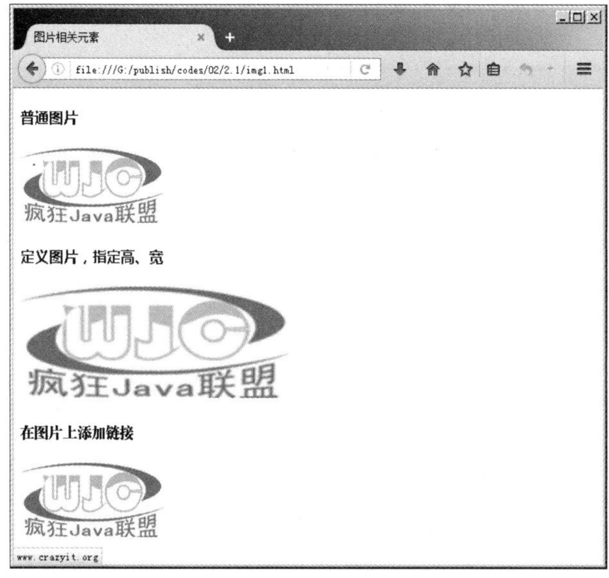

图 2.9　添加图片

1. 创建分区链接图片

一旦使用<map.../>元素定义了图片映射之后，就可以让指定图片使用该图片映射，通过为<img.../>元素指定 usemap 属性让该图片使用图片映射，设置 usemap 属性值为#mapname 即可。

程序清单：codes\02\2.1\img2.html

```
<body>
<h4>定义图片，使用指定的图片映射</h4>
<img src="images/logo.jpg" width="300"
    height="120" border="0" usemap="#test"
    alt="疯狂 Java 的 Logo" /><br />
<!-- 定义图片映射 -->
<map name="test" id="test">
```

```
    <!-- 为该图片映射定义 2 个区域 -->
    <area shape="circle" coords="57,55,25"
       href="http://www.fkjava.org" alt="leegang.org" />
    <area shape="poly" coords="188,28,185,50,200,74,224,72,246,51"
       href="http://www.crazyit.org" alt="crazyit.org" />
</map>
</body>
```

上面程序中粗体字代码使用<map.../>元素为图片定义了两个区域，分别是圆形区域和多边形区域，接下来程序在<img.../>元素中通过 usemap 属性指定使用名为“test”的图片映射。这样就可以在该图片的不同位置创建不同的链接了。

在浏览器中浏览该页面，将可以看到如图 2.10 所示的效果。

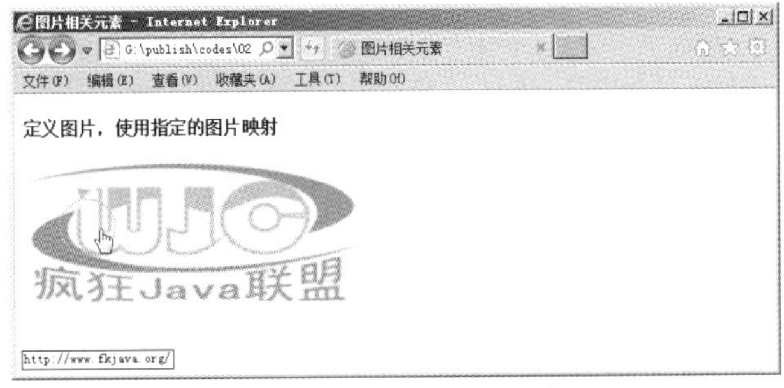

图 2.10　图片和图片映射效果

从图 2.10 可以看出，当用户将鼠标移动到图片的圆形区域上时，左下角链接指定即将链接到 www.fkjava.org，这表明图片的不同区域可链接到不同目标。

2. 提交图片的点击坐标

前面介绍了将<img.../>放在<a.../>元素内即可创建带链接的图片，此时如果为该<img.../>元素指定 ismap 属性（该属性是一个支持 boolean 值的属性，因此可以不用指定属性值），当用户点击该图片导航到链接目标时，还会将用户点击图片的坐标也提交给服务器。

例如，如下代码为<img.../>元素指定了 ismap 属性。

程序清单：codes\02\2.1\img3.html

```
<body>
<h4>指定 ismap 属性后可将点击坐标提交给服务器</h4>
<a href="img3.html"><img src="images/logo.jpg" ismap
alt="疯狂 Java 的 Logo" /></a><br>
</body>
```

上面程序中粗体字代码为<img.../>元素指定了 ismap 属性，因此当用户点击该图片导航时，浏览器会自动提交用户点击的坐标。比如用户点击该图片上任意一点，系统将再次导航到 img3.html 页面，但浏览器地址栏发生了变化，如图 2.11 所示。

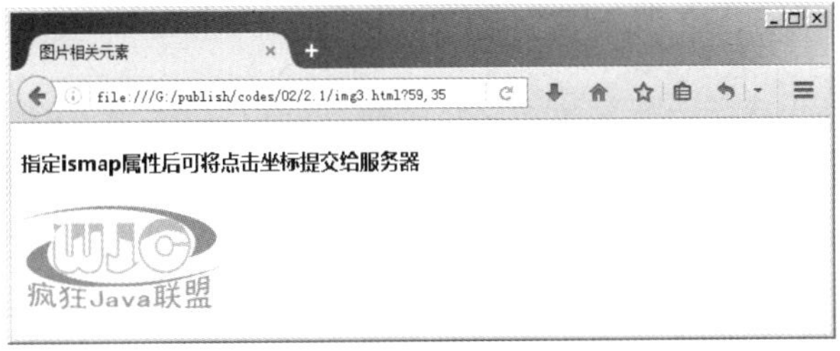

图 2.11　提交图片的点击坐标

2.1.7 表格相关元素

HTML 5 保留了定义表格的如下元素。

- <table>：用于定义表格，<table.../>元素只能包含 0 个或 1 个<caption.../>子元素（定义表格标题），0 个或 1 个<thead.../>子元素（定义表格头），0 个或 1 个<tfoot.../>子元素（定义表格脚），多个<tr.../>子元素（定义表格行），多个<tbody.../>子元素（定义表格体）。该元素可以指定 id、style 和 class 等通用属性，也可以指定 onclick 等事件属性。除此之外，该元素还可以指定如下几个属性。
  - cellpadding：指定单元格内容和单元格边框之间的间距。该属性值既可是像素值，也可是百分比。
  - cellspacing：指定单元格之间的间距。该属性值既可是像素值，也可是百分比。
  - width：指定表格的宽度，该属性值既可是像素值，也可是百分比。

提示：

HTML 5 删除了<table.../>元素原有的 align、bgcolor、border 等属性，如果完全按 HTML 5 的建议，<table.../>元素的 cellpadding、cellspacing、width 属性也不应该指定，而是应该全部放到 CSS 中定义。

- <caption>：用于定义表格标题，该元素只能包含文本、图片、超链接、文本格式化元素和表单控件元素等。
- <tr>：定义表格行，该元素只能包含<td.../>或者<th.../>两种元素，该元素可以指定 id、style、class 等通用属性，还可以指定 onclick 等事件属性。
- <td>：定义单元格，该元素和<div.../>元素一样，可以包含各种类型的子元素，包括在<td.../>元素里包含<table.../>子元素再次插入一个表格。该元素可以指定 id、style 和 class 等通用属性，也可以指定 onclick 等事件属性，除此之外，该元素还可以指定如下几个属性。
  - colspan：指定该单元格跨多少列，该属性值就是一个简单数字。
  - rowspan：指定此单元格可横跨的行数。
  - height：指定该单元格的高度，该属性值既可是像素值，也可是百分比。
  - width：指定该单元格的宽度，该属性值既可是像素值，也可是百分比。

提示：

HTML 5 删除了<td.../>元素原有的 align、bgcolor、valign 等属性，如果完全按 HTML 5 的建议，<td.../>元素的 height、width 属性也不应该指定，而是应该全部放到 CSS 中定义。

- <th>：定义表格的表头单元格，和<td>元素的用法几乎完全一样，只是浏览器呈现<th.../>元素时有一定差别。
- <tbody>：定义表格的主体，该元素只能包含<tr.../>子元素，该元素可以指定 id、style 和 class 等通用属性，也可以指定 onclick 等事件属性。
- <thead>：定义表格头，用法与<tbody.../>基本相似，只是功能稍有差别。
- <tfoot>：定义表格脚，用法与<tbody.../>基本相似，只是功能稍有差别。

使用 <tbody>元素，可以将一个表格分为几个独立的部分。<tbody.../>元素可以将表格中的一行或几行合并成一组，尤其是使用 JavaScript 前端编程时常常需要动态修改表格中某几行，这就需要使用<tbody.../>元素了。

在<tbody.../>元素中，必须使用<tr.../>子元素来定义表格行，<tbody.../>元素本身并不会生成任何输出内容。一旦使用<tbody.../>将多行定义为一组，一个<tbody.../>元素就是表格中一个独立的部分，即不能从一个<tbody.../>跨越到另一个<tbody.../>中。

<thead.../>、<tfoot.../>、<tbody.../>元素可让我们对表格中的行进行分组，每个<tbody.../>就是一组，可以多行（在 JavaScript 前端编程中经常用到该元素）。除此之外，当创建某个表格时，也许希望拥有一个标题行，可以是多个数据行组成的组，以及位于底部的一个统计行。这样就可以让浏览器能对表格标题和页脚之间的表格内容进行滚动。而且，当打印长表格内容时，表格头和表格脚将被打印在包含表格数据的每个页面上。

下面代码使用这些表格元素定义了一个简单表格。

程序清单：codes\02\2.1\simpleTable.html

```
<body>
<table style="width:400px" border="1">
    <caption><b>疯狂 Java 体系图书</b></caption>
    <tr>
        <th>书名</th>
        <th>作者</th>
    </tr>
    <tr>
        <td>疯狂 Java 讲义</td>
        <td>李刚</td>
    </tr>
    <tr>
        <td>轻量级 Java  EE 企业应用实战</td>
        <td>李刚</td>
    </tr>
</table>
</body>
```

在浏览器中浏览该页面，将看到如图 2.12 所示的效果。

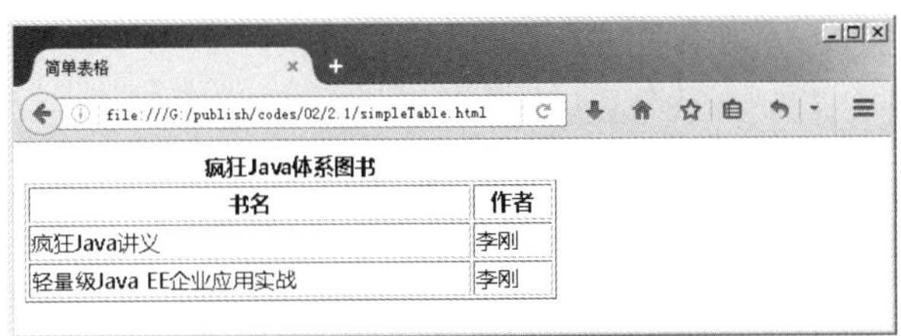

图 2.12 简单表格的效果

下面代码示范了一个跨行、跨列的表格。

程序清单：codes\02\2.1\tablespan.html

```
<table style="width:240px" border="1">
    <tr>
        <td rowspan="2">跨 2 行的单元格</td>
        <td>普通单元格</td>
    </tr>
    <tr>
        <td>普通单元格</td>
    </tr>
    <tr>
        <td colspan="2">跨 2 列的单元格</td>
    </tr>
```

```
    <tr>
        <td>普通单元格</td>
        <td>普通单元格</td>
    </tr>
</table>
```

上面粗体字代码指定了 rowspan="2"和 colspan="2"两个属性，因此这两个表格分别可以跨2行、跨2列。在浏览器中浏览该表格，将看到如图 2.13 所示的效果。

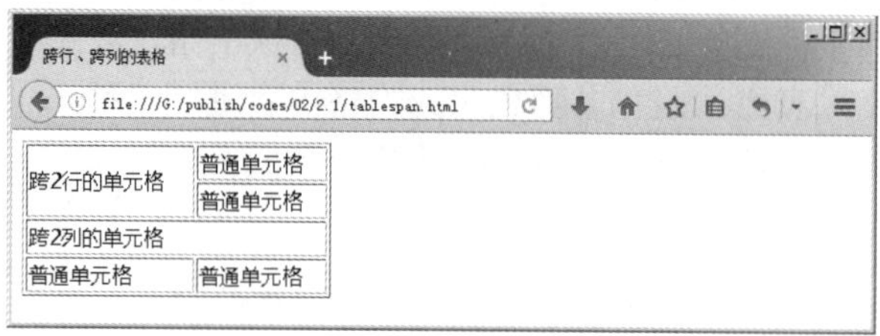

图 2.13　跨行、跨列的表格效果

下面表格将使用<thead.../>、<tbody.../>和<tfoot.../>元素。

程序清单：codes\02\2.1\tablewithbody.html

```
<table border="1" style="width:400px">
    <caption><b>疯狂体系图书</b></caption>
    <thead>
    <tr>
        <th> </th>
        <th>书名</th>
        <th>作者</th>
    </tr>
    </thead>
    <tfoot>
    <tr>
        <td colspan="3" style="text-align:right">现总计：4 本图书</td>
    </tr>
    </tfoot>
    <tbody>
    <tr>
        <th rowspan="2">Java 体系</th>
        <td>疯狂 Java 讲义</td>
        <td>李刚</td>
    </tr>
    <tr>
        <td>轻量级 Java EE 企业应用实战</td>
        <td>李刚</td>
    </tr>
    </tbody>
    <tbody>
    <tr>
        <th rowspan="2">iOS 体系</th>
        <td>疯狂 Swift 讲义</td>
        <td>李刚</td>
    </tr>
    <tr>
        <td>疯狂 iOS 讲义</td>
        <td>李刚</td>
    </tr>
    </tbody>
</table>
```

上面代码在<table.../>元素中添加了一个<thead.../>、一个<tfoot.../>和两个<tbody.../>元素，

这是符合 HTML 语法规定的，一个<table.../>元素内可以包含多个<tbody.../>元素。

上面代码中<tfoot.../>元素必须位于<tbody.../>元素之前，但浏览器解释该表格时依然会将<tfoot.../>所包含的表格行放在最后。在浏览器中浏览该页面，将可以看到如图 2.14 所示的效果。

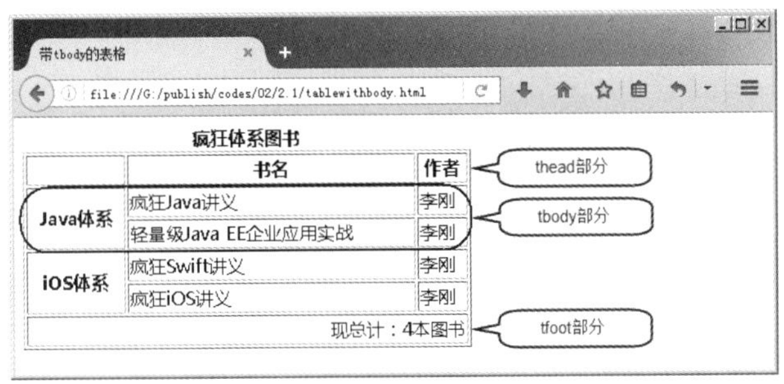

图 2.14 带<thead.../>、<tbody.../>、<tfoot.../>元素的表格效果

如果决定使用<thead.../>和<tfoot.../>元素，建议按如下次序来使用它们：<thead…/>、<tfoot.../>、<tbody.../>，浏览器自动会将<tfoot.../>元素的内容呈现在表格最下面。不仅如此，只能在<table.../>元素内使用这些元素。

除此之外，如果需要在页面中为某列整体指定属性，HTML 5 保留了如下两个元素。

➢ <col>：该元素用于为表格中的一个或多个列指定属性值。该元素只能出现在<table.../>元素或<colgroup.../>元素内。该元素可指定 id、style、class 等通用属性，还可指定 onclick 等事件属性。除此之外，该元素还可指定 span 属性，用于指定该列可横跨多少列。

  <col.../>元素是个空元素，它自己本身并不产生表格列。如需创建表格列，必须在<tr.../>元素内定义<td.../>元素。<col.../>元素只是为表格中指定列整体指定属性值，因此一旦在<table.../>中使用<col.../>为表格列指定属性，<col.../>定义的表格列数就应与表格内实际包含的列数相等。

➢ <colgroup>：该元素用于为表格中的一个或多个列指定属性值。该元素通常定义在<table.../>元素内。该元素可指定 id、style、class 等通用属性，还可指定 onclick 等事件属性。

  <colgroup.../>的作用只是用于组织多个<col.../>元素，当使用<colgroup.../>组织多个<col.../>元素时，<colgroup.../>上指定的属性将对它所包含的所有<col.../>元素有效。

下面页面代码示范了使用<colgroup.../>、<col.../>元素为指定列设置属性值。

程序清单：codes\02\2.1\tablewithcol.html

```
<h4>通过 CSS 设置表格背景色为黑色，单元格之间的间距为 1px<br>
    通过设置背景色为黑色可以实现边框效果</h4>
<table style="background-color:black;
    border-collapse:separate;border-spacing:1px;">
    <caption><b>疯狂 Java 体系图书</b></caption>
    <!-- 定义所有列的背景色都是白色 -->
    <colgroup style="background-color:white;">
        <!-- 设置第一列宽 160px -->
        <col style="width:160px"/>
        <!-- 定义横跨两列，设置这两列各宽 100px -->
        <col span="2" style="width:100px"/>
    </colgroup>
    <thead>
    <tr>
        <th>书名</th>
```

```
        <th>作者</th>
        <th>价格</th>
    </tr>
    </thead>
    <tfoot>
    <tr>
        <td colspan="3" style="text-align:right">现总计：2 本图书</td>
    </tr>
    </tfoot>
    <tbody>
    <tr>
        <td>疯狂 Java 讲义</td>
        <td>李刚</td>
        <td>109</td>
    </tr>
    <tr>
        <td>轻量级 Java EE 企业应用实战</td>
        <td>李刚</td>
        <td>89</td>
    </tr>
    </tbody>
</table>
```

上面粗体字代码使用了<colgroup.../>、<col.../>元素为页面中不同列指定了不同的属性值。使用浏览器浏览上面页面，将看到如图 2.15 所示的效果。

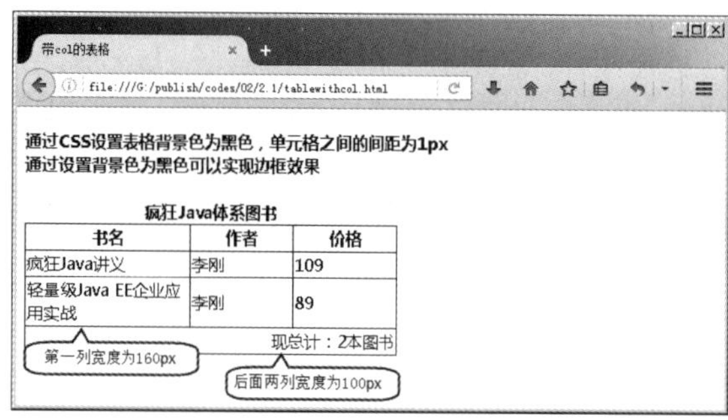

图 2.15 使用<col.../>、<colgroup.../>元素的表格效果

2.2 HTML 5 增强的 iframe 元素

HTML 5 不再推荐在页面中使用框架集，因此 HTML 5 删除了<frameset.../>、<frame.../>和<noframes.../>这 3 个元素。

HTML 5 依然保留了一个与框架相关的元素：<iframe.../>元素，该元素可以在普通 HTML 页面中使用，该元素用于在普通 HTML 页面中生成一个行内框架，可以直接放在 HTML 页面的任意位置。该元素除了可指定 id、style、class 等通用属性之外，还可指定如下属性。

- src：该属性指定一个 URL，指定该 iframe 将装载哪个页面。
- name：设置该 iframe 的名字。
- longdesc：该属性也是指定一个页面的 URL，该页面包含了关于该 iframe 的长描述。
- scrolling：设置是否在 iframe 中显示滚动条。该属性支持 yes（显示滚动条）、no（不显示滚动条）和 auto（iframe 大小不够显示时显示滚动条，否则不显示滚动条）。
- height：设置该 iframe 的高度。
- width：设置该 iframe 的宽度。

➢ frameborder：设置是否显示该 iframe 的边框。
➢ marginheight：设置该 iframe 的顶部和底部的页边距。
➢ marginwidth：设置该 iframe 的左侧和右侧的页边距。

下面 HTML 页面中包含了一个<iframe.../>元素，该元素定义了一个行内框架。

程序清单：codes\02\2.2\iframe1.html

```
<!DOCTYPE html>
<html>
<head>
    <meta name="author" content="Yeeku.H.Lee(CrazyIt.org)" />
    <title> 行内框架 </title>
</head>
<body>
<iframe src="img1.html" width="200" height="120"></iframe>
主页面内容
</body>
</html>
```

上面粗体字代码定义了一个行内框架，该行内框架负责装载 img1.html 页面。在浏览器中浏览该 HTML 页面，将可以看到如图 2.16 所示的效果。

图 2.16 行内框架效果

2.2.1 HTML 5 新增的 srcdoc 属性

HTML 5 新增的 srcdoc 属性允许直接指定 HTML 片段，这样<iframe.../>元素将直接显示该 srcdoc 所指定的 HTML 片段，如果浏览器暂时不支持 srcdoc 属性，那么将会继续显示 src 属性所指定的页面内容。目前主流的 Firefox、Opera、Chrome、Safari 都支持 srcdoc 属性。

例如，如下页面代码定义了同时指定 srcdoc 和 src 属性的<iframe.../>元素，此时 srcdoc 属性将会覆盖 src 属性。

程序清单：codes\02\2.2\iframe2.html

```
<body>
<iframe src="img1.html" width="300" height="120"
    srcdoc="<h3>HTML 5</h3><div>HTML 5 是重要的标记语言</div>"></iframe>
主页面内容
</body>
```

上面粗体字代码指定了 srcdoc 属性，此时<iframe.../>所生成的行内框架将直接显示该属性所指定的 HTML 片段，忽略 src 属性所指定的页面。在浏览器中浏览该页面，将可看到如图 2.17 所示的效果。

但如果在 Internet Explorer 浏览器中浏览该页面，由于该浏览器暂时不支持 srcdoc 属性，因此还将看到如图 2.16 所示的效果。

图 2.17　指定 srcdoc 属性的 iframe 元素

2.2.2　HTML 5 新增的 seamless 属性

seamless 属性是一个支持 boolean 值的属性，指定了该属性的<iframe.../>所生成的框架看上去像是原文档的一部分，不再显示边框和滚动条。不过到目前为止，似乎并没有浏览器完全支持该属性。

2.2.3　HTML 5 新增的 sandbox 属性

sandbox 是一个安全性方面的属性，用于对框架中的网页增加一系列额外限制。该属性支持如下属性值。

- ""：限制全部。
- allow-forms：允许框架内的表单进行提交。
- allow-same-origin：允许将框架内所加载的网页视为与使用该<iframe.../>元素的页面来自相同源（即使这两个网页来自不同源）。
- allow-scripts：允许框架内所加载的网页执行 JavaScript 脚本。
- allow-top-navigation：允许将框架内所加载网页中的超链接导航到父级窗口。

对于不指定 sandbox 属性的<iframe.../>元素，该元素对应框架内所加载的 HTML 页面几乎不受任何限制；但如果指定了 sandbox 为""，这就意味着限制了<iframe.../>元素内页面的如下功能。

- 禁用该页面内的插件。
- 禁止该页面内的表单提交。
- 该页面内超链接只能加载到该<iframe.../>框架内。
- 该<iframe..../>框架内所加载的网页将被视为来自不同的源。对于不同源的网页（两个页面对应 URL 的域名不同或端口不同，即认为这两个页面是不同源的），该页面将会被禁止使用 Ajax 与服务器交互，禁止加载来自服务器的内容，同时禁止该页面从 Cookie 或 Web Storage 中读取内容。

新版本的 Internet Explorer、Firefox、Opera、Chrome、Safari 都能很好地支持 sandbox 属性。

提示： sandbox 允许同时指定以上多个属性，多个属性之间以空格隔开即可。

1. allow-forms 属性值

指定 allow-forms 属性值允许<iframe.../>框架内的网页提交表单。该属性值通常需要和 allow-same-origin 属性值结合使用。

例如，如下<iframe.../>代码只指定 allow-forms 属性值。

程序清单：codes\02\2.2\iframeAllowForms.html

```
<iframe src="form.html" width="300" height="120"
sandbox="allow-forms"></iframe>
```

上面代码指定该<iframe.../>加载显示 form.html 页面，该页面是一个表单页面，代码如下。

程序清单：codes\02\2.2\form.html

```
<body>
<form action="addUser.action">
    用户名：<input type="text" name="name"/><br>
    密码：<input type="password" name="pass"/><br>
    <input type="submit" value="提交"/>
</form>
</body>
```

提示：

关于表单的介绍请参考第 3 章。

由于上面<iframe.../>元素指定了 sandbox="allow-forms"属性，因此页面中<iframe.../>所加载的页面可以提交表单（不指定 sandbox 属性也可以提交表单）。

使用浏览器浏览上面的 iframeAllowForms.html 页面，除了 Internet Explorer 之外，在 Firefox、Opera、Chrome 浏览器中，该页面内<iframe…/>所加载页面中的表单都不能提交。

如果将 sandbox="allow-forms"改为 sandbox="allow-forms allow-same-origin"，此时无论在哪个浏览器中浏览 iframeAllowForms.html 页面，该页面内框架中的表单都可以提交。

allow-forms 属性值必须与 allow-same-origin 属性值结合使用的原因可能是：浏览器要求行内框架所加载的页面与包含<iframe.../>的页面必须是同源的才可以提交，因此此时需要添加 allow-same-origin 属性值。

2. allow-scripts 属性值

指定 allow-scripts 属性值允许<iframe.../>框架内页面中的 JavaScript 脚本运行。

例如，如下<iframe.../>代码只指定 allow-scripts 属性值。

程序清单：codes\02\2.2\iframeAllowScripts.html

```
<iframe src="scripts.html" width="300" height="120"
sandbox="allow-scripts"></iframe>
```

上面代码指定该<iframe.../>加载显示 scripts.html 页面，该页面内包含一个超链接，用户单击该超链接时将会激发 JavaScript 脚本。该页面代码如下。

程序清单：codes\02\2.2\scripts.html

```
<body>
<a href="" onclick="this.innerHTML=this.innerHTML + '有趣'; alert('确定');">
单击我</a>
</body>
```

上面粗体字代码为 onclick 属性值指定了两条 JavaScript 脚本，其中第一条用于为该超链接的内容添加两个字；第二条用于弹出一个警告框。

在浏览器中浏览 iframeAllowScripts.html 页面，单击该页面内框架中的超链接，将可以看到系统显示如图 2.18 所示的效果。

图 2.18　指定 allow-scripts 属性值

从图 2.18 所示行内框架中超链接的内容变化可以看出，此时框架页面内的第一条 JavaScript 脚本确实获得了执行，但第二条 JavaScript 脚本却没有获得执行——这是因为 alert('确定')需要弹出一个警告框，出于安全性考虑，其他浏览器（除 IE 外）都禁止指定了 sandbox 属性的<iframe.../>内页面弹出 JavaScript 对话框。

3. allow-top-navigation 属性值

指定 allow-top-navigation 属性值允许<iframe.../>框架内网页中的超链接在该行内框架所在的父级浏览器中打开。

例如，如下<iframe.../>代码只指定 allow-top-navigation 属性值。

程序清单：codes\02\2.2\iframeAllowTop.html

```
<iframe src="nav.html" width="300" height="120"
sandbox="allow-top-navigation"></iframe>
```

上面代码指定该<iframe.../>加载显示 nav.html 页面，该页面内包含一个超链接，用户单击该超链接时将会导航到另一个站点。该页面代码如下：

```
<body>
<a href="http://www.crazyit.org" alt="疯狂 Java 联盟" target="_top">疯狂 Java 联盟</a>
</body>
```

正如上面粗体字代码所显示的，target="_top"设置该超链接需要直接在浏览器中打开。由于上面<iframe.../>元素中设置了 sandbox="allow-top-navigation"属性，因此该页面中行内框架内的超链接所链接的页面会直接装载到浏览器中。

4. allow-same-origin 属性值

指定 allow-same-origin 属性值允许将<iframe.../>框架内的网页视为与使用该<iframe.../>元素的网页来自相同的源——两个网页所在 URL 的域名相同、端口相同才能被当成来自相同的源。

出于安全性考虑，如果<iframe.../>所加载页面来自不同的源，那么该<iframe.../>内的页面将不允许使用 Ajax 与服务器交互，禁止加载来自服务器的内容，同时禁止该页面从 Cookie 或 Web Storage 中读取内容。

一旦设置了 sandbox="allow-same-origin"，该行内框架内所加载的页面将会被视为与包含行内框架的页面来自相同的源，框架内的页面才可以使用 Ajax 与服务器交互，加载来自服务器的内容，从 Cookie 或 Web Storage 中读取内容。

提示：

上面这些功能往往都需要使用 JavaScript 脚本才能实现，因此 allow-same-origin 属性值通常需要与 allow-scripts 属性值结合使用。

下面页面代码示范了为<iframe.../>的 sandbox 指定 allow-same-origin 和 allow-scripts 属性值，这就允许该<iframe.../>框架内的页面与服务器进行 Ajax 交互、加载服务器响应等。

程序清单：codes\02\2.2\allowSame\iframeAllowSame.html

```
<iframe src="same.html" width="300" height="120"
sandbox="allow-same-origin allow-scripts"></iframe>
```

上面代码指定<iframe.../>行内框架加载 same.html 页面，same.html 页面将会使用 Ajax 与服务器交互，并动态加载服务器响应。下面是 same.html 页面代码。

程序清单：codes\02\2.2\allowSame\same.html

```
<body>
<script type="text/javascript">
var xhr;
// 创建 XMLHttpRequest 对象
if (window.XMLHttpRequest)
{
    xhr = new XMLHttpRequest();
}
else
{
    alert("浏览器不支持 XMLHttpRequest 对象");
}
// 设置处理响应的回调函数
xhr.onreadystatechange = function()
{
    if(xhr.readyState == 4 && xhr.status == 200)
    {
        // 获取服务器响应
        var res = eval(xhr.responseText);
        for(var i = 0; i < res.length; i++)
        {
            document.body.innerHTML += res[i] + "<br>";
        }
    }
};
// 发送异步请求
xhr.open("GET" , "books.json" , true);
// 发送请求
xhr.send(null);
</script>
</body>
```

上面页面代码使用 Ajax 向 books.json 发送请求，books.json 会返回一段简单的 JSON 字符串：['疯狂 Java 讲义', "疯狂 Android 讲义", "轻量级 Java EE 企业应用实战"]，JavaScript 代码即可实现与服务器的交互。

提示： 这个示例不能简单地使用浏览器测试，而是需要将 codes\02\2.2 目录下的 allowSame 应用部署在 Web 服务器（如 Tomcat）中，然后才能使用浏览器测试。而且该实例还使用了<script.../>元素来包含 JavaScript 代码。关于<script.../>元素请参考第 13 章。

接下来使用浏览器浏览该应用下的 iframeAllowSame.html 页面，即可看到如图 2.19 所示的效果。

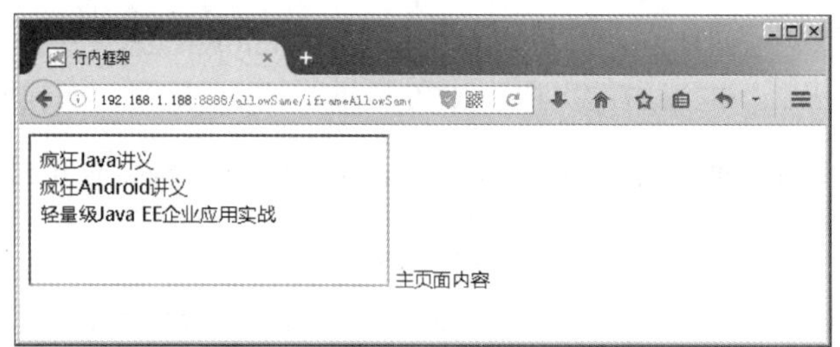

图 2.19　指定 allow-same-origin 属性值

从图 2.19 可以看出，页面中框架所加载的内容来自于服务器，这说明框架内的页面与服务器交互成功、加载服务器响应成功，这就是 allow-same-origin 属性值的作用。

同理，如果程序需要<iframe.../>框架内的页面读取 Cookie 或 Web Storage 中的内容，则需在 sandbox 属性中添加 allow-same-origin 属性值（或干脆不使用 sandbox 属性）。

2.3　HTML 5 保留的通用属性

正如前面所介绍的，HTML 5 的元素支持指定属性，不同元素支持的属性可能略有区别，但有一些属性是所有元素都支持的，比如前面提到的 id、style、class 等，这些属性也被称为 HTML 元素的通用属性。HTML 5 保留了大量原有的通用属性。

2.3.1　id、style、class 属性

id 属性用于为 HTML 元素指定唯一标识。当程序使用 JavaScript 编程时即可通过该属性值来获取该 HTML 元素。

style 属性用于为 HTML 元素指定 CSS 样式。

class 属性则用于匹配 CSS 样式的 class 选择器。

提示： 关于 CSS 样式的内容请参考第 6 章，此处并不打算详细介绍 CSS 样式，只介绍 style、class 属性。

下面代码为页面上的<div.../>元素指定了 id 属性，这样接下来就可以在 JavaScript 脚本中通过该 id 属性值来访问该<div.../>元素了。

程序清单：codes\02\2.3\id.html

```
<body>
<div id="show" style="width:400px;height:120px;background-color:red;"></div>
<a href="#" onclick="change();">改变颜色</a>
<script type="text/javascript">
    var change = function()
    {
        var div = document.getElementById("show");  // ①
        div.style.backgroundColor = div.style.backgroundColor == 'red'?
            'green' : (div.style.backgroundColor == 'green'? 'blue': 'red');
    }
</script>
</body>
```

上面页面代码中第一行粗体字代码为该<div.../>元素指定了 id 属性，该 id 属性值将作为该元素的唯一标识，即唯一标识为“show”。接下来为该<div.../>元素指定了 style 属性，该 style

属性值就是 CSS 样式，有 3 个 CSS 属性值，分别指定了该<div.../>元素的宽度、高度和背景色。

由于程序为页面上的<div.../>元素指定了 id 属性，因此页面中①号粗体字 JavaScript 脚本可以通过该 id 属性值来获取该<div.../>元素，接下来程序就动态修改了该元素的背景色。在浏览器中浏览该页面，每次用户单击页面上的“改变颜色”超链接时，都可以看到<div.../>元素改变一次背景色。

class 属性则用于为 HTML 元素匹配 CSS 样式的 class 选择器。例如如下页面代码。

程序清单：codes\02\2.3\class.html

```
<!DOCTYPE html>
<html>
<head>
    <meta name="author" content="Yeeku.H.Lee(CrazyIt.org)" />
    <meta http-equiv="Content-Type" content="text/html; charset=utf-8" />
    <title> class 属性 </title>
    <style type="text/css">
        div.content {
            width: 300px;
            height: 120px;
            border: 1px solid black;
            float:left;
        }
    </style>
</head>
<body>
<div class="content">测试内容一</div>
<div class="content">测试内容二</div>
</body>
</html>
```

上面页面中两行粗体字代码为<div.../>元素指定了 class="content"，这表明该<div.../>元素可以匹配 CSS 中对应的 class 选择器。上面的.content{}一段就是定义了一个 class 为 content 的 CSS 样式，这个 CSS 样式指定了宽度、高度和边框，这样就会把页面中所有 class 为 content 的<div.../>元素都设置成对应的宽度、高度和边框。使用浏览器浏览该页面，将可以看到如图 2.20 所示的效果。

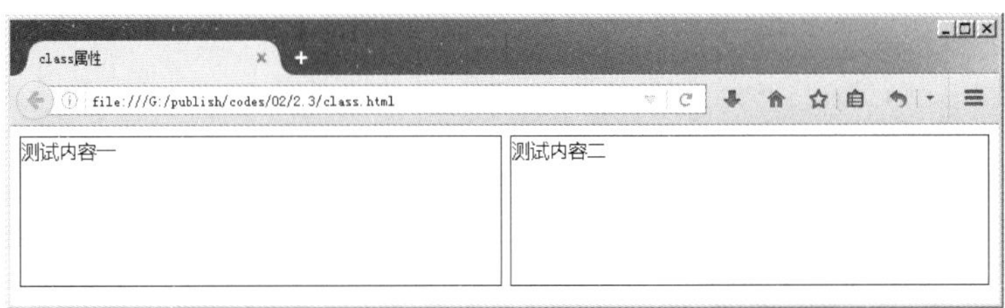

图 2.20 使用 class 属性匹配 class 选择器

2.3.2 dir 属性

对于大部分 HTML 元素而言，dir 属性用于设置元素中内容的排列方向。该属性支持 ltr 和 rtl 两个属性值，其中 ltr 用于设置内容从左到右排列，而 rtl 则用于设置内容从右到左排列。

下面页面代码示范了为<div.../>和<td.../>元素设置 dir 属性。

程序清单：codes\02\2.3\dir.html

```
<body>
<div dir="ltr">测试内容 dir 设为 ltr</div>
<div dir="rtl">测试内容 dir 设为 rtl</div>
```

```
<table width="500" border="1">
<tr>
<td dir="ltr">表格内容 dir 设为 ltr</td>
<td dir="rtl">表格内容 dir 设为 rtl</td>
</tr>
<table>
</body>
```

在浏览器中浏览该页面，可以看到如图 2.21 所示的效果。

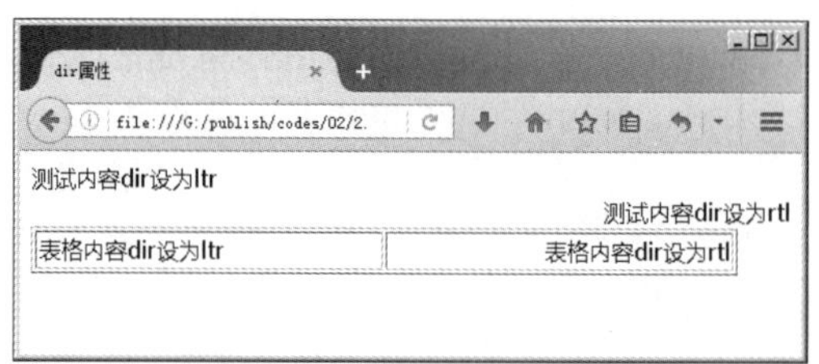

图 2.21　设置 dir 属性

2.3.3　title 属性

title 属性用于为 HTML 元素指定额外信息。通常来说，当用户把鼠标移动到该元素上面时，浏览器将会显示 title 属性所指定的信息。

提示： title 属性常和<a.../>元素一起使用，以提供关于链接目标的信息。同时它也是<abbr.../>元素的必需属性。

下面页面代码示范了为<a.../>、<div.../>和<td.../>元素等指定 title 属性。

程序清单：codes\02\2.3\title.html

```
<body>
<a href="http://www.fkjava.org" title="疯狂软件官网">疯狂软件</a>
<div title="测试标题">测试内容</div>
<table border="1" >
   <tr>
      <td title="单元格标题">单元格内容</td>
   </tr>
</table>
<table>
</body>
```

上面页面代码中为<a.../>、<div.../>和<td.../>元素都指定了 title 属性，通过这种方式即可为这些元素提供额外信息，而且当用户将鼠标移动到这些元素上面时，浏览器会显示 title 属性值，如图 2.22 所示。

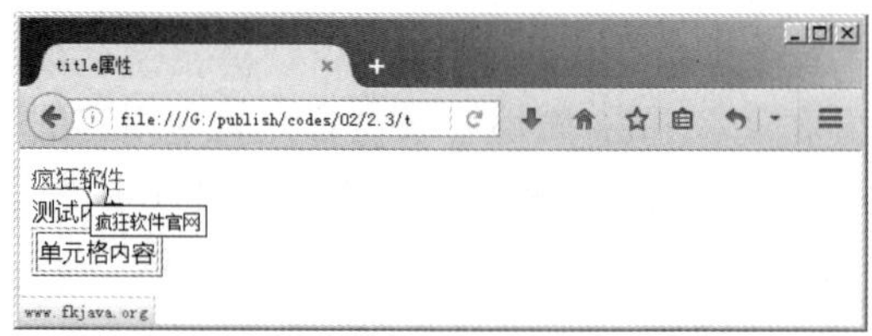

图 2.22　设置 title 属性

2.3.4 lang 属性

通过设置 lang 属性来告诉浏览器和搜索引擎：网页或网页中元素的内容所使用的语言。该属性的属性值应该是符合标准的语言代码，比如 zh 代表中文、en 代表英语、fr 代表法语、ja 代表日文等。

根据 W3C 推荐标准，HTML 页面通过<html.../>元素的 lang 属性来设置整个页面所使用的主要语言。例如如下代码。

程序清单：codes\02\2.3\lang.html

```
<html lang="zh">
```

如果页面中部分元素使用了另外的语言，也可以为这些元素再次指定 lang 属性来设置语言。例如如下页面代码（程序清单同上）：

```
<div lang="ja">テスト内容</div>
<div lang="en">Test Content</div>
```

2.3.5 accesskey 属性

当 HTML 页面中有多个元素时，可以通过 accesskey 属性指定激活该元素的快捷键，这样用户通过键盘快捷键就可以激活对应的 HTML 元素。

提示： 从测试结果来看，几乎所有主流浏览器都支持 accesskey 属性，但 Firefox 目前暂不支持。

下面页面代码示范了 accesskey 属性的作用。

程序清单：codes\02\2.3\accesskey.html

```
用户名(n)：<input name="name" type="text" accesskey="n"/><br>
密码(p)：<input name="pass" type="text" accesskey="p"/>
<a href="http://www.fkjava.org" accesskey="x">疯狂软件<a>
```

上面页面中定义了两个单行文本框和一个超链接，且页面代码为这 3 个元素都指定了 accesskey 属性，这就允许用户通过快捷键来激活这些元素。

在浏览器中浏览该页面，按下键盘上的“Alt + P”快捷键，即可看到如图 2.23 所示的效果。

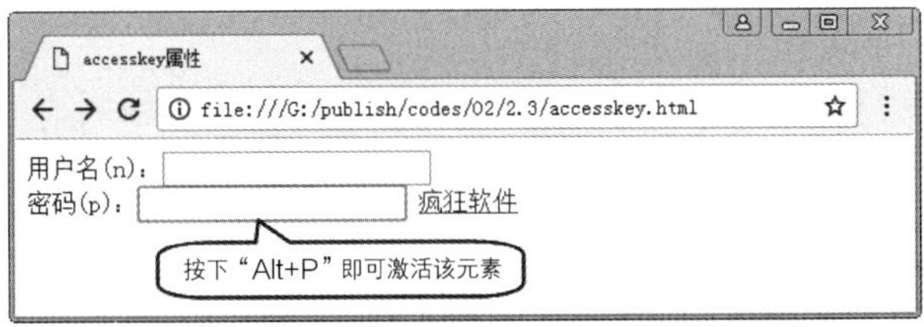

图 2.23 指定 accesskey 属性

从图 2.23 可以看出，指定了 accesskey 属性之后，用户只要按下“Alt+快捷键”即可激活该元素。如果用户在浏览图 2.23 所示页面时按下“Alt + x”（x 是页面上超链接的快捷键），即可导航到超链接所链接的目标页面。

2.3.6 tabindex 属性

当用户浏览网页时，可通过按键盘上的 Tab 键来不断切换窗口或页面中 HTML 元素来获得焦点，tabindex 属性则用于控制窗口、HTML 元素获取焦点的顺序。比如将一个 HTML 元素的 tabindex 属性值设置为 1，那么就表明该元素将会在用户第一次按下 Tab 键时获得焦点。

例如，如下页面代码为页面上的 3 个超链接指定了 tabindex 属性，这就控制了这些 HTML 元素获取焦点的顺序。

程序清单：codes\02\2.3\tabindex.html

```
<body>
<a href="#" tabindex="2">疯狂 Java 联盟</a>
<a href="#" tabindex="1">HTML 5 学习</a>
<a href="#" tabindex="3">Java 学习</a>
</body>
```

上面 3 个超链接中的第二个超链接的 tabindex 属性值为 1，这表明用户按下 Tab 键时，该超链接将会第一个获得焦点。在浏览器中浏览该页面并按下 Tab 键，将可以看到如图 2.24 所示的效果。

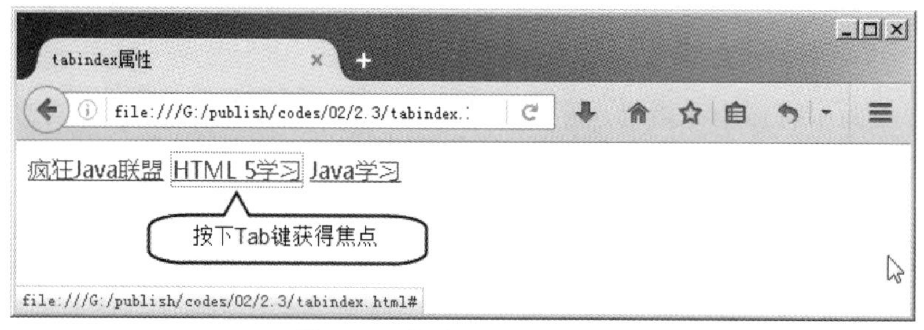

图 2.24 指定 tabindex 属性

在默认情况下，tabindex 属性主要对<a.../>、<area.../>、<button.../>、<input.../>、<select.../>和<textarea.../>等元素的作用比较明显，因为这些元素都可以被激活、与用户交互。

如果为其他 HTML 元素指定 tabindex 属性，它们也可以获得焦点，但由于这些元素并不需要被激活、与用户交互，往往只是需要在 JavaScript 代码中调用它们的 focus()方法让其获取焦点，因此建议将这些 HTML 元素的 tabindex 属性值设为-1，这样就可避免用户按下 Tab 键时让这些元素获得焦点，但又可以在脚本中让这些元素获得焦点。

2.4 HTML 5 新增的通用属性

HTML 5 保留了大部分原有的 HTML 元素，但为这些元素增加了一些通用属性，这些通用属性极大地增强了 HTML 元素的功能。

2.4.1 contentEditable 属性

HTML 5 为大部分 HTML 元素增加了 contentEditable 属性，如果将该属性设为 true，那么浏览器将会允许开发者直接编辑该 HTML 元素里的内容。此处的 HTML 元素并不是指那些原本就允许用户输入的表单元素，如文本框、文本域之类的，而是可以把<table.../>、<div.../>等元素变成可编辑状态。

contentEditable 属性具有“可继承”的特点：如果一个 HTML 元素的父元素是“可编辑”的，那么它默认也是可编辑的，除非显式指定 contentEditable="false"。

下面页面示范了将<div.../>、<table.../>元素转换成可编辑状态。

程序清单：codes\02\2.4\contentEditable.html

```
<body>
<!-- 直接指定 contentEditable="true"表明该元素是可编辑的 -->
<div contentEditable="true" style="width:500px;border:1px solid black">
疯狂 Java 讲义
<!-- 该元素的父元素有 contentEditable="true", 因此该表格也是可编辑的 -->
<table style="width:420px;border-collapse:collapse" border="1">
<tr>
    <td>疯狂 Java 讲义</td>
    <td>疯狂 Android 讲义</td>
</tr>
<tr>
    <td>轻量级 Java EE 企业应用实战</td>
    <td>经典 Java EE 企业应用实战</td>
</tr>
</table>
</div>
<hr/>
<!-- 这个表格默认是不可编辑的
    双击之后该表格变为可编辑状态 -->
<table id="target"
    ondblclick="this.contentEditable=true;"
    style="width:420px;border-collapse:collapse" border="1">
<tr>
    <td>HTML 5</td>
    <td>Ruby</td>
</tr>
<tr>
    <td>C/C++</td>
    <td>Python</td>
</tr>
</table>
</body>
```

上面页面代码中第一个表格位于可编辑的<div.../>元素内，因此该表格默认就是可编辑的。第二个表格默认是不可编辑的，页面代码为该表格添加了双击事件：当用户双击该表格时，该表格将变成可编辑状态。在浏览器中浏览该页面，并双击第二个表格，将可以看到如图 2.25 所示的效果。

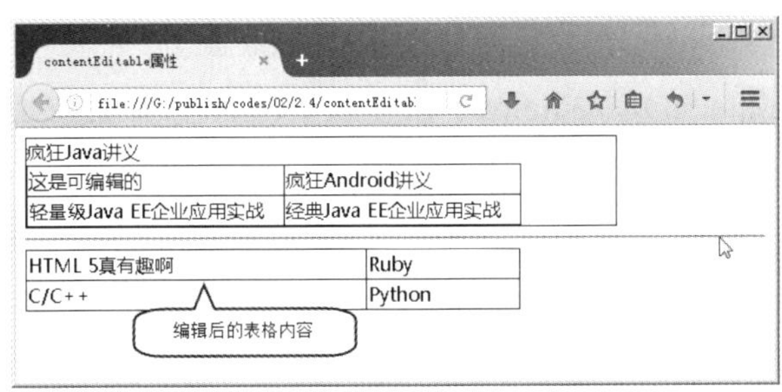

图 2.25　可编辑的 HTML 元素

除此之外，HTML 5 为允许设置 contentEditable 属性的元素提供了 isContentEditable 属性，当该元素处于可编辑状态时，该属性返回 true；否则返回 false。

当用户编辑完成后，用户编辑的内容就会直接显示在该页面中（不要刷新页面，一旦刷新页面就会重新加载，编辑的内容会丢失），开发者可以通过该元素的 innerHTML 属性来获取编辑后的内容。

2.4.2 designMode 属性

designMode 属性相当于一个全局的 contentEditable 属性，如果把整个页面的 designMode 属性设置为 on，该页面上所有可支持 contentEditable 属性的元素都变成可编辑状态；designMode 属性默认为 off。

在 JavaScript 代码中只能修改整个 HTML 页面的 designMode 属性。例如，使用如下代码可以打开 HTML 页面的 designMode 属性。

```
document. designMode="on";
```

看如下页面代码。

程序清单：codes\02\2.4\designMode.html

```
<body ondblclick="document.designMode='on';">
<div>aaaa</div>
<table style="width:420px;border-collapse:collapse" border="1">
<tr>
    <td>疯狂 Java 讲义</td>
    <td>疯狂 Android 讲义</td>
</tr>
<tr>
    <td>轻量级 Java EE 企业应用实战</td>
    <td>经典 Java EE 企业应用实战</td>
</tr>
</table>
</body>
```

上面粗体字代码指定双击该页面时打开整个页面的 designMode 状态，此时页面中所有支持 contentEditable 属性的元素都将变成可编辑状态。

在浏览器中浏览该页面，将可以看到如图 2.26 所示的效果。

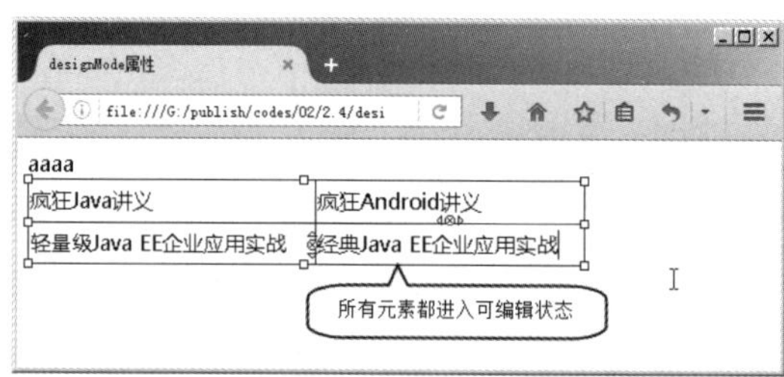

图 2.26　打开 designMode 属性

绝大部分主流浏览器（如 IE、Firefox、Chrome、Opera、Safari）都已支持 designMode 属性。

2.4.3 hidden 属性

HTML 5 为所有元素都提供了一个 hidden 属性，这个 hidden 属性支持 true、false 两个属性值，一旦把某个 HTML 元素的 hidden 设为 true，就意味着通知浏览器不显示该组件，浏览器也不会保留该组件所占用的空间。

提示：

hidden 属性可以代替 CSS 样式单中的 display 属性，设置 hidden="true"相当于在 CSS 中设置 display:none。

下面页面示范了 hidden 属性的功能。

程序清单：codes\02\2.4\hidden.html

```
<body>
<div id="target" hidden="true" style="height:80px">
文字内容
</div>
<button onclick="var target=document.getElementById('target');
   target.hidden=!target.hidden;">显示/隐藏</button>
</body>
```

从上面粗体字代码可以看出，当用户单击页面上的按钮时，<div.../>元素将会在显示/隐藏两种状态之间切换。

使用浏览器浏览该页面，让 hidden 属性分别为 true、false 时会看到如图 2.27 所示的效果。

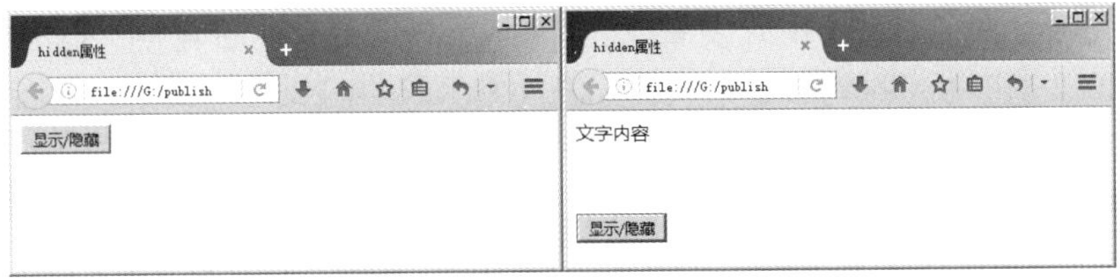

图 2.27 使用 hidden 属性控制 HTML 元素的隐藏效果

2.4.4 spellcheck 属性

HTML 为<input .../>、<textarea.../>等元素增加了 spellcheck 属性。该属性是一个支持 boolean 值的属性，如果设置了 spellcheck 属性，浏览器将会负责对用户输入的文本内容执行输入检查，如果检查不通过，浏览器会对拼错的单词进行提示。

看如下页面代码。

程序清单：codes\02\2.4\spellcheck.html

```
<!-- 指定执行拼写检查 -->
<textarea spellcheck rows="3" cols="40">
</textarea>
```

提示： 支持 spellcheck 属性的浏览器有 Chrome、Opera 和 Safari，IE 和 Firefox 暂未支持该属性。

使用 Chrome 浏览该页面，将看到如图 2.28 所示的效果。

从图 2.28 可以看出，如果用户在文本框中输入的单词有错误，浏览器将会在该单词下面添加红色波浪线进行提示。

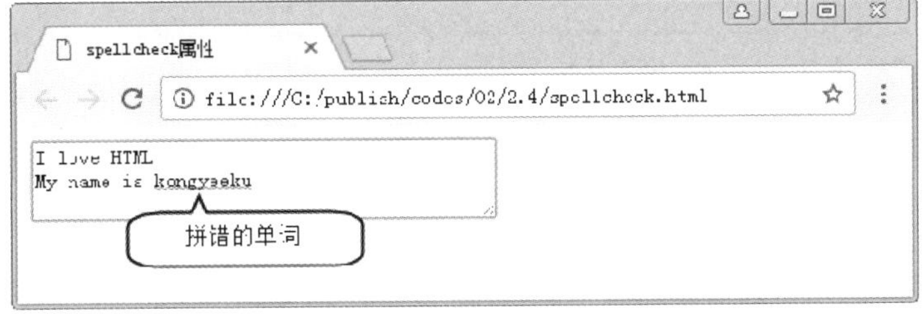

图 2.28 使用 spellcheck 执行拼写检查

2.4.5 contextmenu 属性

contextmenu 属性用于为 HTML 元素设置上下文菜单，当用户在该元素上单击鼠标右键时将会激发该菜单。遗憾的是，到目前为止，暂时并无浏览器支持该属性。

2.5 HTML 5 新增的结构元素

在 HTML 5 以前，HTML 页面只能使用<div.../>元素作为结构元素，而 HTML 5 则提供了<article.../>、<section.../>、<nav.../>、<aside.../>、<header.../>、<footer.../>、<main.../>等文档结构元素。

2.5.1 article 与 section 元素

下面先简单列出<article.../>和<section.../>这两个元素的概要功能。

- <article.../>：该元素用于代表页面上独立、完整的一篇“文章”，该元素表示的内容可以是一个帖子、一篇 Blog 文章、一篇短文、一条完整的回复等。总之，只要是一篇独立的文档内容，就应该使用<article.../>元素来表示。关于<article.../>的简单规则如下：
  - <article.../>元素内部可使用<header.../>定义文章“标题”部分。
  - <article.../>元素内部可使用<footer.../>定义文章“脚注”部分。
  - <article.../>元素内部可使用多个<section.../>把文章内容分成几个“段落”。
  - <article.../>元素内部可嵌套多个<article.../>作为它的附属“文章”，比如一篇 Blog 文章后面可以有多篇回复文章。
- <section.../>：该元素用于对页面的内容进行分块。<section.../>元素通常也可由标题和内容组成。关于<section.../>元素的简单规则如下：
  - 通常建议<section.../>元素包含一个标题（也就是<h1.../>～<h6.../>元素定义的标题）。
  - <section.../>元素可以包含多个<article.../>元素，表示该“分块”内部包含多篇文章。
  - <section.../>元素可以嵌套<section.../>元素，用于表示该“分块”包含多个“子分块”。

除了<section.../>元素可指定 cite 属性之外，<atricle.../>元素只支持 id、class、style、contentEditable、hidden 等通用属性。

提示：

<article.../>和<section.../>两个元素非常容易搞混，因为它们都可以包含很多子元素，而且可以相互嵌套。但<article.../>和<section.../>的侧重点不同：<article.../>侧重于表达一篇独立的、完整的文章，而<section.../>则侧重于对页面内容进行分块。换句话来说，如果想表达一块独立、完整的内容时，应该使用<article.../>元素；如果想把一块内容分成几个部分，则应该使用<section.../>元素。

下面页面使用<article.../>、<section.../>来模拟定义一个论坛帖子。

程序清单：codes\02\2.5\article.html

```
<body>
<h1>浏览帖子内容</h1>
<article>
    <h2>学习 Android，必须先学习 Java 吗</h2>
    <p>Android 上的应用程序只能用 Java 编写吗？可以用 C++吗？</p>
    <!-- 帖子的“回复”部分，用 section 元素表示 -->
    <section>
        <h2>回复内容</h2>
        <!-- 每个 article 代表一个回复 -->
        <article>
```

```
            <!-- 回复的标题 -->
            <h3>还是得学习 Java</h3>
            <div>作者：kongyeeku</div>
            <p>虽然 Android 不一定要使用 Java 开发，还可以选择 JavaScript<br>
                或 NDK 开发，但 Java 毕竟是 Android 主要的开发语言，<br>
                因此建议学习 Android 之前还是先学习 Java</p>
        </article>
        <!-- 每个 article 代表一个回复 -->
        <article>
            <!-- 回复的标题 -->
            <h3>Java 是基础</h3>
            <div>作者：kuan008</div>
            <p>Java 是基础，学好 Java 再去学习 Android 事半功倍。</p>
        </article>
    </section>
    <!-- 帖子的“评价”部分，用 section 元素表示 -->
    <section>
        <h2>评价内容</h2>
        <!-- 每个 article 代表一个评价 -->
        <article>
            <!-- 评价的标题 -->
            <h3>讨论很好</h3>
            <p>大家讨论得很深入，对我帮助很大</p>
        </article>
        <!-- 每个 article 代表一个评价 -->
        <article>
            <!-- 评价的标题 -->
            <h3>赞</h3>
            <p>不错，赞</p>
        </article>
    </section>
</article>
</body>
```

上面页面的<body.../>元素中首先定义了一个<h1.../>元素，该元素将作为整个网页的标题。

接下来定义了一个<article.../>元素，表示该页面只显示一篇文章，该文章内包括了使用<h2.../>定义的文章标题、使用<p.../>定义的文章内容。

此外，上面页面中第一个<section.../>元素定义了文章的所有回复，其中每个回复又用了一个<article.../>元素表示；第二个<section.../>元素定义了文章的所有评价，其中每个评价又用了一个<article.../>元素表示。

看到上面页面内容，可能有读者感觉<section.../>元素与<div.../>元素有点相似。实际上本来也是如此，只是它们的语义不同：<div.../>元素只是作为页面内容的通用容器，如果程序只是为了动态修改页面某个部分的内容，则建议使用<div.../>元素；而<section.../>元素则主要作为内容的“分块”。

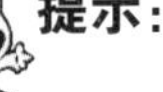

提示：

<div.../>元素只是一个通用的“容器”组件，而<section.../>元素则是一个负责“分块”的 HTML 组件。

浏览该页面，将看到如图 2.29 所示的效果。

图 2.29　article 与 section 元素

可能有读者对图 2.29 所示的效果失望了：这些文档结构元素并未呈现出任何特别的外观，文字的格式也没有任何改变。但不要忘记了，HTML 5 提供的这些文档结构元素并不是用来对文字进行格式化的，它提供的是一种文档结构。如果需要对文档内容进行格式化，则可以通过添加 CSS 样式单来完成。

<article.../>、<section.../>元素的主要作用是定义文档结构，以便搜索引擎、浏览器等工具解析该文档的结构。例如，使用 HTML 5 大纲分析工具（http://gsnedders.html5.org/outliner）来分析该网页，就可以看到清晰的文档结构，如图 2.30 所示。

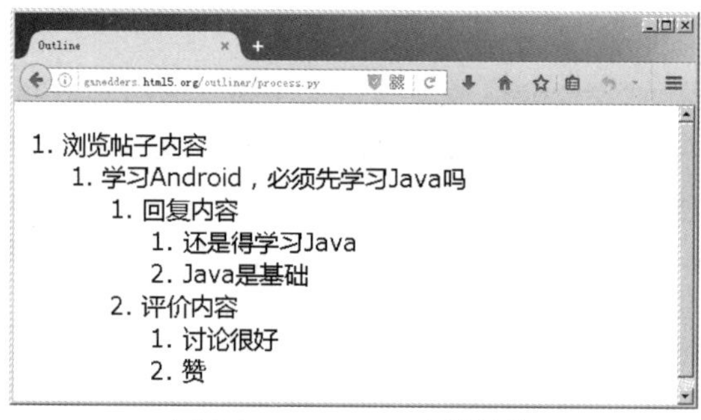

图 2.30　HTML 5 文档结构

从图 2.30 可以看出，<body.../>元素内的<h1.../>元素（包括 h2~h6）将被当成整个网页的标题，接下来的<article.../>元素定义了该网页内一篇文章。

<article.../>元素内的<h2.../>元素（包括 h2~h6）将被当成该文章的标题。

<article.../>元素内可包含多个<section.../>部分，用于表示该文章可分为几个部分。

每个<section.../>部分内的<h2.../>元素（包括 h2~h6）将被当成该部分的标题。

<section.../>元素内可包含多个<acticle.../>部分，表明该部分可分为几篇小文章。如果<acticle.../>内的内容不再需要划分成几个部分，则可以直接用<p.../>元素来定义文章内容。

2.5.2　header 与 footer 元素

下面先简介<header.../>和<footer.../>元素的功能。

- **<header…/>**：该元素通常用于代表标题。从功能上看，该元素的作用有点类似于<h1.../>~<h6.../>元素，但<header.../>元素的用途更加广泛，该元素内部既可包含多个<h1.../>~<h6.../>这样的标题元素，也可包含普通的<p.../>、<span.../>等元素，还可包含<nav.../>元素。
- **<footer…/>**：该元素主要用于父级元素定义"脚注"部分，包括该文章的版权信息、作者授权信息等。

当网页内容、<acticle.../>或<section.../>包含了更多复杂内容的标题时，此时建议使用<header.../>元素来组织它们。

例如，对上面网页进行如下修改。

程序清单：codes\02\2.5\header.html

```
<body>
<!-- 网页标题 -->
<!-- 网页标题 -->
<header>
    <img src="images/fklogo.gif" alt="疯狂软件"/> 
    <a href="#">返回首页</a>
    <h1>浏览帖子内容</h1>
</header>
<article>
    <h2>学习 Android，必须先学习 Java 吗</h2>
    <p>Android 上的应用程序只能用 Java 编写吗？可以用 C++吗？</p>
    <!-- 帖子的“回复”部分，用 section 元素表示  -->
    <section>
        <h2>回复内容</h2>
        <!-- 每个 article 代表一个回复 -->
        <article>
            <!-- 回复的标题 -->
            <header>
                <h2>还是得学习 Java</h2>
                <div>作者：kongyeeku</div>
            </header>
            <p>虽然 Android 不一定要使用 Java 开发，还可以选择 JavaScript<br>
                或 NDK 开发，但 Java 毕竟是 Android 主要的开发语言，<br>
                因此建议学习 Android 之前还是先学习 Java</p>
        </article>
        <!-- 每个 article 代表一个回复 -->
        <article>
            <!-- 回复的标题 -->
            <header>
                <h2>Java 是基础</h2>
                <div>作者：kuan008</div>
            </header>
            <p>Java 是基础，学好 Java 再去学习 Android 事半功倍。</p>
        </article>
    </section>
    <!-- 帖子的“脚注” -->
    <footer>
        以上帖子和回复只代表其个人观点，不代表疯狂 Java 联盟的观点或立场
    </footer>
</article>
<footer>
```

```
        <a href="#">站点信息</a>
        <a href="#">联系我们</a>
    </footer>
    </body>
```

上面粗体字代码改变了网页<body.../>的标题，页面不再以简单的<h1.../>元素作为标题，而是使用<header.../>元素来作为标题，此时就可以在<header.../>元素中添加网站 Logo 等其他元素作为标题。

如果<article.../>所包含的标题也需要功能更丰富的内容，则同样可以使用<header.../>来添加标题，正如上面页面中粗体字代码所示。

此外，上面页面代码还使用<footer.../>元素为<acticle.../>、<body.../>元素添加了“脚注”，其中为<body.../>元素添加的<footer.../>元素将作为整个页面的“说明信息”，为<article.../>元素添加的“脚注”将只是作为该文章的“附加说明信息”。

2.5.3　nav 与 aside 元素

HTML 5 还提供了<aside.../>和<nav.../>表示文档结构的元素，下面先简单介绍这两个元素的功能。

- <nav…/>：该元素专门用于定义页面上的“导航条”，包括页面上方的“主导航条”、侧边的“边栏导航”、页面内部的“页面导航”、页面下方的“底部导航”等，HTML 5 推荐将这些导航链接分别放在相应的<nav.../>元素中进行管理。
- <aside…/>：该元素专门用于定义当前页面或当前文章的附属信息，通常来说，推荐<aside.../>元素使用 CSS 渲染成侧边栏。

需要说明的是，HTML 5 提供的<nav.../>、<aside.../>元素只是文档结构元素，并不负责对文本内容的格式化进行处理。如果需要让这两个元素呈现出特定的视觉效果，则建议使用 CSS 样式进行控制。

下面页面代码分别使用<aside.../>元素为<article.../>、<body.../>元素添加“边栏”，这也是<nav.../>元素的两个通用功能。

- 将<aside.../>元素放在<body.../>内部，表明为整个页面添加“边栏”。
- 将<aside.../>元素放在其他父元素内部，表明为父元素添加“边栏”。

程序清单：codes\02\2.5\aside.html

```
<body>
<!-- 网页标题 -->
<header>
    <img src="fklogo.gif" alt="疯狂软件"/>返回首页
    <h1>浏览帖子内容</h1>
</header>
<article>
    ...
    <!-- 帖子的“脚注” -->
    <footer>
        以上帖子和回复只代表其个人观点，不代表疯狂 Java 联盟的观点或立场
    </footer>
    <!-- 该 aside 放在 article 内部，将作为该文章的“边栏”信息 -->
    <aside>
        <section>
        <h4>关于楼主</h4>
        <div>用户组：编程摸索者</div>
        <div>注册日期：2009-7-27</div>
        <div>上次访问：2012-1-3 20:02</div>
```

```
        <div>最后发表: 2012-1-1 17:38</div>
        <div>发帖数级别: 小试牛刀</div>
        <div>阅读权限: 30</div>
        </section>
    </aside>
</article>
<footer>
    <a href="#">站点信息</a>
    <a href="#">联系我们</a>
</footer>
<!-- 该 aside 放在 body 内部，将作为整个 HTML 文档的“边栏”信息 -->
<aside>
    <h3>页面导航</h3>
    <nav>
        <ul>
            <li><a href="#">查看相关内容</a></li>
            <li><a href="http://www.crazyit.org">返回首页</a></li>
            <li><a href="http://www.crazyit.org/forum-63-1.html">返回本版</a></li>
        </ul>
    </nav>
</aside>
</body>
```

上面页面代码中通过粗体字代码添加了两个<aside.../>元素，其中一个作为页面的“边栏”，另一个作为<article.../>元素的“边栏”。上面粗体字代码中还使用了<nav.../>元素来添加页面导航。

为了更好地看到边栏效果，本示例增加了一些 CSS 样式来控制格式效果，在浏览器中浏览该页面，可以看到如图 2.31 所示的效果。

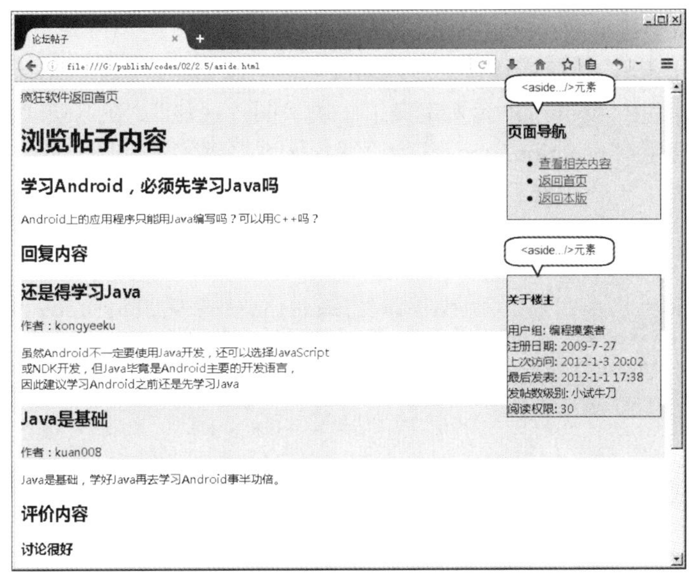

图 2.31 使用<aside.../>元素添加边栏

2.5.4 main 元素

一个 HTML 文档最多只应包含一个<main.../>元素，该元素用于包含网页中除导航条、Logo、版权信息等之外的主要内容。换而言之，使用<main.../>元素，网页内<article.../>、<section.../>、<div.../>元素都应该放在<main.../>元素内。

<main.../>元素不应该放在允许重复出现的内容中，比如<article.../>、<section.../>、

<aside.../>、<nav.../>、<footer>、<header>等元素内。

下面代码示范了在 HTML 文档中使用<main.../>元素。

程序清单：codes\02\2.5\main.html

```
<body>
<!-- 网页标题 -->
<header>
    <h1>浏览回复内容</h1>
</header>
<main>
<h2>还是得学习 Java</h2>
<div>作者：kongyeeku</div>
<p>虽然 Android 不一定要使用 Java 开发，还可以选择 JavaScript<br>
    或 NDK 开发，但 Java 毕竟是 Android 主要的开发语言，<br>
    因此建议学习 Android 之前还是先学习 Java</p>
</main>
</body>
```

正如从上面代码所看到的，页面中使用了一个<main.../>元素，该元素用于包含页面的主要内容，因此除了代表页面标题的<header.../>元素之外，其他元素都被放在<main.../>元素内。

2.5.5 figure 与 figcaption 元素

HTML 为图像语义额外添加了<figure.../>和<figcaption.../>两个元素，下面先简单介绍这两个元素的功能。

- <figure.../>：该元素用于表示一块独立的“图片区域”，该元素内部可包含一个或多个<img.../>元素所代表的图片。除此之外，该元素内部还可包含一个<figcaption.../>元素，用于定义该“图片区域”的标题。
- <figcaption…/>：该元素通常放在<figure.../>内部，用于定义“图片区域”的标题。

下面页面代码使用<figure.../>元素定义了一块“图片区域”，在这块“图片区域”内包含了 3 张图片，且使用<figcaption.../>元素为“图片区域”添加了标题。此外，还使用 CSS 为<figure.../>元素添加了一个边框。

程序清单：codes\02\2.5\figure.html

```
<body>
<figure style="border:2px solid black;padding:5px;width:510px">
    <figcaption><b>疯狂 Java 体系图书</b></figcaption>
    <img src="images/java.png" alt="疯狂 Java 讲义" style="width:165px;height:
230px"/>
    <img src="images/android.png" alt="疯狂 Android 讲义" style="width:165px;height:
230px"/>
    <img src="images/javaee.png" alt="轻量级 Java EE 企业应用实战"
        style="width:165px;height:230px"/>
</figure>
</body>
```

在浏览器中浏览该页面，将看到如图 2.32 所示的效果。

<figure.../>定义的“图片区域”代表了网页上的独立区域，每个<figure.../>元素内部只能包含一个<figcaption.../>元素。

图 2.32　使用<figure.../>元素定义图片区域

2.6　HTML 5 新增的语义元素

HTML 5 新增了<mark.../>、<time.../>、<details.../>和< summary.../>这些语义相关的元素，本节将详细介绍这些元素。

2.6.1　mark 元素

<mark.../>用于显示 HTML 页面中需要重点“关注”的内容，就像看书时喜欢用荧光笔把某些重点内容标注出来一样。该元素可以指定 id、style、class 和 hidden 等通用属性。浏览器通常会用黄色显示<mark.../>标注的内容。

下面的 HTML 页面代码使用了<mark.../>元素。

程序清单：codes\02\2.6\semantic.html

```
<body>
<h1>mark 元素</h1>
<article>
    <header>
        <h2>疯狂软件即将引入<mark>HTML 5</mark>相关课程</h2>
    </header>
    <p>
    <mark>HTML 5</mark>是下一代的 HTML 规范，<br>
    <mark>HTML 5</mark>即将把前端开发者从繁重的开发中释放出来。<br>
</article>
</body>
```

上面粗体字代码使用<mark.../>元素时非常简单，只是简单地使用<mark>和</mark>把需要重点关注的内容标注出来。

在浏览器中浏览该页面，将看到如图 2.33 所示的效果。

图 2.33　mark 元素

从图 2.33 不难看出，<mark.../>元素非常适合用于“高亮显示”全文检索时的关键字，而这些关键字也是检索者需要重点关注的。

2.6.2 time 元素

<time.../>用来显示被标注内容是日期、时间或者日期时间。使用该元素时除了可以指定 id、style、class 和 hidden 等通用属性之外，还可以指定如下属性。

- datetime：该属性主要用于向机器提供时间（向浏览者呈现的时间放在<time>和</time>之间），datetime 属性的属性值应该是符合 yyyy-MM-ddTHH:mm 格式的日期时间。当然，也可以只指定日期，或只指定时间。
- pubdate：是一个支持 boolean 值的属性，用于表明是否为发布日期。指定 pubdate 是为了告诉搜索引擎或浏览器，本页面或本文档的发布日期。

提示：

如果<time.../>元素所包含的内容本身就满足标准的日期、时间格式，那么使用<time.../>元素时可以不指定 datetime 属性，否则就应该指定 datetime 属性。

下面页面代码使用了<time.../>元素来标注时间。

程序清单：codes\02\2.6\time.html

```
<body>
为了把握技术潮流的脉搏，疯狂软件教育计划在
<time datetime="2012-04-01">2012 年 4 月</time>
引入<mark>HTML 5</mark>的相关课程。<br/>
疯狂软件教育的上课时间是<time datetime="09:00">早上 9 点</time>
到<time datetime="17:30">下午 5 点半</time>。<br>
疯狂软件教育将于龙年的<time datetime="2012-01-30T09:00">正月初八</time>
开始上班，也就是<time>2012-01-30</time>。
本通知发布时间是<time datetime="2012-01-08T09:00" pubdate>2012 年 1 月 8 日</time>
</body>
```

<time.../>元素的使用稍微复杂一点，由于前几个日期、时间都不是标准的日期、时间格式，因此使用<time.../>元素时需要指定 datetime 属性；而最后一个 2012-01-30 本身已经满足标准的日期、时间格式，因此使用<time.../>元素时可以省略 datetime 属性，此时的 datetime 属性就等于 2012-01-30。

2.6.3 details 与 summary 元素

<details.../>元素用于显示一段详细信息或某个主题的细节。<details.../>元素通常会与<summary.../>元素结合使用，当把<summary.../>放在<details.../>元素内部时，<summary.../>元素用于为<details.../>定义摘要信息，摘要信息默认是可见的，当用户点击摘要信息时，浏览器会显示出<details.../>里的详细内容。

下面页面代码是<details.../>和<summary.../>元素的使用效果。

程序清单：codes\02\2.3\details.html

```
<details>
    <summary>芙蓉镇</summary>
    《芙蓉镇》是一部极好的电影，每个中国人都不应该错过。
</details>
```

在浏览器中浏览该页面，将可以看到如图 2.34 所示的效果。

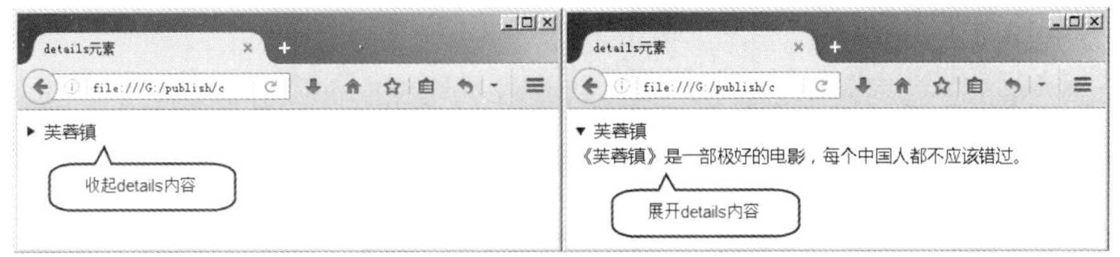

图 2.34　details 与 summary 元素

从图 2.34 可以看出，<summary.../>定义的内容将作为<details.../>元素的摘要信息，该摘要信息可控制<details.../>内容收起和展开。

2.6.4　ruby、rtc、rb、rt 和 rp 元素

ruby、rtc、rb、rt 和 rp 这几个元素都用于为东亚文字定义解释。关于这几个元素的解释如下。

- <ruby…/>：该元素用于为一个或多个短语定义 ruby 注释。ruby 注释的通用形式是在短语后面紧跟一段注释文字，用于说明该短语的发音或其他注释。
- <rb…/>：该元素作为<ruby.../>的子元素，用于定义该 ruby 注释所解释的短语。
- <rt…/>：该元素用于定义 ruby 注释的说明部分（发音或其他注释）。该元素通常作为<ruby.../>或<rtc.../>的子元素，如果<rt.../>元素后面紧跟<rb.../>、<rt.../>、<rtc.../>或<rp.../>元素，该元素可以省略结束的</rt>标签。
- <rtc…/>：该元素将作为 ruby 注释的说明部分的容器。简而言之，<rtc.../>元素通常作为<rt.../>元素的容器。该元素通常作为<ruby.../>的子元素，如果<rtc.../>元素后面紧跟<rb.../>、<rtc.../>元素，该元素可以省略结束的</rtc>标签。
- <rp…/>：该元素用于为不支持 ruby 注释提供备用文本。一个广泛的约定是，使用该元素标注 ruby 注释的文本内容两边的圆括号。对于支持 ruby 注释的浏览器而言，<rp.../>元素的内容通常不会显示出来。

下面页面代码示范了<ruby.../>、<rb.../>、<rt.../>和<rp.../>4 个元素的用法。

程序清单：codes\02\2.6\ruby.html

```
<ruby>
    饕
    <rb>餮</rb>
    <rp> (</rp>
    <rt>tāo</rt>
    <rt>tiè</rt>
    <rp>) </rp>
</ruby>
```

上面代码中定义了一个<ruby.../>元素，该元素用于定义 ruby 注释，该元素内包含的饕<rb>餮</rb>都用于定义需要注释的文本。接下来的<rp.../>元素用于定义浏览器不支持 ruby 注释时的备用文本。<ruby.../>内定义的两个<rt.../>元素分别用于为饕、餮提供注释（发音）。

在浏览器中浏览该页面，将可以看到如图 2.35 所示的效果。

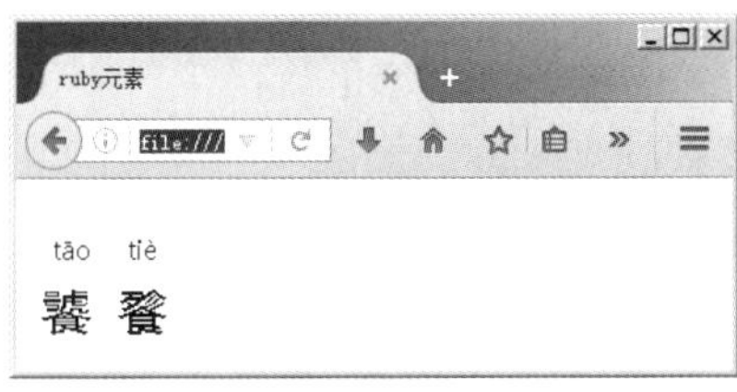

图 2.35　使用 ruby 注释

2.6.5 bdi 元素

<bdi.../>元素用于将一段文本从它所在上下文中隔离出来。在某些情况下，浏览器会自动确定文字的方向，这就有可能打乱页面布局。例如如下示例。

程序清单：codes\02\2.6\bdi.html

```
<ul>
  <li><bdi>孙悟空</bdi>: 20 步。
  <li><bdi>Jack</bdi>: 12 步。
  <li><bdi>إيان</bdi>: 23 步。
</ul>
```

上面代码中定义了 3 个人和步行的步数，其中前两个人名是否添加<bid.../>元素问题不大，但第三个人名是阿拉伯人名，这种文字会导致浏览器显示混乱，此时将该人名从上下文中隔离出来会更好。

将上面文档中的<bdi.../>元素删除和保留进行浏览，将可以看到如图 2.36 所示的对比效果。

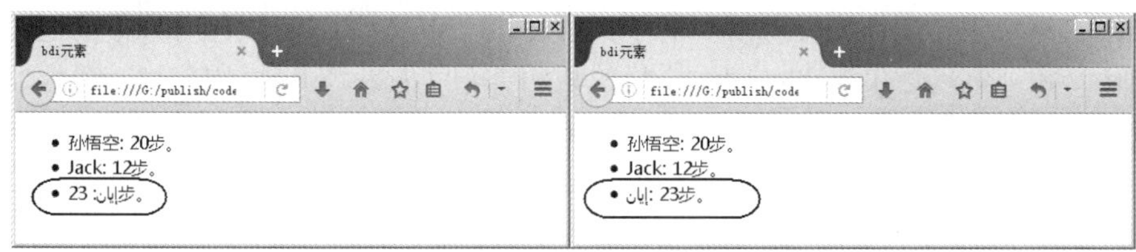

图 2.36 是否使用 bdi 元素的对比效果

从图 2.37 左图可以看出，如果不为阿拉伯人名添加<bid.../>元素，将会导致内容产生混乱。

2.6.6 wbr 元素

<wbr.../>（Word Break Opportunity）元素用于指定在文本的何处适合添加换行。对于英文单词而言，有些单词或术语太长，浏览器可能会在错误的位置换行，此时可以使用<wbr.../>元素来告诉浏览器合适的换行时机。

从上面介绍可以看出，<wbr.../>元素只不过用于告诉浏览器合适的换行位置，至于是否需要换行则由浏览器决定。

例如，从如下文档可以看出<wbr.../>元素的作用。

程序清单：codes\02\2.6\wbr.html

```
wbr 元素用于告诉浏览器合适的换行位置，<br>
至于是否需要换行则由浏览器决定。比如国际化单词：inter<wbr>national<wbr>ization.
```

上文中有个特别长的单词：internationalization，因此在该单词中添加<wbr.../>元素作为换行建议，这样浏览器即可根据需要进行换行了。

将上面文档中的<wbr.../>元素删除和保留进行浏览，将可以看到如图 2.37 所示的对比效果。

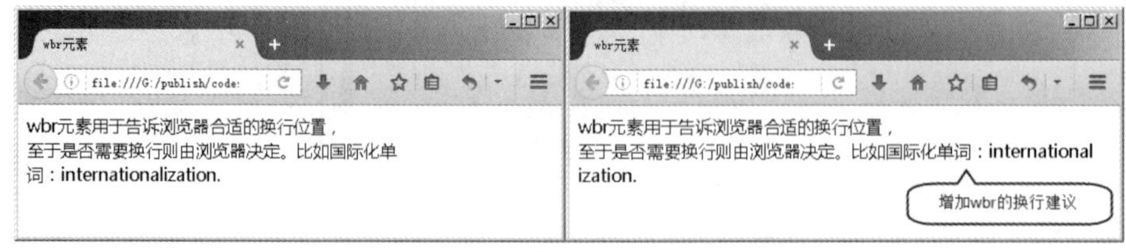

图 2.37 是否使用 wbr 元素的对比效果

从图 2.37 可以看出，如果不在特别长的单词中添加<wbr.../>换行建议，浏览器将要么在单词之前换行，要么在单词之后换行，这样就可能导致页面出现大片空白。增加<wbr.../>元素之后，浏览器即可根据<wbr.../>建议在单词中间进行换行。

2.6.7 menu 和 menuitem 元素

<menu.../>元素用于定义菜单，而<menuitem.../>元素则用于定义菜单项。

<menu.../>元素可支持指定 type 和 label 两个属性，其中 label 属性代表该菜单文本；而 type 属性则可指定为 context 值，用于表明该菜单是一个弹出式菜单，这样该菜单即可作为其他组件的 contextmenu 属性的属性值。

<menuitem.../>元素用于定义菜单项，该元素支持如下属性。

- type：该属性指定菜单项的类型。该属性支持 command（普通菜单项）、checkbox（复选菜单项）、radio（单选菜单项）这 3 个属性值，其中 command 是默认值。
- label：该属性指定菜单项的文本。
- icon：该属性指定菜单项的图标。
- disabled：该属性指定菜单项是否不可用。
- checked：该属性指定该菜单项是否已勾选。当 type 属性为 checkbox 或 radio 时该属性有意义。
- radiogroup：该属性指定该菜单项所属的单选组。当 type 属性为 radio 时该属性有意义。
- default：该属性指定该菜单项是否为默认菜单项。

下面代码使用<menu.../>和<menuitem.../>元素定义了菜单。

程序清单：codes\02\2.6\menu.html

```
<menu>
<menu label="文件">
    <menuitem type="command" onclick="file_new()" label="新建">
    <menuitem type="command" onclick="file_open()" label="打开">
    <menuitem type="command" onclick="file_save()" label="保存">
</menu>
<menu label="编辑">
    <menuitem type="command" onclick="edit_cut()" label="剪切">
    <menuitem type="command" onclick="edit_copy()" label="复制">
    <menuitem type="command" onclick="edit_paste()" label="粘贴">
</menu>
</menu>
```

截至本节成书之时，还没有浏览器支持<menu.../>和<menuitem.../>这两个元素。

2.7 HTML 5 头部和元信息

到目前为止，已经介绍了 HTML 5 文档中大部分基本元素，下面介绍一些非常简单的头部和元信息元素。

使用<head.../>元素可以定义 HTML 文档头，该元素可以包含如下子元素。

- <script>：该元素用于包含 JavaScript 脚本。关于 JavaScript 的介绍，请参考本书中关于 JavaScript 的相关章节。
- <noscript>：该元素用于向禁用了 JavaScript 脚本或不支持 JavaScript 脚本的浏览器显示提示信息。

- <style>：该元素用于定义内部 CSS 样式。关于内部 CSS 样式的介绍，请参考本书中介绍 CSS 的相关章节。
- <link>：该元素用于链接图标、CSS 样式文件等各种外部资源。
- <title>：该元素用于定义文档标题。该元素较为常用的属性是 id，作为其唯一标识。该元素只能包含文本内容，该文本内容就是该文本的标题。
- <base>：该元素用于指定该页面中所有链接的基准路径。
- <meta>：该元素用于定义 HTML 页面的元数据。

由于<script../>、<noscript>和<style.../>3 个元素在后面还会有更详细的用法示例，故此处不再进行详细介绍。本节将会重点介绍<link.../>、<base.../>和<meta.../>3 个元素。

2.7.1 link 元素

<link.../>元素用于链接图标、CSS 样式文件等各种外部资源。

<link.../>元素除了支持通用属性之外，还可以额外指定如下属性。

- href：该属性指定所链接资源的 URL。
- hreflang：该属性指定所链接资源的语言。
- media：设置所链接的资源仅适用哪些设备。
- rel：设置文档与所链接资源的关系。
- sizes：指定图标的大小。仅当 rel 为 icon 时该属性才有效。
- type：指定所链接资源的 MIME 类型。

上面属性中的 media 和 rel 两个属性都支持一些特定的属性值，因此需要进一步介绍。

media 指定该元素所链接的外部资源只适用于哪些设备。该属性通常支持如表 2.2 所示的属性值。

表 2.2 media 属性所支持的常用属性值

media 属性值	说明
screen	计算机屏幕
tty	使用等宽字符的显示设备
tv	电视机类型的显示设备（低分辨率、有限的滚屏能力）
projection	投影仪
handheld	小型手持设备
print	打印页面或打印预览模式
embossed	适用于凸点字符（盲文）的印刷设备
braille	盲人点字法反馈设备
aural	语音合成器
all	全部设备

rel 属性指定了该文档与所链接资源之间的关系，该属性设置的值会决定浏览器处理外部资源的方式。该属性的属性值目前依然是 HTML 5 中暂未完全确定的地方。表 2.3 中列出了 rel 属性通常支持的属性值。

表 2.3 rel 属性所支持的常用属性值

rel 属性值	说明
alternate	指明链接的文档是本文档的替代版本，例如另一个语言的版本
author	指定链接的文档是本文档的作者
copyright	指定链接的文档是关于本文档的版权信息
help	指定链接的文档是关于本文档的帮助

续表

rel 属性值	说明
icon	指定链接的图标是本文档的图标
license	指定链接的文档是关于本文档的授权信息
prefetch	指定用于预先加载资源
stylesheet	指定链接的文档是外部样式单

下面以几个<link.../>元素的常用案例来示范该元素的用法。

1. 使用<link.../>元素载入 CSS 样式单

例如，在 HTML 页面的<head.../>元素中添加如下<link.../>子元素即可载入外部 CSS 样式单。

程序清单：codes\02\2.7\outer.html

```
<!-- 引入 outer.css 样式单文件 -->
<link href="outer.css" rel="stylesheet" type="text/css" />
```

2. 定义页面的图标

例如，在 HTML 页面的<head.../>元素中添加如下<link.../>子元素即可设置页面的图标。

程序清单：codes\02\2.7\icon.html

```
<!-- 引入 outer.css 样式单文件 -->
<link href="java.ico" rel="shortcut icon" type="image/x-icon" />
```

上面代码中链接的 java.ico 是一个典型的图标文件，使用浏览器浏览该页面时将可看到如图 2.38 所示的效果。

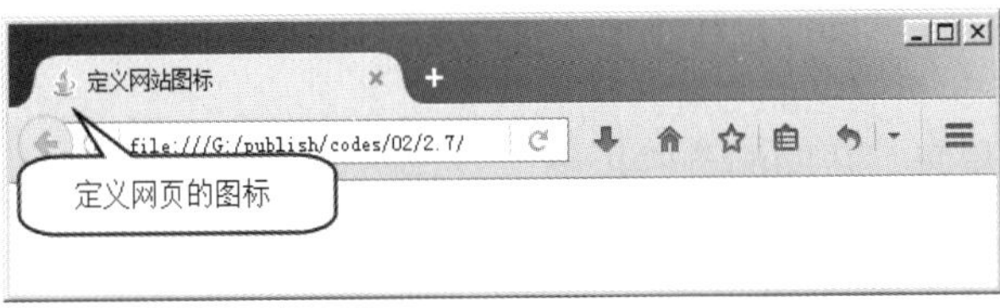

图 2.38　定义网页图标

3. 预先加载资源

例如，如下 HTML 页面中有一个超链接，如果项目希望该页面加载时能提交预加载超链接所链接的资源，此时即可通过<link.../>元素来实现。

程序清单：codes\02\2.7\prefetch.html

```
<!DOCTYPE html>
<html>
<head>
    <meta name="author" content="Yeeku.H.Lee(CrazyIt.org)" />
    <meta http-equiv="Content-Type" content="text/html; charset=utf-8" />
    <title> 预加载资源 </title>
    <!-- 引入 outer.css 样式单文件 -->
    <link href="base.html" rel="prefetch" type="text/html" />
</head>
<body>
<a href="base.html">访问 base.html</a>
</body>
</html>
```

2.7.2 base 元素

<base.../>元素必须是空元素，该元素除了可以指定 id 作为其唯一标识之外，还可以指定如下两个属性。

- href：指定所有链接的基准路径。
- target：指定超链接默认在哪个窗口打开链接。该属性值只能是_blank、_parent、_self和_top 其中之一。

程序清单：codes\02\2.7\base.html

```
<!DOCTYPE html>
<html>
<head>
    <meta http-equiv="Content-Type" content="text/html; charset=utf-8" />
    <title> base 元素 </title>
    <base target="_blank" href="http://www.crazyit.org" />
</head>
<body>
    <a href="index.php">疯狂 Java 联盟</a>
</body>
</html>
```

上面页面代码中使用<base.../>指定了所有链接的基准路径为 http://www.crazyit.org，默认使用新窗口打开链接。页面中超链接的地址为 index.php，则实际 URL 为 http://www.crazyit.org/index.php，并使用新窗口打开该链接。

2.7.3 meta 元素

<meta.../>用于定义页面元信息，定义元信息也就是指定一些 name-value 对。该元素除了可以指定 id 属性之外，还可以指定如下三个属性。

- http-equiv：指定元信息的名称，该属性指定的名称具有特殊意义，它可以向浏览器传回一些有用的信息，帮助浏览器正确地处理网页内容。
- name：指定元信息的名称，该名称值可以随意指定。
- content：指定元信息的值。
- charset：指定该页面的字符集。

根据上面的讲解可知：<meta.../>元素里 http-equiv 属性和 name 属性的作用基本相同，只是 http-equiv 属性值通常规定为应该是浏览器可以识别的、具有特殊意义的名称。

例如，可以为网页指定如下关键字和描述信息。

```
<head>
    <title> 疯狂 Java 联盟 </title>
    <meta name="author" content="Yeeku.H.Lee" />
    <meta name="website" content="http://www.crazyit.org" />
    <meta name="copyright" content="2001-2016 crazyit.org" />
    <meta name="Keywords" content="Java 论坛,Java 技术论坛" />
</head>
```

为网页指定有效的关键字有利于搜索引擎收录本站点。

如果只需简单地设置本网页所使用的字符集，则可通过为<meta.../>元素指定 charset 属性来完成。例如如下代码：

```
<meta charset="utf-8" />
```

http-equiv 属性所支持的值主要有如下几个。

- expires：指定网页的过期时间。一旦网页过期，必须重新从服务器上下载。例如如下代码：

```
<meta http-equiv="expires" content="Sat Sep 27 16:12:36 CST 2008" />
```

- pragma：指定禁止浏览器从本地磁盘缓存中获取该页面内容，浏览器一旦离开该网页就无法脱机访问该页面。例如：

```
<meta http-equiv="pragma" content="no-cache" />
```

- refresh：指定浏览器多长时间后自动刷新指定页面。例如：

```
<!-- 设置 2 秒后自动刷新本页面 -->
<meta http-equiv="refresh" content="2" />
<!-- 设置 2 秒后自动刷新 http://www.crazyit.org -->
<meta http-equiv="refresh" content="2;URL=http://www.crazyit.org" />
```

- set-cookie：设置 Cookie。如果网页过期，那么客户端上的 Cookie 也将被删除。例如：

```
<meta http-equiv="set-cookie"
content="name=value expires= Sat Sep 27 16:12:36 CST 2008, path=/" />
```

- content-type：设置该页面的内容类型和所用的字符集。例如：

```
<meta http-equiv="content-type" content="text/html; charset=utf-8" />
```

除此之外，还可以设置一些不太常用的属性值，此处不再详述。

2.8 HTML 5 新增的拖放 API

HTML 5 新增了关于拖放的 API，通过拖放 API 可以让 HTML 页面的任意元素都变成可拖动的，通过使用拖放机制可以开发出更友好的人机交互界面。

拖放操作可以分成两个动作：在某个元素上按下鼠标并移动鼠标（没有松开鼠标），此时开始拖动；在拖动过程中，只要没有松开鼠标，将会不断地产生拖动事件——这个过程被称为“拖”；把被拖动的元素拖动到另外一个元素上并松开鼠标——这个动作被称为“放”。拖放操作由“拖”和“放”两个动作组成。

2.8.1 启动拖动

在 HTML 5 中，<img.../>元素默认就是可拖动的；而<a.../>元素只要设置了 href 属性，它默认也是可拖动的。例如，给定如下页面代码。

程序清单：codes\02\2.8\drag.html

```
<!DOCTYPE html>
<html>
<head>
    <meta http-equiv="Content-Type" content="text/html; charset=utf-8" />
    <title> 可拖动 </title>
</head>
<body>
<a href="http://www.fkjava.org">疯狂软件教育</a>
<img src="logo.jpg" alt="crazyit"/>
</body>
</html>
```

在浏览器中浏览该页面，拖动其中图片，可以看到如图 2.39 所示的效果。

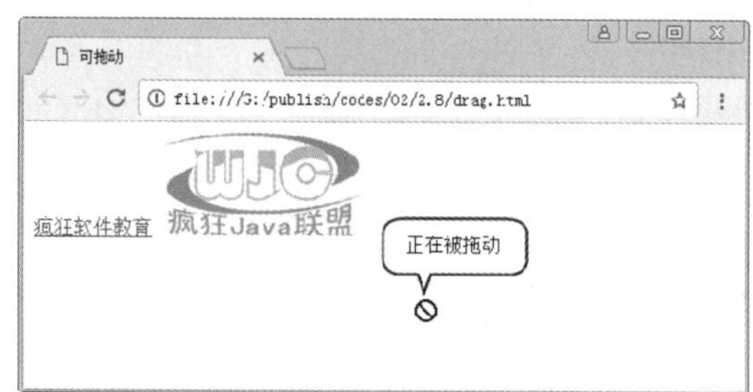

图 2.39　拖动图片

提示：

主流浏览器刚开始支持 HTML 5 的拖放 API 时都会实时显示正在拖动的元素“残影”，目前浏览器出于性能考虑，都不再实时显示被拖动元素的“残影”。

对于普通元素而言，如果希望把它变成可拖动的，开发者只要把该元素的 draggable 属性设为 true 即可。但仅仅设置该元素的 draggable 属性还不够，因为仅仅设置了 draggable="true" 只表示该元素可拖动，但拖动时并未携带数据，因此用户看不到拖动效果。

为了让拖动操作能携带数据，应该为被拖动元素的 ondragstart 事件指定监听器，在该监听器中让拖动操作可以携带数据。例如如下页面代码。

程序清单：codes\02\2.8\dragDiv.html

```
<!DOCTYPE html>
<html>
<head>
    <meta http-equiv="Content-Type" content="text/html; charset=utf-8" />
    <title> 可拖动的 Div </title>
</head>
<body>
<div id="source" style="width:80px;height:80px;
    border:1px solid black;
    background-color: #bbb;"
    draggable="true">疯狂软件教育</div>
<script type="text/javascript">
    var source = document.getElementById("source");
    source.ondragstart = function(evt)
    {
        // 让拖动操作携带数据
        evt.dataTransfer.setData("text" , "疯狂软件");
    }
</script>
</body>
</html>
```

注意：

本章介绍拖放 API 时必须涉及一定的 JavaScript 知识，如果读者对这些内容暂时不太熟悉，可参考本书后面关于 JavaScript 的内容。

在浏览器中浏览该页面，将看到如图 2.40 所示的效果。

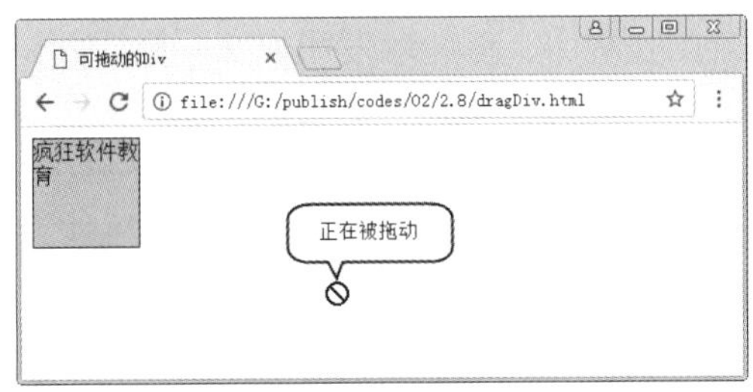

图 2.40　拖动普通元素

2.8.2　接受"放"

从图 2.39、图 2.40 可以看到，不管是拖动图片，还是拖动<div.../>元素，拖动时都显示了一个"禁止"标志，这表明拖动图片、拖动<div.../>时，被拖到"目的地"并不接受被拖动的元素——这是因为当被拖动元素被"拖过"document 对象时，document 对象阻止了默认的拖动事件，而其他 HTML 组件也是位于 document 对象内的，因此它们也不能接受"放"。

为了让 document 可以接受"放"，应该为 document 的 ondragover 事件指定监听器，在监听器中取消 document 对拖动事件的默认行为。例如，在上面的 JavaScript 代码后面增加如下代码。

程序清单：codes\02\2.8\dragDiv2.html

```
document.ondragover = function(evt)
{
    // 取消事件的默认行为
    return false;
}
```

再次使用浏览器来浏览该页面，并拖动页面上的<div.../>元素，将可以看到如图 2.41 所示的效果。

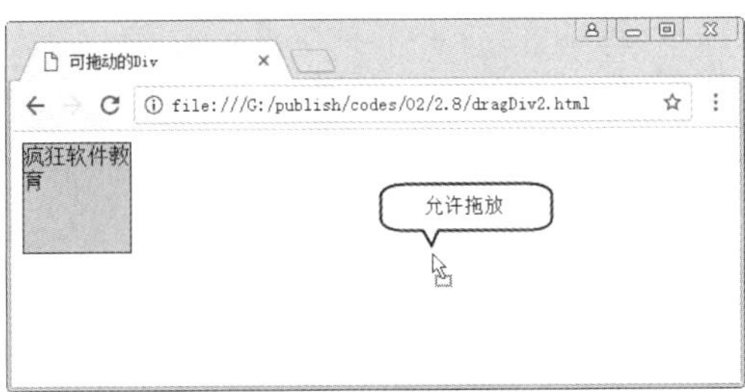

图 2.41　允许拖放

当用户把 HTML 元素拖到指定位置释放后，Firefox 浏览器默认会打开一个新页面，页面的 URL 正是拖放操作携带的数据。但如果使用 Chrome 浏览器来浏览该页面，当用户把<div.../>元素拖到指定位置释放后，Chrome 浏览器并没有执行任何默认动作。

由此可见，不同浏览器对于拖放操作的默认动作并不相同，如果开发者希望取消拖放操作的默认动作，则可以为 document 的 ondrop 事件绑定监听器。也就是再增加如下代码。

程序清单：codes\02\2.8\dragDiv3.html

```
document.ondrop = function(evt)
{
    // 取消事件的默认行为
    return false;
}
```

在用户拖放 HTML 元素的过程中，可能触发如表 2.4 所示的事件。

表 2.4　拖放操作相关的事件

事件	事件源	描述
ondragstart	被拖动的 HTML 元素	开始拖动操作时触发该事件
ondrag	被拖动的 HTML 元素	拖动过程中会不断地触发该事件
ondragend	被拖动的 HTML 元素	拖动结束时触发该事件
ondragenter	拖动时鼠标经过的元素	被拖动的元素进入本元素的范围内时触发该事件
ondragover	拖动时鼠标经过的元素	被拖动的元素进入本元素的范围内拖动时会不断地触发该事件
ondragleave	拖动时鼠标经过的元素	被拖动的元素离开本元素时触发该事件
ondrop	拖动时鼠标经过的元素	其他元素被放到了本元素中时触发该事件

理解了上面知识之后，如果希望实现一个允许自由拖动的<div.../>，这就比较简单了——只要监听 document 的 ondrop 方法，当用户把<div.../>元素“放”到 document 中时，通过 JavaScript 代码把该元素移动到该位置即可。

下面页面代码实现了一个可以自由拖动的<div.../>元素。

程序清单：codes\02\2.8\freeDrag.html

```
<!DOCTYPE html>
<html>
<head>
    <meta http-equiv="Content-Type" content="text/html; charset=utf-8" />
    <title> 可自由拖动的 Div </title>
</head>
<body>
<div id="source" style="width:80px;height:80px;
    border:1px solid black;
    background-color: #bbb;"
    draggable="true">疯狂软件教育</div>
<script type="text/javascript">
    var source = document.getElementById("source");
    source.ondragstart = function(evt)
    {
        // 让拖动操作携带数据
        evt.dataTransfer.setData("text" , "www.fkjava.org");
    }
    document.ondragover = function(evt)
    {
        // 取消事件的默认行为
        return false;
    }
    document.ondrop = function(evt)
    {
        source.style.position = "absolute";
        source.style.left = evt.pageX + "px";
        source.style.top = evt.pageY + "px";
        // 取消事件的默认行为
        return false;
    }
</script>
</body>
</html>
```

上面粗体字代码把<div.../>元素的 left 属性设为 evt 事件发生点的 *X* 坐标，top 属性设为 evt 事件发生点的 *Y* 坐标，这样就可以把<div.../>元素移动到指定位置。

2.8.3　DataTransfer 对象

拖放触发的拖放事件有一个 dataTransfer 属性，该属性值是一个 DataTransfer 对象，该对象包含如下属性和方法。

- dataTransfer.dropEffect：设置或返回拖放目标上允许发生的拖放行为。如果此处设置的拖放行为不在 effectAllowed 属性设置的多种拖放行为之内，拖放操作将会失败。该属性值只允许为"none"、"copy"、"link"和"move"四个值之一。
- dataTransfer.effectAllowed：设置或返回被拖动元素允许发生的拖动行为。该属性值可设置为"none"、"copy"、"copyLink"、"copyMove"、"link"、"linkMove"、"move"、"all"和"uninitialized"。
- dataTransfer.items：该属性返回 DataTransferItems 对象，该对象代表了拖动数据。
- dataTransfer.setDragImage(element, x, y)：设置拖放操作的自定义图标。其中 element 设置自定义图表，x 设置图标与鼠标在水平方向的距离；y 设置图标与鼠标在垂直方向的距离。
- dataTransfer.addElement(element)：添加自定义图标。
- dataTransfer.types：该属性返回一个 DOMStringList 对象，该对象包括了存入 dataTransfer 中数据的所有类型。
- dataTransfer.getData(format)：获取 DataTransfer 对象中 format 格式的数据。
- dataTransfer.setData(format, data)：向 DataTransfer 对象中设置 format 格式的数据。其中 format 代表数据格式，data 代表数据。
- dataTransfer.clearData([format])：清除 DataTransfer 对象中 format 格式的数据。如果省略 format 格式，则意味着清除 DataTransfer 对象中的全部数据。

通过 DataTransfer 对象，可以让拖放操作实现更丰富的功能——开发者可以在拖放开始时（ondragstart 事件）将拖放源的数据存入 DataTransfer 对象中，然后在拖放结束时从 DataTransfer 对象中读取数据，这样就可以完成更复杂的拖放操作了。

下面页面代码实现了一个允许通过拖放来添加、删除“收藏项”的功能。

程序清单：code\02\2.8\dragChoose.html

```
<!DOCTYPE html>
<html>
<head>
    <meta http-equiv="Content-Type" content="text/html; charset=utf-8" />
    <title> 通过拖放实现添加、删除 </title>
    <style type="text/css">
        div>div{
            display: inline-block;
            padding: 10px;
            background-color: #aaa;
            margin: 3px;
        }
    </style>
</head>
<body>
<div style="width:600px;border:1px solid black;">
<h2>可将喜欢的项目拖入收藏夹</h2>
<div draggable="true" ondragstart="dsHandler(event);">疯狂 Java 联盟</div>
<div draggable="true" ondragstart="dsHandler(event);">疯狂软件教育</div>
<div draggable="true" ondragstart="dsHandler(event);">关于我们</div>
<div draggable="true" ondragstart="dsHandler(event);">疯狂成员</div>
</div>
```

```
<div id="dest"
    style="width:400px;height:260px;
    border:1px solid black;float:left;">
    <h2 ondragleave="return false;">收藏夹</h2>
</div>
<img id="gb" draggable="false" src="garbagebin.png"
    alt="垃圾桶" style="float:left;"/>
<script type="text/javascript">
    var dest = document.getElementById("dest");
    // 开始拖动事件的事件监听器
    var dsHandler = function(evt)
    {
        // 将被拖动元素的innerHTML属性值设置成被拖动的数据
        evt.dataTransfer.setData("text/plain"
            , "<item>" + evt.target.innerHTML);
    }
    dest.ondrop = function(evt)
    {
        evt.preventDefault();
        var text = evt.dataTransfer.getData("text/plain");
        // 如果该text以<item>开头
        if (text.indexOf("<item>") == 0)
        {
            // 创建一个新的div元素
            var newEle = document.createElement("div");
            // 以当前时间为该元素生成一个唯一的ID
            newEle.id = new Date().getUTCMilliseconds();
            // 该元素内容为"拖"过来的数据
            newEle.innerHTML = text.substring(6);
            // 设置该元素允许拖动
            newEle.draggable="true";
            // 为该元素的开始拖动事件指定监听器
            newEle.ondragstart = function(evt)
            {
                // 将被拖动元素的id属性值设置成被拖动的数据
                evt.dataTransfer.setData("text/plain"
                    , "<remove>" + newEle.id);
            }
            dest.appendChild(newEle);
        }
    }
    // 当把被拖动元素"放"到垃圾桶上时触发该方法
    document.getElementById("gb").ondrop = function(evt)
    {
        var id = evt.dataTransfer.getData("text/plain");
        // 如果id以<remove>开头
        if (id.indexOf("<remove>") == 0)
        {
            // 根据"拖"过来的数据，获取被拖动的元素
            var target = document.getElementById(id.substring(8));
            // 删除被拖动的元素
            dest.removeChild(target);
        }
    }
    document.ondragover = function(evt)
    {
        // 取消事件的默认行为
        return false;
    }
    document.ondrop = function(evt)
    {
        // 取消事件的默认行为
```

```
        return false;
    }
</script>
</body>
</html>
```

上面粗体字代码在拖放操作时充分利用了 DataTransfer 对象来“携带”数据，基本思路如下：

- “拖”开始时（通过 ondragstart 事件监听器来实现），程序把需要携带的数据放入 DataTransfer 对象中。
- “放”下元素时（通过 ondrop 事件监听器来实现），程序从 DataTransfer 对象中取出数据，并利用该数据进行相应的处理。上面程序为两种拖放数据分别添加了<item>、<remove>，分别代表需要添加收藏项的数据、需要删除的数据。

提示：

为了让该界面能有点效果，上面页面中稍微用了一点 CSS 样式。关于 CSS 样式的介绍，请参考本书关于 CSS 部分的知识。

在浏览器中浏览该页面，可以看到如图 2.42 所示的效果。

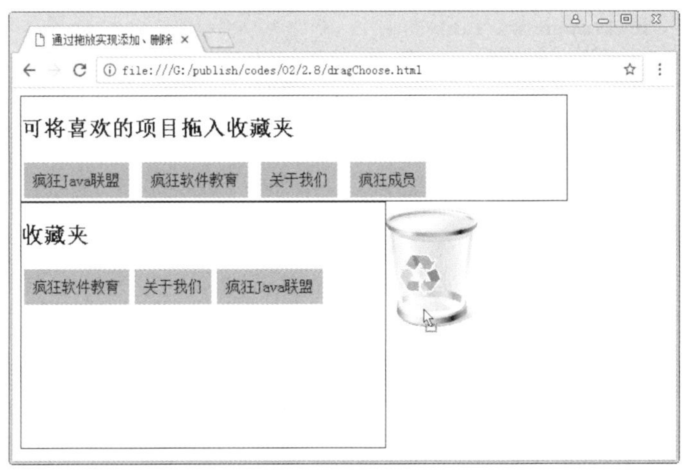

图 2.42　通过拖放实现添加、删除功能

在图 2.42 所示的界面中，浏览者可以不断地把上面的 4 个“项目”拖到“收藏夹”内，也可以把收藏夹内的“项目”拖到垃圾桶上，这样即可删除该“项目”。

2.8.4　拖放行为

通过设置 DataTransfer 对象的 effectAllowed、dropEffect 两个属性可以控制拖放行为。effectAllowed 用于控制被拖动元素的拖动行为，因此通常建议在 ondragstart 事件监听器中设置 DataTransfer 对象的 effectAllowed 属性；而 dropEffect 则控制被“放”入的目标组件的行为，因此通常建议在 ondragover 事件监听器中设置 DataTransfer 对象的 dropEffect 属性。

前面已经介绍过一条总规则：如果 dropEffect 设置的拖放行为不在 effectAllowed 属性设置的多个拖放行为之内，拖放操作将会失败。具体来说，需要注意如下 4 点。

- 如果 effectAllowed 设为 none，则不允许拖动该元素。
- 如果 dropEffect 设置为 none，则被拖动的元素不能“放”到本元素中。
- 如果 effectAllowed 设置为 all 或不设置，则 dropEffect 可设置为任何属性值（因为都在

all 范围之内），而且将会遵守 dropEffect 指定的拖放行为。

➢ 如果 effectAllowed 指定了特定的拖放行为，例如 move、copy 等，那么 dropEffect 指定的属性值必须是 effectAlllowed 指定的多个属性值的子集。

下面页面代码示范了修改 effectAllowed 属性的效果。

程序清单：code\02\2.8\effect.html

```
<!DOCTYPE html>
<html>
<head>
    <meta http-equiv="Content-Type" content="text/html; charset=utf-8" />
    <title> 拖放行为 </title>
</head>
<body>
<div id="source" draggable="true" style="width:80px;height:60px;
    border:1px solid black;">拖动我</div>
<script type="text/javascript">
    var source = document.getElementById("source");
    var dest = document.getElementById("text/plain");
    source.ondragstart = function(evt)
    {
        var dt = evt.dataTransfer;
        // 可设置 move、copy 等属性值看看效果
        dt.effectAllowed = 'link';
        dt.setData("text/plain", "www.fkjava.org");
    }
    // 允许拖动
    document.ondragover = function(e){return false;};
    document.ondrop = function(e){return false;};
</script>
</body>
</html>
```

上面粗体字代码把 DataTransfer 对象的 effectAllowed 属性设为 link，在浏览器中浏览该页面，可以看到如图 2.43 所示的效果。

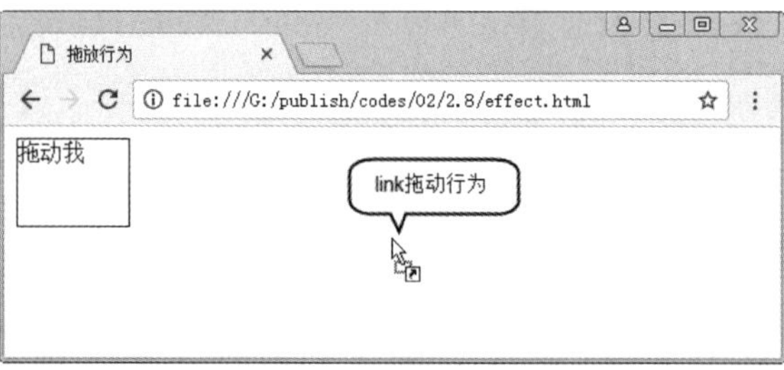

图 2.43　link 拖动行为

2.8.5　改变拖放图标

通过调用 DataTransfer 对象的 setDragImage 还可以改变拖放图标。例如把 ondragstart 事件的处理函数改为如下形式。

程序清单：code\02\2.8\changeIcon.html

```
<script type="text/javascript">
    var source = document.getElementById("source");
    var dest = document.getElementById("text");
    var myIcon = document.createElement("img");
    myIcon.src = "my.gif";
    source.ondragstart = function(evt)
    {
```

```
        var dt = evt.dataTransfer;
        // 改变拖放图标
        dt.setDragImage(myIcon , 0 , 0);
        dt.setData("text/plain", "www.fkjava.org");
    }
    // 允许拖动
    document.ondragover = function(e){return false;};
</script>
```

上面粗体字代码先创建了一个<img.../>元素，然后调用 DataTransfer 对象的 setDragImage() 方法修改了拖放图标。由于现在的浏览器在拖放 HTML 元素时不再显示被拖放元素的“残影”，因此虽然上面代码修改了拖放图标，但实际浏览时往往看不出任何效果。

 2.9 本章小结

本章主要介绍了 HTML 5 的基本元素和属性的相关知识。本章详细介绍了 HTML 5 从原有 HTML 规范中保留的元素和属性，如果读者已有非常系统的 HTML 知识，则可以快速跳过这部分内容；本章重点介绍了 HTML 5 新增的 contentEditable、designMode、hidden、spellcheck 属性，也重点介绍了 HTML 5 新增的文档结构元素、语义相关元素，这些内容是读者学习本章需要重点掌握的内容。除此之外，本章后面还详细介绍了 HTML 5 新增的拖放 API，使用这些拖放 API 可以开发出更友好的人机交互界面。

CHAPTER

3

第3章 HTML 5 表单相关的元素和属性

本章要点

- HTML 5 保留的表单元素
- 使用 input 元素生成文本框、密码框、单选框、复选框、按钮等
- 使用 label 定义标签
- 使用 button 定义按钮
- 定义表框和下拉菜单
- 使用 textarea 定义文本域
- HTML 5 为表单控件新增的 form、formaction、formxxx 等属性
- 使用 HTML 5 的 input 元素生成颜色选择框、日期、时间选择框等
- HTML 5 新增的 output 元素
- HTML 5 新增的 meter 元素
- HTML 5 新增的 progress 元素
- HTML 5 新增的 keygen 元素
- 调用 checkValidity 方法进行校验
- 自定义错误提示
- 关闭校验

HTML 使用表单向服务器提交请求，表单、表单控件的主要作用就是收集用户输入，当用户提交表单时，用户输入内容将被作为请求参数提交到远程服务器。因此在 Web 编程中，表单主要用于收集用户输入的数据。在需要与用户交互的 Web 页面中，表单、表单控件都是极为常用的。

HTML 5 在保留原有 HTML 表单控件、属性的基础上，大大增强了表单、表单控件的功能，包括为所有表单控件都增加 form 属性，这样就避免了表单控件必须放在<form.../>元素中的硬性规定；为所有表单控件都增加了 formaction、formxxx 属性，这样就可以避免书写大量的 JavaScript 代码……不仅如此，HTML 5 新增的校验 API，可以直接在表单控件中通过 required、pattern 等属性来指定客户端校验规则，这完全可以代替原来用 JavaScript 执行的客户端校验。

3.1 HTML 原有的表单及表单控件

HTML 5 保留了 HTML 原来的表单及表单控件，并对它们进行了功能上的增强。本节先介绍 HTML 原有的表单及表单控件。

3.1.1 form 元素

<form.../>元素用于生成输入表单，该元素不会生成可视化部分。在 HTML 5 规范以前，其他表单控件，如单行文本框、多行文本域、单选按钮、复选框等都需要放在<form.../>元素之内。

<form.../>元素可以指定 id、style、class 等核心属性，还可以指定 onclick 等事件属性。除此之外还可以指定如下几个属性。

- action：指定当单击表单内的“确认”按钮时，该表单被提交到哪个地址。该属性既可指定一个绝对地址，也可指定一个相对地址。该属性必填。
- method：指定提交表单时发送何种类型的请求，该属性值可为 get 或 post，分别用于发送 GET 或 POST 请求。通常建议发送 POST 请求。该属性必填。
- enctype：指定对表单内容进行编码所使用的字符集。
- name：指定表单的唯一名称，建议该属性值与 id 属性值保持一致。
- target：指定使用哪种方式打开目标 URL（提交请求会打开另一个 URL 资源），与超链接的 target 可接受的属性值完全一样，该属性值可以是_blank、_parent、_self 和_top 四个值中之一。

<form.../>元素的 method 属性非常重要，它指定了该表单提交请求的方式，表单默认以 GET 方式提交请求。GET 请求和 POST 请求区别如下。

- **GET 方式的请求**：直接在浏览器地址栏中输入访问地址所发送的请求，或提交表单发送请求时，该表单对应的<form.../>元素没有设置 method 属性，或设置 method 属性为 get，这几种请求都是 GET 方式的请求。GET 方式的请求会将请求参数的名和值转换成字符串，并附加在原 URL 之后，因此可以在地址栏中看到请求参数名和值。且 GET 请求传送的数据量较小，一般不能大于 2KB。
- **POST 方式的请求**：这种方式通常使用提交表单的方式来发送，且需要设置<form.../>元素的 method 属性为 post。POST 方式传送的数据量较大，通常认为 POST 请求参数的大小不受限制，但往往取决于服务器的限制，POST 请求传输的数据量总比 GET 传输的数据量大。而且 POST 方式发送的请求参数以及对应的值放在 HTML HEADER 中

传输，用户不能在地址栏里看到请求参数值，安全性相对较高。

表单的 enctype 属性用于指定表单数据的编码方式，该属性有如下 3 个值。

- application/x-www-form-urlencoded：这是默认的编码方式，它只处理表单控件里的 value 属性值，采用这种编码方式的表单会将表单控件的值处理成 URL 编码方式。
- multipart/form-data：这种编码方式会以二进制流的方式来处理表单数据，这种编码方式会把文件域指定文件的内容也封装到请求参数里。当需要通过表单上传文件时使用该属性值。
- text/plain：当表单的 action 属性值为 mailto:URL 的形式时使用这种编码方式比较方便，这种编码方式主要适用于直接通过表单发送邮件的方式。

单纯的<form.../>元素既不能生成可视化内容，也不包含任何表单控件，甚至不能提交表单，因此<form.../>元素必须与其他表单控件元素结合使用。

提示：

在 HTML 页面中，提交请求通常有两种方式，即提交表单和使用超链接，提交表单可以让用户输入请求参数，并以 POST 方式提交请求；如果以超链接方式来提交请求，则只能提交 GET 请求。超链接提交请求也可包含请求参数，只是不能收集用户输入而已。例如，定义如下超链接：<a href="aa.jsp?name=crazyit.org">发送请求</a>，当用户单击该超链接时，系统将会向 aa.jsp 页面发送请求，请求参数名为 name，参数值为 crazyit.org。

当在<form.../>元素里定义一个或多个表单控件时，一旦提交该表单，该表单里的表单控件将会转换成请求参数。关于表单控件转换成请求参数的规则如下：

- 每个有 name 属性的表单控件对应一个请求参数，没有 name 属性的表单控件不会生成请求参数。
- 如果多个表单控件有相同的 name 属性，则多个表单控件只生成一个请求参数，只是该参数有多个值。
- 表单控件的 name 属性指定请求参数名，value 属性指定请求参数值。
- 如果某个表单控件设置了 disabled 或 disabled="disabled"属性，则该表单控件不再生成请求参数。

大部分表单控件，包括<input.../>元素所生成的绝大部分表单控件（除了指定 type="hidden 的隐藏域之外"），如<button.../>生成的按钮、<select.../>生成的列表框和下拉菜单、<textarea.../>生成的多行文本域，它们都可以获得鼠标焦点，响应鼠标事件，因此它们都可指定 onfocus、onblur 属性，分别用于设置得到焦点、失去焦点的事件响应。而且这些表单控件都可指定一个 tabIndex 属性，假设 A 控件的 tabIndex 为 1，B 控件的 tabIndex 为 2，C 控件的 tabIndex 为 3，在 A 控件拥有输入焦点的情况下，按 Tab 键将导致输入焦点转移到 B 控件上，再次按 Tab 键将导致输入焦点转移到 C 控件上……相信读者已经明白了 tabIndex 的作用：通过设置 tabIndex 属性，让用户无须使用鼠标，就可以让输入焦点在各表单控件上转移。

3.1.2 input 元素

<input.../>元素是表单控件元素中功能最丰富的，如下几种输入元素都是通过<input.../>元素生成的。

- **单行文本框**：指定<input.../>元素的 type 属性为 text 即可。

- **密码输入框**：指定<input.../>元素的 type 属性为 password 即可。
- **隐藏域**：指定<input.../>元素的 type 属性为 hidden 即可。
- **单选框**：指定<input.../>元素的 type 属性为 radio 即可。
- **复选框**：指定<input.../>元素的 type 属性为 checkbox 即可。
- **图像域**：指定<input.../>元素的 type 属性为 image 即可。当 type="image"时，可以为<input.../>元素指定 width 和 height 两个属性。
- **文件上传域**：指定<input.../>元素的 type 属性为 file 即可。
- **提交、重设、无动作按钮**：分别指定<input.../>元素的 type 属性为 submit、reset 或 button 即可。

在上面这些表单控件中，单行文本框、密码输入框都用于接收用户输入，而隐藏域不能接收用户输入，也不能生成可视化部分，它用于提交额外的请求参数，请求参数的值就是该隐藏域的 value 属性值，因此定义隐藏域的同时应指定 value 属性值。

单选框、复选框不能接收用户输入，因此定义它们时同时也会指定 value 属性值，用于设置它们所对应的请求参数值。对于单选框、复选框而言，当它们被勾选后，它们才会生成对应的请求参数。

文件上传域会生成一个单行文本框和一个“浏览”按钮，该文件上传域允许用户浏览本地磁盘文件，并将该文件上传到服务器。

图像域和提交按钮的作用基本一样，单击它们都会导致表单被提交，区别是图像域是一个图像按钮。

重设按钮的作用是清空表单内用户的输入，将表单内所有表单控件的值恢复到初始状态。

无动作按钮，看它的名称就知道，它只是一个按钮，在默认情况下，单击该按钮对表单不会有任何作用。通常我们可以为该按钮编写 JavaScript 脚本来响应它的单击、双击等事件。

<input.../>元素可以指定 id、style、class 等核心属性，也可以指定 onclick 等事件属性，还可以指定 onfocus、onblur 等焦点事件属性。除此之外，还可以指定如下几个属性。

- checked：设置单选框、复选框初始状态是否处于选中状态。该属性是支持 boolean 值的属性，表示初始即被选中。只有当 type 属性值为 checkbox 或 radio 时才可指定该属性。
- disabled：设置首次加载时禁用此元素。该属性是支持 boolean 值的属性，表示该元素被禁用，则该元素无法获得输入焦点、无法选中、无法在其中输入文本，无法响应鼠标单击、双击等事件。当 type="hidden"时不能指定该属性。
- maxlength：该属性值是一个数字，指定文本框中所允许输入的最大字符数。
- readonly：指定该文本框内的值不允许用户修改（可以使用 JavaScript 脚本修改）。该属性是支持 boolean 值的属性，表示该元素的值是只读的。
- size：该属性值是一个数字，指定该元素的宽度。当 type="hidden"时指定该属性没有意义。
- src：指定图像域所显示图像的 URL，只有当 type="image"时才可指定该属性。
- width：指定图像域所显示图像的宽度，只有当 type="image"时才可指定该属性。
- height：指定图像域所显示图像的高度，只有当 type="image"时才可指定该属性。

提示：

width、height 这两个属性都是 HTML 5 新增的。

下面表单页使用<input.../>元素定义了表单控件，页面代码如下。

程序清单：codes\03\3.1\getForm.html

```
<form action="http://www.crazyit.org" method="get">
    单行文本框：<input id="username" name="username" type="text" /><br />
    不能编辑的文本框：<input id="username2" name="username" type="text"
        readonly="readonly" /><br />
    密码框：<input id="password" name="password" type="password" /><br />
    隐藏域：<input id="hidden" name="hidden" type="hidden" /><br />
    第一组单选框：<br />
    红：<input id="color" name="color" type="radio" value="red"/>
    绿：<input id="color2" name="color" type="radio" value="green" />
    蓝：<input id="color3" name="color" type="radio" value="blue"/><br />
    第二组单选框：<br />
    男性：<input id="gender" name="gender" type="radio" value="male"/>
    女性：<input id="gender2" name="gender" type="radio" value="female" /><br />
    两个复选框：<br />
    <input id="website" name="website" type="checkbox"
        value="leegang.org" />
    <input id="website2" name="website" type="checkbox"
        value="crazyit.org" /><br />
    文件上传域：<input id="file" name="file" type="file"/><br />
    图像域：<input type="image" src="img/wjc.gif" alt="疯狂 Java 联盟"
        width="27" height="31"/><br />
    下面是四个按钮：<br />
    <input id="ok" name="ok" type="submit" value="提交" />
    <input id="dis" name="dis" type="submit" value="提交"
        disabled />
    <input id="cancel" name="cancel" type="reset" value="重填"/>
    <input id="no" name="no" type="button" value="无动作" />
</form>
```

上面页面定义了大量表单控件，在浏览器中浏览该页面可以看到如图3.1所示的效果。

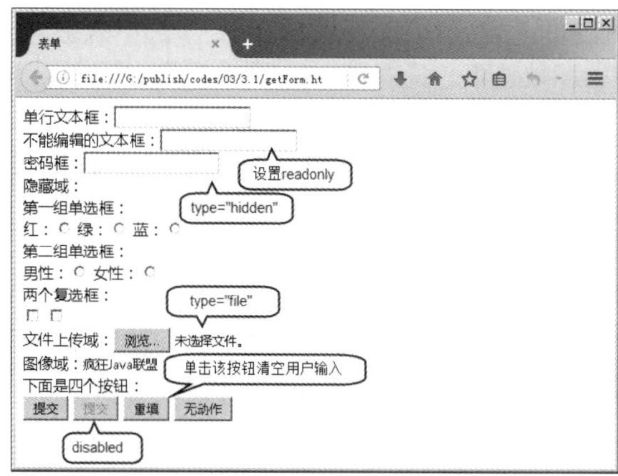

图3.1　简单的表单和表单控件效果

用户单击图像域或单击“提交”按钮，该页面将会导航到http://www.crazyit.org站点，并将用户输入内容作为请求参数发送到该站点，也就是可以在浏览器地址栏中看到如下URL：

http://www.crazyit.org/?username=a&username=&password=b&hidden=&color=green&gender=female&website=leegang.org&website=crazyit.org&file=&ok=%CC%E1%BD%BB

上面URL中粗体字就是发送的请求参数，因为该表单采用GET方式发送请求，所以请求参数名、请求参数值被追加到URL之后。从上面的URL可以看出，使用GET方式发送请求参数时，参数字符串的请求参数名和请求参数值之间以等号（=）隔开，多组请求参数之间以&符号隔开。

注意：

上面请求 URL 的最后形式是 ok=%CC%E1%BD%BB，该请求参数由用户单击的“提交”按钮生成——用户通过哪个按钮提交表单，该按钮就会生成请求参数，前提是该按钮也指定了 name 属性值。该“提交”按钮的 value 属性值为“提交”，使用 application/x-www-form-urlencoded 对“提交”字符串编码后将得到“%CC%E1%BD%BB”字符串，读者可参考《疯狂 Java 讲义》第 17 章了解 application/x-www-form-urlencoded 编码更详细的内容。

上面页面中包含两组单选按钮，其中第一组的 3 个只能选中一个，第二组的 2 个只能选中一个。浏览器并不是把一个<form.../>元素里所有的单选框都当成一组，而是把具有相同 name 属性的单选框当成一组，因此多个具有相同 name 属性的单选框只能选中其中之一；不同 name 属性的单选框之间互不干扰。

3.1.3　使用 label 定义标签

<label.../>元素用于在表单元素中定义标签，这些标签可以对其他可生成请求参数的表单控件元素（如单行文本框、密码框等）进行说明，<label.../>元素不需要生成请求参数，因此不要为<label.../>元素指定 value 属性值。

<label.../>元素可以指定 id、style、class 等核心属性，也可以指定 onclick 等事件属性。除此之外，还可以指定一个 for 属性，该属性指定该标签与哪个表单控件关联。

可能有人会感到疑惑：直接在表单里定义普通文本就可作为标签，为何还要专门使用<label.../>元素定义标签呢？虽然<label.../>元素定义的标签确实只是输出普通文本，但<label.../>元素生成的标签有一个额外作用：当用户单击<label.../>所生成的标签时，该标签关联的表单控件元素就会获得焦点。也就是说，当用户选择<label.../>元素所生成的标签时，浏览器会自动将焦点转移到和标签相关的表单控件元素上。

让标签和表单控件关联有两种方式。

- **隐式使用 for 属性：**指定<label.../>元素的 for 属性值为所关联表单控件的 id 属性值。
- **显式关联：**将普通文本、表单控件一起放在<label.../>元素内部即可。

下面表单代码分别使用了两种方式将标签和表单控件关联在一起。

程序清单：codes\03\3.1\label.html

```
<form action="http://www.crazyit.org" method="get">
    <label for="username">单行文本框：</label>
    <input id="username" name="username" type="text" /><br />
    <label>密码框：<input id="password" name="password" type="password" />
    </label><br />
    <input id='ok' type="submit" value="登录疯狂 Java 联盟" />
</form>
```

上面页面中粗体字代码用于添加<label.../>元素，而且该<label.../>元素可以和指定的表单控件关联。当用户单击表单控件前面的标签时，该表单控件就可以获得输入焦点。图 3.2 显示了这种效果。

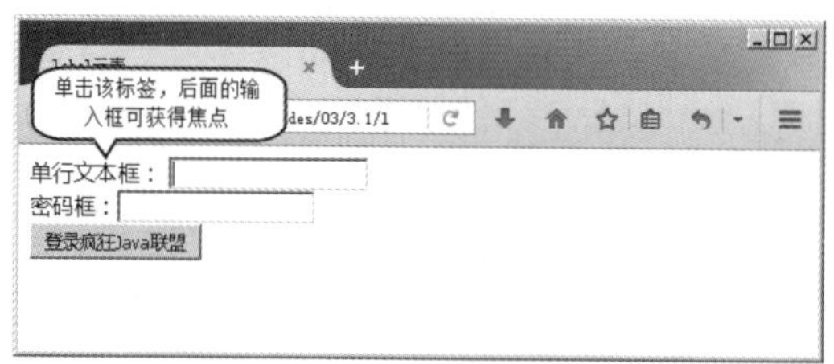

图 3.2　使用 label 生成标签

注意：

尽量少用显式关联的方式，这种方式在早期Internet Explorer浏览器中没有很好的支持，当用户单击<label.../>元素对应的标签时，所关联的表单空间并不会获得输入焦点。

3.1.4　使用 button 定义按钮

<button.../>元素用于定义一个按钮，在<button.../>元素的内部可以包含普通文本、文本格式化标签、图像等内容，这也正是<button.../>按钮和<input.../>按钮的不同之处。

<button.../>按钮与<input type="button" />相比，提供了更为强大的功能和更丰富的内容。<button>与</button>标签之间的所有内容都是该按钮的内容，其中包括任何可接受的正文内容，比如文本或图像。

值得指出的是，不要在<button>与</button>标签之间放置图像映射，因为它对鼠标和键盘敏感的动作会干扰表单按钮的行为。

<button.../>元素可以指定 id、style、class 等核心属性，还可以指定 onclick 等事件响应属性。除此之外，还可以指定如下几个属性。

- disabled：指定是否禁用此按钮。该属性值只能是 disabled，或者省略属性值。
- name：指定该按钮的唯一名称。该属性值应该与 id 属性值保持一致。
- type：指定该按钮属于哪种按钮，该属性值只能是 button、reset 或 submit 其中之一。
- value：指定该按钮的初始值。此值可通过脚本进行修改。

下面页面代码使用了<button.../>元素来定义按钮。

程序清单：codes\03\3.1\button.html

```
<form action="http://www.crazyit.org" method="get">
    <button type="button"><b>提交</b></button><br />
    <button type="submit"><img src="images/wjc.gif" alt="crazyit.org"/>
        </button><br />
</form>
```

上面粗体字代码定义了两个按钮，两个按钮的内容分别为文字、图片，在浏览器中浏览该页面，可以看到如图 3.3 所示的效果。

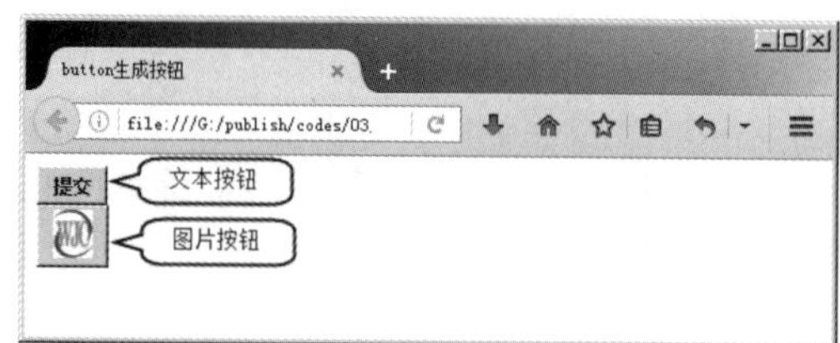

图 3.3　使用 button 生成的按钮

3.1.5　select 与 option 元素

<select.../>元素用于创建列表框或下拉菜单，该元素必须和<option.../>元素结合使用，每个<option.../>元素代表一个列表项或菜单项。

与其他表单控件不同的是，<select.../>元素本身并不能指定 value 属性，列表框或下拉菜单控件对应的参数值由<option.../>元素来生成，当用户选中了多个列表项或菜单项后，这些列表项或菜单项的 value 值将作为该<select.../>元素所对应的请求参数值。

<select.../>元素可以指定 id、style、class 等核心属性，该元素仅可以指定 onchange 事件属性——当该列表框或下拉列表项内的选中选项发生改变时，触发 onchange 事件。除此之外，<select.../>元素还可以指定如下几个属性。

- disabled：设置禁用该列表框和下拉菜单。该属性的值只能是 disabled 或省略属性值。
- multiple：设置该列表框和下拉菜单是否允许多选。该属性是支持 boolean 值的属性，即表示允许多选。一旦设置允许多选，<select.../>元素就会自动生成列表框。
- size：指定该列表框内可同时显示多少个列表项。一旦指定该属性，<select.../>元素就会自动生成列表框。

提示：

一个<select.../>元素到底是生成列表框，还是生成下拉菜单，完全由是否指定了 size 或 multiple 属性来决定，只要为<select .../>元素指定了这两个属性之一，浏览器就会生成列表框，否则就是下拉菜单。

在<select.../>元素里，只能包含如下两种子元素。

- <option>：用于定义列表框选项或菜单项。该元素里只能包含文本内容作为该选项的文本。
- <optgroup.../>：用于定义列表项或菜单项组。该元素里只能包含<option.../>子元素，处于<optgroup.../>里的<option.../>就属于该组。

<option.../>元素可以指定 id、style、class 等核心属性，还可以指定 onclick 等事件响应属性。除此之外，还可以指定如下几个属性。

- disabled：指定禁用该选项，该属性的值只能是 disabled。
- selected：指定该列表项初始状态是否处于被选中状态。该属性的值只能是 selected。
- value：指定该选项对应的请求参数值。

<optgroup.../>元素可以指定 id、style、class 等核心属性，还可以指定 onclick 等事件响应属性。除此之外，还可以指定如下两个属性。

- label：指定该选项组的标签。这个属性必填。
- disabled：设置禁用该选项组里的所有选项。该属性值只能是 disabled 或省略该属性值。

下面代码使用<select.../>元素定义了一个下拉菜单和两个列表框。

程序清单：codes\03\3.1\list.html

```
<form action="http://www.crazyit.org" method="post">
    下面是简单下拉菜单：<br />
    <select id="skills" name="skills">
        <option value="java">Java 语言</option>
        <option value="c">C 语言</option>
        <option value="ruby">Ruby 语言</option>
    </select><br /><br /><br />
    下面是允许多选的列表框：<br />
```

```
    <select id="books" name="books"
        multiple="multiple" size="4">
        <option value="java">疯狂 Java 讲义</option>
        <option value="android">疯狂 Android 讲义</option>
        <option value="ee">轻量级 Java EE 企业应用实战</option>
    </select><br />
    下面是允许多选的列表框：<br />
    <select id="leegang" name="leegang"
        multiple size="6">
        <optgroup label="疯狂 Java 体系图书">
            <option value="java">疯狂 Java 讲义</option>
            <option value="android">疯狂 Android 讲义</option>
            <option value="ee">轻量级 Java EE 企业应用实战</option>
        </optgroup>
        <optgroup label="其他图书">
            <option value="struts">Struts 2.1 权威指南</option>
            <option value="ror">RoR 敏捷开发最佳实践</option>
        </optgroup>
    </select><br />
    <button type="submit"><b>提交</b></button><br />
</form>
```

上面粗体字代码中 multiple="multiple" size="4"指定该列表框高度为 4，并允许多选；粗体字代码<optgroup.../>元素则定义了列表框中的选项组。在浏览器中浏览该页面，可以看到如图 3.4 所示的效果。

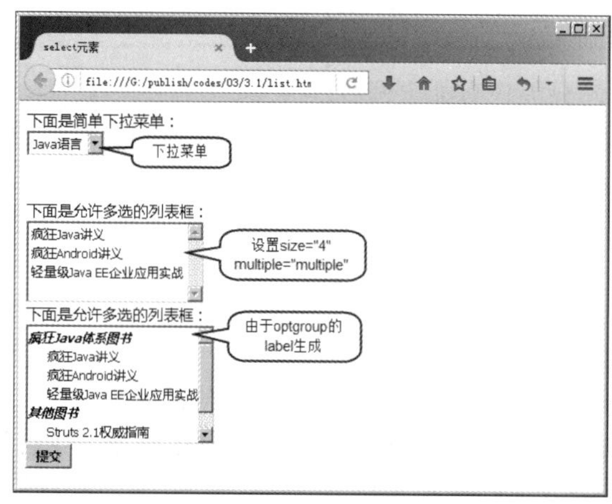

图 3.4　下拉菜单和列表框

从上面页面代码可以看出，每个列表项，也就是一个<option.../>通常应该包含两个文本，其中一个是该<option.../>元素的 value 属性；另一个是<option>和</option>标签之间的内容，也就是每个选项的文本内容。

3.1.6　HTML 5 增强的 textarea

<textarea.../>元素用于生成多行文本域，<textarea.../>元素可以指定 id、style、class 等核心属性，还可以指定 onclick 等事件属性。由于 textarea 的特殊性，它可以接收用户输入，用户可以选中文本域内的文本，所以还可以指定 onselect、onchange 两个属性，分别用于响应文本域内文本被选中、文本被修改事件。除此之外，该元素也可以指定如下几个属性。

- cols：指定文本域的宽度，该属性必填。
- rows：指定文本域的高度，该属性必填。

- disabled：指定禁用该文本域。该属性值只能是 disabled，当此文本域首次加载时禁用此文本域。
- readonly：指定该文本域只读。该属性值只能是 readonly。
- maxlength：设置该多行文本域最多可以输入的字符数。
- wrap：指定多行文本域是否添加换行符。该属性支持 soft 和 hard 两个属性值，如果将该属性设为 hard，则必须指定 cols 属性，如果用户输入的字符超过了 cols 指定宽度导致文本换行，那么提交该表单时该多行文本域将会自动在换行处添加换行符。

提示：

maxlength 和 wrap 都是 HTML 5 新增的属性

与单行文本框相同的是，<textarea.../>元素也应指定 name 属性，该属性将作为 textarea 对应请求参数的参数名；与单行文本框不同的是，<textarea.../>元素不能指定 value 属性，<textarea>和</textarea>标签之间的内容将作为<textarea.../>对应请求参数的参数值。

下面页面代码定义了两个多行文本域。

程序清单：codes\03\3.1\textarea.html

```
<form action="http://www.crazyit.org" method="post">
    简单多行文本域：<br />
    <textarea name="txt1" cols="20" rows="2"></textarea><br />
    只读的多行文本域：<br />
    <textarea name="txt2" cols="28" rows="4" readonly>
        疯狂 Java 讲义
        轻量级 Java EE 企业应用实战
    </textarea><br />
    <button type="submit"><b>提交</b></button><br />
</form>
```

在浏览器中浏览该页面，将可以看到如图 3.5 所示的效果。

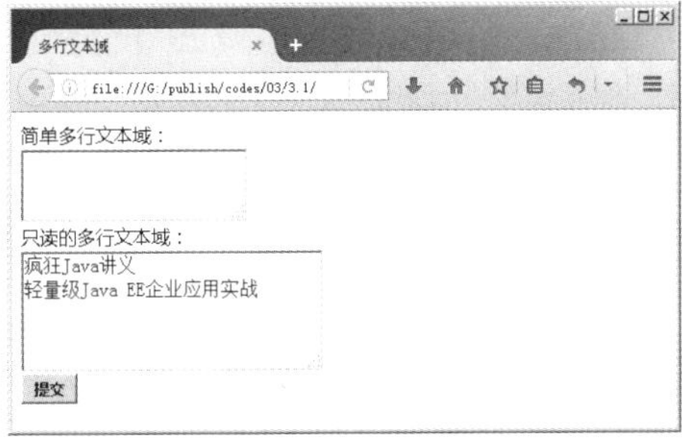

图 3.5 多行文本域

下面页面测试了 wrap 属性的作用。

程序清单：codes\03\3.1\textarea2.html

```
<form action="http://www.crazyit.org" method="get">
    <textarea name="desc" cols="6" rows="2" wrap="hard"></textarea><br>
    <button type="submit">提交</button><br>
</form>
```

上面页面中定义了一个多行文本域，并指定了 cols 属性，这就限制了该文本域的宽度。上面页面代码为该多行文本域指定了 wrap 属性，该属性值为 hard。

将上面 wrap 属性分别指定为 soft 和 hard，然后使用浏览器浏览该页面，在页面中多行文本域内输入 abcdefghijk 并提交页面内的表单，在地址栏可以看到如图 3.6 所示的对比情况。

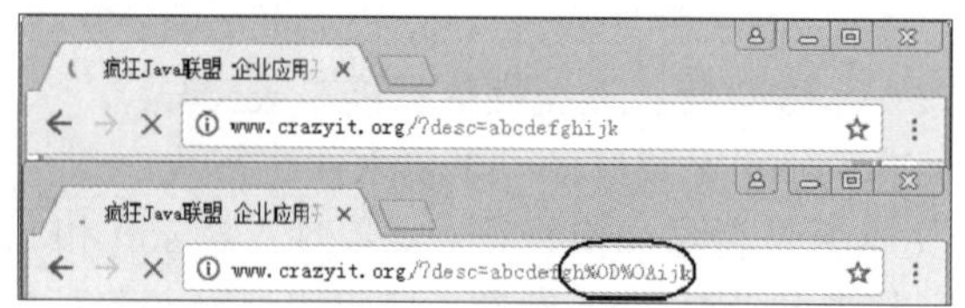

图 3.6 wrap 属性为 soft 与 hard 的区别

正如从图 3.6 所看到的，如果将表单中<textarea.../>元素的 wrap 设置为 hard，当用户提交表单时，浏览器将会在文本换行处（h 与 i 之间）添加换行符，如图 3.6 所示的下面一个地址栏。

提示：

本书成书之时，只有 Chrome 支持 wrap 属性。

3.1.7 fieldset 与 legend 元素

<fieldset.../>元素可用于对表单内表单元素进行分组。如果将一组表单元素放到<fieldset.../>元素内时，浏览器会以特殊方式来显示它们，它们可能有特殊的边界效果。

<fieldset.../>元素除了可指定 id、style、class 等通用属性之外，还可指定如下 3 个属性。

- name：指定该<fieldset.../>元素的名称。
- form：该属性的属性值必须是一个有效的<form.../>元素的 id，用于指定该<fieldset.../>元素属于指定表单。
- disabled：该属性用于禁用该组表单元素。该属性是一个支持 boolean 值的属性。

<legend.../>元素应该放在<fieldset.../>元素内，用于为<fieldset.../>元素设置标题。

下面代码示范了使用<fieldset.../>元素对多个表单元素进行分组，并使用<legend.../>元素为表单元素组添加标题。

程序清单：codes\03\3.1\fieldset.html

```
<form action="http://www.crazyit.org" method="post">
    <fieldset name="basic">
    <legend>基本信息</legend>
    用户名：<input id="username" name="username" type="text" /><p>
    密码：<input id="password" name="password" type="password" />
    </fieldset>
    <fieldset name="extra">
    <legend>附加信息</legend>
    身高：<input id="height" name="height" type="text" /><p>
    出生地：<input id="birth" name="birth" type="text" /><p>
    毕业学校：<input id="school" name="school" type="text" />
    </fieldset>
    <input id="ok" name="ok" type="submit" value="提交" />
</form>
```

正如从上面代码中所看到的，上面页面的表单中定义了两个<fieldset.../>元素，这意味着该表单将包含两个表单组，其中第一个表单组内包含两个表单元素；第二个表单组内包含一个表单元素。

使用浏览器浏览该页面，将可以看到如图 3.7 所示的效果。

从图 3.7 可以看出，使用<fieldset.../>对表单元素分组之后，浏览器将会为这组表单元素添加边框，并将<legend.../>指定的标题添加到该边框上。

<fieldset.../>元素的 disabled 属性可禁用该表单组内的所有表单。例如，为上面页面中第二个<fieldset.../>元素添加 disabled 属性，再次浏览该页面，将可以看到如图 3.8 所示的效果。

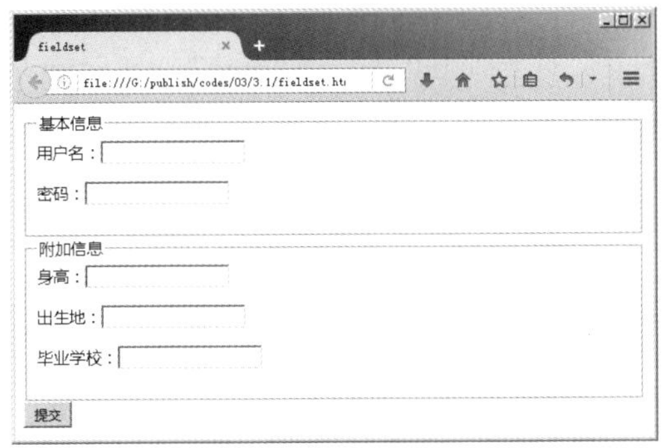

图 3.7　使用 fieldset 分组

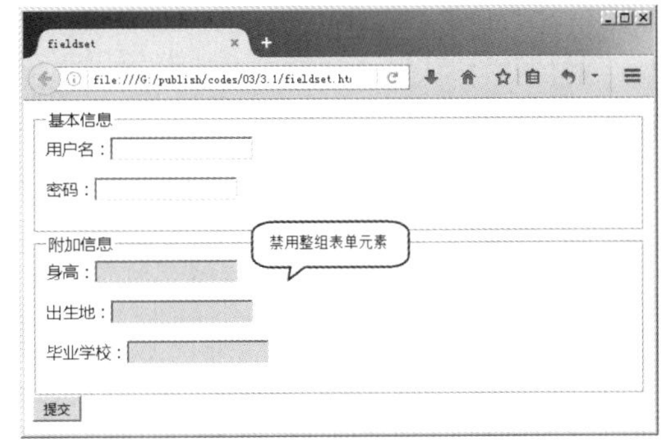

图 3.8　禁用整组表单元素

3.2　HTML 5 新增的表单属性

除了前面介绍的表单元素之外，HTML 5 新增了少量元素。但 HTML 5 为原有的表单、表单控件元素新增了大量属性，这些属性极大地增强了 HTML 表单的功能。

3.2.1　form 属性

在 HTML 5 以前，所有的表单控件都必须放在<form.../>元素内部，表明该表单控件属于该表单；但 HTML 5 为表单控件新增了 form 属性，用于定义该表单控件所属的表单，该属性的值应该是它所属表单的 id。

通过为表单控件指定 form 属性，可以让表单控件定义在<form.../>元素之外，从而提高灵活性。下面页面代码示范了 form 属性的用法。

程序清单：codes\03\3.2\form.html

```
<body>
<form id="addForm" action="add">
    物品名：<input type="text" name="name"/>
    <input type="submit" value="添加"/>
</form>
物品描述：<textarea name="desc" form="addForm"></textarea>
</body>
```

上面粗体字代码使用<textarea.../>定义了一个多行文本域，虽然它并不在<form.../>元素内部，但由于为它指定了 form 属性，因此它也是属于 addForm 的。当提交该表单时，该多行文本域也会生成对应的请求参数。

由于 HTML 5 为所有的表单控件都新增了 form 属性，因此在页面上定义表单控件时更加灵活，可以随意地放置、排列表单控件，这为页面布局提供了更大的灵活性。

目前大部分浏览器如 Firefox、Opera、Chrome、Safari 等都已很好地支持该属性。

3.2.2　formaction 属性

这是一个十分实用的属性，相信绝大部分开发者以前都会遇到这样一个场景：页面中有一个表单，该表单内包含了两个以上的提交按钮，但程序需要不同的按钮提交到不同的 action。

例如，页面中有一个填写用户信息的表单，这个表单内包含了“注册”、“登录”两个按钮，程序需要这两个按钮提交给不同的处理逻辑。在 HTML 5 规范以前，我们只能通过 JavaScript 来实现：当浏览者单击不同按钮时，通过 JavaScript 控制动态地修改<form.../>元素的 action 属性。

HTML 5 的 formaction 属性专门用于处理上面场景：对于<input type="submit" .../>、<input type="image" .../>、<button type="submit" .../>元素，都可以指定 formaction，该属性即可动态地让表单提交到不同的 URL。例如如下页面。

程序清单：codes\03\3.2\formaction.html

```
<form method="post">
    用户名：<input type="text" name="name"/><br/>
    密码：<input type="password" name="name"/><br/>
    <input type="submit" value="注册" formaction="regist"/>
    <input type="submit" value="修改" formaction="login"/>
</form>
```

上面粗体字代码定义了两个提交按钮，但它们的 formaction 属性不同，因此单击第一个按钮将会提交到 regist，单击第二个按钮将会提交到 login。

目前大部分浏览器如 Firefox、Opera、Chrome、Safari 等都已很好地支持该属性。

3.2.3 formxxx 属性

formxxx 属性是一些与 formaction 极为相似的属性，对于<input type="submit" .../>、<input type="image" .../>、<button type="submit" .../>元素，都可以指定 formenctype、formmethod、formtarget 等属性，其中：

- formenctype，通过该属性可以让按钮动态地改变表单的 enctype 属性。
- formmethod，通过该属性可以让按钮动态地设置表单以 POST 或 GET 方式提交。
- formtarget，通过该属性可以让按钮动态地改变表单的 target 属性。该属性的属性值同样可以是_blank、_parent、_self 和_top 四个值中之一

下面页面测试了 formmethod 属性的作用。

程序清单：codes\03\3.2\formmethod.html

```
<form method="post" action="pro">
    用户名：<input type="text" name="name"/><br/>
    密码：<input type="password" name="name"/><br/>
    <input type="submit" value="GET 提交" formmethod="get"/>
    <input type="submit" value="POST 提交" formmethod="post"/>
</form>
```

上面粗体字代码定义了两个提交按钮，但它们的 formmethod 属性不同，因此单击第一个按钮将会采用 GET 方式提交请求，单击第二个按钮将会采用 POST 方式提交请求。

下面页面测试了 formenctype 属性的作用。

程序清单：codes\03\3.2\formenctype.html

```
<form method="post" action="pro">
    用户名：<input type="text" name="name"/><p>
    密码：<input type="password" name="name"/><p>
    头像：<input type="file" name="pic"/><p>
    <input type="submit" value="普通注册"
        formenctype="application/x-www-form-urlencoded"/>
    <input type="submit" value="上传图片"
```

```
        formenctype="multipart/form-data"/>
</form>
```

上面粗体字代码定义了两个提交按钮，但它们的 formenctype 属性不同，因此单击第一个按钮将会采用普通方式提交表单，单击第二个按钮将会采用 multipart/form-data 方式提交表单，这意味着单击第二个按钮可以实现文件上传。

下面页面测试了 formtarget 属性的作用。

程序清单：codes\03\3.2\formtarget.html

```
<form method="post" action="pro">
    用户名：<input type="text" name="name"/><p>
    密码：<input type="password" name="name"/><p>
    <input type="submit" value="本窗口提交" formtarget="_self"/>
    <input type="submit" value="新窗口提交" formtarget="_blank"/>
</form>
```

上面粗体字代码定义了两个提交按钮，但它们的 formtarget 属性不同，因此单击第一个按钮将会在本窗口提交表单；由于第二个按钮指定了 formtarget="_blank"，因此单击第二个按钮可以打开新窗口来提交表单。

目前大部分浏览器如 Firefox、Opera、Chrome、Safari 等都已很好地支持这些属性。

3.2.4　autofocus 属性

这也是一个非常常用的属性。当为某个表单控件增加该属性后，浏览器打开该页面时该组件就会自动获得焦点。

由于打开页面时只能有一个控件获得焦点，因此整个页面上最多只能有一个表单控件可设置该属性。

下面页面代码示范了 autofocus 属性的作用。

程序清单：codes\03\3.2\autofocus.html

```
<form method="post" action="pro">
    用户名：<input type="text" name="name"/><p>
    密码：<input type="password" name="name" autofocus/><p>
    <input type="submit" value="提交"/>
    <input type="reset" value="重设"/>
</form>
```

在浏览器中浏览该页面，将可以看到页面加载完成时第二个密码框会自动获得焦点，如图 3.9 所示。

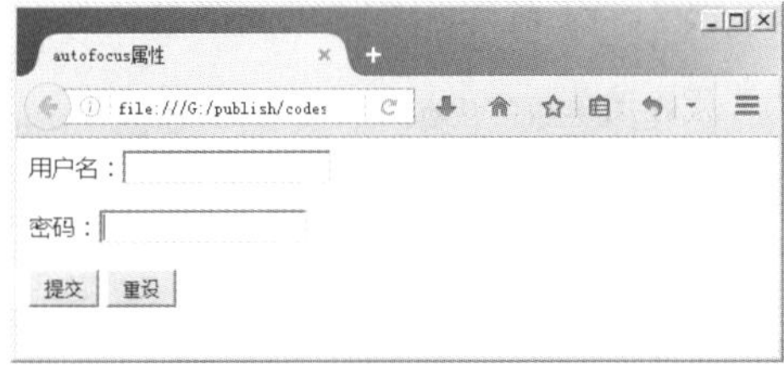

图 3.9　autofocus 属性

目前大部分浏览器如 Firefox、Opera、Chrome、Safari 等都已很好地支持该属性。

3.2.5　placeholder 属性

这个属性也非常实用。在一些用户界面足够人性化的页面里，当用户还未在单行文本框、多行文本域中输入内容时，单行文本框、多行文本域内就显示了对用户的提示信息。一旦用户开始输入，单行文本框、多行文本域内的提示信息就会自动消失。

在 HTML 5 规范以前，为了实现上面介绍的效果，只能通过 JavaScript 脚本来实现。HTML 5 规范为实现这种效果提供了 placeholder 属性，该属性的值就是单行文本框、多行文本域显示的提示信息。

如下页面代码示范了 placeholder 属性的用法。

程序清单：codes\03\3.2\placeholder.html

```
<form method="post">
    用户名：<input type="text" name="name" placeholder="请输入用户名"/><p>
    密码：<input type="password" name="name" placeholder="请输入密码"/><p>
    <input type="submit" value="注册" formaction="regist"/>
    <input type="submit" value="修改" formaction="login"/>
</form>
```

上面页面代码中定义了两个文本框，这两个文本框内使用粗体字代码指定了 placeholder 属性，因此这两个文本框将会显示提示信息。图 3.10 显示了使用 placeholder 指定的提示信息。

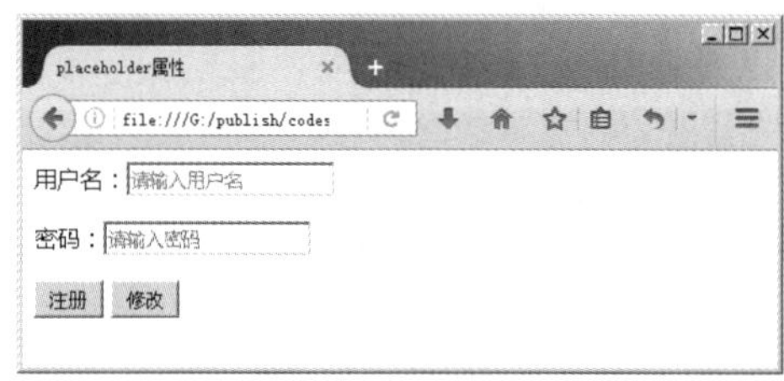

图 3.10　使用 placeholder 指定的提示信息

3.2.6　list 属性

该属性非常实用。在 HTML 5 规范以前，HTML 表单控件没有类似于 ComboBox 的组件（相当于文本框与下拉菜单结合的组件，该组件既允许用户输入，也允许用户通过下拉菜单进行选择）。HTML 5 的 list 属性弥补了这个不足，list 属性的值应该是一个<datalist.../>组件的 id。也就是说，list 属性必须与<datalist.../>元素结合使用。

<datalist.../>元素相当于一个“看不见”的<select.../>元素，用于生成一个隐藏的下拉菜单。<datalist.../>所能包含的子元素与<select.../>元素完全相同。该元素用于与指定了 list 属性的<input.../>元素结合使用。当双击指定了 list 属性的文本框时，该文本框将会显示<datalist.../>生成的下拉菜单。

下面页面代码示范了 list 属性与<datalist.../>元素的用法。

程序清单：codes\03\3.2\list.html

```
<form method="post" action="buy">
    请输入图书：<input type="text" name="name" list="books"/><p>
    <input type="submit" value="购买"/>
</form>
<datalist id="books">
    <option value="java">疯狂 Java 讲义</option>
    <option value="ee">轻量级 Java EE 企业应用实战</option>
    <option value="android">疯狂 Android 讲义</option>
</datalist>
```

上面粗体字代码使用 list 属性指定了一个<datalist.../>元素，这样就把这个单行文本框变成了一个“复合框”：相当于一个文本框与下拉菜单组合后的效果。在浏览器中浏览该页面，双击页面上的文本框，将可以看到如图 3.11 所示的效果。

需要指出的是，目前不同浏览器处理该属性的行为还有差异：Firefox 显示的下拉菜单的每个菜单项都是<option.../>元素的文本，而 Opera、Chrome 显示的下拉菜单的每个菜单项都是<option.../>元素的 value 属性值和文本组合。图 3.12 显示了使用 Chrome 浏览该页面的效果。

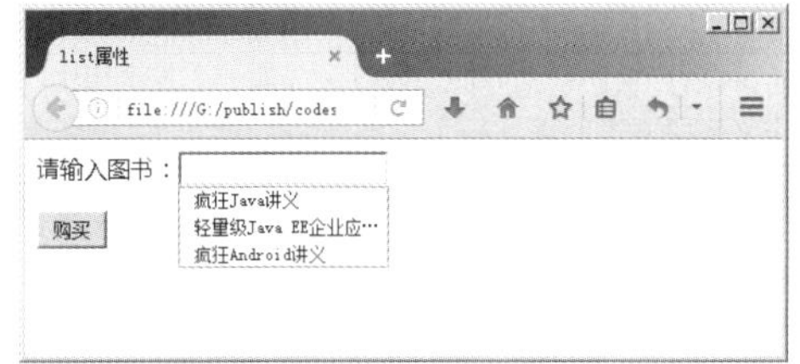

图 3.11 使用 list 属性把文本框变成 ComboBox

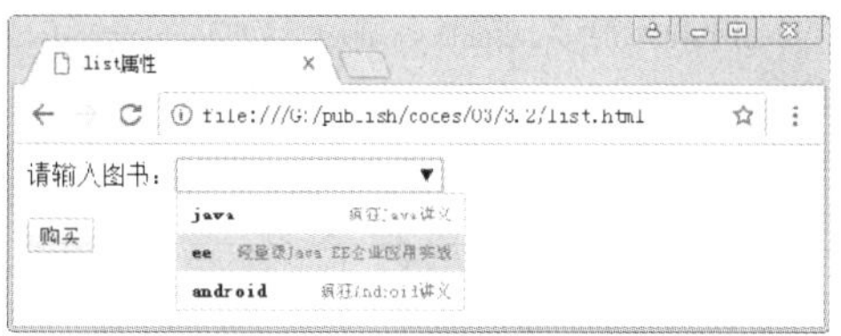

图 3.12 Chrome 对 list 属性的处理

不管是 Firefox 还是 Opera 和 Chrome，当用户选择下拉菜单的某个菜单项时，该文本框内将会填入该菜单项对应的<option.../>元素的 value 属性值。

提示：

为了保证 list 属性具有较好的、一致的行为，使用<datalist.../>定义下拉菜单时，可以让每个<option.../>元素的文本与 value 属性值完全相同。

3.2.7 autocomplete 属性

该属性用于设置表单是否支持自动完成功能，如果启用自动完成功能，浏览器将会根据用户上次提交的数据生成列表框供用户选择，或提示自动完成。

该属性支持如下两个属性值。

- on：打开 autocomplete，文本框下方会显示下拉菜单。
- off：关闭 autocomplete，文本框下方不会显示下拉菜单。

下面代码示范了 autocomplete 属性的功能。

程序清单：codes\03\3.2\autocomplete.html

```
<form action="pro.action" method="post" autocomplete="on">
姓名:<input type="text" name="name" /><p>
住址: <input type="text" name="addr" /><p>
电邮: <input type="text" name="email" autocomplete="off" /><p>
<input type="submit" value="提交"/>
</form>
```

上面代码中将<form.../>元素的 autocomplete 属性设为 on，这意味着将整个表单的 autocomplete 属性打开。接下来代码将“电邮”后面文本框的 autocomplete 属性设为 off，这意味着关闭了该文本框的 autocomplete 属性。

在浏览器中浏览该页面，然后在上面 3 个文本框内输入一定内容后提交。再次返回该页面，重新输入将可以看到如图 3.13 所示的界面。

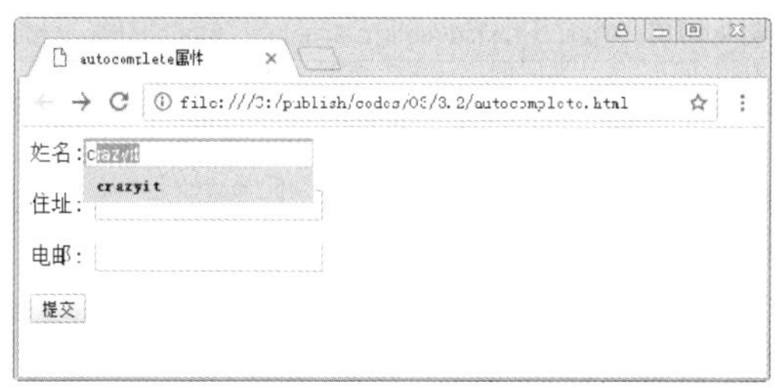

图 3.13 autocomplete 属性

从图 3.13 可以看出，由于“姓名”“住址”后的文本框都打开了 autocomplete 属性，因此当用户再次输入时，将可以看到浏览器显示用户上次输入的内容作为提示。对于“电邮”后面的文本框，由于关闭了 autocomplete 属性，因此用户再次输入时将不会有任何提示。

3.2.8　label 的 control 属性

HTML 5 为<label.../>元素提供了一个 control 属性，该属性主要用于在 JavaScript 脚本中访问该<label.../>元素所关联的表单元素。

下面代码示范了<label.../>的 control 属性的作用。

程序清单：codes\03\3.2\control.html

```
<form action="pro.action" method="post" autocomplete="on">
<label id="nameLb">姓名:
<input type="text" name="name" /></label><p>
<input type="submit" value="提交"/>
<input type="button" value="重设"
   onclick="document.getElementById('nameLb').control.value='crazyit';"/>
</form>
```

上面代码中定义了一个<label.../>元素，并在<label.../>元素内定义了一个文本框，这表明该元素关联的表单元素就是该文本框，通过该<label.../>的 control 属性即可访问到该文本框。因此，上面页面代码的最后一行粗体字代码先获取页面上的<label.../>元素，然后调用该元素的 control 属性即可访问到该文本框。在浏览器中浏览该页面，并单击页面上的“重设”按钮，即可看到如图 3.14 所示的效果。

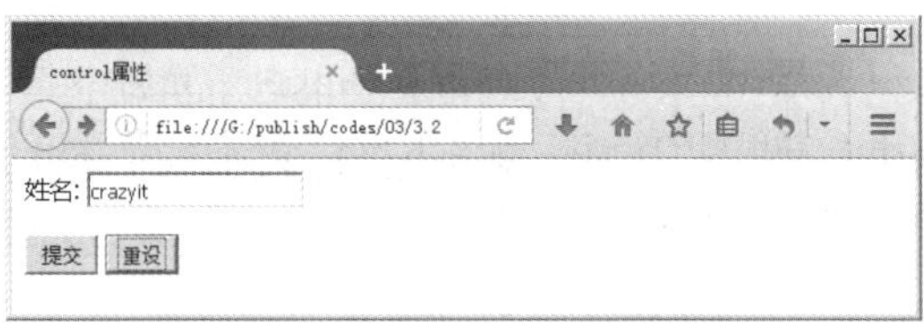

图 3.14　control 属性

3.2.9　表单元素的 labels 属性

与<label.../>具有 control 属性对应，HTML 5 为普通的表单元素新增了 labels 属性，该属性用于获取该表单元素所关联的多个<label.../>元素。表单元素与<label.../>之间具有一对多的关联关系，<label.../>元素获取它关联的表单元素使用 control 属性，而表单元素获取它关联的多个<label.../>使用 labels 属性。

普通表单元素的 labels 属性返回一个 NodoList 属性，该属性代表了该表单元素所关联的多个<label.../>属性。

下面页面代码为文本框添加了两个<label.../>元素，并通过代码来访问它们。

程序清单：codes\03\3.2\labels.html

```
<form action="pro.action" method="post" autocomplete="on">
<label>姓名:
<input id="name" type="text" name="name" /></label>
<label for="name"><small>请输入姓名</small></label><p>
<input type="button" value="第一个"
   onclick="alert(document.getElementById('name').labels[0])"/>
<input type="button" value="第二个"
   onclick="alert(document.getElementById('name').labels[1])"/>
</form>
```

上面页面代码中定义了一个文本框，还为该文本框定义了两个<label.../>元素，这意味着该文本框关联了两个<label.../>属性，因此 JavaScript 脚本可以通过文本框的 labels 属性来访问这两个<label.../>元素。

上面代码中两行粗体字代码使用 JavaScript 分别获取 labels 属性的第一个元素和第二个元素。在浏览器中浏览该页面，单击任意一个按钮，将可以看到如图 3.15 所示的效果。

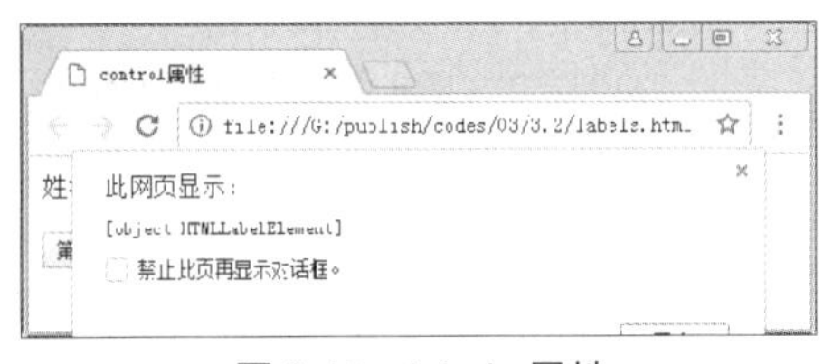

图 3.15　labels 属性

目前 Opera、Chrome、Safari 等都已很好地支持该属性，但 Firefox 暂不支持该属性。

3.2.10　文本框的 selectionDirection 属性

HTML 5 为单行文本框（<input.../>元素）和多行文本域（<textarea.../>元素）新增了一个 selectionDirection 只读属性，该属性用于返回文本框内的文字选择方向。

- 用户正向选取文字时，selectionDirection 属性返回 forward。
- 用户反向选取文字时，selectionDirection 属性返回 backward。
- 用户没有选取文字时，selectionDirection 属性返回上一次用户的选择方向。如果用户从未选择任何文字，该属性将返回 forward。

下面页面代码测试了 selectionDirection 属性的功能。

程序清单：codes\03\3.2\selectionDirection.html

```
<form action="pro.action" method="post" autocomplete="on">
<label id="nameLb">姓名:
<input type="text" name="name" /></label><p>
<input type="button" value="获取"
    onclick="alert(document.getElementById('nameLb').control.selectionDirection);"/>
</form>
```

上面页面代码中定义了一个文本框，程序中粗体字 JavaScript 脚本使用简单的 alert()函数来输出表单内文本框的文字选择方向。

使用浏览器浏览该页面，并在文本框内选择一定文字后单击页面上的“获取”按钮，将可以看到如图 3.16 所示的效果。

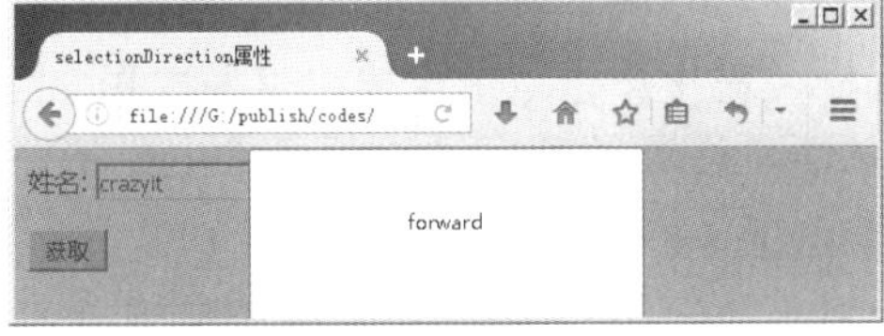

图 3.16　selectionDirection 属性

3.2.11　复选框的 indeterminate 属性

HTML 5 为复选框增加了一个 indeterminate 属性，如果将该属性设为 true，就表明该复选框的状态暂时是“不确定”的——该复选框既不处于勾选状态，也不处于未勾选状态，而是处于一种不确定的状态。只要浏览者在界面上执行操作，不管它是勾选还是取消勾选，indeterminate 属性都会变成 true。

程序清单：codes\03\3.2\indeterminate.html

```
<form action="pro.action" method="post" autocomplete="on">
<label id="colorLb">红色:
```

```
<input type="checkbox" name="color" /></label><p>
<input type="button" value="设置"
   onclick="document.getElementById('colorLb').control.indeterminate=true;"/>
<input type="button" value="获取"
   onclick="alert(document.getElementById('colorLb').control.indeterminate);"/>
</form>
```

上面页面代码中定义了一个复选框和两个按钮，其中第一个按钮用于将页面上复选框的indeterminate属性设为true；第二个按钮用于获取复选框的indeterminate属性。

使用浏览器浏览该页面，单击页面上的第一个按钮将会看到该复选框变成“不确定”状态；如果用户勾选或取消勾选该复选框，再次单击第二个按钮来获取该复选框的indeterminate属性，都可以看到返回false，如图3.17所示。

图 3.17 indeterminate 属性

正如图3.17所示，不管复选框处于勾选状态还是取消勾选状态，indeterminate属性都返回true。

提示： HTML 5为复选框增加了indeterminate属性之后，以后在JavaScript代码中判断一个复选框的checked（是否处于勾选状态）属性之前，需要先判断indeterminate属性是否为false。只有当indeterminate属性为false时判断checked状态才有效。

3.3 HTML 5 新增的表单元素

3.3.1 功能丰富的input元素

前面介绍<input.../>元素时已经讲解了可以通过type属性让该元素生成文本框、密码框、文件上传域、单选钮、复选框、提交按钮、重设按钮等多种表单控件，而HTML 5则进一步丰富了type属性的类型，从而允许通过<input.../>元素来生成各种不同的表单控件。HTML 5为<input.../>元素的type属性新增了如下几种可能的类型。

- color：让<input.../>元素生成一个颜色选择器。当用户在颜色选择器中选中指定颜色后，该文本框内自动显示用户选中的颜色，该文本框的value为该颜色的值，形如#xxxxxx的颜色值。
- date：让<input.../>元素生成一个日期选择器。
- time：让<input.../>元素生成一个时间选择器。
- datetime-local：让<input.../>元素生成一个本地日期、时间选择器。
- week：让<input.../>元素生成一个供用户选择第几周的文本框。
- month：让<input.../>元素生成一个月份选择器。

上面6种type属性值都用于获取各种日期、时间，因此对于这几种type属性值的<input.../>元素额外支持如下属性。

- min：指定日期、时间的最小值。

- max：指定日期、时间的最大值。
- step：指定日期、时间的步长。
- valueAsDate：该属性主要在 JavaScript 脚本中使用，用于获取从 1970 年 1 月 1 日 0 时 0 分 0 秒到该时间经过了多少毫秒。
- email：让<input.../>元素生成一个 E-mail 输入框。浏览器将会自动检查该文本框的 value，如果用户在该文本框内输入的内容不符合 E-mail 格式，浏览器将会不允许提交表单，并自动生成提示。当指定 type="email"时，<input.../>元素可指定如下属性。
  - multiple：该属性是一个支持 boolean 值的属性。如果指定了该属性值，则表明该文本框内允许输入多个 E-mail 地址，多个 E-mail 地址之间以英文逗号隔开。
- tel：让<input.../>元素生成一个只能输入电话号码的文本框。但这种类型的文本框并没有提供额外的要求，也就是用户完全可以向 type="tel"的文本框内输入任意字符串。浏览器并不会执行太多额外的检查。这种类型的文本框对于手机等手持设备有特殊作用。
- url：让<input.../>元素生成一个 URL 输入框。浏览器将会自动检查该文本框的 value，如果用户在该文本框内输入的内容不符合 URL 格式，浏览器将会不允许提交表单，并自动生成提示。

提示：

Opera 对 type="url"的文本框的处理规则是，如果用户输入的字符串不符合 URL 规则，Opera 自动在用户输入的字符串前面添加 http://前缀，这样使得用户输入的字符串符合 URL 规则。

- number：让<input.../>元素生成一个只能输入数值的文本框。这种类型的<input.../>元素额外支持如下属性。
  - min：指定数值的最小值。
  - max：指定数值的最大值。
  - step：指定数值的步长。
  - valueAsNumber：该属性主要在 JavaScript 脚本中使用，用于获取该文本框内输入的数值。
- range：让<input.../>元素生成一个拖动条，通过拖动条使得用户只能输入指定范围、指定步长的值。当指定文本框的 type="range"时，该文本框还可指定如下 3 个属性。
  - min：指定该拖动条的最小值。
  - max：指定该拖动条的最大值。
  - step：指定该拖动条的步长。
- search：让<input.../>元素生成一个专门用于输入搜索关键字的文本框。这种类型的文本框对于手机等手持设备有特殊作用。

下面页面代码示范了 HTML 5 新增的各种<input.../>元素的用法。

程序清单：codes\03\3.3\input.html

```
<body>
<form action="do">
type="color"的文本框:<br/><input name="color" type="color"/><p>
type="date"的文本框:<br/><input name="date" type="date"/><p>
type="time"的文本框:<br/><input name="time" type="time"/><p>
type="datetime-local"的文本框:<br/><input name="datetime-local" type="datetime-
local"/><p>
```

```
    type="month"的文本框:<br/><input name="month" type="month"/><p>
    type="week"的文本框:<br/><input name="week" type="week"/><p>
    type="email"的文本框:<br/><input name="email" type="email" multiple/><p>
    type="tel"的文本框:<br/><input name="tel" type="tel"/><p>
    type="url"的文本框:<br/><input name="url" type="url"/><p>
    type="number"的文本框:<br/><input name="number" type="number" min="0" max="100"
step="5"/><p>
    type="range"的文本框:<br/><input name="range" type="range" min="0" max="100"
step="5"/><p>
    type="search"的文本框:<br/><input name="search" type="search"/><p>
    <input value="提交" type="submit"/>
    </form>
    </body>
```

目前对这些类型的<input.../>元素支持最好的浏览器是 Chrome 或 Opera。浏览该页面，如果用户单击颜色选择文本框，将会看到如图 3.18 所示的颜色选择器。

对于所有与日期相关的文本框，浏览器都会自动生成一个日期选择器或时间选择器，当用户单击 type="datetime-local"的文本框时，将会看到如图 3.19 所示的效果。

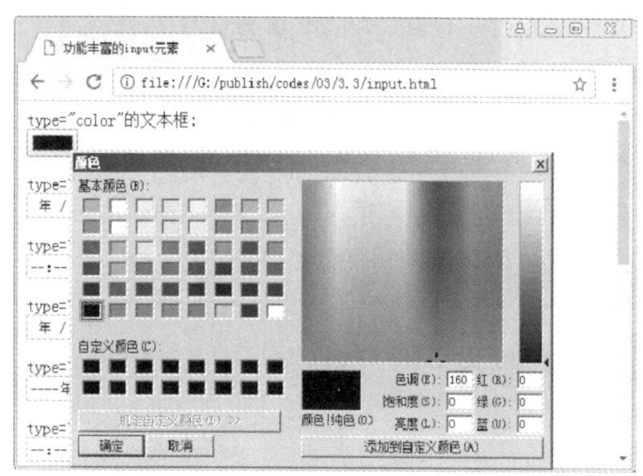

图 3.18　颜色选择器文本框

图 3.19　日期、时间选择框

对于 type="month"、type="week"的<input..../>元素，浏览器同样会生成一个日期选择框供用户选择，只是用户选择时将会显示一个月份或第几周。浏览 type="month"的<input.../>元素，将看到如图 3.20 所示的效果。

对于 type="email"的文本框，如果用户输入的字符串不符合 E-mail 规则，当用户单击提交该表单时，浏览器将会阻止提交该表单，并自动生成提示信息，如图 3.21 所示。

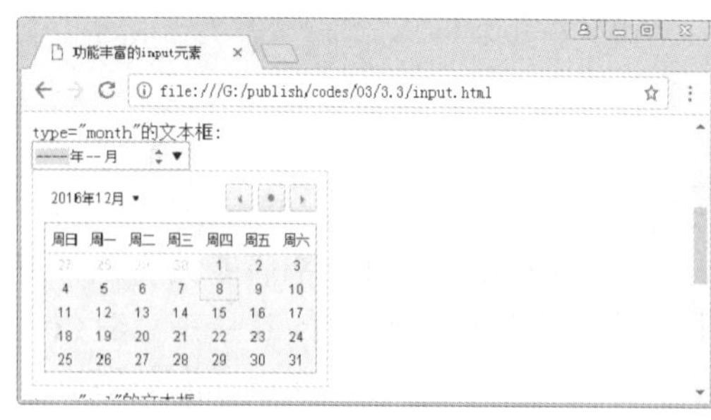

图 3.20　选择月份的文本框

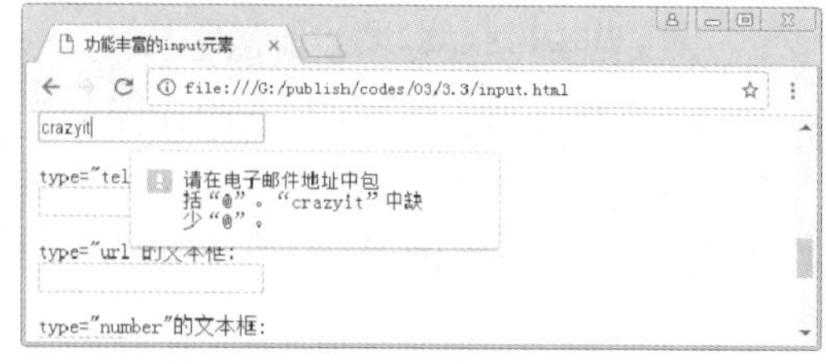

图 3.21　E-mail 输入框的提示信息

对于 type="email"的文本框，如果用户输入的字符串不符合 URL 规则，当用户单击提交该表单时，浏览器将会阻止提交该表单，并自动生成提示信息，如图 3.22 所示。

对于 type="number"的文本框，用户可通过文本框右边的向上、向下箭头来改变文本框的值，每次改变都会改变 step 值。如果用户直接输入的数值超出了 min 和 max 属性值范围，提交表单时将会看到如图 3.23 所示的效果。

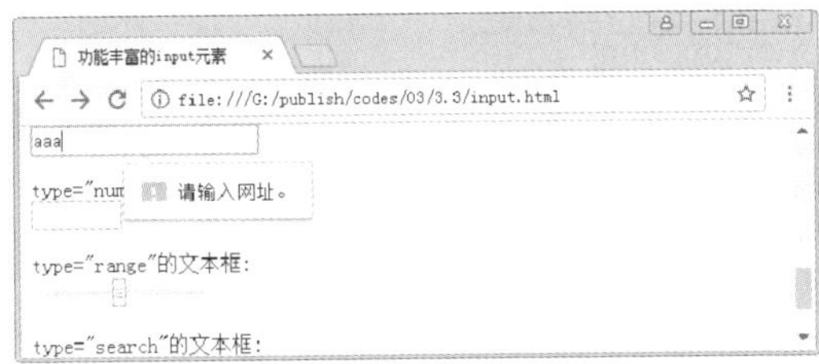

图 3.22 URL 输入框的提示信息

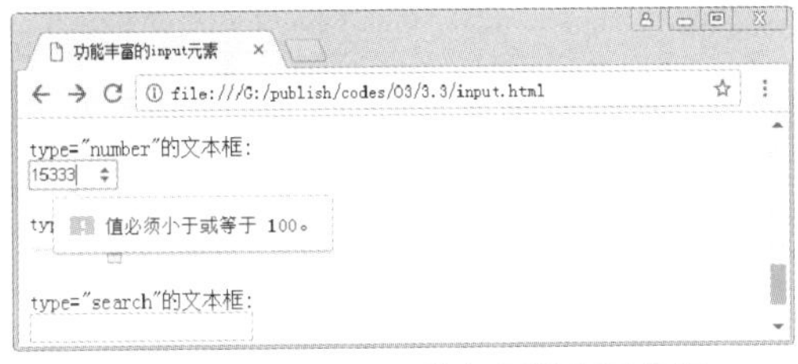

图 3.23 number 输入框的提示信息

对于 type="range"的文本框，浏览器会生成一个拖动条，允许用户通过拖动该拖动条来输入数值，如图 3.24 所示。

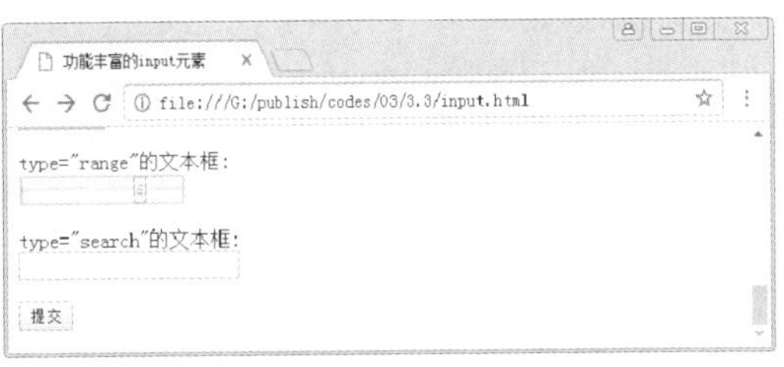

图 3.24 指定 type="range"生成拖动条

HTML 5 的另一个优势是提供了对手机等设备的支持，因此上面不同 type 属性值的 <input.../>元素在 iPhone 内置浏览器中浏览时，将可以看到关联不同的软键盘。

对于 type="tel"的<input.../>元素，如果在手机浏览器上对该文本框进行输入，将会看到浏览器自动打开如图 3.25 所示的电话号码软键盘。

对于 type="search"的<input.../>元素，如果在手机浏览器上对该文本框进行输入，将会看到浏览器自动打开如图 3.26 所示的软键盘，并且软键盘右下角的按钮变成了“Search”。

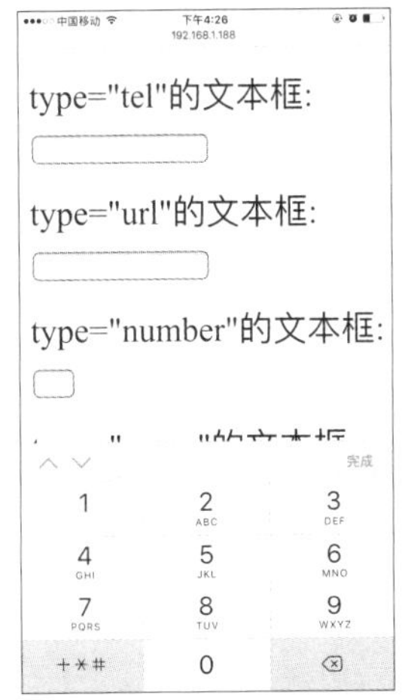

图 3.25 type="tel"关联的软键盘

图 3.26 type="search"关联的软键盘

3.3.2 output 元素

HTML 5 新增了一个<output.../>表单控件，该元素用于显示输出，比如计算结果或脚本的输出。<output.../>元素应该属于某个表单，也就是说，该元素要么定义在表单内部，要么为它指定 form 属性。

<output.../>元素除了可以指定 id、style、class、form 等属性之外，还可以指定如下属性。

- for：该属性指定该元素将会显示哪个或哪些元素的值。

与其他表单控件不同的是，<output.../>所生成的表单控件并不会生成请求参数，它只是用于显示输出。

例如，如下页面代码。

程序清单：codes\03\3.3\output.html

```
<form action="do">
<input id="color1" name="color1" type="color" onchange="a.value=this.value;"/>
<output name="a" for="color1"></output><p>
<input id="range1" name="range1" type="range" min="0" max="100" step="5"
   onchange="b.value=this.value;"/>
<output name="b" for="range1"></output><p>
<input value="提交" type="submit"/>
</form>
```

上面页面代码中粗体字代码定义了两个<output.../>元素，这两个<output.../>元素分别用于显示表单中两个<input.../>元素的值。为了让<output.../>元素能实时显示对应<input.../>元素的值，程序为两个<input.../>元素设置了onchange属性：当文本框的值发生改变时，<output.../>能随之改变、显示对应<input.../>元素的值。

在浏览器中浏览该页面，并改变任意一个文本框内的值，将可以看到如图3.27所示的效果。

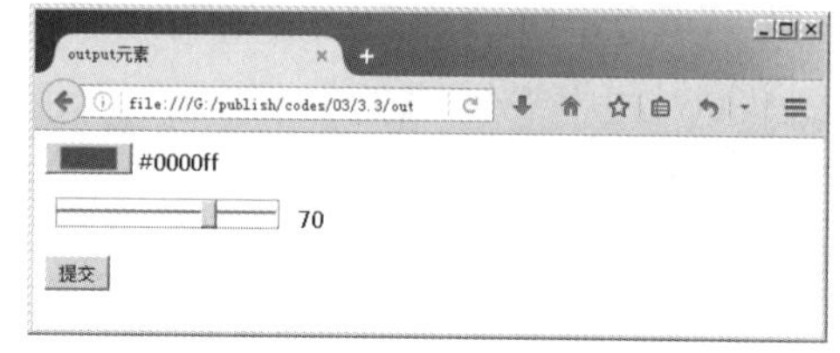

图3.27　使用output元素显示输出

3.3.3　meter元素

HTML 5还新增了一个<meter.../>元素，该元素可用于表示一个已知最大值和最小值的计数仪表。比如电池的剩余电量、速度表等。使用该元素时除了可指定id、style、class、hidden等通用属性之外，还可指定如下属性。

- value：指定计数仪表的当前值。默认为0，可以为该属性指定一个浮点小数值。
- min：指定计数仪表的最小值。默认为0，可以为该属性指定一个浮点小数值。
- max：指定计数仪表的最大值。默认为1，可以为该属性指定一个浮点小数值。
- low：指定计数仪表指定范围的最小值。该属性值必须大于等于min属性指定的值。
- high：指定计数仪表指定范围的最大值。该属性值必须小于等于max属性指定的值。
- optimum：指定计数仪表有效范围的最佳值。如果该值大于high属性指定的值，则意味着值越大越好；如果该值小于low属性指定的值，则意味着值越小越好。

下面页面代码示范了<meter.../>元素的用法和效果。

程序清单：codes\03\3.3\meter.html

```
<form action="do" method="get">
行车速度是:<meter name="speed" value="120" min="0" max="220" low="0" high="160">
   120</meter>千米/小时。<p>
<input value="提交" type="submit"/>
</form>
```

使用浏览器浏览该页面，将可以看到如图3.28所示的效果。

图3.28　meter元素

<meter.../>元素只是作为显示输出元素，因此不接收用户输入，提交表单时也不会生成请求参数。

3.3.4 progress 元素

<progress.../>元素用于表示一个进度条。使用该元素时除了可指定 id、style、class、hidden 等通用属性之外，还可指定如下属性。

- max：指定进度条完成时的值。
- value：指定进度条当前完成的进度值。

下面页面代码示范了<progress.../>元素的用法和效果。

程序清单：codes\03\3.3\progress.html

```
<form action="do" method="get">
任务完成比：<progress value="30" max="100">30/100</progress><p>
<input value="提交" type="submit"/>
</form>
```

使用浏览器浏览该页面，将可以看到如图 3.29 所示的效果。

图 3.29　progress 元素

<progress.../>元素只是作为显示输出元素，因此不接收用户输入，提交表单时也不会生成请求参数。

3.3.5 keygen 元素

<keygen.../>元素用于生成公钥和密钥对，当提交表单时，私钥存储在本地，公钥发送到服务器。使用该元素时除了可指定 id、style、class、hidden 等通用属性之外，还可指定如下属性。

- name：指定该表单元素的名称，该名称将作为请求参数的名称。
- keytype：指定生成公钥和密钥对的算法，目前只支持 rsa 属性值，用于指定生成 RSA 密钥。
- disabled：设置是否禁用。

下面页面代码示范了<keygen.../>元素的用法和效果。

程序清单：codes\03\3.3\progress.html

```
<form action="do" method="get">
用户名：<input type="text" name="name" /><p>
加密：<keygen name="security" /><p>
<input value="提交" type="submit"/>
</form>
```

使用浏览器浏览该页面，将可以看到如图 3.30 所示的效果。

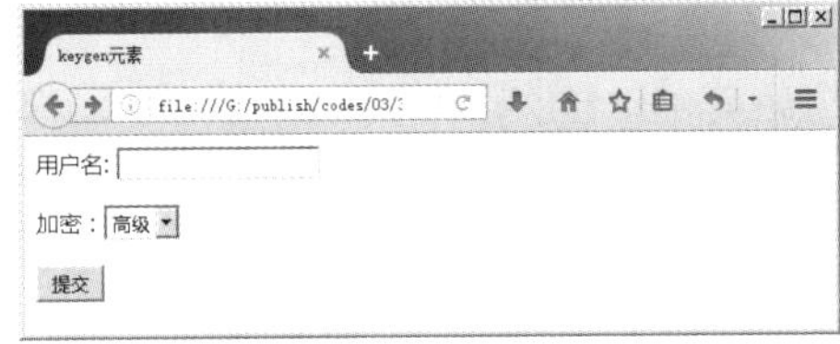

图 3.30　keygen 元素

提交表单时，由于浏览器需要生成密钥（私钥保存在本地、公钥提交给服务器），因此将可以看到浏览器会显示如图 3.31 所示的效果。

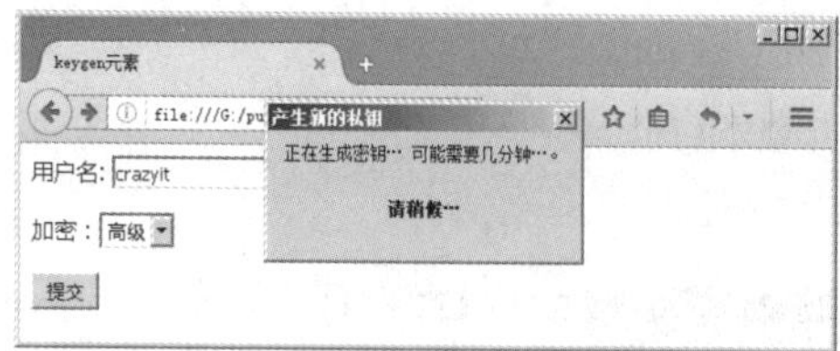

图 3.31　使用 keygen 元素生成密钥

3.4　HTML 5 新增的客户端校验

在 HTML 5 规范以前，客户端校验只能通过 JavaScript 来完成，HTML 5 改变了这种现状，HTML 5 为表单控件额外增加了一些输入校验属性。HTML 5 页面只要简单地设置这些校验属性即可完成客户端校验。

3.4.1　使用校验属性执行校验

HTML 5 为表单控件新增了如下几个校验属性。

- required：该属性指定该表单控件必须填写。该属性的值必须是 required 或完全省略属性值。
- pattern：该属性指定该表单控件的值必须符合指定的正则表达式。该属性的值必须是一个合法的正则表达式。
- min、max、step：这 3 个属性只对数值类型、日期类型的<input.../>元素有效，这 3 个属性控制该表单控件的值必须在 min~max 之间，并符合 step 步长。

使用上面这几个属性可以非常方便地完成客户端校验。例如，如下 HTML 页面中定义了一个“添加图书”的表单，该表单中包含 3 个表单控件，不同表单控件有不同的要求。

程序清单：codes\03\3.4\attrValid.html

```
<form action="add" method="post">
    图书名：<input name="name" type="text" required/><br/>
    图书 ISBN：<input name="isbn" type="text"
        required pattern="\d{3}-\d-\d{3}-\d{5}"/><br/>
    图书价格：<input name="price" type="number"
        min="20" max="150" step="5"/><br/>
    <input type="submit" value="提交"/>
</form>
```

上面粗体字代码分别定义了 3 个表单控件必须满足的规则，图书名对应的表单控件要求必须填写；图书 ISBN 对应的表单控件不仅必须填写，而且必须符合指定的正则表达式；图书价格对应的表单控件必须是数值，而且必须在 20~150 之间且必须是 5 的倍数。

在浏览器中浏览该页面，如果不填写任何内容直接提交表单，将会看到如图 3.32 所示的效果。

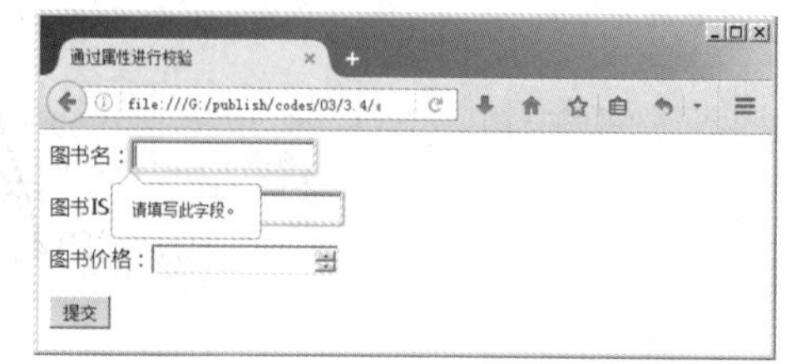

图 3.32　浏览器对 required 字段生成的提示信息

如果为图书名、图书 ISBN 字段随意填写一些内容，当图书 ISBN 表单控件内的值不符合指定的正则表达式规则时，提交该表单将会看到如图 3.33 所示的效果。

如果图书名、图书 ISBN 填写正确，只是图书价格不符合校验规则，提交该表单将会看到如图 3.34 所示的效果。

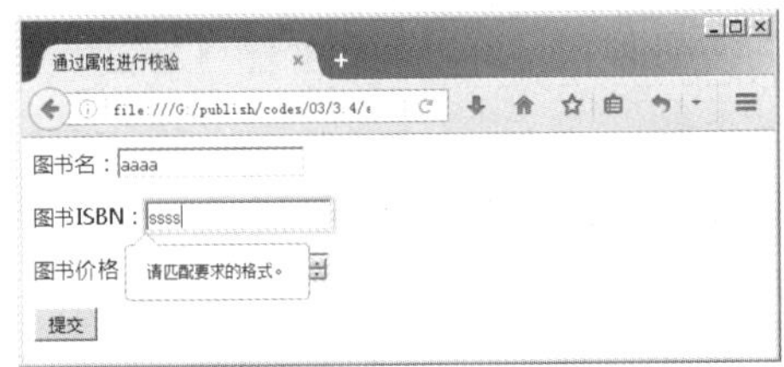

图 3.33　浏览器对 pattern 校验规则生成的提示信息

图 3.34　浏览器对 min、max、step 校验规则生成的提示信息

3.4.2　调用 checkValidity 方法进行校验

前面介绍的通过校验属性执行的输入校验简单、易用，但略显“呆板”，如果开发者想使用对话框来弹出错误提示，或者有其他校验要求，则可借助于 HTML 5 为表单、表单控件提供的 checkValidity()方法进行校验。

- 如果表单对象调用 checkValidity()方法返回 true，则表明该表单内的所有表单元素的输入都有效。只要任意一个表单元素不能通过输入校验，表单对象的 checkValidity()方法就会返回 false。
- 如果表单对象调用 checkValidity()方法返回 true，则表明该表单内的所有表单元素可以通过输入校验；否则返回 false。

例如，如下页面代码示范了使用 checkValidity()方法执行输入校验。

程序清单：codes\03\3.4\check.html

```
<body>
<form action="add" method="post">
    生日：<input id="birth" name="birth" type="date"/><p>
    邮件地址：<input id="email" name="email" type="email"/><p>
    <input type="submit" value="提交" onclick="return check();"/>
</form>
<script type="text/javascript">
    var check = function()
    {
        return commonCheck("birth" , "生日" , "字段必须是有效的日期！")
            && commonCheck("email" , "邮件地址" , "字段必须符合电子邮件的格式！");
    }
    var commonCheck = function(field , fieldName , tip)
    {
        var targetEle = document.getElementById(field);
        // 如果该字段的值为空
        if (targetEle.value.trim() == "")
        {
            alert(fieldName + "字段必须填写！");
            return false;
        }
        // 调用 checkValidity()方法执行输入校验
        else if(!targetEle.checkValidity())
        {
            alert(fieldName + tip);
            return false;
```

```
        }
        return true;
    }
</script>
</body>
```

上面程序的粗体字代码调用 checkValidity()方法对表单控件执行输入校验，如果用户输入的邮件地址不符合规则，当用户单击页面上的“提交”按钮时，将可以看到如图 3.35 所示的对话框。

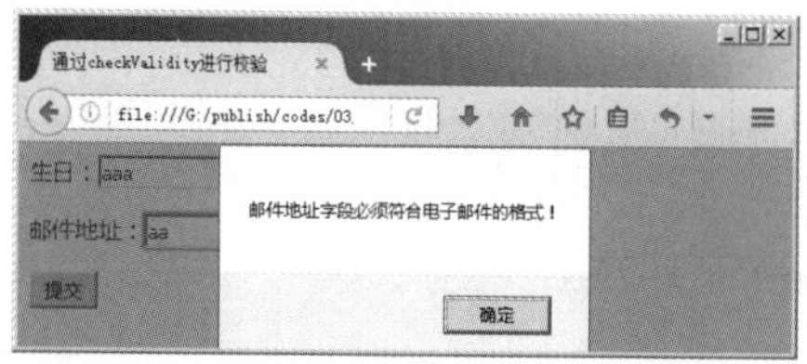

图 3.35　调用 checkValidity 方法执行校验

除此之外，HTML 5 为所有表单、表单控件都提供了一个 validity 属性，该属性的值是一个 ValidityState 对象，该对象代表了表单、表单控件的输入校验状态，其中 ValidityState 的 valid 属性可以表示该表单、表单控件是否通过输入校验。

3.4.3　自定义错误提示

在默认情况下，HTML 5 要求浏览器为每个校验规则都提供相应的错误提示，这些错误提示信息是固定的。但在有些情况下，如果希望“定制”自己的错误提示信息，而不是显示默认的提示信息，则可以借助于 HTML 5 为表单控件新增的 setCustomValidity()方法来实现，该方法接受一个字符串参数，该字符串将会作为用户“自定义”的错误提示。

需要指出的是，只要调用了某个表单控件的 setCustomValidity()方法，就意味着该表单控件没有通过输入校验。因此只有当表单控件本身没有通过输入校验时才能调用该方法，而不是“不问青红皂白”地直接调用该方法来改变错误提示；否则可能导致本来可以通过输入校验的表单控件也变成不能通过输入校验了。

例如，如下页面代码对前面的例子进行了改写，调用了 setCustomValidity()方法来定制错误提示。

程序清单：codes\03\3.4\attrValid2.html

```
<body>
<form action="add" method="post">
    图书名：<input id="name" name="name" type="text" required/><p>
    图书 ISBN：<input id="isbn" name="isbn" type="text"
        required pattern="\d{3}-\d-\d{3}-\d{5}"/><p>
    图书价格：<input id="price" name="price" type="number"
        min="20" max="150" step="5"/><p>
    <input type="submit" value="提交" onclick="check();"/>
</form>
<script type="text/javascript">
    var check = function()
    {
        if(!document.getElementById("name").checkValidity())
        {
            document.getElementById("name").setCustomValidity("图书名是必填的！");
        }
        if(!document.getElementById("isbn").checkValidity())
        {
```

```
            document.getElementById("isbn").setCustomValidity("图书 ISBN 必须填写，"
                + "\n 而且必须符合 xxx-x-xxx-xxxxx 的格式（其中 x 代表数字）。");
        }
        if(!document.getElementById("price").checkValidity())
        {
            document.getElementById("price").setCustomValidity("图书价格必须填写，"
                + "\n 而且必须在 20~150 之间，且是 5 的倍数。");
        }
    };
</script>
</body>
```

在浏览器中浏览该页面，如果用户输入的图书 ISBN 不符合规则，将可以看到如图 3.36 所示的错误提示。

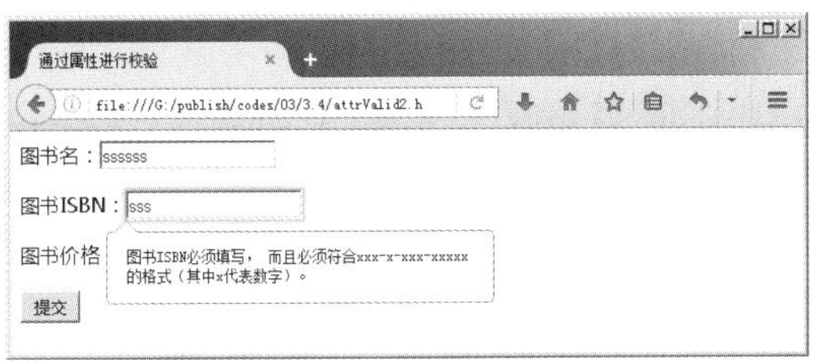

图 3.36　自定义错误提示

目前浏览器对于自定义错误提示的支持不是很理想，当调用了 setCustomValidity()方式改变错误提示之后，即使浏览者在表单控件中输入的内容符合校验规则，浏览者也必须把页面刷新一次。

3.4.4　关闭校验

在某些时候，如果希望暂时关闭 HTML 5 对表单提供的输入校验，则可以通过如下两种方式来实现。

- 为<form.../>元素增加 novalidate 属性，该属性是一个支持 boolean 值的属性。
- 为 type="submit"的<input.../>或<button.../>元素设置 formnovalidate 属性，当用户通过该提交按钮提交表单时，该表单将会关闭校验功能。

第一种方式将会直接关闭表单的输入校验功能，无论通过哪个按钮提交该表单，该表单都不会执行输入校验；第二种方式则由指定的提交按钮来关闭表单的输入校验，只有当用户通过指定了 formnovalidate 属性的按钮提交表单时才会关闭表单的输入校验。

下面页面代码示范了关闭输入校验的功能。

程序清单：codes\03\3.4\closeValid.html

```
<form action="add" method="post">
    图书名：<input name="name" type="text" required/><p>
    图书 ISBN：<input name="isbn" type="text"
        required pattern="\d{3}-\d-\d{3}-\d{5}" /><p>
    图书价格：<input name="price" type="number"
        min="20" max="150" step="5"/><p>
    <input type="submit" value="不校验提交" formnovalidate/>
    <input type="submit" value="校验提交"/>
</form>
```

上面页面代码在表单中定义了两个提交按钮，其中第一个提交按钮指定了 formnovalidate 属性，当用户通过该按钮提交表单时，表单的输入校验不会起作用；第二个按钮没有指定 formnovalidate 属性，因此用户通过该按钮提交表单时，表单的输入校验会发挥作用。

提示：

虽然 novalidate 和 formnovalidate 两个属性都是支持 boolean 值的属性，但如果在页面中将它们设为 false，并不能重新启用输入校验。

3.5 本章小结

本章主要介绍了 HTML 5 表单及表单控件相关的元素和属性。本章详细介绍了 HTML 5 从原 HTML 规范中保留的表单和表单控件，如果读者已掌握相关知识，则可以跳过这部分内容；本章重点介绍了 HTML 5 新增的表单元素和属性，包括 HTML 5 为所有表单控件新增的 form、formaction、formxxx 属性，HTML 5 新增的各种功能丰富的<input.../>元素，HTML 5 增强的文件上传域等。除此之外，本章也重点介绍了 HTML 5 新增的客户端校验功能，包括通过 required、pattern 等属性和调用 checkValidity 方法进行的校验。这些内容是读者学习本章需要重点掌握的知识。

CHAPTER

4

第 4 章 HTML 5 的绘图支持

本章要点

- HTML 5 新增的 canvas 元素
- 掌握 CanvasRenderingContext2D
- 绘制几何图形
- 设置点线模式
- 绘制字符串
- 设置阴影
- 使用路径绘制复杂的几何图形
- 绘制贝济埃曲线和二次曲线
- 绘制位图
- 使用坐标变换
- 坐标变换与路径结合使用
- 使用矩阵变换
- 控制绘制时的叠加风格
- 使用线性渐变填充图形
- 使用径向渐变填充图形
- 使用位图填充填充图形
- 对位图进行裁剪
- 对位图的指定像素进行处理
- 输出位图
- 动画制作的基本原理

本章主要介绍HTML 5绘图相关知识。在HTML 5以前的时代，前端开发者无法在HTML页面上动态地绘制图片。如果实在需要在HTML页面上动态地生成图片，要么在服务器端生成位图后输出到HTML页面上显示，要么使用Flash等第三方工具。HTML 5的出现改变了这种局面，HTML 5新增了一个<canvas.../>元素，这个元素本身的功能比较有限，但通过该元素可以获取一个CanvasRenderingContext2D对象，该对象是一个功能强大的绘图API。

因为在<canvas.../>元素上绘图是通过CanvasRenderingContext2D对象来完成的，需要使用JavaScript脚本来控制该对象绘图，因此本章介绍的知识需要大量使用JavaScript编程，读者可以参考本书后面知识来阅读本章的JavaScript代码。本章将会详细介绍HTML 5新增的绘图功能，包括绘制几何图形、绘制字符串、利用路径来绘制复杂的集合图形等。本章还会介绍图形变换、图形叠加、图形填充等内容。掌握这些内容之后，开发者可以在<canvas.../>元素上绘制出各种复杂的图形，甚至利用<canvas.../>开发动画、游戏等。

4.1 使用canvas元素

HTML 5新增了一个<canvas.../>元素，该元素专门用于绘制图形。但实际上，<canvas.../>元素自身并不绘制图形，它只是相当于一张空画布。如果开发者需要向<canvas.../>上绘制图形，则必须使用JavaScript脚本进行绘制。

注意：

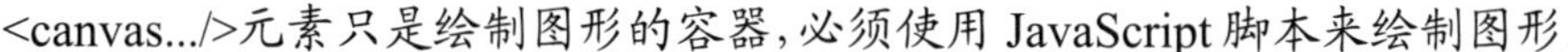

<canvas.../>元素只是绘制图形的容器，必须使用JavaScript脚本来绘制图形。

在HTML页面上定义<canvas.../>元素与定义其他普通元素并无任何不同，它除了可以指定id、style、class、hidden等通用属性之外，还可以指定如下两个属性。

- height：该属性设置该画布组件高度。
- width：该属性设置该画布组件宽度。

在HTML网页上定义<canvas.../>元素之后，它只是一张“空白”的画布，画布上面一片空白，一无所有。为了向<canvas.../>元素上绘图，必须经过如下3步。

1. 获取<canvas.../>元素对应的DOM对象，这是一个Canvas对象。
2. 调用Canvas对象的getContext()方法，该方法返回一个CanvasRenderingContext2D对象，该对象即可绘制图形。
3. 调用CanvasRenderingContext2D对象的方法绘图。

下面示例程序在画布上绘制了一个红色矩形。

程序清单：codes\04\4.1\canvas.html

```
<body>
<h2> 画图入门 </h2>
<canvas id="mc" width="300" height="180"
   style="border:1px solid black"></canvas>
<script type="text/javascript">
   // 获取 canvas 元素对应的 DOM 对象
   var canvas = document.getElementById('mc');
   // 获取在 canvas 上绘图的 CanvasRenderingContext2D 对象
   var ctx = canvas.getContext('2d');
   // 设置填充颜色
   ctx.fillStyle = '#f00';
   // 绘制矩形
```

```
    ctx.fillRect(30 , 40 , 80 , 100);
</script>
</body>
```

在浏览器中浏览该页面，将看到网页中的<canvas.../>元素上绘制了一个红色矩形，如图 4.1 所示。

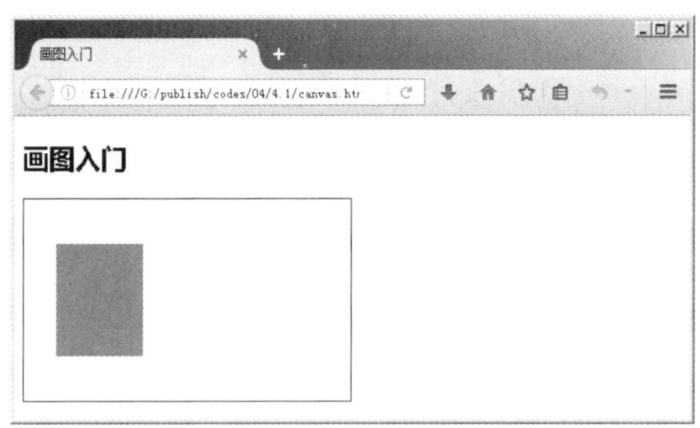

图 4.1　使用 canvas 元素绘制图形

通过上面示例不难看出，<canvas.../>元素的用法并不复杂——因为<canvas.../>只是一个绘图用的画布。真正负责绘图的是 Canvas 对象的 getContext()方法返回的 CanvasRenderingContext2D 对象。因此学习<canvas.../>绘图的重点是学习 CanvasRenderingContext2D 对象。

提示：

由于本章的所有绘图操作几乎都是在 JavaScript 脚本中完成的，因此读者需要有一定的 JavaScript 编程知识才能阅读本章。如果读者没有相关知识，可以参考本书后面介绍的关于 JavaScript 的知识。

4.2　绘图

<canvas.../>元素的灵活之处在于它可以返回一个绘图 API：CanvasRenderingContext2D，这个对象就像其他编程语言里的绘图 API，可以自由地在网页上绘制各种图形。

4.2.1　canvas 绘图基础：CanvasRenderingContext2D

前面已经介绍到，使用<canvas.../>元素绘图的关键步骤是：①获取 CanvasRenderingContext2D 对象；②调用 CanvasRenderingContext2D 对象的方法进行绘图。

每个<canvas.../>元素对应于一个 Canvas 对象，Canvas 对象的 getContext(String contextID)方法将会返回一个绘图 API，该方法需要一个字符串参数，目前该方法只支持"2d"字符串作为参数，该方法将会返回一个 CanvasRenderingContext2D 对象。

提示：

Canvas 对象的 getContext(String contextID)方法之所以设计成需要参数的形式，应该是为了未来的可扩展性考虑的——虽然目前只支持传入"2d"参数，即只支持绘制 2D 图形；但在未来的日子里，该方法也许可以传入"3d"参数，这样就可以在网页上绘制 3D 图形了。

HTML 5 绘图的组件是 Canvas 对象，但绘图的核心 API 是 CanvasRenderingContext2D，

该对象提供了如表4.1所示的方法绘制各种图形。

表4.1 CanvasRenderingContext2D 提供的方法

方法签名	简要说明
void arc(double x, double y, double radius, double startAngle, endAngle, boolean counterclockwise)	向 Canvas 的当前路径上添加一段弧
void arcTo(double x1, double y1, double x2, double y2, double radius)	向 Canvas 的当前路径上添加一段弧。与前一个方法相比，只是定义弧的方式不同
void beginPath()	开始定义路径
void closePath( )	关闭前面定义的路径
void bezierCurveTo(double cpX1, double cpY1, double cpX2, double cpY2, double x, double y)	向 Canvas 的当前路径上添加一段贝济埃曲线
void clearRect(double x, double y, double width, double height)	擦除指定矩形区域上绘制的图形
void clip( )	从画布上裁剪一块出来
ImageData createImageData(double sw, double sh) ImageData createImageData(ImageData imagedata)	创建图片的像素数据
ImageData getImageData(double sx, double sy, double sw, double sh)	获取图片指定区域内像素数据
putImageData(ImageData imagedata, double dx, double dy) putImageData(ImageData imagedata, double dx, double dy, double dirtyX, double dirtyY, double dirtyWidth, double dirtyHeight)	将像素数据放入图片指定区域内
CanvasGradient createLinearGradient(double xStart, double yStart, double xEnd, double yEnd)	创建一个线性渐变
CanvasPattern createPattern(Image image,String style)	创建一个图形平铺
CanvasGradient createRadialGradient(double xStart, double yStart, double radiusStart,double xEnd, double yEnd, double radiusEnd)	创建一个径向渐变
void drawImage(Image image, double x, double y) void drawImage(Image image, double x, double y, double width, double height) void drawImage(Image image, integer sx, integer sy, integer sw, integer sh, double dx, double dy, double dw, double dh)	绘制位图
void fill()	填充 Canvas 的当前路径
void fillRect(double x, double y, double width, double height)	填充一个矩形区域
void fillText(String text, double x, double y , [double maxWidth])	填充字符串
boolean isPointInPath(double x, double y)	判断指定点是否位于当前路径中
void lineTo(double x, double y)	把 Canvas 的当前路径从当前结束点连接到 *x*、*y* 对应的点
TextMetrics measureText(DOMString text)	使用当前绘图环境测试指定文本，获取该文本的绘制大小
void moveTo(double x, double y)	把 Canvas 的当前路径的结束点移动到 *x*、*y* 对应的点
void quadraticCurveTo(double cpX, double cpY, double x, double y)	向 Canvas 的当前路径上添加一段二次曲线
void rect(double x, double y, double width, double height)	向 Canvas 的当前路径上添加一个矩形
void stroke()	沿着 Canvas 的当前路径绘制边框
void strokeRect(double x, double y, double width, double height)	绘制一个矩形边框
void strokeText(String text, double x, double y , [double maxWidth])	绘制字符串的边框
void save()	保存当前的绘图状态
void restore( )	恢复之前保存的绘图状态
void rotate(double angle)	旋转坐标系统
void scale(double sx, double sy)	缩放坐标系统
void setLineDash(sequence<double> segments) sequence<double> getLineDash()	设置、获取绘制的点线模式，该属性是一个 sequence <double>类型（通常就是数组）的值，用于控制点线的样式
void translate(double dx, double dy)	平移坐标系统
transform(double a, double b, double c, double d, double e, double f)	对当前坐标系统执行矩阵变换

除了表 4.1 所示的各种方法之外，CanvasRenderingContext2D 还允许直接修改它的系列属性，这些属性主要用于控制各种绘图风格。CanvasRenderingContext2D 提供的各种属性如表 4.2 所示。

表 4.2 CanvasRenderingContext2D 提供的属性

属性名	简要说明
fillStyle	设置填充路径时所用的填充风格。该属性支持 3 种类型的值： ➢ 符合颜色格式的字符串值，表明使用纯色填充 ➢ CanvasGradient，表明使用渐变填充 ➢ CanvasPattern，表明是位图填充
strokeStyle	设置绘制路径时所用的填充风格。该属性支持 3 种类型的值： ➢符合颜色格式的字符串值，表明使用纯色填充 ➢ CanvasGradient，表明使用渐变填充 ➢ CanvasPattern，表明是渐变填充
font	设置绘制字符串时所用的字体
globalAlpha	设置全局透明度
globalCompositeOperation	设置全局的叠加效果
lineCap	设置线段端点的绘制形状。该属性支持如下 3 个值： ➢ "butt"，该属性值指定不绘制端点。线条结尾处直接结束。这是默认的属性值 ➢ "round"，该属性值指定绘制圆形端点。线条结尾处绘制一个直径为线条宽度的半圆 ➢ "square"，该属性值指定绘制圆形端点。线条结尾处绘制半个边长为线条宽度的正方形。需要说明的是，这种形状的端点与"butt"形状的端点十分相似，只是采用这种形式的端点的线条略长一点而已
lineJoin	设置线条连接点的风格。该属性支持如下 3 个值： ➢ meter，这是默认的属性值。该方格的连接点形状如所示 ➢ round，该方格的连接点形状如所示 ➢ bevel，该方格的连接点形状如所示
miterLimit	当把 lineJoin 属性设为 meter 风格时，该属性控制锐角箭头的长度
lineWidth	设置笔触线条的宽度
lineDashOffset	设置点线的相位
shadowBlur	设置阴影的模糊度
shadowColor	设置阴影的颜色
shadowOffsetX	设置阴影在 *X* 方向的偏移
shadowOffsetY	设置阴影在 *Y* 方向的偏移
textAlign	设置绘制字符串的水平对齐方式，该属性支持 start、end、left、right、center 等属性值
textBaseAlign	设置绘制字符串的垂直对齐方式，该属性支持 top、hanging、middle、alphabetic、idecgraphic、bottom 等属性值

在 Canvas 提供的绘制方法中还用到了一个 API：Path，一个 Path 代表任意多条直线或曲线连接而成的任意图形，当 Canvas 根据 Path 绘制时，它可以绘制出任意的形状。

只要读者掌握了表 4.1 和表 4.2 所示方法、属性的功能和用法，就可以在 Canvas 上绘制出各式各样的图形了。

4.2.2 绘制几何图形

从表 4.1 不难看出，CanvasRenderingContext2D 只提供了两个方法来绘制几何图形。

- fillRect(double x, double y, double width, double height)：填充一个矩形区域。
- strokeRect(double x, double y, double width, double height)：绘制一个矩形边框。

也就是说，CanvasRenderingContext2D 只提供了绘制矩形的方法，并没有直接提供绘制其他几何形状（如圆形、椭圆、三角形）的方法。下面程序使用这两个方法来绘制几个简单的矩形。

程序清单：codes\04\4.2\rect.html

```
<h2> 绘制矩形 </h2>
<canvas id="mc" width="400" height="280"
   style="border:1px solid black"></canvas>
<script type="text/javascript">
   // 获取 canvas 元素对应的 DOM 对象
   var canvas = document.getElementById('mc');
   // 获取在 canvas 上绘图的 CanvasRenderingContext2D 对象
   var ctx = canvas.getContext('2d');
   // 设置填充颜色
   ctx.fillStyle = '#f00';
   // 填充一个矩形
   ctx.fillRect(30 , 20 , 120 , 60);
   // 设置填充颜色
   ctx.fillStyle = '#ff0';
   // 填充一个矩形
   ctx.fillRect(80 , 60 , 120 , 60);
   // 设置线条颜色
   ctx.strokeStyle = "#00f";
   // 设置线条宽度
   ctx.lineWidth = 10;
   // 绘制一个矩形边框
   ctx.strokeRect(30 , 130 , 120 , 60);
   // 设置线条颜色
   ctx.strokeStyle = "#0ff";
   // 设置线条连接风格
   ctx.lineJoin = "round";
   // 绘制一个矩形边框
   ctx.strokeRect(80 , 160 , 120 , 60);
   // 设置线条颜色
   ctx.strokeStyle = "#f0f";
   // 设置线条连接风格
   ctx.lineJoin = "bevel";
   // 绘制一个矩形边框
   ctx.strokeRect(130 , 190 , 120 , 60);
</script>
```

上面程序中粗体字代码先填充了 2 个矩形区域，接下来绘制了 3 个矩形边框。绘制 3 个矩形边框时采用了 3 种不同的线条连接风格。在浏览器中浏览该页面，将会看到如图 4.2 所示的效果。

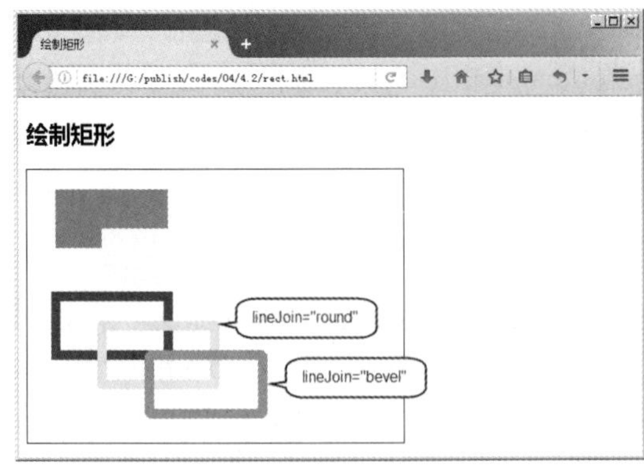

图 4.2　绘制矩形

≫ 4.2.3　点线模式

绘制线段或边框时默认总是使用实线。如果希望使用点线进行绘制，则可通过设置 CanvasRenderingContext2D 的 setLineDash 方法和 lineDashOffset 属性来实现。

setLineDash 方法需要一个类型为 sequence<double>的值，每个 double 值依次控制点线的实线长度、间距。比如，该参数设置如下。

- [2,3]：代表长为 2 的实线、距离为 3 的间距……这种点线模式。
- [2,3,1]：代表长为 2 的实线、距离为 3 的间距、长为 1 的实线、距离为 2 的间距、长为 3 的实线、距离为 1 的间距……这种点线模式。
- [5,3,1,2]：代表长为 5 的实线、距离为 3 的间距、长为 1 的实线、距离为 2 的间距……这种点线模式。

lineDashOffset 属性用于指定点线的相位，该属性将会与 lineDash 属性协同起作用。比如如下属性组合。

- lineDashOffset=1, lineDash=[2,3]：代表长为 2 的实线、距离为 3 的间距……这种点线模式。但开始绘制起点时只绘制长度为 1 的实线，因为 lineDashOffset 为 1 就是控制该点线“移过”1 个点。
- lineDashOffset=3, lineDash={5,3,1,2}：代表长为 5 的实线、距离为 3 的间距、长为 1 的实线、距离为 2 的间距……这种点线模式。但开始绘制时只绘制长度为 2 的实线，因为 lineDashOffset 为 3 就是控制该点线“移过”3 个点。

下面页面代码示范了通过 setLineDash 和 lineDashOffset 控制点线模式。

程序清单：codes\04\4.2\lineDash.html

```
<body>
<h2> 点线模式 </h2>
<canvas id="mc" width="400" height="280"
   style="border:1px solid black"></canvas><p>
选择点线模式：<select id="lineDash" onchange="changeLineDash(this.value);">
</select><p>
点线相位：<input type="range" id="lineDashOffset" style="width:300px"
   onchange="changeLineDashOffset(this.value);"/>
<script type="text/javascript">
   // 定义一个数组来代表所有点线模式
   var lineDashArr = [[2, 2],
      [2.0, 4.0, 2.0],
      [2.0, 4.0, 6.0],
      [2.0, 4.0, 2.0, 6.0],
      [2.0, 2.0, 4.0, 4.0],
      [2.0, 2.0, 4.0, 6.0, 10.0]];
   var phaseMax = 20;
   var phaseMin = -20;
   // 初始化界面上 lineDash 元素
   var lineDashEle = document.getElementById("lineDash");
   for (var i = 0; i < lineDashArr.length ; i++)
   {
      lineDashEle.options[i] = new Option(lineDashArr[i], i);
   }
   lineDashEle.options[0].selected = true;
   // 初始化界面上 lineDashOffset 元素
   var lineDashOffsetEle = document.getElementById("lineDashOffset");
   lineDashOffsetEle.max = phaseMax;
   lineDashOffsetEle.min = phaseMin;
   lineDashOffsetEle.step = 0.1;
   lineDashOffsetEle.value = 0;
```

```
    // lineDash 变量保存绘图的点线模式
    var lineDash = lineDashArr[0];
    // lineDashOffset 变量保存绘图的点线相位
    var lineDashOffset = 0;
    function draw()
    {
        // 获取 canvas 元素对应的 DOM 对象
        var canvas = document.getElementById('mc');
        // 获取在 canvas 上绘图的 CanvasRenderingContext2D 对象
        var ctx = canvas.getContext('2d');
        ctx.fillStyle = "#fff";
        ctx.fillRect(0, 0, 400, 280);
        // 设置线条颜色
        ctx.strokeStyle = "#f0f";
        // 设置线条宽度
        ctx.lineWidth = 2;
        // 设置点线模式
        ctx.setLineDash(lineDash);
        // 设置点线模式的相位
        ctx.lineDashOffset = lineDashOffset;
        // 绘制一个矩形边框
        ctx.strokeRect(40 , 60 , 120 , 120);
        ctx.beginPath();
        // 添加一个圆
        ctx.arc(300, 120, 60, 60, 0, Math.PI * 2, true);
        // 添加一条直线
        ctx.moveTo(30 , 30);
        ctx.lineTo(360 , 30);
        // 再添加一条直线
        ctx.moveTo(200 , 50);
        ctx.lineTo(200 , 240);
        ctx.closePath();
        ctx.stroke();
    }
    function changeLineDash(i)
    {
        lineDash = lineDashArr[i];
        draw();
    }
    function changeLineDashOffset(val)
    {
        lineDashOffset = val;
        draw();
    }
    draw();
</script>
</body>
```

上面页面代码中定义了一个<select.../>元素让用户选择点线模式，还定义了一个 type 为 range 的<input.../>元素让用户选择点线模式的相位。当用户选择不同的点线模式时，JavaScript 脚本就会改变程序中 lineDash 变量；当用户选择不同的点线模式的相位时，JavaScript 脚本就会改变程序中 lineDashOffset 变量。程序中两行粗体字代码用于改变绘图 Context 的点线模式和点线模式的相位。

该程序中绘制直线、绘制圆形用到路径相关的知识，读者可参考 4.2.6 节内容。

在浏览器中浏览该页面，即可实时改变绘图的点线模式和点线模式的相位，如图 4.3 所示。

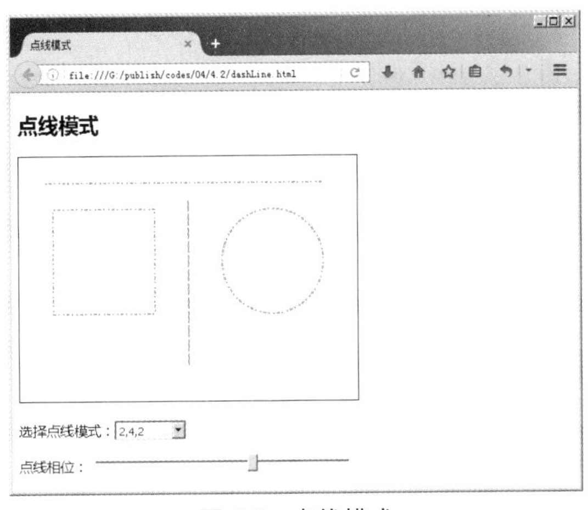

图 4.3　点线模式

4.2.4　绘制字符串

CanvasRenderingContext2D 为绘制文字提供了如下两个方法。

- fillText(String text, double x, double y, [double maxWidth])：填充字符串。
- strokeText(String text, double x, double y, [double maxWidth])：绘制字符串边框。

为了设置绘制字符串时所用的字体、字体对齐方式，CanvasRenderingContext2D 还提供了如下两个属性。

- textAlign：设置绘制字符串的水平对齐方式，该属性支持 start、end、left、right、center 等属性值。
- textBaseAlign：设置绘制字符串的垂直对齐方式，该属性支持 top、hanging、middle、alphabetic、idecgraphic、bottom 等属性值。

下面程序代码示范了如何利用 Canvas 来绘制字符串。

程序清单：codes\04\4.2\text.html

```
<body>
<h2> 绘制文字 </h2>
<canvas id="mc" width="600" height="280"
   style="border:1px solid black"></canvas>
<script type="text/javascript">
   // 获取 canvas 元素对应的 DOM 对象
   var canvas = document.getElementById('mc');
   // 获取在 canvas 上绘图的 CanvasRenderingContext2D 对象
   var ctx = canvas.getContext('2d');
   ctx.fillStyle = '#00f';
   ctx.font = 'italic 50px 隶书';
   ctx.textBaseline = 'top';
   // 填充字符串
   ctx.fillText('疯狂 Java 讲义', 0, 0);
   ctx.strokeStyle = '#f0f';
   ctx.font='bold 45px 宋体';
   // 绘制字符串的边框
   ctx.strokeText('轻量级 Java EE 企业应用实战', 0, 50);
</script>
</body>
```

使用浏览器来浏览该页面，将可以看到如图 4.4 所示的效果。

图 4.4　绘制文字

4.2.5　设置阴影

CanvasRenderingContext2D 为设置图形阴影提供了如下属性。

- shadowBlur：设置阴影的模糊度。该属性值是一个浮点数，该数值越大，阴影的模糊程度就越大。
- shadowColor：设置阴影的颜色。
- shadowOffsetX：设置阴影在 *X* 方向的偏移。
- shadowOffsetY：设置阴影在 *Y* 方向的偏移。

下面程序代码示范了为所绘制的形状添加阴影。

程序清单：codes\04\4.2\shadow.html

```
<h2> 启用阴影 </h2>
<canvas id="mc" width="600" height="280"
   style="border:1px solid black"></canvas>
<script type="text/javascript">
   // 获取 canvas 元素对应的 DOM 对象
   var canvas = document.getElementById('mc');
   // 获取在 canvas 上绘图的 CanvasRenderingContext2D 对象
   var ctx = canvas.getContext('2d');
   // 设置阴影的模糊度
   ctx.shadowBlur = 5.6;
   // 设置阴影颜色
   ctx.shadowColor = "#222";
   // 设置阴影在 X、Y 方向的偏移
   ctx.shadowOffsetX = 10;
   ctx.shadowOffsetY = -6;
   ctx.fillStyle = '#00f';
   ctx.font = 'italic 50px 隶书';
   ctx.textBaseline = 'top';
   // 填充字符串
   ctx.fillText('疯狂 Java 讲义', 0, 0);
   ctx.strokeStyle = '#f0f';
   ctx.font='bold 45px 宋体';
   // 绘制字符串的边框
   ctx.strokeText('轻量级 Java EE 企业应用实战', 0, 50);
   // 填充一个矩形区域
   ctx.fillRect(20 , 150 , 180 , 80);
   ctx.lineWidth = 8;
   // 绘制一个矩形边框
   ctx.strokeRect(300 , 150 , 180 , 80);
</script>
```

在浏览器中浏览该页面，将可以看到如图 4.5 所示的效果。

图 4.5　启用阴影

4.2.6　使用路径

正如前面提到的，CanvasRenderingContext2D 对象只提供了两个绘制矩形的方法，并没有直接提供绘制圆形、椭圆等几何图形的方法。为了在 Canvas 上绘制更复杂的图形，必须在 Canvas 上启用路径，借助于路径来绘制图形。

在 Canvas 上使用路径，可按如下步骤进行。

1. 调用 CanvasRenderingContext2D 对象的 beginPath()方法开始定义路径。
2. 调用 CanvasRenderingContext2D 的各种方法添加子路径。
3. 调用 CanvasRenderingContext2D 的 closePath()方法关闭路径。
4. 调用 CanvasRenderingContext2D 的 fill()或 stroke()方法来填充路径或绘制路径边框。

CanvasRenderingContext2D 对象提供了如下方法来添加路径。

- arc(double x, double y, double radius, double startAngle, endAngle, boolean counterclockwise)：向 Canvas 的当前路径上添加一段弧。绘制以 *x*、*y* 为圆心，radius 为半径，从 startAngle 角度开始，到 endAngle 角度结束的圆弧。startAngle、endAngle 以弧度作为单位。
- arcTo(double x1, double y1, double x2, double y2, double radius)：向 Canvas 的当前路径上添加一段弧。与前一个方法相比，只是定义弧的方式不同。
- bezierCurveTo(double cpX1, double cpY1, double cpX2, double cpY2, double x, double y)：向 Canvas 的当前路径上添加一段贝济埃曲线。
- lineTo(double x, double y)：把 Canvas 的当前路径从当前结束点连接到 *x*、*y* 对应的点。
- moveTo(double x, double y)：把 Canvas 的当前路径的结束点移动到 *x*、*y* 对应的点。
- quadraticCurveTo(double cpX, double cpY, double x, double y)：向 Canvas 的当前路径上添加一段二次曲线。
- rect(double x, double y, double width, double height)：向 Canvas 的当前路径上添加一个矩形。

通过上面介绍的 arc()方法可以在 Canvas 上绘制圆形。下面程序代码使用循环绘制了 10 个圆形，而且这 10 个圆形的透明度逐渐降低。

程序清单：codes\04\4.2\arc.html

```
<h2> 绘制圆形 </h2>
<canvas id="mc" width="400" height="280"
   style="border:1px solid black"></canvas>
<script type="text/javascript">
```

```
    // 获取canvas元素对应的DOM对象
    var canvas = document.getElementById('mc');
    // 获取在canvas上绘图的CanvasRenderingContext2D对象
    var ctx = canvas.getContext('2d');
    for(var i = 0 ; i < 10 ; i++)
    {
        // 开始定义路径
        ctx.beginPath();
        // 添加一段圆弧
        ctx.arc(i * 25 , i * 25 , (i + 1) * 8 , 0 , Math.PI * 2 , true);
        // 关闭路径
        ctx.closePath();
        // 设置填充颜色
        ctx.fillStyle = 'rgba(255 , 0 , 255 , ' + (10 - i) * 0.1 + ')';
        // 填充当前路径
        ctx.fill();
    }
</script>
```

上面程序中粗体字代码绘制了一个角度为Math.PI * 2的圆弧，也就是一个圆形。使用浏览器浏览该页面，将会看到如图4.6所示的效果。

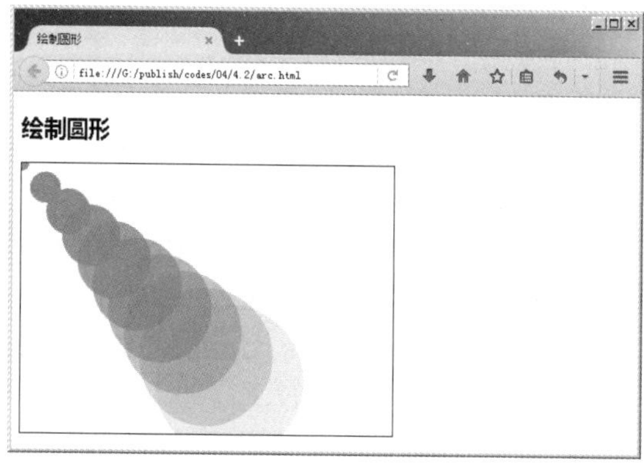

图4.6　绘制圆形

通过上面程序的运行结果，相信读者对arc(double x, double y, double radius, double startAngle, endAngle, boolean counterclockwise)方法的用法已经比较清楚了，该方法的前两个参数指定圆弧的圆心，第三个参数用于设置圆弧的半径，第四、五个参数则用于设置圆弧的开始角度、结束角度，最后一个参数用于设置是否顺时针旋转。

但可能有读者对arcTo(double x1, double y1, double x2, double y2, double radius)方法感到疑惑，该方法也是绘制一段圆弧。确定这段圆弧的方式是：假设从当前点到 $P1(x1,y1)$ 绘制一条线条，再从 $P1(x1,y1)$ 到 $P2(x2,y2)$ 绘制一条线条，arcTo()则绘制一段同时与上面两条线条相切，且半径为radius的圆弧。artTo()方法示意图如图4.7所示。

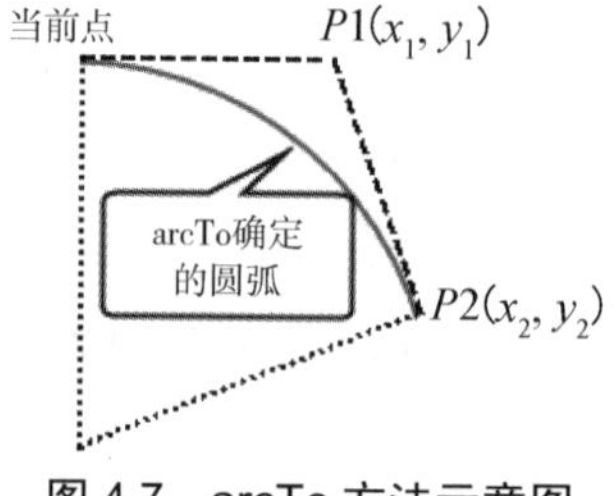

图4.7　arcTo方法示意图

下面程序代码使用arcTo()方法绘制了一个圆角矩形（所谓圆角矩形就是在矩形的每个角

都绘制一段圆弧）。

程序清单：codes\04\4.2\arcTo.html

```
<body>
<h2> arcTo 示意 </h2>
<canvas id="mc" width="400" height="280"
   style="border:1px solid black"></canvas>
<script type="text/javascript">
   /*
      该方法负责绘制圆角矩形
      x1、y2：圆角矩形左上角的坐标
      width、height：控制圆角矩形的宽、高
      radius：控制圆角矩形的四个圆角的半径
   */
   function createRoundRect(ctx , x1 , y1 , width , height , radius)
   {
      ctx.beginPath();
      // 移动到左上角
      ctx.moveTo(x1 + radius , y1);
      // 添加一条连接到右上角的线段
      ctx.lineTo(x1 + width - radius, y1);
      // 添加一段圆弧
      ctx.arcTo(x1 + width , y1, x1 + width, y1 + radius, radius);
      // 添加一条连接到右下角的线段
      ctx.lineTo(x1 + width, y1 + height - radius);
      // 添加一段圆弧
      ctx.arcTo(x1 + width, y1 + height , x1 + width - radius
         , y1 + height , radius);
      // 添加一条连接到左下角的线段
      ctx.lineTo(x1 + radius, y1 + height);
      // 添加一段圆弧
      ctx.arcTo(x1, y1 + height , x1 , y1 + height - radius , radius);
      // 添加一条连接到左上角的线段
      ctx.lineTo(x1 , y1 + radius);
      // 添加一段圆弧
      ctx.arcTo(x1 , y1 , x1 + radius , y1 , radius);
      ctx.closePath();
   }
   // 获取 canvas 元素对应的 DOM 对象
   var canvas = document.getElementById('mc');
   // 获取在 canvas 上绘图的 CanvasRenderingContext2D 对象
   var ctx = canvas.getContext('2d');
   ctx.lineWidth = 3;
   createRoundRect(ctx , 30 , 30 , 200 , 100 , 20);
   ctx.stroke();
</script>
</body>
```

上面程序中 4 行粗体字代码负责绘制圆角矩形的 4 个圆角，在浏览器中浏览该页面，将可以看到如图 4.8 所示的圆角矩形。

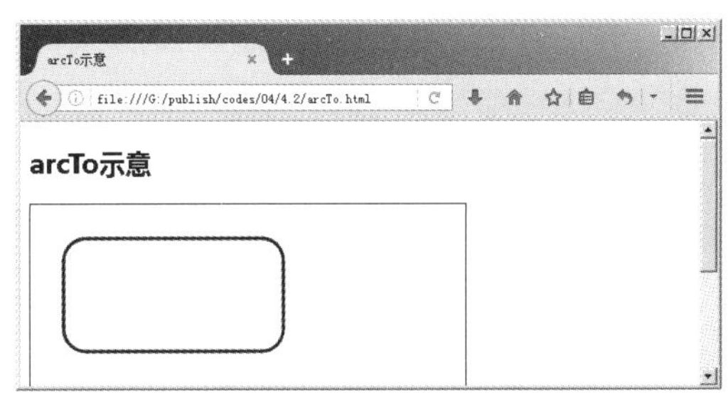

图 4.8　使用 arcTo 方法绘制圆角矩形

上面代码已经用到 moveTo(x,y) 和 lineTo(x,y)两个方法，其中前者是把绘制点移动到指定点(x,y)，而后者则负责绘制从当前点到指定点(x,y)的线条。借助于 lineTo()方法可以绘制任意多边形。例如，下面程序代码使用 lineTo()方法来绘制多角星。

程序清单：codes\04\4.2\lineTo.html

```
<body>
<h2> lineTo 示意 </h2>
<canvas id="mc" width="420" height="280"
    style="border:1px solid black"></canvas>
<script type="text/javascript">
    /*
        该方法负责绘制多角星
        n：该参数通常应设为奇数，控制绘制 N 角星
        dx、dy：控制 N 角星的位置
        size：控制 N 角星的大小
    */
    function createStar(context , n , dx , dy , size)
    {
        // 开始创建路径
        context.beginPath();
        var dig = Math.PI / n * 4;
        context.moveTo(dx , size + dy);
        for(var i = 0; i <= n ; i++)
        {
            var x = Math.sin(i * dig);
            var y = Math.cos(i * dig);
            context.lineTo(x * size + dx, y * size + dy);
        }
        context.closePath();
    }
    // 获取 canvas 元素对应的 DOM 对象
    var canvas = document.getElementById('mc');
    // 获取在 canvas 上绘图的 CanvasRenderingContext2D 对象
    var ctx = canvas.getContext('2d');
    // 绘制 3 角星
    createStar(ctx , 3 , 60 , 60 , 50);
    ctx.fillStyle = "#f00";
    ctx.fill();
    // 绘制 5 角星
    createStar(ctx , 5 , 160 , 60 , 50);
    ctx.fillStyle = "#0f0";
    ctx.fill();
    // 绘制 7 角星
    createStar(ctx , 7 , 260 , 60 , 50);
    ctx.fillStyle = "#00f";
    ctx.fill();
    // 绘制 9 角星
    createStar(ctx , 9 , 360 , 60 , 50);
    ctx.fillStyle = "#f0f";
    ctx.fill();
</script>
</body>
```

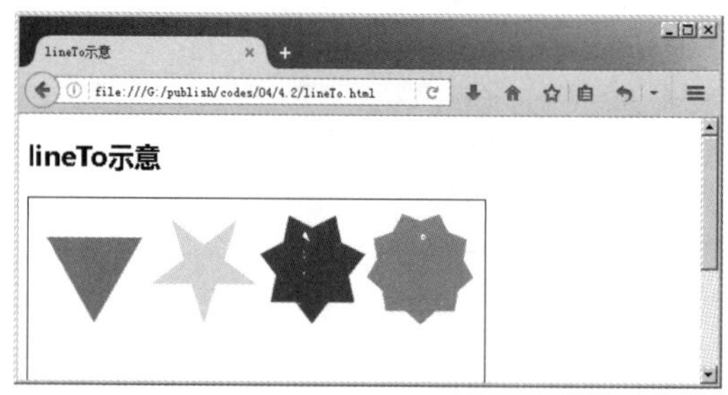

图 4.9　绘制多角星

上面程序中粗体字代码表示使用lineTo()方法绘制线条，随着程序中循环次数的控制，createStar()函数就可以创建 *N* 角星。在浏览器中浏览该该页面，将看到如图 4.9 所示的多角星。

4.2.7　绘制曲线

CanvasRenderingContext2D 对象提供了 bezierCurveTo()和 quadraticCurveTo()两个方法向 Canvas 的当前路径上添加曲线，这两个方法都用于添加曲线，前者用于添加贝济埃曲线，后者用于添加二次曲线。

绘制贝济埃曲线示意图如图 4.10 所示。

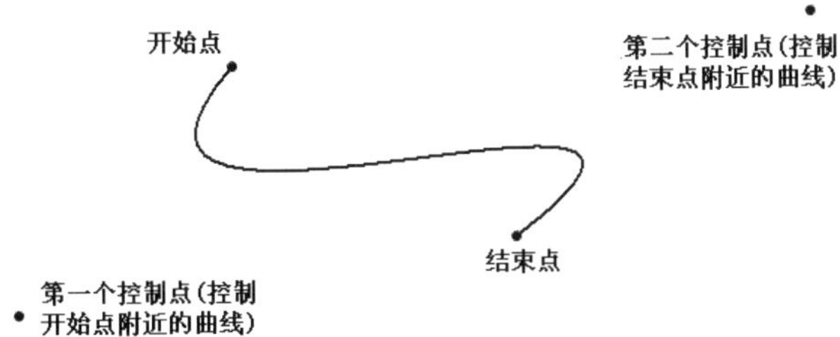

图 4.10　绘制贝济埃曲线示意图

从图 4.10 可以看出，确定一条贝济埃曲线需要 4 个点：

- 开始点
- 第一个控制点
- 第二个控制点
- 结束点

而 bezierCurveTo(double cpX1, double cpY1, double cpX2, double cpY2, double x, double y)方法则负责绘制从路径的当前点（作为开始点）到结束点(*x*,*y*)的贝济埃曲线，其中 cpX1、cpY1 定义第一个控制点的坐标；cpX2、cpY2 定义第二个控制点的坐标。

绘制二次曲线示意图如图 4.11 所示。

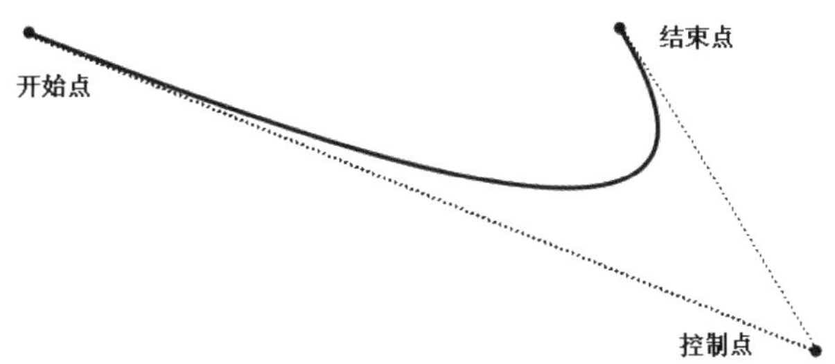

图 4.11　绘制二次曲线示意图

从图 4.11 可以看出，确定一条二次曲线需要 3 个点：

- 开始点
- 控制点
- 结束点

而 quadraticCurveTo(double cpX, double cpY, double x, double y)方法则负责绘制从路径的当前点（作为开始点）到结束点(*x*,*y*)的二次曲线，其中 cpX、cpY 定义控制点的坐标。

下面程序使用了 quadraticCurveTo()方法绘制多条相连的曲线，这样就可绘制成花朵的边框。

程序清单：codes\04\4.2\curveTo.html

```
<body>
<h2> curveTo 示意 </h2>
<canvas id="mc" width="420" height="280"
   style="border:1px solid black"></canvas>
```

```
<script type="text/javascript">
    /*
        该方法负责绘制花朵。
        n：该参数控制花朵的花瓣数
        dx、dy：控制花朵的位置
        size：控制花朵的大小
        length：控制花瓣的长度
    */
    function createFlower(context , n , dx , dy , size , length)
    {
        // 开始创建路径
        context.beginPath();
        context.moveTo(dx , dy + size);
        var dig = 2 * Math.PI / n;
        for(var i = 1; i < n + 1 ; i++)
        {
            // 计算控制点的坐标
            var ctrlX = Math.sin((i - 0.5) * dig) * length + dx;
            var ctrlY= Math.cos((i - 0.5 ) * dig) * length + dy;
            // 计算结束点的坐标
            var x = Math.sin(i * dig) * size + dx;
            var y = Math.cos(i * dig) * size + dy;
            // 绘制二次曲线
            context.quadraticCurveTo(ctrlX , ctrlY , x , y);
        }
        context.closePath();
    }
    // 获取canvas元素对应的DOM对象
    var canvas = document.getElementById('mc');
    // 获取在canvas上绘图的CanvasRenderingContext2D对象
    var ctx = canvas.getContext('2d');
    // 绘制5瓣的花朵
    createFlower(ctx , 5 , 70 , 100 , 30 , 80);
    ctx.fillStyle = "#f00";
    ctx.fill();
    // 绘制6瓣的花朵
    createFlower(ctx , 6 , 200 , 100 , 30 , 80);
    ctx.fillStyle = "#ff0";
    ctx.fill();
    // 绘制7瓣的花朵
    createFlower(ctx , 7 , 330 , 100 , 30 , 80);
    ctx.fillStyle = "#f0f";
    ctx.fill();
</script>
</body>
```

上面粗体字代码每次都会计算二次曲线结束点、控制点的坐标，然后调用 quadraticCurveTo()方法绘制二次曲线。程序采用循环控制绘制多条前后相连的曲线，这样即可形成花瓣。在浏览器中浏览该页面，将会看到如图 4.12 所示的花朵。

图 4.12　使用 curveTo 绘制花朵

4.2.8 绘制位图

CanvasRenderingContext2D 为绘制位图提供了 3 个方法。

- void drawImage(Image image, double x, double y)：把 image 绘制到 x、y 处。该方法不会对图片做任何缩放处理，绘制出来的图片保持原来的大小。
- void drawImage(Image image, double x, double y, double width, double height)：把 image 绘制到 x、y 处。该方法会对图片进行缩放，绘制出来的图片宽为 width，高为 height。
- void drawImage(Image image, integer sx, integer sy, integer sw, integer sh, double dx, double dy, double dw, double dh)：该方法将会从 image 上“挖出”一块来绘制到 Canvas 上。其中 sx、sy 两个参数控制从源图片上的哪个位置开始挖取，sw、sh 两个参数控制从源图片上挖取的宽度、高度；dx、dy 两个参数控制把挖取的图片绘制到 Canvas 的哪个位置，而 dw、dh 则控制对绘制图片进行缩放，绘制出来的图片宽为 dw，高为 dh。

上面 3 个方法绘制位图时都需要指定一个 Image 对象，Image 提供了如下构造器：

- new Image(integer width, integer height)

因此程序可通过如下方法来创建 Image 对象：

```
var image = new Image();
image.src = 图片地址;
```

程序只是创建、加载图片，所以调用 Image 时无须传入宽、高，这样创建的 Image 将会与 src 属性指定的图片保持相同的宽、高。

需要指出的是，为 Image 的 src 属性赋值后，Image 对象会去装载指定图片，但这种装载是异步的：如果图片数据太大，或者图片来自网络，且网络传输速度较慢，Image 对象装载图片就会需要一定的时间开销。为了保证图片装载完成后才去绘制图片，可用如下代码来控制图片的绘制。

```
var image = new Image();
image.src = 图片地址;
image.onload = function()
{
    // 在该函数里绘制图片
}
```

下面页面代码分别示范了 3 种绘制位图方法的使用。

程序清单：codes\04\4.2\drawImage.html

```
<body>
<h2> 绘制位图 </h2>
<canvas id="mc" width="500" height="330"
    style="border:1px solid black"></canvas>
<script type="text/javascript">
    // 获取 canvas 元素对应的 DOM 对象
    var canvas = document.getElementById('mc');
    // 获取在 canvas 上绘图的 CanvasRenderingContext2D 对象
    var ctx = canvas.getContext('2d');
    // 创建 Image 对象
    var image = new Image();
    // 指定 Image 对象装载图片
    image.src = "android.png";
    // 当图片装载完成时触发该函数
    image.onload = function()
    {
        // 保持原大小绘制图片
        ctx.drawImage(image , 20 , 10);
```

```
        // 绘制图片时进行缩放
        ctx.drawImage(image , 180 , 10 , 76 , 110);
        var sd = 50;
        var sh = 65
        // 从源位图中挖取一块，放大 3 倍后绘制在 Canvas 上
        ctx.drawImage(image , 2 , 50  , sd  ,  sh
            , 265 , 10 , sd * 3 , sh * 3);
    }
</script>
</body>
```

上面页面代码中 3 行粗体字代码分别示范了 3 种绘制位图的方式，其中第一种方式是保持图片原大小绘制位图；第二种方式是绘制位图时对位图进行缩放；第三种方式是挖去图片中一块，进行缩放后绘制。

在浏览器中浏览该页面，将可以看到如图 4.13 所示的效果。

图 4.13　绘制位图

4.3　坐标变换

为了让开发者在 Canvas 上更方便地绘制各种图形，CanvasRenderingContext2D 还提供了坐标变换支持。通过使用坐标变换，开发者无须烦琐地计算每个点的坐标，只需对坐标系统进行整体变换即可。

4.3.1　使用坐标变换

CanvasRenderingContext2D 提供了如下方法进行坐标变换。

- translate(double dx, double dy)：平移坐标系统。该方法相当于把原来位于(0,0)位置的坐标原点平移到(dx,dy)点。在平移后的坐标系统上绘制图形时，所有坐标点的 *X* 坐标都相当于增加了 dx，所有点的 *Y* 坐标都相当于增加了 dy。
- scale(double sx, double sy)：缩放坐标系统。该方法控制坐标系统水平方向上缩放 sx，垂直方向上缩放 sy。在缩放后的坐标系统上绘制图形时，所有坐标点的 *X* 坐标都相当于乘以了 sx 因子，所有点的 *Y* 坐标都相当于乘以了 sy 因子。
- rotate(double angle)：旋转坐标系统。该方法控制系统旋传 angle 弧度。在旋转后的坐标系统上绘制图形时，所有坐标点的 *X*、*Y* 坐标都相当于旋转了 angle 弧度之后的坐标。
- transform(double m11, double m12, double m21, double m22, double dx, double dy)：对当前坐标系统执行矩阵变换。

为了让开发者在进行坐标变换时无须计算多次坐标变换后的累加结果，CanvasRenderingContext2D 还提供了如下两个方法来保存、恢复绘图状态。

- save()：保存当前的绘图状态。
- restore()：恢复之前保存的绘图状态。

需要说明的是 save()方法保存的绘图状态，不仅包括当前坐标系统的状态，也包括 CanvasRenderingContext2D 所设置的填充风格、线条风格、阴影风格的各种绘图状态。但 save()方法不会保存当前 Canvas 上绘制的图形。

下面程序采用循环绘制 50 个矩形，绘制每个矩形时先进行坐标变换。

程序清单：\codes\04\4.3\transform.html

```
<body>
<h2> 坐标变换 </h2>
<canvas id="mc" width="420" height="320"
   style="border:1px solid black"></canvas>
<script type="text/javascript">
   // 获取 canvas 元素对应的 DOM 对象
   var canvas = document.getElementById('mc');
   // 获取在 canvas 上绘图的 CanvasRenderingContext2D 对象
   var ctx = canvas.getContext('2d');
   ctx.fillStyle = "rgba(255, 0 , 0 , 0.3)";
   // 坐标系统平移到 30、200 位置
   ctx.translate(30 , 200);
   for(var i = 0 ; i < 50 ; i++)
   {
      ctx.translate(50 , 50); // 平移变换
      ctx.scale(0.93 , 0.93); // 缩放变换
      ctx.rotate(-Math.PI / 10); // 旋转变换
      ctx.fillRect(0 , 0 , 150 , 75);
   }
</script>
</body>
```

上面程序中粗体字代码保证每次绘制矩形前先进行坐标变换，这样使多次绘制的矩形产生“错位”、缩放。使用浏览器浏览该页面，将看到如图 4.14 所示的效果。

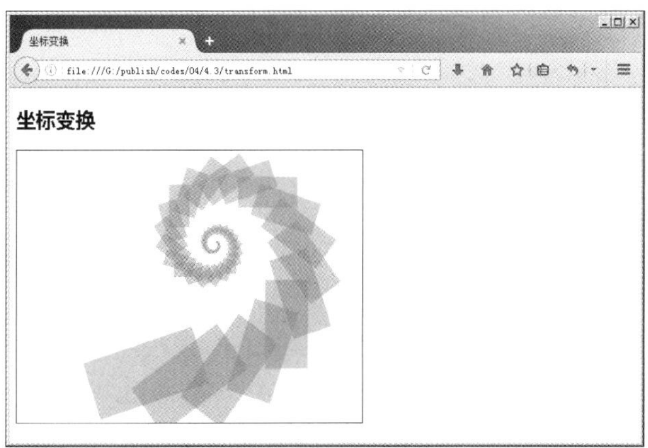

图 4.14 使用坐标变换产生的效果

4.3.2 坐标变换与路径结合使用

如果在坐标变换之后的坐标系统内创建路径，创建路径所用的每个点的坐标也是变换后的结果，因此整个路径都是基于“坐标变换”后的坐标系统的。

下面程序使用循环绘制多个“花朵”。为了使多个“花朵”不会重合在一起，程序并未自行计算每个“花朵”的位置，而是先进行坐标变换，然后在变换后的坐标系统上绘制“花朵”（花朵是一个路径），这样即可保证多个花朵的位置错开。

下面程序使用定时器来控制不断地重绘界面，从而让界面产生“雪花飘飘”的动画效果。

程序清单：\codes\04\4.3\snow.html

```
<body>
<h2> 雪花飘飘 </h2>
<canvas id="mc" width="420" height="280"
    style="border:1px solid black"></canvas>
<script type="text/javascript">
    function createFlower(context , n , dx , dy , size , length)
    {
        // 开始创建路径
        context.beginPath();
        context.moveTo(dx , dy + size);
        var dig = 2 * Math.PI / n;
        for(var i = 1; i < n + 1 ; i++)
        {
            // 计算控制点的坐标
            var ctrlX = Math.sin((i - 0.5) * dig) * length + dx;
            var ctrlY= Math.cos((i - 0.5 ) * dig) * length + dy;
            // 计算结束点的坐标
            var x = Math.sin(i * dig) * size + dx;
            var y = Math.cos(i * dig) * size + dy;
            // 绘制二次曲线
            context.quadraticCurveTo(ctrlX , ctrlY , x , y);
        }
        context.closePath();
    }
    // 定义每个雪花的初始位置
    snowPos = [
        {x : 20, y : 4},
        {x : 60, y : 4},
        {x : 100, y : 4},
        {x : 140, y : 4},
        {x : 180, y : 4},
        {x : 220, y : 4},
        {x : 260, y : 4},
        {x : 300, y : 4},
        {x : 340, y : 4},
        {x : 380, y : 4}
    ];
    function fall(context)
    {
        // 设置采用黑色作为填充色
        context.fillStyle = "#000";
        // 填充矩形
        context.fillRect(0 , 0 , 420 , 280);
        // 设置采用白色作为填充色
        context.fillStyle = "#fff";
        for (var i = 0 , len = snowPos.length ; i <len ; i++ )
        {
            // 保存当前绘图状态
            context.save();
            // 平移坐标系统
            context.translate(snowPos[i].x , snowPos[i].y);
            // 旋转坐标系统
            context.rotate((Math.random() * 6 - 3 ) * Math.PI / 10);
```

```
            // 控制“雪花”下落
            snowPos[i].y += Math.random() * 8;
            if (snowPos[i].y > 280)
            {
                snowPos[i].y = 4;
            }
            // 创建并绘制“雪花”
            createFlower(context , 6 , 0 , 0 , 5 , 8);
            context.fill();
            // 恢复绘图状态
            context.restore();
        }
    }
    // 获取 canvas 元素对应的 DOM 对象
    var canvas = document.getElementById('mc');
    // 获取在 canvas 上绘图的 CanvasRenderingContext2D 对象
    var ctx = canvas.getContext('2d');
    setInterval("fall(ctx);" , 200);
</script>
</body>
```

上面程序中粗体字代码就是坐标变换的关键代码，程序绘制每朵雪花之前，先进行坐标平移，再进行坐标旋转。不仅如此，程序在坐标变换之前先调用 CanvasRenderingContext2D 的 save()方法保存绘图状态，雪花绘制完成后调用 restore()方法恢复原有的坐标系统，这样就避免了开发者需要计算多次变换的累加效果。

在浏览器中浏览该页面，将可以看到如图 4.15 所示的“雪花飘飘”效果。

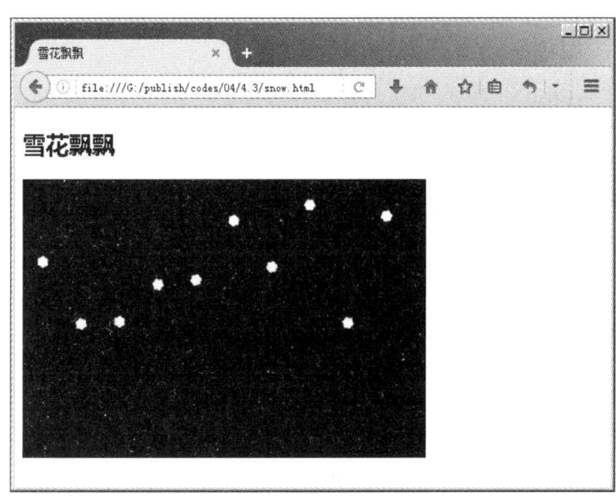

图 4.15　坐标变换与路径结合使用产生的效果

4.3.3　使用矩阵变换

除了上面介绍的 translate()、scale()和 ratote() 3 个坐标变换方法之外，CanvasRenderingContext2D 还提供了一个更通用的坐标变换方法：transform(m11, m12, m21, m22, dx, dy)，这是一个基于矩阵变换的方法。其中前 4 个参数将组成变换矩阵；dx、dy 将负责对坐标系统进行平移。

> **提示：**
> 前面介绍的 translate()、scale()和 ratote() 3 个坐标变换方法其实都可通过 transform()方法来实现，只是通过 transform()方法进行坐标变换比较复杂。使用前 3 个方法就可以完成的坐标变换，就没有必要使用 transform()来进行坐标变换了。

对于 transform()方法而言，其中(m11, m12, m21, m22)将会组成变换矩阵，变换前每个点(x,y)与该矩阵相乘后得到变换后该点的坐标。按矩阵相乘的算法：

$$\{x,y\}*\begin{Bmatrix} m11, m12 \\ m21, m22 \end{Bmatrix} = \{x*m11+y*m21, x*m12+y*m22\}$$

上面公式算出来的坐标还要加上 dx、dy 这两个横向、纵向上的偏移，因此对于点(x,y)，如果是在经过 transform()方法变换后的坐标系统上，那么该点的坐标实际上是$(x*m11+y*m21+\text{dx}, x*m12+y*m22+\text{dy})$。

掌握矩阵变换的理论之后，接下来就可以使用矩阵变换来实现自定义变换了。比如，系统本身并未提供“倾斜”变换的方法，但我们可以借助于 transform()方法来弥补这个不足。

对于“倾斜”变换而言，*Y* 坐标无须变换，只要将 *X* 坐标横向移动 tan(angle)＊Y 即可，这就是实现倾斜变换的理论基础。下面页面代码实现了倾斜变换，并对坐标系统应用了倾斜变换。

程序清单：\codes\04\4.3\skew.html

```
<body>
<h2> 坐标变换 </h2>
<canvas id="mc" width="600" height="360"
   style="border:1px solid black"></canvas>
<script type="text/javascript">
   function skew(context , angle)
   {
      // 借助于 transform 方法实现倾斜变换
      context.transform(1 , 0 , -Math.tan(angle) , 1 , 0 , 0);
   }
   // 获取 canvas 元素对应的 DOM 对象
   var canvas = document.getElementById('mc');
   // 获取在 canvas 上绘图的 CanvasRenderingContext2D 对象
   var ctx = canvas.getContext('2d');
   ctx.fillStyle = "rgba(255, 0 , 0 , 0.3)";
   // 坐标系统平移到 360、5 位置
   ctx.translate(360 , 5);
   for(var i = 0 ; i < 30 ; i++)
   {
      // 平移坐标系统
      ctx.translate(50 , 30);
      // 缩放坐标系统
      ctx.scale(0.93 , 0.93);
      // 倾斜变换
      skew(ctx , Math.PI / 10);
      ctx.fillRect(0 , 0 , 150 , 75);
   }
</script>
</body>
```

上面粗体字代码实现了 skew()方法：倾斜变换。然后使用循环绘制了 30 个矩形。使用浏览器浏览该页面，将会看到如图 4.16 所示的效果。

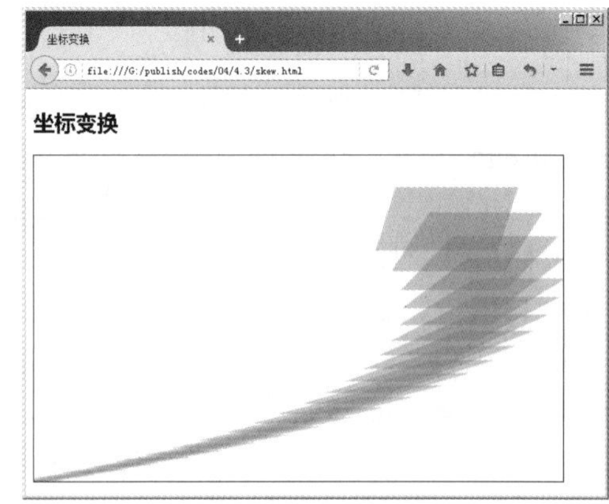

图 4.16　使用 transform 实现倾斜变换的效果

4.4　控制叠加风格

在前面多次看到了两次绘制的图形“叠加”效果，在默认情况下，后面绘制的图形将会完全覆盖前面绘制的图形。这种情况能解决大部分的绘制情况，但在某些特殊情况下还需要其他的叠加风格，这可通过设置 CanvasRenderingContext2D 的 globalCompositeOperation 属性来实现。该属性支持如下几个属性值。

- source-over：新绘制的图形将会显示在顶层，覆盖以前绘制的图形。这是默认的行为。
- destination-over：新绘制的图形将放在原图形的后面。
- source-in：新绘制的图形与原图形做 in 运算，只显示新图形与原图形重叠的部分，新图形与原图形的其他部分都变成透明的。
- destination-in：原图形与新绘制的图形做 in 运算，只显示原图形与新图形重叠的部分，新图形与原图形的其他部分都变成透明的。
- source-out：新绘制的图形与原图形做 out 运算，只显示新图形与原图形不重叠的部分，新图形与原图形的其他部分都变成透明的。
- destination-out：原图形与新绘制的图形做 out 运算，只显示原图形与新图形不重叠的部分，新图形与原图形的其他部分都变成透明的。
- source-atop：只绘制新图形与原图形重叠部分和原图形未被覆盖的部分。新图形的其他部分变成透明的。
- destination-atop：只绘制原图形与新图形重叠部分和新图形未重叠的部分。原图形的其他部分变成透明的。不绘制新图形的重叠部分。
- lighter：新图形和原图形都绘制。重叠部分绘制两种颜色值相加的颜色。
- xor：绘制新图形与原图形不重叠部分，重叠部分变成透明的。
- copy：只绘制新图形。原图形变成透明的。

下面页面代码使用了一个下拉菜单让用户来选择“叠加风格”，当用户选择了指定的“叠加风格”后，Canvas 会自动重绘。

程序清单：\codes\04\4.4\composite.html

```
<body>
<h2> 叠加风格 </h2>
选择叠加风格：<select style="width:160px" onchange="draw(this.value);";>
    <option value="source-over">source-over</option>
    <option value="source-in">source-in</option>
    <option value="source-out">source-out</option>
    <option value="source-atop">source-atop</option>
    <option value="destination-over">destination-over</option>
    <option value="destination-in">destination-in</option>
    <option value="destination-out">destination-out</option>
    <option value="destination-atop">destination-atop</option>
    <option value="lighter">lighter</option>
    <option value="xor">xor</option>
    <option value="copy">copy</option>
</select><br/>
<canvas id="mc" width="400" height="200"
    style="border:1px solid black"></canvas>
<script type="text/javascript">
    var canvas = document.getElementById('mc');
    // 获取在 canvas 上绘图的 CanvasRenderingContext2D 对象
    var ctx = canvas.getContext('2d');
    var draw = function(compositeOper)
    {
```

```
        // 保存当前的绘图状态
        ctx.save();
        // 获取 canvas 元素对应的 DOM 对象
        ctx.clearRect(0 , 0 , 400 , 200);
        // 设置填充颜色
        ctx.fillStyle = '#f00';
        // 填充一个矩形
        ctx.fillRect(30 , 20 , 160 , 100);
        // 设置图形叠加风格
        ctx.globalCompositeOperation = compositeOper
        // 设置填充颜色
        ctx.fillStyle = '#0f0';
        // 填充一个矩形
        ctx.fillRect(120 , 60 , 160 , 100);
        // 恢复之前保存的绘图状态
        ctx.restore();
    }
    draw("source-over");
</script>
</body>
```

上面程序中粗体字代码用于控制 Canvas 的“叠加风格”，在浏览器中浏览该页面，随便选择一个“叠加风格”，将可以看到如图 4.17 所示的效果。

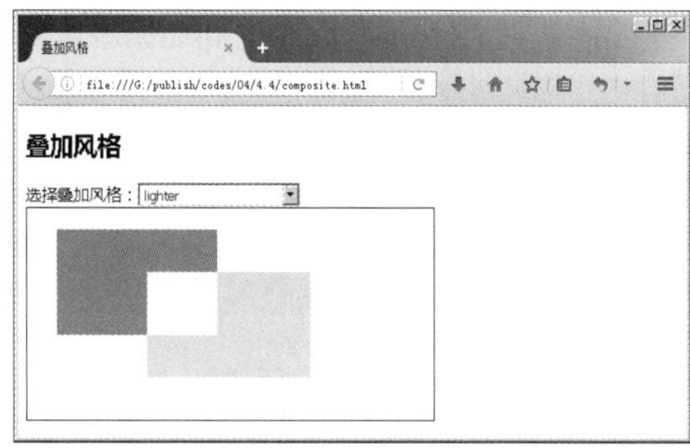

图 4.17　叠加风格

4.5　控制填充风格

前面程序设置 CanvasRenderingContext2D 的 fillStyle 属性时，设置的属性值只是一个颜色值，将该属性设置为颜色值表明使用纯色填充。实际上，CanvasRenderingContext2D 还支持使用渐变填充和位图填充。

所谓渐变填充，指的是填充颜色从一个颜色平滑过渡到另一个颜色，HTML 5 使用 CanvasGradient 来代表渐变填充；位图填充则指平铺多张位图，使之布满整个图形，HTML 5 使用 CanvasPattern 来代表位图填充。

4.5.1　线性渐变

使用线性渐变只要按如下步骤进行即可。

① 调用 CanvasRenderingContext2D 的 createLinearGradient(double xStart, double yStart, double xEnd, double yEnd)方法创建一个线性渐变，该方法返回一个 CanvasGradient 对象。

② 调用 CanvasGradient 对象的 addColorStop(double offset, String color)方法向线性渐变对象中添加颜色。其中 offset 参数控制添加颜色的点，该参数是一个 0~1 之间的小数，其中 0 表

示把颜色添加在起始点，1 表示把颜色添加在结束点；而 color 则控制颜色值。

③ 将 CanvasGradient 对象赋给 CanvasRenderingContext2D 的 fillStyle 或 StrokeStyle 属性。

下面程序使用 CanvasGradient 绘制了渐变填充的矩形，并绘制了一个边框渐变的圆形。

程序清单：codes\04\4.5\lineGradient.html

```
<body>
<h2> 线性渐变 </h2>
<canvas id="mc" width="400" height="280"
    style="border:1px solid black"></canvas>
<script type="text/javascript">
    // 获取 canvas 元素对应的 DOM 对象
    var canvas = document.getElementById('mc');
    // 获取在 canvas 上绘图的 CanvasRenderingContext2D 对象
    var ctx = canvas.getContext('2d');
    ctx.save();
    ctx.translate(30 , 20);
    // 创建线性渐变
    lg = ctx.createLinearGradient(0 , 0 , 160 , 80);
    // 向线性渐变上添加颜色
    lg.addColorStop(0.2 , "#f00");
    lg.addColorStop(0.5 , "#0f0");
    lg.addColorStop(0.9 , "#00f");
    // 设置使用线性渐变作为填充颜色
    ctx.fillStyle = lg;
    // 填充一个矩形
    ctx.fillRect(0 , 0 , 160 , 80);
    // 恢复坐标系统
    ctx.restore();
    // 平移坐标系统
    ctx.translate(280 , 160)
    ctx.beginPath();
    // 添加圆弧
    ctx.arc(0 , 0 , 80 , 0 , Math.PI * 2 , true);
    ctx.closePath();
    ctx.lineWidth = 12;
    // 再次创建线性渐变
    lg2 = ctx.createLinearGradient(-40 , -40 , 80 , 50);
    // 向线性渐变上添加颜色
    lg2.addColorStop(0.1 , "#ff0");
    lg2.addColorStop(0.4 , "#0ff");
    lg2.addColorStop(0.8 , "#f0f");
    // 设置使用线性渐变作为边框颜色
    ctx.strokeStyle = lg2;
    ctx.stroke();
</script>
</body>
```

上面程序中粗体字代码是创建、设置线性渐变对象，并使用线性渐变作为填充颜色、边框颜色的关键代码。在浏览器中浏览该页面，将可以看到如图 4.18 所示的效果。

图 4.18　线性渐变效果

4.5.2 径向渐变

除了线性渐变之外，CanvasRenderingContext2D 还提供了一个 createRadialGradient(double xStart, double yStart, double radiusStart, double xEnd, double yEnd, double radiusEnd)方法，该方法也用于创建一个 CanvasGradient 对象。该方法的 xStart、yStart 控制渐变开始圆圈的圆心，radiusStart 则控制开始圆圈的半径；xEnd、yEnd 控制渐变结束圆圈的圆心，radiusEnd 则控制结束圆圈的半径。

使用 createRadialGradient()创建径向渐变与使用 createLinearGradient()创建线性渐变的步骤完全相似，此处不再赘述。

下面程序创建了两个径向渐变，并分别为矩形、圆形设置了径向渐变。

程序清单：codes\04\4.5\radialGradient.html

```
<body>
<h2> 径向渐变 </h2>
<canvas id="mc" width="400" height="280"
   style="border:1px solid black"></canvas>
<script type="text/javascript">
   // 获取 canvas 元素对应的 DOM 对象
   var canvas = document.getElementById('mc');
   // 获取在 canvas 上绘图的 CanvasRenderingContext2D 对象
   var ctx = canvas.getContext('2d');
   ctx.save();
   ctx.translate(30 , 20);
   // 创建径向渐变
   lg = ctx.createRadialGradient(80, 40 , 5 , 80 , 40 , 60);
   // 向径向渐变上添加颜色
   lg.addColorStop(0.2 , "#f00");
   lg.addColorStop(0.5 , "#0f0");
   lg.addColorStop(0.9 , "#00f");
   // 设置使用径向渐变作为填充颜色
   ctx.fillStyle = lg;
   // 填充一个矩形
   ctx.fillRect(0 , 0 , 160 , 80);
   // 恢复坐标系统
   ctx.restore();
   // 平移坐标系统
   ctx.translate(280 , 160)
   ctx.beginPath();
   // 添加圆弧
   ctx.arc(0 , 0  , 80 , 0 , Math.PI * 2 , true);
   ctx.closePath();
   ctx.lineWidth = 12;
   // 再次创建径向渐变
   lg2 = ctx.createRadialGradient(0, 0 , 5 , 0 , 0 , 80);
   // 向径向渐变上添加颜色
   lg2.addColorStop(0.1 , "#ff0");
   lg2.addColorStop(0.4 , "#0ff");
   lg2.addColorStop(0.8 , "#f0f");
   // 设置使用径向渐变作为填充颜色
   ctx.fillStyle = lg2;
   ctx.fill();
</script>
</body>
```

上面程序中粗体字代码是创建、设置径向渐变对象，并使用径向渐变作为填充颜色的关键代码。在浏览器中浏览该页面，将可以看到如图 4.19 所示的效果。

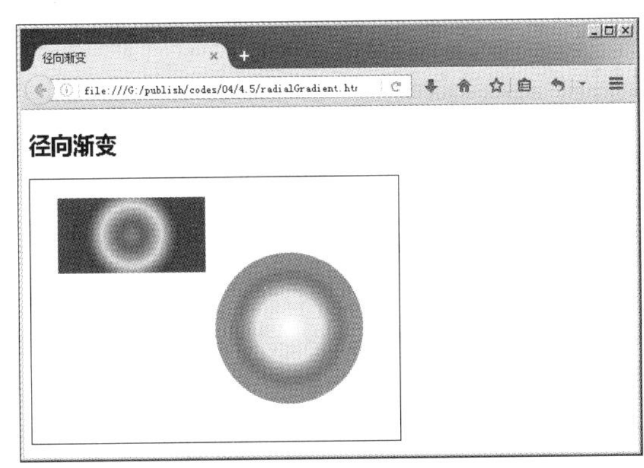

图 4.19　径向渐变效果

4.5.3　位图填充

HTML 5 为位图填充提供了 CanvasPattern 对象，使用位图填充的步骤如下。

① 调用 CanvasRenderingContext2D 的 createPattern(Image image,String repetitionStyle)方法创建一个位图填充，该方法返回一个 CanvasPattern 对象。该方法的第一个参数代表作为填充的位图对象；第二个参数代表重复风格，该参数接受如下几个参数值。

- repeat：填充时位图在 *X*、*Y* 两个方向上平铺重复。该参数的默认值是 repeat。
- repeat-x：填充时位图只在 *X* 方向上平铺重复。
- repeat-y：填充时位图只在 *Y* 方向上平铺重复。
- no-repeat：填充时位图不平铺重复。

② 将 CanvasPattern 对象赋给 CanvasRenderingContext2D 的 fillStyle 或 StrokeStyle 属性。

下面程序示范了如何使用位图填充来填充一个矩形，并使用位图填充作为圆形的边框。

程序清单：codes\04\4.5\ImagePattern.html

```
<body>
<h2> 位图填充 </h2>
<canvas id="mc" width="400" height="280"
    style="border:1px solid black"></canvas>
<script type="text/javascript">
    // 获取 canvas 元素对应的 DOM 对象
    var canvas = document.getElementById('mc');
    // 获取在 canvas 上绘图的 CanvasRenderingContext2D 对象
    var ctx = canvas.getContext('2d');
    ctx.save();
    ctx.translate(30 , 20);
    var image = new Image();
    image.src = "wjc.gif";
    image.onload = function()
    {
        // 创建位图填充
        imgPattern = ctx.createPattern(image, "repeat");
        // 设置使用位图填充作为填充颜色
        ctx.fillStyle = imgPattern;
        // 填充一个矩形
        ctx.fillRect(0 , 0 , 160 , 80);
        // 恢复坐标系统
        ctx.restore();
        // 平移坐标系统
        ctx.translate(280 , 160)
        ctx.beginPath();
        // 添加圆弧
```

```
        ctx.arc(0 , 0  , 80 , 0 , Math.PI * 2 , true);
        ctx.closePath();
        ctx.lineWidth = 12;
        // 设置使用位图填充作为边框颜色
        ctx.strokeStyle = imgPattern;
        ctx.stroke();
    }
</script>
</body>
```

上面程序中粗体字代码就是创建并使用位图填充的关键代码，CanvasPattern 对象既可赋值给 fillStyle 属性（作为几何形状的填充），也可赋值给 strokeStyle 属性（作为几何形状的边框），上面程序示范了这两个用法。在浏览器中浏览该页面，将看到如图 4.20 所示的效果。

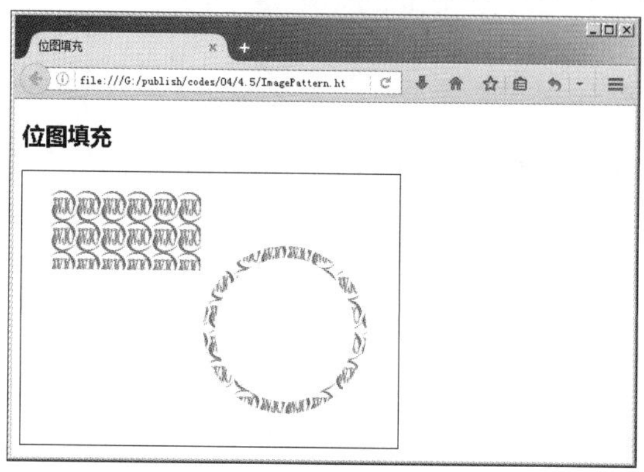

图 4.20　使用位图填充效果

4.6　位图处理

CanvasRenderingContext2D 还提供了一些方法对位图进行特殊处理，例如，使用 clip()方法执行位图裁剪，对位图进行像素处理等。下面将会详细介绍相关知识。

4.6.1　位图裁剪

CanvasRenderingContext2D 提供了一个 clip()方法，这个方法会把 Canvas 的当前路径裁剪下来。一旦调用了 CanvasRenderingContext2D 对象的 clip()方法之后，接下来向 Canvas 绘制图形时，只有被 clip()裁剪的路径覆盖的部分才会被显示出来。

基于以上理论，我们可以非常方便地通过 clip()方法实现位图裁剪功能，实现位图裁剪的步骤如下。

1. 将需要从位图上裁剪的部分定义成 Canvas 上的路径。
2. 调用 CanvasRenderingContext2D 的 clip()方法把路径裁剪下来。
3. 绘制位图——此时只有被 clip()裁剪的路径覆盖的部分才会被显示出来。

下面示范了一个动画裁剪程序，程序通过计时器不断地改变裁剪区域的大小，这样即可不断地改变位图的显示区域。

程序清单：codes\04\4.6\clip.html

```
<body>
<h2> 位图裁剪 </h2>
<canvas id="mc" width="400" height="310"
    style="border:1px solid black"></canvas>
<script type="text/javascript">
```

```
    // 获取canvas元素对应的DOM对象
    var canvas = document.getElementById('mc');
    // 获取在canvas上绘图的CanvasRenderingContext2D对象
    var ctx = canvas.getContext('2d');
    var dig = Math.PI / 20 ;
    var count = 0;
    var image = new Image();
    image.src = "android.png";
    image.onload = function()
    {
        // 指定每隔0.15秒调用一次addRadial函数
        setInterval("addRadial();" , 150);
    }
    var addRadial = function()
    {
        // 保存当前的绘图状态
        ctx.save();
        // 开始创建路径
        ctx.beginPath();
        // 添加一段圆弧
        ctx.arc(200 , 130 , 200 , 0 , dig * ++count , false);
        // 让圆弧连接到圆心
        ctx.lineTo(200 , 130);
        // 关闭路径
        ctx.closePath();
        // 剪切路径
        ctx.clip();
        // 此时绘制的图片只有路径覆盖的部分才会显示出来
        ctx.drawImage(image , 124 , 20);
        ctx.restore();
    }
</script>
</body>
```

上面程序中粗体字代码就是创建路径，并利用路径对位图进行裁剪的关键代码。在浏览器中浏览该页面，将可以看到如图 4.21 所示的效果。

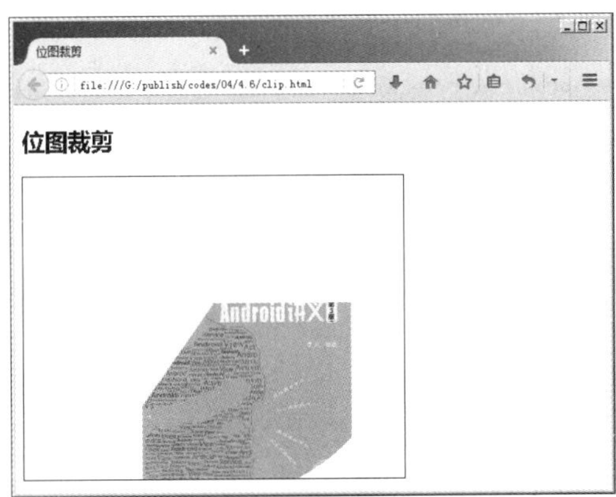

图 4.21 位图裁剪效果

4.6.2 像素处理

CanvasRenderingContext2D 还提供了如下两个功能非常强大的像素处理方法。

➢ ImageData getImageData(int x, int y, int width, int height)：该方法获取 Canvas 上从(*x*,*y*)点开始，宽为 width、高为 height 的图片区域的数据。该方法的返回值是一个 ImageData 对象，该对象具有 width、height、data 等属性。其中 data 属性是一个形如[r1,g1,b1,a1, r2,g2,b2,a2, r3,g3,b3,a3,…,rN,gN,bN,aN]的数组，该数组中每 4 个元素对应一个像素点。

➢ putImageData(ImageData data, x, y)：该方法负责把 data 里的数据放入 Canvas 中从 (*x*,*y*)点开始的区域。该方法将会直接改变 Canvas 上的图像数据。

通过 CanvasRenderingContext2D 提供的上面两个像素处理方法，我们可以对图片进行各种复杂的处理，例如改变图片透明度、图片反色、图片高亮、剪切、复制等；如果配合图像处理的一些算法理论，甚至可以对图片进行模糊、降噪等复杂的滤波处理。

下面程序示范了如何利用像素处理方法来改变图片的透明度。

程序清单：codes\04\4.6\alpha.html

```
<body>
<h2> 改变透明度 </h2>
<canvas id="mc" width="400" height="310"
    style="border:1px solid black"></canvas>
<script type="text/javascript">
    // 获取 canvas 元素对应的 DOM 对象
    var canvas = document.getElementById('mc');
    // 获取在 canvas 上绘图的 CanvasRenderingContext2D 对象
    var ctx = canvas.getContext('2d');
    var image = new Image();
    image.src = "android.png";
    image.onload = function()
    {
        // 用带透明度参数的方法绘制图片
        drawImage(image , 124  , 20 , 0.4);
    }
    var drawImage = function(image , x  , y , alpha)
    {
        // 绘制图片
        ctx.drawImage(image , x , y);
        // 获取从 x、y 开始，宽为 image.width、高为 image.height 的图片数据
        // 也就是获取绘制的图片数据
        var imgData = ctx.getImageData(x , y , image.width , image.height);
        for (var i = 0 , len = imgData.data.length ; i < len ; i += 4 )
        {
            // 改变每个像素的透明度
            imgData.data[i + 3] = imgData.data[i + 3] * alpha;
        }
        // 将获取的图片数据放回去
        ctx.putImageData(imgData , x , y);
    }
</script>
</body>
```

上面程序的关键代码只有 3 行，其中第一行粗体字代码用于获取 Canvas 上指定区域的图片；第二行粗体字代码采用循环依次改变每个像素的透明度；第三行粗体字代码将修改后的图片数据放回 Canvas 上。在浏览器中浏览该页面，将可以看到如图 4.22 所示的效果。

图 4.22　改变透明度效果

除此之外，也可以对图片执行高亮处理。所谓高亮，就是把图片的每个像素的 R、G、B 值都按比例增大。下面程序代码示范了如何对图片执行高亮处理。

程序清单：codes\04\4.6\light.html

```
<body>
<h2> 图片高亮 </h2>
<canvas id="mc" width="500" height="310"
   style="border:1px solid black"></canvas>
<script type="text/javascript">
   // 获取 canvas 元素对应的 DOM 对象
   var canvas = document.getElementById('mc');
   // 获取在 canvas 上绘图的 CanvasRenderingContext2D 对象
   var ctx = canvas.getContext('2d');
   var image = new Image();
   image.src = "android.png";
   image.onload = function()
   {
      // 绘制原始图片
      ctx.drawImage(image , 30 , 20);
      // 使用带高亮参数的方法绘制图片
      lightImage(image , 260  , 20 , 1.6);
   }
   var lightImage = function(image , x  , y , light)
   {
      // 绘制图片
      ctx.drawImage(image , x , y);
      // 获取从 x、y 开始，宽为 image.width、高为 image.height 的图片数据
      // 也就是获取绘制的图片数据
      var imgData = ctx.getImageData(x , y , image.width , image.height);
      for (var i = 0 , len = imgData.data.length ; i < len ; i += 4 )
      {
         // 改变每个像素的 R、G、B 值
         imgData.data[i + 0] = imgData.data[i + 0] * light;
         imgData.data[i + 1] = imgData.data[i + 1] * light;
         imgData.data[i + 2] = imgData.data[i + 2] * light;
      }
      // 将获取的图片数据放回去
      ctx.putImageData(imgData , x , y);
   }
</script>
</body>
```

对图片执行高亮处理的方式与改变透明度的方式大致相似，此处不再详述。本程序绘制了两张图片，一张是高亮之前的原始图片，一张是高亮之后的图片。在浏览器中浏览该页面，将可以看到如图 4.23 所示的图片效果。

图 4.23　高亮处理效果

4.7 输出位图

当程序通过 CanvasRenderingContext2D 在 Canvas 上绘图完成后，还可调用 Canvas 提供的如下方法来输出位图。

- toDataURL(String type)：该方法把 Canvas 对应的位图编码成 DataURL 格式的字符串。该方法的 type 参数是一个形如 image/png 格式的 MIME 字符串。

DataURL 格式是一种保存二进制文件的方式，程序既可把图片转换为 DataURL 格式的字符串，也可把 DataURL 格式的字符串恢复成原来的文件。大部分浏览器已经支持把 DataURL 格式的字符串恢复成原来的图片。

下面程序示范了把 Canvas 图片输出为 DataURL 字符串。

程序清单：codes\04\4.7\toDataURL.html

```
<body>
<h2> 位图输出 </h2>
<canvas id="mc" width="380" height="280"
    style="border:1px solid black"></canvas>
<img id="result" src="" alt="图片输出" crossOrigin="Anonymous"/>
<script type="text/javascript">
    // 获取 canvas 元素对应的 DOM 对象
    var canvas = document.getElementById('mc');
    // 获取在 canvas 上绘图的 CanvasRenderingContext2D 对象
    var ctx = canvas.getContext('2d');
    ctx.save();
    ctx.translate(30 , 20);
    ctx.fillStyle = "#f00";
    // 填充一个矩形
    ctx.fillRect(0 , 0 , 160 , 80);
    // 恢复坐标系统
    ctx.restore();
    // 平移坐标系统
    ctx.translate(280 , 160)
    ctx.beginPath();
    // 添加圆弧
    ctx.arc(0 , 0 , 80 , 0 , Math.PI * 2 , true);
    ctx.closePath();
    ctx.lineWidth = 12;
    // 设置使用位图填充作为边框颜色
    ctx.strokeStyle = "#f0f";
    ctx.stroke();
    // 使用 img 元素来显示 Canvas 的输出结果
    document.getElementById("result").src = canvas.toDataURL("image/png");
</script>
</body>
```

上面程序中粗体字代码调用了 Canvas 的 toDataURL()方法把图片输出成 DataURL 字符串，并使用<img../>元素来显示输出结果。使用浏览器浏览该页面，将可以看到如图 4.24 所示的效果。

由于浏览器本身支持把 DataURL 格式的字符串恢复成图片，因此页面使用<img.../>元素显示图片可以看到如图 4.24 所示的效果。

实际上，Canvas 可以把图片转换成 DataURL 格式的字符串，这个字符串既可通过网络传输，也可保存到磁盘、数据库中，这样就可以持久地保存使用 Canvas 绘制的图片了。

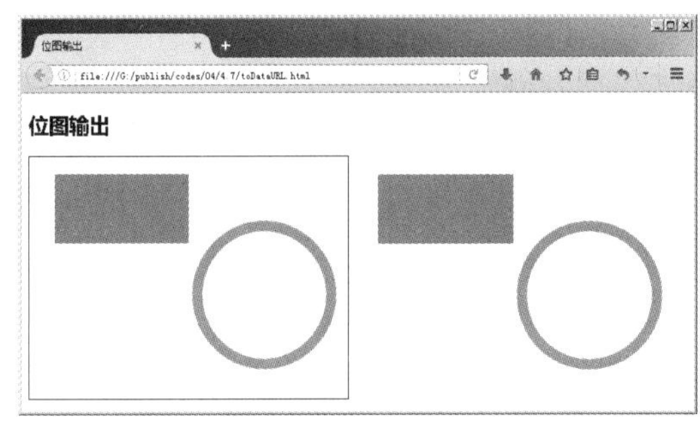

图 4.24　输出位图

4.8　动画制作

上面介绍坐标变换时已经示范了简单动画的制作，本节将会简单归纳一下动画制作的思路。首先要说的是，真正的动画并不存在，不管是通过代码绘制的几何图形还是位图，它们其实都是静止的。所谓动画，只是利用在短时间内更新两张不同的图片，而且这两张图片存在较小的差别，普通用户就认为产生了动画。

4.8.1　基于定时器的动画

基于上面知识，不难发现使用 canvas 实现动画只要如下两步。

① 定义一个绘制函数，该函数每次调用 clearRect()擦除需要更新的绘图区域，重新为被擦除的区域绘制新的内容。

② 使用定时器控制前面方法每隔一段时间执行一次。

下面示例将会示范在 Canvas 上制作动画。

程序清单：codes\04\4.8\animation.html

```
<body>
<h2> 简单动画 </h2>
<canvas id="mc" width="380" height="320"
    style="border:1px solid black"></canvas>
<script type="text/javascript">
    // 通过 prototype 为 CanvasRenderingContext2D 类增加一个方法
    CanvasRenderingContext2D.prototype.fillCircle =
        function(x, y, radius, pattern)
    {
        ctx.save();
        ctx.translate(x, y);
        ctx.fillStyle = pattern;
        ctx.beginPath();
        // 添加圆弧
        ctx.arc(0, 0, radius, 0, Math.PI * 2, true);
        ctx.closePath();
        ctx.fill()
        ctx.restore();
    }
    // 获取 canvas 元素对应的 DOM 对象
    var canvas = document.getElementById('mc');
    // 获取在 canvas 上绘图的 CanvasRenderingContext2D 对象
    var ctx = canvas.getContext('2d');
    var radius = 15;
    var rg = ctx.createRadialGradient(-radius/2, -radius/2, 0,
        -radius/2, -radius/2, radius * 1.67);
    // 向径向渐变上添加颜色
```

```
        rg.addColorStop(0.1 , "#f0f0f0");
        rg.addColorStop(0.9 , "#111");
        var x = canvas.width / 2;
        var y = 20;
        var xSpeed = Math.random() * 11 - 5;
        var ySpeed = Math.random() * 5 + 2;
        function draw()
        {
            ctx.fillStyle = "#fff";
            // 清除上一次绘制的内容
            ctx.clearRect(x - radius - 2, y - radius - 2,
                x + xSpeed + radius + 2, y + ySpeed + radius + 2);
            x += xSpeed;
            y += ySpeed;
            // 绘制圆形
            ctx.fillCircle(x, y, 15, rg);
            // 如果小球到了左边界或右边界，发生碰撞返回
            if(x <= radius || x >= canvas.width - radius)
            {
                xSpeed = -xSpeed;
            }
            // 如果小球到了上边界或下边界，发生碰撞返回
            if(y <= radius || y > canvas.height - radius)
            {
                ySpeed = -ySpeed;
            }
        }
        // 使用定时器控制每隔 0.2 秒执行一次 draw 函数
        setInterval(draw , 200);
    </script>
    </body>
```

上面程序比较简单，只是在界面上绘制了一个运动的小球。程序中第一行粗体字代码使用 clearRect()“擦除”指定矩形区域的内容——这个区域就是接下来将要更新绘图内容的区域；程序中第二行粗体字代码再次使用 fillCircle()函数重新绘制了小球——两次绘制的小球位置不同，在用户眼中就产生了动画效果。

提示：

上面程序中调用了 CanvasRenderingContext2D 的 fillCircle()方法，这个方法并不是 HTML 5 绘图 API 的标准方法，而是程序采用 prototype 方式为该类扩展的方法。

程序中第三行粗体字代码调用 setInterval()方法控制 draw 方法每隔 0.2 秒执行一次，这样就可以形成真正的动画了。

使用浏览器浏览该页面，可以看到如图 4.25 所示的动画效果。

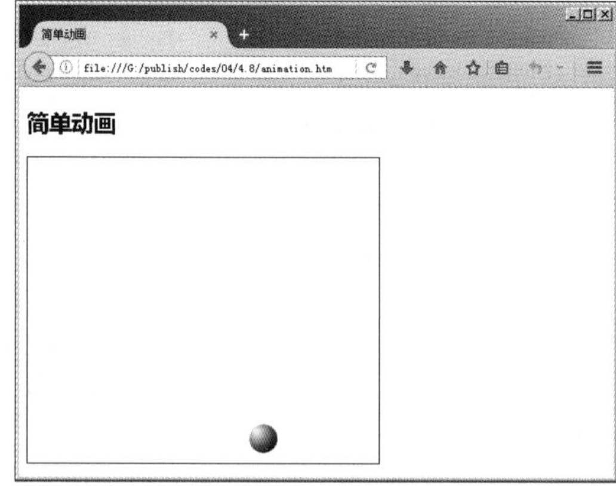

图 4.25　简单动画

4.8.2　基于 requestAnimationFrame 的动画

对于采用定时器制作的动画来说，由于定时器相当于启动了一条独立的线程来控制动画，而且即使浏览器窗口切换到其他标签页，定时器也依然会继续执行，这样就会增加系统开销。为了避免这个问题，HTML 5 新增了一个 requestAnimationFrame()方法，该方法相当于改良版的定时器。该方法具有如下特征。

- 该动画无须显式指定动画更新频率，系统会自动使用默认的更新频率。
- 将各种并发性动画合并到单一页面中进行渲染，从而提升性能。
- 当浏览器窗口切换到其他标签页之后，该动画自动停止。

下面代码使用 requestAnimationFrame()方法代替上一个示例中的 setInterval()函数来实现动画。

程序清单：codes\04\4.8\animation2.html

```
<body>
<h2> 简单动画 </h2>
<canvas id="mc" width="380" height="320"
   style="border:1px solid black"></canvas>
<script type="text/javascript">
   // 通过 prototype 为 CanvasRenderingContext2D 类增加一个方法
   CanvasRenderingContext2D.prototype.fillCircle =
      function(x, y, radius, pattern)
   {
      ctx.save();
      ctx.translate(x, y);
      ctx.fillStyle = pattern;
      ctx.beginPath();
      // 添加圆弧
      ctx.arc(0, 0, radius, 0, Math.PI * 2, true);
      ctx.closePath();
      ctx.fill()
      ctx.restore();
   }
   // 获取 canvas 元素对应的 DOM 对象
   var canvas = document.getElementById('mc');
   // 获取在 canvas 上绘图的 CanvasRenderingContext2D 对象
   var ctx = canvas.getContext('2d');
   var radius = 15;
   var rg = ctx.createRadialGradient(-radius/2, -radius/2, 0,
      -radius/2, -radius/2, radius * 1.67);
   // 向径向渐变上添加颜色
   rg.addColorStop(0.1 , "#f0f0f0");
   rg.addColorStop(0.9 , "#111");
   var x = canvas.width / 2;
   var y = 20;
   var xSpeed = Math.random() * 11 - 5;
   var ySpeed = Math.random() * 5 + 2;
   function draw()
   {
      ctx.fillStyle = "#fff";
      // 清除上一次绘制的内容
      ctx.clearRect(x - radius - 2, y - radius - 2,
         x + xSpeed + radius + 2, y + ySpeed + radius + 2);
      x += xSpeed;
      y += ySpeed;
      // 绘制圆形
      ctx.fillCircle(x, y, 15, rg);
      // 如果小球到了左边界或右边界，发生碰撞返回
      if(x <= radius || x >= canvas.width - radius)
```

```
        {
            xSpeed = -xSpeed;
        }
        // 如果小球到了上边界或下边界，发生碰撞返回
        if(y <= radius || y > canvas.height - radius)
        {
            ySpeed = -ySpeed;
        }
    }
    function anim()
    {
        requestAnimationFrame(function()
        {
            draw();
            anim();
        });
    };
    anim();
</script>
</body>
```

上面粗体字代码就是使用 requestAnimationFrame()实现动画的关键代码，可以看出，requestAnimationFrame()相当于改良版的 setInterval()。

4.9 本章小结

本章详细介绍了 HTML 5 新增的绘图功能，HTML 5 的绘图支持主要由<canvas.../>元素和 CanvasRenderingContext2D 来完成，而 CanvasRenderingContext2D 则是绘图的核心 API，也是学习本章需要重点掌握的内容。本章详细介绍了如何利用 CanvasRenderingContext2D 来绘制几何图形、使用点线、绘制字符串、设置阴影、使用路径绘制复杂的几何图形、绘制曲线、绘制位图等，这些都是使用 CanvasRenderingContext2D 绘图的基本功。

CanvasRenderingContext2D 是一个功能非常强大的绘图 API，本章还介绍了绘图过程中的坐标变换、矩阵变换、控制叠加风格、线性填充、圆形填充、位图填充、对位图进行裁剪、对位图像素进行处理等高级知识，这些内容也是读者学习本章需要重点掌握的知识。

CHAPTER

5

第5章 HTML 5的多媒体支持

本章要点

- HTML 5 的多媒体支持
- 使用 audio 元素播放音频
- 使用 video 元素播放视频
- 通过 HTMLAudioElement 的方法和属性控制播放音频
- 通过 HTMLVideoElement 的方法和属性控制播放视频
- audio 元素的事件及相应的监听器
- video 元素的事件及相应的监听器
- 为音频或视频添加字幕

在 HTML 5 规范之前，如果希望在网页上播放视频、音频，通常都需要借助于第三方插件，比如Flash；除此之外，开发者也可以使用自主开发的多媒体播放插件。但无论哪种方式，都需要在浏览器上安装插件，而不是由浏览器本身提供支持，因此不仅烦琐，而且容易导致安全性问题。

HTML 5 规范的出现改变了这种现状，HTML 5 新增了<audio.../>和<video.../>两个元素，开发者可以通过这两个元素在 HTML 页面上播放音频、视频。通过使用这两个元素播放多媒体，无须在浏览器上安装任何插件，只要浏览器本身支持 HTML 5 规范即可。不仅如此，开发者使用这两个元素来播放音频、视频也十分简单，因为使用<audio.../>和<video.../>两个元素非常简单，并不比使用<img.../>元素来显示图片复杂。目前，各种主流浏览器如 Internet Explorer 9 以上版本、Firefox、Opera、Safari、Chrome 等浏览器的最新版本都已支持<audio.../>和<video.../>元素。

5.1 使用 audio 和 video 元素

在 HTML 页面上使用<audio.../>元素和使用<video.../>元素并不复杂，和使用<img.../>等 HTML 元素并无太大的区别。

例如，在如下页面中使用<audio.../>元素播放音频。

程序清单：codes\05\5.1\audioplay.html

```
<h2> 音频播放 </h2>
<audio src="demo.ogg" controls>
您的浏览器不支持 audio 元素
</audio>
```

正如从上面粗体字代码所看到的，可以在<audio.../>元素的开始标签和结束标签之间放置文本内容，不支持<audio.../>元素的浏览器就会显示这段文本内容。

使用浏览器浏览该页面，可以看到如图 5.1 所示的界面。

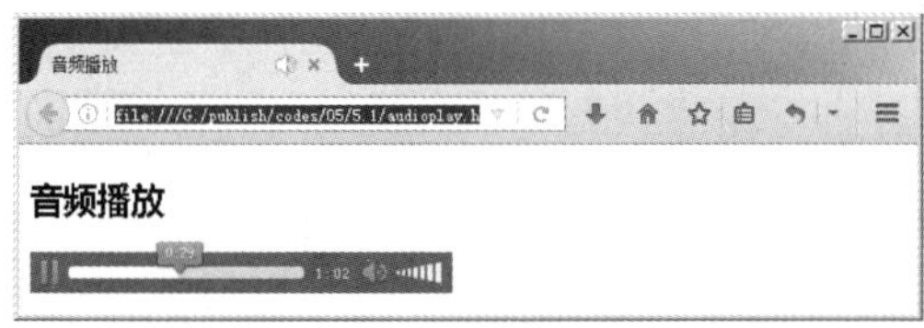

图 5.1　播放音频

使用<video.../>元素播放视频同样简单，例如，如下页面代码。

程序清单：codes\05\5.1\videoplay.html

```
<h2> 视频播放 </h2>
<video src="movie.webm" controls>
您的浏览器不支持 video 元素
</video>
```

正如从上面粗体字代码所看到的，可以在<video.../>元素的开始标签和结束标签之间放置文本内容，不支持<video.../>元素的浏览器就会显示这段文本内容。

使用浏览器浏览该页面，可以看到如图 5.2 所示的视频播放界面。

看到上面两个页面中播放音频、播放视频的代码，是否感觉简单得难以置信。在 HTML 5 时代，一切就这么简单，无须安装插件，无须书写任何烦琐的代码，播放音频、视频就像使用<img.../>元素显示图片一样简单。

图 5.2 播放视频

在 HTML 页面上放置了<audio.../>、<video.../>元素之后，就相当于在页面上添加了一个内置支持的音频、视频播放器。

上面页面代码中使用<audio.../>、<video.../>元素时都指定了 src、controls 属性，实际上这两个元素的绝大部分属性都是通用的。表 5.1 显示了<audio.../>、<video.../>元素支持的全部属性。

表 5.1 audio、video 支持的属性

属性名	说明
src	指定播放音频、视频的 URL 地址
autoplay	该属性是支持 boolean 值的属性。如果将该属性设为 true，当音频、视频装载完成后会自动播放
controls	该属性是支持 boolean 值的属性。如果将该属性设为 true，播放音频、视频时显示播放控制条
loop	该属性是支持 boolean 值的属性。如果将该属性设为 true，音频、视频播放完成后会再次重复播放
preload	该属性指定是否预加载音频、视频，该属性支持如下几个属性值： ➢ auto，预加载音频、视频 ➢ metadata，只预加载音频、视频的元数据，如媒体字节数、第一帧、播放列表、持续时间等 ➢ none，不执行预加载 如果指定了 autoplay 属性，preload 属性将会被忽略
poster	该属性只对<video.../>元素有效，该属性指定一张图片的 URL 地址。在视频下载完成、开始播放之前，该元素将会显示该属性所指定的图片。当视频不可用时也将显示这张图片
width	该属性只对<video.../>元素有效，指定视频播放器的宽度。
height	该属性只对<video.../>元素有效，指定视频播放器的高度

从表 5.1 可以看出，只要为<audio.../>、<video.../>元素指定了 controls 属性，它们就会生成播放控制条，因此可以在图 5.1、图 5.2 上看到两个播放器的播放控制条。

虽然使用 HTML 5 来播放音频、视频十分简单，但目前现有的音频、视频格式非常多，而且有些格式还涉及相应厂商的专利，所以各浏览器厂商无法自由地使用这些音频、视频的解码器。因此现有浏览器能支持的音频格式、视频格式比较有限。

对于音频格式而言，HTML 5 目前推荐使用 OGG Vobis 压缩格式，这是一种全新的音频压缩格式，与大家熟知的 MP3 压缩格式类似。但与 MP3 不同的是，OGG Vobis 是完全免费、开放和没有专利限制的，因此非常便于各浏览器厂商内置这种压缩格式的解码器。

就音质方面来说，OGG Vobis 压缩格式也很优秀，它有一个很出众的特点，就是支持多声道，一旦 OGG Vobis 压缩格式流行起来，以后就可以用普通的手机、随身听来听 DTS 编码的多声道音乐了。就音质来看，OGG Vobis 压缩格式与 MP3 压缩格式在音质上并无明显差别。

就压缩率方面来看，MP3 和 OGG Vobis 都是有损压缩，而且 OGG Vobis 采用了更先进的

算法来减少音质损失。

总结起来一句话：MP3 格式具备的，OGG Vobis 都具备了，而且更加优秀；OGG Vobis 的最大优点在于完全免费，而且开放。

对于视频格式而言，HTML 5 曾经考虑使用 OGG Theora 格式作为默认的视频解码器，但后来受到了苹果公司的反对，而且这种视频压缩格式的视频画面质量也不理想，于是 HTML 5 规范又将 OGG Theora 从 HTML 5 推荐中删除了。与此同时，另一个与 MP4 兼容的压缩格式——H.264 也因为遭到 Firefox、Opera 等浏览器厂家的反对被迫下线。

后来，Google 收购了 On2 Technologies 公司，收购该公司获得了该公司最新推出的 On2 VP8 视频压缩技术。VP8 能以更少的数据提供更高质量的视频，而且只需较小的处理能力即可播放视频，是网络电视、IPTV 和视频会议理想的视频压缩格式。

Google 在完成收购之后的 Google I/O 开发者大会上，Google 开放了 VP8 视频编码技术源代码并免费提供给所有开发者使用。与此同时，Firefox、Opera 和 Chrome 等浏览器厂家同时宣布支持 VP8 的编码格式。

总结起来一句话：目前 HTML 5 推荐使用 VP8 作为视频压缩格式。

表 5.2 列出了各浏览器对各种音频格式的支持情况。

表 5.2　各浏览器的音频支持情况

音频格式	Internet Explorer 9	Firefox	Opera	Chrome
WAV 格式（*.wav）	支持	支持	支持	支持
MP3	支持	不支持	不支持	支持
OGG Vobis	不支持	支持	支持	支持

表 5.3 列出了各浏览器对各种视频格式的支持情况。

表 5.3　各浏览器的视频支持情况

视频格式	Internet Explorer 9	Firefox	Opera	Chrome
OGG Theora	不支持	支持	支持	支持
H.264	支持	不支持	不支持	支持
VP8	支持	支持	支持	支持

考虑到各浏览器对音频、视频的支持互不相同，开发者可能希望为<audio.../>元素、<video.../>元素指定多个媒体源，此时就可以借助于<source.../>子元素来实现。

<source.../>元素可指定如下两个重要属性。

- src：该属性指定音频、视频文件的 URL 地址。
- type：该属性指定音频、视频文件的类型，该属性的值既可以是简单的 MIME 字符串，例如 audio/ogg、audio/mpeg 等，也可以是 MIME 字符串并带 codecs 属性，codecs 属性用于指定该视频文件的编码格式。例如，可以指定为 audio/ogg;codecs='vobis'。通常来说，指定 codecs 属性可以提供更多信息，更便于浏览器判断是否能播放此种类型的音频、视频。

提示：

一般推荐为<source.../>元素指定 type 属性，否则浏览器为判断视频文件的类型必须先下载一小段音频或视频，这样就会浪费网络流量。

例如，如下页面代码为<audio.../>元素指定了多个音频文件源。

程序清单：codes\05\5.1\audioMultiSource.html

```
<h2> 音频播放 </h2>
<audio controls>
    <!-- 让浏览器依次选择适合自己播放的音频文件 -->
    <source src="demo.ogg" type="audio/ogg" media="aaa"/>
    <source src="demo.mp3" type="audio/mpeg"/>
    <source src="demo.wav" type="audio/x-wav"/>
</audio>
```

对于上面页面代码来说，只要该浏览器支持<audio.../>元素，无论该浏览器是支持 OGG Vobis 压缩格式，还是支持 MP3 压缩格式，抑或是只支持 WAV 格式，该浏览器总可以找到适合自己的音频文件，因此总可以正常播放。

5.2 使用 JavaScript 脚本控制媒体播放

除了在 HTML 页面中使用<audio.../>元素、<video.../>元素播放音频、视频之外，很多时候也需要在 JavaScript 脚本中控制<audio.../>元素、<video.../>元素的播放，就像在 JavaScript 脚本中控制其他元素一样。

5.2.1 HTMLAudioElement 与 HTMLVideoElement 支持的方法

在 JavaScript 脚本中获取<audio.../>元素对应的对象为 HTMLAudioElement 对象，<video.../>元素对应的对象为 HTMLVideoElement 对象。

HTMLAudioElement 对象和 HTMLVideoElement 对象支持的方法有如下几个。

- play()：播放音频、视频。
- pause()：暂停播放。
- load()：重新装载音频、视频文件。
- canPlayType(type)：判断该元素是否可播放 type 类型的音频、视频。该属性指定该音频、视频文件的类型，该属性的值既可以是简单的 MIME 字符串，例如 audio/ogg、audio/mpeg 等，也可以是 MIME 字符串并带 codecs 属性，codecs 属性用于指定该视频文件的编码格式。例如，可以指定为 audio/ogg;codecs='vobis'。该方法可返回如下 3 个值。
    - probably：该浏览器支持播放此种类型的音频、视频。
    - maybe：该浏览器可能支持播放此种类型的音频、视频。
    - 空字符串：该浏览器不支持播放此种类型的音频、视频。

下面页面代码实现了一个简单的音乐播放器，它支持两种播放模式：随机播放和顺序播放。当用户选择随机播放时，页面将随机播放任意一个音频文件；当用户选择顺序播放时，页面将按顺序依次播放每个音频文件。

程序清单：codes\05\5.2\musicPlayer.html

```
<head>
    <title> 音乐播放器 </title>
    <script type="text/javascript">
        // 定义能播放的所有音乐
        var musics = [
            "demo1.ogg",
            "bomb.ogg",
```

```
            "arrow.ogg",
            "love.ogg",
            "song.ogg",
        ];
        // 定义正在播放的音频文件的索引
        var index = 0;
        // 记录顺序播放、随机播放的变量
        var playType;
        window.onload = function()
        {
            var typeSel = document.getElementById("typeSel");
            // 当用户更改下拉菜单的选项时，改变播放方式
            typeSel.onchange = function()
            {
                window.playType = typeSel.value;
            }
            var player = document.getElementById("player");
            // 页面加载时播放第一个音频文件
            player.src = musics[index];
            player.onended = function()
            {
                if(playType == "random")
                {
                    // 计算一个随机数
                    index = Math.floor(Math.random() * musics.length);
                    // 随机播放一个音频文件
                    player.src = musics[index];
                }
                else
                {
                    // 播放下一个音频文件
                    player.src = musics[++index % musics.length];
                }
                // 播放
                player.play();
            }
        }
    </script>
</head>
<body>
<h2> 音乐播放器 </h2>
<select id="typeSel" style="width:160px">
    <option value="sequence">顺序播放</value>
    <option value="random">随机播放</value>
</select><br/>
<audio id="player" controls>
您的浏览器不支持 audio 元素
</audio>
</body>
```

上面页面代码为 HTMLAudioElement 对象的 onended 事件指定了一个事件监听器，当该播放器播放完一个音频文件之后，程序控制随机加载一个音频文件，或按顺序加载下一个音频文件（取决于 playType 变量的值），接着程序调用 HTMLAudioElement 对象的 play()方法来播放音频。

在浏览器中浏览该页面，将会看到如图 5.3 所示的界面。

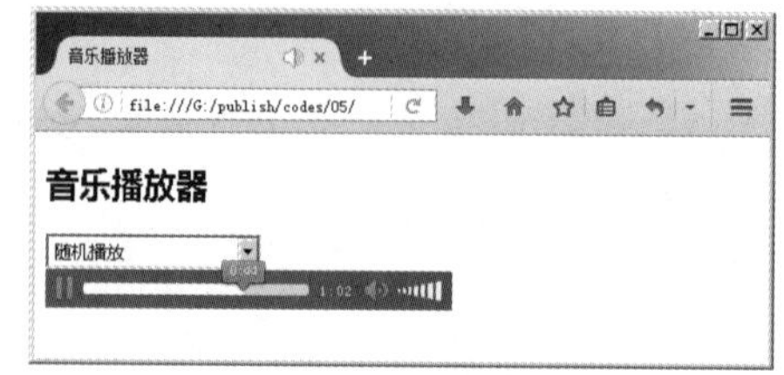

图 5.3　音乐播放器

5.2.2 HTMLAudioElement 与 HTMLVideoElement 的属性

当调用 HTMLAudioElement、HTMLVideoElement 的方法播放媒体后，JavaScript 脚本可能还需要通过它们的属性来了解其状态。

HTMLAudioElement 与 HTMLVideoElement 的属性如表 5.4 所示。

表 5.4 HTMLAudioElement 与 HTMLVideoElement 的属性

属性名	只读	意义
buffered	是	该属性将会返回一个 TimeRanges 对象，通过该对象可以获取浏览器已经缓存的媒体数据
currentSrc	是	该属性返回播放器正在播放的音频、视频文件的 URL 地址
currentTime	否	该属性返回播放器正在播放音频、视频当前所处的时间点。该属性的返回值以秒为单位
defaultPlaybackRate	否	该属性返回 HTMLAudioElement 或 HTMLVideoElement 对象默认的播放速度。JavaScript 脚本可通过修改该属性来改变它们默认的播放速度
duration	是	该属性返回音频或视频的持续时间。该返回值以秒为单位
ended	是	该属性返回一个 boolean 值，当播放结束时该属性返回 true；否则返回 false
error	是	在读取及播放音频、视频正常的情况下，该属性返回 null。但无论在任何时候只要出现了错误，该属性将会返回一个 MediaError 对象，该对象的 code 属性代表错误状态。可能出现如下 4 种错误状态： ➢ MEDIA_ERR_ABORTED（数值 1），媒体下载过程被中止 ➢ MEDIA_ERR_NETWORK（数值 2），下载媒体资源时由于网络原因被中断 ➢ MEDIA_ERR_DECODE（数值 3），媒体资源下载完成，但尝试对媒体解码时出现错误 ➢ MEDIA_ERR_SRC_NOT_SUPPORTED（数值 4），媒体资源不可用或当前浏览器不支持该媒体格式
muted	否	该属性返回播放器是否处于静音状态，返回 true 即表示处于静音状态。JavaScript 脚本可通过修改该属性来改变播放器的静音设置
networkState	是	该属性可获取下载音频、视频的网络状态。该属性可能返回如下 4 个值： ➢ NETWORK_EMPTY（数值 0），处于初始状态 ➢ NETWORK_IDLE（数值 1），处于空闲状态，还未建立网络连接 ➢ NETWORK_LOADING（数值 2），正在加载音频、视频数据 ➢ NETWORK_NO_SOURCE（数值 3），媒体资源不可用或当前浏览器不支持该媒体格式，不执行加载
paused	是	该属性返回一个 boolean 值，true 表示播放器处于暂停状态；否则返回 false
playbackRate	否	该属性返回 HTMLAudioElement 或 HTMLVideoElement 对象当前的播放速度。JavaScript 脚本可通过修改该属性值来改变它们当前的播放速度
played	是	该属性返回一个 TimeRanges 对象，通过该对象即可获取音频、视频的已播部分的时间段，开始时间为已播部分的开始时间，结束时间为已播部分的结束时间
readyState	是	该属性返回当前音频、视频文件的准备状态。该属性可能返回如下几个属性值： ➢ HAVE_NOTHING（数值 0），还没有得到音频、视频的任何数据 ➢ HAVE_METADATA（数值 1），已获取到音频、视频的元数据，但还没有获取到媒体数据，还不能播放 ➢ HAVE_CURRENT_DATA（数值 2），已经获取到当前播放位置的媒体数据，但还没有获取到继续播放的媒体数据。对于视频来说，也就是获取了当前帧的数据，但还没有下一帧的数据；或者当前帧已经是最后一帧了 ➢ HAVE_FUTURE_DATA（数值 3），已经获取了当前播放位置的媒体数据，也获取了下一个位置的播放数据。对于视频来说，也就是获取了当前帧的数据，也获取了下一帧的数据。如果当前正处于最后一帧，readyState 属性不会返回 HAVE_FUTURE_DATA ➢ HAVE_ENOUGH_DATA（数值 4），已经获取了足够的媒体数据，播放器可以顺利地向下播放
seekable	是	该属性返回一个 TimeRanges 对象，通过该对象可以获取音频、视频可定位的时间段。一般来说，可定位的开始时间就是该音频、视频的开始时间；可定位的结束时间就是该音频、视频的结束时间

续表

属性名	只读	意义
seeking	是	该属性返回播放器是否正在尝试定位到指定时间点。返回 true 表示播放器正在定位；否则返回 false
startTime	是	该属性返回播放器播放音频、视频的开始时间。该属性通常返回 0
volume	否	该属性返回播放器的音量。JavaScript 脚本可通过修改该属性值来改变播放器的音量

上面多个属性都涉及一个 TimeRanges 对象，这是一个类似于数组的对象，该对象里可能包含多个时间段（但实际上上面各属性返回的 TimeRanges 里通常只包含一个时间段）。与数组类似，TimeRanges 对象包含了一个 length 属性，该属性可以获取该 TimeRanges 里包含几个时间段，如果该对象里没有包含任何时间段，该 length 属性将返回 0。

TimeRanges 还提供了如下两个方法。

- start(index)：返回第 index+1 个时间段的开始时间。如果要获取 TimeRanges 里第一个时间段的开始时间，把 index 参数设为 0 即可。
- end(index)：返回第 index+1 个时间段的结束时间。如果要获取 TimeRanges 里第一个时间段的结束时间，把 index 参数设为 0 即可。

需要指出的是，表 5.4 列出的这些属性是 HTMLAudioElement、HTMLVideoElement 已经实现的数据，但有些浏览器（比如 Firefox）虽然已经提供了对<audio.../>、<video.../>元素的支持，但也有可能并未完整地支持这些属性。

5.3 事件监听

与其他 HTML 元素完全类似的是，<audio.../>元素和<video.../>元素也会触发一些事件，JavaScript 脚本同样为这些事件绑定了事件监听器。

5.3.1 事件

在 HTML 页面上使用<audio.../>、<video.../>元素时，除了可能触发 onclick、onfocus 等通用事件之外，还可能触发这两个元素所特有的一些事件。表 5.5 列出了<audio.../>、<video.../>所特有的事件。

表 5.5　audio、video 元素所特有的事件

事件名	说明
onabort	当播放器还未下载完媒体数据而被中止下载时触发该事件
oncanplay	当播放器目前能播放音频、视频，但播放中间可能需要缓冲时触发该事件
oncanplaythrough	当播放器目前能播放音频、视频，而且播放中间不需要缓冲时触发该事件
ondurationchange	当音频、视频的长度改变时触发该事件
onemptied	当音频、视频元素突然为空时（网络错误、加载错误等）触发该事件
onended	当音频、视频元素播放结束时触发该事件
onerror	加载音频、视频数据出错时触发该事件
onloadeddata	播放器加载音频、视频的媒体数据完成后触发该事件
onloadedmetadata	播放器加载音频、视频的元数据完成后触发该事件
onloadstart	播放器开始加载音频、视频时触发该事件
onpause	暂停播放音频、视频时触发该事件
onplay	即将开始播放音频、视频时触发该事件
onplaying	正在播放音频、视频时触发该事件
onprogress	播放器正在加载音频、视频数据时触发该事件

续表

事件名	说明
onratechange	当播放速度改变时触发该事件
onreadystatechange	当播放器的 readyState 状态发生改变时触发该事件
onseeked	已成功定位到音频、视频的指定位置，且 seekting 属性变为 false 时触发该事件
onseeking	当 seekting 属性变为 true 时（即尝试定位到音频、视频的指定位置时）触发该事件
onstalled	播放器获取音频、视频数据的过程中（延迟）发生错误时触发该事件
onsuspend	播放器并未取得全部音频、视频数据之前中途停止时触发该事件。
ontimeupdate	当播放位置发生改变时触发该事件。播放位置的改变可能有以下 3 方面的原因： ➢ 播放过程中自然改变 ➢ 人为拖动导致播放位置改变 ➢ 播放不连续导致时间跳跃
onvolumechange	当播放器的音量被改变时触发该事件
onwaiting	播放过程中由于暂时得不到下一帧数据而暂停时触发该事件

掌握了<audio.../>、<video.../>元素可能触发的事件之后，接下来既可以在 HTML 元素中为它们绑定事件监听器，也可以在 JavaScript 脚本中为它们绑定事件监听器，与为其他普通 HTML 元素绑定事件监听器并无任何区别。

5.3.2　监听器

前面已经见过为<audio.../>元素的 onended 事件绑定事件监听器的示例，此处再介绍一个为<video.../>的 ontimeupdate 事件绑定事件监听器的例子：通过为 ontimeupdate 事件绑定监听器可以实时监控音频、视频的播放位置。页面代码如下。

程序清单：codes\05\5.3\videoplay.html

```
<h2> 视频播放 </h2>
<video id="mv" src="movie.webm" loop>
您的浏览器不支持 video 元素
</video><br/>
<input id="bn" type="button" value="播放"/><span id="detail"></span>秒
<script type="text/javascript">
    var bn = document.getElementById("bn");
    var mv = document.getElementById("mv");
    var detail = document.getElementById("detail");
    // 为 video 元素的 ontimeupdate 事件绑定监听器
    mv.ontimeupdate = function()
    {
        detail.innerHTML = mv.currentTime + "/"
            + mv.duration;
    };
    bn.onclick = function()
    {
        if(mv.paused)
        {
            mv.play();
            bn.value = "暂停";
        }
        else
        {
            mv.pause();
            bn.value = "播放";
        }
    }
</script>
```

上面的粗体字代码用于为<video.../>的 ontimeupdate 事件绑定监听器，在视频播放过程中，由于播放位置被不断地改变，该事件也将不断地触发，这样就可以不断地更新页面显示。在浏览器中浏览该页面，将看到如图 5.4 所示的界面。

图 5.4　动态显示播放时间

5.4　track 元素

HTML 5 新增了一个<track.../>元素，该元素可用于从文本文件加载字幕，添加到视频的播放界面上。

5.4.1　使用 track 元素添加字幕

<track.../>元素可加载 WebVTT 文件的内容，用于为视频添加字幕、章节标题或元数据等附加信息。WebVTT 文件包含了一系列带时间标记的文本内容，这些时间标记控制文本内容的出现位置。

<track.../>元素是一个空元素，通常应该放在<video.../>元素内；如果使用了<source.../>元素，则<track.../>元素应该放在<source.../>元素之后。

下面页面代码示范了如何在<video.../>元素内添加<track.../>元素，以用于添加字幕。

程序清单：codes\05\5.4\track.html

```
<body>
<h2> 使用 track 添加字幕 </h2>
<video id="video" controls>
    <source src="movie.webm">
    <track id="track" src="content.vtt" kind="subtitles" default>
</video>
</body>
```

上面页面代码在<video.../>元素内添加了一个<track.../>元素，该元素用于加载 content.vtt 文件中的字幕信息。

下面是 content.vtt 文件的内容。

程序清单：codes\05\5.4\content.vtt

```
WEBVTT FILE

1
00:00:02.100 --> 00:00:08.334
<b>哇！有 100 块！别开枪！</b>
```

```
2
00:00:12.308 --> 00:00:15.296
嗯～爽，这 100 块归我啦！

3
00:00:16.308 --> 00:00:17.296
走啦，走啦，收了你的钱就没事啦。快走！快走！

4
00:00:17.808 --> 00:00:18.396
谢谢，谢谢

5
00:00:19.018 --> 00:00:20.396
抽支烟，抽支烟

6
00:00:25.600 --> 00:00:27.396
再见，再见啦
```

上面的 WebVTT 文件非常简单，该文件第一行以 WEBVTT FILE 开头，表明它是一个 WebVTT 文件。接下来内容就是一条一条字幕信息，每条字幕信息由 3 部分组成。

- **字幕信息 ID**。ID 独占一行。
- **字幕的开始时间和结束时间**。开始时间和结束时间独占一行。
- **字幕的内容**。可以有多行字幕内容。

多条字幕信息之间以空行隔开即可。

在浏览器中浏览该页面，将可以看到如图 5.5 所示的字幕效果。

图 5.5　使用 track 元素添加字幕

提示：

在 Chrome、Opera 浏览器中浏览上面页面时会报“Not at same origin”错误，这是因为没有将该页面部署在服务器中的缘故，读者可以将该 HTML 文档、视频和 WebVTT 文件复制到 Web 服务器（如 Tomcat）的应用路径下，再次浏览该页面即可看到一切正常。

5.4.2　WebVTT 文件简介

WebVTT（Web Video Text Tracks）文件是一种满足特定格式的文本文件，HTML 5 规范允许通过<track.../>元素引用该文件内容为视频等媒体资源添加字幕、章节标题等信息。

前面已经简单介绍了 WebVTT 文件的基本规则：第一行以 WEBVTT FILE 开头，表明它是一个 WebVTT 文件。接下来内容就是一条一条字幕信息，每条字幕信息之间以空行隔开。

每条字幕信息应该满足如下格式：

```
[id]
[hh...:]mm:ss.msmsms --> [hh...:]mm:ss.msmsms [settings]
第一行字幕内容
第二行字幕内容
...
```

上面格式中[id]是可选的，但为字幕信息指定 id 之后，在 JavaScript 脚本中就可以更有效地访问这些字幕信息了。

每条字幕信息中由[hh...:]mm:ss.msmsms --> [hh...:]mm:ss.msmsms 时间段控制这条字幕出现的时间，其中小时部分（hh:）可以省略，默认代表 0 小时。

例如，如下简单的 WebVTT 文件：

```
WEBVTT FILE

1
00:03:45.678 --> 00:03:46.789
Hello world!

2
01:05:48.910 --> 01:05:49.101
Hello
world!
```

每条字幕信息第一行的 settings 也是可以省略的，settings 用于控制字幕信息的位置。settings 支持的设置如表 5.6 所示。

表 5.6　settings 支持的设置

设置	支持的值	说明
vertical	rl 或 lr	垂直对齐文字或右对齐文字
line	整数值	设置字幕出现在视频的第几行。其中正数表示从视频的顶部开始算第一行；负数表示从视频的底部开始算第一行
	百分比	设置字幕出现在相对于视频顶部的百分之多少的位置
position	百分比	设置字幕开始处相对于视频边沿的百分比位置
size	百分比	设置字幕边框的宽度占视频宽度的百分比
align	start、middle 或 end	设置字幕的对齐方式，分别是左（上）对齐、居中对齐或右（下）对齐

例如如下字幕信息：

```
1
00:00:02.100 --> 00:00:08.334 align:start line:-5
hello
```

上面设置控制这段字幕以左对齐方式出现，且出现在从视频底部开始的第 5 行。

```
1
00:00:02.100 --> 00:00:08.334 size:30% line:50%
hello
```

上面设置控制这段字幕的宽度只占视频宽度的 30%，且这段字幕出现在视频的中间位置（50%）。

5.4.3　字幕内容的标记

WebVTT 文件中的字幕内容除了可以是简单的文本内容之外，还可以添加一些简单的标记，这些标记与 HTML 元素类似，用于为字幕内容添加一些语义和样式。

表 5.7 显示了 WebVTT 字幕内容支持的标记。

表 5.7　字幕内容支持的标记

标记	作用
i	设置斜体字
b	设置粗体字
u	设置下画线
ruby	类似于 HTML 5 的<ruby.../>元素，通过该标记，允许添加一个或多个<rt.../>子元素
c	用于匹配 CSS 样式中的 class 选择器。例如： <c.fkClass>字幕内容</c> 表示对该字幕内容应用 fkClass 类选择器对应的 CSS 样式
v	通常用于指定这段字幕是谁说的。比如： <v 孙悟空>妖怪，吃老孙一棒！</v> 表示这段字幕是孙悟空说的。需要说明的是，v 仅是一个语义标记，并不会在视频上显示出来

例如如下字幕：

```
1
00:00:02.100 --> 00:00:08.334
<b><i>hello</i></b>
```

上面字幕内容添加了 b 和 i 标记，表示该字幕内容将会显示为粗体字和斜体字。

例如如下字幕：

```
1
00:00:02.100 --> 00:00:08.334
<v 沙僧>大师兄，<c.em>师傅被妖怪捉走啦</c></v>
```

上面字幕内容都放在<v 沙僧>和</v>中间，表示这段内容是沙僧说的话。在这段内容中使用了<c.em></c>标记，表示对该标记中的内容应用 em 类选择器定义的 CSS 样式。

5.5　本章小结

本章主要介绍了 HTML 5 的多媒体支持，包括使用<audio.../>元素播放音频，使用<video.../>元素播放视频。本章详细介绍了<audio.../>、<video.../>两个元素的功能和用法。除此之外，本章还详细介绍了如何在 JavaScript 脚本中控制播放音频、视频，包括 HTMLAudioElement、HTMLVideoElement 两个元素所支持的属性和方法，通过这些属性和方法，开发者就可以在 JavaScript 脚本中控制播放音频、视频了。本章也介绍了<audio.../>、<video.../>元素的事件和事件监听器。此外，本章最后还介绍了使用<track.../>元素和 WebVTT 为视频添加字幕。

CHAPTER

6

第6章 级联样式单与CSS选择器

本章要点

- CSS 样式单的功能及历史背景
- 使用外部 CSS 样式单的两种方式
- 使用内部样式单的方式
- 使用行内样式单的方式
- CSS 的元素选择器
- CSS 3 提供的属性选择器
- ID 选择器
- class 选择器
- 包含选择器
- 子选择器
- CSS 3 新增的兄弟选择器
- 选择器组合
- 伪元素选择器
- 使用伪元素选择器插入内容
- 配置 counter-increment 属性添加编号
- 插入自定义编号
- 插入多级编号
- CSS 3 新增的结构性伪类选择器
- CSS 3 新增的 UI 元素状态伪类选择器
- CSS 3 新增的:not 和:target 伪类选择器
- 在脚本中修改 CSS 样式

Cascading Style Sheet（级联样式单），缩写为 CSS，也被称为层叠样式单，主要用于网页风格设计，包括字体大小、颜色，以及元素的精确定位等。在传统的 Web 网页设计里，使用 CSS 样式单能让原来单调的 HTML 网页更富表现力。

HTML 5 规范推荐把页面外观交给 CSS 去控制，而 HTML 标签则负责标签、语义部分。HTML 5 删除了传统的<font.../>、<big.../>和<strike.../>等专门控制页面外观的标签，而把页面外观的控制工作交给 CSS 负责。换句话说，对于一个前端程序员来说，仅掌握 HTML 5 绝对是不够的，开发者必须同时掌握 HTML 5 + CSS 的相关知识。

CSS 在 1996 年年底面世，到现在已经走过了十几年的历史，几乎所有的浏览器都已对 CSS 提供了很好的支持。目前 CSS 的最新规范是 CSS 3.0，这也是本书所介绍的 CSS 规范。

6.1 样式单概述

样式单（Style Sheet）是一种专门描述结构文档表现方式的文档，它既可以描述这些文档如何在屏幕上显示，也可以描述它们的打印效果，甚至声音效果。样式单一般不包含在结构化文档的内部，而以独立的文档方式存在。与 HTML 描述数据显示方式的传统方法相比，样式单有许多突出的优点。

- **表达效果丰富：**样式单可以支持文字和图像的精确定位、三维层技术以及交互操作等，对于文档的表现力远远超过 HTML 中的标记。更重要的是，样式单的标准规范独立于其他结构文档的规范，当需要实现更丰富的表达效果时，仅需修改样式单即可，无须修改原始的数据文档内容。
- **文档体积小：**在实际应用中，如果相同标记下的内容有相同的表现方式，使用传统的方法需要为每个标记分别定义显示格式，造成大量的重复定义。而在样式单中，对于同一类标记只需进行一次格式定义即可，大大缩小了需要传输的文件体积，可提高传输速度，并节约带宽。
- **便于信息检索：**虽然样式单可以实现非常复杂的显示效果，但样式单的显示逻辑与数据逻辑分离，显示细节的描述并不影响文档中数据的内在结构。因此，网络搜索引擎对文档进行检索时，更容易检索到有用信息。
- **可读性好：**样式单对各种标记的显示进行集中定义，且定义方式直观易读。这使得它易学易用，可读性、可维护性都比较好。而结构化的数据文档也相对简洁、清晰，突出对内容本身的描述功能。

正是由于样式单的种种优点，W3C 组织大力提倡使用样式单描述结构文档的显示效果。迄今为止，W3C 已经给出了两种样式单语言的推荐标准，一种是级联样式单 CSS（Cascading Style Sheets），另一种是可扩展样式单语言 XSL（eXtensible Stylesheet Language）。

6.1.1 CSS 概述

级联样式单是一系列格式规则，这些规则用于控制网页内容的外观：从精确的布局定位到特定的字体和样式，CSS 样式都可以一样表现出色，甚至对于一些网页特效，也可借助于 CSS 实现。CSS 样式单除了可用于控制 HTML 文档的显示外，也可用于控制 XML 文档的显示格式。

CSS 样式单可以将数据逻辑和显示逻辑分离，从而提高文件的可读性。除此之外，CSS 还可以提供其他的显示方式，例如声音（虽然这种情况很少见，但如果浏览者有这种需求也是可实现的）。CSS主要提供如下两个功能。

➢ 对页面的字体、颜色控制更加细腻，让页面内容更富表现力，CSS的表现效果远远超出传统HTML页面的color、bgcolor等属性的表现力。
➢ 通过CSS样式单可以同时控制整个站点所有页面的风格，如果整个站点所有的页面效果都需要改变，则可直接通过CSS样式单控制，避免逐个修改每个页面文件。

6.1.2 CSS的发展历史

目前，CSS的最新版本是CSS 3.0，这也是本书所介绍的CSS版本。下面简单介绍CSS的发展历史。

➢ **CSS 1.0**：1996年12月，CSS 1.0作为第一个正式规范面世，其中已经加入了字体、颜色等相关属性。
➢ **CSS 2.0**：1998年5月，CSS 2.0规范正式推出。这个版本的CSS也是最广为人知的一个版本，以前的前端开发者使用的一般的就是这个版本的CSS规范。
➢ **CSS 2.1**：2004年2月，CSS 2.1对原来的CSS 2.0进行了一些小范围的修改，删除了一些浏览器支持不成熟的属性。CSS 2.1可认为是CSS 2.0的修订版。
➢ **CSS 3.0**：2010年，CSS 3规范推出，这个版本的CSS完善了前面CSS存在的一些不足，例如，颜色模块增加了色彩校正、透明度等功能；字体模块则增加了文字效果、服务器字体支持等；还增加了变形和动画模块等。

虽然此处介绍的是CSS 3.0规范，但需要指出的是，目前依然有些浏览器（尤其是Internet Explorer）对CSS 3.0的支持不甚理想。如果是一些更早期的浏览器，那就更不可能支持CSS 3.0规范了。因此开发者在使用CSS 3.0时，应该先评估用户的浏览器环境是否支持相应的CSS版本。

6.2 CSS样式单的基本使用

CSS样式单可以控制HTML文档的显示。但在控制文档的显示之前，首先应在需要显示的HTML文档中导入CSS样式单。为了在HTML文档中使用CSS样式单，有如下4种使用样式单的方式。

➢ **链接外部样式文件**：这种方式将样式文件彻底与HTML文档分离，样式文件需要额外引入。在这种方式下，一批样式可控制多份文档。
➢ **导入外部样式文件**：这种方式与上一种方式类似，只是使用@import来引入外部样式单。
➢ **使用内部样式定义**：这种方式是通过在HTML文档头定义样式单部分来实现的。在这种方式下，每批CSS样式只控制一份文档。
➢ **使用行内样式**：这种方式将样式行内定义到具体的HTML元素，通常用于精确控制一个HTML元素的表现。在这种方式下，每份CSS样式只控制单个HTML元素。

下面依次介绍使用样式单的各种方式。

6.2.1 引入外部样式文件

HTML文档中使用<link.../>元素来引入外部样式文件，引入外部样式文件应在<head.../>元素中增加如下<link.../>子元素：

```
<link type="text/css" rel="stylesheet" href="CSS样式文件的URL">
```

在上面的语法格式中，type 和 rel 表明该页面使用了 CSS 样式单，对于引入 CSS 样式单情形，这两个属性的值无须改变。href 属性的值则指向 CSS 样式单文件的地址，此处的地址既可以是相对地址，也可以是互联网上的绝对地址。

下面是一个简单的 HTML 文档的代码，该文档没有提供任何显示格式，只是简单的 HTML 表格，包含了 3 个字符串内容。

程序清单：codes\06\6.2\outer.html

```
<!DOCTYPE html>
<html>
<head>
    <meta http-equiv="Content-Type" content="text/html; charset=UTF-8" />
    <title> 链接外部 CSS 样式单 </title>
</head>
<body>
<table>
    <tr>
        <td>疯狂 Java 讲义</td>
    </tr>
    <tr>
        <td>轻量级 Java EE 企业开发实战</td>
    </tr>
    <tr>
        <td>疯狂 Ajax 讲义</td>
    </tr>
</table>
</body>
</html>
```

上面页面代码中仅仅包含了一个简单的表格，没有其他任何显示格式。在浏览器中浏览该页面，将看到如图 6.1 所示的简单页面。

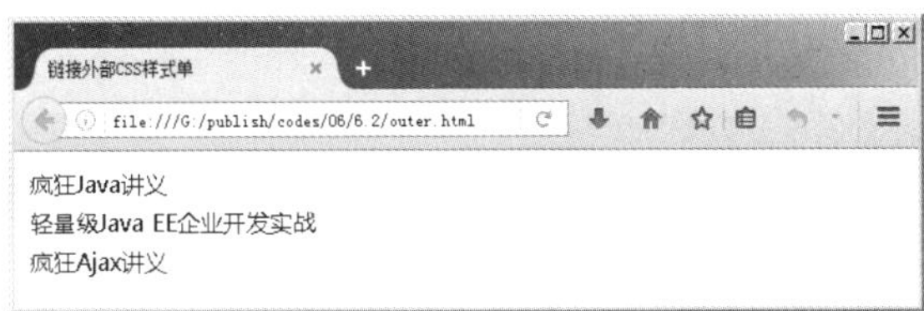

图 6.1 没有使用 CSS 样式单的 HTML 页面

为了让该页面更富表现力，可以为该页面指定外部的 CSS 样式单文件，引入外部 CSS 样式单文档的语法格式见上面介绍。在该页面代码的<head.../>元素内插入如下<link.../>子元素：

```
<!-- 引入 outer.css 样式单文件 -->
<link href="outer.css" rel="stylesheet" type="text/css" />
```

outer.css 样式单文件的代码如下。

程序清单：codes\06\6.2\outer.css

```
/* 设置整个表格的背景色 */
table {
    background-color: #003366;
    width: 400px;
}
/* 设置单元格的背景色、字体等*/
td {
    background-color: #fff;
    font-family: "楷体_GB2312";
```

```
    font-size: 20pt;
    text-shadow: -8px 6px 2px #333;
}
```

正如在上面CSS样式单文件中见到的，CSS样式单总是由一个或多个样式定义组成，每个样式通常有如下语法格式：

```
Selector {property: value }
```

其中Selector是应用样式的选择器，Selector决定对哪些HTML元素起作用；而花括号里的属性名、属性值则指定字体、大小、背景、颜色等，也就是决定对HTML元素起怎样的作用。本章后面内容将会详细介绍CSS 3.0所支持的各种选择器，后面章节将会详细介绍CSS 3.0的各种属性。

如图6.2所示为使用了样式单后的页面效果。

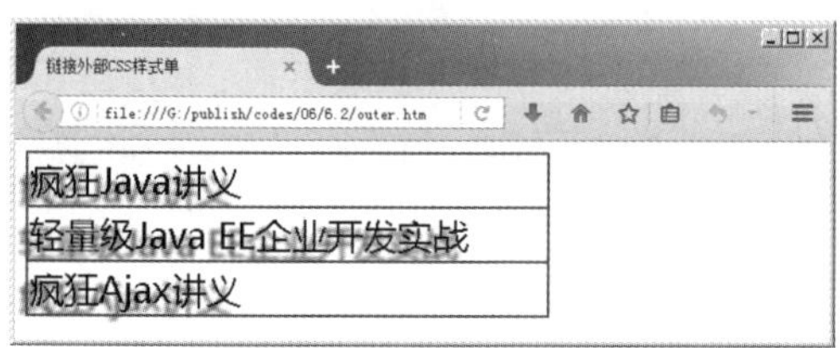

图6.2　引入外部CSS样式单后的页面效果

6.2.2　导入外部样式单

导入外部样式单的功能与链接外部样式单的功能差不多，只是语法上存在差别。导入外部样式单需要在<style.../>元素中使用@import来执行导入。

例如如下代码：

```
<style type="text/css">
    @import "outer.css";
    @import url("mycss.css");
</style>
```

使用@import的完整语法如下：

```
@import url（样式单地址）sMedia ;
```

上面语法格式中的url可以省略，因此使用@import导入样式单只要指定样式单地址即可。sMedia用于指定该样式单仅对某种显示设备有效，不过目前大部分浏览器都不支持sMedia设置。

使用<style.../>元素时可指定media属性，该属性的作用与@import后面的sMedia的功能相似，只不过<style.../>的media属性指定该元素定义的样式仅对指定设备起作用。media属性支持的常用属性值如表6.1所示。

表6.1　media支持的常用属性值

media属性值	说明
screen	计算机屏幕
tty	使用等宽字符的显示设备
tv	电视机类型的显示设备（低分辨率、有限的滚屏能力）
projection	投影仪
handheld	小型手持设备
print	打印页面或打印预览模式
embossed	适用于凸点字符（盲文）印刷设备
braille	盲人点字法反馈设备

续表

media 属性值	说明
aural	语音合成器
all	全部设备

可能有读者会感到疑惑：既然链接外部样式单与导入外部样式单的功能差不多，为何还要支持两种语法？这是因为以前的很多浏览器都不支持@import 导入，因此一些 CSS 开发人员会把一些浏览器可能不支持的高级 CSS 属性放在外部样式单中导入，这样保证只有支持@import 导入的浏览器才会导入这些高级 CSS 属性。但实际上，由于某些浏览器（例如早期版本的 Internet Explorer）会在导入外部样式单时导致“屏闪”，因此开发者应该尽量避免使用@import 导入外部样式单，而是应该尽量考虑使用链接外部样式单方式。

6.2.3 使用内部 CSS 样式

通常不建议使用内部 CSS 样式，因为这种做法需要在 HTML 文档内嵌入 CSS 样式定义，这种内部 CSS 样式主要有三大劣势。

- 如果此 CSS 样式需要被其他 HTML 文档使用，那么这些 CSS 样式必须在其他 HTML 文档中重复定义。
- 大量 CSS 嵌套在 HTML 文档中，必将导致 HTML 文档过大，大量的重复下载，导致网络负载加重。
- 如果需要修改整站风格时，必须依次打开每个页面重复修改，不利于软件工程化管理。

但内部样式定义也并非一无是处，如果想让某些 CSS 样式仅对某个页面有效，而不会影响整个站点，则应该选择使用内部 CSS 样式定义，对于上面的 HTML 页面，可以使用内部 CSS 样式单。

内部 CSS 样式需要放在<style.../>元素中定义，每个 CSS 样式定义与外部 CSS 样式文件的内容完全相同。<style.../>元素应该放在<head.../>元素内，作为它的子元素。

使用内部 CSS 样式定义的语法格式如下：

```
<style type="text/css">
    样式单文件定义
</style>
```

下面是使用内部 CSS 样式单的 XHTML 文档的源代码。

程序清单：codes\06\6.2\inner.html

```
<!DOCTYPE html>
<html>
<head>
    <meta http-equiv="Content-Type" content="text/html; charset=UTF-8" />
    <title> 内部样式单 </title>
    <style type="text/css">
        table {
            background-color: #003366;
        }
        td {
            background-color: #FFFFFF;
            font-family: "楷体_GB2312";
            font-size: 20pt;
            text-shadow: -8px 6px 2px #333;
        }
        .title {
            font-size: 18px;
```

```
                color: #60C;
                height: 30px;
                width: 200px;
                border-top: 3px solid #CCCCCC;
                border-left: 3px solid #CCCCCC;
                border-bottom: 3px solid #000000;
                border-right: 3px solid #000000;
            }
        </style>
    </head>
    <body>
    <div class="title">
    疯狂 Java 体系图书:
    </div><hr />
    <table>
        <tr>
            <td>疯狂 Java 讲义</td><td>轻量级 Java  EE 企业应用实战</td>
        </tr>
        <tr>
            <td>疯狂 Android 讲义</td><td>经典 Java  EE 企业应用实战</td>
        </tr>
        <tr>
            <td>疯狂 Ajax 讲义</td><td>疯狂 XML 讲义</td>
        </tr>
    </table>
    </body>
    </html>
```

上面页面代码中粗体字代码定义了三个样式定义，这三个样式定义是直接放在该 HTML 页面代码内定义的，因此该 CSS 样式单仅对当前页面起作用。在浏览器中浏览该页面，将看到如图 6.3 所示的效果。

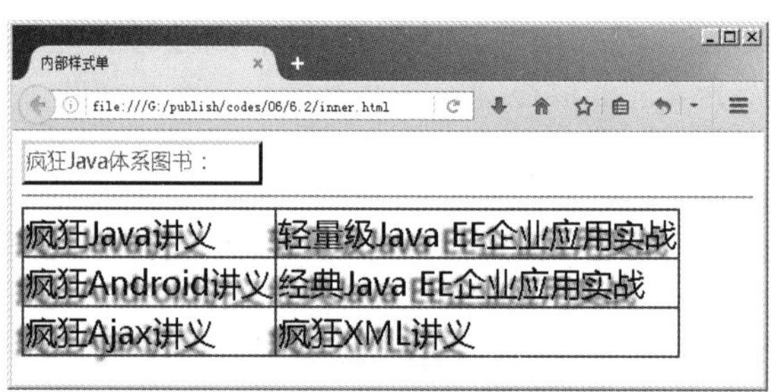

图 6.3　使用内部样式单文件的效果

6.2.4　使用行内样式

行内 CSS 样式只对单个标签有效，它甚至不会影响整个文件。行内样式定义可以精确控制某个 HTML 元素的外观表现，并且允许通过 JavaScript 动态修改 XHTML 元素的 CSS 样式，从而改变该元素的外观。

为了使用行内样式，CSS 扩展了 HTML 元素，几乎所有的 HTML 元素都增加了一个 style 通用属性，该属性值是一个或多个 CSS 样式定义，多个 CSS 样式定义之间以英文分号隔开。简单地说，使用行内样式定义时，style 属性值就是由一个或多个 property:value 组成的，此处的 property:value 与前面 CSS 样式单文件中的完全相同。

定义行内 CSS 样式的语法格式如下：

```
style="property1:value1;property2:value2..."
```

如果需要对 6.2.3 节的样式文件改为使用行内样式定义，其 HTML 源代码如下。

程序清单：codes\06\6.2\inline.html

```
<div style="font-size: 18px;
        color: #60C;
        height: 30px;
        width: 200px;
        border-top: 3px solid #CCCCCC;
        border-left: 3px solid #CCCCCC;
        border-bottom: 3px solid #000000;
        border-right: 3px solid #000000;">
疯狂 Java 体系图书:
</div><hr />
<table style="background-color: #0099bb;">
   <tr>
      <td style="background-color: #FFFFFF;
      font-family: '楷体_GB2312';
      font-size: 20pt;
      text-shadow: -8px 6px 2px #333;">疯狂 Java 讲义</td>
      <td>经典 Java EE 企业应用实战</td>
   </tr>
   <tr>
      <td style="background-color: #FFFFFF;
      font-family: '楷体_GB2312';
      font-size: 20pt;
      text-shadow: -8px 6px 2px #333;">轻量级 Java EE 企业应用实战</td>
      <td>疯狂 XML 讲义</td>
   </tr>
   <tr>
      <td style="background-color: #FFFFFF;
      font-family: '楷体_GB2312';
      font-size: 20pt;
      text-shadow: -8px 6px 2px #333;">疯狂 Ajax 讲义</td>
      <td>疯狂 Workflow 讲义</td>
   </tr>
</table>
```

上面的页面代码分别为不同的 HTML 元素指定了 style 属性，注意这些 style 属性的值，它们就是前面样式单文件里的样式定义部分。当使用行内样式时，已经直接将这些样式定义关联到具体的 HTML 元素，因此不再需要指定 Selector。

注意：

读者一定要牢记：当定义一个 CSS 样式时，需要指定 Selector 和属性定义两个部分。其中，Selector 决定对哪些 HTML 元素起作用；属性定义，如{property:value...}，这些属性定义决定对 HTML 元素起怎样的作用。当使用行内方式定义 CSS 样式时，CSS 样式直接指定到具体的 HTML 元素，因此无须指定 Selector 部分。

图 6.4　行内 CSS 样式的效果

上面页面代码中粗体字 CSS 样式定义指定到具体的 XHTML 元素，则这些 CSS 样式只对具有 style 属性的 XHTML 元素起作用。在浏览器中浏览该页面，将看到如图 6.4 所示的效果。

6.3 CSS 选择器

正如前面看到的，除了行内样式之外，定义 CSS 样式的语法总遵守如下格式：

```
Selector {
    property1: value1;
    property2: value2;
    ...
}
```

上面语法格式可分为两个部分。

➢ Selector（选择器）：选择器决定该样式定义对哪些元素起作用。

➢ {property1: value1;property2:value2; ...}（属性定义）：属性定义部分决定这些样式起怎样的作用（字体、颜色、布局等）。

从上面介绍不难看出，学习 CSS 大致需要掌握两个部分内容：掌握选择器的定义方法；掌握各种 CSS 属性定义。

本章先介绍各种选择器的定义方法。

6.3.1 元素选择器

元素选择器是最简单的选择器，其语法格式如下：

```
E { ... } /* 其中E代表有效的HTML元素名 */
```

其实 E 可以是任意有效的 HTML 元素名，甚至可用“*”来代表元素名，“*”可匹配 HTML 文档中任意元素。

下面页面代码示范了使用*来匹配所有元素的效果。

程序清单：codes\06\6.3\wildcard.html

```
<!DOCTYPE html>
<html>
<head>
    <meta http-equiv="Content-Type" content="text/html; charset=utf-8" />
    <title> 通配符元素选择器 </title>
    <style type="text/css">
        /* 定义对所有元素起作用的CSS样式 */
        *{
            border: 1px black solid;
            padding: 4px;
        }
    </style>
</head>
<body>
<a href="#">超链接</a>
<div>div 内的文字<span>测试内容</span></div>
<p>p 内的文字</p>
</body>
</html>
```

在上面 CSS 样式定义中使用了“*”作为通配符，这意味着该元素选择器可以匹配所有的 HTML 元素，因此该 CSS 样式将会对页面中所有的 HTML 元素起作用。在浏览器中浏览该页面，将可以看到如图 6.5 所示的效果。

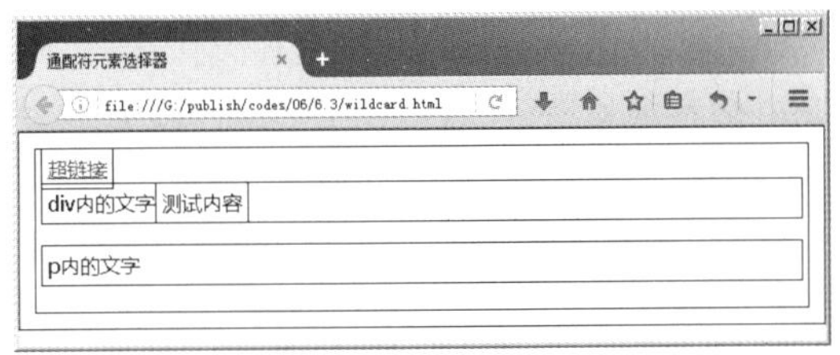

图 6.5　使用通配符作为元素选择器

下面页面代码示范了如何使用元素选择器。

程序清单：codes\06\6.3\Element.html

```
<!DOCTYPE html>
<html>
<head>
    <meta http-equiv="Content-Type" content="text/html; charset=UTF-8" />
    <title> 元素选择器 </title>
    <style type="text/css">
        /* 定义对 div 元素起作用的 CSS 样式 */
        div{
            background-color: grey;
            font: italic normal bold 14pt normal 楷体_GB2312;
        }
        /* 定义对 p 元素起作用的 CSS 样式 */
        p{
            background-color: #444;
            color:#fff;
            font: normal small-caps bold 20pt normal 宋体;
        }
    </style>
</head>
<body>
<div>div 内的文字</div>
<p>p 内的文字</p>
</body>
</html>
```

在浏览器中浏览该页面，将看到如图 6.6 所示的效果。

图 6.6　元素选择器

6.3.2　属性选择器

从广义角度来看，元素选择器其实是属性选择器的特例。属性选择器一共有如下几种语法格式。

- E { ... }：指定该 CSS 样式对所有 E 元素起作用。
- E[attr] { ... }：指定该 CSS 样式对具有 attr 属性的 E 元素起作用。
- E[attr=value] { ... }：指定该 CSS 样式对所有包含 attr 属性，且 attr 属性为 value 的 E 元素起作用。
- E[attr ~=value] { ... }：指定该 CSS 样式对所有包含 attr 属性，且 attr 属性的值为以空

格隔开的系列值，其中某个值为 value 的 E 元素起作用。

- E[attr |=value] { ... }：指定该 CSS 样式对所有包含 attr 属性，且 attr 属性的值为以连字符分隔的系列值，其中第一个值为 value 的 Tag 元素起作用。
- E[att^="value"] { ... }：指定该 CSS 样式对所有包含 attr 属性，且 attr 属性的值为以 value 开头的字符串的 E 元素起作用。
- E[att$="value "] { ... }：指定该 CSS 样式对所有包含 attr 属性，且 attr 属性的值为以 value 结尾的字符串的 E 元素起作用。
- E[att*="value"] { ... }：指定该 CSS 样式对所有包含 attr 属性，且 attr 属性的值为包含 value 的字符串的 E 元素起作用。

上面这几个选择器匹配规则越严格优先级越高。例如，对于包含 abc 属性的<div.../>元素，如果其属性值为 xyz，则 div[abc=xyz]选择器定义的 CSS 样式会覆盖 div[abc]定义的 CSS 样式，如果 div[abc=xyz]选择器定义的 CSS 样式中没有定义的属性，而 div[abc]选择器定义的 CSS 属性依然会作用于包含 abc 属性值为 xyz 的<div.../>元素。

注意：

上面几个属性选择器并没有得到所有浏览器的广泛支持，只有第一种形式可以在所有浏览器中运行良好，最后 3 种 CSS 选择器是 CSS 3.0 新增的选择器。

看下面的页面代码示例。

程序清单：codes\06\6.3\attr.html

```
<!DOCTYPE html>
<html>
<head>
    <meta http-equiv="Content-Type" content="text/html; charset=UTF-8" />
    <title> 属性选择器 </title>
    <style type="text/css">
    /* 对所有 div 元素都起作用的 CSS 样式 */
    div {
        width:300px;
        height:30px;
        background-color:#eee;
        border:1px solid black;
        padding:10px;
    }
    /* 对有 id 属性的 div 元素起作用的 CSS 样式 */
    div[id] {
        background-color:#aaa;
    }
    /* 对有 id 属性值包含 xx 的 div 元素起作用的 CSS 样式 */
    div[id*=xx] {
        background-color:#999;
    }
    /* 对有 id 属性值以 xx 开头的 div 元素起作用的 CSS 样式 */
    div[id^=xx] {
        background-color:#555;
        color:#fff;
    }
    /* 对有 id 属性值等于 xx 的 div 元素起作用的 CSS 样式 */
    div[id=xx] {
        background-color:#111;
        color:#fff;
    }
```

```
    </style>
</head>
<body>
<div>没有任何属性的 div 元素</div>
<div id="a">带 id 属性的 div 元素</div>
<div id="zzxx">id 属性值包含 xx 子字符串的 div 元素</div>
<div id="xxyy">id 属性值以 xx 开头的 div 元素</div>
<div id="xx">id 属性值为 xx 的 div 元素</div>
</body>
</html>
```

上面代码中定义的 5 个选择器的匹配规则依次升高，因此它们的优先级也是依次升高的。优先级越高的选择器对应的 CSS 样式的背景色越深。页面中包括了 5 个<div.../>元素，它们依次可以匹配上面定义的 5 个属性选择。在浏览器中浏览该页面，将看到如图 6.7 所示的效果。

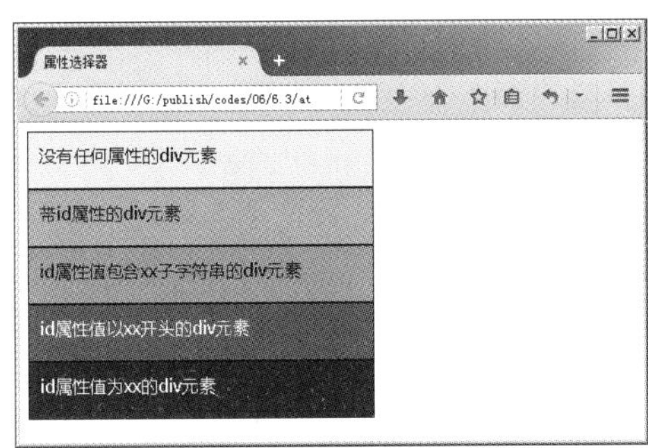

图 6.7　属性选择器

从图 6.7 中看到，虽然 div[id=xx]选择器定义的 CSS 样式并没有定义其长、宽，但该<div id="xx".../>元素依然具有指定高度、宽度，这表明该<div.../>元素的显示外观是多个 CSS 样式“迭加”作用的效果。

当多个 CSS 样式定义都可以对某个 HTML 元素起作用时，该 HTML 元素的显示外观将是多个 CSS 样式定义“迭加”作用的效果。如果多个 CSS 样式定义之间有冲突时，则冲突属性以优先级更高的 CSS 样式定义取胜。

6.3.3　ID 选择器

ID 选择器指定 CSS 样式将会对具有指定 id 属性值的 HTML 元素起作用。ID 选择器的语法格式如下：

```
#idValue { ... }
```

上面语法指定该 CSS 样式对 id 为 idValue 的 HTML 元素起作用。

各种浏览器对 ID 选择器都有很好的支持。看下面页面代码。

程序清单：codes\06\6.3\idSelector.html

```
<!DOCTYPE html>
<html>
<head>
    <meta http-equiv="Content-Type" content="text/html; charset=utf-8" />
    <title>ID 选择器</title>
    <style type="text/css">
    /* 对所有有 div 元素都起作用的 CSS 样式 */
    div {
```

```
        width:200px;
        height:30px;
        background-color:#ddd;
        padding:3px;
    }
    /* 对id为xx的元素起作用的CSS样式 */
    #xx {
        border:2px dotted black;
        background-color:#888;
    }
    </style>
</head>
<body>
<div>没有任何属性的div元素</div>
<div id="xx">id属性值为xx的div元素</div>
</body>
</html>
```

在浏览器中浏览该页面，将可以看到如图6.8所示的效果。

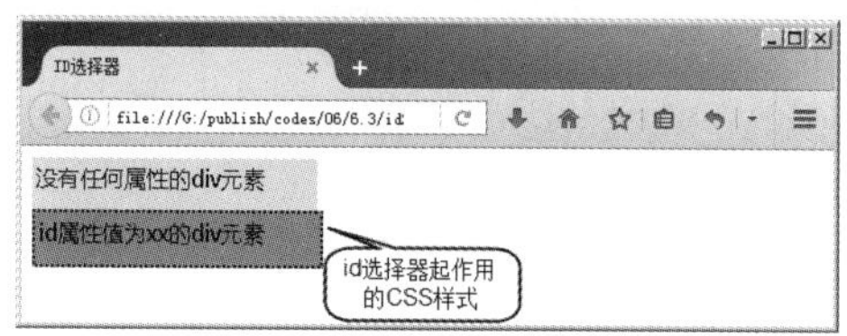

图6.8　ID选择器

定义仅对指定元素起作用的ID选择器的语法格式如下：

```
E#idValue { ... } /* 其中E是有效的HTML元素 */
```

该语法指定该CSS样式对id为idValue的E元素起作用。

例如，把上面页面代码中定义的第二个CSS样式定义改为如下形式。

程序清单：codes\06\6.3\idElement.html

```
/* 对id为xx的p元素起作用的CSS样式 */
p#xx {
    border:2px dotted black;
    background-color:#888;
}
```

在浏览器中浏览该页面，将可以看到如图6.9所示的效果。

图6.9　仅对指定元素起作用的ID选择器

6.3.4　class选择器

class选择器指定CSS样式对具有指定class属性的元素起作用。class选择器的语法格式如下：

```
[E].classValue { ...... } /* 其中E是有效的HTML元素 */
```

指定该CSS定义对class属性值为classValue的E元素起作用。此处的E可以省略，如果省略E，则指定该CSS对所有的class属性为classValue的元素都起作用。

为了让 HTML 页面支持 class 选择器，W3C 组织规定几乎所有的 HTML 元素都可指定 class 属性，该属性唯一的作用正是让 class 选择器起作用。

下面页面代码定义了两个 class 选择器，页面代码如下。

程序清单：codes\06\6.3\classSelector.html

```
<!DOCTYPE html>
<html>
<head>
    <meta http-equiv="Content-Type" content="text/html; charset=utf-8" />
    <title>class 选择器测试</title>
    <style type="text/css">
    /* 对所有 class 为 myclass 的元素都起作用的 CSS 样式 */
    .myclass {
        width:240px;
        height:40px;
        background-color:#dddddd;
    }
    /* 对 class 为 myclass 的 div 元素起作用的 CSS 样式 */
    div.myclass {
        border:2px dotted black;
        background-color:#888888;
    }
    </style>
</head>
<body>
<div class="myclass">class 属性为 myclass 的 div 元素</div>
<p class="myclass">class 属性为 myclass 的 p 元素</p>
</body>
</html>
```

在浏览器中浏览该页面，将看到如图 6.10 所示的效果。

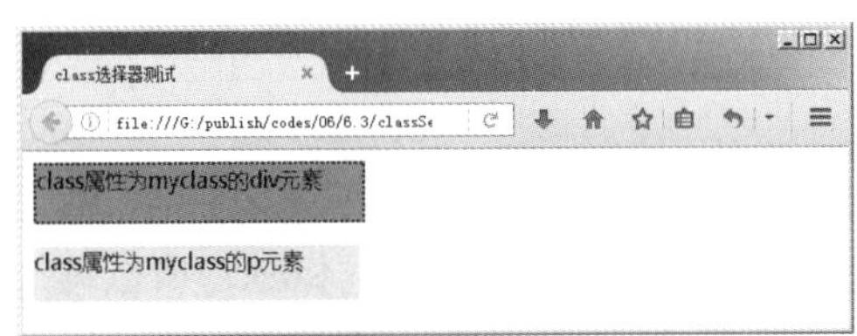

图 6.10 class 选择器的效果

正如从图 6.10 中所看到的，上面页面代码中定义的两个 CSS 样式都可作用于<div.../>元素，因此该<div.../>元素的显示效果是两个 CSS 代码样式“迭加”的效果。从图 6.10 中可以看出，既指定标签又指定 class 值的选择器的优先级更高。

6.3.5 包含选择器

包含选择器用于指定目标选择器必须处于某个选择器对应的元素内部。其语法格式如下：

```
Selector1 Selector2 {...} /* 其中 Selector1、Selector2 都是有效的选择器 */
```

例如下面的页面代码。

程序清单：codes\06\6.3\descendant.html

```
<!DOCTYPE html>
<html>
<head>
    <meta http-equiv="Content-Type" content="text/html; charset=utf-8" />
    <title>包含选择器测试</title>
    <style type="text/css">
```

```
    /* 对所有的div元素起作用的CSS样式 */
    div {
        width:350px;
        height:60px;
        background-color:#ddd;
        margin:5px;
    }
    /* 对处于div之内且class属性为a的元素起作用的CSS样式*/
    div .a {
        width:200px;
        height:35px;
        border:2px dotted black;
        background-color:#888;
    }
    </style>
</head>
<body>
<div>没有任何属性的div元素</div>
<div><section><div class="a">处于div之内且class属性为a的元素</div></section></div>
<p class="a">没有处于div之内、但class属性为a的元素</p>
</body>
</html>
```

对于上面的div .a选择器定义的CSS样式，应该对处于<div.../>元素之内且class属性为a的元素起作用。图6.11显示了该页面的效果。

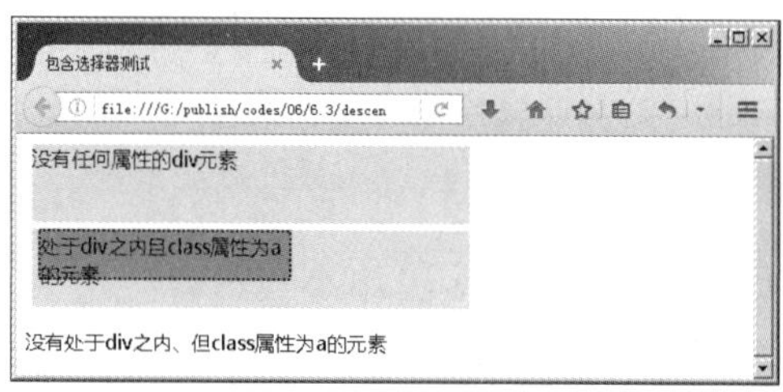

图6.11　包含选择器

从图6.11可以看出，对于页面代码上第一个class为a的<div.../>元素，由于该元素位于另一个<div.../>元素的内部，因此它可以匹配div .a选择器，所以该选择器定义的CSS样式会对该元素发挥作用；但对于最后一个<p.../>元素，虽然该元素指定了class="a"，但由于它并不位于<div.../>元素的内部，因此div .a选择器定义的CSS样式不会作用于该元素。

6.3.6　子选择器

子选择器用于指定目标选择器必须是某个选择器对应的元素的子元素。子选择器的语法格式如下：

```
Selector1>Selector2 {...} /* 其中Selector1、Selector2都是有效的选择器 */
```

提示：

包含选择器与子选择器有点相似，它们之间存在如下区别：对于包含选择器，只要目标选择器位于外部选择器对应的元素内部，即使是其“孙子元素”也可；对于子选择器，要求目标选择器必须作为外部选择器对应的元素的直接子元素才行。

例如，下面页面代码示范了子选择器的用法。

程序清单：codes\06\6.3\child.html

```
<!DOCTYPE html>
```

```
<html>
<head>
    <meta http-equiv="Content-Type" content="text/html; charset=utf-8" />
    <title> 子选择器 </title>
    <style type="text/css">
    /* 对所有的 div 元素起作用的 CSS 样式 */
    div {
        width:350px;
        height:60px;
        background-color:#ddd;
        margin:5px;
    }
    /* 对处于 div 之内且 class 属性为 a 的元素起作用的 CSS 样式*/
    div>.a {
        width:200px;
        height:35px;
        border:2px dotted black;
        background-color:#888;
    }
    </style>
</head>
<body>
<div>没有任何属性的 div 元素</div>
<div><p class="a">class 属性为 a 且是 div 的子节点的元素</p></div>
<div><section><p class="a">class 属性为 a 且处于 div 内部的元素</p></section></div>
</body>
</html>
```

上面页面代码中包含两个 class 属性为 a 的<p.../>元素，且这两个<p.../>元素都处于<div.../>内部，其中第一个 class 属性为 a 的<p.../>元素是<div.../>的子元素，第二个 class 属性为 a 的<p.../>元素只是处于<div.../>的内部，并不是<div.../>的子元素，因此子元素选择器对第二个<p.../>元素不会起作用。在浏览器中浏览该页面，将会看到如图 6.12 所示的效果。

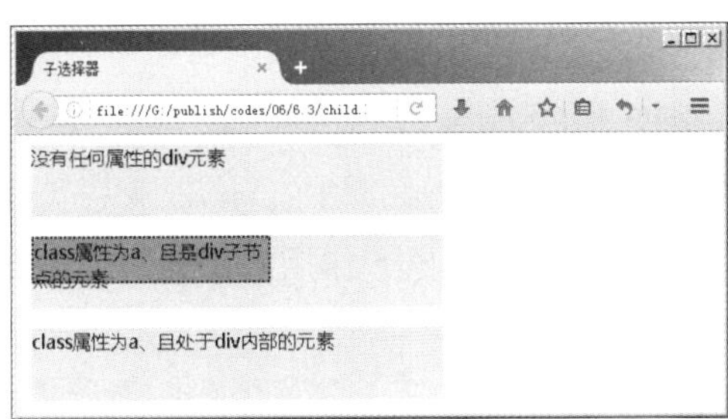

图 6.12　子选择器

6.3.7　CSS 3 新增的兄弟选择器

兄弟选择器是 CSS 3.0 新增的一个选择器。兄弟选择器的语法如下：

```
Selector1 ~ Selector2 {...} /* 其中 Selector1、Selector2 都是有效的选择器 */
```

兄弟选择器匹配与 Selector1 对应的元素后面、能匹配 Selector2 的兄弟节点。例如，下面页面代码示范了通用兄弟选择器的用法。

程序清单：codes\06\6.3\sibling.html

```
<!DOCTYPE html>
<html>
<head>
    <meta http-equiv="Content-Type" content="text/html; charset=utf-8" />
    <title> 兄弟选择器 </title>
    <style type="text/css">
```

```
        /* 匹配id为android的元素后面、class属性为long的兄弟节点 */
        #android ~ .long{
            background-color: #00FF00;
        }
    </style>
</head>
<body>
<div>
    <div>疯狂Java讲义</div>
    <div class="long">轻量级Java EE企业应用实战</div>
    <div id="android">疯狂Android讲义</div>
    <p class="long">经典Java EE企业应用实战</p>
    <div class="long">疯狂HTML 5/CSS3/JavaScript讲义</div>
</div>
</body>
</html>
```

上面页面为id为android的元素后面、class属性为long的所有兄弟节点增加了绿色背景。在浏览器中浏览该页面，将看到如图6.13所示的效果。

图6.13 兄弟选择器

上面例子中id为android的元素是“疯狂Android讲义”，虽然该元素前面的“轻量级Java EE企业应用实战”的class属性为long，但由于它位于“疯狂Android讲义”的前面，因此浏览器不会为它添加背景色。浏览器只为位于“疯狂Android讲义”的后面、class属性为long的两个元素添加背景色。

6.3.8 选择器组合

如果需要让一份CSS样式对多个选择器起作用，那就可以利用选择器组合来实现了。选择器组合的语法格式如下：

```
Selector1,Selector2,Selector3,...{ ... }  /* 其中 Selector1、Selector2、Selector3
都是有效的选择器 */
```

对于组合选择器而言，{}中定义的CSS样式将会对前面列出的所有选择器匹配的元素起作用。

例如如下页面代码。

程序清单：codes\06\6.3\group.html

```
<!DOCTYPE html>
<html>
<head>
    <meta http-equiv="Content-Type" content="text/html; charset=UTF-8" />
    <title> 选择器组合 </title>
    <style type="text/css">
    /* 对div元素、class属性为a的元素、id为abc的元素都起作用的CSS样式 */
    div,.a,#abc {
        width:200px;
        height:35px;
        border:2px dotted black;
```

```
        background-color:#888;
    }
    </style>
</head>
<body>
<div>没有任何属性的 div 元素</div>
<p class="a">class 属性为 a 的元素</p>
<section id="abc">id 为 abc 的元素</section>
</body>
</html>
```

上面页面代码使用选择器组合定义了一个 CSS 样式，这个 CSS 样式可以对 div 元素、class 属性为 a 的元素、id 为 abc 的元素都起作用。在浏览器中浏览该页面，将看到如图 6.14 所示的效果。

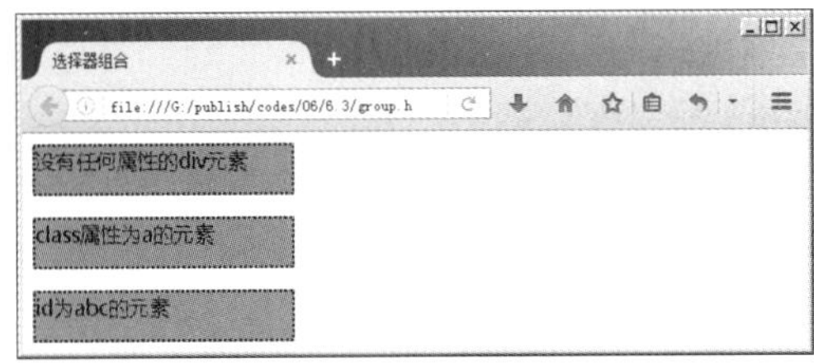

图 6.14 选择器组合

6.4 伪元素选择器

伪元素选择器并不是针对真正的元素使用的选择器，伪元素选择器只能针对 CSS 中已有的伪元素起作用。

CSS 提供的伪元素选择器有如下几个。

- :first-letter：该选择器对应的 CSS 样式对指定对象内的第一个字符起作用。
- :first-line：该选择器对应的 CSS 样式对指定对象内的第一行内容起作用。
- :before：该选择器与内容相关的属性结合使用，用于在指定对象内部的前端插入内容。
- :after：该选择器与内容相关的属性结合使用，用于在指定对象内部的尾端添加内容。

下面先看:first-letter 伪元素选择器的用法。:first-letter 选择器仅对块元素（如<div.../>、<p.../>、<section.../>等元素）起作用。如果想对行内元素（如<span.../>等元素）使用该属性，必须先设定对象的 height、width 属性，或者设定 position 属性为 absolute，或者设定 display 属性为 block。通过该选择器配合 font-size、float 属性可制作首字下沉效果。

下面页面代码示范了:first-letter 选择器的用法。

程序清单：codes\06\6.4\first-letter.html

```
<!DOCTYPE html>
<html>
<head>
    <meta http-equiv="Content-Type" content="text/html; charset=UTF-8" />
    <title> :first-letter </title>
    <style type="text/css">
        span {
            display:block;
        }
        /* span 元素里第一个字母加粗、变红
        由于 span 是 inline 元素，因此需要先把 span 的 display 设为 block */
        span:first-letter{
            color:#f00;
```

```
            font-size:20pt;
        }
        /* section 元素里第一个字母加粗、变蓝 */
        section:first-letter{
            color:#00f;
            font-size:30pt;
            font-weight:bold;
        }
        /* p 元素里第一个字母加粗、变蓝 */
        p:first-letter{
            color:#00f;
            font-size:40pt;
            font-weight:bold;
        }
    </style>
</head>
<body>
<span>abc</span>
<section>其实我是一个程序员</section>
<p>疯狂 Java 讲义</p>
</body>
</html>
```

在浏览器中浏览该页面，将看到如图 6.15 所示的效果。

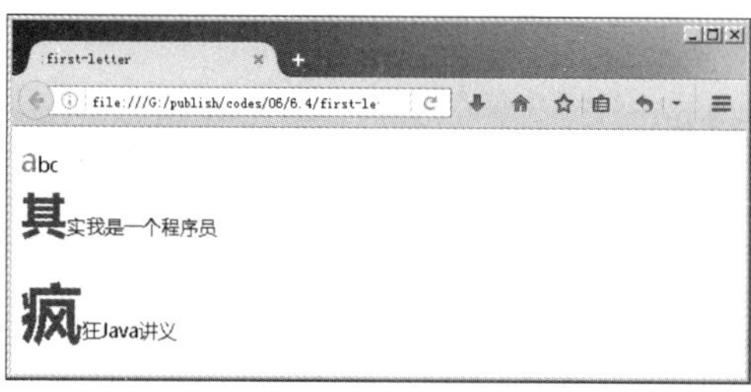

图 6.15　:first-letter 选择器

:first-line 选择器同样只对块元素（如<div.../>、<p.../>、<section.../>等元素）起作用。如果要对行内元素（如<span.../>等元素）使用该属性，必须先设定对象的 height、width 属性，或者设定 position 属性为 absolute，或者设定 display 属性为 block。

注意：

如果没有通过 width 属性为 HTML 元素设置宽度，该元素的宽度可能随浏览器窗口的大小发生改变，这样第一行内容的长度可能会变化。

下面页面代码示范了:first-line 选择器的用法。

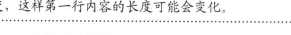

程序清单：codes\06\6.4\first-line.html

```
<!DOCTYPE html>
<html>
<head>
    <meta http-equiv="Content-Type" content="text/html; charset=UTF-8" />
    <title> :first-line </title>
    <style type="text/css">
        span {
            display:block;
        }
        /* span 元素里第一行文字的字体加大、变红
        由于 span 是 inline 元素，因此需要先把 span 的 display 设为 block
        */
```

```
        span:first-line{
            color:#f00;
            font-size:20pt;
        }
        /* section 元素里第一行文字的字体加大、变蓝 */
        section:first-line{
            color:#00f;
            font-size:30pt;
        }
        /* p 元素里第一行文字的字体加大、变蓝 */
        p:first-line{
            color:#00f;
            font-size:30pt;
        }
    </style>
</head>
<body>
<span>abc<br>xyz</span>
<section>去年今日此门中，<br>
人面桃花相映红。</section>
<p style="width:160px">疯狂 Java 讲义</p>
</body>
</html>
```

在浏览器中浏览该页面，将看到如图 6.16 所示的效果。

图 6.16 :first-line 选择器

正如从图 6.16 所看到的，:first-line 伪元素选择器始终对第一行内容发挥作用，而不管这里的第一行是通过
元素控制的换行，还是页面内容超过容器宽度所导致的换行。

:before、:after 两个伪元素选择器需要与内容相关的属性结合使用，因此这里先介绍内容相关的属性。

6.4.1 内容相关的属性

此处介绍的内容相关的属性，与前面用过的 color、font-size 等 CSS 属性的本质是相同的。这些内容相关的属性同样需要定义在 CSS 样式的花括号（{}）里面。

CSS 支持的内容相关的属性有如下几个。

- include-source：该属性的值应为 url(url)，插入绝对或相对 URL 地址所对应的文档。目前还没有浏览器支持该属性，故此处不会详述该属性的用法。
- content：该属性的值可以是字符串、url(url)、attr(alt)、counter(name)、counter(name, list-style-type)、open-quote、close-quote 等格式。该属性用于向指定元素之前或之后插入指定内容。
- quotes：该属性用于为 content 属性定义 open-quote 和 close-quote，该属性的值可以是两个以空格分隔的字符串，其中前面的字符串是 open-quote，后面的字符串是

close-quote。

- counter-increment：该属性用于定义一个计数器。该属性的值就是所定义的计数器的名称。
- counter-reset：该属性用于对指定的计数值复位。

上面介绍的 content 属性是核心，counter-increment、counter-reset 都需要与 content 结合使用。下面页面代码先简单示范了 content 属性的用法。

程序清单：codes\06\6.4\content.html

```
<!DOCTYPE html>
<html>
<head>
    <meta http-equiv="Content-Type" content="text/html; charset=UTF-8" />
    <title> content </title>
    <style type="text/css">
        /* 指定向div 元素内部的前端插入 content 属性对应的内容 */
        div>div:before{
            content: 'CrazyIt:';
            color:blue;
            font-weight:bold;
            background-color:gray;
        }
    </style>
</head>
<body>
    <div>
        <div>疯狂 Java 讲义</div>
        <div>疯狂 Android 讲义</div>
        <div>轻量级 Java EE 企业应用实战</div>
    </div>
</body>
</html>
```

上面页面代码中 CSS 样式指定向<div.../>元素内部的前端添加一定的字符串，并指定了所添加字符串的颜色、字体等属性。在浏览器中浏览该页面，将看到如图 6.17 所示的效果。

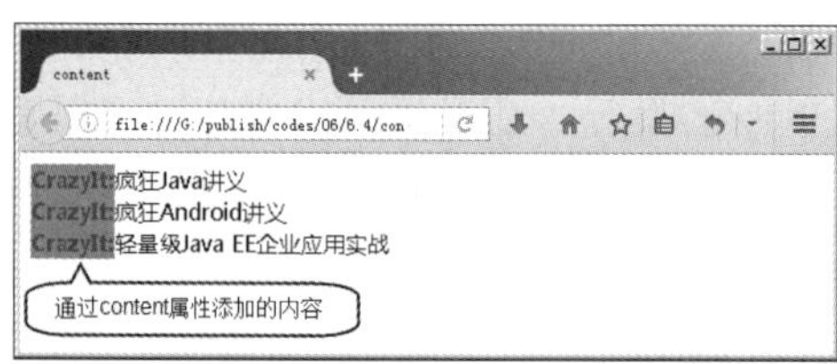

图 6.17 :before 选择器和 content 属性结合使用

6.4.2 插入图像

content 属性的值除了支持普通字符串之外，还可使用 url(url)格式的值，这种格式的值可以用于插入图像。例如，如下页面代码。

程序清单：codes\06\6.4\after.html

```
<!DOCTYPE html>
<html>
<head>
    <meta http-equiv="Content-Type" content="text/html; charset=UTF-8" />
    <title> content </title>
    <style type="text/css">
        /* 指定向div 元素内部的尾端插入 content 属性对应的内容 */
        div>div:after{
```

```
            content: url("wjc.gif");
        }
    </style>
</head>
<body>
    <div>
        <div>疯狂 Java 讲义</div>
        <div>疯狂 Android 讲义</div>
        <div>轻量级 Java EE 企业应用实战</div>
    </div>
</body>
</html>
```

上面页面代码中 CSS 样式指定向<div.../>元素内部的尾端添加一张图片（wjc.gif）。在浏览器中浏览该页面，将看到如图 6.18 所示的效果。

图 6.18 :after 选择器和 content 属性结合使用

6.4.3 只插入部分元素

并不需要为所有元素的前、后插入内容，只需向部分元素的前、后插入内容即可。可以在使用:before、:after 伪元素选择器之前先使用更严格的 CSS 选择器。例如，如下页面代码只在 class 属性为 no 的元素的尾端添加一张图片。

程序清单：codes\06\6.4\partAppend.html

```
<!DOCTYPE html>
<html>
<head>
    <meta http-equiv="Content-Type" content="text/html; charset=utf-8" />
    <title> 插入部分元素 </title>
    <style type="text/css">
        /* 指定向 class 属性为 no 的 div 元素内部的尾端插入 content 属性对应的内容 */
        div>div.no:after{
            content: url("buy.gif");
        }
    </style>
</head>
<body>
    <div>
        <div class="no">疯狂 Java 讲义</div>
        <div class="no">疯狂 Android 讲义</div>
        <div>轻量级 Java EE 企业应用实战</div>
    </div>
</body>
</html>
```

在浏览器中浏览该页面，将可以看到如图 6.19 所示的效果。

图 6.19 只对部分元素执行插入

6.4.4 配合 quotes 属性执行插入

使用 quotes 属性可以定义 open-quote 和 close-quote，然后就可以在 content 属性中应用

quotes 属性所定义的 open-quote 和 close-quote 了。例如如下代码。

程序清单：codes\06\6.4\quote.html

```
<!DOCTYPE html>
<html>
<head>
    <meta http-equiv="Content-Type" content="text/html; charset=UTF-8" />
    <title> 添加符号 </title>
    <style type="text/css">
        /* 定义 open-quote 为<<, close-quote 为>> */
        div>div{
            quotes: "<<" ">>";
        }
        /* 指定为 div 的子 div 的前端插入 open-quote */
        div>div:before{
            content: open-quote;
        }
        /* 指定为 div 的子 div 的尾端插入 close-quote */
        div>div:after{
            content: close-quote;
        }
    </style>
</head>
<body>
    <div>
        <div>疯狂 Java 讲义</div>
        <div>疯狂 Android 讲义</div>
        <div>轻量级 Java EE 企业应用实战</div>
    </div>
</body>
</html>
```

上面页面代码指定在 div 的子 div 的前端插入 open-quote，在 div 的子 div 的尾端插入 close-quote，open-quote 和 close-quote 是由 quotes 属性定义的两个字符串：<<、>>。在浏览器中浏览该页面，将看到如图 6.20 所示的效果。

图 6.20　配合 quotes 属性执行插入

6.4.5　配合 counter-increment 属性添加编号

如果需要为多条内容添加编号，则可通过 counter-increment 属性定义计数器，然后通过 content 属性引用计数器即可。

使用 counter-increment 属性定义计数器非常简单，该属性的值所指定的字符串就是该计数器的名称。如下页面代码示范了如何为多条内容添加编号。

程序清单：codes\06\6.4\counter.html

```
<!DOCTYPE html>
<html>
<head>
    <meta http-equiv="Content-Type" content="text/html; charset=UTF-8" />
    <title> 添加编号 </title>
    <style type="text/css">
        /* 为 div 的子 div 元素定义了一个计数器：mycounter */
```

```
        div>div{
            counter-increment: mycounter;
        }
        /* 在 div 的子 div 元素的前端插入 mycounter 计数器和一个点  */
        div>div:before{
            content: counter(mycounter) '.';
            font-size: 20pt;
            font-weight: bold;
        }
    </style>
</head>
<body>
    <div>
        <div>疯狂 Java 讲义</div>
        <div>疯狂 Android 讲义</div>
        <div>轻量级 Java  EE 企业应用实战</div>
    </div>
</body>
</html>
```

上面页面代码中粗体字代码为<div.../>的子<div.../>元素定义了一个计数器：mycounter，然后在 content 属性中使用 counter(mycounter)来引用这个计数器——这样就可为页面上的 3 条内容都添加上编号。在浏览器中浏览该页面，将可以看到如图 6.21 所示的效果。

图 6.21　添加编号效果

6.4.6　使用自定义编号

从图 6.21 可以看出，CSS 默认添加的编号都是数值编号，这种编号能满足大部分的应用场景，但有些时候还需要自定义编号，例如使用非数字编号（比如使用罗马字母编号）。这种需求可通过 counter(name, list-style-type)用法来实现，其中 list-style-type 指定编码风格，该参数支持如下值。

- decimal：阿拉伯数字，默认值。
- disc：实心圆。
- circle：空心圆。
- square：实心方块。
- lower-roman：小写罗马数字。
- upper-roman：大写罗马数字。
- lower-alpha：小写英文字母。
- upper-alpha：大写英文字母。
- none：不使用项目符号。
- cjk-ideographic：浅白的表意数字。
- georgian：传统的乔治数字。
- lower-greek：基本的希腊小写字母。
- hebrew：传统的希伯莱数字。
- hiragana：日文平假名字符。

- hiragana-iroha：日文平假名序号。
- katakana：日文片假名字符。
- katakana-iroha：日文片假名序号。
- lower-latin：小写拉丁字母。
- upper-latin：大写拉丁字母。

例如如下页面代码。

程序清单：codes\06\6.4\alphaCounter.html

```
<!DOCTYPE html>
<html>
<head>
    <meta http-equiv="Content-Type" content="text/html; charset=UTF-8" />
    <title> 自定义编号 </title>
    <style type="text/css">
        /* 为div的子div元素定义了一个计数器：mycounter */
        div>div{
            counter-increment: mycounter;
        }
        /* 在div的子div元素的前端插入自定义风格的mycounter计数器  */
        div>div:before{
            content: '第' counter(mycounter , lower-greek) '本.';
            font-size: 20pt;
            font-weight: bold;
        }
    </style>
</head>
<body>
    <div>
        <div>疯狂Java讲义</div>
        <div>疯狂Android讲义</div>
        <div>轻量级Java EE企业应用实战</div>
    </div>
</body>
</html>
```

在浏览器中浏览该页面，将可以看到如图6.22所示的效果。

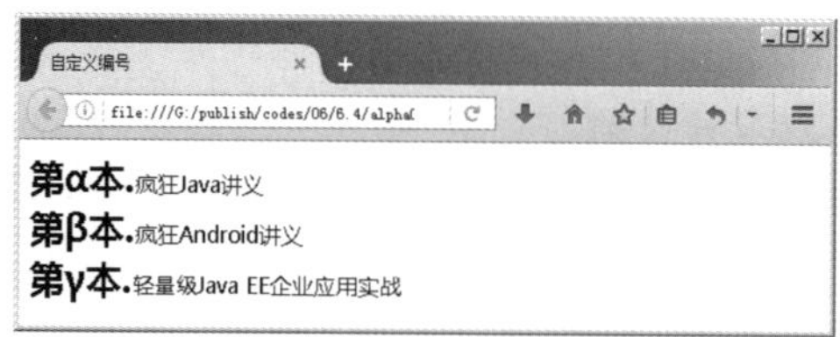

图6.22　自定义编号效果

6.4.7　添加多级编号

为了在页面上添加多级编号，需要通过CSS定义多个编号计数器，然后为不同的选择器插入不同的计数器即可。例如如下页面代码。

程序清单：codes\06\6.4\multiCounter.html

```
<!DOCTYPE html>
<html>
<head>
    <meta http-equiv="Content-Type" content="text/html; charset=utf-8" />
    <title> new document </title>
    <style type="text/css">
```

```
        /* 为 div 的子 h2 元素定义了一个计数器：categorycounter */
        div>h2{
            counter-increment: categorycounter;
        }
        /* 为 div 的子 div 元素定义了一个计数器：subcounter */
        div>div{
            counter-increment: subcounter;
        }
        /* 在 div 的子 h2 元素的前端插入 categorycounter 计数器和一个点  */
        div>h2:before{
            content: counter(categorycounter , georgian) '.';
            font-size: 20pt;
            font-weight: bold;
        }
        /* 在 div 的子 div 元素的前端插入自定义的 subcounter 计数器 */
        div>div:before{
            content: '第' counter(subcounter , cjk-ideographic) '本.';
            font-size: 14pt;
            font-weight: bold;
            margin-left:24px;
        }
    </style>
</head>
<body>
    <div>
        <h2>疯狂 Java 体系图书</h2>
        <div>疯狂 Java 讲义</div>
        <div>疯狂 Android 讲义</div>
        <div>轻量级 Java  EE 企业应用实战</div>
        <h2>其他图书</h2>
        <div>Struts 2.1 权威指南</div>
        <div>JavaScript 权威指南</div>
    </div>
</body>
</html>
```

上面页面中的 CSS 样式部分定义了两个计数器：categorycounter 和 subcounter，而且通过 CSS 样式指定在<div.../>的<h2.../>子元素的前端添加 categorycounter 计数器，在<div.../>的<div.../>子元素的前端添加 subcounter 子元素，这样即可形成多级计数器的效果。在浏览器中浏览该页面，即可看到如图 6.23 所示的效果。

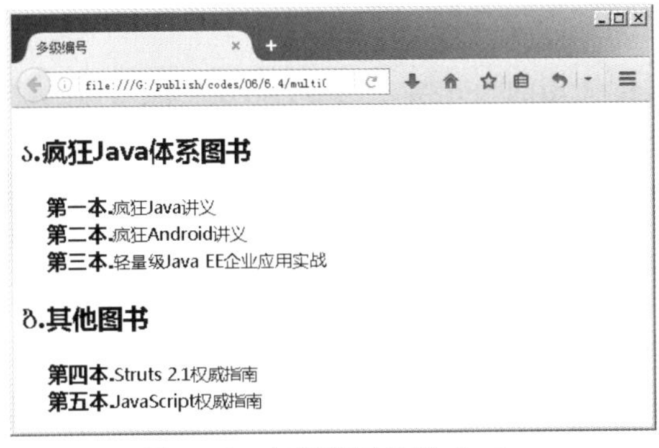

图 6.23　多级编号效果（一）

如图 6.23 所示的效果已经添加了多级编号，但第二级编号却是连续的，我们往往并不希望得到这样的结果，而是希望对于每个大类而言，第二级编号总是从 1 开始的。为了实现这个要求，可以通过 counter-reset 属性来实现，该属性用于重置指定的计数器。因此只要将 div>h2

选择器的 CSS 样式改为如下形式即可：

```
/* 为div的子h2元素定义了一个计数器：categorycounter
   并使用counter-reset重置subcounter计数器 */
div>h2{
    counter-increment: categorycounter;
    counter-reset: subcounter;
}
```

再次使用浏览器浏览该页面，将可以看到如图 6.24 所示的效果。

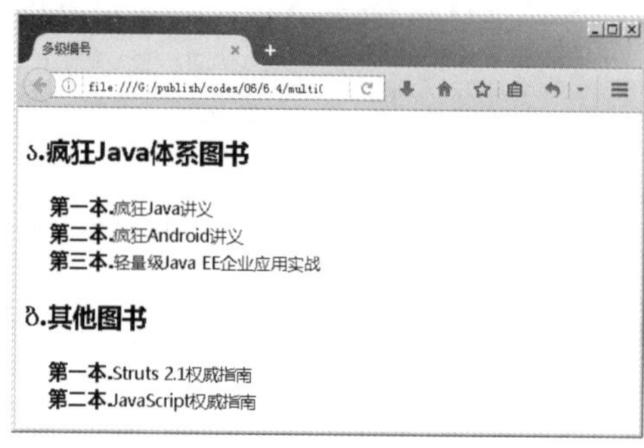

图 6.24　多级编号效果（二）

6.5　CSS 3 新增的伪类选择器

伪类选择器与前面介绍的伪元素选择器有些相似，伪类选择器主要用于对已有选择器做进一步的限制，对已有选择器能匹配的元素做进一步的过滤。CSS 3.0 提供的伪类选择器主要分为如下 3 类：

- 结构性伪类选择器
- UI 元素状态伪类选择器
- 其他伪类选择器

下面依次介绍这些伪类选择器。

6.5.1　结构性伪类选择器

结构性伪类选择器指的是根据 HTML 元素之间的结构关键进行筛选的伪类选择器。结构性伪类选择器有如下几个。

- Selector:root：匹配文档的根元素。在 HTML 文档中，根元素永远是<html.../>元素。
- Selector:first-child：匹配符合 Selector 选择器，而且必须是其父元素的第一个子节点的元素。
- Selector:last-child：匹配符合 Selector 选择器，而且必须是其父元素的最后一个子节点的元素。
- Selector:nth-child(n)：匹配符合 Selector 选择器，而且必须是其父元素的第 *n* 个子节点的元素。
- Selector:nth-last-child(n)：匹配符合 Selector 选择器，而且必须是其父元素的倒数第 *n* 个子节点的元素。
- Selector:only-child：匹配符合 Selector 选择器，而且必须是其父元素的唯一子节点的元素。
- Selector:first-of-type：匹配符合 Selector 选择器，而且是与它同类型、同级的兄弟元素中的第一个元素。

- Selector:last-of-type：匹配符合 Selector 选择器，而且是与它同类型、同级的兄弟元素中的最后一个元素。
- Selector:nth-of-type(n)：匹配符合 Selector 选择器，而且是与它同类型、同级的兄弟元素中的第 *n* 个元素。
- Selector:nth-last-of-type(n)：匹配符合 Selector 选择器，而且是与它同类型、同级的兄弟元素中的倒数第 *n* 个元素。
- Selector:only-of-type：匹配符合 Selector 选择器，而且是与它同类型、同级的兄弟元素中的唯一一个元素。
- Selector:empty：匹配符合 Selector 选择器，而且其内部没有任何子元素（包括文本节点）的元素。
- Selector:lang(lang)：匹配符合 Selector 选择器，而且内容是特定语言的元素。

提示： 上面这些伪类选择器中，伪类选择器前面的 Selector 选择器可以省略，如果省略了该选择器，则 Selector 将不作为匹配条件。

1. :root

:root 伪类选择器用于匹配 HTML 文档的根元素，根元素只能是<html.../>元素。下面页面代码示范了:root 的用法。

程序清单：codes\06\6.5\root.html

```
<!DOCTYPE html>
<html>
<head>
    <meta http-equiv="Content-Type" content="text/html; charset=UTF-8" />
    <title> :root 伪类选择器 </title>
    <style type="text/css">
        :root {
            background-color: #ddd;
        }
        body {
            background-color: #888;
        }
    </style>
</head>
<body>
疯狂 Java 讲义<br/>轻量级 Java EE 企业应用实战<br/>
疯狂 Ajax 讲义<br/>疯狂 XML 讲义<br/>
经典 Java EE 企业应用实战<br/>疯狂 Android 讲义<br/>
</body>
</html>
```

图 6.25 :root 选择器

上面页面代码为:root 选择器匹配的元素（HTML 文档的根元素）指定了一个较浅的背景色，为<body.../>元素指定了一个较深的背景色。在浏览器中浏览该页面，将看到如图 6.25 所示的效果。

从图 6.25 可以看出，HTML 文档的根元素和<body.../>元素表示的范围是不同的，显然，

HTML 文档的根元素的范围更大。需要指出的是，如果没有显式为 HTML 文档根元素指定样式，那么<body.../>元素的样式将对整个文档起作用。例如，将上面页面代码中对根元素指定样式的代码删除，也就是把如下代码删除：

```
:root {
    background-color: #ddd;
}
```

将可以看到如图 6.26 所示的效果。

图 6.26　不使用:root 选择器

2. :first-child、:last-child、:nth-child、:nth-last-child 和:only-child

这组伪类选择器依次要求匹配该选择器的元素必须是其父元素的第一个子节点、最后一个子节点、第 *n* 个子节点、倒数第 *n* 个子节点、唯一的子节点，这是它们的共同特征。如下页面代码示范了这组伪类选择器的用法。

程序清单：codes\06\6.5\child.html

```
<!DOCTYPE html>
<html>
<head>
    <meta http-equiv="Content-Type" content="text/html; charset=UTF-8" />
    <title> child </title>
    <style type="text/css">
        /* 定义对作为其父元素的第 1 个子节点的 li 元素起作用的 CSS 样式 */
        li:first-child {
            border: 1px solid black;
        }
        /* 定义对作为其父元素的最后一个子节点的 li 元素起作用的 CSS 样式 */
        li:last-child {
            background-color: #aaa;
        }
        /* 定义对作为其父元素的第 2 个子节点的 li 元素起作用的 CSS 样式 */
        li:nth-child(2){
            color: #888;
        }
        /* 定义对作为其父元素的倒数第 2 个子节点的 li 元素起作用的 CSS 样式 */
        li:nth-last-child(2){
            font-weight: bold;
        }
        /* 定义对作为其父元素的唯一的子节点的 span 元素起作用的 CSS 样式 */
        span:only-child {
            font-size: 30pt;
            font-family: "隶书";
        }
    </style>
</head>
<body>
<ol>
    <li>www.crazyit.org</li>
    <li>www.fkjava.org</li>
    <li>www.fkit.org</li>
```

```
        <li>疯狂 Java 联盟</li>
        <li>疯狂软件教育中心</li>
    </ol>
    <ul>
        <li id="java">疯狂 Java 讲义</li>
        <li id="javaee">轻量级 Java EE 企业应用实战</li>
        <li id="ajax">疯狂 Ajax 讲义</li>
        <li id="xml">疯狂 XML 讲义</li>
        <li id="ejb">经典 Java EE 企业应用实战</li>
        <li><span id="android">疯狂 Android 讲义</span></li>
    </ul>
    <span>疯狂 Java 联盟</span>
    </body>
    </html>
```

上面页面代码中的粗体字代码分别为其父元素的第 1 个子节点、最后一个子节点、第 2 个子节点、倒数第 2 个子节点、唯一的子节点指定了 CSS 样式。本页面上定义了两组<li.../>元素，这两组元素都包含了匹配上面要求的节点。在浏览器中浏览该页面，将可以看到如图 6.27 所示的效果。

图 6.27　系列:child 伪类选择器

对于:nth-child、:nth-last-child 两个伪类选择器，它们的功能不止于此，它们还支持如下用法。

- Selector:nth-child(odd/event)：匹配符合 Selector 选择器，而且必须是其父元素的第奇数个/偶数个子节点的元素。
- Selector:nth-last-child(odd/event)：匹配符合 Selector 选择器，而且必须是其父元素的倒数第奇数个/偶数个子节点的元素。
- Selector:nth-child(xn+y)：匹配符合 Selector 选择器，而且必须是其父元素的第 *xn+y* 个子节点的元素。
- Selector:nth-last-child(xn+y)：匹配符合 Selector 选择器，而且必须是其父元素的倒数第 *xn+y* 个子节点的元素。

下面页面代码示范了奇、偶个节点选择器的用法。

程序清单：codes\06\6.5\nth-child.html

```
<!DOCTYPE html>
<html>
<head>
    <meta http-equiv="Content-Type" content="text/html; charset=utf-8" />
    <title> :nth-child </title>
    <style type="text/css">
        /* 定义对作为其父元素的奇数个子节点的 li 元素起作用的 CSS 样式 */
        li:nth-child(odd) {
```

```
            margin: 10px;
            border: 2px dotted black;
        }
        /* 定义对作为其父元素的偶数个子节点的 li 元素起作用的 CSS 样式 */
        li:nth-child(even) {
            padding: 4px;
            border: 1px solid black;
        }
    </style>
</head>
<body>
<ul>
    <li id="java">疯狂 Java 讲义</li>
    <li id="javaee">轻量级 Java EE 企业应用实战</li>
    <li id="ajax">疯狂 Ajax 讲义</li>
    <li id="xml">疯狂 XML 讲义</li>
    <li id="ejb">经典 Java EE 企业应用实战</li>
    <li id="android">疯狂 Android 讲义</li>
</ul>
</body>
</html>
```

上面页面代码中的 CSS 样式对作为其父元素的奇数个子节点的 li 元素定义了点线边框，对作为其父元素的偶数个子节点的 li 元素定义了实线边框。在浏览器中浏览该页面，将看到如图 6.28 所示的效果。

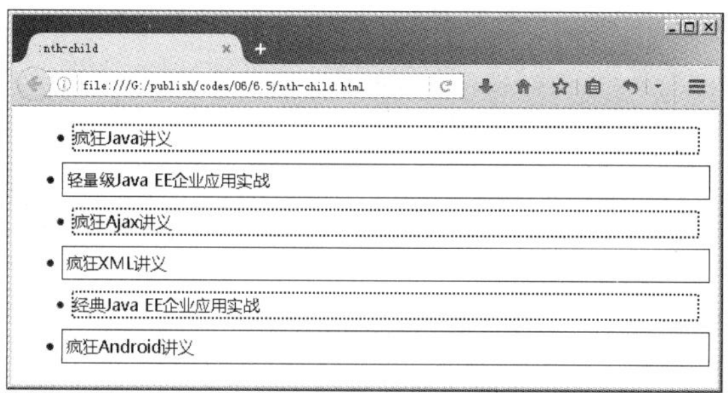

图 6.28　分别为其父元素的奇、偶个子节点定义不同的样式

下面页面代码示范了 *xn*+*y* 的用法。

程序清单：codes\06\6.5\nth-last-child.html

```
<!DOCTYPE html>
<html>
<head>
    <meta http-equiv="Content-Type" content="text/html; charset=UTF-8" />
    <title> child </title>
    <style type="text/css">
        /* 定义对作为其父元素的倒数第 3n+1 (1、4、7…) 个子节点
            的 li 元素起作用的 CSS 样式 */
        li:nth-last-child(3n+1) {
            border: 1px solid black;
        }
    </style>
</head>
<body>
<ul>
    <li id="java">疯狂 Java 讲义</li>
    <li id="javaee">轻量级 Java EE 企业应用实战</li>
    <li id="ajax">疯狂 Ajax 讲义</li>
    <li id="xml">疯狂 XML 讲义</li>
```

```
    <li id="ejb">经典 Java EE 企业应用实战</li>
    <li id="android">疯狂 Android 讲义</li>
</ul>
</body>
</html>
```

上面页面代码中的 CSS 样式对作为其父元素的倒数第 3*n*+1（1、4、7…）个子节点的<li.../>元素定义了实线边框。在浏览器中浏览该页面，将看到如图 6.29 所示的效果。

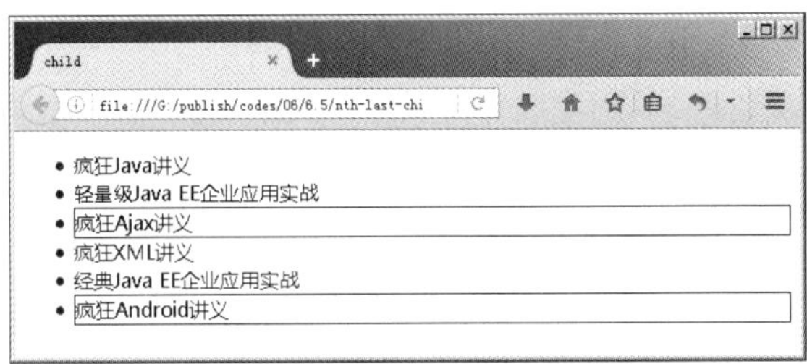

图 6.29　:nth-child(xn+y)的用法

从图 6.29 可以看出，此时页面上倒数第 1 个、倒数第 4 个<li.../>元素被添加了实线边框，这正好符合前面介绍的 3*n*+1 的规律。

3. :first-of-type、:last-of-type、:nth-of-type、:nth-last-of-type 和:only-of-type

这组伪类选择器与前面那组 xxx-child 伪类选择器有点类似，但这组伪类选择器并不要求它们是其父元素的第 1 个、倒数第 1 个、第 *n* 个、倒数第 *n* 个、唯一一个元素；这组伪类选择器只要求它们是与其有共同类型、同级元素的第 1 个、倒数第 1 个、第 *n* 个、倒数第 *n* 个、唯一一个元素。下面页面代码示范了这组伪类选择器的用法。

程序清单：codes\06\6.5\type.html

```
<!DOCTYPE html>
<html>
<head>
    <meta http-equiv="Content-Type" content="text/html; charset=utf-8" />
    <title> :type </title>
    <style type="text/css">
        p {
            padding: 5px;
        }
        /* 匹配 p 选择器，且是与它同类型、同级兄弟元素中的第 1 个的 CSS 样式 */
        p:first-of-type{
            border: 1px solid black;
        }
        /* 匹配 p 选择器，且是与它同类型、同级兄弟元素中的倒数第 1 个的 CSS 样式 */
        p:last-of-type {
            background-color: #aaa;
        }
        /* 匹配 p 选择器，且是与它同类型、同级兄弟元素中的第 2 个的 CSS 样式 */
        p:nth-of-type(2){
            color: #888;
        }
        /* 匹配 p 选择器，且是与它同类型、同级兄弟元素中的倒数第 2 个的 CSS 样式 */
        p:nth-last-of-type(2){
            font-weight: bold;
        }
    </style>
</head>
<body>
<div>www.crazyit.org</div>
```

```
    <p>www.fkjava.org</p>
    <p>www.fkit.org</p>
    <p>疯狂 Java 联盟</p>
    <p>疯狂软件教育中心</p>
    <hr/>
    <div>
        <div id="java">疯狂 Java 讲义</div>
        <div id="javaee">轻量级 Java EE 企业应用实战</div>
        <p id="ajax">疯狂 Ajax 讲义</p>
        <p id="xml">疯狂 XML 讲义</p>
        <p id="ejb">经典 Java EE 企业应用实战</p>
        <p id="android">疯狂 Android 讲义</p>
        <div id="swift">疯狂 Swift 讲义</div>
    </div>
</body>
</html>
```

上面页面代码中的粗体字代码分别为与其同类型、同级元素的第 1 个、倒数第 1 个、第 2 个、倒数第 2 个<p.../>元素指定了 CSS 样式。本页面中定义了两组<p.../>元素，这两组<p.../>元素都不是其父节点的第 1 个、倒数第 1 个子节点，但使用:first-of-type、:last-of-type 这两个伪类选择器时一样可以匹配到它们。在浏览器中浏览该页面，将可以看到如图 6.30 所示的效果。

图 6.30　系列 xxx-of-type 伪类选择器的用法

与:nth-child、:nth-last-child 类似的是，:nth-of-type、:nth-of-last-type 同样支持如下几种用法。

- Selector:nth-of-type(odd/event)：匹配符合 Selector 选择器，而且必须是与其同类型、同级元素的第奇数个元素。
- Selector:nth-last-of-type(odd/event)：匹配符合 Selector 选择器，而且必须是与其同类型、同级元素的第偶数个元素。
- Selector:nth-of-type(xn+y)：匹配符合 Selector 选择器，而且必须是与其同类型、同级元素的第 *xn+y* 个元素。
- Selector:nth-last-of-type(xn+y)：匹配符合 Selector 选择器，而且必须是与其同类型、同级元素的倒数第 *xn+y* 个元素。

下面页面代码示范了针对奇、偶个同级节点的伪类选择器的用法。

程序清单：codes\06\6.5\nth-of-type.html

```
<!DOCTYPE html>
<html>
<head>
    <meta name="author" content="Yeeku.H.Lee(CrazyIt.org)" />
    <meta http-equiv="Content-Type" content="text/html; charset=utf-8" />
    <title> :nth-of-type </title>
    <style type="text/css">
        p {
            padding: 2px;
        }
        /* 匹配 p 选择器，且是与它同类型、同级兄弟元素中
            的奇数个节点的 CSS 样式 */
        p:nth-of-type(odd){
            margin: 10px;
            border: 2px dotted black;
        }
        /* 匹配 p 选择器，且是与它同类型、同级兄弟元素中
            的偶数个节点的 CSS 样式 */
        p:nth-of-type(even){
            padding: 4px;
            border: 1px solid black;
        }
    </style>
</head>
<body>
<div>
    <div id="java">疯狂 Java 讲义</div>
    <div id="javaee">轻量级 Java EE 企业应用实战</div>
    <p id="ajax">疯狂 Ajax 讲义</p>
    <p id="xml">疯狂 XML 讲义</p>
    <p id="ejb">经典 Java EE 企业应用实战</p>
    <p id="android">疯狂 Android 讲义</p>
    <p>疯狂 Java 联盟</p>
    <div id="swift">疯狂 Swift 讲义</div>
</div>
</body>
</html>
```

上面页面代码中的 CSS 样式对与<p.../>元素同类型且同级的第奇数个节点添加虚线边框、对第偶数个节点添加实线边框。在浏览器中浏览该页面，将可以看到如图 6.31 所示的效果。

图 6.31　:nth-of-type 针对奇偶不同节点定义不同样式

下面页面代码示范了:nth-last-of-type(2n+1)伪类选择器的用法。

程序清单：codes\06\6.5\nth-last-of-type.html

```
<!DOCTYPE html>
<html>
<head>
    <meta http-equiv="Content-Type" content="text/html; charset=utf-8" />
    <title> :nth-last-of-type </title>
    <style type="text/css">
        p {
            padding: 2px;
        }
        /* 匹配 p 选择器，且是与它同类型、同级的兄弟元素中
            的倒数第 2n+1（1、3、5...）个的 CSS 样式 */
        p:nth-last-of-type(2n+1){
            border: 1px solid black;
        }
    </style>
</head>
<body>
<div>
    <div id="java">疯狂 Java 讲义</div>
    <div id="javaee">轻量级 Java EE 企业应用实战</div>
    <p id="ajax">疯狂 Ajax 讲义</p>
    <p id="xml">疯狂 XML 讲义</p>
    <p id="ejb">经典 Java EE 企业应用实战</p>
    <p id="android">疯狂 Android 讲义</p>
    <p>疯狂 Java 联盟</p>
    <div id="swift">疯狂 Swift 讲义</div>
</div>
</body>
</html>
```

上面页面中的 CSS 样式对与其同类型且同级的倒数第 2*n*+1（1、3、5…）个<p.../>元素定义了实线边框。在浏览器中浏览该页面，将看到如图 6.32 所示的效果。

图 6.32　:nth-last-of-type(xn+y)的用法

4. :empty 伪类选择器

:empty 伪类选择器要求该元素只能是空元素，不能包含子节点，也不能包含文本内容（连空格都不允许）。例如如下页面代码。

程序清单：codes\06\6.5\empty.html

```
<!DOCTYPE html>
<html>
<head>
    <meta http-equiv="Content-Type" content="text/html; charset=utf-8" />
    <title> :empty </title>
    <style type="text/css">
```

```
        /* 定义对空元素起作用的CSS样式 */
        :empty {
            border: 1px solid black;
            height: 60px;
        }
    </style>
</head>
<body>
<img src="wjc.gif" alt="crazyit.org"/>
<div></div>
<div> </div>
</body>
</html>
```

上面页面代码中的粗体字代码定义对空元素增加实线边框。上面页面中的第一个<img.../>元素使用了空元素语法，该元素会增加边框；第二个<div.../>元素里没有包含任何内容，该元素也会增加边框；但第三个<div.../>元素中包含了空格，因此该元素不会增加边框。浏览该页面，将看到如图 6.33 所示的效果。

图 6.33　:empty 伪类选择器的用法

5. :lang 伪类选择器

:lang 伪类选择器要求匹配内容必须是指定语言的元素。例如如下页面代码。

程序清单：codes\06\6.5\lang.html

```
<!DOCTYPE html>
<html>
<head>
    <meta name="author" content="Yeeku.H.Lee(CrazyIt.org)" />
    <meta http-equiv="Content-Type" content="text/html; charset=utf-8" />
    <title> :lang </title>
    <style type="text/css">
        /* 定义对内容为 zh 语言的元素起作用 */
        :lang(zh) {
            border: 1px solid black;
            height: 60px;
        }
    </style>
</head>
<body>
<div lang="zh">疯狂 Java 讲义</div>
<div>轻量级 Java EE 企业应用实战</div>
<p lang="zh">疯狂 Android 讲义</p>
</body>
</html>
```

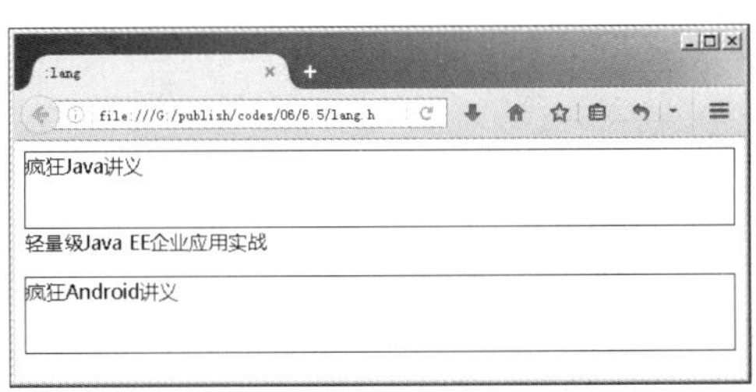

图 6.34　:lang 伪类选择器的用法

上面代码中的 CSS 样式指定了:lang(zh)选择器，因此该选择器将对内容为 zh 语言的元素起作用。页面代码中分别定义了<div.../>和<p.../>两个元素，这两个元素都指定了 lang="zh"，这意味着 CSS 样式将对这两个元素起作用。在浏览器中浏览该页面，将会看到如图 6.34 所示的效果。

6.5.2 UI元素状态伪类选择器

UI元素状态伪类选择器主要用于根据UI元素的状态进行筛选。UI元素状态伪类选择器有如下几个。

- Selector:link：匹配Selector选择器且未被访问前的元素（通常只能是超链接）。
- Selector:visited：匹配Selector选择器且已被访问过的元素（通常只能是超链接）。
- Selector:active：匹配Selector选择器且处于被用户激活（在鼠标点击与释放之间的事件）状态的元素。
- Selector:hover：匹配Selector选择器且处于鼠标悬停状态的元素。
- Selector:focus：匹配Selector选择器且已得到焦点的元素。
- Selector:enabled：匹配Selector选择器且当前处于可用状态的元素。
- Selector:disabled：匹配Selector选择器且当前处于不可用状态的元素。
- Selector:checked：匹配Selector选择器且当前处于选中状态的元素。
- Selector:default：匹配Selector选择器且页面打开时处于选中状态（即使当前没有被选中亦可）的元素。
- Selector:indeterminate：匹配Selector选择器且当前选中状态不明确的元素。
- Selector:read-only：匹配Selector选择器且处于只读状态的元素。
- Selector:read-write：匹配Selector选择器且处于读写状态的元素。
- Selector:required：匹配Selector选择器且具有必填要求的元素。
- Selector:optional：匹配Selector选择器且无必填要求的元素。
- Selector:valid：匹配Selector选择器且能通过输入校验的元素。
- Selector:invalid：匹配Selector选择器且不能通过输入校验的元素。
- Selector:in-range：匹配Selector选择器且当前处于指定范围内的元素。
- Selector:out-of-range：匹配Selector选择器且当前超出指定范围的元素。
- Selector::selection：匹配Selector选择器的元素中当前被选中的内容。

在上面这些伪类选择器中，伪类选择器前面的Selector选择器可以省略，如果省略了该选择器，则Selector将不作为匹配条件。而且::selection选择器前面有两个冒号，不要搞错了。

1. :active、:hover、:focus、:enabled、:disabled、:checked和:default伪类选择器

下面页面代码示范了:active、:hover、:focus、:enabled、:disabled、:checked、:default伪类选择器的用法。

程序清单：codes\06\6.5\ui.html

```
<!DOCTYPE html>
<html>
<head>
    <meta http-equiv="Content-Type" content="text/html; charset=UTF-8" />
    <title> UI元素状态的伪类选择器 </title>
    <style type="text/css">
        td {
            border:1px solid black;
            padding:4px;
        }
        /* 为处于鼠标悬停状态的表格行定义CSS样式 */
        tr:hover {
            background-color: #aaa;
        }
        /* 为处于激活状态的input元素定义CSS样式 */
```

```
        input:active {
            background-color: blue;
        }
        /* 为得到焦点的任意元素定义 CSS 样式 */
        :focus {
            text-decoration: underline;
        }
        /* 为可用的任意元素定义 CSS 样式 */
        :enabled{
            font-family: "黑体";
            font-weight: bold;
            font-size:14pt;
        }
        /* 为不可用的任意元素定义 CSS 样式 */
        :disabled{
            font-family: "隶书";
            font-size:14pt;
        }
        /* 为处于勾选状态的任意元素定义 CSS 样式 */
        :checked {
            outline: red solid 5px;
        }
        /* 为页面打开时处于勾选状态的任意元素定义 CSS 样式 */
        :default {
            outline: #bbb solid 5px;
        }
    </style>
</head>
<body>
<table style="width:400px;border-collapse:collapse">
    <tr>
        <td>疯狂 Java 讲义</td><td>109</td>
    </tr>
    <tr>
        <td>轻量级 Java EE 企业应用实战</td><td>108</td>
    </tr>
    <tr contentEditable="true">
        <td>疯狂 Android 讲义</td><td>108</td>
    </tr>
</table>
<button disabled>不可用的按钮</button>
<input type="text" disabled value="不可用的文本框"/>
<button>可用的按钮</button>
<input type="text" value="可用的文本框"/>
男：<input type="radio" value="male" name="gender"/>
女：<input type="radio" value="female" name="gender"/>
未知：<input type="radio" checked value="unknown" name="gender"/>
</body>
</html>
```

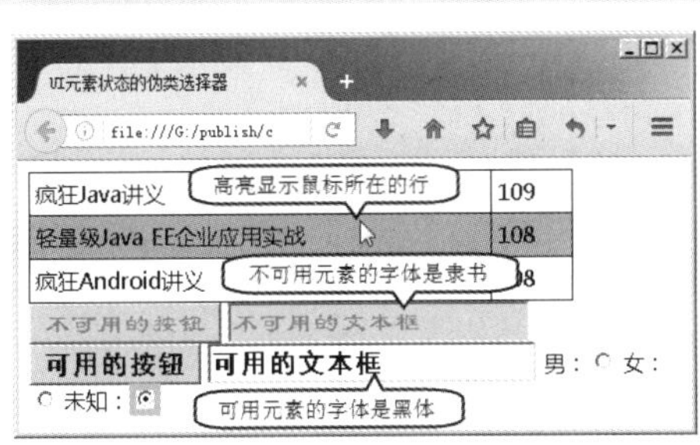

图 6.35　高亮显示鼠标所在的行

以上页面代码为页面中所有的可用元素（disabled 属性为 false 的元素）定义了字体：黑体；为所有的不可用元素（disabled 属性为 true 的元素）定义了字体：隶书；并为鼠标悬停的表格行设置了 CSS 样式，这使得鼠标光标在表格上划过时，浏览器高亮显示光标所在的行。其页面显示如图 6.35 所示。

上面页面代码还为处于激活状态的<input.../>

元素指定了背景色，当用户在页面上的文本框中按下鼠标、还未松开时（文本框处于激活状态），此时将可以看到如图6.36所示的效果。

上面页面代码还为得到焦点的任意元素指定了CSS样式：为文字添加下画线，当用户双击表格行进入编辑状态时，将可以看到如图6.37所示的效果。

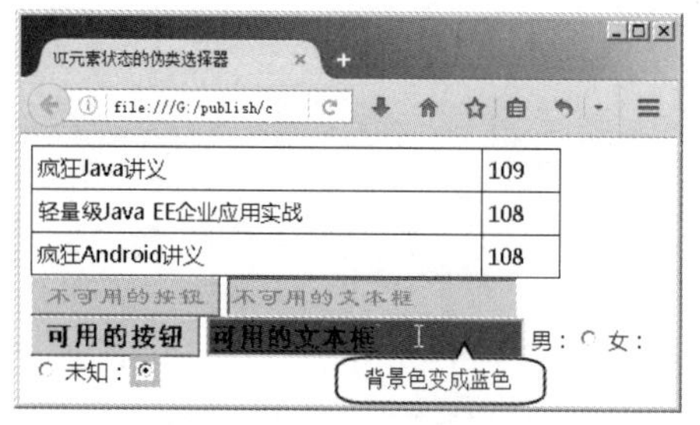

图6.36　激活状态下的文本框背景变成蓝色

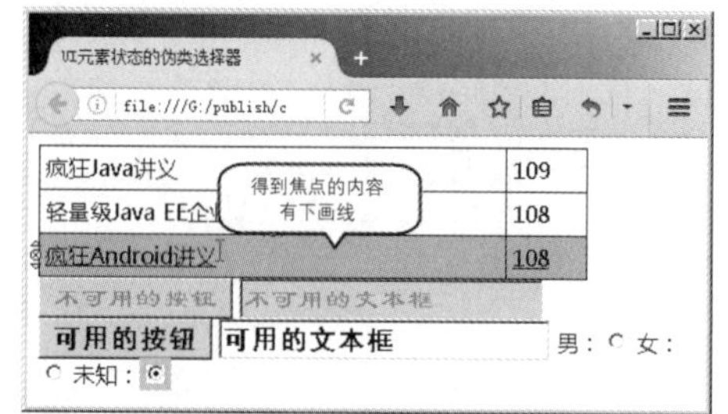

图6.37　为得到焦点的元素的文字添加下画线

上面页面代码为页面加载时默认处于勾选状态的组件（即使当前不处于勾选状态）添加了灰色轮廓，还为当前处于勾选状态的组件添加了红色轮廓。使用浏览器浏览该页面，将看到如图6.38所示的效果。

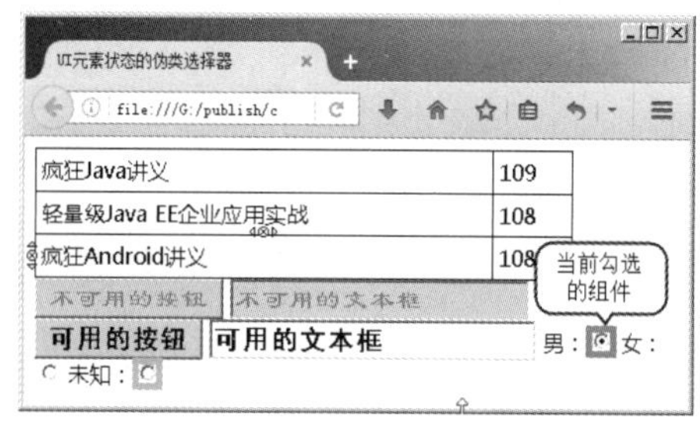

图6.38　处于勾选状态的组件

2. :read-only和:read-write伪类选择器

下面页面代码示范了:read-only、:read-write伪类选择器的用法。

程序清单：codes\06\6.5\readonly.html

```
<!DOCTYPE html>
<html>
<head>
    <meta http-equiv="Content-Type" content="text/html; charset=utf-8" />
    <title> UI 元素状态的伪类选择器 </title>
    <style type="text/css">
        td {
            border:1px solid black;
            padding:4px;
        }
        /* 为处于只读状态的元素设置背景色 */
        :read-only {
            background-color: #eee;
        }
        /* 为处于读写状态的元素设置背景色 */
        :read-write {
            background-color: #8e8;
        }
        /* 专为基于 Gecko 内核的浏览器指定 CSS 样式:
        为处于只读状态的元素设置背景色 */
        :-moz-read-only {
            background-color: #eee;
```

```
        }
        /* 专为基于 Gecko 内核的浏览器指定 CSS 样式:
        为处于读写状态的元素设置背景色 */
        :-moz-read-write {
            background-color: #8e8;
        }
    </style>
</head>
<body>
<table style="width:400px;border-collapse:collapse">
    <tr>
        <td>疯狂 Java 讲义</td><td>109</td>
    </tr>
    <tr>
        <td>轻量级 Java EE 企业应用实战</td><td>108</td>
    </tr>
    <tr contentEditable="true">
        <td>疯狂 Android 讲义</td><td>108</td>
    </tr>
</table>
<input type="text" readonly value="只读的文本框"/>
<input type="text" value="可读写的文本框"/>
</body>
</html>
```

上面页面中粗体字代码为处于只读状态的元素定义了淡灰色背景，为处于读写状态的元素定义了淡绿色背景。使用浏览器浏览该页面，将可以看到如图 6.39 所示的效果。

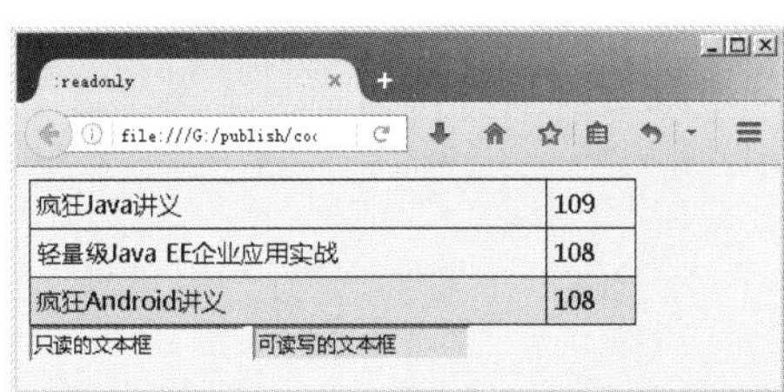

图 6.39 为处于读写状态的元素添加淡绿色背景

可能有读者感到疑惑：为只读状态、读写状态的元素定义 CSS 样式时，使用了 -moz-read-only、-moz-read-write 这样的属性，这种属性看上去有些特殊，实际上它们是不同浏览器专属的属性。后面会专门介绍不同浏览器专属属性的用法。

3. :required 和:optional 伪类选择器

:required 伪类选择器用于匹配有"必填"要求的 HTML 元素（主要是表单元素），:optional 伪类选择器用于匹配没有"必填"要求的 HTML 元素（主要是表单元素）。下面页面代码示范了这两个伪类选择器的功能和用法。

程序清单：codes\06\6.5\required.html

```
<!DOCTYPE html>
<html>
<head>
    <meta http-equiv="Content-Type" content="text/html; charset=utf-8" />
    <title> UI 元素状态的伪类选择器 </title>
    <style type="text/css">
        /* 为有必填要求的元素设置样式 */
        :required {
            outline: 6px solid #bff;
        }
        /* 为没有必填要求的元素设置样式 */
```

```
        :optional {
            background: #dedede
        }
    </style>
</head>
<body>
用户名：<input type="text" placeholder="输入用户名" required/><p>
密码：<input type="text" placeholder="输入密码" />
</body>
</html>
```

上面页面代码中定义了两个<input.../>元素，其中第一个<input.../>元素指定了 required 属性，因此该元素将会匹配:required 伪类选择器对应的 CSS 样式；第二个<input.../>元素没有指定 required 属性，因此该元素将会匹配:optional 伪类选择器对应的 CSS 样式。

在浏览器中浏览该页面，可以看到如图 6.40 所示的效果。

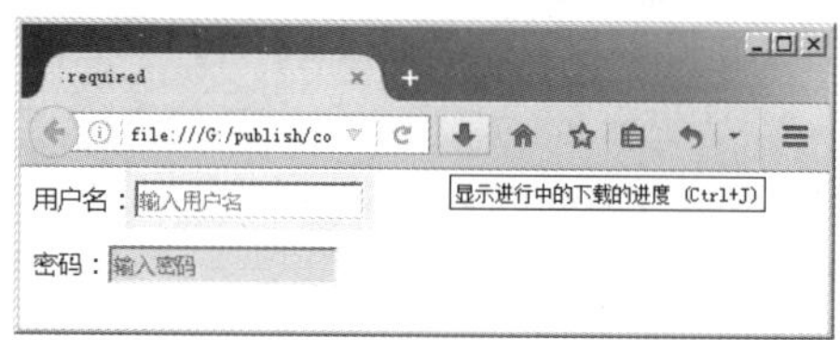

图 6.40　:required 和:optional 伪类选择器

4. :valid 和:invalid 伪类选择器

:valid 伪类选择器用于匹配能通过输入校验的 HTML 元素（主要是表单元素），:invalid 伪类选择器用于匹配不能通过输入校验的 HTML 元素（主要是表单元素）。下面页面代码示范了这两个伪类选择器的功能和用法。

程序清单：codes\06\6.5\valid.html

```
<!DOCTYPE html>
<html>
<head>
    <meta http-equiv="Content-Type" content="text/html; charset=utf-8" />
    <title> :valid </title>
    <style type="text/css">
        /* 为不通过输入校验的元素设置背景色 */
        :invalid {
            background-color: red;
        }
        /* 为通过输入校验的元素设置背景色 */
        :valid {
            background-color: white;
        }
    </style>
</head>
<body>
用户名：<input type="text" placeholder="输入用户名" pattern="\w{4,10}"/><p>
密码：<input type="text" placeholder="输入密码" required/>
</body>
</html>
```

上面页面代码中定义了两个<input.../>元素，其中第一个<input.../>元素指定了 pattern 属性，这要求用户在该文本框内输入的内容必须符合该正则表达式，否则就不能通过输入校验；第二个<input.../>元素指定了 required 属性，这表明该文本框是必填的，否则就不能通过输入校验。当<input.../>元素能通过输入校验时，:valid 伪类选择器对应的 CSS 样式会起作用；当<input.../>元素不能通过输入校验时，:invalid 伪类选择器对应的 CSS 样式会起作用。

在浏览器中浏览该页面，可以看到如图 6.41 所示的效果。

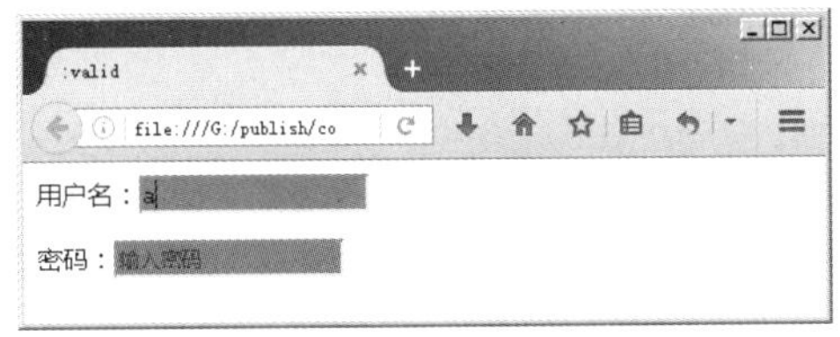

图 6.41　:valid 和:invalid 伪类选择器

从图 6.41 可以看出，如果这两个<input.../>元素都不能通过输入校验，此时:invalid 伪类选择器会作用于这两个<input.../>元素，并将其背景色改为红色。

如果用户为页面中两个<input.../>元素输入了符合要求的内容，那么这两个<input.../>元素都可通过输入校验，此时:valid 伪类选择器会作用于这两个<input.../>元素，将其背景色改为白色。

5. :in-range 和:out-of-range 伪类选择器

:in-range 伪类选择器用于匹配元素值处于指定范围内的 HTML 元素（主要是表单元素），:out-of-range 伪类选择器用于匹配元素值不处于指定范围内的 HTML 元素（主要是表单元素）。下面页面代码示范了这两个伪类选择器的功能和用法。

程序清单：codes\06\6.5\range.html

```
<!DOCTYPE html>
<html>
<head>
    <meta http-equiv="Content-Type" content="text/html; charset=utf-8" />
    <title> :range </title>
    <style type="text/css">
        /* 为元素值处于指定范围内的元素设置背景色 */
        :in-range {
            background: white;
        }
        /* 为元素值超出指定范围的元素设置背景色 */
        :out-of-range {
            background: red;
        }
    </style>
</head>
<body>
年龄：<input type="number" placeholder="输入用户年龄"
    min="10" max="100"/><p>
</body>
</html>
```

上面页面代码中定义的<input.../>元素指定了 min 和 max 属性，这指定了用户在该文本框内输入的数值应该所在的范围。如果用户输入的数值位于该范围内，:in-range 伪类选择器对应的 CSS 样式会起作用；否则，:out-of-range 伪类选择器对应的 CSS 样式会起作用。

在浏览器中浏览该页面，可以看到如图 6.42 所示的效果。

图 6.42　:in-range 和:out-of-range 伪类选择器

如果用户为页面中<input.../>元素输入的数值处于 min~max 范围内，此时:in-range 伪类选择器对应的 CSS 样式就会起作用，将其背景色改为白色。

6. 浏览器专属的属性

有些时候，某些 CSS 属性还只是最新版的预览版，并未发布成最终正式版，而大部分浏览器已经为这些属性提供了支持，但这些属性是小部分浏览器专有的；有些时候，有些浏览器为了扩展某方面功能，它们会选择新增一些 CSS 属性，这些自行扩展的 CSS 属性也是浏览器专属的。

为了让这些浏览器识别这些专属属性，CSS 规范允许在 CSS 属性前增加各自的浏览器前缀。例如，-moz-前缀就是 Mozilla 浏览器（如 Firefox）的前缀。常见的浏览器前缀如表 6.2 所示。

表 6.2　常见的浏览器前缀

前缀	组织	示例	说明
-ms-	Microsoft	-ms-interpolation-mode	Internet Explorer 浏览器专属的 CSS 属性需添加-ms-前缀
-moz-	Mozilla	-moz-read-only	所有基于 Gecko 引擎的浏览器（如 Firefox）专属的 CSS 属性需添加-moz-前缀
-webkit-	Webkit	-webkit-box-shadow	所有基于 WebKit 引擎的浏览器（如 Chrome、Safari、新版 Opera）专属的 CSS 属性需添加-webkit-前缀

此外，还有一些行业、应用专属的前缀，例如支持 WAP（无线应用协议）的移动电话可能使用-wap-前缀，如-wap-accesskey；Microsoft 的 Office 应用还可能使用-mso-这样的前缀。对这些特定行业、应用专属的前缀，有一定了解即可，无须太过刻意地去记忆它们。

::selection 伪类选择器用于匹配指定元素中被选中的内容，该属性在 Firefox 中还是浏览器专属的属性。下面页面代码示范了:selection 属性的用法。

程序清单：codes\06\6.5\selection.html

```
<!DOCTYPE html>
<html>
<head>
    <meta http-equiv="Content-Type" content="text/html; charset=UTF-8" />
    <title> UI 元素状态的伪类选择器 </title>
    <style type="text/css">
        td {
            border:1px solid black;
            padding:4px;
        }
        /* 为有内容被选中的元素设置 CSS 样式 */
        ::selection {
            background-color: red;
            color: white;
        }
        /* 专为基于 Gecko 内核的浏览器指定 CSS 样式：
        为有内容被选中的元素设置 CSS 样式 */
        ::-moz-selection {
            background-color: red;
            color: white;
        }
    </style>
</head>
<body>
<table style="width:400px;border-collapse:collapse">
    <tr>
        <td>疯狂 Java 讲义</td><td>109</td>
```

```
        </tr>
        <tr>
            <td>轻量级 Java EE 企业应用实战</td><td>108</td>
        </tr>
        <tr contentEditable="true">
            <td>疯狂 Android 讲义</td><td>108</td>
        </tr>
    </table>
    <input type="text" readonly value="只读的文本框"/>
    <input type="text" value="可读写的文本框"/>
    </body>
    </html>
```

上面页面代码中的粗体字代码为所有元素中被选中的内容定义了 CSS 样式：背景色为红色、前景色为白色。在浏览器中浏览该页面，将看到如图 6.43 所示的效果。

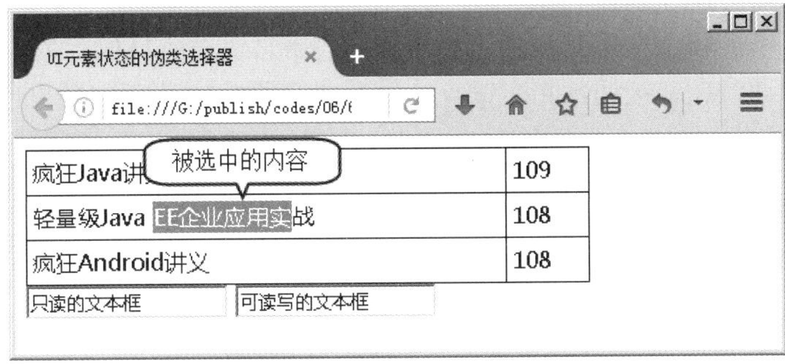

图 6.43　::selection 伪类选择器

6.5.3　:target 伪类选择器

CSS 3.0 还新增了:target 伪类选择器。

➢ Selector:target：匹配符合 Selector 选择器且必须是命名锚点目标的元素。

:target 选择器要求元素必须是命名锚点的目标，而且必须是当前正在访问的目标。:target 选择器非常实用：页面可通过该选择器高亮显示正在被访问的目标。下面页面代码示范了:target 选择器的用法。

程序清单：codes\06\6.5\target.html

```
<!DOCTYPE html>
<html>
<head>
    <meta http-equiv="Content-Type" content="text/html; charset=UTF-8" />
    <title> :target </title>
    <style type="text/css">
        :target{
            background-color: #ff0;
        }
    </style>
</head>
<body>
<p id="menu">
<a href="#java">疯狂 Java 讲义</a> |
<a href="#ee">轻量级 Java EE 企业应用实战</a> |
<a href="#android">疯狂 Android 讲义</a> |
<a href="#ejb">经典 Java EE 企业应用实战</a>
</p>
<div id="java">
<h2>疯狂 Java 讲义</h2>
```

```
<p>本书详细介绍了 Java 语言各方面的内容。</p>
</div>
<div id="ee">
<h2>轻量级 Java EE 企业应用实战</h2>
<p>本书详细介绍了 Struts 2、Spring 3、Hibernate 三个框架整合开发的知识</p>
</div>
<div id="android">
<h2>疯狂 Android 讲义</h2>
<p>本书详细介绍了 Android 应用开发的知识。</p>
</div>
<div id="ejb">
<h2>经典 Java EE 企业应用实战</h2>
<p>本书详细介绍了 JSF、EJB 3、JPA 等 Java EE 相关的知识</p>
</div>
</body>
</html>
```

上面页面代码中的粗体字代码指定正在被访问的命名锚点的目标背景色是黄色。在浏览器中访问该页面，并通过超链接访问指定锚点，将看到如图 6.44 所示的效果。

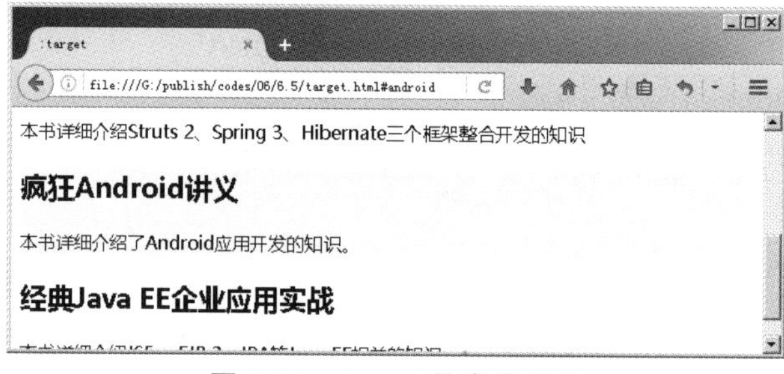

图 6.44　:target 伪类选择器

6.5.4　:not 伪类选择器

:not 伪类选择器也是 CSS 3 新增的，功能如下。

- Selector1:not(Selector2)：匹配符合 Selector1 选择器，但不符合 Selector2 选择器的元素，相当于用 Selector1 减去 Selector2。

:not 伪类选择器就是用两个选择器做减法，下面页面代码示范了:not 选择器的用法。

程序清单：codes\06\6.5\not.html

```
<!DOCTYPE html>
<html>
<head>
    <meta http-equiv="Content-Type" content="text/html; charset=UTF-8" />
    <title> :not </title>
    <style type="text/css">
        li:not(#ajax) {
            color: #999;
            font-weight: bold;
        }
    </style>
</head>
<body>
<ul>
    <li id="java">疯狂 Java 讲义</li>
    <li id="javaee">轻量级 Java EE 企业应用实战</li>
    <li id="ajax">疯狂 Ajax 讲义</li>
    <li id="xml">疯狂 XML 讲义</li>
    <li id="android">疯狂 Android 讲义</li>
```

```
</ul>
</body>
</html>
```

上面页面代码中的粗体字代码为 li 选择器减去#ajax 选择器所匹配的元素指定字体颜色、粗体字。在浏览器中浏览该页面，将看到如图 6.45 所示的效果。

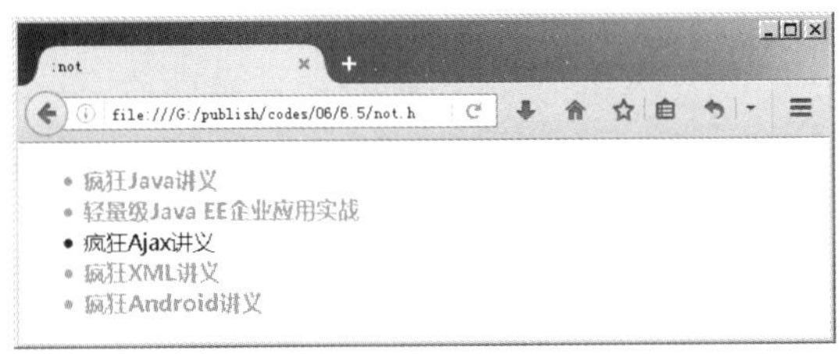

图 6.45 :not 伪类选择器的效果

从运行结果来看，浏览器为除了 id 为 ajax 的所有<li.../>元素都设置了字体颜色、粗体字效果，这就是两个选择器相减的效果。

 6.6 在脚本中修改显示样式

如果需要在脚本中动态控制页面的显示效果，使用脚本动态设置 CSS 样式也非常简单，按如下步骤就可动态修改目标元素的 CSS 样式。

1. 获取到需要设置 CSS 样式的目标元素，例如可以使用 getElementById()方法。
2. 修改目标元素的 CSS 样式。常用的方式有两种。

- **修改行内 CSS 属性值**：使用如“obj.style.属性名=属性值”的 JavaScript 代码即可。
- **修改 HTML 元素的 class 属性值**：使用如“obj.className=class 选择器”的 JavaScript 脚本即可。

值得注意的是，脚本中的 CSS 属性名与页面中的静态 CSS 属性名并不完全相同。例如页面中的静态 CSS 属性名为 color，脚本中的该属性名还是 color；但如果静态 CSS 属性名为 background-color，脚本中该属性的属性名为 backgroundColor，相信学习 Java 的读者对这种命名方式相当熟悉——脚本中的 CSS 属性名是去掉原静态 CSS 属性名中的中画线（-），并将第一个单词的首字母小写，后面每个单词的首字母大写。如果静态 CSS 属性名没有包含中画线（-），则脚本中的 CSS 属性名与静态 CSS 属性名相同。

修改 HTML 元素的 class 属性值应通过设置该元素的 className 属性来完成，合法的 className 属性值是一个 class 选择器。

使用脚本修改目标对象的 CSS 样式值在前面内容中已经见到了示例，下面笔者将以两个简单的示例来结束本章的内容。

6.6.1 随机改变页面的背景色

改变页面的背景色是非常简单的事情，只要生成一个随机的 6 位数，并将该值赋给 body 元素的 backgroundColor CSS 属性即可。下面是随机改变背景色的页面代码。

程序清单：codes\06\6.6\randomBg.html

```
<!DOCTYPE html>
<html>
<head>
    <meta http-equiv="Content-Type" content="text/html; charset=UTF-8" />
    <title>随机改变页面背景色</title>
```

```
    <script type="text/javascript">
    function changeBg()
    {
        // 将背景色的值定义成空字符串
        var bgColor="";
        // 循环 6 次，生成一个随机的 6 位数
        for (var i = 0 ; i < 6 ; i++)
        {
            bgColor += "" + Math.round(Math.random() * 9);
        }
        // 将随机生成的背景颜色值赋给页面的背景色
        document.body.style.backgroundColor="#" + bgColor;
    }
    // 为页面的单击事件绑定事件处理函数
    document.onclick = changeBg;
    </script>
</head>
<body>
</body>
</html>
```

上面代码先通过 document.body 属性获取到页面的<body.../>元素，然后通过修改 body 元素的 style.backgroundColor 属性来改变页面的背景色。

6.6.2 动态增加立体效果

立体效果是一种很简单的 CSS 效果，其原理是通过为其增加 4 个边框实现的，其中左、上边框的颜色稍浅，而下、右边框的颜色稍深。本示例将这种立体效果定义成一个整体的 CSS 样式效果，然后通过鼠标事件触发，将整个 CSS 立体效果应用到指定的 HTML 元素之上。页面代码如下。

程序清单：codes\06\6.6\changeClass.html

```
<!DOCTYPE html>
<html>
<head>
    <meta http-equiv="Content-Type" content="text/html; charset=utf-8" />
    <title>立体效果</title>
    <script type="text/javascript">
    function chg()
    {
        document.getElementById("up").className="solid";
    }
    </script>
    <style type="text/css">
    /* 对所有 class 属性值为 solid 的元素起作用的 CSS 定义 */
    .solid {
        width:160px;
        padding:6px
        text-align:center;
        border-right: #222 4px solid;
        border-top: #ddd 4px solid;
        border-left: #ddd 4px solid;
        border-bottom: #222 4px solid;
        background-color: #ccc;
    }
    </style>
</head>
<body>
    <input type="button" onclick='chg();' value="增加立体效果" />
    <div id="up">有立体效果的层</div>
```

```
</body>
</html>
```

在页面代码中看到，将目标元素的背景色设为#ccc，而将上、左边框的颜色设为#ddd，将右、下边框的颜色设为#222，这样就可以产生立体效果。单击页面上的“增加立体效果”按钮，页面将出现如图 6.46 所示的效果。

图 6.46　动态增加立体效果

6.7　本章小结

本章主要介绍的是 CSS 选择器的相关知识。本章一开始简单介绍了 CSS 样式单的背景知识，以及在 HTML 页面中使用 CSS 样式单的 4 种方式。本章重点介绍了 CSS 提供的元素选择器、属性选择器、ID 选择器、class 选择器、包含选择器、子选择器、CSS 3.0 新增的兄弟选择器等。除此之外，本章还详细介绍了伪元素选择器和伪类选择器，介绍伪元素选择器时还介绍了配合 counter-increment 添加编号的知识，这些都是读者应该重点掌握的内容。最后本章通过示例介绍了在脚本中修改 CSS 样式的方法。

CHAPTER

7

第 7 章
字体与文本相关属性

本章要点

- 字体相关属性
- 为文字添加阴影
- 控制阴影的颜色、偏移、模糊度
- 为文字添加多个阴影
- 使用 font-size-adjust 属性微调字体大小
- CSS 3 支持的颜色表示法
- 文本相关的缩进、对齐等属性
- 通过 word-break 控制文本自动换行
- 用 word-wrap 控制长单词和 URL 地址换行
- 服务器字体的功能
- 定义、使用服务器字体
- 定义粗体、斜体字
- 优先使用客户端字体

本章将会详细介绍 CSS 3 中字体和文本相关属性，这些属性是 HTML 网页上使用最多的属性，我们经常需要控制 HTML 网页上的字体颜色、字体大小、字体粗细等，这些字体外观都是通过字体相关属性控制的。除此之外，文本的对齐方式、文本的换行风格等都是通过文本相关属性来控制的。实际上，前面介绍选择器时已经多次用到 color、font-size、font-weight、font-family 等属性，这些属性都是字体相关属性，专门用于控制某段文本的字体。

除此之外，CSS 3 的一个重要变化就是增加了服务器字体功能，这样避免了浏览者浏览网页时因为字体缺失导致网页效果变差的问题。通过 CSS 3 的服务器字体功能，可以控制浏览器使用服务器端包含的字体，这样可保证即使浏览者的机器上没有安装相关字体，浏览时也可呈现统一的界面。

7.1 字体相关属性

CSS 为控制文本的字体提供了大量属性，这些字体相关属性主要用于控制文本的字体、颜色、修饰等外观。字体相关属性如下。

- font：这是一个复合属性，其属性值是形如 font-style font-variant font-weight font-size line-height font-family 的复合属性值。使用 font 属性可同时控制文字的样式、字体粗体、字体大小、字体等属性，为了更具体地进行控制，通常不建议使用该属性。
- color：该属性用于控制文字颜色，该属性的值可以是任何有效的颜色值，包括字符串类型的颜色名、十六进制的颜色值，或使用 rgb()函数设置的 RGB 值等，甚至包括 CSS 3.0 提供的 HSL 颜色值等。
- font-family：设置文字的字体，因为字体需要浏览器内嵌字体的支持，该属性可以设置多个显示字体，浏览器按该属性指定的多个字体依次搜索，以优先找到的字体来显示文字。多个属性值之间以英文逗号（,）隔开。
- font-size：该属性用于设置文字的字体大小，此处的字体大小既可以是相对的字体大小，也可以是绝对的字体大小。该属性支持如下属性值。
    - xx-small：绝对字体尺寸。最小字体。
    - x-small：绝对字体尺寸。较小字体。
    - small：绝对字体尺寸。小字体。
    - medium：绝对字体尺寸。正常大小的字体。这是默认值。
    - large：绝对字体尺寸。大字体。
    - x-large：绝对字体尺寸。较大字体。
    - xx-large：绝对字体尺寸。最大字体。
    - larger：相对字体尺寸。相对于父元素中的字体进行相对增大。
    - smaller：相对字体尺寸。相对于父元素中的字体进行相对减少。
    - length：直接设置字体大小。该值既可设置为一个百分比值，意味着该字体大小是父元素中字体大小的百分比值；也可设置为一个数值+长度单位，例如 11pt、14px 等。
- font-size-adjust：该属性用于控制对不同字体的字体尺寸进行微调。该属性可以指定为 none（不进行任何调整）或用一个数值代表调整比例。本节后面会有更详细的介绍。
- font-stretch：该属性用于改变文字横向的拉伸，该属性的默认值为 normal，即不拉伸。还有两个属性值，即 narrower 和 wider，前者是横向压缩，后者是横向拉伸。
- font-style：该属性用于设置文字风格，是否采用斜体等。该属性的常用属性值有 normal、italic、oblique，这些属性值依次表示设置文字正常、斜体、倾斜字体。

- ➢ font-weight：该属性用于设置字体是否加粗。该属性的值表示加粗的程度，加粗的程度用 lighter、normal、bold、bolder 等常用属性值表示，即更细、正常、加粗、更粗。还可以使用具体的数值，用 100、200、300、…、900 来控制字体的加粗程度。
- ➢ text-decoration：该属性用于控制文字是否有修饰线，如下画线等。该属性的值有 none、blink、underline、line-through 和 overline，分别对应的修饰效果为无修饰、闪烁、下画线、中画线和上画线等。
- ➢ font-variant：该属性用于设置文字的大写字母的格式。该属性支持 normal、small-caps 两个属性值，分别对应于正常的字体、小型的大写字母字体。
- ➢ text-shadow：该属性用于设置文字是否有阴影效果。本节后面会有更详细的介绍。
- ➢ text-transform：该属性用于设置文字的大小写。该属性的值可以是 none、capitalize、uppercase 和 lowercase，分别代表不转换、首字母大写、全部大写和全部小写。
- ➢ line-height：该属性用于设置字体的行高，即字体最底端与字体内部顶端之间的距离。为负值的行高可用来实现阴影效果。
- ➢ letter-spacing：该属性用于设置字符之间的间隔。该属性将指定的间隔添加到每个字符之后，但最后一个文字不会受该属性的影响。该属性支持 normal 和数值+长度单位（如 11pt、14px 等）两种属性值。
- ➢ word-spacing：该属性用于设置单词之间的间隔。该属性支持 normal 和数值+长度单位（如 11pt、14px 等）两种属性值。

下面页面代码对上面的各种属性进行了示范。该页面的代码非常清晰，左边是设置的属性值，右边是实际应用该设置后的效果。

程序清单：codes\07\7.1\font.html

```
<!DOCTYPE html>
<html>
<head>
   <meta http-equiv="Content-Type" content="text/html; charset=utf-8" />
   <title> 字体相关属性设置 </title>
</head>
<body>
color:#888888:
<span style="color:#888888">测试文字</span><br />
color:red:
<span style="color:red">测试文字</span><br />
font-family:隶书:
<span style="font-family: '隶书'">测试文字</span><br />
font-size:20pt:
<span style="font-size:20pt">测试文字</span><br />
font-size:xx-large:
<span style="font-size:xx-large">测试文字</span><br />
font-stretch:narrower:
<span style="font-stretch:narrower">测试文字</span><br />
font-stretch:wider:
<span style="font-stretch:wider">测试文字</span><br />
font-style:italic:
<span style="font-style:italic">测试文字</span><br />
font-weight:bold:
<span style="font-weight:bold">测试文字</span><br />
font-weight:900:
<span style="font-weight:900">测试文字</span><br />
text-decoration:blink:
```

```
<span style="text-decoration: blink;">测试文字</span><br />
text-decoration:underline:
<span style="text-decoration:underline">测试文字</span><br />
text-decoration:line-through:
<span style="text-decoration:line-through">测试文字</span><br />
font-variant:small-caps :
<span style="font-variant:small-caps">hello</span><br />
text-transform:uppercase:
<span style="text-transform:uppercase">hello</span><br />
text-transform:capitalize:
<span style="text-transform:capitalize">hello</span><br />
line-height:30pt:
<span style="line-height:30pt">测试文字</span><br />
letter-spacing:5pt:
<span style="letter-spacing:5pt">hello world</span><br />
letter-spacing:15pt:
<span style="letter-spacing:15pt">hello world</span><br />
word-spacing:20pt:
<span style="word-spacing:20pt">hello world</span><br />
word-spacing:60pt:
<span style="word-spacing:60pt">hello world</span><br />
</body>
</html>
```

图 7.1 显示了该页面在浏览器中显示的效果。

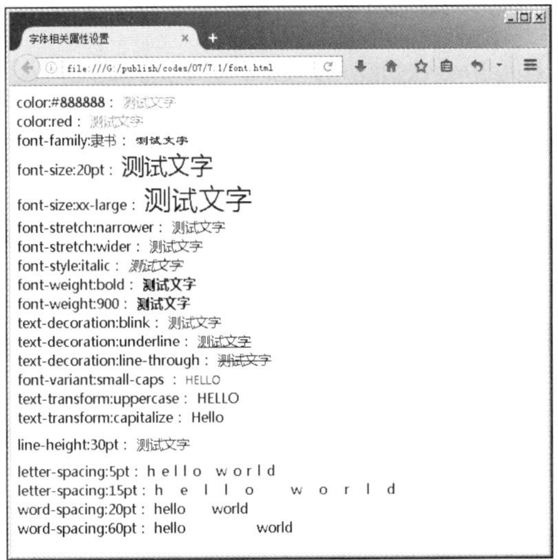

图 7.1 字体相关属性的设置效果

7.1.1 使用 text-shadow 添加阴影

字体相关属性中提供了一个 text-shadow 属性，该属性在 CSS 2.0 中被引入，CSS 2.1 删除了该属性，CSS 3.0 再次引入了该属性。该属性的值形如 color xoffset yoffset length，或 xoffset yoffset radius color。

- color：指定该阴影的颜色，如果省略指定阴影颜色，在 Firefox、Opera 中将直接使用字体颜色作为阴影颜色，在 Internet Explorer 和 Chrome 中将不会显示阴影。
- xoffset：指定阴影在横向上的偏移。
- yoffset：指定阴影在纵向上的偏移。
- radius：指定阴影的模糊半径。模糊半径越大，阴影看上去越模糊。

下面页面代码示范了设置阴影的几个参数的意义。

程序清单：codes\07\7.1\text-shadow.html

```
<!DOCTYPE html>
<html>
<head>
    <meta http-equiv="Content-Type" content="text/html; charset=utf-8" />
    <title> 阴影 </title>
</head>
<body>
text-shadow:red 5px 5px 2px:
<p style="text-shadow:red 5px 5px 2px">测试文字</p>
text-shadow:5px 5px 2px（省略阴影颜色）:
<p style="text-shadow:5px 5px 2px;color:blue;">测试文字</p>
text-shadow:-5px -5px 2px gray（向左上角投影）:
<p style="text-shadow:-5px -5px 2px gray">测试文字</p>
text-shadow:-5px 5px 2px gray（向左下角投影）:
<p style="text-shadow:-5px 5px 2px gray">测试文字</p>
text-shadow:5px -5px 2px gray（向右上角投影）:
<p style="text-shadow:5px -5px 2px gray">测试文字</p>
text-shadow:5px 5px 2px gray（向右下角投影）:
<p style="text-shadow:5px 5px 2px gray">测试文字</p>
text-shadow:15px 15px 2px gray（向右下角投影、更大偏移距）:
<p style="text-shadow:15px 15px 2px gray">测试文字</p>
text-shadow:5px 5px 10px gray（模糊半径增加，模糊程度加深）:
<p style="text-shadow:5px 5px 10px gray">测试文字</p>
</body>
</html>
```

从上面代码可以看出，xoffset、yoffset主要控制阴影向哪个方向投影、投影的偏移距离。在浏览器中浏览该页面，可以看到如图7.2所示的效果。

图7.2　添加阴影效果

7.1.2　添加多个阴影

如果希望为文字添加多个阴影，则可以为text-shadow属性多设置几组阴影，多组阴影之间使用逗号隔开。例如如下页面代码。

程序清单：codes\07\7.1\multiShadow.html

```
<!DOCTYPE html>
<html>
<head>
    <meta name="author" content="Yeeku.H.Lee(CrazyIt.org)" />
    <meta http-equiv="Content-Type" content="text/html; charset=utf-8" />
    <title> 多个阴影 </title>
    <style type="text/css">
        span{
            display: block;
            padding: 8px;
            font-size:xx-large;
        }
    </style>
</head>
<body>
text-shadow:5px 5px 2px #222,<br/>
    30px 30px 2px #555 ,<br/>
    50px 50px 2px #888 (多个阴影)：
<span style="text-shadow:5px 5px 2px #222,30px 30px 2px #555
    ,50px 50px 2px #888">测试文字</span>
</body>
</html>
```

在浏览器中浏览该页面，将可以看到如图 7.3 所示的多个阴影效果。

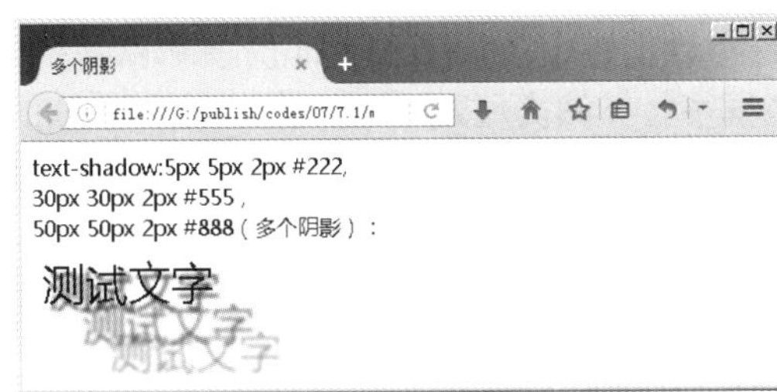

图 7.3 多个阴影效果

7.1.3 使用 font-size-adjust 属性微调字体大小

对于西方文字来说，相同字号、不同字体的字母大小也是不同的，例如如下页面。

程序清单：codes\07\7.1\text-size-adjust.html

```
<!DOCTYPE html>
<html>
<head>
    <meta http-equiv="Content-Type" content="text/html; charset=utf-8" />
    <title> text-size-adjust </title>
    <style type="text/css">
        #div1 {
            font-size: 16pt;
            font-family: "Courier New";
        }
        #div2 {
            font-size: 16pt;
            font-family: "Roma";
        }
        #div3 {
            font-size: 16pt;
            font-family: "Impact";
        }
```

```
    </style>
</head>
<body>
<div id="div1">Our domain is www.crazyit.org</div>
<div id="div2">Our domain is www.crazyit.org</div>
<div id="div3">Our domain is www.crazyit.org</div>
</body>
</html>
```

上面页面中包含了3个<div.../>元素，这3个<div.../>元素里的字号都是16pt，只是它们的字体各不相同而已。使用浏览器浏览该页面，将看到如图7.4所示的效果。

图7.4　同字号而不同字体的大小不同

正如从图7.4所看到的，三行文字的字号都是16pt，但它们的长度并不相同。当需要使用不同字体进行布局时，可能因为不同字体的大小不同而导致网页内容错乱。为了解决这个问题，可通过font-size-adjust属性进行控制。

font-size-adjust属性的值通常应设为该字体的aspect值。当然开发者也可以根据布局要求进行适当调整。

每种字体的aspect值等于该字体中小写字母x的高度除以该字体的大小。例如某个字体的大小为100px，该字体中小写字母x的高度是58px，那么这种字体的aspect值为0.58。每种字体的aspect值总是固定的。

为了让上面三行文本内容的宽度大致相同，可以为每个CSS样式增加一个font-size-adjust属性，修改后的CSS代码如下：

```
#div1 {
    font-size: 16pt;
    font-family: "Courier New";
    font-size-adjust: 0.41;
}
#div2 {
    font-size: 16pt;
    font-family: "Roma";
    font-size-adjust: 0.66;
}
#div3 {
    font-size: 16pt;
    font-family: "Impact";
    font-size-adjust: 0.93;
}
```

再次使用浏览器浏览该页面，可以看到如图7.5所示的效果。

图7.5　使用font-size-adjust属性的效果

7.2 CSS 3 支持的颜色表示方法

CSS 2 已经提供了多种颜色表示方法，如字符串形式的颜色名、十六进制的颜色值等。但 CSS 2 不允许为颜色设置透明度，因此显得有些不够完善。CSS 3 则提供了更多的颜色表示方法，从而更完善了颜色的表示方法。

总结起来，CSS 2、CSS 3 一共支持如下几种颜色表示方法。

- 用颜色名表示，例如 white（白色）、red（红色）、greenyellow（绿黄色）、gold（金色）等。这种方式简单、易用，但它能表示的颜色数量有限——不可能为所有颜色都指定一个名称。
- 用十六进制的颜色值表示，这就是典型的三原色混合原理，例如#FF0000，其中前两位 FF 表示红光的值——也就是把红光分成 0~255 个色阶，其中 00 表示没有红光，FF（就是 255）表示红光值最大；中间两位表示绿光的值，为 0；后面两位表示蓝光的值，为 0；三种光混合成红色。实际上也可以把红、绿、蓝只分为 0~15 个色阶，这样使用 3 位十六进制数即可表示。例如#0F0，其中第一位表示红光的值为 0；第二位表示绿光的值为 F（就是 15），表示绿光的值最大；最后一位表示蓝光的值为 0，三种光混合成绿色。
- 用 rgb(r,g,b)函数表示，这也是三原色混合原理。例如 rgb(255, 255, 0)，红光的值为 255（最大值）、绿光的值也是 255（最大值）、蓝光的值为 0，混合出来的颜色就是黄色。
- 用 hsl(Hue,Saturation,Lightness)函数表示，这是用色调、饱和度、亮度控制的颜色。例如 hsl(120, 100%, 100%)，其中色调为 120，也就是绿色（色调 0 代表红色、色调 120 代表绿色、色调 240 代表蓝色），饱和度、亮度都是 100%，因此这就是绿色。
- 用 rgba(r,g,b,a)函数表示，这还是三原色混合原理。与 rgb(r,g,b)函数相似，只是多了一个 a 参数，用于指定该颜色的透明度，a 参数可以是 0~1 之间的任意数，其中 0 代表完全透明。
- 用 hsla(Hue,Saturation,Lightness,alpha)函数表示，这也是用色调、饱和度、亮度控制的颜色。与 hsl(Hue,Saturation,Lightness)相比就是多了一个 alpha 参数，用于指定该颜色的透明度，alpha 参数可以是 0~1 之间的任意数，其中 0 代表完全透明。

下面页面代码示范了各种颜色表示方法。

程序清单：codes\07\7.2\color.html

```
<!DOCTYPE html>
<html>
<head>
    <meta http-equiv="Content-Type" content="text/html; charset=utf-8" />
    <title> 颜色表示方式 </title>
    <style type="text/css">
        div>div{
            width: 400px;
            height: 40px;
        }
    </style>
</head>
<body>
<script type="text/javascript">
    for (var i = 0; i < 110 ; i++)
    {
        document.write("测试文字");
    }
```

```
</script>
<div style="position:absolute;top:0px">
    <div style="background-color:gray;">background-color:gray</div>
    <div style="background-color:#aaa;">background-color:#aaa;</div>
    <div style="background-color:#ffff00;">background-color:#ffff00;</div>
    <div style="background-color:rgb(255, 0 , 255);">
        background-color:rgb(255, 0 , 255);</div>
    <div style="background-color:hsl(120, 80%, 50%);">
        background-color:hsl(120, 80%, 50%);</div>
    <div style="background-color:rgba(255, 0 , 255 , 0.5);"></div>
    <div style="background-color:hsla(120, 80%, 50% , 0.5);"></div>
</div>
</body>
</html>
```

上面一共定义了7个<div.../>元素，其中最后2个<div.../>元素的背景色是半透明的，因此浏览者将可以看到最后<div.../>元素“下面”的内容。在浏览器中浏览该页面，将可以看到如图7.6所示的效果。

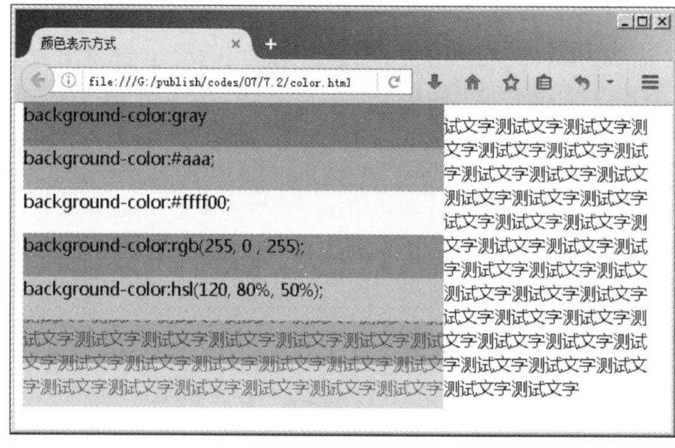

图7.6 各种不同的颜色表示方法

7.3 文本相关属性

文本相关属性用于控制整个段、整个<div.../>元素内文本的显示效果，包括文字的缩进、段落内文字的对齐等显示方式。

- text-indent：用于设置段落文本的缩进，默认值为0。被另一个元素（如<br.../>）断开的元素不能应用本属性。
- text-overflow：用于控制溢出文本的处理方法。该属性支持如下两个属性值。
  - clip：如果该元素指定了overflow:hidden属性值，当该元素中文本溢出时，clip指定只是简单地裁切溢出的文本。
  - ellipsis：如果该元素指定了overflow:hidden属性值，当该元素中文本溢出时，ellipsis指定裁切溢出的文本，并显示溢出标记（...）。
- vertical-align：用于设置目标元素里内容的垂直对齐方式，通常有顶端对齐，底对齐等方式。
  - auto：对元素的文本内容执行自动对齐。
  - baseline：默认值。将支持valign属性的元素的文本内容与基线对齐。
  - sub：将元素的内容与文本下标对齐。
  - super：将元素的内容与文本上标对齐。
  - top：默认值。将支持valign属性的元素的文本内容与元素的顶端对齐。

- middle：默认值。将支持 valign 属性的元素的文本内容对齐到元素的中间。
- bottom：默认值。将支持 valign 属性的元素的文本内容与元素的底端对齐。
- length：指定文本内容相对于基线的偏移距离。既可使用百分比形式，也可使用绝对距离形式。

➢ text-align：用于设置目标元素中文本的水平对齐方式。该属性支持 left（左对齐）、right（右对齐）、center（居中对齐）和 justify（两端对齐）4 个属性值。本节后面会详细介绍 justify 对齐方式的功能和用法。

➢ direction：用于设置文本流入的方向，该属性的合法值有 ltr（从左向右）和 rtl（从右向左）。此属性不会影响拉丁文字母、数字字符，它们总是以 ltr 值呈现。但是此属性会作用于拉丁文的标点符号。

➢ white-space：用于设置目标元素对文本内容中空白的处理方式。本节后面会详细介绍该属性的用法。

➢ word-break：用于设置目标元素中文本内容的换行方式。本节后面会详细介绍该属性。

➢ word-wrap：用于设置目标元素中文本内容的换行方式。本节后面会详细介绍该属性。

下面的代码示范了上面的常用文本相关属性，为了让读者能更清楚地看到段落属性的效果，这里将目标文本以方框包围起来。

程序清单：codes\07\7.3\text.html

```
<!DOCTYPE html>
<html>
<head>
   <meta name="author" content="Yeeku.H.Lee(CrazyIt.org)" />
   <meta http-equiv="Content-Type" content="text/html; charset=utf-8" />
   <title>文本相关属性设置</title>
   <style type="text/css">
   /* 为 div 元素增加边框 */
   div{
      border:1px solid #000000;
      height: 30px;
      width: 200px;
   }
   </style>
</head>
<body>
<!-- 缩进 20pt -->
text-indent:20pt <div style="text-indent:20pt">测试文字</div>
<!-- 缩进 20pt -->
text-indent:40pt <div style="text-indent:40pt">测试文字</div>
<!-- 居中对齐 -->
text-align:center <div style="text-align:center">测试文字</div>
<!-- 居右对齐 -->
text-align:right <div style="text-align:right">测试文字</div>
<!-- 文本从右边流入 -->
direction:rtl <div style="direction:rtl">测试文字</div>
<!-- 文本从左边流入 -->
direction:ltr <div style="direction:ltr">测试文字</div>
<!-- 当文字溢出时，只是简单地裁切 -->
text-overflow:clip <div style="overflow:hidden;white-space:nowrap;
   text-overflow:clip;">测试文字测试文字测试文字测试文字测试文字测试文字</div>
<!-- 当文字溢出时，裁切之后显示裁切标记 -->
text-overflow:ellipsis <div style="overflow:hidden;white-space:nowrap;
   text-overflow:ellipsis;">测试文字测试文字测试文字测试文字测试文字测试文字</div>
```

```
    </body>
    </html>
```

在浏览器中浏览该页面，将看到如图 7.7 所示的效果。

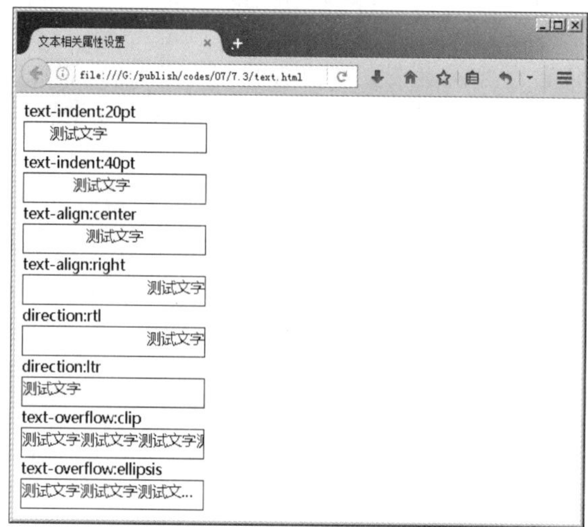

图 7.7　文本相关属性设置效果

上面页面代码中最后两个<div.../>元素为了控制元素内文本不换行，添加了 white-space:nowrap，该属性用于控制该 HTML 元素对文本中空白字符的处理方式，其中包括不换行处理。

7.3.1　使用 white-space 控制空白的处理行为

white-space 用于控制 HTML 元素对元素内文本中空白的处理方式。该属性支持如下几个属性值。

- normal：默认属性值。浏览器忽略文本中的空白。
- pre：浏览器保留文本中的所有空白，其行为方式类似于<pre.../>标签。
- nowrap：文本不会换行，文本会在同一行上继续，直到遇到<br.../>标签为止。
- pre-wrap：保留空白符序列，但可以正常地进行换行。
- pre-line：合并空白符序列，但保留换行符。
- inherit：指定从父元素继承 white-space 属性的值。

下面页面代码示范了 white-space 属性对文本中空白的处理行为。

程序清单：codes\07\7.3\white-space.html

```
<!DOCTYPE html>
<html>
<head>
    <meta http-equiv="Content-Type" content="text/html; charset=utf-8" />
    <title> white-space </title>
    <style type="text/css">
    /* 为div元素增加边框 */
    div{
        border:1px solid #000000;
        height: 80px;
        width: 240px;
    }
    </style>
</head>
<body>
```

```
<!-- 忽略文本中的空白、换行符 -->
white-space:normal <div style="white-space:normal">
The root interface   in
the     collection     hierarchy. </div>
<!-- 保留文本中所有空白、换行符 -->
white-space:pre <div style="white-space:pre">
The root interface   in
the     collection     hierarchy. </div>
<!-- 忽略文本中空白、换行符，强制不换行 -->
white-space:nowrap <div style="white-space:nowrap">
The root interface   in
the     collection     hierarchy. </div>
<!-- 保留文本中空白序列、换行符 -->
white-space:pre-wrap <div style="white-space:pre-wrap">
The root interface   in
the     collection     hierarchy. </div>
<!-- 合并文本中空白序列，保留换行符 -->
white-space:pre-line <div style="white-space:pre-line">
The root interface   in
the     collection     hierarchy. </div>
</body>
</html>
```

使用浏览器浏览该页面，可以看到如图 7.8 所示的效果。

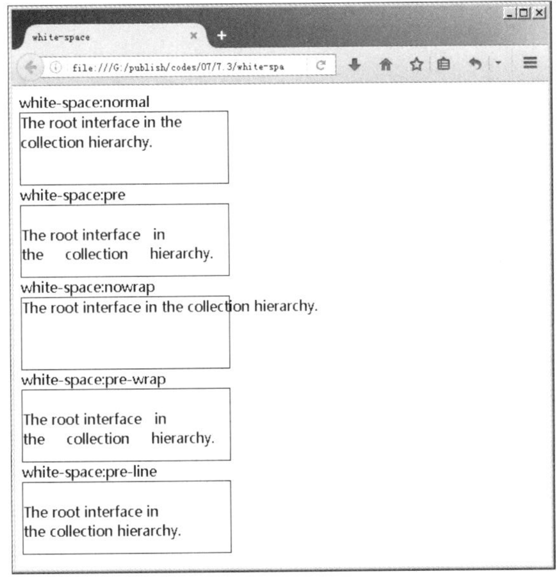

图 7.8　white-space 属性的作用

从图 7.8 可以看出，white-space 的属性值 pre 和 pre-wrap 非常相似，因为二者都是保留所有空白和换行符。至于其他几个属性值，通过图 7.8 可以看出明显效果。

7.3.2　文本自动换行：word-break

当 HTML 元素不足以显示它里面的所有文本时，浏览器会自动换行显示它里面的所有文本。浏览器默认换行规则是，对于西方文字来说，浏览器只会在半角空格、连字符的地方进行换行，不会在单词中间换行；对于中文来说，浏览器可以在任何一个中文字符后换行。

如果希望改变浏览器的默认行为，则可通过 word-break 属性进行设置。该属性支持如下 3 个值。

- normal：靠浏览器的默认规则进行换行。通常，浏览器的处理规则是 ，对于西方文字来说，浏览器只会在半角空格、连字符的地方进行换行，不会在单词中间换行；对于中文来说，浏览器可以在任何一个中文字符后换行。

- keep-all：只能在半角空格或连字符处换行。
- break-all：设置允许在单词中间换行。

从上面的介绍可以看出，如果要让浏览器在西方文字的单词中间换行，则可将 word-break 属性设为 break-all。下面页面代码示范了 word-break 属性的功能。

程序清单：codes\07\7.3\word-break.html

```
<!DOCTYPE html>
<html>
<head>
    <meta http-equiv="Content-Type" content="text/html; charset=utf-8" />
    <title> word-break </title>
    <style type="text/css">
    /* 为div元素增加边框 */
    div{
        border:1px solid #000000;
        height: 50px;
        width: 240px;
    }
    </style>
</head>
<body>
<!-- 不允许在单词中换行 -->
word-break:keep-all <div style="word-break:keep-all">
The root interface in the collection hierarchy. </div>
<!-- 指定允许在单词中换行 -->
word-break:break-all <div style="word-break:break-all">
The root interface in the collection hierarchy. </div>
</body>
</html>
```

上面页面中第二个<div.../>元素设置了 word-break:break-all，这意味着允许该<div.../>里的内容在单词中换行。使用浏览器浏览该页面，将看到如图 7.9 所示的效果。

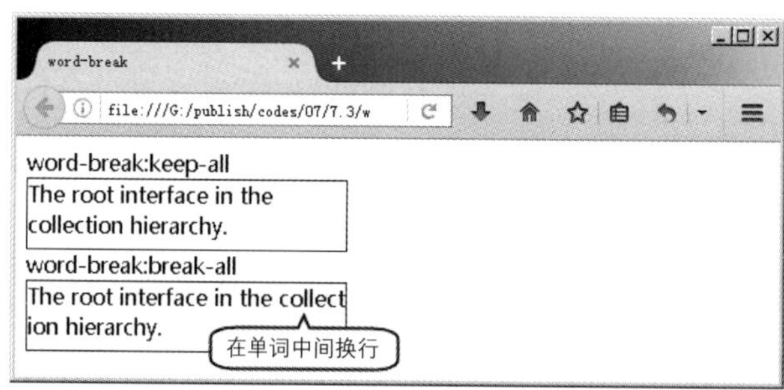

图 7.9　在单词中间换行

目前各种主流浏览器的最新版本都已经支持该属性。

7.3.3　用 word-wrap 控制长单词或 URL 地址换行

有时候文本内容中包含了特别长的单词或特别长的 URL 地址——URL 地址既不包含半角空格，也不包含连字符，因此当浏览器窗口较窄时，浏览器下部将会出现滚动条，用户只有通过拖动滚动条才能看到全部内容。

如果需要改变浏览器的默认行为，则可通过 word-wrap 属性进行设置。该属性支持如下两个值。

- normal：靠浏览器的默认规则进行换行。
- break-word：设置允许在单词中间换行。

为了让浏览器控制文本内容在长单词、URL 地址中间换行，可以通过 word-wrap 属性来实现，如果把 word-wrap 属性设为 break-word，即可让浏览器在长单词和 URL 地址中间换行。

如下页面示范了 word-wrap 属性的功能。

程序清单：codes\07\7.3\word-wrap.html

```
<!DOCTYPE html>
<html>
<head>
    <meta http-equiv="Content-Type" content="text/html; charset=utf-8" />
    <title> word-wrap </title>
    <style type="text/css">
    /* 为 div 元素增加边框 */
    div{
        border:1px solid #000000;
        height: 50px;
        width:140px;
    }
    </style>
</head>
<body>
<!-- 不允许在长单词、URL 地址中间换行 -->
word-wrap:normal <div style="word-wrap:normal;">
Our domain is http://www.crazyit.org</div>
<!-- 允许在长单词、URL 地址中间换行 -->
word-wrap:break-word <div style="word-wrap:break-word;">
Our domain is http://www.crazyit.org</div>
</body>
</html>
```

在浏览器中浏览该页面，可以看到如图 7.10 所示的效果。

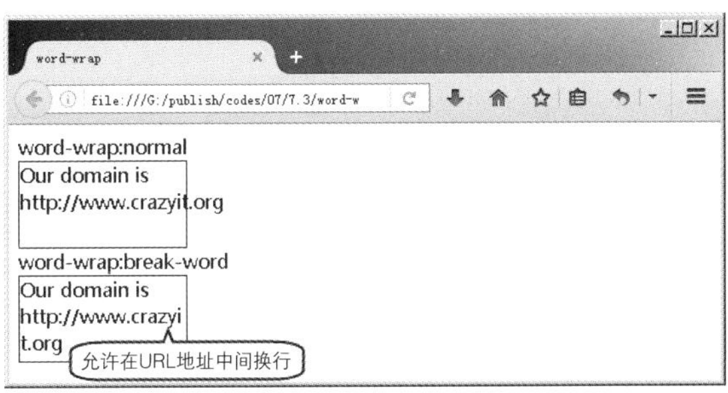

图 7.10 在 URL 地址中间换行

需要指出的是，word-break 与 word-wrap 属性的作用并不相同，它们的区别如下。

- word-break：将该属性设为 break-all，可以让元素内每一行文本的最后一个单词自动换行。
- word-wrap：该属性会尽量让长单词、URL 地址不要换行。即使将该属性设为 break-word，浏览器也会尽量让长单词、URL 地址单独占用一行，只有当一行文本都不足以显示这个长单词、URL 地址时，浏览器才会在长单词、URL 地址中间换行。

7.4 CSS 3 新增的服务器字体

在 CSS 3 以前，前端开发者开发网页时只能使用最普通的字体，有些网页甚至根本不会设置字体，这是因为在网页上设置使用某种字体后，如果客户端希望正常显示该网页，则必须在客户端已安装这种字体（开发者无法确定客户端是否安装了相应的字体）；否则该网页上的字体设置在客户端就不会起作用。

CSS 3 的出现改变了这种现状，CSS 3 允许使用服务器字体，如果客户端没有安装这种字体，客户端将会自动下载这种字体。

7.4.1 使用服务器字体

使用服务器字体非常简单，只要使用@font-face 定义服务器字体即可。@font-face 的语法格式如下：

```
@font-face {
    font-family : name ;
    src : url(url) format(fontformat);
    sRules
}
```

上面语法格式中的 font-family 属性值用于指定该服务器字体的名称，这个名称可以随意定义；src 属性通过 url 指定该字体的字体文件的绝对或相对路径；format 则用于指定该字体的字体格式，到目前为止，服务器字体还只支持 TrueType 格式（对应于*.ttf 字体文件）和 OpenType 格式（对应于*.otf 字体文件）。

为了使用服务器字体，可按如下步骤进行。

1. 下载需要使用的服务器字体对应的字体文件（在网络上随便一搜，会有大量字体供用户下载）。
2. 使用@font-face 定义服务器字体。
3. 通过 font-family 属性指定使用服务器字体。

下面页面代码示范了如何使用服务器字体。

程序清单：codes\07\7.4\fontface.html

```
<!DOCTYPE html>
<html>
<head>
    <meta http-equiv="Content-Type" content="text/html; charset=utf-8" />
    <title> 服务器字体 </title>
    <style type="text/css">
        /* 定义服务器字体，字体名为 CrazyIt
        服务器字体对应的字体文件为 Blazed.ttf */
        @font-face {
            font-family: CrazyIt;
            src: url("Blazed.ttf") format("TrueType");
        }
    </style>
</head>
<body>
<!-- 指定 CrazyIt 字体，这是服务器字体 -->
<div style="font-family:CrazyIt;font-size:36pt">
Our domain is Http://www.crazyit.org
</div>
</body>
</html>
```

上面代码中第一段粗体字代码定义了服务器字体：CrazyIt，该字体对应的字体文件是 Blazed.ttf（该字体文件必须放在与 fontface.html 相同的路径下），并指定该字体是 TrueType 字体格式；接下来通过 style 属性指定<div.../>元素使用 CrazyIt 字体。在浏览器中浏览该页面，将看到如图 7.11 所示的效果。

图 7.11　使用服务器字体

7.4.2　定义粗体、斜体字

在网页上指定字体时，除了可以指定特定字体之外，还可以指定使用粗体字、斜体字，但在使用服务器字体时，需要为粗体、斜体、粗斜体使用不同的字体文件（需要相应地下载不同的字体文件）。

如下 CSS 片段定义了粗体字的服务器字体。

```
@font-face {
    font-family: CrazyIt;
    src: url("Delicious-Bold.otf") format("OpenType");
    font-weight: bold;
}
```

从上面代码来看，定义粗体字、斜体字的服务器字体主要注意两点即可。

- 使用粗体字、斜体字专门的字体。
- 在@font-face 中增加 font-weight、font-style 等定义。

下面页面代码定义并使用了粗体、斜体、粗斜体等服务器字体。

程序清单：codes\07\7.4\bold_italic.html

```
<!DOCTYPE html>
<html>
<head>
    <meta http-equiv="Content-Type" content="text/html; charset=utf-8" />
    <title> 服务器字体 </title>
    <style type="text/css">
        /* 定义普通的服务器字体 */
        @font-face {
            font-family: CrazyIt;
            src: url("Delicious-Roman.otf") format("OpenType");
        }
        /* 定义粗体的服务器字体 */
        @font-face {
            font-family: CrazyIt;
            src: url("Delicious-Bold.otf") format("OpenType");
            font-weight: bold;
        }
        /* 定义斜体的服务器字体 */
        @font-face {
            font-family: CrazyIt;
            src: url("Delicious-Italic.otf") format("OpenType");
            font-style: italic;
```

```
        }
        /* 定义粗斜体的服务器字体 */
        @font-face {
            font-family: CrazyIt;
            src: url("Delicious-BoldItalic.otf") format("OpenType");
            font-style: italic;
            font-weight: bold;
        }
    </style>
</head>
<body>
<div style="font-family:CrazyIt;font-size:30pt">
Our domain is Http://www.crazyit.org</div>
<div style="font-family:CrazyIt;font-size:30pt;font-weight:bold">
Our domain is Http://www.crazyit.org</div>
<div style="font-family:CrazyIt;font-size:30pt;font-style:italic;">
Our domain is Http://www.crazyit.org</div>
<div style="font-family:CrazyIt;font-size:30pt;font-weight:bold
;font-style:italic;">Our domain is Http://www.crazyit.org</div>
</body>
</html>
```

上面粗体字代码定义了 4 个名为 CrazyIt 的服务器字体，分别代表了普通、粗体、斜体、粗斜体 4 种服务器字体。接下来页面中定义了 4 个<div.../>元素，这 4 个<div.../>元素都指定使用 CrazyIt 字体，但指定了粗体、斜体、粗斜体风格，这将自动应用上面定义的 4 种服务器字体。在浏览器中浏览该页面，将看到如图 7.12 所示的效果。

图 7.12　粗体、斜体、粗斜体的服务器字体

7.4.3　优先使用客户端字体

虽然 CSS 3 提供了服务器字体功能，但也不能动不动上来就用“服务器字体”，因为用服务器字体需要从远程服务器下载字体文件，因此效率并不好。实际上还是应该尽量考虑使用浏览者的客户端字体。只有当客户端不存在这种字体时，才考虑使用服务器字体作为替代方案，CSS 3 也为这种方案提供了支持。

CSS 3 使用@font-face 定义服务器字体时，src 属性除了可以使用 url 来指定服务器字体的路径之外，也可以使用 local 指定客户端字体名称。例如以下页面。

程序清单：codes\07\7.4\clientfont.html

```
<!DOCTYPE html>
<html>
<head>
    <meta http-equiv="Content-Type" content="text/html; charset=utf-8" />
    <title> 优先使用客户端字体 </title>
    <style type="text/css">
        /* 定义服务器字体：CrazyIt
        该字体优先使用客户端字体：Goudy Stout
        当客户端字体不存在时，使用 Blazed.ttf 作为替代字体
        */
```

```
        @font-face {
            font-family: CrazyIt;
            src: local("Goudy Stout"), url("Blazed.ttf") format("TrueType");
        }
    </style>
</head>
<body>
<div style="font-family:CrazyIt;font-size:30pt">
Our domain is Http://www.crazyit.org
</div>
</body>
</html>
```

上面粗体字代码定义了 CrazyIt 服务器字体，指定 src 属性时，优先使用 local("Goudy Stout") 客户端字体；当客户端不存在这种字体时，url("Blazed.ttf")字体会作为替代字体。在浏览器中浏览该页面（假设客户端存在 Goudy Stout 字体），将可以看到如图 7.13 所示的效果。

图 7.13 优先使用客户端字体

7.5 本章小结

本章主要介绍了 CSS 样式中最常用的字体、文本相关属性，通过这些属性可以控制 HTML 页面上字体颜色、字体大小、字体样式、文本对齐方式、文本缩进等。本章除了介绍 HTML 字体、文本相关属性之外，还详细介绍了如何为字体添加阴影，包括控制阴影的颜色、偏移、模糊程度等。对于文本相关属性，本章重点介绍了文本自动换行以及长单词、URL 地址换行的相关内容。本章的另一个重要知识点是：CSS 3 新增的服务器字体，通过使用服务器字体来呈现 HTML 页面，从而避免因为客户端字体缺失而导致页面效果变差。读者需要掌握如何定义、使用服务器字体，包括定义粗体字、斜体字等。

CHAPTER

8

第8章 背景、边框和边距相关属性

本章要点

- 盒模型简介
- 通过背景相关属性使用背景颜色
- 通过背景相关属性使用背景图片
- 固定背景图片
- CSS 3 新增的背景相关属性
- 使用 CSS 3 的多背景图片功能
- 使用 CSS 3 的线性渐变背景
- 使用 CSS 3 的径向渐变背景
- 使用边框相关属性定义边框
- 使用 CSS 3 提供的渐变边框
- 使用 CSS 3 提供的圆角边框
- 使用 CSS 3 提供的图片边框
- 内填充（padding）的相关属性
- 外边距（margin）的相关属性

除了前一章介绍的字体、文本相关属性之外，HTML 网页上最常用的 CSS 属性应该就算是背景和边框相关属性了，通过使用背景，可以为 HTML 控件增加各种各样的背景颜色、背景图片；通过边框相关属性，可以为 HTML 控件增加各种颜色、各种线性、粗细不等的边框。

CSS 3 新增的背景相关属性则进一步增强了背景功能，这些背景相关属性可以控制背景图片的显示位置、分布方式等；除此之外，CSS 3 还新增了多背景图片支持功能，允许开发者在 HTML 元素中定义多个背景图片；新增了大量边框相关属性，通过这些边框相关属性可以让开发者为 HTML 元素定义圆角边框、渐变边框、图片边框等。本章将会详细介绍 CSS 3 新增的背景、边框相关属性。

除此之外，本章还会介绍内填充（padding）和外边距（margin）相关属性，这些属性是控制 HTML 元素分布的重要方式。

8.1　盒模型简介

CSS 的一个重要概念是盒模型（box model）。对于一个 HTML 元素而言，它会占据页面的一个矩形区域，这块区域就是该元素占据的“盒子”（形状像一个盒子）。

HTML 元素占据的矩形区域由内容区（content）、内填充区（padding）、边框区（border）和外边距区（margin）组成。图 8.1 显示了 HTML 元素的盒模型。

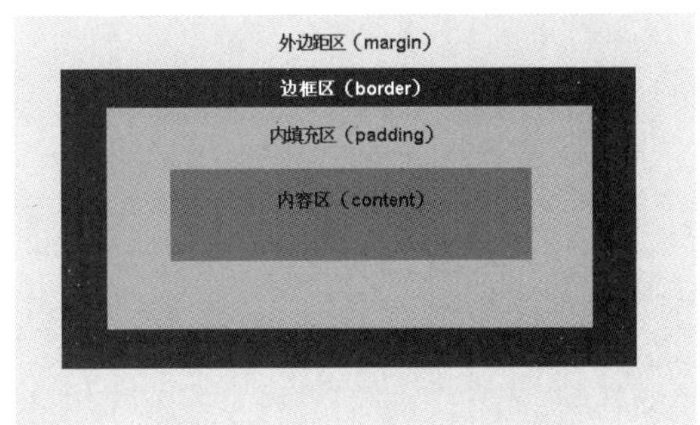

图 8.1　HTML 元素的盒模型

HTML 元素的盒模型中有两个部分是可见的：元素内容和元素的边框；也有两个部分是不可见的：内填充区和外边距区，这两个不可见的区域依然会占据空间。理解 HTML 元素的盒模型的 4 个部分至关重要，CSS 的重要作用之一就是控制内容区、内填充区、边框区、外边距区属性。

CSS 样式可以精确控制 HTML 元素的背景、边框的样式和外观，也可以精确控制边框的线型和形状，还可以精确控制内填充区和外边距区的大小。下面详细介绍 CSS 控制 HTML 背景、边框和填充区的相关属性。

8.2　背景相关属性

背景相关属性用于控制背景色、背景图片等属性。在控制背景图片的同时，还可控制背景图片的排列方式。有如下几个常用的背景相关属性。

➢ background：设置对象的背景样式。该属性是一个复合属性，可用于同时设置背景色、背景图片、背景重复模式等属性。该属性值格式如下：

```
    background-color  background-image  background-repeat  background-attachment
background-position
```

- background-color：用于设置背景色。如果同时设置了背景色和背景图片，则背景图片将覆盖背景色。
- background-image：用于设置背景图片。如果同时设置了背景色和背景图片，则背景图片将覆盖背景色。该属性需要使用 url()函数指定图片地址，图片地址既可以是相对地址，也可以是绝对地址。
- background-repeat：适用于 CSS 1，用于设置对象的背景图片是否平铺。在指定该属性之前，必须先指定background-image属性。该属性有repeat、no-repeat、repeat-x、repeat-y这 4 个值，分别对应在纵向和横向同时平铺、不平铺、仅在横向平铺、仅在纵向平铺。
- background-attachment：用于设置背景图片是随对象内容滚动还是固定的。在指定该属性之前，必须先指定 background-image 属性。该属性支持如下两个值。
  - scroll：指定背景图片会随元素里内容的滚动而滚动。这是默认值。
  - fixed：背景图片固定，不会随元素里内容的滚动而滚动。
- background-position：用于设置对象的背景图片位置。该属性需要横坐标和纵坐标两个值，它们都支持两种属性值——既可使用实际的长度值，也可使用百分比。如果只指定了一个值，该值将对应横坐标，纵坐标将默认为 50%；如果指定了两个值，那么第二个值将对应纵坐标。在指定该属性之前，必须先指定 background-image 属性。

下面代码演示了这些背景相关属性的效果，为了更好地让读者看到效果，页面将目标段落以方框包围起来。

程序清单：codes\08\8.2\bg.html

```
<!DOCTYPE html>
<html>
<head>
	<meta http-equiv="Content-Type" content="text/html; charset=utf-8" />
	<title>背景相关属性</title>
	<style type="text/css">
	/* 为div元素增加边框 */
	div{
		border:1px solid #000;
		height: 50px;
		width: 200px;
	}
	</style>
</head>
<body>
<!-- 灰色背景 -->
background-color:#aaa
<div style="background-color:#aaa;">测试文字</div>
<!-- 以默认样式指定背景图片，将会在横向、纵向上平铺 -->
background-image:url(wjc.gif)
<div style="background-image:url(wjc.gif);">测试文字</div>
<!-- 不平铺的背景图片 -->
background-image:url(wjc.gif);background-repeat: no-repeat
<div style="background-image:url(wjc.gif);
	background-repeat:no-repeat;">测试文字</div>
<!-- 仅横向平铺的背景图片 -->
background-image:url(logo.gif);background-repeat: repeat-x
<div style="background-image:url(wjc.gif);
	background-repeat:repeat-x;">测试文字</div>
<!-- 不平铺的背景图片，并指定背景图片的位置 -->
background-image:url(wjc.gif);background-repeat:no-repeat;
	background-position: 35% 80%;
<div style="background-image:url(wjc.gif);background-repeat:
```

```
    no-repeat;background-position:35% 80%;">测试文字</div>
<!-- 不平铺的背景图片，并指定背景图片的位置 -->
background-image:url(wjc.gif);background-repeat:no-repeat;
    background-position: 30px 12px;
<div style="background-image:url(wjc.gif);background-repeat:
    no-repeat;background-position:30px 8px;">测试文字</div>
<!-- 不平铺的背景图片，并指定背景图片的位置 -->
background-image:url(wjc.gif);background-repeat:no-repeat;
    background-position: center bottom;
<div style="background-image:url(wjc.gif); background-repeat:
    no-repeat;background-position:center bottom;">测试文字</div>
</body>
</html>
```

在浏览器中浏览该页面，将看到如图 8.2 所示的效果。

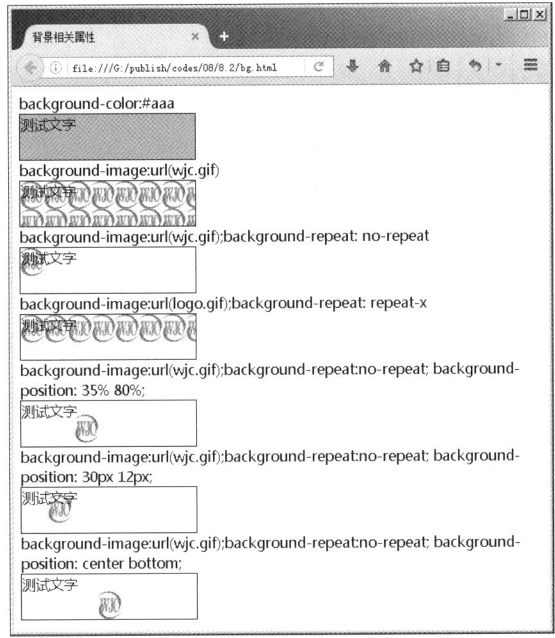

图 8.2　背景相关属性设置效果

8.2.1　背景图片固定

在默认情况下，元素里的背景图片会随着滚动条的滚动而自动移动，但如果把 background-attachment 属性设为 fixed，那么背景图片就会被固定在该元素中，不会随着滚动条的滚动而移动。下面页面代码示范了背景图片固定的效果。

程序清单：codes\08\8.2\attachment.html

```
<!DOCTYPE html>
<html>
<head>
    <meta http-equiv="Content-Type" content="text/html; charset=utf-8" />
    <title> 背景固定 </title>
</head>
<!-- 指定背景图片固定 -->
<body style="background-image:url(sky.gif);background-attachment:fixed">
<ul style="font-size:30pt;">
    <script type="text/javascript">
        for(var i = 0 ; i < 15 ; i++)
        {
```

```
            document.writeln("<li>疯狂 Java 讲义</li>");
        }
    </script>
</ul>
</body>
</html>
```

上面粗体字代码为<body.../>元素设置了 background-attachment 属性为 fixed，这意味着该元素的背景图片会被固定在该元素内。在浏览器中浏览该页面，可以看到如图 8.3 所示的效果。

图 8.3　背景图片固定效果

8.2.2　CSS 3 新增的 background-clip 属性

CSS 3 新增了如下几个背景相关属性。

- background-clip：该属性用于设置背景覆盖的范围。
- background-origin：该属性用于设置背景覆盖的起点。该属性与前面介绍的 background-position 有些相似。
- background-size：该属性用于设置背景图片的大小。该属性由两个值组成，分别代表图片的宽度、高度。宽度、高度支持如下 3 种写法。
    - 长度值，例如 20px，指定背景图片的宽或高为 20px。
    - 百分比，例如 80%，指定背景图片的宽或高为它所在元素的宽或高的 80%。
    - auto，指定背景图片保持纵横比缩放。宽度、高度只能有一个被指定为 auto，表明宽度、高度会以保持纵横比的方式自动计算出来。

在 CSS 2 中，HTML 元素的背景默认只覆盖盒模型的内填充区（padding）和内容区（content）；在 CSS 3 中则可以指定背景需要覆盖哪个范围。背景的覆盖范围由 background-clip 属性指定，该属性支持如下几个属性值。

- border-box：指定背景覆盖盒模型的边框区（border）、内填充区（padding）、内容区（content）。
- no-clip：指定背景覆盖盒模型的边框区（border）、内填充区（padding）、内容区（content）。
- padding-box：指定背景覆盖盒模型的内填充区（padding）、内容区（content）。
- content-box：指定背景只覆盖盒模型的内容区（content）。

如下页面代码示范了 background-clip 属性的功能。

程序清单：codes\08\8.2\background-clip.html

```
<!DOCTYPE html>
<html>
```

```
<head>
    <meta http-equiv="Content-Type" content="text/html; charset=utf-8" />
    <title>背景相关属性</title>
    <style type="text/css">
    /* 为div元素增加边框 */
    div{
        border:10px dotted #444;
        padding: 12px;
        height: 30px;
        width: 200px;
    }
    </style>
</head>
<body>
background-image:url(wjc.gif)
<div style="background-image:url(wjc.gif);">测试文字</div>
background-image:url(wjc.gif);background-clip:no-clip;
<div style="background-image:url(wjc.gif);
background-clip:no-clip;">测试文字</div>
background-image:url(wjc.gif);background-clip:padding-box;
<div style="background-image:url(wjc.gif);
background-clip:padding-box;">测试文字</div>
background-image:url(wjc.gif);background-clip:content-box;
<div style="background-image:url(wjc.gif);
background-clip:content-box;">测试文字</div>
</body>
</html>
```

使用浏览器浏览该页面，将看到如图 8.4 所示的效果。

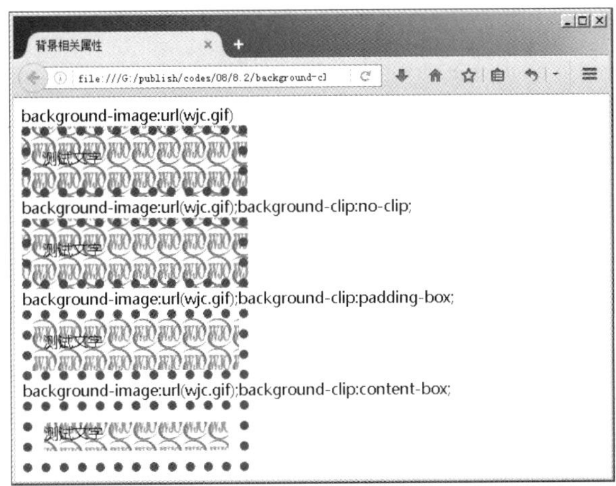

图 8.4 background-clip 属性的功能

图 8.4 中<div.../>元素的边框为点线，从运行效果来看，只有当省略 background-clip 属性，或指定 background-clip 属性为 no-clip 时，背景图片才会覆盖边框区。

8.2.3 CSS 3 新增的 background-origin 属性

background-origin 属性用于指定背景从哪里覆盖，可以指定如下几个属性值。

- border-box：指定背景图片从边框区开始覆盖。
- padding-box：指定背景图片从内填充区开始覆盖。
- content-box：指定背景图片从内容区开始覆盖。

如下页面代码示范了该background-origin属性的功能。

程序清单：codes\08\8.2\background-origin.html

```
<!DOCTYPE html>
<html>
<head>
    <meta http-equiv="Content-Type" content="text/html; charset=utf-8" />
    <title>背景相关属性</title>
    <style type="text/css">
    /* 为div元素增加边框 */
    div{
        border:10px dotted #444;
        padding: 12px;
        height: 30px;
        width: 200px;
    }
    </style>
</head>
<body>
<!-- 背景图片从内容区开始覆盖 -->
background-image:url(wjc.gif);background-origin:content-box;
<div style="background-image:url(wjc.gif);background-origin:content-box;
background-repeat:no-repeat;">测试文字</div>
<!-- 背景图片从内填充区开始覆盖 -->
background-image:url(wjc.gif);background-origin:padding-box;
<div style="background-image:url(wjc.gif);background-origin:padding-box;
background-repeat:no-repeat;">测试文字</div>
<!-- 背景图片从边框区开始覆盖 -->
background-image:url(wjc.gif);background-origin:border-box;
<div style="background-image:url(wjc.gif);background-origin:border-box;
background-repeat:no-repeat;">测试文字</div>
</body>
</html>
```

使用浏览器浏览该页面，将看到如图8.5所示的效果。

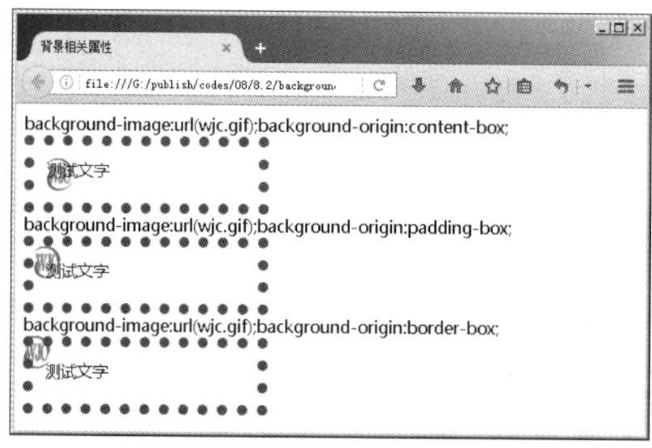

图8.5　background-origin属性的功能

8.2.4　CSS 3新增的background-size属性

在CSS 3以前的时代，当为HTML元素设置背景图片，且该图片“铺”到该元素上时，图片的大小总是该图片的原始大小。CSS 3的出现改变了这种现状，background-size属性可控制背景图片的大小。例如如下页面代码。

程序清单：codes\08\8.2\background-size.html

```
<!DOCTYPE html>
<html>
<head>
```

```
    <meta name="author" content="Yeeku.H.Lee(CrazyIt.org)" />
    <meta http-equiv="Content-Type" content="text/html; charset=utf-8" />
    <title>背景相关属性</title>
    <style type="text/css">
    /* 为 div 元素增加边框 */
    div{
        border:1px solid #000;
        height: 50px;
        width: 200px;
    }
    </style>
</head>
<body>
background-image:url(wjc.gif)
<div style="background-image:url(wjc.gif);"></div>
background-image:url(wjc.gif);background-size:100% 80%;
(背景图片的宽度与元素宽度相同、高度为元素高度的 80%)
<div style="background-image:url(wjc.gif);background-size:100% 80%;"></div>
background-image:url(wjc.gif);background-size:20% auto;
(背景图片的宽度为元素宽度的 20%、高度保持纵横比缩放)
<div style="background-image:url(wjc.gif);background-size:20% auto;"></div>
background-image:url(wjc.gif);background-size:auto 50%;
(背景图片的宽度保持纵横比缩放、高度为元素宽度 50%)
<div style="background-image:url(wjc.gif);background-size:auto 50%;"></div>
background-image:url(wjc.gif);;background-size:60px 30px;
(背景图片的宽度为 60px、高度为 30px)
<div style="background-image:url(wjc.gif);background-size:60px 30px;"></div>
background-image:url(wjc.gif);background-size:40px auto;
(背景图片的宽度为 40px，高度保持纵横比缩放)
<div style="background-image:url(wjc.gif);background-size:40px auto;"></div>
background-image:url(wjc.gif);background-size:auto 50%;
(背景图片的宽度保持纵横比缩放、高度为元素宽度 20px)
<div style="background-image:url(wjc.gif);background-size:auto 20px;"></div>
</body>
</html>
```

在浏览器中浏览该页面，将可以看到如图 8.6 所示的效果。

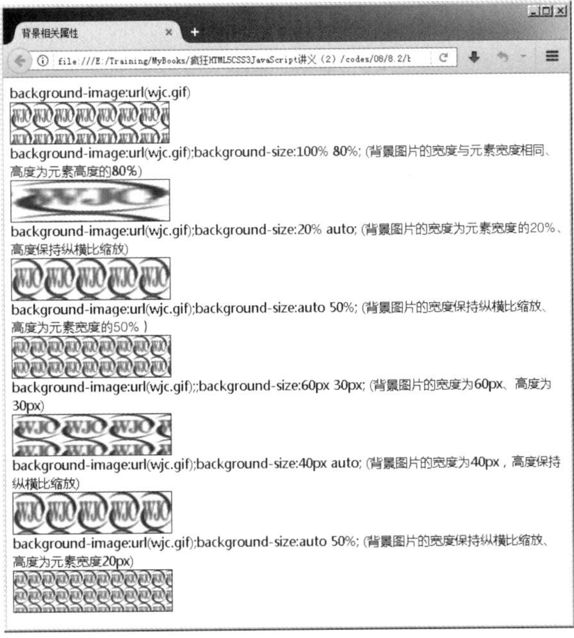

图 8.6　background-size 属性的功能

8.2.5 CSS 3 为 background-repeat 新增的 space 和 round

正如前面所介绍的，在 CSS 2.1 时代，background-repeat 只能指定 repeat、no-repeat、repeat-x、repeat-y 这 4 个值，对于 repeat、repate-x、repeat-y 这 3 个属性值都会控制背景图片平铺，但如果 HTML 元素的长度不能整除背景图片的长度，或 HTML 元素的宽度不能整除背景图片的宽度，repeat 选项将控制裁掉背景图片多出的部分。简而言之，平铺背景图片到 HTML 元素的边界时，背景图片将不能完整地显示出来。

CSS 3 为 background-repeat 新增的 space 和 round 两个属性值都用于保证背景图片不会被裁剪，二者的区别在于：round 会自动调整背景图片的大小，从而保证 HTML 元素内平铺的每个背景图片都能完整地显示出来；而 space 则不会调整背景图片的大小，它只是调整背景图片的间距，从而保证 HTML 元素内平铺的每个背景图片都能完整地显示出来。

下面页面代码示范了 space 和 round 两个属性值的作用。

程序清单：codes\08\8.2\background-repeat.html

```
<!DOCTYPE html>
<html>
<head>
    <meta http-equiv="Content-Type" content="text/html; charset=utf-8" />
    <title>背景相关属性</title>
    <style type="text/css">
    /* 为div元素增加边框 */
    div{
        height: 120px;
        width: 210px;
        background-image:url(wjc.gif);
    }
    </style>
</head>
<body>
默认 repeat
<div></div><p>
background-repeat:round
<div style="background-repeat:round"></div><p>
background-repeat:space
<div style="background-repeat:space"></div>
</body>
</html>
```

上面页面代码中定义了 3 个<div.../>元素，其中第一个<div.../>元素没有设置 backround-repeat 属性，因此该元素会使用默认的平铺方式，此时会发现背景图片平铺到 HTML 元素边界时被裁剪的情形；第二个<div.../>指定了 background-repeat:round，因此背景图片会被自动调整大小，从而保证每个图片都能完整地显示出来；第三个<div.../>指定了 background-repeat:space，因此系统会调整背景图片之间的间距，从而保证每个图片都能完整地显示出来。

在浏览器中浏览该页面，将会看到如图 8.7 所示的效果。

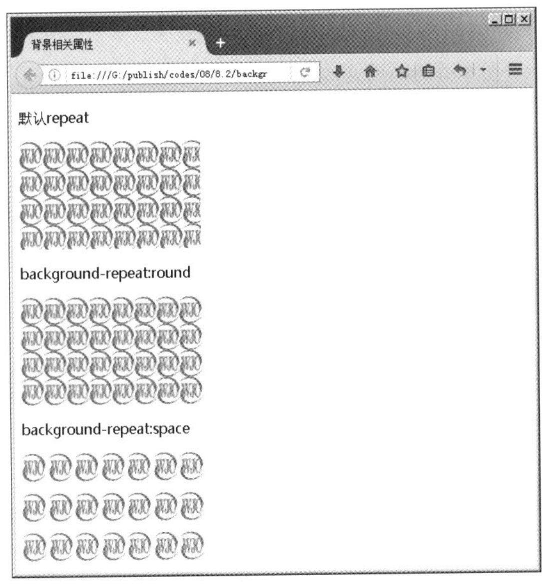

图 8.7 background-repeat 属性的功能

8.2.6 CSS 3 新增的多背景图片

在 CSS 3 以前，每个元素只能指定一种背景图片，如果同时指定了背景颜色和背景图片，那么背景图片会覆盖背景颜色。CSS 3 的出现改变了这种局面，CSS 3 允许同时指定多个背景图片，这些背景图片会依次覆盖。

CSS 3 并没有为多背景图片支持提供额外的属性，多背景图片依然是通过 background-image、background-repeat、background-position、background-size 等属性来控制的，只是 CSS 3 允许指定多个属性值（多个属性值之间以英文逗号隔开），这样即可实现多背景图片的效果。如下页面代码示范了多背景图片的效果。

程序清单：codes\08\8.2\multi-background.html

```
<!DOCTYPE html>
<html>
<head>
	<meta http-equiv="Content-Type" content="text/html; charset=utf-8" />
	<title>背景相关属性</title>
	<style type="text/css">
	/* 为 div 元素增加边框 */
	div#div1{
		border:1px solid #000;
		height: 160px;
		width: 500px;
		/* 依次指定了 3 个背景图片 */
		background-image: url(snow.gif), url(face.gif), url(sky.gif);
		/* 依次指定了 3 个背景图片的重复方式：纵向重复、横向重复、两个方向重复 */
		background-repeat: repeat-y, repeat-x, repeat;
		/* 依次指定了 3 个背景图片的位置 */
		background-position: center top, left center, left top;
	}
	</style>
</head>
<body>
<div id="div1"></div>
</body>。
</html>
```

在浏览器中浏览该页面，将看到如图 8.8 所示的效果。

图 8.8　多背景图片效果

8.3　使用渐变背景

CSS 3 为背景提供了线性渐变支持，这样就允许开发者进行更多灵活的背景设置。

8.3.1　使用 linear-gradient 设置线性渐变

CSS 3 为线性渐变提供了 linear-gradient 函数，该函数的语法格式如下：

```
linear-gradient(方向? 颜色列表)
```

上面语法中的“方向”用于指定线性渐变的方向，该方向可以省略。如果省略指定方向，线性渐变的方向默认是从上到下的。

方向参数支持如下参数值。

- to top：代表从下到上。
- to bottom：代表从上到下。这是默认值。
- to left：代表从右到左。
- to right：代表从左到右。
- to left top：代表从右下角到左上角。
- to right top：代表从左下角到右上角。
- to left bottom：代表从右上角到左下角。
- to right bottom：代表从左上角到右下角。
- Ndeg：指定角度值。其中 0deg 代表 12 点方向，该角度值代表顺时针转过的角度。

下面页面代码示范了不同方向的线性渐变。

程序清单：codes\08\8.3\simple-linear1.html

```
<!DOCTYPE html>
<html>
<head>
    <meta http-equiv="Content-Type" content="text/html; charset=utf-8" />
    <title> 线性渐变背景 </title>
    <style type="text/css">
    /* 为 div 元素增加边框 */
    div{
        height: 300px;
        width: 300px;
    }
    </style>
</head>
<body>
background:linear-gradient(red, blue)、红蓝线性渐变
```

```
<div id="dv1" style="background:linear-gradient(red, blue);"></div>
<button onclick="change(this.innerHTML);">to top</button>
<button onclick="change(this.innerHTML);">to bottom</button>
<button onclick="change(this.innerHTML);">to left</button>
<button onclick="change(this.innerHTML);">to right</button>
<button onclick="change(this.innerHTML);">to left top</button>
<button onclick="change(this.innerHTML);">to right top</button>
<button onclick="change(this.innerHTML);">to left bottom</button>
<button onclick="change(this.innerHTML);">to right bottom</button>
<script type="text/javascript">
function change(val){
    document.getElementById("dv1").style.background =
        "linear-gradient(" + val + ", red, blue)";
}
</script>
</body>
</html>
```

上面页面代码中定义了一个<div.../>元素，该元素通过 background 属性指定了线性渐变，没有为该线性渐变指定方向，因此默认方向是从上到下的。

linear-gradient()中的颜色列表只给出了两种颜色：red 和 blue，这意味着该线性渐变的开始颜色为红色，结束颜色为蓝色。

在浏览器中浏览该页面，可以看到如图 8.9 所示的简单线性渐变。

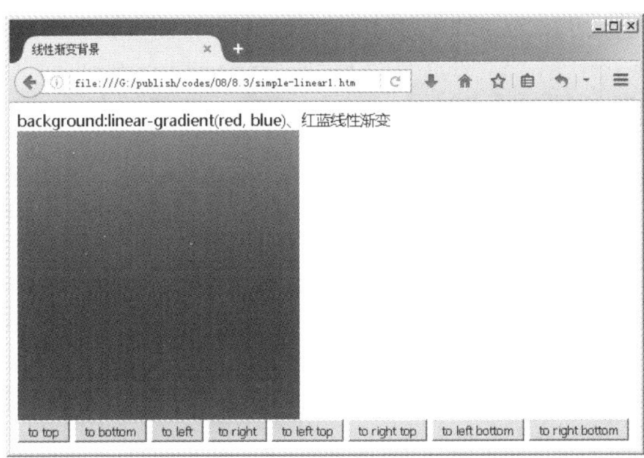

图 8.9　从上到下的红蓝线性渐变

页面代码中还定义了 8 个按钮，这 8 个按钮都用于改变渐变背景的颜色，用户单击任意一个按钮，JavaScript 脚本都会自动将页面中<div.../>元素的渐变背景的方向改为按钮中文本代表的方向。比如单击页面上的"to left bottom"按钮，此时线性渐变的方向将变成从右上角到左下角，如图 8.10 所示。

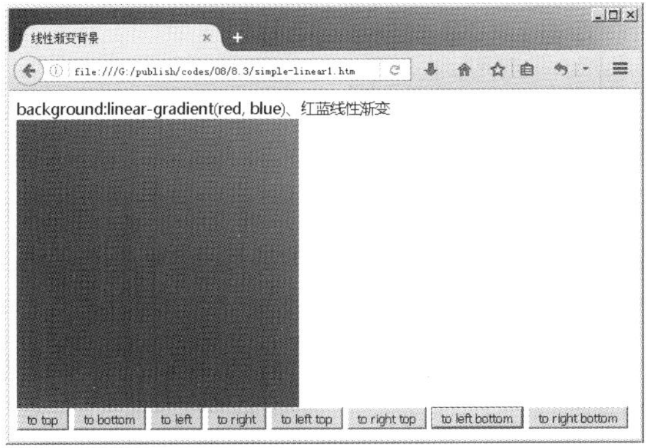

图 8.10　从右上角到左下角的红蓝线性渐变

除了使用简单的 to xxx 控制线性渐变的方向之外，CSS 3 也允许通过角度来指定线性渐变的方向。例如如下页面代码。

程序清单：codes\08\8.3\simple-linear2.html

```
<!DOCTYPE html>
<html>
<head>
    <meta http-equiv="Content-Type" content="text/html; charset=utf-8" />
    <title> 线性渐变背景 </title>
    <style type="text/css">
    /* 为div元素增加边框 */
    div{
        height: 300px;
        width: 300px;
    }
    </style>
</head>
<body>
background:linear-gradient(0deg, red, blue)、红蓝线性渐变
<div id="dv1" style="background:linear-gradient(0deg, red, blue);"></div>
角度：<input style="width:360px" type="range" min="0" max="360" value="0"
    onchange="change(this.value);">
<script type="text/javascript">
function change(val){
    var s = "linear-gradient(" + val + ", red, blue)";
    document.getElementById("dv1").style.background =
        "linear-gradient(" + val + "deg, red, blue)";
}
</script>
</body>
</html>
```

上面页面代码中定义了一个<div.../>元素，该元素通过 background 属性指定了线性渐变，并为该线性渐变指定了方向：0deg，这意味着该方向是从下到上的（12 点方向）。

linear-gradient()中的颜色列表只给出了两种颜色：red 和 blue，这意味着该线性渐变的开始颜色为红色，结束颜色为蓝色。

在浏览器中浏览该页面，可以看到如图 8.11 所示的简单线性渐变。

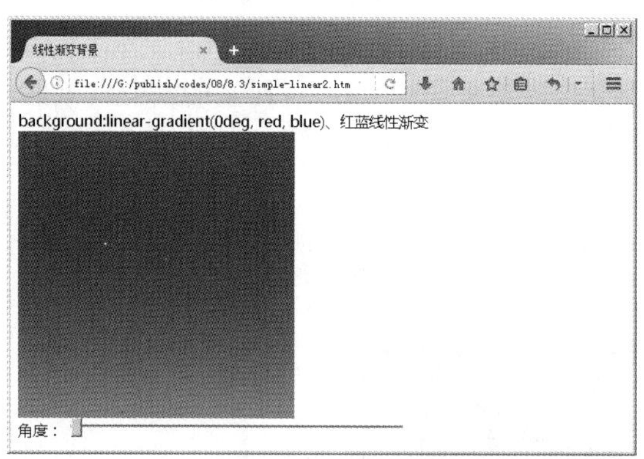

图 8.11　从下到上的红蓝线性渐变

页面中还定义了一个滑动条，该滑动条滑动时可以动态改变<div.../>线性渐变背景的方向，该方向是顺时针旋转的，比如将角度设为 45°，那么此时线性渐变的方向就是从左下角到右上角，如图 8.12 所示。

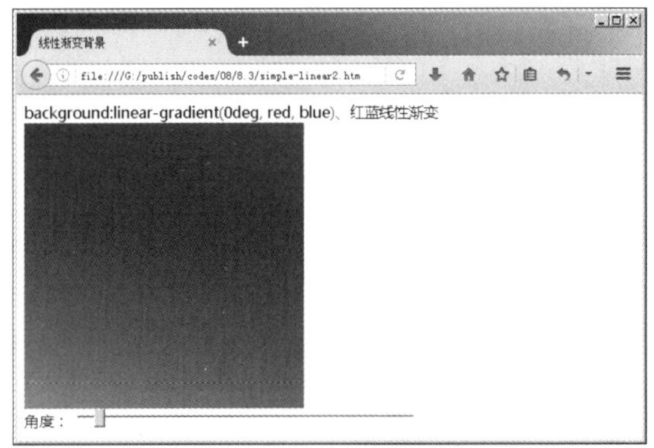

图 8.12　45° 的红蓝线性渐变

接下来详细介绍 linear-gradient()语法中的颜色列表。正如从前面代码所看到的，颜色列表的最简单形式是“red, blue”这样直接给出两种颜色，分别代表线性渐变的开始颜色和结束颜色。

实际上颜色列表的完整语法是：

```
颜色 1 位置 1，颜色 2 位置 2，...
```

这样可以依次为线性渐变指定多种颜色，而且可以为各种颜色指定位置——位置既可使用百分比，也可使用长度值。如果为这些颜色指定了位置，那么线性渐变将会平均分布这些颜色。

下面页面代码示范了如何为线性渐变指定颜色。

程序清单：codes\08\8.3\linear.html

```
<!DOCTYPE html>
<html>
<head>
    <meta http-equiv="Content-Type" content="text/html; charset=utf-8" />
    <title> 线性渐变背景 </title>
    <style type="text/css">
    /* 为div元素增加边框 */
    div{
        height: 90px;
        width: 300px;
        border: 1px solid black;
    }
    </style>
</head>
<body>
background:linear-gradient(30deg, red, green, blue)、红绿蓝线性渐变
<div style="background:linear-gradient(30deg, red, green, blue);"></div>
background:linear-gradient(45deg, red, green, blue, yellow)、红绿蓝黄线性渐变
<div style="background:linear-gradient(45deg, red, green, blue, yellow);"></div>
background:linear-gradient(90deg, rgba(255, 0, 0, 0), rgba(255, 0, 0, 1))、透明度改变的线性渐变
<div style="background:linear-gradient(90deg, rgba(255, 0, 0, 0), rgba(255, 0, 0, 1))"></div>
background:linear-gradient(135deg, red 20%, green 40%, blue 70%)、红绿蓝线性渐变
<div style="background:linear-gradient(135deg, red 20%, green 40%, blue 70%);"></div>
background:linear-gradient(150deg, red 30%, green 40%, blue 60%, yellow 70%)、红绿蓝黄线性渐变
<div style="background:linear-gradient(150deg, red 30%, green 40%, blue 60%, yellow 70%);"></div>
background:linear-gradient(200deg, red 40px, green 60px, blue 90px)、红绿蓝线性渐变
<div style="background:linear-gradient(135deg, red 20%, green 40%, blue 70%);">
```

```
</div>
</body>
</html>
```

在浏览器中浏览该页面，可以看到如图8.13所示的效果。

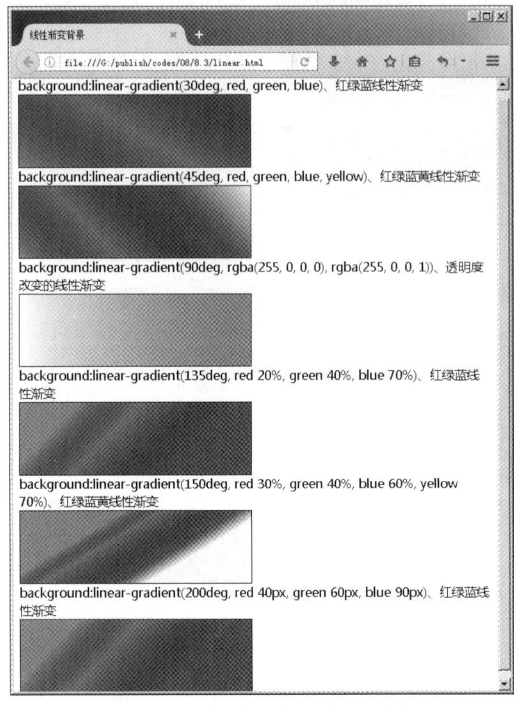

图8.13　多种颜色的线性渐变

8.3.2　使用repeating-linear-gradient设置循环线性渐变

CSS 3还提供了repeating-linear-gradient函数来设置循环线性渐变，这种线性渐变将会循环利用给出的渐变颜色，从而形成更绚丽的背景。

下面页面代码示范了循环线性渐变的功能。

程序清单：codes\08\8.3\repeating-linear.html

```
<!DOCTYPE html>
<html>
<head>
    <meta http-equiv="Content-Type" content="text/html; charset=utf-8" />
    <title> 循环线性渐变 </title>
    <style type="text/css">
    /* 为div元素增加边框 */
    div{
        height: 400px;
        width: 400px;
    }
    </style>
</head>
<body>
background:repeating-linear-gradient(red, blue 10%, magenta 20%)<br>
红、蓝、洋红循环线性渐变
<div id="dv1" style="background:repeating-linear-gradient(red, blue 10%, magenta
20%);"></div>
角度：<input style="width:360px" type="range" min="0" max="360" value="0"
    onchange="change(this.value);">
```

```
<script type="text/javascript">
function change(val){
    var s = "linear-gradient(" + val + ", red, blue)";
    document.getElementById("dv1").style.background =
        "repeating-linear-gradient(" + val + "deg, red, blue 10%, magenta 20%)";
}
</script>
</body>
</html>
```

上面页面代码使用 repeating-linear-gradient 来设置循环线性渐变，此时浏览器将会循环利用 CSS 样式给出的 red、blue 和 magenta 三种颜色来生成渐变背景。

在浏览器中浏览该页面，将可以看到如图 8.14 所示的效果。

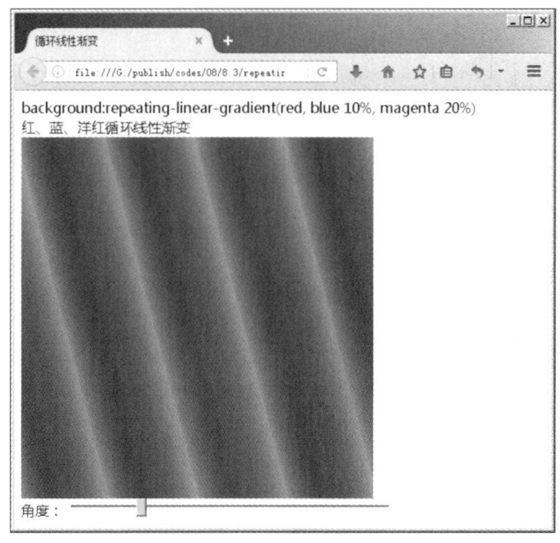

图 8.14 循环线性渐变

正如从图 8.14 所看到的，循环线性渐变会循环利用红、蓝、洋红三种颜色来生成渐变背景。与普通线性渐变相同的是，循环线性渐变同样支持指定方向，指定方向时同样支持使用 to xxx 或角度值两种方式。

8.3.3 使用 radial-gradient 设置径向渐变

CSS 3 还提供了 radial-gradient 函数来设置径向渐变，该函数的语法格式如下：

```
radial-gradient(形状? 大小? at x坐标 y坐标, 颜色列表)
```

radial-gradient 语法格式可分为 4 个部分。

- **形状**：指定径向渐变的形状，目前支持 circle（圆形）和 ellipse（椭圆）两种形状。形状部分可以省略，如果省略该部分，将由浏览器感觉被添加背景的 HTML 元素的形状来决定渐变的形状。
- **大小**：指定径向渐变的大小。后面还会详细介绍该参数的功能和用法。这部分可以省略，如果省略，则径向渐变的大小由浏览器决定，通常会占满整个 HTML 元素。
- **圆心**：圆心部分必须由 at 关键字开头，后面紧跟圆心的 *x* 坐标和 *y* 坐标。下面会详细介绍该参数的功能和用法。这部分可以省略，如果省略，则径向渐变的圆心默认是 HTML 元素的中心。
- **颜色列表**：径向渐变的颜色列表与线性渐变的颜色列表的用法完全相同。

圆心部分必须以 at 关键字开头，*x* 坐标、*y* 坐标支持如下写法。

- left：代表 *x* 坐标的最左边。

- center：可代表 x 坐标和 y 坐标的中间。
- right：代表 x 坐标的最右边。
- top：代表 y 坐标的最顶部。
- bottom：代表 y 坐标的最底部。
- **数值**：该数值支持长度值和百分比，可代表 x 坐标或 y 坐标的值。

下面页面代码示范了改变径向渐变的圆心。

程序清单：codes\08\8.3\simple-radial1.html

```
<!DOCTYPE html>
<html>
<head>
    <meta http-equiv="Content-Type" content="text/html; charset=utf-8" />
    <title> 径向渐变背景 </title>
    <style type="text/css">
    /* 为div元素增加边框 */
    div{
        height: 300px;
        width: 300px;
    }
    </style>
</head>
<body>
background:radial-gradient(red, blue)、红蓝径向渐变
<div id="dv1" style="background:radial-gradient(red, blue);"></div>
<button onclick="change(this.innerHTML);">left top</button>
<button onclick="change(this.innerHTML);">left center</button>
<button onclick="change(this.innerHTML);">left bottom</button>
<button onclick="change(this.innerHTML);">center top</button>
<button onclick="change(this.innerHTML);">center center</button>
<button onclick="change(this.innerHTML);">center bottom</button>
<button onclick="change(this.innerHTML);">right top</button>
<button onclick="change(this.innerHTML);">right center</button>
<button onclick="change(this.innerHTML);">right bottom</button>
<script type="text/javascript">
function change(val){
    document.getElementById("dv1").style.background =
        "radial-gradient(at " + val + ", red, blue)";
}
</script>
</body>
</html>
```

上面页面代码中的第一行粗体字代码使用了最简单的径向渐变，该径向渐变只指定了“red, blue”作为颜色列表，没有指定形状，没有指定圆心，没有指定大小，这些参数都使用默认值。在浏览器中浏览该页面，可以看到如图 8.15 所示的效果。

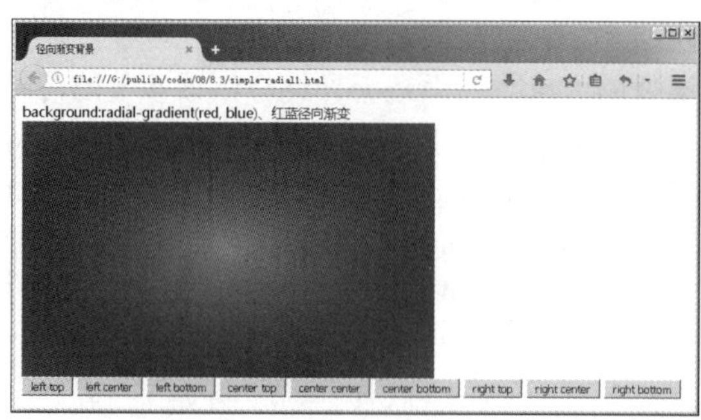

图 8.15　默认的红蓝径向渐变

页面代码中还定义了 9 个按钮，用于改变页面上径向渐变的圆心。单击页面上任意一个按钮，JavaScript 脚本将会把按钮上的文本添加到 radial-gradient 的 at 部分，用于指定径向渐变的圆心。例如，单击页面上的“center bottom”按钮，将可以看到如图 8.16 所示的效果。

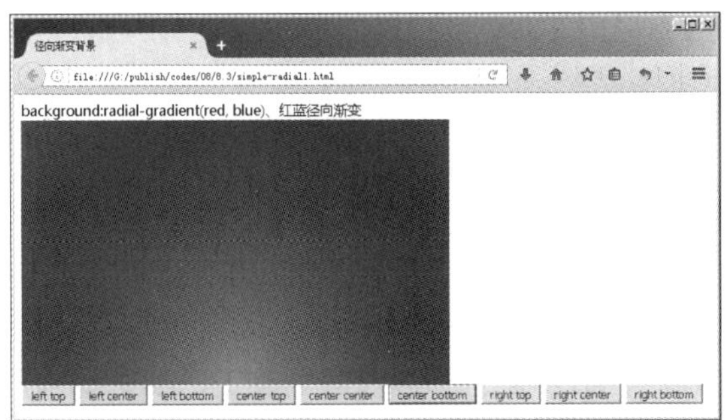

图 8.16 圆心在中下部的红蓝径向渐变

从图 8.16 可以看出，由于此时 JavaScript 为 radial-gradient 指定了 at center bottom，因此该径向渐变的圆心位于 HTML 元素的中下部。

此外，CSS 3 也允许使用数值（包括百分比或长度值）来指定径向渐变的圆心。例如如下页面代码。

程序清单：codes\08\8.3\simple-radial2.html

```
<!DOCTYPE html>
<html>
<head>
    <meta http-equiv="Content-Type" content="text/html; charset=utf-8" />
    <title> 径向渐变背景 </title>
    <style type="text/css">
    /* 为 div 元素增加边框 */
    div{
        height: 300px;
        width: 300px;
    }
    </style>
</head>
<body>
background:radial-gradient(red, blue)、红蓝径向渐变
<div id="dv1" style="background:radial-gradient(red, blue);"></div>
x: <input id="x" style="width:360px" type="range" min="0" max="500" value="250"
    onchange="change();"><p>
y: <input id="y" style="width:360px" type="range" min="0" max="300" value="150"
    onchange="change();">
<script type="text/javascript">
function change(){
    var x = document.getElementById("x").value;
    var y = document.getElementById("y").value;
    document.getElementById("dv1").style.background =
        "radial-gradient(at " + x + "px " + y + "px" + ", red, blue)";
}
</script>
</body>
</html>
```

上面页面代码中定义了两个滑动条，分别用于改变径向渐变圆心的 x 坐标和 y 坐标。当用户拖动页面上的滑动条时，粗体字 JavaScript 代码将会动态改变该径向渐变圆心的 x、y 坐标。

在浏览器中浏览该页面，并拖动滑动条来改变径向渐变圆心的 x、y 坐标，可以看到如图 8.17 所示的效果。

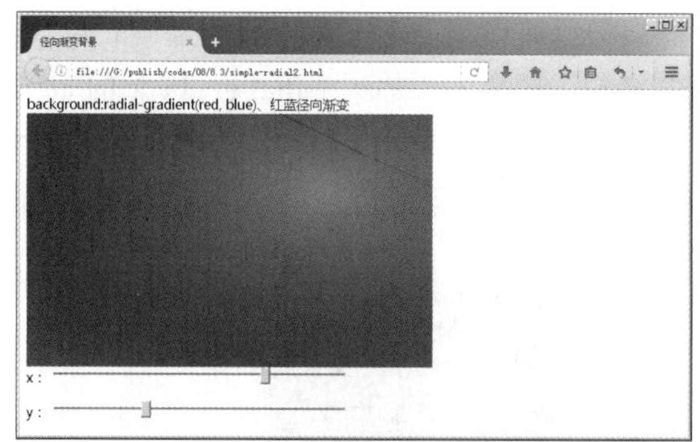

图 8.17　指定圆心的红蓝径向渐变

radial-gradient 语法的大小部分会根据形状发生改变，如果径向渐变的形状是圆形，那么大小部分只需指定一个值；如果径向渐变的形状是椭圆，那么大小部分需指定两个值，分别代表椭圆的 x 半轴和 y 半轴。其大小支持如下值。

- closest-side：渐变大小到最近的边。
- farthest-side：渐变大小到最远的边。
- closest-corner：渐变大小到最近的角。
- farthest-corner：渐变大小到最远的角。
- **数值**：该数值既支持百分比也支持长度值，用于指定渐变的实际半径。

下面页面代码示范了控制圆形的径向渐变半径的方法。

程序清单：codes\08\8.3\size1.html

```
<!DOCTYPE html>
<html>
<head>
    <meta http-equiv="Content-Type" content="text/html; charset=utf-8" />
    <title> 径向渐变背景 </title>
    <style type="text/css">
    /* 为div元素增加边框 */
    div{
        height: 300px;
        width: 600px;
    }
    </style>
</head>
<body>
background:radial-gradient(red, blue)、红蓝径向渐变
<div id="dv1" style="background:radial-gradient(red, blue);"></div>
<button onclick="change(this.innerHTML);">closest-side</button>
<button onclick="change(this.innerHTML);">farthest-side</button>
<button onclick="change(this.innerHTML);">closest-corner</button>
<button onclick="change(this.innerHTML);">farthest-corner</button>
<script type="text/javascript">
function change(val){
    document.getElementById("dv1").style.background =
        "radial-gradient(circle " + val + ", red, blue)";
}
</script>
</body>
</html>
```

上面页面代码中的第一行粗体字代码使用了最简单的径向渐变，该径向渐变只指定了“red, blue”作为颜色列表，没有指定形状，没有指定圆心，没有指定大小，这些参数都使用默认值。

页面代码中还定义了 4 个按钮，用于改变页面上径向渐变的大小。单击页面上任意一个按

钮，JavaScript 脚本将会把按钮上的文本添加到 radial-gradient 的大小部分，用于指定径向渐变的大小。例如，单击页面上的“closest-side”按钮，将看到如图 8.18 所示的效果。

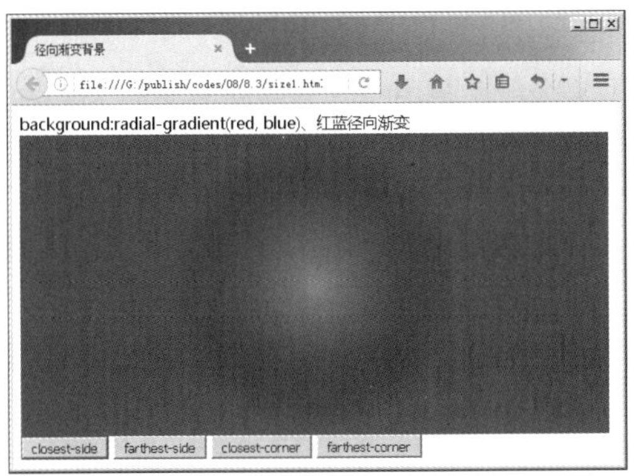

图 8.18　大小到最近边的红蓝径向渐变

CSS 3 同样支持使用数值来指定径向渐变的大小，既可使用百分比也可使用具体的长度值。下面页面代码示范了这种功能。

程序清单：codes\08\8.3\size2.html

```
<!DOCTYPE html>
<html>
<head>
	<meta http-equiv="Content-Type" content="text/html; charset=utf-8" />
	<title> 径向渐变背景 </title>
	<style type="text/css">
	/* 为 div 元素增加边框 */
	div{
		height: 300px;
		width: 600px;
	}
	</style>
</head>
<body>
background:radial-gradient(red, blue)、红蓝径向渐变
<div id="dv1" style="background:radial-gradient(red, blue);"></div>
椭圆渐变：<input type="checkbox" id="shape" onchange="change();"><p>
横向半径：<input id="x" style="width:360px" type="range" min="0" max="300"
value="150"
	onchange="change();"><p>
纵向半径：<input id="y" style="width:360px" type="range" min="0" max="150" value="75"
	onchange="change();">
<script type="text/javascript">
function change(){
	var xSize = document.getElementById("x").value;
	var ySize = document.getElementById("y").value;
	var isEllipse = document.getElementById("shape").checked;
	if (isEllipse)
	{
		// 指定使用椭圆渐变
		document.getElementById("dv1").style.background =
			"radial-gradient(ellipse " + xSize + "px " + ySize + "px" + ", red, blue)";
	}
	else
	{
		// 不指定形状，默认是圆形
		document.getElementById("dv1").style.background =
			"radial-gradient(circle " + xSize + "px" + ", red, blue)";
```

```
    }
}
</script>
</body>
</html>
```

上面页面代码中定义了两个滑动条用于改变径向渐变的 *x* 半轴、*y* 半轴的大小。如果用户勾选了椭圆渐变的复选框，JavaScript 脚本将会在 radial-gradient 中指定 ellipse 形状，并根据两个滑动条的大小分别指定椭圆渐变的 *x* 半轴和 *y* 半轴的大小；如果用户没有勾选椭圆渐变的复选框，JavaScript 脚本将会在 radial-gradient 中指定 circle 形状，并根据第一个滑动条的大小指定圆形渐变的半径。

在浏览器中浏览该页面，勾选椭圆渐变的复选框，并拖动两个滑动条来改变椭圆的 *x* 半轴和 *y* 半轴的大小，即可看到如图 8.19 所示的效果。

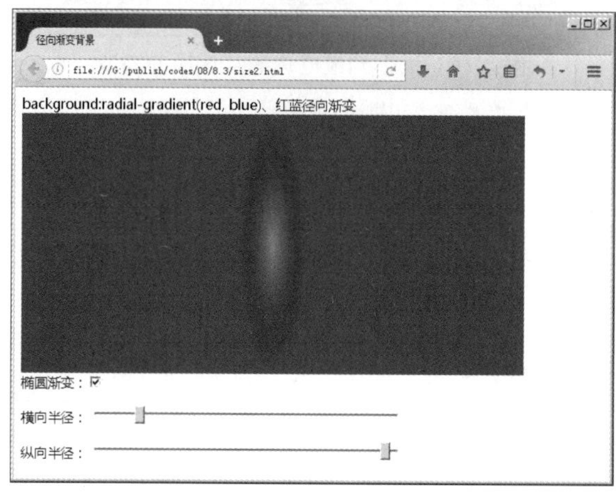

图 8.19　指定大小的椭圆渐变

radial-gradient()语法中的颜色列表与线性渐变中颜色列表的语法完全相同，其完整语法同样是：

```
颜色 1 位置 1, 颜色 2 位置 2, ...
```

这样可以依次为径向渐变指定多种颜色，而且可以为各种颜色指定位置——位置既可使用百分比，也可使用长度值。如果为这些颜色指定位置，那么径向渐变将会平均分布这些颜色。

下面页面代码示范了如何为径向渐变指定颜色。

程序清单：codes\08\8.3\radial.html

```
<!DOCTYPE html>
<html>
<head>
    <meta http-equiv="Content-Type" content="text/html; charset=utf-8" />
    <title> 径向渐变背景 </title>
    <style type="text/css">
    /* 为 div 元素增加边框 */
    div{
        height: 90px;
        width: 300px;
        border: 1px solid black;
    }
    </style>
</head>
<body style="font-size:14px;">
background:radial-gradient(at 40px 90px, red, green, blue)<br>
```

```
    红绿蓝指定圆心的径向渐变
    <div style="background:radial-gradient(at 40px 100px, red, green, blue);"></div>
    background:radial-gradient(ellipse, red, green, blue)<br>
    红绿蓝指定形状的径向渐变
    <div style="background:radial-gradient(ellipse, red, green, blue);"></div>
    background:radial-gradient(20px, red, green, blue)<br>
    红绿蓝指定大小的径向渐变
    <div style="background:radial-gradient(20px, red, green, blue);"></div>
    background:radial-gradient(at 100px 50px, red, green, blue, yellow)<br>
    红绿蓝黄指定圆心的径向渐变
    <div style="background:radial-gradient(at 100px 50px, red, green, blue, yellow);">
</div>
    background:radial-gradient(ellipse at 100px 50px, rgba(255, 0, 0, 0), rgba(255, 0,
0, 1))
    <br>透明度改变指定形状、圆心的径向渐变
    <div style="background:radial-gradient(ellipse at 100px 50px, rgba(255, 0, 0, 0),
rgba(255, 0, 0, 1))"></div>
    background:radial-gradient(circle 50px, red 20%, green 40%, blue 70%)
    <br>红绿蓝指定形状、大小的径向渐变
    <div  style="background:radial-gradient(circle  50px,  red  20%,  green  40%,  blue
70%);"></div>
    background:radial-gradient(circle 50px at 150px 60px, red 20%, green 40%, blue 70%)
    <br>红绿蓝指定形状、大小、圆心的径向渐变
    <div style="background:radial-gradient(circle 50px at 150px 60px, red 20%, green
40%, blue 70%);"></div>
    background:radial-gradient(ellipse 100px 30px at 150px 60px, red 30%, green 40%,
blue 60%, yellow 70%)
    <br>红绿蓝黄指定形状、大小、圆心的径向渐变
    <div style="background:radial-gradient(ellipse 100px 30px at 150px 60px, red 30%,
green 40%, blue 60%, yellow 70%);"></div>
    </body>
    </html>
```

在浏览器中浏览该页面，可以看到如图 8.20 所示的效果。

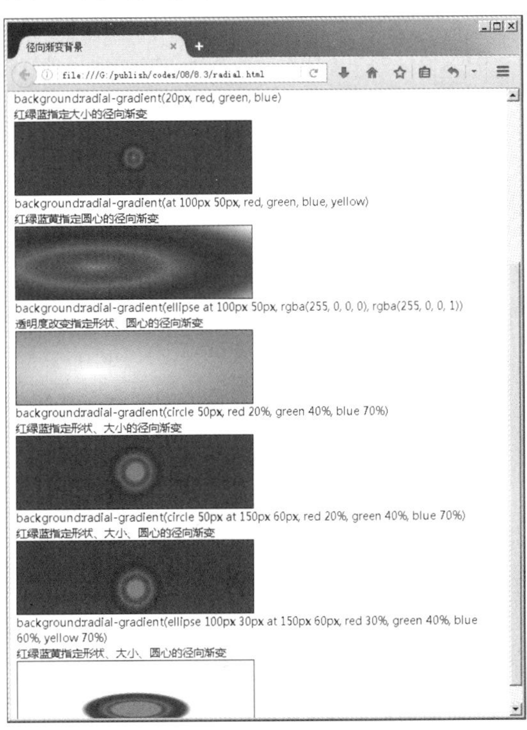

图 8.20 多种颜色的径向渐变

8.3.4 使用 repeating-radial-gradient 设置循环径向渐变

CSS 3 还提供了 repeating-radial-gradient 函数来设置循环径向渐变，这种径向渐变将会循环利用给出的渐变颜色，从而形成更绚丽的背景。

下面页面代码示范了循环径向渐变的功能。

程序清单：codes\08\8.3\repeating-radial.html

```
<!DOCTYPE html>
<html>
<head>
    <meta http-equiv="Content-Type" content="text/html; charset=utf-8" />
    <title> 循环径向渐变 </title>
    <style type="text/css">
    /* 为div元素增加边框 */
    div{
        height: 300px;
        width: 400px;
    }
    </style>
</head>
<body>
background:repeating-radial-gradient(red, blue 30px, magenta 50px)<br>
红、蓝、洋红循环径向渐变
<div id="dv1" style="background:repeating-radial-gradient(red, blue 30px, magenta
50px);"></div>
x: <input id="x" style="width:360px" type="range" min="0" max="400" value="200"
    onchange="change();"><p>
y: <input id="y" style="width:360px" type="range" min="0" max="300" value="150"
    onchange="change();">
<script type="text/javascript">
function change(){
    var x = document.getElementById("x").value;
    var y = document.getElementById("y").value;
    document.getElementById("dv1").style.background =
        "repeating-radial-gradient(at " + x + "px " + y + "px" + ", red, blue 30px,
magenta 50px)";
}
</script>
</body>
</html>
```

上面页面代码使用 repeating-radial-gradient 来设置循环径向渐变，此时浏览器将会循环利用 CSS 样式给出的 red、blue 和 magenta 三种颜色来生成渐变背景。

在浏览器中浏览该页面，将可以看到如图 8.21 所示的效果。

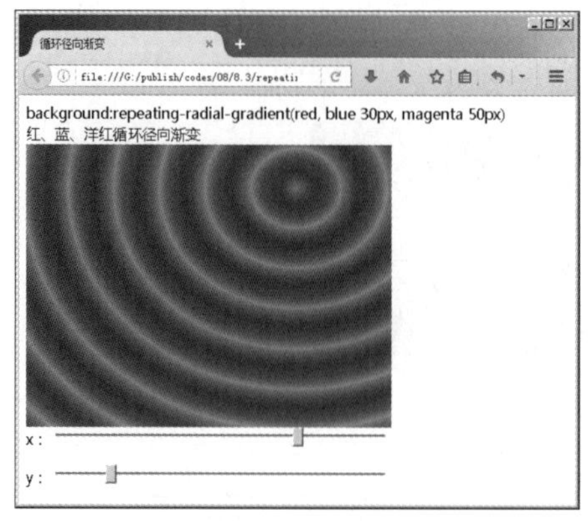

图 8.21　循环径向渐变

 8.4 边框相关属性

边框相关属性用于设置目标对象的边框特征，包括边框颜色、粗细，以及使用的线型。边框相关属性有如下几个。

- border：这是一个复合属性，用于设置目标元素的边框样式。可同时设置边框的粗细、线型、颜色。
- border-color：用于设置元素的边框颜色。如果提供 4 个参数值，则将按上、右、下、左的顺序一次设置 4 个边框的颜色；如果只提供 1 个参数值，则将用于设置 4 个边框的颜色；如果提供 2 个参数值，则第一个用于设置上、下两个边框的颜色；第二个用于设置左、右两个边框的颜色；如果提供 3 个参数值，则第一个用于设置上边框的颜色，第二个用于设置左、右两个边框的颜色，第三个用于设置下边框的颜色。
- border-style：用于设置元素的边框线型。如果提供 4 个参数值，则将按上、右、下、左的顺序依次设置 4 个边框的线型；如果只提供 1 个参数值，则将用于设置 4 个边框的线型；如果提供 2 个参数值，则第一个用于设置上、下两个边框的线型，第二个用于设置左、右两个边框的线型；如果提供 3 个参数值，则第一个用于设置上边框的线型，第二个用于设置左、右两个边框的线型，第三个用于设置下边框的线型。
- border-width：用于设置目标元素的边框线宽。如果提供 4 个参数值，则将按上、右、下、左的顺序依次设置 4 个边框的线宽；如果只提供 1 个参数值，则将用于设置 4 个边框的线宽；如果提供 2 个参数值，则第一个用于设置上、下两个边框的线宽，第二个用于设置左、右两个边框的线宽；如果提供 3 个参数值，则第一个用于设置上边框的线宽，第二个用于设置左、右两个边框的线宽，第三个用于设置下边框的线宽。
- border-top：这是一个复合属性，用于设置目标元素的上边框样式。可同时设置边框的粗细、线型、颜色。
- border-top-color：用于设置目标元素的上边框颜色。
- border-top-style：用于设置目标元素的上边框线型。
- border-top-width：用于设置目标元素的上边框线宽。
- border-right：这是一个复合属性，用于设置目标元素的右边框样式。可同时设置边框的粗细、线型、颜色。
- border-right-color：用于设置目标元素的右边框颜色。
- border-right-style：用于设置目标元素的右边框线型。
- border-right-width：用于设置目标元素的右边框线宽。
- border-bottom：这是一个复合属性，用于设置目标元素的下边框样式。可同时设置边框的粗细、线型、颜色。
- border-bottom-color：用于设置目标元素的下边框颜色。
- border-bottom-style：用于设置目标元素的下边框线型。
- border-bottom-width：用于设置目标元素的下边框线宽。
- border-left：这是一个复合属性，用于设置目标元素的左边框样式。可同时设置边框的粗细、线型、颜色。
- border-left-color：用于设置目标元素的左边框颜色。
- border-left-style：用于设置目标元素的左边框线型。
- border-left-width：用于设置目标元素的左边框线宽。

在上面的边框相关属性中，边框颜色可以是任何有效的颜色值，而线宽可以是任何有效的长度值，线型可以支持如下值。

- none：无边框。
- hidden：隐藏边框。
- dotted：点线边框。
- dashed：虚线边框。
- solid：实线边框。
- double：双线边框。
- groove：3D 凹槽边框。
- ridge：3D 凸槽边框。
- inset：3D 凹入边框。
- outset：3D 凸出边框。

提示：
虽然 CSS 提供了这么多线型，但不是所有浏览器中都可以看出全部线型的效果。

下面的页面代码分别使用了不同的边框属性，用于演示线型、线宽、颜色等属性控制边框后的效果。为了更好地看出边框效果，页面还用 CSS 设置了<div.../>元素的大小。

程序清单：codes\08\8.4\border.html

```
<!DOCTYPE html>
<html>
<head>
    <meta http-equiv="Content-Type" content="text/html; charset=utf-8" />
    <title>边框相关属性测试</title>
    <style type="text/css">
        /* 设置div元素的宽度和高度 */
        div {
            width:300px;
            height:40px;
        }
    </style>
</head>
<body>
border:5px solid #666
<div style="border:5px solid #666">
宽度为5的灰色实线边框</div>
border:2px dashed #666
<div style="border:2px dashed #666">
宽度为2的灰色虚线边框</div>
border:1px double #666
<div style="border:1px double #666">
宽度为1的灰色双线边框</div>
border:2px dotted #666
<div style="border:2px dotted #666">
宽度为2的灰色点线边框</div>
border:5px groove #666
<div style="border:5px groove #666">
宽度为5的灰色凹槽边框</div>
border:5px ridge #666
<div style="border:5px ridge #666">
宽度为5的灰色凸槽边框</div>
border:8px inset #666
```

```
<div style="border:8px inset #666">
宽度为 8 的灰色的凹入边框</div>
border:8px outset #666
<div style="border:8px outset #666">
宽度为 8 的灰色的凸出边框</div>
border-width:8px 2px;border-style:solid dashed;border-color:#ccc #444;
<div style="border-width:8px 2px;border-style:solid dashed;
   border-color:#ccc #444;">
上下两个边框样式为: 8px solid #ccc;<br/>
左右两个边框样式为: 2px dashed #444</div>
border-width:3px;border-style:solid;border-color:#ccc #ccc #444 #444;
<div style="border-width:8px;border-style:solid;
   border-color:#ccc #ccc #444 #444;">
让四个边框颜色不同做出的立体效果</div>
</body>
</html>
```

在浏览器中浏览该页面，将可以看到如图 8.22 所示的效果。

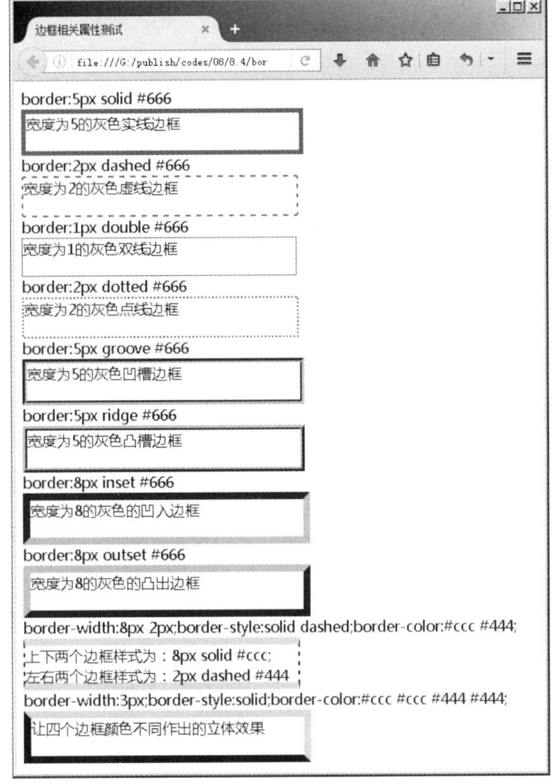

图 8.22　边框相关属性设置效果

8.4.1　CSS 3 提供的渐变边框

CSS 3 提供了如下 4 个属性来支持渐变边框。

- border-top-colors：该属性用于设置目标元素的上边框颜色。如果设置上边框的宽度是 *N*px，那么就可以为该属性设置 *N* 种颜色，每种颜色显示 1px 的宽度。但如果设置的颜色数量小于边框的宽度，那么最后一个颜色将会覆盖该边框剩下的宽度。假如边框的宽度是 10x，如果该属性只声明了 5 或 6 种颜色，那么最后一个颜色将会覆盖该边框剩下的宽度。
- border-right-colors：该属性用于设置目标元素的右边框颜色。该属性指定的多个颜色值的意义与 border-top-colors 属性里各颜色值的意义相同。

- border-bottom-colors：该属性用于设置目标元素的下边框颜色。该属性指定的多个颜色值的意义与 border-top-colors 属性里各颜色值的意义相同。
- border-left-colors：该属性用于设置目标元素的左边框颜色。该属性指定的多个颜色值的意义与 border-top-colors 属性里各颜色值的意义相同。

需要指出的是，这 4 个属性目前只有 Firefox 浏览器才支持，而且使用该属性时必须在前面增加-moz-前缀。如下页面代码示范了 CSS 3 提供的渐变边框效果。

程序清单：codes\08\8.4\gradient-border.html

```
<!DOCTYPE html>
<html>
<head>
    <meta http-equiv="Content-Type" content="text/html; charset=utf-8" />
    <title>渐变边框</title>
    <style type="text/css">
        /* 设置 div 元素的宽度和高度 */
        div {
            width:300px;
            height:40px;
        }
    </style>
</head>
<body>
<div style="border:10px solid gray;
-moz-border-bottom-colors:#555 #666 #777 #888 #999 #aaa #bbb #ccc #ddd #eee;
-moz-border-top-colors:#555 #666 #777 #888 #999 #aaa #bbb #ccc #ddd #eee;
-moz-border-left-colors:#555 #666 #777 #888 #999 #aaa #bbb #ccc #ddd #eee;
-moz-border-right-colors:#555 #666 #777 #888 #999 #aaa #bbb #ccc #ddd #eee;">
宽度为 10 的渐变边框</div>
</body>
</html>
```

上面页面中粗体字代码指定了一个宽度为 10px 的边框，并为边框指定了 10 个颜色（10 个颜色会形成渐变效果）。在 Firefox 中浏览该页面，可以看到如图 8.23 所示的效果。

图 8.23　渐变边框效果

8.4.2　CSS 3 提供的圆角边框

CSS 3 为支持圆角边框提供了如下属性。

- border-radius：该属性用于指定圆角边框的圆角半径（半径越大，圆角的程度越大）。如果该属性指定 1 个长度，则 4 个圆角都使用该长度作为半径；如果指定 2 个长度，则第一个长度将作为左上角、右下角的半径；第二个长度将作为右上角、左下角的半径；如果指定 3 个长度，则第一个长度将作为左上角的半径，第二个长度将作为右上角、左下角的半径；第三个长度将作为右下角的半径。如果指定 4 个长度，则将依次指定左上角、右上角、右下角、左下角的半径。
- border-top-left-radius：该属性用于指定左上角的圆角半径。
- border-top-right-radius：该属性用于指定右上角的圆角半径。
- border-bottom-right-radius：该属性用于指定右下角的圆角半径。
- border-bottom-left-radius：该属性用于指定左下角的圆角半径。

如下页面代码示范了圆角边框的功能。

程序清单：codes\08\8.4\radius-border.html

```
<!DOCTYPE html>
<html>
<head>
    <meta http-equiv="Content-Type" content="text/html; charset=utf-8" />
    <title> 圆角边框 </title>
    <style type="text/css">
        /* 设置 div 元素的宽度和高度 */
        div {
            width:300px;
            height:60px;
        }
    </style>
</head>
<body>
<div style="border:3px solid black;border-radius:20px;">
半径为 20px 的圆角边框</div>
<div style="border:3px dotted black;border-radius:20px;">
半径为 20px 的圆角边框</div>
<div style="background-color:#aaa;border-radius:20px;">
半径为 20px 的圆角边框（不显示边框）</div>
<div style="border:3px solid black;border-radius:16px 40px;">
半径为 16px 40px 的圆角边框</div>
<div style="border:3px solid black;border-radius:10px 20px 40px;">
半径为 10px 20px 40px 的圆角边框</div>
<div style="border:3px solid black;border-radius:10px 20px 30px 40px;">
半径为 10px 20px 30px 40px 的圆角边框</div>
<div style="border:3px solid black;
border-top-left-radius:30px;
border-top-right-radius:20px;
border-bottom-right-radius:40px;
border-bottom-left-radius:10px;">
分开指定 4 个角的半径</div>
</body>
</html>
```

上面页面中粗体字代码定义了几个不同类型的圆角边框，在浏览器中浏览该页面，将看到如图 8.24 所示的效果。

图 8.24 圆角边框效果

8.4.3 CSS 3 提供的图片边框

CSS 3 为图片边框提供了 border-image 属性，该属性的值比较复杂，应该遵守如下格式：

```
    <border-image-source> <border-image-slice>[/<border-image-width>]? <border-image-repeat>
```

上面语法格式可分为 4 个部分。

- border-image-source：指定边框图片。该值可以是 none（没有边框图片）或使用 url() 函数指定图片。
- border-image-slice：该属性值可指定 1~4 个数值或百分比数值，这 4 个数值用于控制如何对边框图片进行切割。假设指定了 10 20 30 40，这 4 个数值分别指定切割边框图片时上边框为 10 像素，右边框为 20 像素，下边框为 30 像素，左边框为 40 像素。切割示意图如图 8.25 所示。

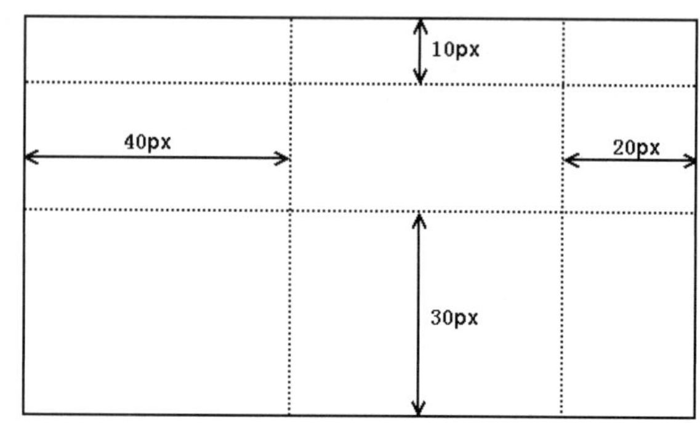

图 8.25　边框图片的切割示意图

按这种切割方式，边框图片被切割成 9 个区域，上面一个将作为目标元素的上边框图片，下面一个将作为目标元素的下边框图片，左边一个将作为目标元素的左边框图片，右边一个将作为目标元素的右边框图片；4 个角也将作为目标元素的 4 个角的边框图片；在默认情况下，中间区域将会被抛弃，除非指定了&&fill 后缀，例如 10 20 30 40&&fill。

如果为 border-image-slice 只指定了 1 个值，则 4 个边的宽度都等于该值；如果指定了 2 个值，那么第一个值将作为上、下边的宽度，第二个值将作为左、右边的宽度；如果指定了 3 个值，则第一个值将作为上面一个边的宽度，第二个值将作为左、右边的宽度，第三个值将作为下面一个边的宽度。

- border-image-width：该属性用于指定图片边框的宽度。该属性值可指定 1~4 个长度值、数值、百分比数值或 auto。如果为 border-image-slice 只指定了 1 个值，则 4 个边框的宽度都等于该值；如果指定了 2 个值，那么第一个值将作为上、下边框的宽度，第二个值将作为左、右边框的宽度；如果指定了 3 个值，则第一个值将作为上边框的宽度，第二个值将作为左、右边框的宽度，第三个值将作为下边框的宽度。
- border-image-repeat：该属性用于指定边框图片的覆盖方式，支持 stretch（拉伸覆盖）、repeat（平铺覆盖）、round（取整平铺）三种覆盖方式。该属性可指定两个值，分别代表横向、纵向覆盖方式。

提示：

repeat 与 round 覆盖方式基本相似，区别在于：round 方式多了这样的处理——如果最后一个边框图片不能完全显示，且最后一个边框图片能显示的区域不到一半，就不显示最后的边框图片，然后扩大前面的图片，让它们能完全覆盖显示区域；如果最后一个边框图片不能完全显示，且最后一个边框片能显示的区域超过一半，就显示最后的边框图片，然后稍微缩小前面的所有图片，让它们和最后一个图片能完全显示出来。

在最新的 CSS 3 规范中，border-image-source、border-image-slice、border-image-width、border-image-repeat 可作为独立的 CSS 属性单独指定。但笔者成书时，几乎没有任何浏览器支持这些属性。即使是 border-image 属性，除了 Firefox 直接支持该属性外，在 Chrome、Safari、Opera 中需要添加-webkit 前缀。

下面一个边框图片是从 w3.org 网站上复制的，该图片长 81 像素、宽 81 像素，图片已经被分为 9 个区域。该边框图片如图 8.26 所示。

图 8.26 边框图片

下面页面代码示范了图片边框的功能。

程序清单：codes\08\8.4\image-border.html

```
<!DOCTYPE html>
<html>
<head>
    <meta http-equiv="Content-Type" content="text/html; charset=utf-8" />
    <title> 图片边框 </title>
    <style type="text/css">
        /* 设置 div 元素的宽度和高度 */
        div {
            width:400px;
            height:45px;
            padding:27px;
        }
    </style>
</head>
<body>
border-image: url(border.png) 27
<div style="padding:3px; border-image: url(border.png) 27;
-webkit-border-image: url(border.png) 27;">
默认边框宽度</div>
border-image: url(border.png) 27/27px
<div style="border-image: url(border.png) 27/27px;
-webkit-border-image: url(border.png) 27/27px;">
指定边框宽 27px，默认是拉伸边框图片</div>
border-image: url(border.png) 27/27px repeat
<div style="border-image: url(border.png) 27/27px repeat;
-webkit-border-image: url(border.png) 27/27px repeat;">
指定边框宽 27px，平铺边框图片</div>
border-image: url(border.png) 27/27px round;
<div style="border-image: url(border.png) 27/27px round;
-webkit-border-image: url(border.png) 27/27px round;">
指定边框宽 27px，以 round 方式平铺边框图片</div>
border-image: url(border.png) 27/27px stretch round;
<div style="border-image: url(border.png) 27/27px stretch round;
-webkit-border-image: url(border.png) 27/27px stretch round;">
指定边框宽 27px，以横向 stretch 方式覆盖边框图片，
以纵向 round 方式平铺图片</div>
</body>
</html>
```

在浏览器中浏览该页面，将看到如图 8.27 所示的效果。

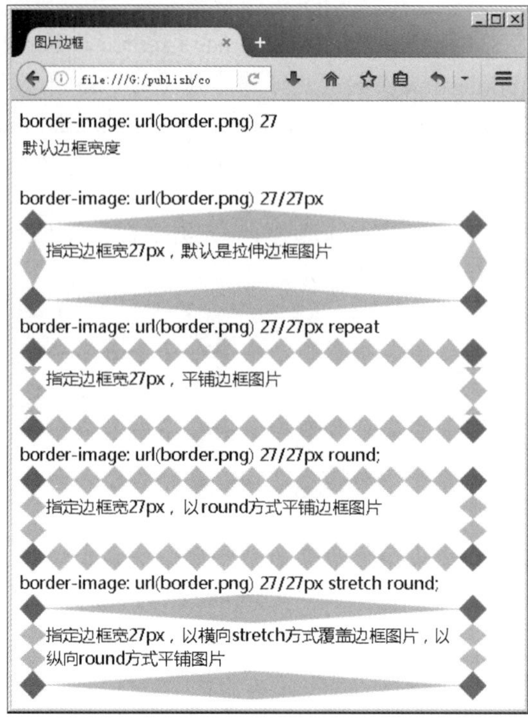

图 8.27　图片边框效果

8.5　使用 opacity 控制透明度

CSS 3 新增了一个 opacity 属性，该属性用于设置整个 HTML 元素的透明度。一旦设置了元素的 opacity 属性，整个 HTML 元素（不管是背景色、前景色还是边框）的透明度就都会受到影响。opacity 属性的值为从 0 到 1，其中 0 代表完全透明，1 代表完全不透明。

下面页面代码示范了 opacity 属性的作用。

程序清单：codes\08\8.5\opacity.html

```
<!DOCTYPE html>
<html>
<head>
    <meta http-equiv="Content-Type" content="text/html; charset=utf-8" />
    <title> 图片边框 </title>
    <style type="text/css">
        /* 设置 div 元素的宽度和高度 */
        div {
            width:400px;
            height:45px;
            padding:27px;
            background-color:#aaa;
            background-clip:content-box;
        }
    </style>
</head>
<body>
border-image: url(border.png) 27/27px repeat
<div style="border-image: url(border.png) 27/27px repeat;
-webkit-border-image: url(border.png) 27/27px repeat;">
```

```
指定边框宽 27px，平铺边框图片</div>
opacity:0.2;border-image: url(border.png) 27/27px repeat
<div style="opacity:0.2;border-image: url(border.png) 27/27px repeat;
-webkit-border-image: url(border.png) 27/27px repeat;">
透明度为 0.2</div>
</body>
</html>
```

上面页面代码定义了两个几乎完全相同的<div.../>元素，这两个<div.../>元素都指定了背景色、图片边框，但由于第二个<div.../>元素指定了 opacity 为 0.2，因此这个<div.../>元素将会呈现半透明的效果。

在浏览器中浏览该页面，将可以看到如图 8.28 所示的效果。

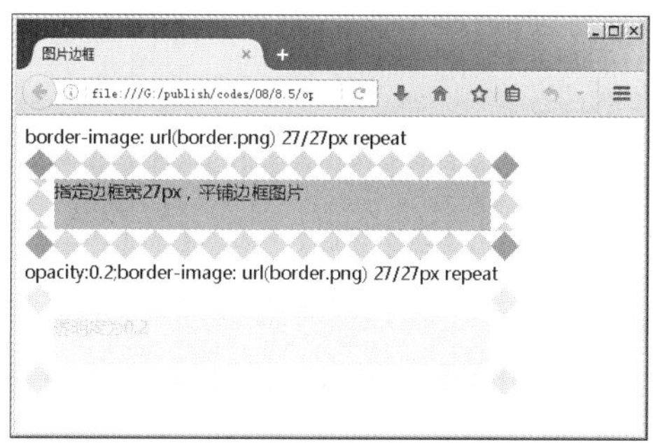

图 8.28　使用 opacity 设置透明度

 8.6　padding 和 margin 相关属性

前面已经介绍过，一个 HTML 元素由元素内容区（content）、内填充区（padding）、边框区（border）、外边距区（margin）4 个区域组成。其中内填充区是该元素的内容与边框之间的距离，外边距区是该元素边框之外的“空白”。

内填充区和外边距区的颜色总是透明的，这两个区域只是用于保留所占据的空间。

8.6.1　内填充相关属性

内填充相关属性有如下几个。

- padding：该属性可以同时设置上、下、左、右 4 个边的内填充距离。该属性允许设置 4 个长度，分别对应于上、右、下、左 4 个边的内填充距离；如果只设置了 1 个长度，则该值将作为上、下、左、右 4 个边的内填充距离；如果设置了 2 个长度，则前一个长度将作为上、下边的内填充距离，后一个长度将作为左、右边的内填充距离；如果设置了 3 个长度，则第一个长度将作为上边的内填充距离，第二个长度将作为左、右边的内填充距离，第三个长度将作为下边的内填充距离。
- padding-top：设置上边的内填充距离。
- padding-right：设置右边的内填充距离。
- padding-bottom：设置下边的内填充距离。
- padding-left：设置左边的内填充距离。

下面页面代码示范了内填充相关属性的功能。

程序清单：codes\08\8.6\padding.html

```
<!DOCTYPE html>
<html>
```

```
<head>
    <meta http-equiv="Content-Type" content="text/html; charset=utf-8" />
    <title>内填充相关属性测试</title>
    <style type="text/css">
        /* 设置div元素的宽度和高度 */
        div {
            width: 300px;
            height: 40px;
            border: 1px solid black;
        }
    </style>
</head>
<body>
padding:10px 50px;
<div style="padding:10px 50px;">
测试文字测试文字测试文字测试文字测试文字测试文字测试文字测试文字</div>
padding:10px 30px 2px 60px;
<div style="padding:10px 30px 10px 60px;">
测试文字测试文字测试文字测试文字测试文字测试文字测试文字</div>
</body>
</html>
```

在浏览器中浏览该页面，将看到如图8.29所示的效果。

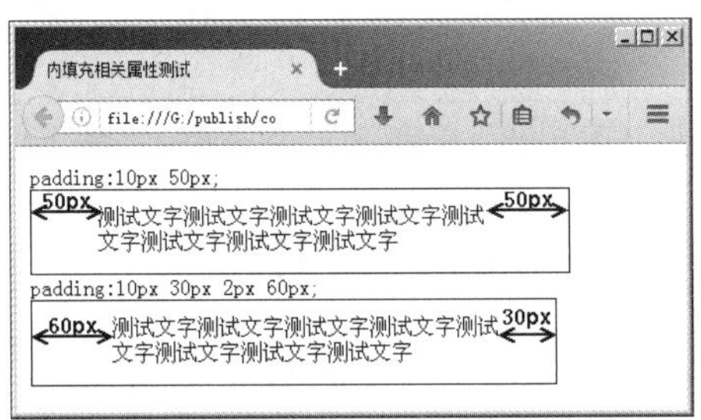

图8.29　内填充相关属性设置效果

8.6.2　外边距相关属性

外边距相关属性有如下几个。

- margin：该属性可以同时设置上、下、左、右4个边的外边距距离。该属性允许设置4个长度，分别对应于上、右、下、左4个边的外边距距离；如果只设置了1个长度，则该值将作为上、下、左、右4个边的外边距距离；如果设置了2个长度，则前一个长度将作为上、下边的外边距距离，后一个长度将作为左、右边的外边距距离；如果设置了3个长度，则第一个长度将作为上边的外边距距离，第二个长度将作为左、右边的外边距距离，第三个长度将作为下边的外边距距离。
- margin-top：设置上边的外边距距离。
- margin-right：设置右边的外边距距离。
- margin-bottom：设置下边的外边距距离。
- margin-left：设置左边的外边距距离。

下面页面代码示范了外边距相关属性的功能。

程序清单：codes\08\8.6\margin.html

```
<!DOCTYPE html>
<html>
<head>
    <meta http-equiv="Content-Type" content="text/html; charset=utf-8" />
    <title>外边距相关属性测试</title>
```

```
    <style type="text/css">
        /* 设置div元素的宽度和高度 */
        div {
            width: 300px;
            height: 40px;
            border: 1px solid black;
        }
    </style>
</head>
<body>
margin:30px 50px;
<div style="margin:30px 50px;">
测试文字测试文字测试文字测试文字测试文字测试文字测试文字测试文字</div>
margin:10px 30px 2px 60px;
<div style="margin:10px 40px 10px 90px;">
测试文字测试文字测试文字测试文字测试文字测试文字测试文字测试文字</div>
</body>
</html>
```

在浏览器中浏览该页面，将看到如图 8.30 所示的效果。

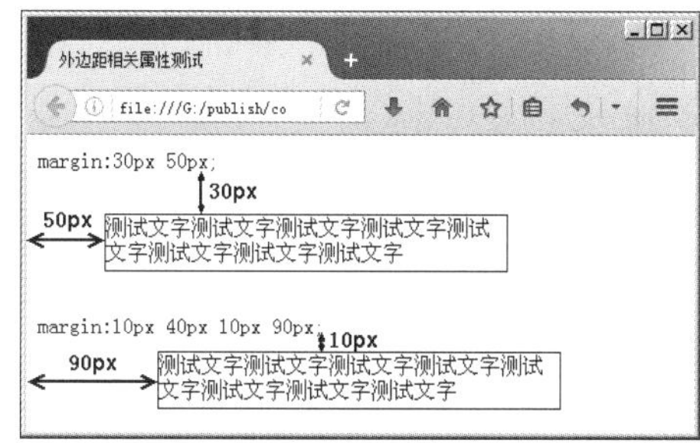

图 8.30　外边距相关属性设置效果

 8.7　本章小结

本章主要介绍了背景、边框和边距相关属性，这些属性也是 HTML 网页中最常用的属性。本章介绍背景相关属性时重点介绍了 CSS 3 新增的背景相关属性，包括使用背景图片、多背景图片、线性渐变背景、径向渐变背景等功能；本章介绍边框相关属性时重点介绍了 CSS 3 新增的渐变边框、圆角边框和图片边框等知识。除此之外，本章也详细介绍了内填充（padding）和外边距（margin）相关属性，这些都是读者学习本章需要重点掌握的内容。

CHAPTER

9

第 9 章 大小、定位、轮廓相关属性

本章要点

- 使用 height、width 属性控制 HTML 元素的大小
- 通过 CSS 3 新增的 box-sizing 属性精确控制元素大小
- 使用 CSS 3 新增的 resize 属性允许用户控制元素大小
- 使用 calc 函数动态计算元素的大小
- 使用 position 属性
- 通过 left、top 控制 HTML 元素的位置
- 轮廓相关属性
- appearance 属性
- 使用 filter 属性添加滤镜

除了前一章介绍的 CSS 的边框、背景属性之外，CSS 还提供了大小相关属性来控制 HTML 元素的大小，例如通过 width 属性控制 HTML 元素的宽度，通过 height 属性控制 HTML 元素的高度。使用这种大小相关的属性允许开发者自定义 HTML 元素的大小。

除此之外，CSS 还提供了 position、left、top 等属性，开发者可以通过这些属性来控制 HTML 元素的位置，允许把 HTML 元素放置在页面上的任意位置。

本章除了会介绍 CSS 提供的大小、位置相关属性之外，还会详细介绍 CSS 提供的轮廓相关属性，轮廓相关属于可以在 HTML 元素周围添加一圈类似于“光晕”的效果，而且这圈“光晕”效果并不占用空间。

 9.1 width、height 相关属性

大小相关属性主要用于设置目标对象的宽度、高度，包括最大宽度、高度，以及最小宽度、高度。常用的大小相关属性有如下几个。

- height：用于设置目标对象的高度。该属性值可以是任何有效的距离值。
- max-height：用于设置目标对象的最大高度。如果此属性的值小于 min-height 属性的值，将会被自动转换为 min-height 属性的值。该属性值可以是任何有效的距离值。
- min-height：用于设置目标对象的最小高度。如果此属性的值大于 max-height 属性的值，将会被自动转换为 max-height 属性的值。该属性值可以是任何有效的距离值。
- width：用于设置目标对象的宽度。该属性值可以是任何有效的距离值。
- max-width：用于设置目标对象的最大宽度。如果此属性的值小于 min-width 属性的值，将会被自动转换为 min-width 属性的值。该属性值可以是任何有效的距离值。
- min-width：用于设置目标对象的最小宽度。如果此属性的值大于 max-width 属性的值，将会被自动转换为 max-width 属性的值。该属性值可以是任何有效的距离值。

下面页面代码使用了长、宽属性来控制页面中一个<div.../>元素的大小。

程序清单：codes\09\9.1\dimen.html

```
<!DOCTYPE html>
<html>
<head>
    <meta http-equiv="Content-Type" content="text/html; charset=utf-8" />
    <title>大小相关属性测试</title>
</head>
<body>
    <!-- 下面使用内联的 CSS 样式控制大小
        为了得到更好的显示效果，设置了背景色 -->
    <div style="width:200px;height:40px;background-color:#ddd">
    HTML 5 学习
    </div>
</body>
</html>
```

在浏览器中浏览该页面，将看到如图 9.1 所示的效果。

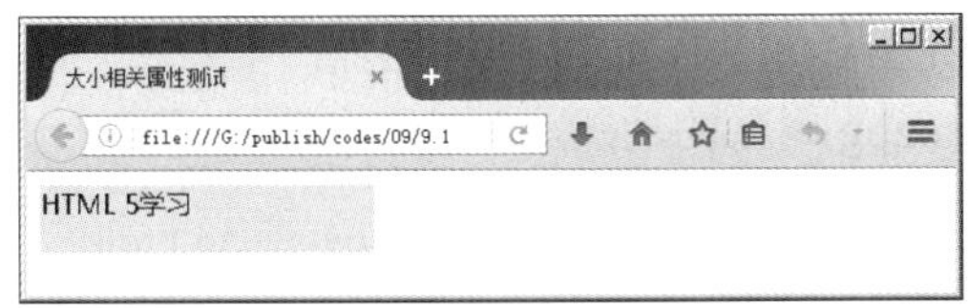

图 9.1 设置<div.../>元素的大小

9.1.1 CSS 3 新增的box-sizing属性

在默认情况下，width、height 属性只是指定该元素的内容区的宽度、高度，对该元素的内填充区、边框区、外边距区所占的空间不产生任何效果。

如下页面代码示范了 width、height 属性的作用。

程序清单：codes\09\9.1\dimen_border.html

```
<!DOCTYPE html>
<html>
<head>
    <meta http-equiv="Content-Type" content="text/html; charset=utf-8" />
    <title>大小相关属性</title>
</head>
<body>
    <div style="width:200px;height:40px;background-color:#ddd;
    background-clip:content-box;">
    HTML 5学习
    </div>
    <!-- 增加border和padding区 -->
    <div style="width:200px;height:40px;background-color:#ddd;
        background-clip:content-box;
        border:30px solid #555;
        padding:30px;">
    HTML 5学习
    </div>
</body>
</html>
```

上面页面中定义了两个<div.../>元素，它们的 width、height 属性具有相同的属性值，只是第二个设置了内填充区和边框区。使用浏览器浏览该页面，将看到如图 9.2 所示的效果。

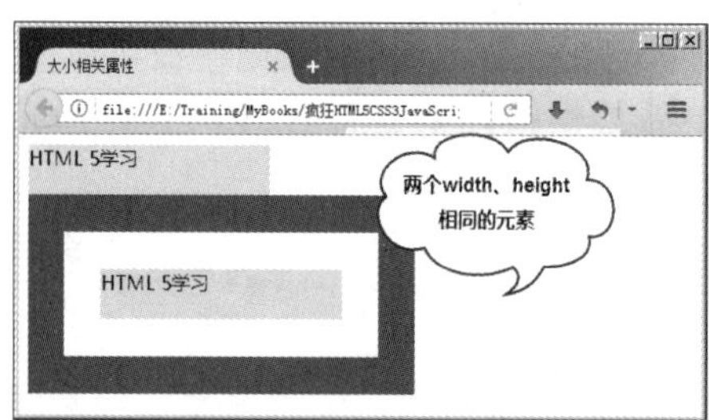

图 9.2 没设置 box-sizing 属性的效果

CSS 3 新增了 box-sizing 属性来设置 width、height 控制哪些区域的宽度、高度，这样就可以让开发者控制起来更加方便。例如有些时候，开发者需要控制的并不是该元素内容的宽度、高度，而是该元素整体（包括 padding 区、border 整体的宽度和高度），该属性支持如下几个属性值。

- content-box：设置 width、height 控制元素的内容区宽度和高度。
- border-box：设置 width、height 控制元素的内容区加内填充区再加边框区的宽度和高度。
- inherit：指定从父元素继承 box-sizing 属性的值。

如下页面示范了 box-sizing 属性的功能。

程序清单：codes\09\9.1\box-sizing.html

```
<!DOCTYPE html>
<html>
<head>
```

```
    <meta http-equiv="Content-Type" content="text/html; charset=utf-8" />
    <title>box-sizing 属性</title>
</head>
<body>
    <div style="width: 200px;height:100px;background-color:#ddd;
        background-clip: content-box;
        border: 20px solid #555;
        padding: 20px;
        box-sizing: content-box;">
    box-sizing: content-box;
    </div>
    <div style="width: 200px;height:100px;background-color:#ddd;
        background-clip: content-box;
        border: 20px solid #555;
        padding: 20px;
        box-sizing: border-box;">
    box-sizing: border-box;
    </div>
</body>
</html>
```

上面页面中定义了两个<div.../>元素，其 width、height 属性都被设置成 200px、100px，其中第一个<div.../>元素的 box-sizing 属性为 content-box，这表示该元素的内容区高度为 100px，宽度为 200px；第二个<div.../>元素的 box-sizing 属性为 border-box，这表示该元素的内容区加内填充区再加边框区的高度为 100px，宽度为 200px。使用浏览器浏览该页面，将看到如图 9.3 所示的效果。

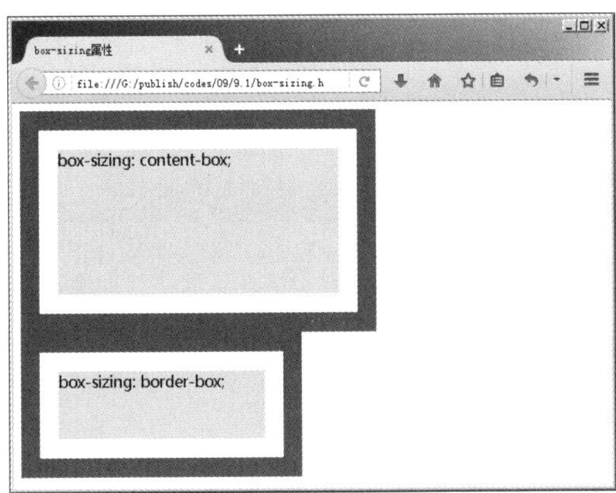

图 9.3 box-sizing 属性的功能

从图 9.3 可以看出，当将 box-sizing 设置为 border-box 后，指定 width、height 属性将可控制该元素整体的宽度、高度，这一点非常有用。

9.1.2 CSS 3 新增的 resize 属性

CSS 3 还新增了一个 resize 属性，该属性用于指定是否允许用户通过拖动来改变元素的大小。该属性支持如下几个属性值。

- none：设置不允许用户通过拖动来改变元素的大小。
- both：设置不允许用户通过拖动来改变元素的高度和宽度。
- horizontal：设置不允许用户通过拖动来改变元素的宽度。
- vertical：设置不允许用户通过拖动来改变元素的高度。
- inherit：继承自父元素的 resize 属性值。这是默认值。

resize 属性对于所有设置了 overflow 的 HTML 元素有效，绝大部分主流浏览器如 Firefox、

Opera、Chrome 都已支持该属性。下面页面代码示范了 resize 属性的功能。

程序清单：codes\09\9.1\resize.html

```
<!DOCTYPE html>
<html>
<head>
    <meta http-equiv="Content-Type" content="text/html; charset=utf-8" />
    <title>resize 属性</title>
</head>
<body>
    <div style="width: 200px;height:100px;background-color:#eee;
        resize: both;
        overflow: auto;
        border: 2px solid #555;">
    resize: both;——指定可在两个方向上调整大小。
    </div>
    <div style="width: 200px;height:100px;background-color:#eee;
        resize: horizontal;
        overflow: auto;
        border: 2px solid #555;">
    resize: horizontal;——指定只可在横向上调整大小。
    </div>
    <div style="width: 200px;height:100px;background-color:#eee;
        resize: vertical;
        overflow: auto;
        border: 2px solid #555;">
    resize: vertical;——指定只可在纵向上调整大小。
    </div>
</body>
</html>
```

使用浏览器浏览该页面，将可以看到如图 9.4 所示的效果。

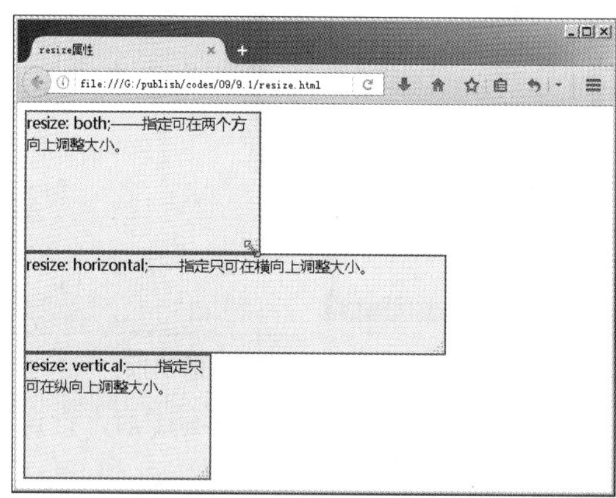

图 9.4　resize 属性的功能

9.1.3　CSS 3 新增的 calc 函数

CSS 3 新增了一个 calc 函数，该函数用于动态计算 HTML 元素的宽度和高度。假如希望设置某个元素的宽度等于父容器宽度的 80%再减去 80px，此时就需要借助 calc 函数来计算了，使用 calc 函数可以非常方便地实现自适应布局。

由于 calc 函数的功能就是计算得到一个长度值，因此在 CSS 样式中可用 calc 函数为元素的 border、margin、padding、font-size、width、height 等需要长度值的属性设置动态值。

calc 函数的语法非常简单，直接传入一个表达式即可，该表达式支持+、-、*、/等常见的数学运算符。

下面页面代码示范了 calc 函数的功能和用法。

程序清单：codes\09\9.1\calc.html

```
<!DOCTYPE html>
<html>
<head>
	<meta http-equiv="Content-Type" content="text/html; charset=utf-8" />
	<title>calc 函数</title>
	<style type="text/css">
		body>div {
			width:200px;
			height:100px;
			overflow: auto;
			resize: both;
			border: 2px solid #555;
		}
		div>div {
			border:1px solid black;
			display:inline-block;
			margin:5px;
			box-sizing: border-box;
			width:calc(50% - 14px);
			height:calc(100% - 10px);
		}
	</style>
</head>
<body>
	<div style="">
		<div>第一块</div>
		<div>第二块</div>
	</div>
</body>
</html>
```

上面页面代码中定义了一个可自动调节大小的<div.../>元素，该元素内包含两个子<div.../>元素，如果页面代码希望两个子<div.../>元素始终能“平分”父容器的空间，传统做法可能需要借助 JavaScript 脚本来动态改变两个子<div.../>元素的大小——程序检测父容器大小改变的事件，并根据父容器大小来调整两个子<div.../>元素的宽度和高度。

有了 CSS 3 的 calc 函数之后，不再需要使用 JavaScript 脚本即可实现该功能。正如上面页面代码中两行粗体字代码所示，使用 calc 函数即可动态计算两个子<div.../>元素的大小和位置。

在浏览器中浏览该页面，无论用户如何调整页面中作为父容器的<div.../>元素，总可以看到两个子<div.../>元素平分父容器的空间，如图 9.5 所示。

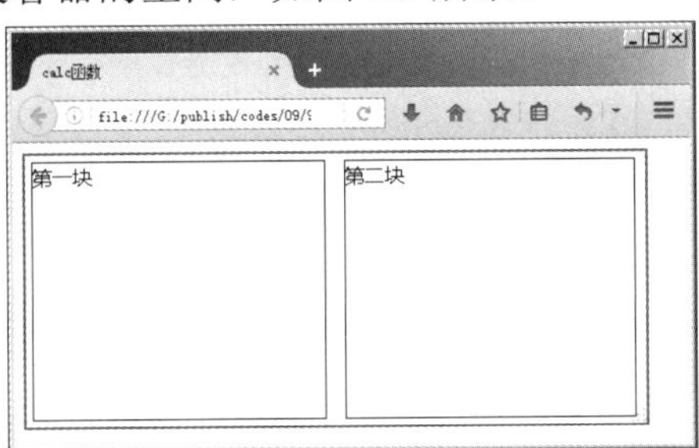

图 9.5　使用 calc 动态计算元素的大小

9.2　定位相关属性

定位相关属性用于设置目标元素的位置，包括是否漂浮于页面之上，通过使用漂浮的

<div.../>元素，可自由移动页面元素的位置，从而可在页面上产生动画效果。常用的定位相关属性如下。

- position：用于设置目标对象的定位方式。如将此属性设置为absolute，会允许将该对象漂浮于页面之上，根本无须考虑它周围内容的布局；如设置为relative，会保持对象在正常的 HTML 流中，目标对象的位置将参照前一个对象的位置进行定位；设置为static，则目标对象仅以页面作为参照系。
- z-index：用于设置目标对象的漂浮层的层序，该值越大，漂浮层越浮于上面。此属性仅当position属性值为relative或absolute时有效。此属性对窗口控件（如 <select.../> 元素）没有影响。
- top：用于设置目标对象相对于最近一个具有定位设置的父对象的顶边偏移，此属性仅当设置了对象的position属性为absolute和relative时有效。
- right：用于设置目标对象相对于最近一个具有定位设置的父对象的右边偏移，此属性仅当设置了对象的position属性为absolute和relative时有效。
- bottom：用于设置目标对象相对于最近一个具有定位设置的父对象的底边偏移，此属性仅当设置了对象的position属性为absolute和relative时有效。
- left：用于设置目标对象相对于最近一个具有定位设置的父对象的左边偏移，此属性仅当设置了对象的position属性为absolute和relative时有效。

下面页面代码提供了5个<div.../>元素，分别用于测试上面的各种属性。

程序清单：codes\09\9.2\position.html

```
<!DOCTYPE html>
<html>
<head>
    <meta http-equiv="Content-Type" content="text/html; charset=utf-8" />
    <title>位置相关属性测试</title>
</head>
<body>
HTML 5<br />
Hibernate<br />
Spring<br />
Android<br />
<!-- 下面的<div.../>元素定位时使用了absolute值，因此不会受上面文本的影响
     它将直接基于页面定位-->
<div id="layer1" style="position:absolute;
    left:40px; top:20px; width:190px; height:100px;
    z-index:2; background-color: #ccc;">
layer1，使用positon属性值为absolute，该元素将完全漂浮在页面之上，
不受其他对象位置影响。z-index:2
</div>
<!-- 下面的<div.../>元素定位时使用了relative值，因此它将基于上面
    最后一行文本进行定位 -->
<div id="layer2" style="position:relative;
    left:50px; top:10px; width:200px; height:100px;
    z-index:3; background-color: #999;">
layer2，使用positon属性值为relative，该元素将漂浮在页面之上，
但它将基于上面最后一行文本进行定位。z-index:3
</div>
<div style="position:absolute; left:260px; top:80px; width:250px;
    height:200px; border:black solid 1px">
<!-- 下面的layer3和layer4两个<div.../>
    虽然设置了top一个为40px，另一个为80px，
    但不会有任何作用，因为其position为static -->
    <div id="layer3" style="position:static; left:100px; top:40px;
```

```
        width:80px; height:88px; z-index:1; background-color: #666;">
        position:static
    </div>
    <div id="layer4" style="position:static; left:100px; top:80px;
        width:80px; height:88px; z-index:1; background-color: #999;">
        position:static
    </div>
</div>
</body>
</html>
```

在浏览器中浏览该页面，将看到如图 9.6 所示的效果。

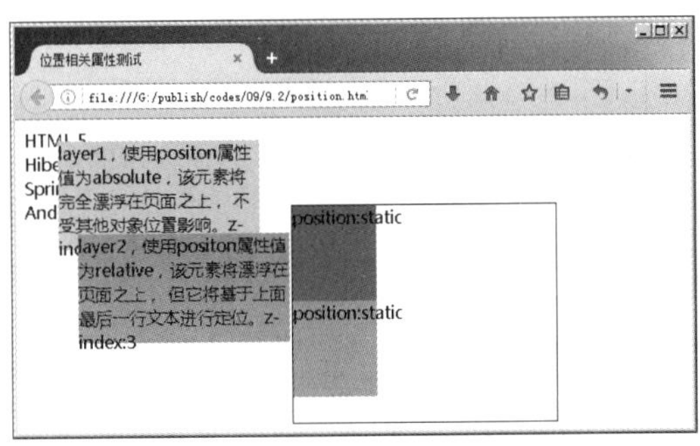

图 9.6 定位相关属性的效果

对于上面页面中 postion 属性为 absolute 的<div.../>将完全不受页面其他元素的影响，直接基于页面定位；如果设置 postion 属性为 relative，<div.../>将受到其他元素的影响，会基于页面中的文本元素定位；如果设置 postion 属性为 static，那么页面的 left、top 等定位属性设置失效。

 9.3 轮廓相关属性

轮廓相关属性主要用于让目标对象周围有一圈“光晕”效果，这圈光晕不会占用页面实际的物理布局。通过轮廓相关属性，可设置该“光晕”的颜色、线宽、线型等属性。轮廓相关属性有如下几个。

- outline：这是一个复合属性，可全面设置目标对象轮廓的颜色、线型、线宽三个属性。
- outline-color：用于设置元素的轮廓颜色。
- outline-style：用于设置元素的轮廓线型。该属性支持的属性值有 none、dotted、dashed、solid、double、groove、ridge、inset、outset，这些属性值与前面介绍边框线型时各属性值的意义完全相同。
- outline-width：用于设置目标元素的轮廓宽度。
- outline-offset：用于设置目标元素的轮廓偏移距（就是轮廓与边框之间的距离）。

下面页面代码示范了轮廓相关属性的功能。

程序清单：codes\09\9.3\outline.html

```
<!DOCTYPE html>
<html>
<head>
    <meta http-equiv="Content-Type" content="text/html; charset=utf-8" />
    <title>轮廓相关属性测试</title>
    <style type="text/css">
        body {
            font-size: 16pt;
```

```
        }
        /* 设置div元素的宽度和高度 */
        div {
            font-size: 12pt;
            width: 400px;
            height: 60px;
            border: 1px solid black;
        }
    </style>
</head>
<body>
outline: rgba(50,50,50,0.5) solid 10px<p>
<div style="outline: rgba(50,50,50,0.5) solid 10px;">
宽度为10的灰色实线轮廓</div>
outline: rgba(50,50,50,0.5) groove 16px<p>
<div style="outline: rgba(50,50,50,0.5) groove 16px;">
宽度为16的灰色凹槽线轮廓</div>
outline: rgba(50,50,50,0.5) ridge 16px<p>
<div style="outline: rgba(50,50,50,0.5) ridge 16px;">
宽度为16的灰色凸槽线轮廓</div>
outline: rgba(50,50,50,0.5) ridge 10px;outline-offset:10px;<p>
<div style="outline: rgba(50,50,50,0.5) ridge 10px;
    outline-offset:10px;">
宽度为10、偏移距也为10的灰色虚线轮廓</div>
</body>
</html>
```

在页面中定义了这些轮廓样式之后，在浏览器中浏览该页面，将可以看到如图9.7所示的效果。

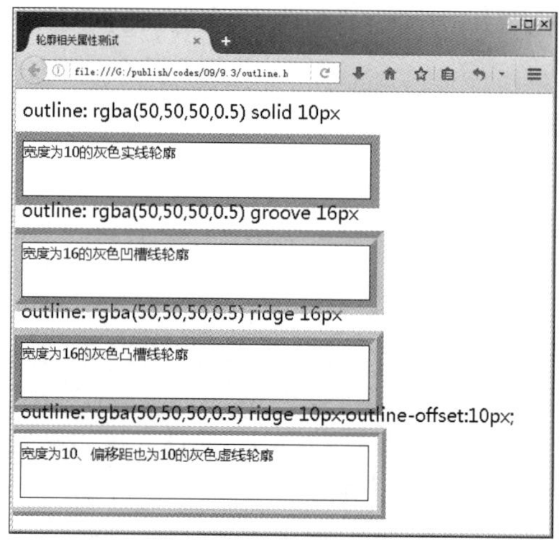

图9.7　轮廓相关属性的效果

从图9.7可以看出，元素的轮廓位于元素的边框之外，而且元素的轮廓并不占页面空间（图9.6所示页面的文字可以显示在轮廓上）。

9.4　用户界面和滤镜属性

CSS 3还提供了一些用户界面、滤镜相关属性，通过这些属性可以更便捷地实现某些特殊的用户界面。

9.4.1 appearance 属性

appearance 属性允许将 HTML 元素设置成使元素看上去像标准的用户界面元素。该属性支持如下常用的属性值。

- none：不使用任何界面外观效果。
- button：将元素设置成按钮的外观效果。
- checkbox：将元素设置成复选框的外观效果。
- push-button：将按钮设置成 push 按钮的外观效果。
- radio：将元素设置成单选钮的外观效果。
- searchfield：将元素设置成输入框的外观效果。
- searchfield-cancel-button：将元素设置成输入框内取消按钮的外观效果。
- slider-horizontal：将元素设置成水平拖动条的外观效果。
- slider-vertical：将元素设置成垂直拖动条的外观效果。
- sliderthumb-horizontal：将元素设置成水平拖动条的滑块的外观效果。
- sliderthumb-vertical：将元素设置成垂直拖动条的滑块的外观效果。
- square-button：将按钮设置成 square 按钮的外观效果。

虽然 appearance 属性用起来非常便捷，但遗憾的是，appearance 属性暂时还未得到广泛的浏览器支持。如果在 Firefox 浏览器中使用该属性需要添加-moz-前缀；如果在 Chrome、Safari、Opera 浏览器中使用该属性需要添加-webkit-前缀。

下面页面代码示范了 appearance 属性的功能和作用。

程序清单：codes\09\9.4\appearance.html

```
<!DOCTYPE html>
<html>
<head>
	<meta http-equiv="Content-Type" content="text/html; charset=utf-8" />
	<title> appearance 测试 </title>
	<style type="text/css">
	div
	{
		appearance:none;
		-moz-appearance:button; /* Firefox */
		-webkit-appearance:button; /* Safari 、Opera 和 Chrome */
		width: 200px;
		height: 40px;
		text-align:center;
	}
	</style>
</head>
<body>
<div id="target"></div><p>
<button onclick="change(this.innerHTML);">none</button>
<button onclick="change(this.innerHTML);">button</button>
<button onclick="change(this.innerHTML);">checkbox</button>
<button onclick="change(this.innerHTML);">push-button</button>
<button onclick="change(this.innerHTML);">radio</button>
<button onclick="change(this.innerHTML);">searchfield</button>
<button onclick="change(this.innerHTML);">searchfield-cancel-button</button>
<button onclick="change(this.innerHTML);">slider-horizontal</button>
<button onclick="change(this.innerHTML);">slider-vertical</button>
<button onclick="change(this.innerHTML);">sliderthumb-horizontal</button>
<button onclick="change(this.innerHTML);">sliderthumb-vertical</button>
<button onclick="change(this.innerHTML);">square-button</button>
<script type="text/javascript">
```

```
    function change(val){
        var target = document.getElementById("target");
        target.style.appearance = val;
        target.style.webkitAppearance = val;
        target.style.MozAppearance = val;
    }
</script>
</body>
</html>
```

上面页面代码中定义了一个简单的<div.../>元素，页面加载时该<div.../>元素的 appearance 属性被设为 none，因此该<div.../>元素将不会显示任何效果。

此外，页面上还定义了一系列按钮，当用户单击这些按钮时，按钮上绑定的 JavaScript 脚本将会把<div.../>元素的 appearance 属性改成按钮文本。

例如，单击页面上的“buttuon”按钮，此时页面上的<div.../>元素将会被修改成按钮外观。使用浏览器浏览该页面，将看到如图 9.8 所示的效果。

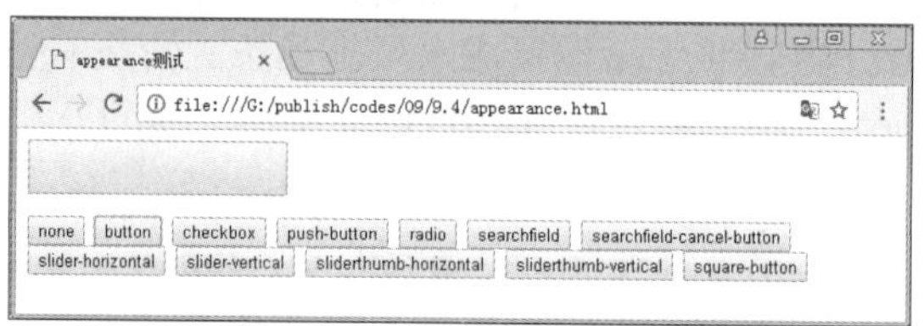

图 9.8　设置元素为 button 外观效果

单击页面上的“radio”按钮，此时页面上的<div.../>元素将会被修改成单选钮外观。使用浏览器浏览该页面，将看到如图 9.9 所示的效果。

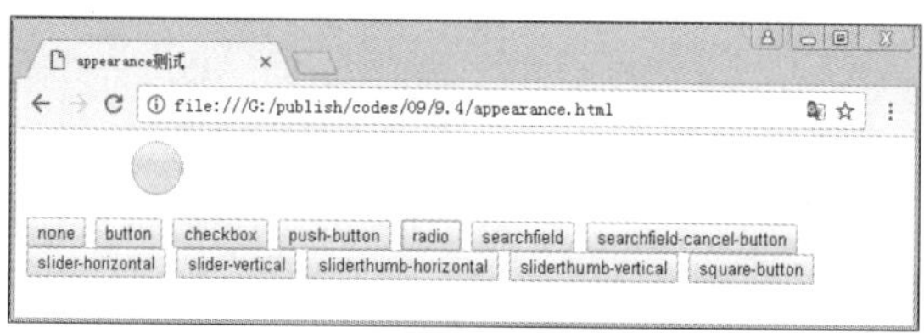

图 9.9　设置元素为 radio 外观效果

9.4.2　使用 filter 属性应用滤镜

filter 属性可以对 HTML 元素应用某些特殊的视觉效果。该属性支持如下属性值。

- blur(Npx)：设置模糊滤镜。使用该滤镜时指定的模糊半径越大，模糊度越高。
- brightness(百分比)：设置高亮滤镜。使用该滤镜时既可用百分比表示，也可用非负数表示。当百分比为 100%时，图片保持原样；如果大于 100%，图片的亮度增加；如果小于 100%，图片的亮度降低。
- contrast(百分比)：设置对比度滤镜。使用该滤镜时既可用百分比表示，也可用非负数表示。当百分比为 100%时，图片保持原样；如果大于 100%，图片的对比度增加；如果小于 100%，图片的对比度降低。
- drop-shadow(xoffset, yoffset, radius, color)：设置阴影滤镜。该滤镜需要 4 个参数，其中第 1 个参数设置阴影的水平偏移，第 2 个参数设置阴影的垂直偏移，第 3 个参数设置阴影的模糊半径，模糊半径越大，阴影越模糊；第 4 个参数设置阴影的颜色。
- grayscale(百分比)：设置灰度滤镜。使用该滤镜时既可用百分比表示，也可用 0~1 的数表示。当百分比为 0%时，图片保持原样，百分比越大，图片灰度增加；当百分比为

100%时，图片完全取消彩色。

➢ hue-rotate(Ndeg)：设置色调旋转滤镜。为了更好地表示颜色，光学理论将所有可见光谱围成一个圆环，不同角度代表不同色调。该滤镜将图像中所有颜色沿光谱环旋转指定角度，因此使用该滤镜时需要传入一个 0deg~360deg 的角度值。
➢ invert(百分比)：设置色彩反转滤镜。使用该滤镜时既可用百分比表示，也可用 0~1 的数表示。当百分比为 0%时，图片保持原样，百分比越大，色彩反转比例增加；当百分比为 100%时，相当于设置图片反相显示。
➢ opacity(百分比)：设置透明度滤镜。使用该滤镜时既可用百分比表示，也可用 0~1 的数表示。当百分比为 0%时，图片完全透明，百分比越大，图片透明度增加；当百分比为 100%时，相当于设置图片完全不透明，保持原样。
➢ saturate(百分比)：设置饱和度滤镜。使用该滤镜时既可用百分比表示，也可用非负数表示。当百分比为 100%时，图片保持原样；如果大于 100%，图片的饱和度增加，图片色彩变得更加鲜明。如果小于 100%，图片的饱和度降低，图片色彩变得比较灰暗。
➢ sepia(百分比)：设置褐色滤镜，褐色滤镜可实现“老照片发黄”的效果。使用该滤镜时既可用百分比表示，也可用 0~1 的数表示。当百分比为 0%时，图片保持原样，百分比越大，图片褐色程度增加；当百分比为 100%时，图片变成完全褐色效果。

下面页面代码示范了使用 filter 属性应用滤镜的效果。

程序清单：codes\09\9.4\filter.html

```
<!DOCTYPE html>
<html>
<head>
	<meta http-equiv="Content-Type" content="text/html; charset=utf-8" />
	<title> fiter 属性 </title>
	<style type="text/css">
		input {
			width: 520px;
		}
	</style>
</head>
<body>
<div style="display:flex;text-align:center">
	<figure>
		<img src="android.png" alt="android"/>
		<figcaption>原始图片</figcaption>
	</figure>
	<figure id="t">
		<img src="android.png" alt="android"/>
		<figcaption>滤镜效果</figcaption>
	</figure>
</div>
blur:<input type="range" min="0" max="20" value="0"
onchange="document.getElementById('t').style.filter = 'blur(' + this.value +
'px)';"/><p>
brightness:<input type="range" min="0" max="300" value="100"
onchange="document.getElementById('t').style.filter = 'brightness(' + this.value
+ '%)';"/><p>
contrast:<input type="range" min="0" max="300" value="100"
onchange="document.getElementById('t').style.filter = 'contrast(' + this.value +
'%)';"/><p>
drop-shadow:<input type="range" min="0" max="20" value="0"
onchange="document.getElementById('t').style.filter = 'drop-shadow(' + this.value
+ 'px ' + this.value + 'px 1px rgba(255,0,0,0.5))';"/><p>
grayscale:<input type="range" min="0" max="100" value="0"
onchange="document.getElementById('t').style.filter = 'grayscale(' + this.value +
```

```
'%)';"/><p>
    hue-rotate:<input type="range" min="0" max="360" value="0"
    onchange="document.getElementById('t').style.filter = 'hue-rotate(' + this.value
+ 'deg)';"/><p>
    invert:<input type="range" min="0" max="100" value="0"
    onchange="document.getElementById('t').style.filter = 'invert(' + this.value +
'%)';"/><p>
    opacity:<input type="range" min="0" max="100" value="100"
    onchange="document.getElementById('t').style.filter = 'opacity(' + this.value +
'%)';"/><p>
    saturate:<input type="range" min="0" max="300" value="100"
    onchange="document.getElementById('t').style.filter = 'saturate(' + this.value +
'%)';"/><p>
    sepia:<input type="range" min="0" max="100" value="0"
    onchange="document.getElementById('t').style.filter = 'sepia(' + this.value +
'%)';"/><p>
    </body>
    </html>
```

上面页面代码中定义了两张图片，开始加载页面时两张图片都没有应用任何滤镜效果，因此此时两张图片的显示效果完全相同。

页面下面定义了10个拖动条，这10个拖动条分别用于调整10种滤镜的参数值，比如拖动代表blur滤镜的拖动条，将可以看到第二张图片的模糊度不断增加。在浏览器中浏览该页面，可以看到如图9.10所示的效果。

图9.10　blur滤镜效果

拖动代表brightness滤镜的拖动条，将可以看到第二张图片的亮度不断改变。在浏览器中浏览该页面，可以看到如图9.11所示的效果。

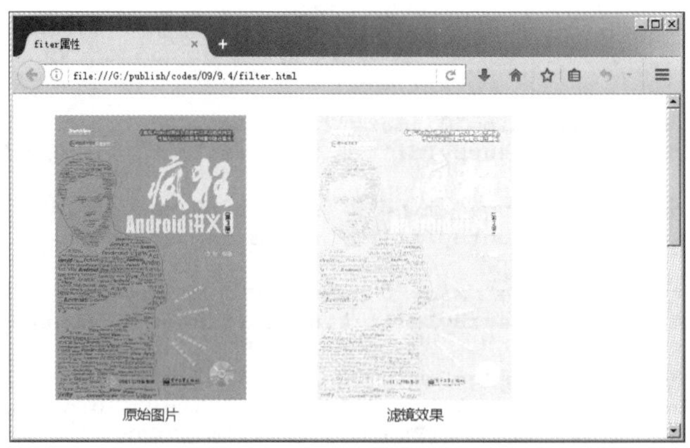

图9.11　brightness滤镜效果

拖动代表 contrast 滤镜的拖动条，将可以看到第二张图片的对比度不断改变。随着对比度不断降低，第二张图片越来越不容易看清，如图 9.12 所示。

图 9.12 contrast 滤镜效果

拖动代表 drop-shadow 滤镜的拖动条，将可以看到第二张图片开始投下阴影，但阴影的模糊程度不会发生任何改变，这是因为代码中将阴影模糊半径直接定义成 1px；阴影颜色也不会发生改变，阴影颜色总是 rgba(255,0,0,0.5)，这代表半透明的红色。在浏览器中浏览该页面，将可以看到如图 9.13 所示的阴影效果。

图 9.13 drop-shadow 滤镜效果

上面页面代码中还有几种滤镜效果，读者可以自行拖动这些滤镜对应的拖动条来观察不同滤镜的效果，本书不再详述。

9.5 本章小结

本章主要介绍了 CSS 提供的大小、定位和轮廓相关属性，开发者可以通过 width、height 属性来控制 HTML 元素的大小，也可以通过 position、left、top 等属性来定位 HTML 元素。本章还介绍了使用 outline 属性为 HTML 元素添加轮廓。此外，本章还结合了控制 HTML 元素用户界面的 appearance 属性和 filter 属性。

CHAPTER

10

第 10 章 盒模型与布局相关属性

本章要点

- 盒模型
- block 模型和 inline 模型
- 设置 display 为 none 隐藏元素
- inline-block 盒模型
- inline-table 盒模型
- 表格相关的盒模型
- list-item 盒模型
- run-in 盒模型
- 通过 box-shadow 属性为盒添加阴影
- 对表格及单元格添加阴影
- 布局相关属性
- 通过 float 实现多栏布局
- 使用 clear 属性实现换行
- 使用 clip 属性控制裁剪
- 控制元素的滚动条样式
- CSS 3 新增的分栏布局
- 使用弹性盒布局

CSS 样式除了可以控制前面几章所介绍的样式之外，还可以控制页面布局，比如可以通过 float 属性来控制多列布局，使用 clear 属性强制换行等。在 CSS 布局属性中，display 属性是一个功能非常丰富的属性，它除了支持 inline 和 block 两种基本的盒模型之外，还可通过指定 display 为 none 来隐藏 HTML 元素，也可指定 inline-block、inline-table、list-item、run-in 等盒模型。通过 display 属性可以对 HTML 元素进行灵活布局，本章将会详细介绍 display 的各种属性值的功能。

除了使用 display 属性控制盒模型之外，CSS 3 还增加了 box-shadow 属性，允许开发者为盒模型元素添加阴影，包括控制阴影的颜色、偏移和模糊度等。CSS 3 还新增了分栏布局功能，分栏布局可以强行把一段文字分成多栏显示，而 CSS 3 提供的弹性盒布局则可以更加轻松地实现多栏布局。本章将会详细介绍 CSS 3 新增的这些布局相关属性。

10.1 盒模型和 display 属性

前面已经初步介绍了 HTML 元素的盒模型，它由内容区、内填充（padding）、边框和外边距（margin）组成。

此外，HTML 元素也可以包含其他元素，在这种情况下，父元素的内容区将被作为子元素的容器——子元素通常只能出现在内容区内，不会突破到内填充区中。图 10.1 显示了父元素和子元素的关系。

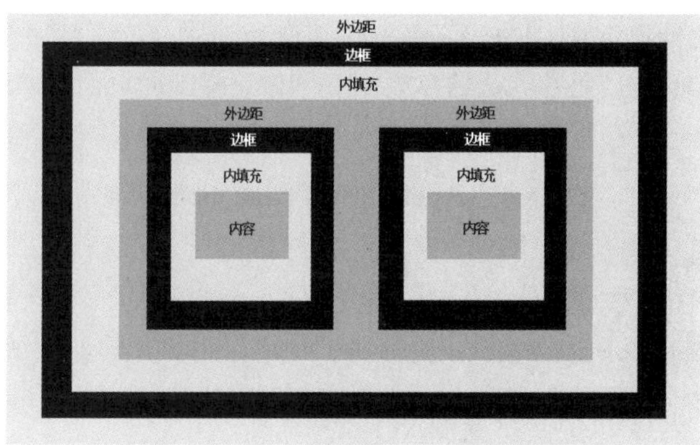

图 10.1 子元素占据父元素的内容区

HTML 元素中呈现一片空白区域的元素都可当成盒模型（box model），比如<div.../>、<span.../>、<section.../>等元素。

10.1.1 两种最基本的盒类型

就最基本的盒模型元素来说，盒模型的类型可分为两种。

- block 类型：这种盒模型的元素默认占据一行，允许通过 CSS 设置宽度、高度。例如<div.../>、<p.../>元素。
- inline 类型：这种盒模型的元素不会占据一行（默认允许在一行放置多个元素），即使通过 CSS 设置宽度、高度也不会起作用。例如<span.../>、<a.../>元素。

下面页面代码对比了<div.../>和<span.../>两个元素的区别。

程序清单：codes\10\10.1\basic_box.html

```
<!DOCTYPE html>
<html>
```

```
<head>
    <meta http-equiv="Content-Type" content="text/html; charset=utf-8" />
    <title> 基础盒模型 </title>
    <style type="text/css">
        div,span{
            width: 300px;
            height: 40px;
            border: 1px solid black;
        }
    </style>
</head>
<body>
<div>div 元素一</div>
<div>div 元素二</div>
<span>span 元素一</span>
<span>span 元素二</span>
</body>
</html>
```

上面页面中定义了两个<div.../>元素和两个<span.../>元素，页面的CSS代码设置了<div....>、<span.../>元素的高度为 40px，宽度为 300px。但由于<span.../>元素默认是inline盒模型，因此设置的高度、宽度对它不起作用。使用浏览器浏览该页面，将看到如图10.2所示的效果。

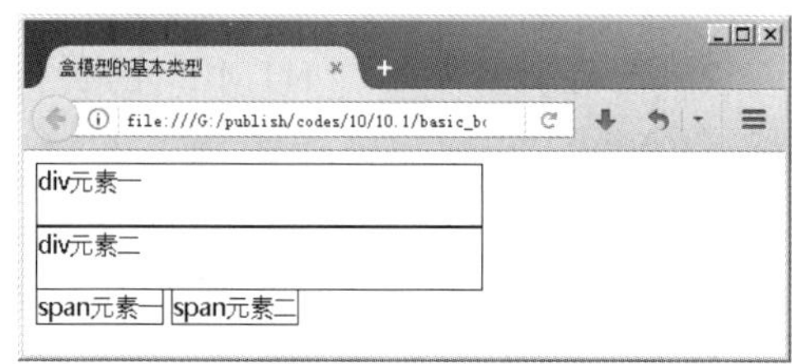

图 10.2　盒模型的两种基本类型

CSS为display属性提供了block、inline两个属性值，用于改变HTML元素默认的盒模型。例如，将上面页面的CSS样式部分改为如下形式。

程序清单：codes\10\10.1\basic_box2.html

```
    <style type="text/css">
        div,span{
            width: 300px;
            height: 40px;
            border: 1px solid black;
        }
        /* 将 div 元素改为 inline 盒模型 */
        body>div{
            display:inline;
        }
        /* 将 span 元素改为 block 盒模型 */
        body>span{
            display:block;
        }
</style>
```

通过浏览器来浏览该页面，将可以看到如图10.3所示的效果。

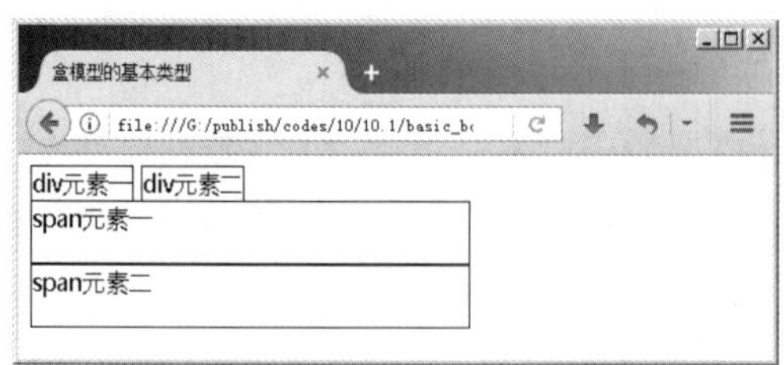

图 10.3　inline 与 block 盒模型

10.1.2 none 值和 visibility 属性

display 属性可指定为 none 值，用于设置目标对象隐藏，一旦该对象隐藏，其占用的页面空间也会释放。与此类似的还有 visibility 属性，该属性也可用于设置目标对象是否显示。与 display 属性不同，当通过 visibility 隐藏某个 HTML 元素后，该元素占用的页面空间依然会被保留。visibility 属性的两个常用值为 visible 和 hidden，分别用于控制目标对象的显示和隐藏。

看下面页面代码。

程序清单：codes\10\10.1\none.html

```
<!DOCTYPE html>
<html>
<head>
    <meta http-equiv="Content-Type" content="text/html; charset=utf-8" />
    <title> 隐藏元素 </title>
    <style type="text/css">
    /* 设置 div 元素的宽度、高度、背景色和边框 */
    div{
        width:300px;
        height:40px;
        background-color:#ddd;
        border:2px solid black;
    }
    </style>
</head>
<body>
<input type="button" value="隐藏"
    onclick="document.getElementById('test1').style.display='none';"/>
<input type="button" value="显示"
    onclick="document.getElementById('test1').style.display='';"/>
<div id="test1">
使用 display 控制对象的显示和隐藏
</div>
<input type="button" value="隐藏"
    onclick="document.getElementById('test2').style.visibility ='hidden';"/>
<input type="button" value="显示"
    onclick="document.getElementById('test2').style.visibility ='visible';"/>
<div id="test2">
使用 visibility 控制对象的显示和隐藏
</div>
<hr/>
</body>
</html>
```

在浏览器中浏览该页面，然后依次单击页面中的两个“隐藏”按钮，将看到如图 10.4 所示的效果。

图 10.4 两种隐藏元素的方式

10.1.3 inline-block 类型的盒模型

CSS 还提供了一种 inline-block 类型的盒模型，通过为 display 属性设置 inline-block 即可实现这种盒模型，这种盒模型是 inline 类型和 block 类型的综合体：inline-block 类型的盒模型的元素既不会占据一行，同时也支持通过 width、height 指定宽度及高度。

通过使用 inline-block 类型的盒模型可以非常方便地实现多个<div.../>元素的并列显示。也就是说，使用 inline-block 类型的盒模型可实现多栏布局。

在默认情况下，多个 inline-block 类型的盒模型的元素将会采用底端对齐的方式，也就是它们的底部将会位于同一条水平线上，这可能不是多栏布局期望的结果。为了让多个 inline-block 盒模型的元素在顶端对齐，为它们增加 vertical-align: top;即可。

例如如下页面代码。

程序清单：codes\10\10.1\multiColumn.html

```
<!DOCTYPE html>
<html>
<head>
    <meta http-equiv="Content-Type" content="text/html; charset=utf-8" />
    <title> 多栏布局 </title>
    <style type="text/css">
        div#container {
            width: 960px;
        }
        div>div {
            border: 1px solid #aaf;
            display: inline-block;
            /* 设置 HTML 元素的 width 属性包括边框 */
            box-sizing: border-box;
            vertical-align: top;
            padding:5px;
        }
    </style>
</head>
<body>
<div id="container">
<div style="width:220px">
...省略内容
</div><div style="width:490px;">
...省略内容
</div><div style="width:220px">
...省略内容
</div>
</div>
</body>
</html>
```

从上面三行粗体字代码可以看出，如果设置<div.../>元素采用 inline-block 盒模型显示，那么页面中 3 个<div.../>元素都不会独立占一行（3 个<div.../>元素可在同一行内），也可通过 width、height 指定宽度和高度，从而实现多栏布局。

提示：

上面 CSS 样式还为 div>div 选择器设置了 box-sizing:border-box，该属性值设置该元素的宽度（由 width 属性设置）包括该元素的边框，这样即可保证该元素实际占用的空间不会超过 width 属性指定的宽度。本章还会详细介绍该属性的功能和用法。

在浏览器中浏览该页面，即可看到如图 10.5 所示的效果。

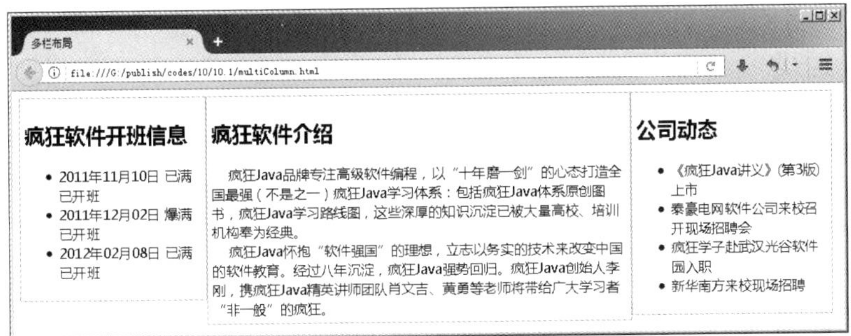

图 10.5 使用 inline-block 类型的盒模型

除此之外，使用 inline-block 盒模型也可以非常方便地实现水平菜单。下面页面无须 JavaScript 脚本就实现了一个横向排列的导航菜单。

程序清单：codes\10\10.1\nav.html

```
<!DOCTYPE html>
<html>
<head>
    <meta http-equiv="Content-Type" content="text/html; charset=utf-8" />
    <title> 导航菜单 </title>
    <style type="text/css">
        body>div{
            text-align: center;
        }
        div>div{
            /* 设置为inline-block 盒模型，保证一行显示 */
            display: inline-block;
            border: 1px solid black;
        }
        a {
            text-decoration:none;
            /* 设置为block 盒模型，允许设置高度、宽度 */
            display: block;
            width: 120px;
            padding: 10px;
            /* 设置默认背景色 */
            background-color: #eee;
        }
        a:hover {
            /* 设置鼠标悬停时的背景色 */
            background-color: #aaa;
            font-weight: bold;
        }
    </style>
</head>
<body>
<div>
    <div><a href="http://www.crazyit.org">疯狂 Java 联盟</a></div><div>
    <a href="http://www.fkjava.org">疯狂软件教育</a></div><div>
    <a href="http://www.fkjava.org/companyInfo.html">关于我们</a></div><div>
    <a href="http://www.crazyit.org">疯狂成员</a></div>
</div>
</body>
</html>
```

上面页面设置了 4 个子<div.../>元素显示为 inline-block 盒模型，这样即可保证这 4 个子<div.../>元素在同一行内显示。每个子<div.../>元素内包含一个超链接，这些超链接以 block 盒模型显示，它们会占满整个父容器，而且 CSS 为这些超链接设置了背景色，浏览者将会看到整个<div.../>都会显示它所包含的超链接的背景色。

使用浏览器浏览该页面，将可以看到如图 10.6 所示的效果。

图 10.6　使用 inline-block 类型的盒模型实现水平菜单

10.1.4　inline-table 类型的盒模型

在默认情况下，<table.../>元素属于 block 类型的盒模型，也就是说，该元素默认占据一行：它的左边不允许出现其他内容，它的右边也不允许出现其他内容；该元素也可以通过 width、height 设置宽度和高度。

CSS 为<table.../>元素提供了一个 inline-table 类型的盒模型，这个盒模型允许表格通过 width、height 设置宽度和高度，而且允许它的左边、右边出现其他内容。

为了控制表格与前、后内容垂直对齐，可以通过添加 vertical-align 属性来实现，设置该属性为 top，这表明让该表格与前、后内容顶端对齐；设置该属性为 bottom，这表明让该表格与前、后内容底端对齐。

如下页面示范了 inline-table 盒模型的功能。

程序清单：codes\10\10.1\inline-table.html

```
<!DOCTYPE html>
<html>
<head>
    <meta http-equiv="Content-Type" content="text/html; charset=utf-8" />
    <title> inline-table 盒模型 </title>
    <style type="text/css">
        td {
            border: 1px solid black;
        }
        table{
            width: 360px;
            border-collapse: collapse;
            /* 设置表格显示为 inline-table 盒模型 */
            display: inline-table;
            /* 设置顶端对齐 */
            vertical-align: top;
        }
    </style>
</head>
<body>
前面内容
<table style="">
    <tr><td>疯狂 Java 讲义</td><td>疯狂 Ajax 讲义</td></tr>
    <tr><td>疯狂 XML 讲义</td><td>疯狂 Android 讲义</td></tr>
</table>
后面内容
</body>
</html>
```

该页面设置以 inline-table 盒模型显示表格，这意味着该表格前、后都可显示内容。在浏览器中浏览该页面，将可以看到如图 10.7 所示的效果。

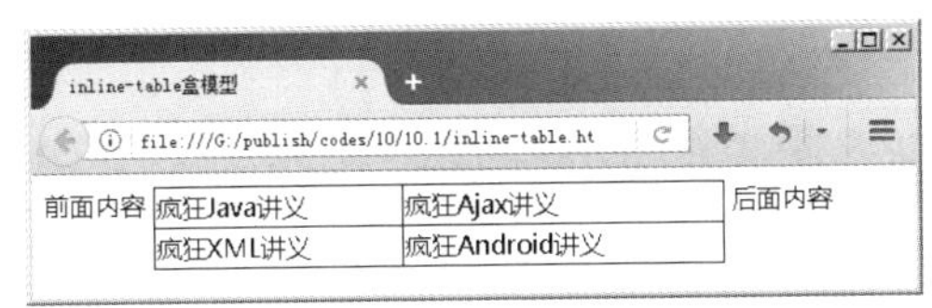

图 10.7　使用 inline-table 类型的盒模型

10.1.5　使用 table 类型的盒模型实现表格

除了上一节介绍的 inline-table 盒模型之外，CSS 3 还为 display 提供了如下属性值。

- table：将目标 HTML 元素显示为表格。
- table-caption：将目标 HTML 元素显示为表格标题。
- table-cell：将目标 HTML 元素显示为单元格。
- table-column：将目标 HTML 元素显示为表格列。
- table-column-group：将目标 HTML 元素显示为表格列组。
- table-header-group：将目标 HTML 元素显示为表格头部分。
- table-footer-group：将目标 HTML 元素显示为表格页脚部分。
- table-row：将目标 HTML 元素显示为表格行。
- table-row-group：将目标 HTML 元素显示为表格行组。

通过上面这些盒模型，可以使用<div.../>元素构建表格，例如如下页面。

程序清单：codes\10\10.1\table.html

```
<!DOCTYPE html>
<html>
<head>
    <meta http-equiv="Content-Type" content="text/html; charset=utf-8" />
    <title> 表格相关的盒模型 </title>
    <style type="text/css">
        div>div {
            display: table-row;
            padding: 10px;
        }
        div>div>div{
            display: table-cell;
            border: 1px solid black;
        }
    </style>
</head>
<body>
<div style="display:table;width:400px;">
    <div style="display:table-caption;">疯狂 Java 体系图书</div>
    <div>
        <div>疯狂 Java 讲义</div>
        <div>疯狂 Android 讲义</div>
    </div>
    <div>
        <div>疯狂 Ajax 讲义</div>
        <div>疯狂 XML 讲义</div>
    </div>
<div>
</body>
</html>
```

在上面页面中，虽然都是<div.../>元素，但由于将这些元素的 display 属性设置为表格相关的盒模型，因此各<div.../>元素将会组成一个表格。使用浏览器来浏览该页面，将会看到如图

10.8 所示的效果。

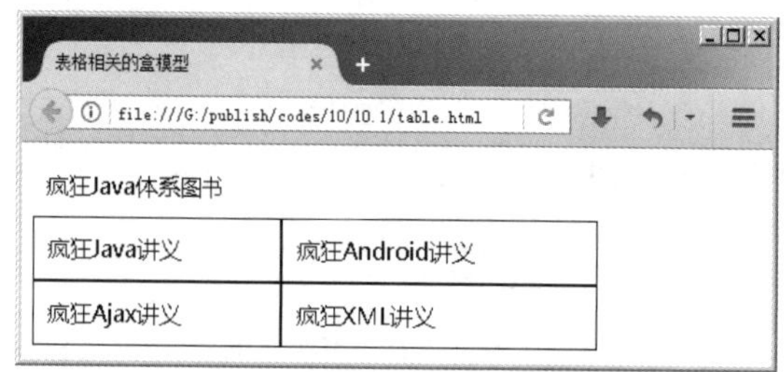

图 10.8　使用表格相关的盒模型

10.1.6　list-item 类型的盒模型

list-item 模型可以将目标元素转换为类似于<ul.../>的列表元素，也可以同时在元素前面添加列表标志。如下页面将多个<div.../>元素的 display 设置为 list-item。

程序清单：codes\10\10.1\list-item.html

```
<!DOCTYPE html>
<html>
<head>
    <meta http-equiv="Content-Type" content="text/html; charset=utf-8" />
    <title> list-item </title>
    <style type="text/css">
        /* 设置 div 以 list-item 盒模型显示 */
        div{
            display: list-item;
            list-style-type: square;
            margin-left: 20px;
        }
    </style>
</head>
<body>
<div>疯狂 Java 讲义</div>
<div>疯狂 Android 讲义</div>
<div>轻量级 Java EE 企业应用实战</div>
</body>
</html>
```

上面页面代码设置了 3 个<div.../>元素都以 list-item 盒模型显示，并设置在这些元素的前面添加实心方块。通过浏览器浏览该页面，将可以看到如图 10.9 所示的效果。

图 10.9　使用 list-item 类型的盒模型

实际上，如果为不同元素添加不同的列表符号，并使用不同的 margin-left，就可以通过 list-item 盒模型实现多级列表的效果。例如如下页面。

程序清单：codes\10\10.1\list-item2.html

```
<!DOCTYPE html>
<html>
<head>
```

```
    <meta http-equiv="Content-Type" content="text/html; charset=utf-8" />
    <title> 多级列表 </title>
    <style type="text/css">
        body>div{
            display: list-item;
            list-style-type: disc ;
            margin-left: 20px;
        }
        div>div{
            display: list-item;
            list-style-type: square;
            margin-left: 40px;
        }
    </style>
</head>
<body>
<div id="div1">
    疯狂 Java 体系图书
    <div>疯狂 Java 讲义</div>
    <div>疯狂 Android 讲义</div>
    <div>轻量级 Java EE 企业应用实战</div>
</div>
<div id="div2">
    疯狂 Java 相关
    <div>疯狂 Java 联盟</div>
    <div>疯狂软件教育</div>
    <div>疯狂 Java 实训营</div>
</div>
</body>
</html>
```

上面页面为<body.../>所包含的<div.../>指定使用 list-item 盒模型，并指定使用实心圆心；为<div.../>所包含的<div.../>指定使用 list-item 盒模型，并指定使用实心方块，并为父、子<div.../>元素设置了不同的 margin-left 属性，这样即可实现多级列表的效果，如图 10.10 所示。

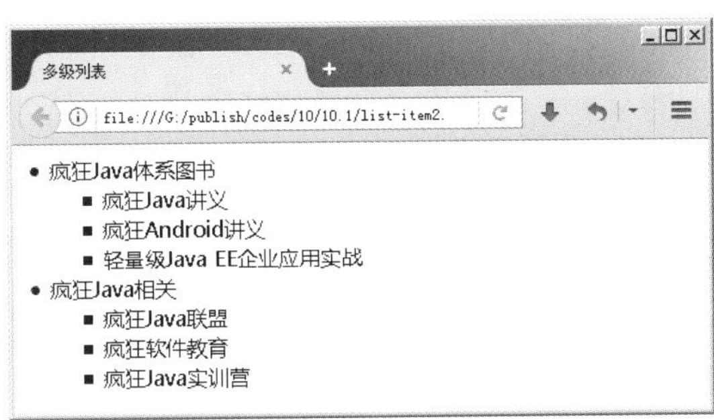

图 10.10　使用 list-item 类型的盒模型实现多级列表

10.1.7　run-in 类型的盒模型

run-in 类型的盒模型的行为取决于它周围的元素。通常浏览器会分成如下 3 种情况：

- 如果 run-in 类型的元素包含一个 block 类型的元素，那么该 run-in 类型的元素自动变成 block 类型。
- 如果 run-in 类型的元素的相邻兄弟元素是 block 类型的元素，那么 run-in 类型的元素将变成 inline 行为，且被自动插入作为其兄弟元素的第一个元素。
- 在其他情况下，run-in 类型的元素被当成 block 类型。

下面页面代码演示了run-in类型的盒模型的效果。

程序清单：codes\10\10.1\run-in.html

```
<!DOCTYPE html>
<html>
<head>
    <meta http-equiv="Content-Type" content="text/html; charset=utf-8" />
    <title> run-in </title>
    <style type="text/css">
        p, span{
            padding:6px;
        }
    </style>
</head>
<body>
    <span style="display: run-in;border:1px solid black;">display: run-in</span>
    <p style="border:2px solid red;">display:block</p>
    <span style="display: run-in;border:1px solid black;">display: run-in</span>
    <p style="border:2px solid red;display:inline">display:inline</p>
</body>
</html>
```

上面页面代码中定义了两个run-in类型的<span.../>元素，其中第一个<span.../>元素放在display为block的<p.../>元素之前，因此该run-in类型的<span.../>元素自动变成inline类型，且被嵌入到后面的block类型的<p.../>元素中；第二个<span.../>元素放在display为inline的<p.../>元素之前，因此该run-in类型的<span.../>元素自动变成block类型。

使用IE浏览器浏览该页面，可以看到如图10.11所示的效果。

图10.11　使用run-in类型的盒模型

除IE之外，其他浏览器对run-in类型的盒模型好像并不支持。例如，使用Firefox浏览器浏览该页面，并按下“Ctrl+Shift+I”快捷键打开浏览器的调试界面，然后打开调试界面中的“查看器”标签页，即可看到如图10.12所示的效果。

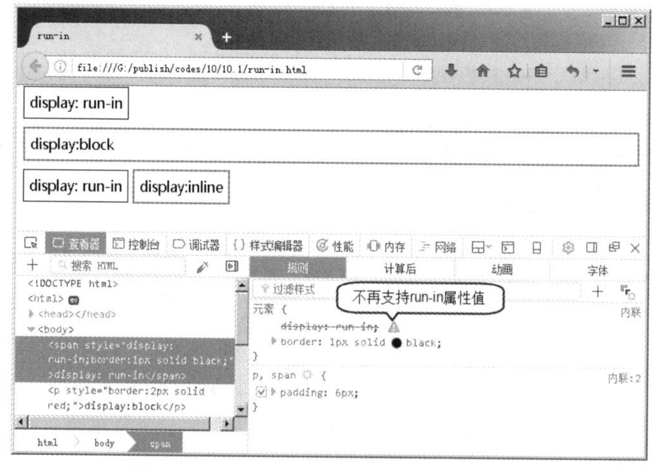

图10.12　Firefox不支持run-in属性值

10.2 对盒添加阴影

CSS 3 增加了 box-shadow 属性为盒模型添加阴影，该属性可用于为整个盒模型添加阴影。

10.2.1 使用 box-shadow 属性

box-shadow 属性可以为所有盒模型的元素整体增加阴影。这是一个复合属性。其语法格式如下：

```
box-shadow: hOffset vOffset blurLength spread color inset;
```

该属性包含如下 6 个值。

- hOffset：该属性值控制阴影在水平方向的偏移。
- vOffset：该属性值控制阴影在垂直方向的偏移。
- blurLength：该属性值控制阴影的模糊程度。
- spread：该属性值控制阴影的缩放程度。
- color：该属性值控制阴影的颜色。
- inset：该属性值用于将外部阴影改为内部阴影。

下面页面代码示范了如何使用 box-shadow 属性为盒模型添加阴影。

程序清单：codes\10\10.2\box-shadow.html

```
<!DOCTYPE html>
<html>
<head>
    <meta http-equiv="Content-Type" content="text/html; charset=utf-8" />
    <title> box-shadow 属性 </title>
    <style type="text/css">
        div {
            width: 300px;
            height: 50px;
            border: 1px solid black;
            margin: 30px;
        }
    </style>
</head>
<body>
<div style="box-shadow: -10px -8px 6px #444;">
    box-shadow: -10px -8px 6px #444;（左上阴影）</div>
<div style="box-shadow: 10px -8px 6px #444;">
    box-shadow: -10px 8px 6px #444;（右上阴影）</div>
<div style="box-shadow: -10px 8px 6px #444;">
    box-shadow: -10px 8px 6px #444;（左下阴影）</div>
<div style="box-shadow: 10px 8px 6px #444;">
    box-shadow: 10px 8px 6px #444;（右下阴影）</div>
<div style="box-shadow: 10px 8px #444;">
    box-shadow: box-shadow: 10px 8px #444;（右下阴影，不指定模糊程度）</div>
<div style="box-shadow: 10px 8px 20px #444;">
    box-shadow: 10px 8px 20px #444;（右下阴影，增大模糊程度）</div>
<div style="box-shadow: 10px 8px 10px -10px red;">
    box-shadow: 10px 8px 10px -10px red;（右下阴影，缩小阴影区域）</div>
<div style="box-shadow: 10px 8px 20px 15px red;">
    box-shadow: 10px 8px 20px 15px red;（右下阴影，放大阴影区域）</div>
</body>
</html>
```

使用浏览器来浏览该页面，将可以看到如图 10.13 所示的效果。

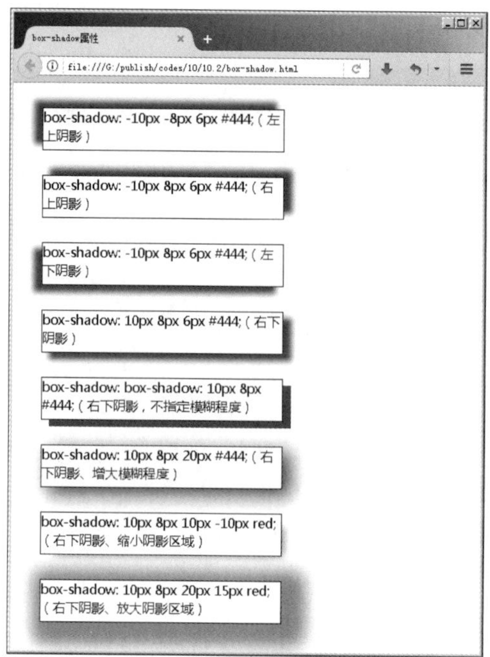

图 10.13　box-shadow 属性的效果

box-shadow 属性的 inset 属性值用于控制将阴影显示在元素内部。例如，将上面页面代码改为如下代码。

程序清单：codes\10\10.2\box-shadow2.html

```
<!DOCTYPE html>
<html>
<head>
    <meta http-equiv="Content-Type" content="text/html; charset=utf-8" />
    <title> box-shadow 属性 </title>
    <style type="text/css">
        div {
            width: 300px;
            height: 50px;
            border: 1px solid black;
            margin: 30px;
        }
    </style>
</head>
<body>
<div style="box-shadow: -10px -8px 6px #444 inset;">
    box-shadow: -10px -8px 6px #444 inset;（左上阴影）</div>
<div style="box-shadow: 10px -8px 6px #444 inset;">
    box-shadow: -10px 8px 6px #444 inset;（右上阴影）</div>
<div style="box-shadow: -10px 8px 6px #444 inset;">
    box-shadow: -10px 8px 6px #444 inset;（左下阴影）</div>
<div style="box-shadow: 10px 8px 6px #444 inset;">
    box-shadow: 10px 8px 6px #444 inset;（右下阴影）</div>
<div style="box-shadow: 10px 8px #444 inset;">
    box-shadow: box-shadow: 10px 8px #444 inset;（右下阴影，不指定模糊程度）</div>
<div style="box-shadow: 10px 8px 20px #444 inset;">
    box-shadow: 10px 8px 20px #444 inset;（右下阴影、增大模糊程度）</div>
<div style="box-shadow: 10px 8px 10px -10px red inset;">
    box-shadow: 10px 8px 10px -10px red inset;（右下阴影、缩小阴影区域）</div>
<div style="box-shadow: 10px 8px 20px 15px red inset;">
    box-shadow: 10px 8px 20px 15px red inset;（右下阴影、放大阴影区域）</div>
```

```
</body>
</html>
```

使用浏览器浏览该页面，将可以看到如图 10.14 所示的效果。

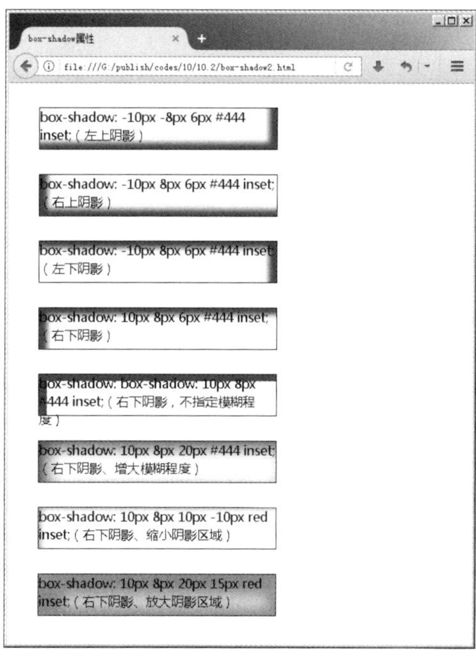

图 10.14 使用 box-shadow 设置内部阴影

10.2.2 对表格及单元格添加阴影

通过 box-shadow 属性也可以为表格、单元格添加阴影，例如如下页面代码。

程序清单：codes\10\10.2\table-shadow.html

```
<!DOCTYPE html>
<html>
<head>
    <meta http-equiv="Content-Type" content="text/html; charset=utf-8" />
    <title> box-shadow 属性 </title>
    <style type="text/css">
        table {
            width: 500px;
            border-spacing: 10px;
            box-shadow: 10px 10px 6px #444;
        }
        td {
            box-shadow: 6px 6px 4px #444;
            padding: 5px;
        }
    </style>
</head>
<body>
<table>
    <tr>
        <td>疯狂 Java 讲义</td>
        <td>疯狂 Android 讲义</td>
    </tr>
    <tr>
        <td>轻量级 Java EE 企业应用实战</td>
        <td>疯狂 Android 讲义</td>
```

```
    </tr>
</table>
</html>
```

上面的粗体字代码使用 box-shadow 属性为表格、单元格指定了阴影。在浏览器中浏览该页面，可以看到如图 10.15 所示的效果。

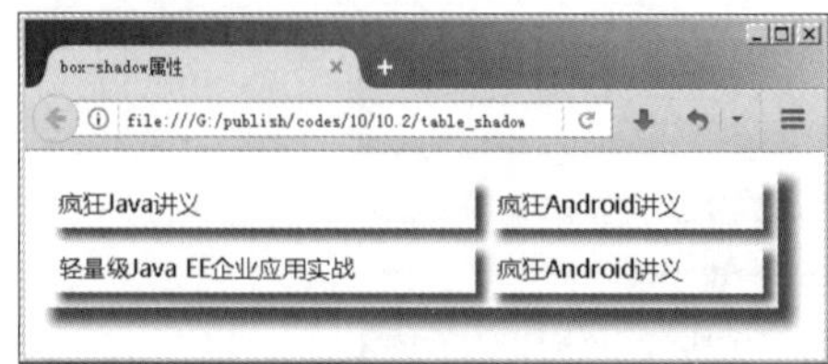

图 10.15　为表格及单元格添加阴影

 10.3　布局相关属性

CSS 提供了如下布局相关属性。

- float：该属性控制目标 HTML 元素是否浮动以及如何浮动。当通过该属性设置某个元素浮动后，该元素将被当作 block 类型的盒模型处理，即相当于 display 属性被设置为 block。也就是说，即使为浮动元素的 display 设置了其他属性值，该属性值依然是 block。浮动 HTML 元素将会漂浮紧紧跟随它的前一个元素，直到遇到边框、内填充（padding）、外边距（margin）或 block 类型的盒模型元素为止。该属性支持 left、right 两个属性值，分别指定对象向左、向右浮动。
- clear：该属性用于清除 HTML 元素的向左、向右"浮动"特性。
- clip：该属性控制对 HTML 元素进行裁剪。该属性值可指定为 auto（不裁剪）或 rect（number number number number），其中 rect()用于在目标元素上定义一个矩形，目标元素只有位于该矩形内的区域才会被显示出来。本节后面会详细介绍该属性。

提示：

只有当该 HTML 元素的 position 属性设置为 absolute，且它的 overflow 设置为 hidden 时才能很好地看到该属性的效果。

- overflow：设置当 HTML 元素不够容纳内容时的显示方式。本节后面会详细介绍该属性。
- overflow-x：该属性的作用与 overflow 相似，只是该属性只控制水平方向的显示方式。
- overflow-y：该属性的作用与 overflow 相似，只是该属性只控制垂直方向的显示方式。
- overflow-style：设置 HTML 元素不够容纳内容时的滚动方式。后面会详细介绍该属性。
- display：用于设置目标对象是否显示及如何显示。该属性支持的属性值有很多，主要作用是控制盒模型的类型。
- visibility：用于设置目标对象是否显示。与 display 属性不同，当通过该属性隐藏某个 HTML 元素后，该元素占用的页面空间依然会被保留。该属性的两个常用值为 visible 和 hidden，分别用于控制目标对象的显示和隐藏。

下面页面代码中包括了 4 个<div.../>元素，它们示范了 float 属性的功能。

程序清单：codes\10\10.3\float.html

```
<!DOCTYPE html>
<html>
<head>
```

```
    <meta http-equiv="Content-Type" content="text/html; charset=utf-8" />
    <title> float 属性 </title>
    <style type="text/css">
        div {
            border:1px solid black;
            width: 300px;
            height: 80px;
            padding: 5px;
        }
    </style>
</head>
<body>
<div style="float:left;">
float:left; 浮向左边</div>
<div style="float:left;">
float:left; 浮向左边</div>
<hr/>
<div style="float:right;">
float:right; 浮向右边</div>
<div style="float:right;">
float:right; 浮向右边</div>
</body>
</html>
```

前两个<div.../>元素的 float 被设置为 left，这意味着它们都“浮”向左边；后两个<div.../>元素的 float 被设置为 right，这意味着它们都“浮”向右边。在浏览器中浏览该页面，将看到如图 10.16 所示的效果。

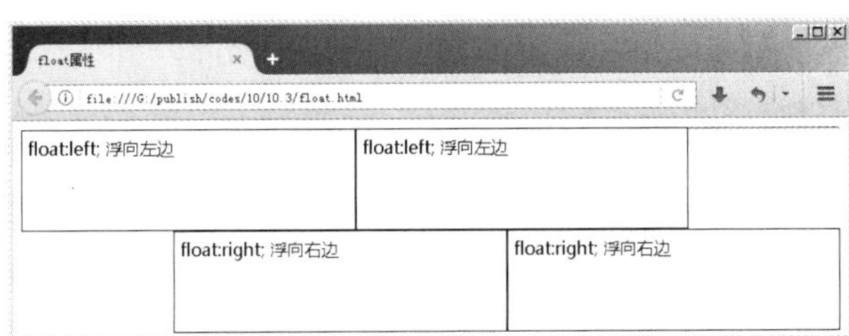

图 10.16　float 属性的功能

10.3.1　通过 float 属性实现多栏布局

通过使用 float 属性，可以非常方便地基于<div.../>元素来设计导航菜单、多栏布局等效果。如下页面代码实现了多栏布局。

程序清单：codes\10\10.3\multiColumn.html

```
<!DOCTYPE html>
<html>
<head>
    <meta http-equiv="Content-Type" content="text/html; charset=utf-8" />
    <title> 多栏布局 </title>
    <style type="text/css">
        div#container {
            width: 960px;
        }
        div>div {
            border: 1px solid #aaf;
            /* 设置 HTML 元素的 width 属性包括边框 */
            box-sizing: border-box;
            padding:5px;
        }
    </style>
```

```
</head>
<body>
<div id="container">
<!-- float:left;浮向左边 -->
<div style="float:left;width:220px">
<h2>疯狂软件开班信息</h2>
<ul>
    <li>2011年11月10日 已满已开班</li>
    <li>2011年12月02日 爆满已开班</li>
    <li>2012年02月08日 已满已开班</li>
</ul>
</div>
<!-- float:left;浮向左边 -->
<div style="float:left;width:500px;">
...省略内容
</div>
<!-- float:left;浮向左边 -->
<div style="float:left;width:240px">
...省略内容
</div>
</div>
</body>
</html>
```

上面页面在一个大的<div.../>元素（该元素是多栏布局的父容器）中放置了3个子<div.../>元素，这3个子<div.../>元素都设置了float:left，因此这3个子<div.../>元素都会浮向左边；而且这3个子<div.../>元素都设置了宽度，它们的宽度加起来等于父容器的宽度。

在浏览器中浏览该页面，可以看到如图10.17所示的界面。

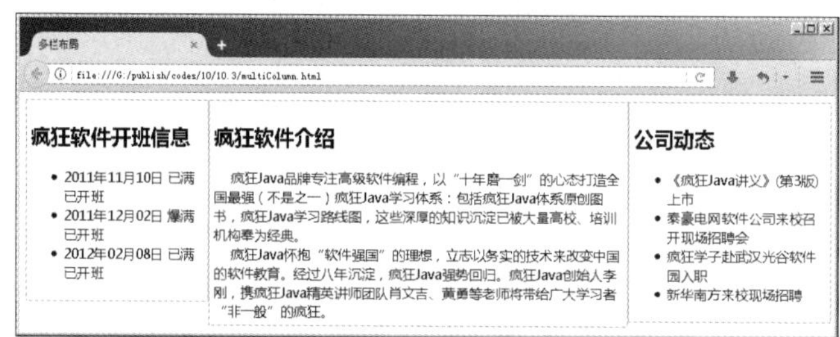

图10.17　通过float属性实现多栏布局

10.3.2　使用clear属性实现换行

clear属性用于设置清除HTML元素的“浮动”，设置HTML元素的左、右是否允许出现“浮动”元素。该属性支持如下属性值。

- none：默认值。HTML元素左、右都支持浮动特性。
- left：清除HTML元素左边的“浮动”特征，意味着该元素向左浮动时会自动换行。
- right：清除HTML元素右边的“浮动”特征，意味着该元素向右浮动时会自动换行。
- both：清除HTML元素左、右两边的“浮动”特征，意味着该元素两边浮动时都会自动换行。

借助clear属性可以实现“浮动”元素换行的效果。下面页面代码示范了clear属性的功能。

程序清单：codes\10\10.3\clear.html

```
<!DOCTYPE html>
<html>
<head>
    <meta http-equiv="Content-Type" content="text/html; charset=utf-8" />
```

```
    <title> clear 属性 </title>
    <style type="text/css">
        div>div{
            width: 220px;
            padding: 5px;
            margin:2px;
            float:left;
            background-color: #ddd;
        }
    </style>
</head>
<body>
<div>
    <div>疯狂 Java 联盟</div>
    <div>疯狂软件教育</div>
    <div style="clear:both;">关于我们(设置了 clear:both;)</div>
    <div>疯狂成员</div>
</div>
</body>
</html>
```

上面页面代码为 4 个子<div.../>元素都设置了 float:left，这会让它们都浮向左边，如果宽度足够，它们会并排排成一行。但由于第 3 个子<div.../>元素设置了 clear:both，这意味着关闭了该元素两边的“浮动”特征——当该元素向左边浮动时会自动换行。在浏览器中浏览该页面，可以看到如图 10.18 所示的效果。

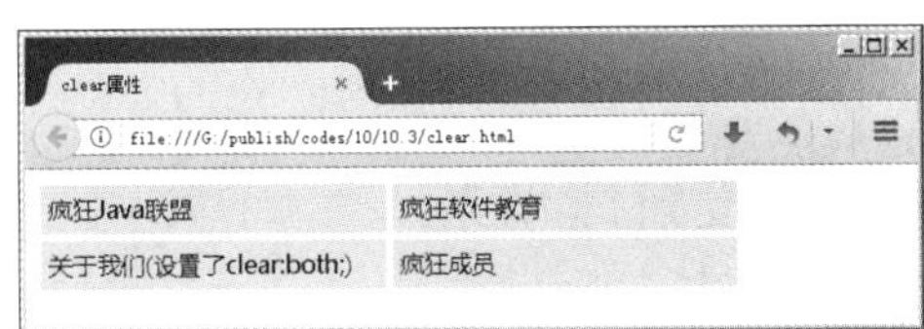

图 10.18　使用 clear 属性控制换行

对于上面示例而言，由于所有的<div…/>都设置了 float:left，因此这些<div.../>默认都是向左浮动，因此将第 3 个<div.../>设为 clear:both 和 clear:left 的效果是一样的。

有些资料、有些人简单地以为 clear:both 是不允许元素左、右两边出现“浮动”元素，这是相当错误的。clear 属性只是用于清除该元素左、右浮动特性——该属性只控制元素自身，不能影响其他元素。

下面页面代码示范了 clear:right 的功能和用法。

程序清单：codes\10\10.3\clear2.html

```
<!DOCTYPE html>
<html>
<head>
    <meta http-equiv="Content-Type" content="text/html; charset=utf-8" />
    <title> clear 属性 </title>
    <style type="text/css">
        div>div{
            width: 220px;
            padding: 5px;
            margin:2px;
            float:right;
            background-color: #ddd;
        }
```

```
    </style>
</head>
<body>
<div>
    <div>疯狂 Java 联盟</div>
    <div>疯狂软件教育</div>
    <div style="clear:right;">关于我们(设置了 clear:right;)</div>
    <div>疯狂成员</div>
</div>
</body>
</html>
```

上面页面代码为 4 个子<div.../>元素都设置了 float:right，这会让它们都浮向右边，如果宽度足够，它们会并排排成一行。但由于第 3 个子<div.../>元素设置了 clear:right，这意味着关闭了该元素右边的“浮动”特征——当该元素向右边浮动时会自动换行。在浏览器中浏览该页面，可以看到如图 10.19 所示的效果。

图 10.19　使用 clear 清除元素右边的“浮动”特征

此时第 3 个<div.../>默认尝试向右浮动，但由于该元素被设置了 clear:right，因此该元素向右浮动时会自动换行——此时如果将该<div.../>的 clear 设为 left 将不会有任何效果。

10.3.3　使用 overflow 设置滚动条

CSS 提供了 overflow、overflow-x、overflow-y 三个属性来控制 HTML 元素不够容纳内容时的显示方式。这三个属性的功能基本相似，区别只是 overflow 同时控制两个方向，而 overflow-x 只控制水平方向，overflow-y 只控制垂直方向。

这三个属性都支持如下属性值。

- visible：该属性值指定 HTML 元素既不剪切内容也不添加滚动条。这是默认值。
- auto：该属性值指定当 HTML 元素不够容纳内容时将自动添加滚动条，允许用户通过拖动滚动条来查看内容。
- hidden：该属性值指定 HTML 元素自动裁剪那些不够空间显示的内容。
- scroll：该属性值指定 HTML 元素总是显示滚动条。

下面页面代码示范了 overflow 属性的功能。

程序清单：codes\10\10.3\overflow.html

```
<!DOCTYPE html>
<html>
<head>
    <meta http-equiv="Content-Type" content="text/html; charset=utf-8" />
    <title> overflow 属性 </title>
    <style type="text/css">
        div {
            width: 300px;
            height: 70px;
            border: 1px solid black;
            white-space: nowrap;
            margin: 15px;
        }
    </style>
```

```
</head>
<body>
<div>
    <h3>不设置 overflow 属性</h3>
    测试文字测试文字测试文字测试文字测试文字测试文字
</div>
<div style="overflow:hidden;">
    <h3>overflow:hidden;</h3>
    测试文字测试文字测试文字测试文字测试文字测试文字
</div>
<div style="overflow:auto;">
    <h3>overflow:auto;</h3>
    测试文字测试文字测试文字测试文字测试文字测试文字
</div>
<div style="overflow-x:hidden">
    <h3>overflow-x:hidden</h3>
    测试文字测试文字测试文字测试文字测试文字测试文字
</div>
<div style="overflow-y:hidden">
    <h3>overflow-y:hidden</h3>
    测试文字测试文字测试文字测试文字测试文字测试文字
</div>
</body>
</html>
```

在浏览器中浏览该页面，可以看到如图 10.20 所示的效果。

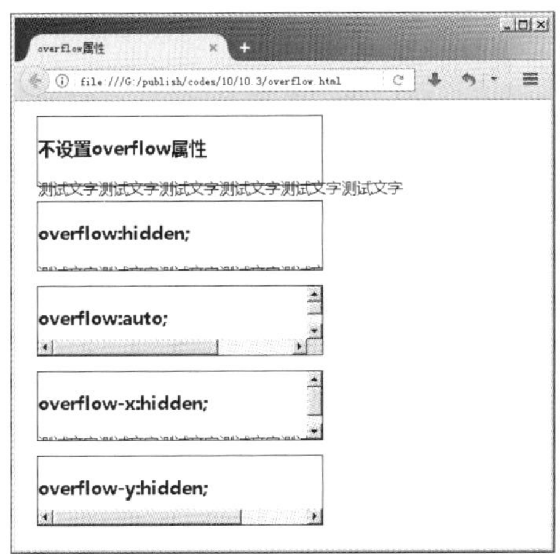

图 10.20 overflow 属性的功能

10.3.4 使用 overflow-style 控制滚动方式

当 HTML 元素不能完全显示元素中的内容时，该属性用于设置溢出内容的滚动方式。该属性支持如下几个属性值。

- auto：让浏览器自主选择滚动方式。
- scrollbar：为 HTML 元素添加滚动条。
- panner：让 HTML 元素选择合适的关键内容显示。
- move：允许用户移动元素中的内容。通常，用户可通过鼠标拖动内容。
- marquee：HTML 元素中的内容自动滚动播放。

overflow-style 属性的值既可以是上面单个的属性值，也可以是多个属性值列表，浏览器将会按照优先次序选择其支持的第一种滚动方式。

目前暂时还没有浏览器支持该属性。

10.3.5 使用 clip 属性控制裁剪

CSS 还提供了一个 clip 属性来控制对元素的裁剪，clip 属性可通过 rect()指定一个矩形。例如，指定使用 rect(A B C D)对元素进行裁剪，此时该元素的可视区域如图 10.21 所示。

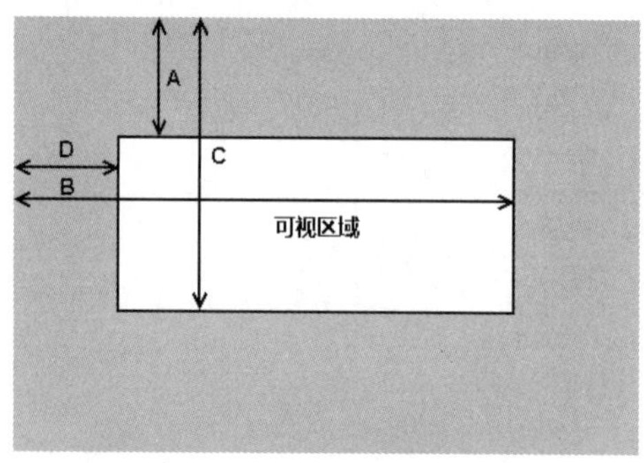

图 10.21 clip 属性的裁剪示意图

从图 10.21 可以看出，如果希望 HTML 元素被裁剪后还有可视区域，则需要保证 C>A 且 B>D。其中 A、B、C、D 四个值都可被设置为 auto，如果某个值被设置为 auto，则意味着该边不进行任何裁剪。

需要指出的是，为了看到 clip 属性的作用，该元素的 position 必须设置为 absolute，并将 overflow 设置为 hidden。position 设置为 absolute 用于控制该元素采用绝对定位方式。

下面页面代码示范了 clip 属性的功能。

程序清单：codes\10\10.3\clip.html

```
<!DOCTYPE html>
<html>
<head>
    <meta http-equiv="Content-Type" content="text/html; charset=utf-8" />
    <title> clip 属性 </title>
    <style type="text/css">
        div {
            position:absolute;
            font-size: 30pt;
            border:2px solid black;
            background-color: #ccc;
            width: 550px;
            padding: 5px;
            overflow:hidden;
        }
    </style>
</head>
<body>
<div style="top:0px; clip:rect(16px 400px auto 30px);">
    rect(16px 400px auto 30px);</div>
<div style="top:120px; clip:rect(24px 480px auto 60px);">
    rect(24px 480px auto 60px);</div>
<div style="top:240px; clip:rect(36px 520px auto 90px);">
    rect(36px 520px auto 90px);</div>
<div style="top:360px; clip:rect(36px auto auto 120px);">
    rect(36px auto auto 120px);</div>
</body>
</html>
```

使用浏览器浏览该页面，可以看到如图 10.22 所示的效果。

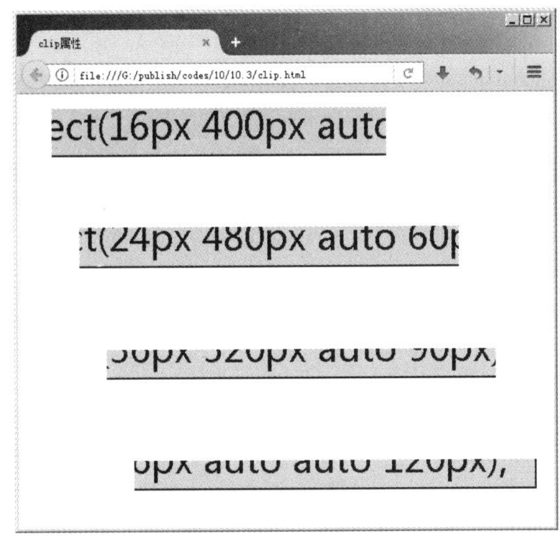

图 10.22 clip 属性的功能

10.4 CSS 3 新增的多栏布局

前面介绍过通过 float 属性或通过 display:inline-box 来实现多栏布局，但通过这两种方式实现的多栏布局底部无法对齐，而且通过传统方式来实现多栏布局比较烦琐。为了解决这个问题，CSS 3 专门提供了多栏布局的功能。

通过 CSS 3 实现分栏非常简单，只要简单地增加 column-count 属性即可。例如如下页面代码。

程序清单：codes\10\10.4\basicMultiColumn.html

```
<!DOCTYPE html>
<html>
<head>
    <meta http-equiv="Content-Type" content="text/html; charset=utf-8" />
    <title> 分栏布局 </title>
    <style type="text/css">
        div#content {
            column-count: 2;
            -moz-column-count: 2;
        }
    </style>
</head>
<body>
<div id="content">
<h2>疯狂软件介绍</h2>
    疯狂 Java 品牌专注高级软件编程，以“十年磨一剑”的心态打造全国最强（不是之一）疯狂 Java 学习体系：包括疯狂 Java 体系原创图书，疯狂 Java 学习路线图，这些深厚的知识沉淀已被大量高校、培训机构奉为经典。<br/>
    疯狂 Java 怀抱“软件强国”的理想，立志以务实的技术来改变中国的软件教育。经过八年沉淀，疯狂 Java 强势回归。疯狂 Java 创始人李刚，携疯狂 Java 精英讲师团队肖文吉、黄勇等老师将带给广大学习者“非一般”的疯狂。
</div>
</body>
</html>
```

目前 Firefox、Chrome 浏览器暂未支持使用标准的 column-count 属性，因此需要增加特定的浏览器前缀，如上面页面代码所示。

在浏览器中浏览上面页面，可以看到如图 10.23 所示的效果。

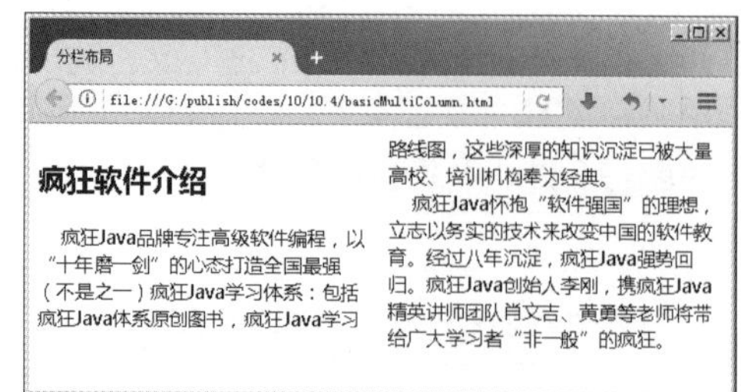

图 10.23　分栏效果

10.4.1　使用 column-width 指定栏宽度

实际上，为了实现分栏效果 CSS 3 增加了大量属性，如下所示。

- columns：这是一个复合属性，通过该属性可同时指定栏目宽度、栏目数两个属性值。该属性相当于同时指定 column-width、column-count 属性。
- column-width：该属性指定一个长度值，用于指定每个栏目的宽度。
- column-count：该属性指定一个整数值，用于指定栏目数。

注意：

column-width、column-count 这两个属性可以相互影响，它们指定的栏目宽度、栏目数并不是绝对的。当分栏内容所在容器的宽度大于 column-width × column-count + 间距时，有的浏览器会增加栏目数，有的浏览器会增加栏目宽度。

- column-rule：这是一个复合属性，用于指定各栏目之间的分隔条。该属性可同时指定分隔条的宽度、样式、颜色。该属性相当于同时指定 column-rule-width、column-rule-style、column-rule-color 属性。
- column-rule-width：该属性指定一个长度值，用于指定栏目之间分隔条的宽度。
- column-rule-style：该属性用于设置分隔条的线型。
- column-rule-color：该属性用于设置分隔条的颜色。
- column-gap：该属性指定一个长度值，用于指定各栏目之间的间距。
- column-fill：该属性用于控制栏目的高度。该属性支持如下两个属性值。
  - auto：各栏目的高度随着其内容的多少自动变化。
  - balance：各栏目的高度将会统一成内容最多的那一栏的高度。
- column-span：设置该元素横跨的列数。

提示：

所有浏览器的最新版本都已经支持这些属性，只有 Firefox 还需要在这些属性前面添加-moz-前缀。

下面页面代码示范了 column-width、column-count 属性的功能。

程序清单：codes\10\10.4\multiColumn.html

```
<!DOCTYPE html>
<html>
<head>
    <meta http-equiv="Content-Type" content="text/html; charset=utf-8" />
    <title> 分栏布局 </title>
    <style type="text/css">
```

```
        div#container{
            width: 1100px;
            border: 1px solid black;
        }
        div#content {
            /* 设置栏目数，以及各栏目的宽度*/
            columns: 240px 3;
            -moz-columns: 240px 3;
        }
    </style>
</head>
<body>
<div id="container">
<div id="content">
...省略页面内容...
</div>
</div>
</body>
</html>
```

上面页面中粗体字代码指定分栏布局所在的容器宽为 1100px，容器内的<div.../>被分为 3 栏，每栏的宽度是 240px。此时，容器的宽度大于 column-width×column-count+间距，不同浏览器的处理方式并不相同。目前主流的浏览器都会自动增加栏目宽度，如图 10.24 所示。

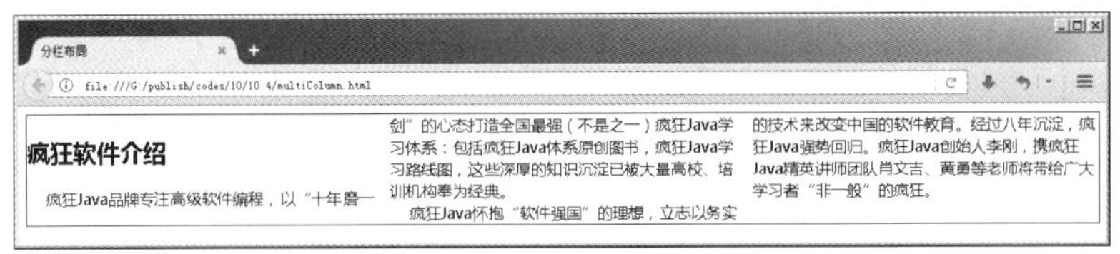

图 10.24　浏览器增加栏目宽度

有些较早版本的浏览器（比如 Opera）会自动增加栏目数来占满整个父容器。为了避免不同浏览器出现这种差异，一般建议让容器的宽度与 column-width×column-count+间距大致相等。

10.4.2　使用 column-gap 和 column-rule 控制分栏间隔

如果希望指定各栏目之间的间距，以及各栏目中间的分隔条，则可通过 column-gap 和 column-rule 属性来指定。

- column-gap：该属性指定一个长度值，用于指定各栏目之间的间距。
- column-rule：这是一个复合属性，用于指定各栏目之间的分隔条。该属性可同时指定分隔条的宽度、样式、颜色。该属性相当于同时指定 column-rule-width、column-rule-style、column-rule-color 属性。

column-rule 包括一个 column-rule-style 子属性，该属性用于设置分隔条的线型。线型可以支持如下属性值。

- none：无分隔条。
- hidden：隐藏分隔条。
- dotted：点线分隔条。
- dashed：虚线分隔条。
- solid：实线分隔条。
- double：双线分隔条。
- groove：3D 凹槽分隔条。
- ridge：3D 凸槽分隔条。

➢ inset：3D 凹入分隔条。

➢ outset：3D 凸出分隔条。

下面页面代码示范了 column-gap、column-rule 分栏属性的功能和用法。

程序清单：codes\10\10.4\complexMultiColumn.html

```
<!DOCTYPE html>
<html>
<head>
    <meta http-equiv="Content-Type" content="text/html; charset=utf-8" />
    <title> 分栏布局 </title>
    <style type="text/css">
        div#container{
            margin:auto;
            width: 840px;
            border: 1px solid black;
        }
        div#content {
            /* 设置栏目数，以及各栏目的宽度*/
            columns: 240px 3;
            -moz-columns: 240px 3;
            /* 设置栏目之间的间距*/
            column-gap: 50px;
            -moz-column-gap: 50px;
            /* 设置栏目之间的分隔条*/
            column-rule: 10px inset #aaa;
            -moz-column-rule: 10px inset #aaa;
        }
    </style>
</head>
<body>
<div id="container">
<div id="content">
...省略页面内容...
</div>
</div>
</body>
</html>
```

上面的 CSS 粗体字代码设置了更复杂的分栏属性，包括栏目间距、栏目之间的分隔条等属性。在浏览器中浏览该页面，可以看到如图 10.25 所示的效果。

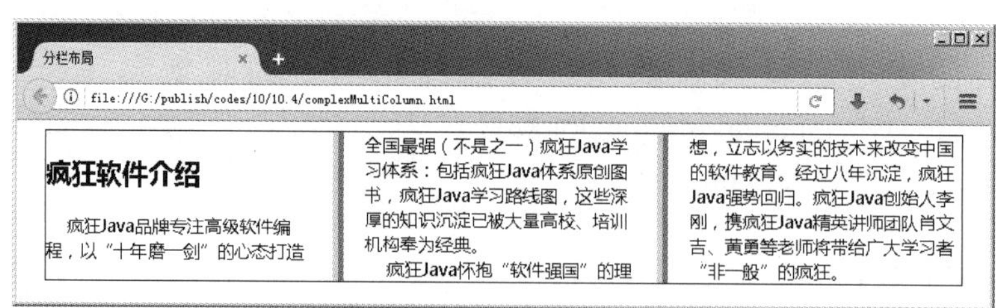

图 10.25　复杂的分栏效果

▸▸ 10.4.3　使用 column-span 设置跨栏

有些时候需要对元素中大部分内容进行分栏，但又希望控制其中某一部分内容（比如标题）不进行分栏，此时就可通过 column-span 属性进行控制。该属性支持如下两个属性值。

➢ 1：默认值，设置该元素只跨一列。

➢ all：设置该元素跨所有列。

下面页面代码示范了 column-span 属性的功能和用法。

程序清单：codes\10\10.4\column-span.html

```
<!DOCTYPE html>
<html>
<head>
	<meta http-equiv="Content-Type" content="text/html; charset=utf-8" />
	<title> 分栏布局 </title>
	<style type="text/css">
		div#container{
			width: 1100px;
			border: 1px solid black;
		}
		div#content {
			/* 设置栏目数，以及各栏目的宽度*/
			columns: 240px 3;
			-moz-columns: 240px 3;
		}
		div#content>h2{
			/* 设置跨所有列 */
			column-span:all;
			-moz-column-span:all;
		}
	</style>
</head>
<body>
<div id="container">
<div id="content">
<h2>疯狂软件介绍</h2>
... 省略页面内容
</div>
</div>
</body>
</html>
```

上面的 CSS 代码对 ID 为 content 的<div.../>元素内的<h2.../>元素设置了 column-span:all，浏览器将会让该元素横跨所有栏目——就像该元素没有分栏一样。在浏览器中浏览该页面，将可以看到如图 10.26 所示的效果。

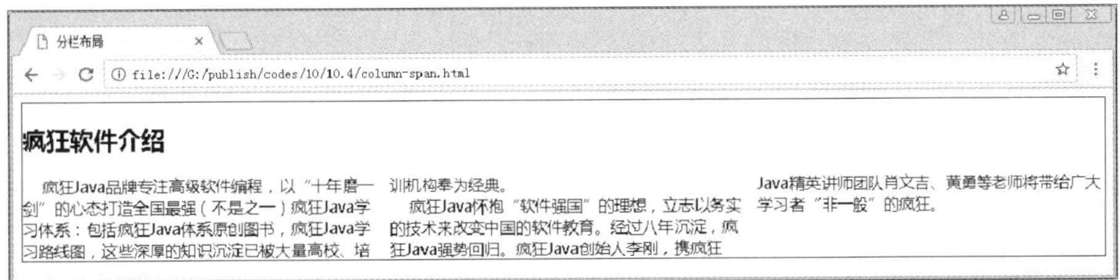

图 10.26 使用 column-span 属性

提示：

Firefox 浏览器暂不支持 column-span 属性。

10.5 使用弹性盒布局

弹性盒是 CSS 3 的一个新功能，该功能可以非常方便地实现多栏布局。

10.5.1　使用 flex 类型的盒模型

前面讲解 display 属性时介绍过多个属性值，这些属性值分别用于定义不同的“盒模型”。CSS 3 还为 display 提供了一个 flex 属性值，通过该属性值可以更好地实现多栏布局。将 display 设为 flex 即可实现弹性盒布局。

提示：

提示：弹性盒布局是 CSS 3 新增的功能，因此早期该属性值曾用过 box 和 inline-box，本书第 1 版曾详细介绍了 box 类型的盒模型。后来该属性值也用过 flexbox 和 inline-flexbox，这属于过渡期的属性值。目前最新的属性值直接使用 flex 和 inline-flex，其中 inline-flex 就是 inline 类型的 flex，使用较少。

CSS 3 为弹性盒模型还提供了如下配套属性。

- flex-flow：该属性作用于弹性盒容器，用于控制容器内子元素的排列方向和换行方式。该属性是一个复合属性，由 flex-direction 和 flex-wrap 组成。
- flex-direction：指定弹性盒内子元素的排列方向。
- flex-wrap：指定弹性盒内子元素的换行方式。
- order：该属性作用于弹性盒容器内的子元素，指定子元素的排列顺序。
- flex：该属性作用于弹性盒容器内的子元素，用于控制子元素的缩放比例。该属性是一个复合属性，由 flex-grow、flex-shrink 和 flex-basis 三个子属性组成。
- align-items：该属性作用于弹性盒容器，用于控制弹性盒内所有子元素在排列方向的垂直方向上的对齐方式。
- align-self：该属性作用于弹性盒容器内的子元素，用于控制该子元素自身在排列方向的垂直方向上的对齐方式。
- justify-content：该属性作用于弹性盒容器内的子元素，用于控制该子元素自身在排列方向上的分布方式。
- align-content：该属性作用于弹性盒容器，用于控制弹性盒内行的分布方式。

与通过 float、inline-box 方式实现多栏布局相比，使用 flex 属性值来实现多栏布局可以让多个栏目的底部对齐。

如下页面通过 flex 盒模型实现了多栏布局。

程序清单：codes\10\10.5\flex.html

```
<!DOCTYPE html>
<html>
<head>
    <meta http-equiv="Content-Type" content="text/html; charset=utf-8" />
    <title> 盒模型实现多栏布局 </title>
    <style type="text/css">
        div#container {
            display: flex;
            width: 960px;
            text-align: left;
        }
        #container>div {
            border: 1px solid #aaf;
            /* 设置 HTML 元素的大小包括边框 */
            box-sizing: border-box;
            padding:5px;
        }
    </style>
```

```
</head>
<body>
<div id="container">
<div style="width:220px">
...省略页面内容
</div>
<div style="width:500px;">
...省略页面内容
</div>
<div style="width:240px">
...省略页面内容
</div>
</div>
</body>
</html>
```

从上面粗体字代码可以看出，只要把多个<div.../>元素放在设置了 display:flex 的<div.../>元素内，即可实现多栏布局，非常方便。使用浏览器来浏览该页面，可以看到如图 10.27 所示的效果。

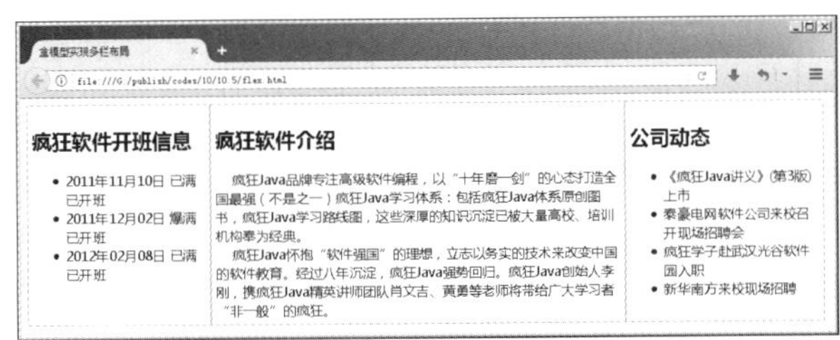

图 10.27 使用盒模型实现多栏布局

还有一点需要指出，分栏布局与 flex 类型的盒模型是不同的，分栏布局只是将一篇文章分成多个栏目显示，HTML 元素对内容的分栏位置是不确定的，因此分栏布局只适合显示单篇文章；flex 盒模型则是由开发者自己控制将页面分成多栏，分栏位置可以自己控制，因此更适合页面布局效果。

10.5.2 通过 flex-direction 指定盒内元素的排列方向

flex-direction 属性用于指定盒内元素的排列方向。该属性支持如下属性值。

- row：横向从左到右排列。
- row-reverse：横向从右到左排列。
- column：纵向从上到下排列。
- column-reverse：纵向从下到上排列。

下面页面代码测试了 flex-direction 属性的功能和作用。

程序清单：codes\10\10.5\flex-direction.html

```
<!DOCTYPE html>
<html>
<head>
    <meta http-equiv="Content-Type" content="text/html; charset=utf-8" />
    <title> flex-direction 排列方向 </title>
    <style type="text/css">
        div#container {
            border: 1px solid black;
            padding: 5px;
            width: 600px;
            height: 140px;
            display: flex;
```

```
        }
        div>div {
            border: 1px solid #aaf;
            padding:5px;
        }
    </style>
</head>
<body>
<div id="container">
    <div>栏目一</div>
    <div>栏目二</div>
    <div>栏目三</div>
</div>
<button onclick="change(this.innerHTML);">row</button>
<button onclick="change(this.innerHTML);">row-reverse</button>
<button onclick="change(this.innerHTML);">column</button>
<button onclick="change(this.innerHTML);">column-reverse</button>
<script type="text/javascript">
function change(val){
    document.getElementById('container').style.flexDirection = val;
}
</script>
</body>
</html>
```

上面页面代码中的粗体字代码用于动态地改变id为container的容器的flex-direction属性。

直接在浏览器中浏览该页面，此时flex-direction为row，这意味着flex容器中各元素从左到右水平排列，因此会看到如图10.28所示的效果。

单击页面上的“row-reverse”按钮，此时将id为container的容器的flex-direction属性设为row-reverse，这意味着flex容器中各元素从右到左水平排列，因此会看到如图10.29所示的效果。

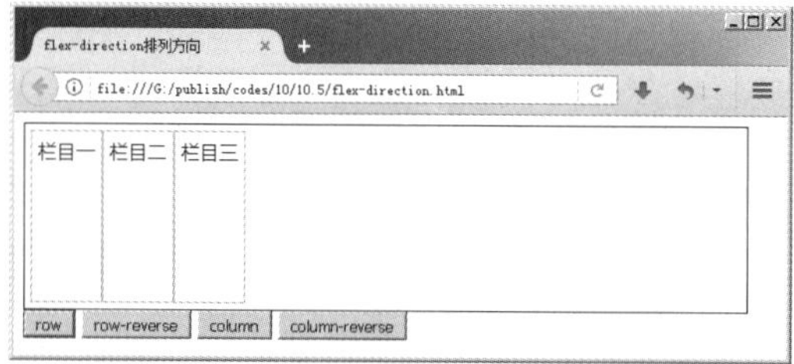

图10.28　flex-direction为row的效果

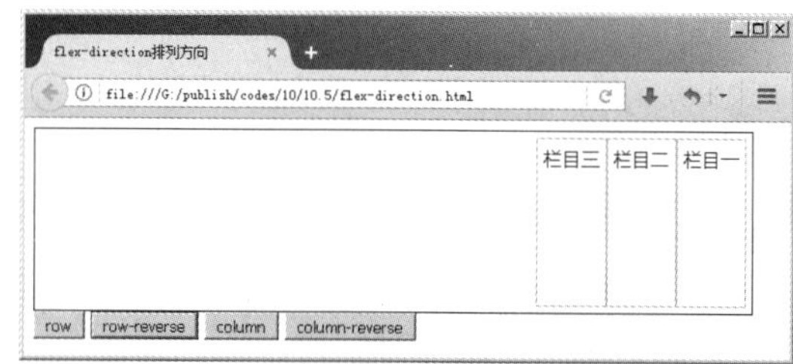

图10.29　flex-direction为row-reverse的效果

单击页面上的“column”按钮，此时将id为container的容器的flex-direction属性设为column，这意味着flex容器中各元素从上到下垂直排列，因此会看到如图10.30所示的效果。

单击页面上的“column-reverse“按钮，此时将id为container的容器的flex-direction属性设为column-reverse，这意味着flex容器中各元素从下到上垂直排列，因此会看到如图10.31所示的效果。

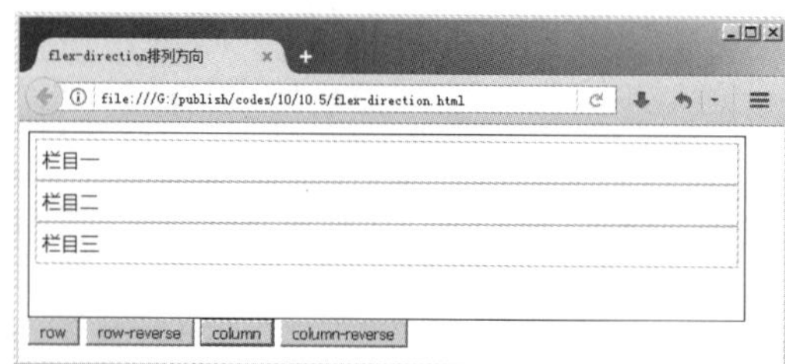

图10.30　flex-direction为column的效果

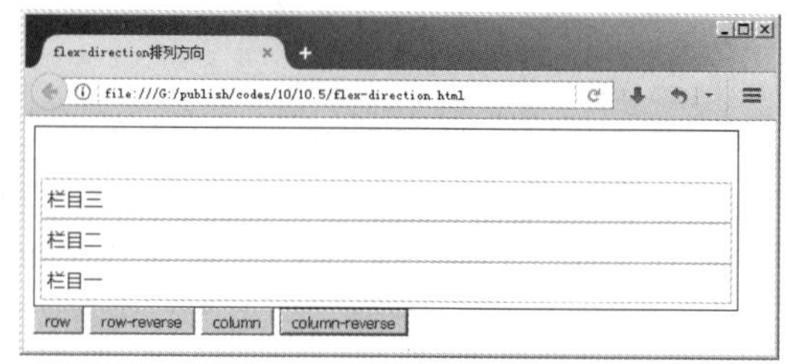

图10.31　flex-direction为column-reverse的效果

10.5.3 使用 flex-wrap 控制换行

在弹性盒布局中可使用 flex-wrap 属性控制换行，从而实现多行布局。该属性支持如下属性值。

- nowrap：不换行。这是默认值。
- wrap：换行。
- wrap-reverse：反向换行。

下面页面代码测试了 flex-wrap 属性的功能和作用。

程序清单：codes\10\10.5\flex-wrap.html

```
<!DOCTYPE html>
<html>
<head>
    <meta http-equiv="Content-Type" content="text/html; charset=utf-8" />
    <title> flex-wrap 控制换行 </title>
    <style type="text/css">
        div#container {
            border: 1px solid black;
            padding: 5px;
            width: 450px;
            height: 140px;
            display: flex;
        }
        div>div {
            border: 1px solid #aaf;
            width: 200px;
            height: 60px;
            padding:5px;
        }
    </style>
</head>
<body>
<div id="container">
    <div>栏目一</div>
    <div>栏目二</div>
    <div>栏目三</div>
</div>
<button onclick="change(this.innerHTML);">nowrap</button>
<button onclick="change(this.innerHTML);">wrap</button>
<button onclick="change(this.innerHTML);">wrap-reverse</button>
<script type="text/javascript">
function change(val){
    document.getElementById('container').style.flexWrap = val;
}
</script>
</body>
</html>
```

上面页面代码中的粗体字代码用于动态地改变 id 为 container 的容器的 flex-wrap 属性。

直接在浏览器中浏览该页面，此时 flex-wrap 为 nowrap，这意味着 flex 容器中各元素依次排列，不会换行。此时 CSS 指定容器宽度为 450px，该容器中 3 个<div.../>元素的宽度都是 200px，这样就超过了容器所能接受的宽度，因此弹性盒会自动压缩容器中 3 个<div.../>元素的宽度。此时将看到如图 10.32 所示的效果。

单击页面上的“wrap 按钮”，此时将 id 为 container 的容器的 flex-wrap 属性设为 wrap，这意味着 flex 容器中各元素依次排列，宽度不够时会自动换行，因此会看到如图 10.33 所示的效果。

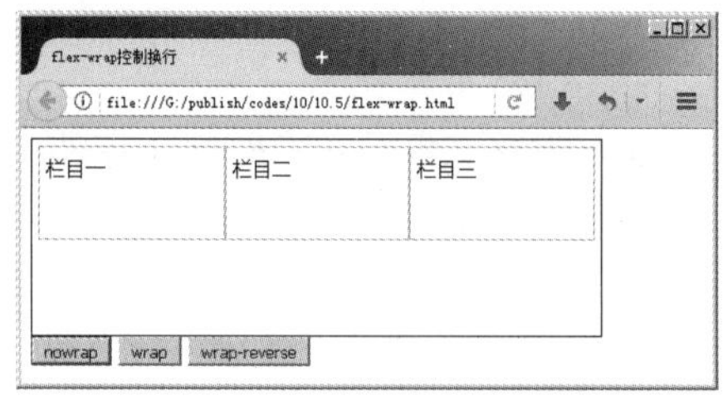

图 10.32　flex-wrap 为 nowrap 控制不换行

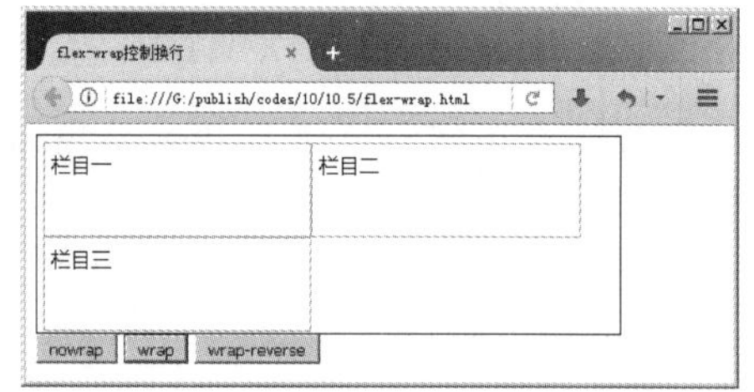

图 10.33　flex-wrap 为 wrap 控制自动换行

单击页面上的 wrap-reverse 按钮，此时将 id 为 container 的容器的 flex-wrap 属性设为 wrap-reverse，这意味着 flex 容器中各元素依次排列，宽度不够时会自动换行。此时指定了 wrap-reverse，因此会出现反向换行的行为——默认换行是换到下一行，wrap-reverse 会控制换到上一行，所以会看到如图 10.34 所示的效果。

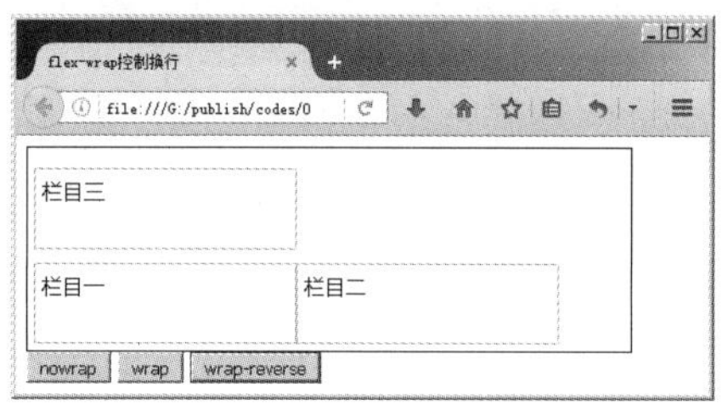

图 10.34　flex-wrap 为 wrap-reverse 控制反向换行

10.5.4　使用 order 控制元素显示顺序

在默认情况下，flex 类型的盒容器中各子元素会按原来的顺序逐个显示出来。如果希望改变 flex 盒内各子元素的排列顺序，则可通过为这些子元素指定 order 属性来实现。order 属性值应该是一个整数值，该整数值越小，该子元素的顺序越靠前。

下面页面代码示范了 order 属性的作用。

程序清单：codes\10\10.5\flex-order.html

```
<!DOCTYPE html>
<html>
<head>
    <meta http-equiv="Content-Type" content="text/html; charset=utf-8" />
    <title> order 控制顺序 </title>
    <style type="text/css">
        div#container {
            border: 1px solid black;
            padding: 5px;
            width: 600px;
            height: 140px;
            display: flex;
        }
        div>div {
            border: 1px solid #aaf;
            padding:5px;
        }
    </style>
</head>
<body>
<div id="container">
    <div style="order:2">栏目一</div>
    <div style="order:1">栏目二</div>
    <div style="order:3">栏目三</div>
</div>
```

```
</body>
</html>
```

上面页面代码分别为 3 个<div.../>元素指定了 3 个不同的 order 属性值，其中“栏目二”的 order 属性值为 1，因此该元素将排在第一位；“栏目一”的 order 属性值为 2，因此该元素将排在第二位；剩下的 order 属性值为 3 的元素排在第三位。在浏览器中浏览该页面，将看到如图 10.35 所示的效果。

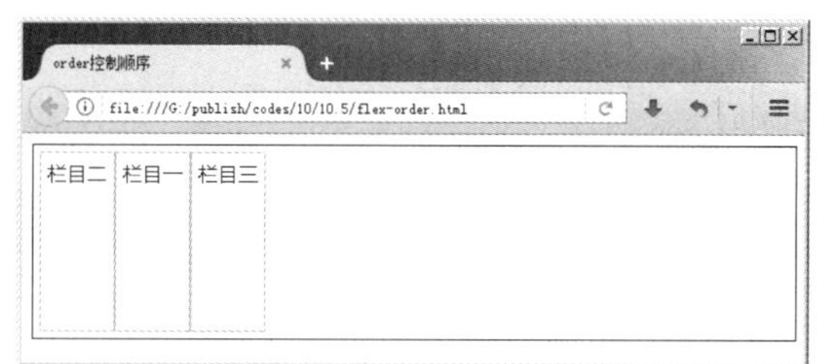

图 10.35 使用 order 属性控制元素的显示顺序

10.5.5 使用 flex 属性控制子元素的缩放

当 flex 类型的盒容器较大，子元素不够占满父容器时，父容器的空间就会被“多余”出来，这样的显示效果并不理想。

为了控制子元素自动缩放来占满父容器的空间，可通过为子元素指定 flex 及相关属性来实现。CSS 3 为弹性盒缩放提供了如下属性。

- flex：该属性是一个复合属性。其完整属性值为 flex-grow flex-shrink flex-basis；但该属性值也支持简写成一个整数值，比如 flex:2，这相当于指定 flex:2 2 0px，也就是 flex-grow 和 flex-shrink 都是 2，而 flex-basis 是 0px。
- flex-grow：该属性指定 flex 容器内各子元素的拉伸因子。该属性的默认值为 0，这意味着该子元素不会被拉伸。
- flex-shrink：该属性指定 flex 容器内各子元素的收缩因子。该属性的默认值为 0，这意味着该子元素不会被缩小。
- flex-basis：该属性指定 flex 容器内各子元素缩放之前的基准大小。该属性支持长度值和百分比两种属性值，其默认值为 0。

先来看 flex-grow 属性。当子容器无法占满父容器时，该属性会负责拉伸各子元素，从而保证子元素占满 flex 父容器。各子元素宽度的计算公式为：

基准宽度＋（父容器宽度—所有各子元素的宽度和）×该元素的 flex-grow /所有子元素的 flex-grow 和

下面页面代码示范了 flex-grow 属性的作用。

程序清单：codes\10\10.5\flex-grow.html

```
<!DOCTYPE html>
<html>
<head>
    <meta http-equiv="Content-Type" content="text/html; charset=utf-8" />
    <title> flex-grow 控制拉伸 </title>
    <style type="text/css">
        div#container {
            border: 1px solid black;
            padding: 5px;
            width: 600px;
            height: 140px;
```

```
            display: flex;
        }
        div>div {
            border: 1px solid #aaf;
            padding:5px;
            width:80px;
            /* 设置该元素的宽度包括边框 */
            box-sizing:border-box;
        }
    </style>
</head>
<body>
<div id="container">
    <div style="flex-grow:1">栏目一</div>
    <div style="flex-grow:2">栏目二</div>
    <div style="flex-grow:3">栏目三</div>
</div>
</body>
</html>
```

上面页面代码中定义了一个 flex 类型的父容器，该父容器的宽度为 600px，该父容器中包含 3 个子<div.../>元素，每个子元素的基准宽度都通过 width 属性指定为 80px。

此外，flex 父容器内 3 个<div.../>分别指定了 flex-grow 为 1、2、3，这将控制 3 个<div.../>进行拉伸，拉伸后的宽度按上面的拉伸公式进行计算。

对于第 1 个子<div.../>元素，其拉伸后的宽度为：

$$80（基准宽度）+（600-80\times3）\times1/6 = 140$$

对于第 2 个子<div.../>元素，其拉伸后的宽度为：

$$80（基准宽度）+（600-80\times3）\times2/6 = 200$$

对于第 3 个子<div.../>元素，其拉伸后的宽度为：

$$80（基准宽度）+（600-80\times3）\times3/6 = 260$$

使用浏览器浏览该页面，并按下“Ctrl+Shift+I”快捷键打开开发者界面，然后依次选择界面上各个子<div.../>元素，即可看到它们的实际宽度，如图 10.36 所示。

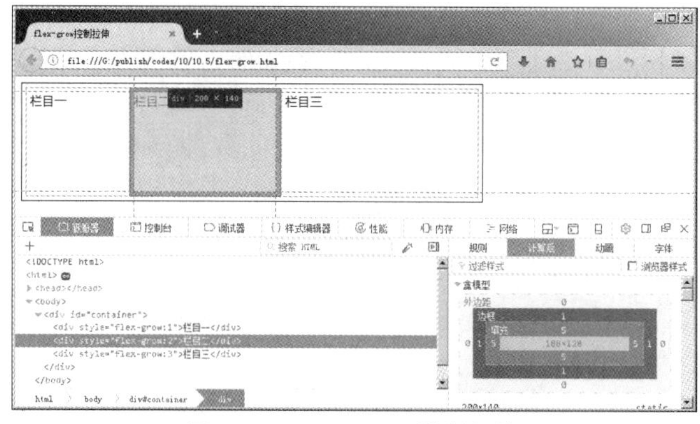

图 10.36　flex-grow 控制拉伸

flex-shrink 属性与 flex-grow 类似，当子元素超出父容器时，该属性会负责收缩各子元素，从而保证子元素占满 flex 父容器。各子元素宽度的计算公式为：

基准宽度－（所有各子元素的宽度和－父容器宽度）×该元素的 flex-shrink /所有子元素的 flex-shrink 和

从上面的计算公式不难发现，flex-grow 和 flex-shrink 的计算方式几乎是相同的，它们共同决定了该子元素的缩、放因子，只是 flex-grow 控制的是加，而 flex-shrink 控制的是减，因此在实际应用中往往将这两个属性值设为相同。

下面页面代码示范了 flex-shrink 属性的作用。

程序清单：codes\10\10.5\flex-shrink.html

```
<!DOCTYPE html>
<html>
<head>
    <meta http-equiv="Content-Type" content="text/html; charset=utf-8" />
    <title> flex-shrink 控制收缩 </title>
    <style type="text/css">
        div#container {
            border: 1px solid black;
            padding: 5px;
            width: 600px;
            height: 140px;
            display: flex;
        }
        div>div {
            border: 1px solid #aaf;
            padding:5px;
            width:300px;
            /* 设置该元素的宽度包括边框 */
            box-sizing:border-box;
        }
    </style>
</head>
<body>
<div id="container">
    <div style="flex-shrink:1">栏目一</div>
    <div style="flex-shrink:2">栏目二</div>
    <div style="flex-shrink:3">栏目三</div>
</div>
</body>
</html>
```

上面页面代码中定义了一个 flex 类型的父容器，该父容器的宽度为 600px，该父容器中包含 3 个子<div.../>元素，每个子元素的基准宽度都通过 width 属性指定为 300px。

此外，flex 父容器内 3 个<div.../>分别指定了 flex-shrink 为 1、2、3，这将控制 3 个子<div.../>元素进行收缩，收缩后的宽度按上面的收缩公式进行计算。

对于第 1 个子<div.../>元素，其收缩后的宽度为：

$$300（基准宽度）-（300\times3-600）\times1/6 = 250$$

对于第 2 个子<div.../>元素，其收缩后的宽度为：

$$300（基准宽度）-（300\times3-600）\times2/6 = 200$$

对于第 3 个子<div.../>元素，其收缩后的宽度为：

$$300（基准宽度）-（300\times3-600）\times3/6 = 150$$

使用浏览器浏览该页面，并按下“Ctrl+Shift+I”快捷键打开开发者界面，然后依次选择界面上各个子<div.../>元素，即可看到它们的实际宽度，如图 10.37 所示。

图 10.37 flex-shrink 控制收缩

上面两个示例都没有用到 flex-basis 属性，而是直接使用在 CSS 样式中指定的 width 作为子元素的基准宽度。如果程序通过 flex-basis 属性指定了子元素的基准宽度，那么通过 CSS 属性为该子元素指定的宽度将会被忽略。

下面页面代码示范了完整的 flex 属性的用法。

程序清单：codes\10\10.5\flex-flex.html

```
<!DOCTYPE html>
<html>
<head>
    <meta http-equiv="Content-Type" content="text/html; charset=utf-8" />
    <title> flex-basis </title>
    <style type="text/css">
        div#container {
            border: 1px solid black;
            padding: 5px;
            width: 600px;
            height: 140px;
            display: flex;
        }
        div>div {
            border: 1px solid #aaf;
            padding:5px;
            width:300px;
            /* 设置该元素的大小包括边框 */
            box-sizing:border-box;
        }
    </style>
</head>
<body>
<div id="container">
    <div style="flex:1 2 100px">栏目一</div>
    <div style="flex:2 2 100px">栏目二</div>
    <div style="flex:3 2 100px">栏目三</div>
</div>
</body>
</html>
```

上面页面代码中定义了一个 flex 类型的父容器，该父容器的宽度为 600px，该父容器中包含 3 个子<div.../>元素，每个子元素的基准宽度都通过 width 属性指定为 300px。由于此时 3 个子<div.../>元素都指定了 flex-basis 为 100px，因此 3 个子<div.../>元素的基准宽度都为 100。

此外，flex 父容器内 3 个<div.../>分别指定了 flex-grow 为 1、2、3，这将控制 3 个子<div.../>

元素进行拉伸，拉伸后的宽度按上面的拉伸公式进行计算。

对于第 1 个子<div.../>元素，其拉伸后的宽度为：

100（基准宽度）+（600−100×3）×1 / 6 ＝ 150

对于第 2 个子<div.../>元素，其拉伸后的宽度为：

100（基准宽度）+（600−100×3）×2 / 6 ＝ 200

对于第 3 个子<div.../>元素，其拉伸后的宽度为：

100（基准宽度）+（600−100×3）×3 / 6 ＝ 250

使用浏览器浏览该页面，并按下“Ctrl+Shift+I”快捷键打开开发者界面，然后依次选择界面上各个<div.../>子元素，即可看到它们的实际宽度，如图 10.38 所示。

图 10.38　使用 flex-basis 指定基准宽度

注意：

即使程序将 flex-basis 设置为 0px，实际上也不可能将某个元素的宽度设置为 0px，因此浏览器计算其基准宽度时并不是 0px，往往是一个较小的值，比如 12px。

前面介绍的内容都是 flex 容器内子元素横向排列的情形，因此弹性盒会控制容器内子元素横向缩放；如果将 flex 容器的 flex-direction 设置为 column 或 column-reverse，那么弹性盒将会控制容器内子元素纵向缩放，此时 flex-grow、flex-shrink、flex-basis 都会基于父容器、子元素的高度进行计算。

下面页面代码示范了纵向排列时 flex 属性对子元素高度的缩放情形。

程序清单：codes\10\10.5\column-flex.html

```
<!DOCTYPE html>
<html>
<head>
    <meta http-equiv="Content-Type" content="text/html; charset=utf-8" />
    <title> flex-basis </title>
    <style type="text/css">
        div#container {
            border: 1px solid black;
            padding: 5px;
            width: 600px;
```

```
            height: 180px;
            display: flex;
            flex-direction:column;
        }
        div>div {
            border: 1px solid #aaf;
            padding:5px;
            /* 设置该元素的大小包括边框 */
            box-sizing:border-box;
        }
    </style>
</head>
<body>
<div id="container">
    <div style="flex:1 1 40px">栏目一</div>
    <div style="flex:2 2 40px">栏目二</div>
    <div style="flex:3 3 40px">栏目三</div>
</div>
</body>
</html>
```

上面页面代码中定义了一个 flex 类型的父容器，该父容器的高度为 180px，该父容器中包含 3 个子<div.../>元素，每个子元素的基准高度都通过 flex-basis 指定为 40px，因此此时 3 个子<div.../>元素的基准高度都为 40。

此外，flex 父容器内 3 个<div.../>分别指定了 flex-grow 为 1、2、3，这将控制 3 个子<div.../>元素进行拉伸，拉伸后的高度按上面的拉伸公式进行计算。

对于第 1 个子<div.../>元素，其拉伸后的高度为：

$$40\text{（基准高度）}+（180-40\times3）\times1/6 = 50$$

对于第 2 个子<div.../>元素，其拉伸后的高度为：

$$40\text{（基准高度）}+（180-40\times3）\times2/6 = 60$$

对于第 3 个子<div.../>元素，其拉伸后的高度为：

$$40\text{（基准高度）}+（180-40\times3）\times3/6 = 70$$

使用浏览器浏览该页面，并按下“Ctrl+Shift+I”快捷键打开开发者界面，然后依次选择界面上各个子<div.../>元素，即可看到它们的实际高度，如图 10.39 所示。

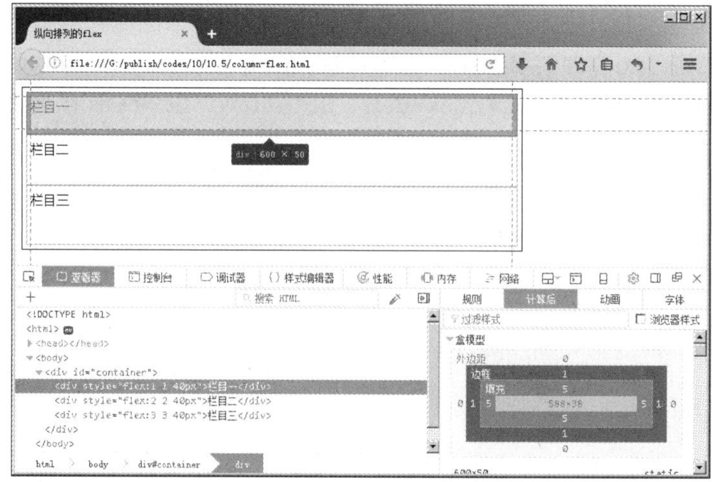

图 10.39　纵向排列时缩放高度

10.5.6 使用 align-items 和 align-self 控制对齐方式

align-items 和 align-self 都用于控制弹性盒内所有子元素在排列方向的垂直方向上的对齐方式。假如设置 flex 容器的 flex-direction 为 row，那么该容器中子元素会按水平方向排列，此时 align-items 和 align-self 用于控制子元素在垂直方向上的对齐方式；假如设置 flex 容器的 flex-direction 为 column，那么该容器中子元素会按垂直方向排列，此时 align-items 和 align-self 用于控制子元素在水平方向上的对齐方式。

align-items 和 align-self 两个属性都允许设置如下属性值。

- flex-start：顶部（或左边）对齐。
- flex-end：底部（或右边）对齐。
- center：居中对齐。
- baseline：顶部（或左边）对齐，但以元素的底部作为对齐基线。
- stretch：拉伸子元素，让它们占满父容器。

其中，align-items 作用于 flex 容器，用于控制容器中所有子元素的对齐方式；而 align-self 则作用于 flex 容器中的子元素，用于控制该子元素本身的对齐方式。因此 align-self 还可以额外指定 auto 属性值，用于说明该子元素采用父容器的对齐方式。

下面页面代码测试了 align-items 属性的功能和作用。

程序清单：codes\10\10.5\align-items.html

```
<!DOCTYPE html>
<html>
<head>
   <meta http-equiv="Content-Type" content="text/html; charset=utf-8" />
   <title> align-items </title>
   <style type="text/css">
      div#container {
         border: 1px solid black;
         padding: 5px;
         width: 600px;
         height: 140px;
         display: flex;
      }
      div>div{
         border: 1px solid #aaf;
         padding:5px;
         width:80px;
      }
   </style>
</head>
<body>
<div id="container">
   <div style="font-size:12px;">栏目一</div>
   <div style="font-size:24px;">栏目二</div>
   <div style="font-size:36px;">栏目三</div>
</div>
<button onclick="change(this.innerHTML);">flex-start</button>
<button onclick="change(this.innerHTML);">flex-end</button>
<button onclick="change(this.innerHTML);">center</button>
<button onclick="change(this.innerHTML);">baseline</button>
<button onclick="change(this.innerHTML);">stretch</button>
<script type="text/javascript">
function change(val){
   document.getElementById('container').style.alignItems = val;
}
</script>
```

```
</body>
</html>
```

上面页面代码中定义了5个按钮，这5个按钮上绑定的粗体字JavaScript脚本用于动态地改变id为container的容器的align-items属性。

单击页面上的“flex-start”按钮，将id为container的容器的align-items属性改为flex-start，此时flex容器的默认排列方向是水平排列，因此该属性控制所有元素在垂直方向上顶部对齐。用浏览器浏览该页面，将看到如图10.40所示的效果。

单击页面上的“flex-end”按钮，将id为container的容器的align-items属性改为flex-end，此时flex容器的默认排列方向是水平排列，因此该属性控制所有元素在垂直方向上底部对齐。

单击页面上的“center”按钮，将id为container的容器的align-items属性改为center，此时flex容器的默认排列方向是水平排列，因此该属性控制所有元素在垂直方向上居中对齐。

单击页面上的“baseline”按钮，将id为container的容器的align-items属性改为baseline，此时flex容器的默认排列方向是水平排列，因此该属性控制所有元素在垂直方向上顶部对齐，但会以所有子元素的基线作为对齐线。用浏览器浏览该页面，将看到如图10.41所示的效果。

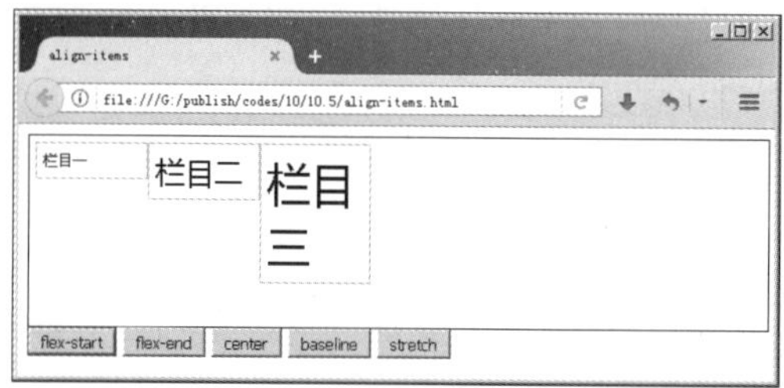

图10.40　align-items为flex-start的效果

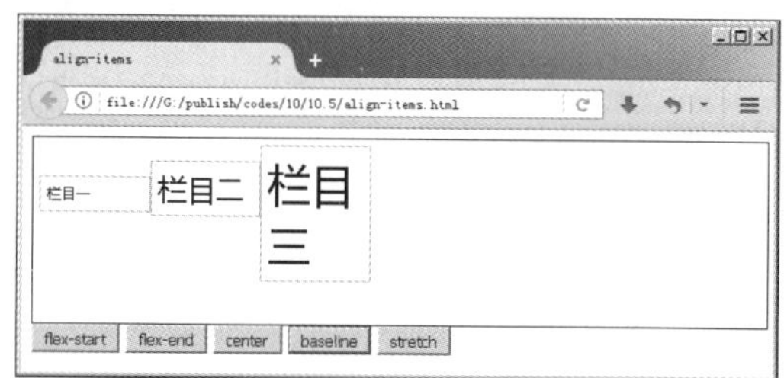

图10.41　align-items为baseline的效果

单击页面上的“stretch”按钮，将id为container的容器的align-items属性改为stretch，此时flex容器的默认排列方向是水平排列，因此该属性控制所有元素在垂直方向上被拉伸，占满整个父容器。用浏览器浏览该页面，将看到如图10.42所示的效果。

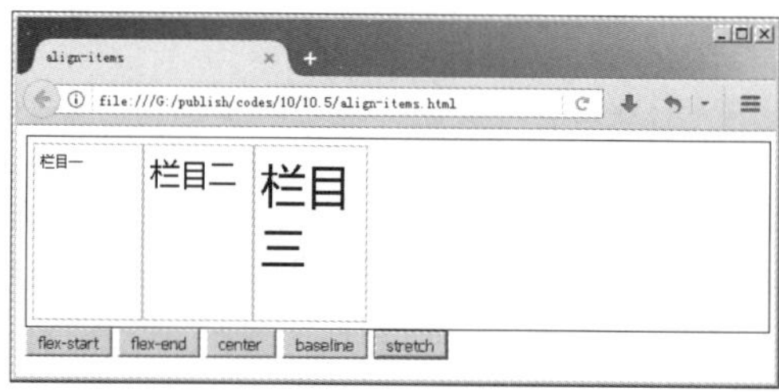

图10.42　align-items为stretch的效果

如果子元素通过width或height属性设置了自身的宽度和高度，那么stretch属性值将无法拉伸子元素的宽度或高度。

10.5.7　使用justify-content控制元素分布

当子元素在排列方向上无法占满父容器时，justify-content属性用于控制子元素如何分布，从而充分利用这些多余的空间。简而言之，justify-content属性用于控制子元素在排列方向上的分布方式。比如将flex类型盒的flex-direction设置为row，那么该容器中子元素按水平方向排列，此时justify-content将控制子元素在水平方向上的分布方式；将flex-direction设置为

column，那么该容器中子元素按垂直方向排列，此时 justify-content 将控制子元素在垂直方向上的分布方式。

需要说明的是，如果 flex 容器中某个或某几个子元素的 flex-grow 不为 0，那么它们会自动在排列方向上拉伸占满父容器，因此 justify-content 属性将失效。

justify-content 属性支持如下属性值。

- flex-start：所有子元素都靠近排列方向的起始端，留出结束端多余的空间。
- flex-end：所有子元素都靠近排列方向的结束端，留出起始端多余的空间。
- center：所有子元素都靠近排列方向的中间，留出起始端、结束端多余的空间。
- space-between：多余的空间平均分布到各子元素的中间。
- space-around：多余的空间平均分布到各子元素的中间和两边。

下面页面代码示范了 justify-content 属性的功能。

程序清单：codes\10\10.5\justify-content.html

```
<!DOCTYPE html>
<html>
<head>
    <meta http-equiv="Content-Type" content="text/html; charset=utf-8" />
    <title> justify-content </title>
    <style type="text/css">
        div#container {
            border: 1px solid black;
            padding: 5px;
            width: 600px;
            height: 140px;
            display: flex;
        }
        div>div{
            border: 1px solid #aaf;
            padding:5px;
            width:80px;
        }
    </style>
</head>
<body>
<div id="container">
    <div>栏目一</div>
    <div>栏目二</div>
    <div>栏目三</div>
</div>
<button onclick="change(this.innerHTML);">flex-start</button>
<button onclick="change(this.innerHTML);">flex-end</button>
<button onclick="change(this.innerHTML);">center</button>
<button onclick="change(this.innerHTML);">space-between</button>
<button onclick="change(this.innerHTML);">space-around</button>
<script type="text/javascript">
function change(val){
    document.getElementById('container').style.justifyContent = val;
}
</script>
</body>
</html>
```

上面页面代码中定义了 5 个按钮，这 5 个按钮上绑定的粗体字 JavaScript 脚本用于动态地改变 id 为 container 的容器的 justify-content 属性。

单击页面上的“flex-start”按钮，将 id 为 container 的容器的 justify-content 属性改为 flex-start，此时 flex 容器的默认排列方向是水平方向、从左到右排列，因此该属性控制所有元素分布到水平方向的左边。用浏览器浏览该页面，将看到如图 10.43 所示的效果。

单击页面上的“flex-end”按钮，将 id 为 container 的容器的 justify-content 属性改为 flex-end，此时 flex 容器的默认排列方向是水平方向、从左到右排列，因此该属性控制所有元素分布到水平方向的右边。

单击页面上的“center”按钮，将 id 为 container 的容器的 justify-content 属性改为 center，此时 flex 容器的默认排列方向是水平方向、从左到右排列，因此该属性控制所有元素分布到水平方向的中间。

单击页面上“space-between”按钮，将 id 为 container 的容器的 justify-content 属性改为 space-between，此时 flex 容器的默认排列方向是水平方向、从左到右排列，因此该属性控制水平方向上的多余空间平均分布到所有元素的中间。用浏览器浏览该页面，将看到如图 10.44 所示的效果。

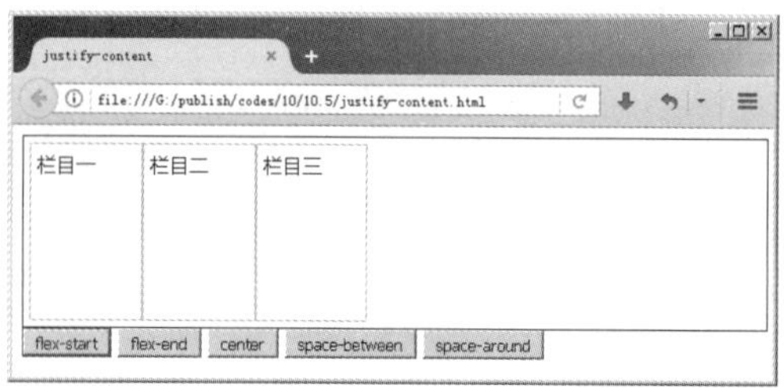

图 10.43　justify-content 为 flex-start 的效果

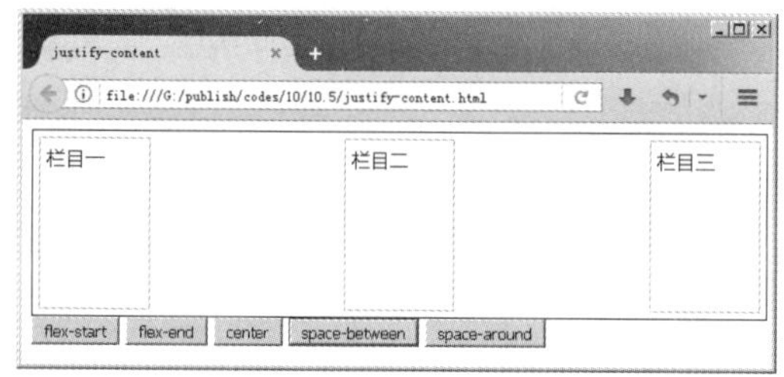

图 10.44　justify-content 为 space-between 的效果

单击页面上的“space-around”按钮，将 id 为 container 的容器的 justify-content 属性改为 space-around，此时 flex 容器的默认排列方向是水平方向、从左到右排列，因此该属性控制水平方向上的多余空间平均分布到所有元素的中间和两边。用浏览器浏览该页面，将看到如图 10.45 所示的效果。

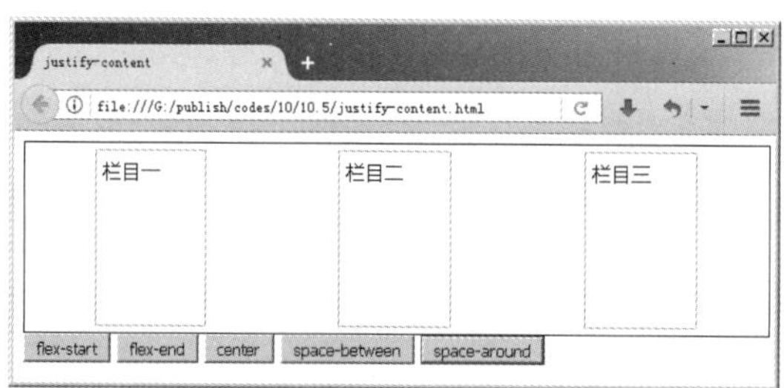

图 10.45　justify-content 为 space-around 的效果

10.5.8　使用 align-content 控制行的分布方式

当使用 flex 类型的容器进行多行布局时，如果子元素排出的行不能占满父容器的空间，align-content 属性用于控制各行如何分布，从而充分利用这些多余的空间。简而言之，align-content 属性用于控制各行的分布方式。

align-content 属性支持如下属性值。

- flex-start：所有行都靠近顶部或左端。
- flex-end：所有行都靠近底部或右端。
- center：所有行居中显示。
- space-between：多余的空间平均分布到各行之间。
- space-around：多余的空间平均分布到各行之间和两边。

下面页面代码示范了 align-content 属性的功能。

程序清单：codes\10\10.5\align-content.html

```
<!DOCTYPE html>
<html>
<head>
    <meta http-equiv="Content-Type" content="text/html; charset=utf-8" />
    <title> align-content </title>
    <style type="text/css">
        div#container {
            border: 1px solid black;
            padding: 5px;
            width: 350px;
            height: 160px;
            display: flex;
            flex-wrap:wrap;
        }
        div>div {
            border: 1px solid #aaf;
            padding:5px;
            width:100px;
        }
    </style>
</head>
<body>
<div id="container">
    <div>栏目一</div>
    <div>栏目二</div>
    <div>栏目三</div>
    <div>栏目四</div>
    <div>栏目五</div>
    <div>栏目六</div>
    <div>栏目七</div>
    <div>栏目八</div>
    <div>栏目九</div>
</div>
<button onclick="change(this.innerHTML);">flex-start</button>
<button onclick="change(this.innerHTML);">flex-end</button>
<button onclick="change(this.innerHTML);">center</button>
<button onclick="change(this.innerHTML);">space-between</button>
<button onclick="change(this.innerHTML);">space-around</button>
<script type="text/javascript">
function change(val){
    document.getElementById('container').style.alignContent = val;
}
</script>
</body>
</html>
```

上面页面代码中定义了 5 个按钮，这 5 个按钮上绑定的粗体字 JavaScript 脚本用于动态地改变 id 为 container 的容器的 align-content 属性。

单击页面上的“flex-start”按钮，将 id 为 container 的容器的 align-content 属性改为 flex-start，此时 flex 容器中所有行都会分布到容器的顶部。用浏览器浏览该页面，将看到如图 10.46 所示的效果。

单击页面上的“flex-end”按钮，将 id 为 container 的容器的 align-content 属性改为 flex-end，此时 flex 容器中所有行都会分布到容器的底部。

单击页面上的“center”按钮，将 id 为 container 的容器的 align-content 属性改为 center，此时 flex 容器中所有行都会分布到容器的中间。

单击页面上的“space-between”按钮，将 id 为 container 的容器的 align-content 属性改为 space-between，此时 flex 容器将会把多余的空间平均分布到各行之间。用浏览器浏览该页面，将看到如图 10.47 所示的效果。

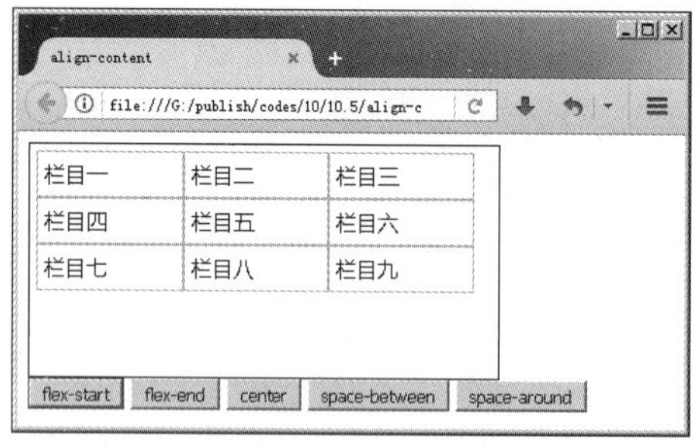

图 10.46　align-content 为 flex-start 的效果

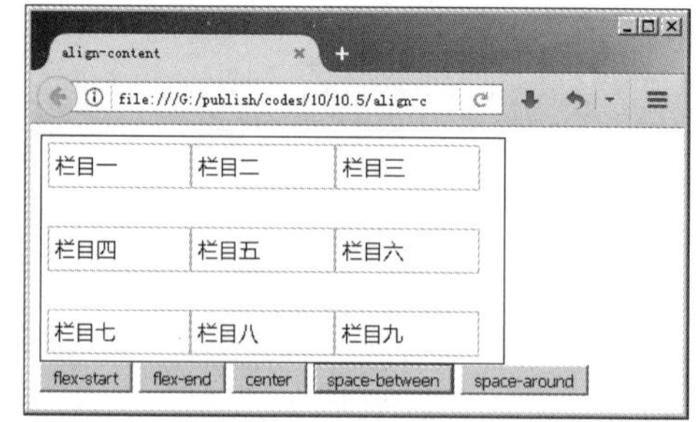

图 10.47　align-content 为 space-between 的效果

单击页面上的“space-around”按钮，将 id 为 container 的容器的 align-content 属性改为 space-around，此时 flex 容器将会把多余的空间平均分布到各行之间和两边。用浏览器浏览该页面，将看到如图 10.48 所示的效果。

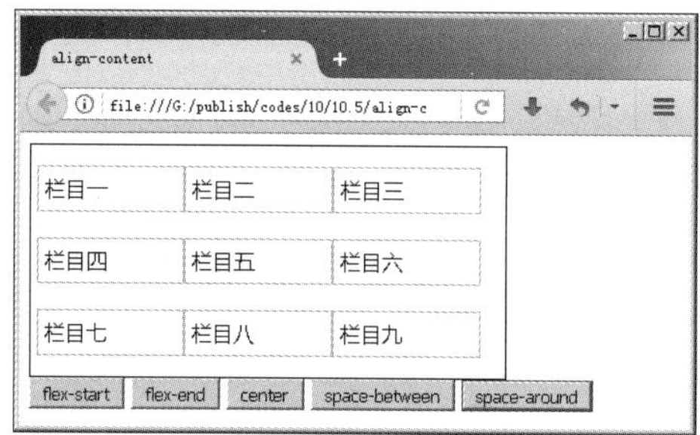

图 10.48　align-content 为 space-around 的效果

10.6　本章小结

本章详细介绍了各种布局相关的属性，包括传统的使用 float 属性实现多栏布局，使用 clear 属性实现换行，使用 clip 属性控制裁剪等。本章介绍的重点是 display 属性，该属性支持两种最基本的盒模型：inline 和 block。不仅如此，还可将 display 指定为 none 来隐藏 HTML 元素，设置 display 为 inline-block、inline-table、list-item、run-in 以及表格相关的盒模型。

本章还详细介绍了 CSS 3 新增的 box-shadow 属性，通过 box-shadow 属性可以为盒模型元素添加阴影，包括为表格及单元格添加阴影。本章也详细介绍了 CSS 3 新增的分栏布局，重点介绍了 CSS 3 新增的弹性盒布局。

CHAPTER 11

第 11 章 表格、列表相关属性及 media query

本章要点

- 使用 border-collapse 控制单元格边框样式
- 使用 caption-side 控制表格标题的位置
- 使用 table-layout 控制表格布局
- 使用列表相关属性控制列表样式
- 使用图片作为列表项标记
- 控制光标的属性
- media query 的功能
- media query 的语法
- 使用 media query 针对浏览器宽度的响应式布局

除了前面介绍的各种边框、背景、布局相关的各种属性之外，CSS 还针对表格、列表等特定元素提供了相应的属性，通过表格相关属性可以控制表格的边框样式、表格标题所在位置、表格布局等，通过列表相关属性则可以控制列表样式，包括改变列表项的标记，甚至使用自定义图片作为列表项标记。

除此之外，本章还会详细介绍 CSS 3 提供的 media query 功能，通过 media query 可以针对不同的显示类型、不同参数细节的输出媒体使用不同的 CSS 布局，从而允许页面进行自适应调整。

11.1　表格相关属性

表格相关属性主要用于控制表格的外观，表格相关属性有如下几个。

- border-collapse：该属性控制两个单元格的边框是合并在一起，还是按照标准的 HTML 样式分开。该属性有两个值，即 seperate（边框分开，使得单元格的分隔线为双线）和 collapse（边框合并，使得单元格的分隔线为单线）。
- border-spacing：当设置 border-collapse 为 seperate 时，该属性用于设置两个单元格边框之间的间距。
- caption-side：用于设置表格标题位于表格哪边。该属性必须和<caption.../>元素一起使用。该属性有 4 个值，即 top、bottom、left、right，分别对应于将表格标题放在表格的上、下、左、右 4 处。
- empty-cells：该属性控制单元格内没有内容时，是否显示单元格边框。只有当 border-collapse 属性设置成 seperate 时，该属性才有效。该属性支持 show（显示）和 hide（隐藏）两个属性值。
- table-layout：用于设置表格宽度布局的方法。该属性支持 auto 和 fixed 两个属性值，其中 auto 是默认值，也就是平时常见的表格布局方式；fixed 则指定使用固定布局方式，本节会详细介绍这种布局方式。

11.1.1　使用 border-collapse、border-spacing 控制单元格边框

border-collapse 可控制单元格的边框是分开（seperate）还是合并在一起（collapse），如果设置单元格的边框分开显示，还可以通过 border-spacing 设置边框的间距。

下面的页面中定义了 3 个表格，分别用于测试上面的几个表格相关属性。

程序清单：codes\11\11.1\table-border.html

```
<!DOCTYPE html>
<html>
<head>
    <meta http-equiv="Content-Type" content="text/html; charset=utf-8" />
    <title> 表格相关属性 </title>
    <style type="text/css">
    table {
        width: 400px;
        border: 1px solid black;
    }
    td {
        background-color:#ccc;
        border: 1px solid black;
    }
    </style>
</head>
```

```
<body>
<p>表格的单元格边框合并在一起，看起来分割线为单线<br>
border-collapse:collapse;</p>
<table style="border-collapse:collapse;">
    <tr>
        <td>疯狂 Java 讲义</td>
        <td>轻量级 Java EE 企业应用实战</td>
    </tr>
    <tr>
        <td>疯狂 Android 讲义</td>
        <td>经典 Java EE 企业应用实战</td>
    </tr>
</table>
<p>表格的单元格边框分开，看起来表格分割线为双线，并隐藏空格的边框线<br>
border-collapse:seperate;empty-cells:hide;</p>
<table style="border-collapse:seperate;empty-cells:hide;">
    <tr>
        <td>疯狂 Java 讲义</td>
        <td>轻量级 Java EE 企业应用实战</td>
    </tr>
    <tr>
        <td>疯狂 Android 讲义</td>
        <td></td>
    </tr>
</table>
<p>表格的单元格边框分开，看起来表格分割线为双线，并设置两个单元格的间距<br>
border-collapse:seperate;border-spacing:20px;</p>
<table style="border-collapse:seperate;border-spacing:20px">
    <tr>
        <td>疯狂 Java 讲义</td>
        <td>轻量级 Java EE 企业应用实战</td>
    </tr>
    <tr>
        <td>疯狂 Android 讲义</td>
        <td>经典 Java EE 企业应用实战</td>
    </tr>
</table>
</body>
</html>
```

为了更好地显示出效果，上面的代码为所有单元格设置了灰色背景。第一个表格的单元格边框被设置成合并；接下来的两个表格设置了 border-collapse 为 seperate，最后一个表格还设置了 border-spacing 为 20px，这会让单元格之间的间距较大。在浏览器中浏览该页面，将可以看到如图 11.1 所示的效果。

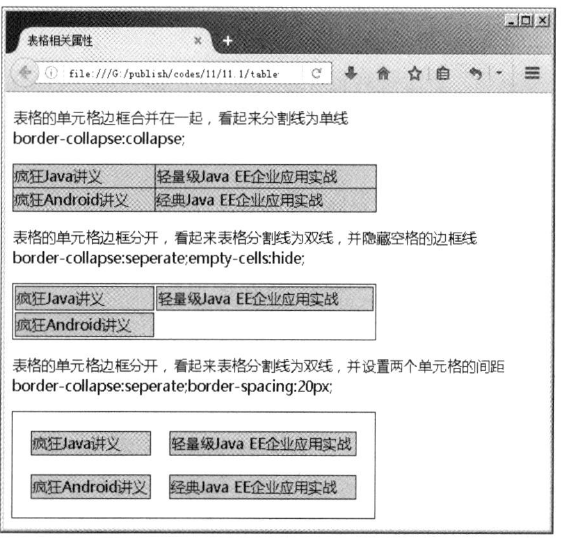

图 11.1　表格边框相关属性的功能

11.1.2 使用 caption-side 控制表格标题的位置

caption-side 属性可控制表格标题出现的位置。下面页面代码示范了 caption-side 的作用。

程序清单：codes\11\11.1\caption-side.html

```
<!DOCTYPE html>
<html>
<head>
    <meta http-equiv="Content-Type" content="text/html; charset=utf-8" />
    <title> 表格相关属性 </title>
    <style type="text/css">
    table {
        width: 400px;
        border: 1px solid black;
    }
    td {
        background-color:#ccc;
        border: 1px solid black;
    }
    </style>
</head>
<body>
<p>caption 位于右边 caption-side:right</p>
<table style="border-collapse:collapse;caption-side:right">
    <caption>疯狂 Java 体系图书</caption>
    <tr>
        <td>疯狂 Java 讲义</td>
        <td>轻量级 Java EE 企业应用实战</td>
    </tr>
    <tr>
        <td>疯狂 Android 讲义</td>
        <td>经典 Java EE 企业应用实战</td>
    </tr>
</table>
<p>caption 位于底部 caption-side:bottom</p>
<table style="caption-side:bottom">
    <caption>疯狂 Java 体系图书</caption>
    <tr>
        <td>疯狂 Java 讲义</td>
        <td>轻量级 Java EE 企业应用实战</td>
    </tr>
    <tr>
        <td>疯狂 Android 讲义</td>
        <td>经典 Java EE 企业应用实战</td>
    </tr>
</table>
<p>caption 位于左边 caption-side:left</p>
<table style="caption-side:left">
    <caption>疯狂 Java 体系图书</caption>
    <tr>
        <td>疯狂 Java 讲义</td>
        <td>轻量级 Java EE 企业应用实战</td>
    </tr>
    <tr>
        <td>疯狂 Android 讲义</td>
        <td>经典 Java EE 企业应用实战</td>
    </tr>
</table>
</body>
</html>
```

在浏览器中浏览该页面，可以看到如图 11.2 所示的效果。

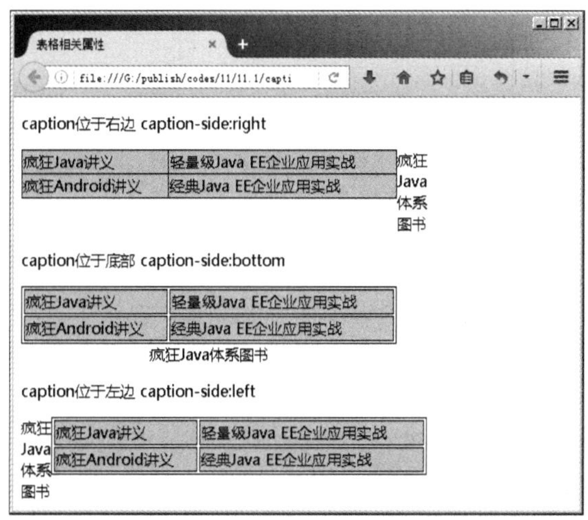

图 11.2 caption-side 的作用

11.1.3 使用 table-layout 控制表格布局

通过将表格的 table-layout 指定为 fixed 可以控制表格的布局方式，指定 table-layout:fixed 是一种固定布局方式。在这种布局方式下，表格的宽度会按如下方式计算得到。

① 如果通过<col.../>或<colgroup.../>元素设置了每列的宽度，则表格宽度将等于所有列宽的总和。

② 如果表格内第一行的单元格设置了宽度信息，则表格宽度将等于第一行内所有单元格宽度的总和。

③ 直接平均分配每列的宽度，忽略单元格中内容的实际宽度。

如下页面代码示范了 table-layout 属性的功能。

程序清单：codes\11\11.1\table-layout.html

```
<!DOCTYPE html>
<html>
<head>
    <meta http-equiv="Content-Type" content="text/html; charset=utf-8" />
    <title> 表格相关属性 </title>
    <style type="text/css">
    table {
        table-layout: fixed;
        border-collapse:collapse;
        border: 1px solid black;
    }
    td {
        background-color:#ccc;
        border: 1px solid black;
    }
    </style>
</head>
<body>
<p>表格的宽度将由两个 col 元素计算出来</p>
<table>
    <!-- 表格的宽度将由如下两个 col 元素的宽度计算出来 -->
    <col style="width:240px"/>
    <col style="width:80px"/>
    <tr>
```

```
        <td>疯狂 Java 讲义</td>
        <td>轻量级 Java EE 企业应用实战</td>
    </tr>
    <tr>
        <td>疯狂 Android 讲义</td>
        <td>经典 Java EE 企业应用实战</td>
    </tr>
</table>
<p>表格的宽度将由如下第一行的单元格的宽度计算出来</p>
<table>
    <tr>
        <!-- 表格的宽度将由如下第一行的单元格的宽度计算出来 -->
        <td style="width:80px">疯狂 Java 讲义</td>
        <td style="width:300px">轻量级 Java EE 企业应用实战</td>
    </tr>
    <tr>
        <td>疯狂 Android 讲义</td>
        <td>经典 Java EE 企业应用实战</td>
    </tr>
</table>
<p>每列将会平均分配该表格的宽度</p>
<!-- 每列将会平均分配该表格的宽度 -->
<table style="width:300px">
    <tr>
        <td>疯狂 Java 讲义</td>
        <td>轻量级 Java EE 企业应用实战</td>
    </tr>
    <tr>
        <td>疯狂 Android 讲义</td>
        <td>经典 Java EE 企业应用实战</td>
    </tr>
</table>
</body>
</html>
```

在浏览器中浏览该页面，可以看到如图 11.3 所示的效果。

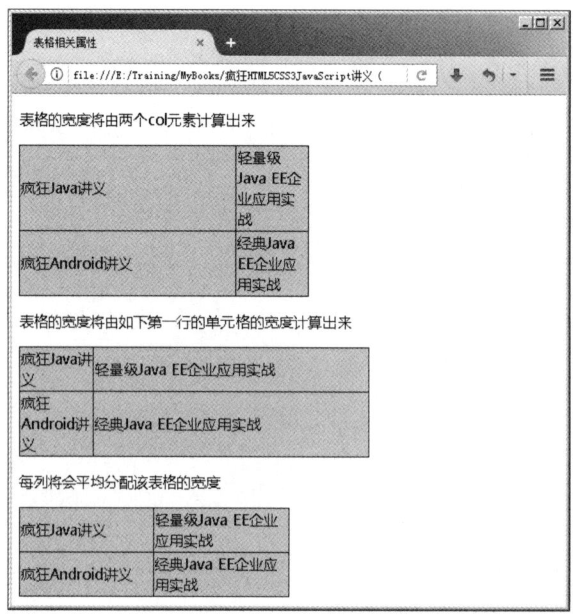

图 11.3 table-layout 属性的功能

11.2 列表相关属性

列表相关属性有如下几个。

- list-style：这是一个复合属性，使用该属性可以同时指定 list-style-image、list-style-position、list-style-type 三个属性。
- list-style-image：该属性用于指定作为列表项标记的图片。
- list-style-position：该属性用于指定列表项标记出现的位置。该属性支持 outside（列表项标记放在列表元素之外）和 inside（列表项标记放在列表元素之内）两个属性值。
- list-style-type：该属性用于指定列表项标记的样式。该属性支持如下属性值。
  - decimal：阿拉伯数字。默认值。
  - disc：实心圆。
  - circle：空心圆。
  - square：实心方块。
  - lower-roman：小写罗马数字。
  - upper-roman：大写罗马数字。
  - lower-alpha：小写英文字母。
  - upper-alpha：大写英文字母。
  - none：不使用项目符号。
  - cjk-ideographic：浅白的表意数字。
  - georgian：传统的乔治数字。
  - lower-greek：基本的希腊小写字母。
  - hebrew：传统的希伯莱数字。
  - hiragana：日文平假名字符。
  - hiragana-iroha：日文平假名序号。
  - katakana：日文片假名字符。
  - katakana-iroha：日文片假名序号。
  - lower-latin：小写拉丁字母。
  - upper-latin：大写拉丁字母。

11.2.1 使用 list-style 属性控制列表项

需要指出的是，如果为每个元素同时指定了列表项标记图片（list-style-image）和列表项标记样式（list-style-type），此时 list-style-image 属性将会覆盖 list-style-type 属性。

如下页面代码示范了列表相关属性的功能。

程序清单：codes\11\11.2\list.html

```
<!DOCTYPE html>
<html>
<head>
    <meta http-equiv="Content-Type" content="text/html; charset=utf-8" />
    <title> 列表相关属性 </title>
    <style type="text/css">
        li {
            background-color: #aaa;
        }
    </style>
```

```
</head>
<body>
<p>使用实心方块作为列表项标记<br>
list-style-type:square;</p>
<ol style="list-style-type:square;">
    <li>疯狂 Java 讲义</li>
    <li>轻量级 Java EE 企业应用实战</li>
    <li>疯狂 Android 讲义</li>
    <li>经典 Java EE 企业应用实战</li>
</ol>
<p>使用大写拉丁字母作为列表项标记<br>
list-style-type:hebrew;</p>
<ul style="list-style-type:hebrew;">
    <li>疯狂 Java 讲义</li>
    <li>轻量级 Java EE 企业应用实战</li>
    <li>疯狂 Android 讲义</li>
    <li>经典 Java EE 企业应用实战</li>
</ul>
<p>使用大写罗马字母作为列表项标记<br>
list-style-type:upper-roman;</p>
<ol style="list-style-type:upper-roman;">
    <li>疯狂 Java 讲义</li>
    <li>轻量级 Java EE 企业应用实战</li>
    <li>疯狂 Android 讲义</li>
    <li>经典 Java EE 企业应用实战</li>
</ol>
<p>使用表意数字作为列表项标记，并将列表项标记放在列表元素内<br>
list-style-type:cjk-ideographic;list-style-position:inside;</p>
<ol style="list-style-type:cjk-ideographic;
    list-style-position:inside;">
    <li>疯狂 Java 讲义</li>
    <li>轻量级 Java EE 企业应用实战</li>
    <li>疯狂 Android 讲义</li>
    <li>经典 Java EE 企业应用实战</li>
</ol>
<p>使用图片作为列表项标记<br>
list-style-image:url(fl.gif);</p>
<ul style="list-style-image:url(fl.gif);">
    <li>疯狂 Java 讲义</li>
    <li>轻量级 Java EE 企业应用实战</li>
    <li>疯狂 Android 讲义</li>
    <li>经典 Java EE 企业应用实战</li>
</ul>
</body>
</html>
```

上面页面代码中第一个列表元素使用实心方块作为列表项标记，虽然该列表是一个<ol.../>有序列表，但由于使用 CSS 改变了列表项标记，因此将不会显示成有序列表。接下来三个列表元素则使用了不同的列表项标记类型，不管列表元素本身是有序列表还是无序列表，只要 CSS 设置了列表项标记是序号类的，就都会显示成有序列表。

倒数第二个列表元素指定了 list-style-position:inside，这意味着将列表项标记放在列表元素之内。最后一个列表元素指定使用图片来作为列表项标记。

在浏览器中浏览该页面，可以看到如图 11.4 所示的效果。

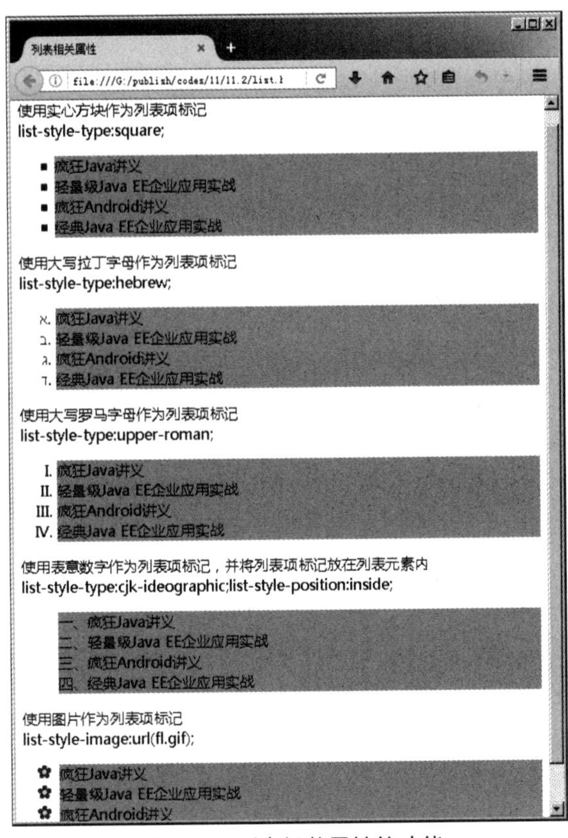

图 11.4　列表相关属性的功能

11.2.2　使用 list-style 属性控制普通元素

从上面介绍可以看出，不管原来的列表元素是有序列表还是无序列表，只要 CSS 设置了列表项标记是序号类的，就都会显示成有序列表；反之，只要 CSS 设置了列表项标记不是序号类的，就都会显示成无序列表。

实际上，除了直接使用<ul.../>、<ol.../>和<li.../>等元素来创建列表之外，使用 display:list-item 还可以把普通元素（例如<div.../>）显示为列表，此时同样可应用列表相关的 CSS 属性。例如如下页面代码。

程序清单：codes\11\11.2\list2.html

```
<!DOCTYPE html>
<html>
<head>
    <meta http-equiv="Content-Type" content="text/html; charset=utf-8" />
    <title> 列表相关属性 </title>
    <style type="text/css">
        div>div{
            background-color: #aaa;
            display:list-item;
            list-style-image:url(fl.gif);
            list-style-position:inside;
        }
    </style>
</head>
<body>
<p>使用图片作为列表项标记</p>
<div>
```

```
    <div>疯狂 Java 讲义</div>
    <div>轻量级 Java EE 企业应用实战</div>
    <div>疯狂 Android 讲义</div>
    <div>经典 Java EE 企业应用实战</div>
</div>
</body>
</html>
```

上面页面中的粗体字代码将会把多个<div.../>元素变成列表元素，并指定使用自定义列表项标记，且将标记放在列表元素之内。在浏览器中浏览该页面，将可以看到如图 11.5 所示的效果。

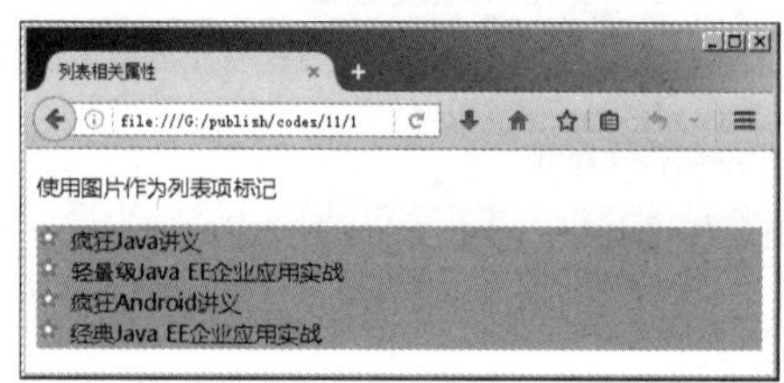

图 11.5　定制 display:list-item 元素的列表样式

11.3　控制光标的属性

通过 CSS 的 cursor 属性可以改变光标在目标元素上的形状。该属性支持如下属性值。

- all-scroll：代表十字箭头光标。
- col-resize：代表水平拖动线光标。
- crosshair：代表十字线光标。
- move：代表移动十字箭头光标。
- help：代表带问号的箭头光标。
- no-drop：代表禁止光标。
- not-allowed：代表禁止光标。
- pointer：代表手形光标。
- progress：代表带进度环的箭头光标。
- row-resize：代表垂直拖动线光标。
- text：代表文本编辑光标。通常就是一个大写的 I 字光标。
- vertical-text：代表垂直文本编辑光标。通常就是大写的 I 字光标旋转 90°。
- wait：代表进度环光标。
- *-resize：代表可在各种方向上拖动的光标。支持 w-resize、s-resize、n-resize、e-resize、ne-resize、sw-resize、se-resize、nw-resize 等各种属性值，其中 n 代表向上方向，s 代表向下方向，e 代表向右方向，w 代表向左方向。

下面页面代码示范了各种光标属性的功能。

程序清单：codes\11\11.3\cursor.html

```
<!DOCTYPE html>
<html>
<head>
    <meta http-equiv="Content-Type" content="text/html; charset=utf-8" />
    <title> 光标相关属性 </title>
    <style type="text/css">
        div {
```

```
            display: inline-block;
            border: 1px solid black;
            width: 160px;
            height: 70px;
        }
    </style>
</head>
<body>
<div style="cursor:all-scroll;">十字箭头光标</div>
<div style="cursor:col-resize;">水平拖动线光标</div>
<div style="cursor:crosshair;">十字线光标</div>
<div style="cursor:move;">代表移动十字箭头光标</div>
<div style="cursor:help;">带问号的箭头光标</div>
<div style="cursor:no-drop;">禁止光标</div>
<div style="cursor:not-allowed">禁止光标</div>
<div style="cursor:pointer;">手形光标</div>
<div style="cursor:progress;">带进度环的箭头光标</div>
<div style="cursor:row-resize;">垂直拖动线光标</div>
<div style="cursor:text;">文本编辑光标</div>
<div style="cursor:vertical-text;">垂直文本编辑光标</div>
<div style="cursor:wait;">进度环光标</div>
<div style="cursor:n-resize;">可向上拖动的光标</div>
<div style="cursor:ne-resize;">上、右可拖动的光标</div>
<div style="cursor:se-resize;">下、右可拖动的光标</div>
</body>
</html>
```

在浏览器中浏览该页面，并把鼠标移动到不同的<div.../>元素上，即可看到不同光标的效果。例如，把鼠标移动到“带问号的箭头光标”上，即可看到如图 11.6 所示的效果。

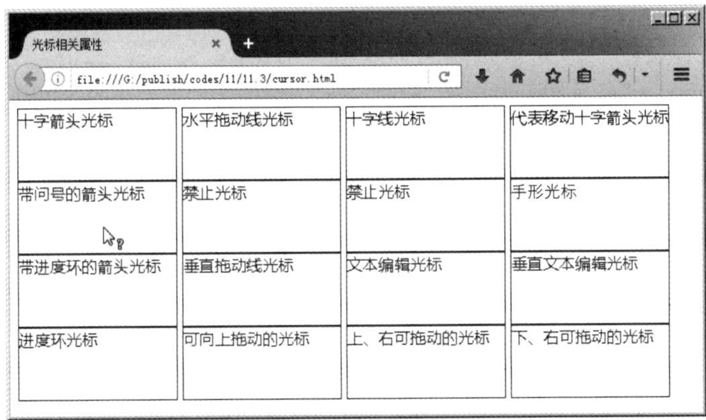

图 11.6 光标效果

11.4 media query 和响应式布局

很多时候，虽然使用 HTML+CSS 设计的界面非常精美，但可能由于对方设备、浏览器的原因，比如屏幕宽度不够、分辨率达不到要求、色深不够等原因，最后导致用户浏览页面时的显示效果非常丑陋。为了解决这个问题，从 CSS 2.1 开始就定义了各种媒体类型（如显示器、便携设备、电视机等），允许设计者针对不同的媒体设备定义不同的 CSS 样式。

CSS 3 强化了 CSS 2.1 的媒体类型支持，增加了 media query 功能，这种机制允许设计者在 CSS 样式中添加 media query 表达式，这种表达式不仅可以对媒体类型进行匹配，也可以对媒体分辨率、色深等各种细节进行匹配，因此可以针对不同类型、不同参数细节的媒体设备提供精确控制。

11.4.1 media query 语法

media query 的语法稍微有点复杂，语法格式如下：

```
@media not|only 设备类型 [ and 设备特性 ]*
```

在上面语法格式中，[and 设备特性]部分可以出现 0~*N* 次，通过使用多个[and 设备特性]可以对多个设备特性进行匹配。

media query 语法格式中的设备类型如表 11.1 所示。

表 11.1 media query 语法格式中的设备类型

设备类型	说明
screen	计算机屏幕
tty	使用等宽字符的显示设备
tv	电视机类型的显示设备（低分辨率、有限的滚屏能力）
projection	投影仪
handheld	小型手持设备
print	打印页面或打印预览模式
embossed	凸点字符（盲文）印刷设备
braille	盲人点字法反馈设备
aural	语音合成器
all	全部设备

实际上一般使用时，设备类型都填写 screen，不管是电脑屏幕还是手机、平板电脑屏幕，都对应于 screen 设备。

media query 语法格式中的设备特性如表 11.2 所示。

表 11.2 media query 语法格式中的设备特性

特性	合理的特性值	是否支持 min/max 前缀	说明
width	带单位的长度值。例如 600px	是	匹配浏览器窗口的宽度
height	带单位的长度值。例如 600px	是	匹配浏览器窗口的高度
aspect-ratio	比例值。例如 16/9	是	匹配浏览器窗口的宽度值与高度值的比率
device-width	带单位的长度值。例如 600px	是	匹配设备分辨率的宽度值
device-height	带单位的长度值。例如 600px	是	匹配设备分辨率的高度值
device-aspect-ratio	比例值。例如 16/9	是	匹配设备分辨率的宽度值与高度值的比率
color	整数值	是	匹配设备使用多少位的色深。比如真彩色是 32；如果不是彩色设备，该值为 0
color-index	整数值	是	匹配色彩表中的颜色数
monochrome	整数值	是	匹配单色帧缓冲器中每像素的位（bit）数。如果不是单色设备，这个特性值为 0
resolution	分辨率值。比如 300dpi	是	匹配设备的物理分辨率
scan	只能是 progressive 或 interlace	否	匹配设备的扫描方式。其中，progressive 代表逐行扫描；interlace 代表隔行扫描
grid	只能是 0 或 1	否	匹配设备是否基于栅格的。其中，1 代表基于栅格，0 代表基于其他方式

掌握上面语法之后，接下来就可针对不同类型、不同参数细节的设备使用不同的 CSS 样式了。

➤➤ 11.4.2　针对浏览器宽度响应式布局

下面开发一个网页，这个网页可以针对浏览器的宽度来响应式布局，从而保证该页面向用户呈现较好的视觉效果。

下面定义了一个 3 栏布局的页面，这个页面在宽度大于 1000px 的浏览器中显示时，3 个栏目将会并排显示；在宽度小于 480px 的浏览器中显示时，3 个栏目会垂直排列显示。因此，页面需要针对这几种浏览器宽度分别定义不同的 CSS 样式。页面代码如下。

程序清单：codes\11\11.4\media-query.html

```
<head>
    <meta http-equiv="Content-Type" content="text/html; charset=utf-8" />
    <title> 针对浏览器宽度调整布局 </title>
    <style type="text/css">
        /* 设置默认的 CSS 样式 */
        #container{
            text-align: center;
            margin: auto;
            width: 750px;
        }
        #container>div {
            border: 1px solid #aaf;
            text-align: left;
            /* 设置 HTML 元素的大小包括边框 */
            box-sizing: border-box;
            border-radius: 12px 12px 0px 0px;
            padding: 5px;
        }
        div#left {
            width: 300px;
            height: 260px;
            float: left;
        }
        div#main {
            width: 450px;
            height: 260px;
            float: left;
            /* 让该元素的右边不能出现 float 元素，即让后面的元素换行 */
            clear: right;
        }
        div#right {
            width: 750px;
            float: left;
        }
        /* 设置当浏览器宽度大于 1000px 时的 CSS 样式 */
        @media screen and (min-width:1000px) {
            #container{
                text-align: center;
                margin: auto;
                width: 960px;
            }
            #container>div {
                border: 1px solid #aaf;
                /* 设置 HTML 元素的 width 属性包括边框 */
                box-sizing: border-box;
                border-radius: 12px 12px 0px 0px;
                padding: 5px;
            }
            div#left {
                width: 240px;
                float: left;
                height: 260px;
```

```
            }
            div#main {
                width: 460px;
                float: left;
                height: 260px;
                /* 让左右两边都可以出现 float 元素 */
                clear: none;
            }
            div#right {
                width: 260px;
                float: left;
                height: 260px;
            }
        }
        /* 设置当浏览器宽度小于 480px 时的 CSS 样式 */
        @media screen and (max-width:480px) {
            #container{
                text-align: center;
                margin: auto;
                width: 450px;
            }
            #container>div {
                border: 1px solid #aaf;
                /* 设置 HTML 元素的大小包括边框 */
                box-sizing: border-box;
                border-radius: 12px 12px 0px 0px;
                padding: 5px;
            }
            div#left {
                width: 450px;
                float: left;
                height: 150px;
            }
            div#main {
                width: 450px;
                float: left;
                height: 260px;
                /* 让左右两边都不能出现 float 元素 */
                clear: both;
            }
            div#right {
                width: 450px;
                float: left;
                height: 170px;
            }
        }
    </style>
</head>
<body>
<div id="container">
<div id="left">
<h2>疯狂软件开班信息</h2>
...省略页面内容
</div>
<div id="main">
<h2>疯狂软件介绍</h2>
...省略页面内容
</div>
<div id="right">
<h2>公司动态</h2>
...省略页面内容
</div>
</div>
```

```
</body>
</html>
```

上面页面中粗体字代码定义了两个 media query 表达式，其中@media screen and (min-width:1000px)指定浏览器宽度大于 1000px 时的 CSS 样式；@media screen and (max-width:480px)指定浏览器宽度小于 480px 时的 CSS 样式。

在浏览器中浏览该页面，如果浏览器宽度大于 1000px，将可以看到如图 11.7 所示的 3 栏并列的效果。

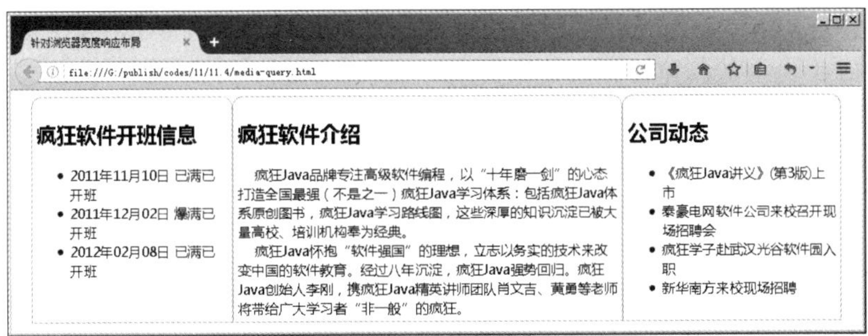

图 11.7 浏览器宽度大于 1000px 时的效果

如果让浏览器宽度大于 480px，但小于 1000px，将可以看到如图 11.8 所示的效果。

如果让浏览器宽度小于 480px，将可以看到如图 11.9 所示的效果。

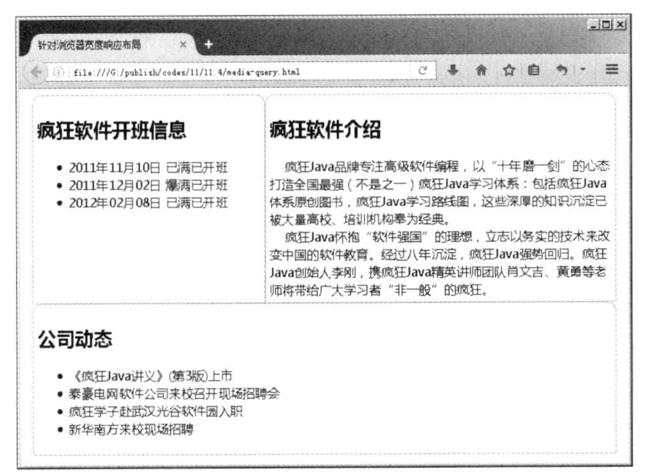

图 11.8 浏览器宽度大于 480px、小于 1000px 时的效果

图 11.9 浏览器宽度小于 480px 时的效果

从图 11.7 至图 11.9 不难看出，通过 CSS 3 提供的 media query 功能，设计者可以针对不同类型、不同参数细节的媒体设备提供相应的 CSS 样式，从而可以保证该网页在不同的媒体设备上总可以显示良好的设计，不会乱套，这就是所谓的“响应式布局”。

11.4.3 响应手机浏览器

如果使用手机（Android 手机或 iPhone）浏览上面网页，会发现并不显示如图 11.9 所示的页面，而是显示如图 11.8 所示的页面，这是什么原因呢？

如果在页面<body.../>元素的结尾处添加如下代码：

```
<script type="text/javascript">
    // 查看浏览器内 body 宽度
    alert(document.body.clientWidth);
</script>
```

上面粗体字代码用于查看浏览器宽度。接下来使用手机浏览器浏览该页面，可以看到如图11.10所示的弹出框。

从图11.10可以看出，该body元素的宽度为964px，实际上手机浏览器的宽度是980px（边框占用了16px）。实际上，无论是使用iPhone 5s、Phone 6s、iPhone 7 Plus上的浏览器，还是各主流Android手机上的浏览器来浏览该页面，可以看到都会弹出964——尽管各种手机屏幕大小可能不同、屏幕分辨率可能千差万别，但手机浏览器宽度都被设计成980px，这是为了兼容互联网上绝大部分网页而采用的设计。

虽然手机浏览器宽度被设计成980px，但实际上手机屏幕并不大，正如从图11.10所看到的，此时页面内容显得特别小，用户浏览起来并不方便。

为了在页面中改变浏览器宽度，可通过name为viewport的<meta.../>来进行设置。例如，如下代码可将浏览器宽度设置为与手机屏幕宽度相同。

```
<meta name="viewport" content=
"width=device-width,initial-scale=1.0,minimum-scale=1.0,maximum-scale=1.0"/>
```

上面首先设置了 width=device-width，这就是将浏览器宽度设置为与设备宽度一致。接下来设置了页面缩放比为 1.0。如果希望禁止用户缩放页面，还可在 content 属性值后添加user-scalable=no。

在页面的<head.../>元素内添加上面的<meta.../>元素后，使用iPhone 7 Plus浏览器浏览该页面，可以看到如图11.11所示的效果。

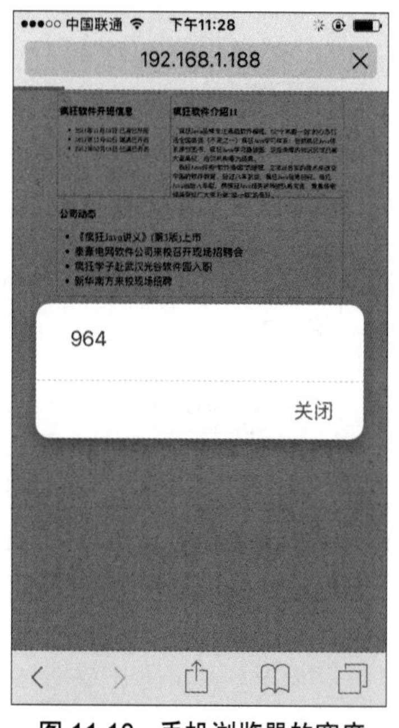

图11.10　手机浏览器的宽度

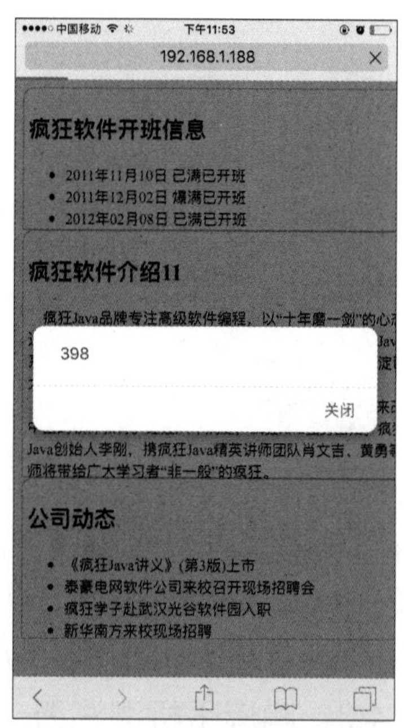

图11.11　页面设置浏览器宽度

从图11.11可以看出，该页面内3栏变成了垂直显示，而且页面内容大小自然，适合用户浏览。图11.11中弹出宽度为398，加上边框的16，正好等于iPhone 7 Plus的宽度414。

如果使用 Android 手机浏览该页面，同样可以看到类似于图 11.11 所示的效果。可能有读者会担心：现在 Android 手机的分辨率很高，比如有些 Android 手机的屏幕分辨率是 1080×1920，上面页面会不会有问题呢？答案是不会，手机的屏幕分辨率并不等于设备大小，1080 不是 device-width，1920 也不是 device-height，通常这种 Android 手机的 device-width 为 360，device-height 为 640——每个设备像素点由 3 个实际像素点组成，这样可以让手机画面显得更加细腻。

11.5 本章小结

本章详细介绍了 CSS 的表格、列表相关属性，通过使用表格相关属性，开发者可以控制表格的边框、表格标题位置、表格布局等样式；通过列表相关属性则可以控制列表的外观，包括使用特定的列表项标记，甚至使用自定义图片作为列表项标记。除此之外，本章还详细介绍了 media query 的功能和用法，通过使用 media query 可以让页面针对浏览器响应式布局。

CHAPTER

12

第 12 章 变形与动画相关属性

本章要点

- CSS 3 提供的位移变换
- CSS 3 提供的旋转变换
- CSS 3 提供的缩放变换
- CSS 3 提供的倾斜变换
- 指定元素变形的中心点
- 对元素应用矩阵变换
- 3D 变换的相关函数
- 3D 变换的相关属性
- 对元素应用 Transition 动画
- 指定多个属性变化的 Transition 动画
- 指定动画的变化速度
- 对元素应用 Animation 动画
- 指定多个属性变化的 Animation 动画

CSS 3 在原来的基础上新增了变形和动画相关属性，通过这些属性可以实现以前需要大段 JavaScript 才能实现的功能。CSS 3 的变形功能可以对 HTML 元素执行位移、旋转、缩放、倾斜 4 种几何变换，这样的变换可以控制 HTML 元素呈现出更丰富的外观。

借助于 CSS 3 提供的位移、旋转、缩放、倾斜这 4 种几何变换，CSS 3 提供了 Transition 动画。Transition 动画比较简单，只要指定 HTML 元素的哪些 CSS 属性需要使用动画效果来执行变化，并指定动画的持续时间，就可保证 HTML 元素按指定规则播放动画。

比 Transition 动画功能更强大的是 Animation 动画，Animation 动画同样可以与位移、旋转、缩放、倾斜 4 种几何变换结合，但 Animation 动画可以指定多个关键帧，从而允许定义功能更丰富的自定义动画。

本章将会详细介绍 CSS 3 提供的变形支持和动画功能。

12.1 CSS 3 提供的变形支持

CSS 3 提供的变形支持可以对 HTML 元素进行常见的几何变换，包括旋转、缩放、倾斜、位移 4 种变换，也可以使用变换矩阵进行变形。

CSS 3 为变形支持提供了如下两个属性值。

- transform：该属性用于设置变形。该属性支持一个或多个变形函数。CSS 3 提供了如下变形函数。
  - translate(tx [,ty])：该函数设置 HTML 元素沿 *X* 轴移动 tx 距离，沿 *Y* 轴移动 ty 距离。其中 ty 参数可以省略，如果省略 ty 参数，则 ty 默认为 0，表明沿 *Y* 轴没有位移。
  - translate3d(tx, ty, tz)：该函数设置 HTML 元素沿 *X* 轴移动 tx 距离，沿 *Y* 轴移动 ty 距离，沿 *Z* 轴移动 tz 距离。
  - translateX(tx)：该函数设置 HTML 元素沿 *X* 轴移动 tx 距离。
  - translateY(ty)：该函数设置 HTML 元素沿 *Y* 轴移动 ty 距离。
  - translateZ(tz)：该函数设置 HTML 元素沿 *Z* 轴移动 tz 距离。
  - scale(sx, sy)：该函数设置 HTML 元素沿 *X* 轴方向缩放比为 sx，沿 *Y* 轴方向缩放比为 sy。sy 参数可以省略，如果省略该参数，sy 默认等于 sx，也就是保持纵横比缩放。
  - scale3d(sx, sy, sz)：该函数设置 HTML 元素沿 *X* 轴方向缩放比为 sx，沿 *Y* 轴方向缩放比为 sy，沿 *Z* 轴方向缩放比为 sz。
  - scaleX(sx)：该函数相当于执行 scale(sx, 1)。
  - scaleY(sy)：该函数相当于执行 scale(1, sy)。
  - scaleZ(sz)：该函数相当于执行 scale(1, 1, sz)。
  - rotate(angle)：该函数设置 HTML 元素绕 *Z* 轴顺时针转过 angle 角度。
  - rotate3d(x,y,z,angle)：该函数设置 HTML 元素绕指定轴（x、y、z 参数代表旋转轴的方向）顺时针转过 angle 角度。
  - rotateX(angle)：该函数设置 HTML 元素绕 *X* 轴顺时针转过 angle 角度。
  - rotateY(angle)：该函数设置 HTML 元素绕 *Y* 轴顺时针转过 angle 角度。
  - rotateZ(angle)：该函数设置 HTML 元素绕 *Z* 轴顺时针转过 angle 角度。
  - skew(sx [, sy])：该函数设置 HTML 元素沿着 *X* 轴倾斜 sx 角度，沿着 *Y* 轴倾斜 sy 角度。其中 sy 参数可以省略，如果省略 sy 参数，则 sy 默认为 0。
  - skewX(xAngle)：该函数设置 HTML 元素沿着 *X* 轴倾斜 xAngle 角度。

- skewY(yAngle)：该函数设置 HTML 元素沿着 *Y* 轴倾斜 yAngle 角度。
- matrix(m11, m12, m21,m22, dx,dy)：这是一个基于矩阵变换的函数。其中前 4 个参数将组成变形矩阵；dx、dy 将负责对坐标系统进行平移。
- matrix3d(m11,m12,m13,m14,m21,m22,m23,m24,m31,m32,m33,m34,m41,m42,m43,m4)：这是一个基于 3D 变换的 4×4 变换矩阵。

➢ transform-origin：该属性设置变形的中心点。该属性值应该指定为 xCenter yCenter 或 xCenter yCenter zCenter，其中 zCenter 只支持长度值；xCenter、yCenter 支持如下几种属性值。

- left：指定旋转中心点位于 HTML 元素的左边界。该属性值只能指定给 xCenter。
- top：指定旋转中心点位于 HTML 元素的上边界。该属性值只能指定给 yCenter。
- right：指定旋转中心点位于 HTML 元素的右边界。该属性值只能指定给 xCenter。
- bottom：指定旋转中心点位于 HTML 元素的下边界。该属性值只能指定给 yCenter。
- center：指定旋转中心点位于 HTML 元素的中间。如果将 xCenter、yCenter 都指定为 center，则旋转中心点位于 HTML 元素的中心。
- **长度值**：指定旋转中心点距离左边界、右边界的长度。
- **百分比**：指定旋转中心点位于 *X* 轴、*Y* 轴上的百分比位置。

上面叙述中涉及大量 HTML 元素的空间坐标系，*X* 轴、*Y* 轴很容易理解，*X* 轴为沿着屏幕水平向右，*Y* 轴为沿着屏幕垂直向下；*Z* 轴可能有点特殊，*Z* 轴的方向为垂直屏幕面、由里到外。图 12.1 显示了 CSS 3 的坐标系。

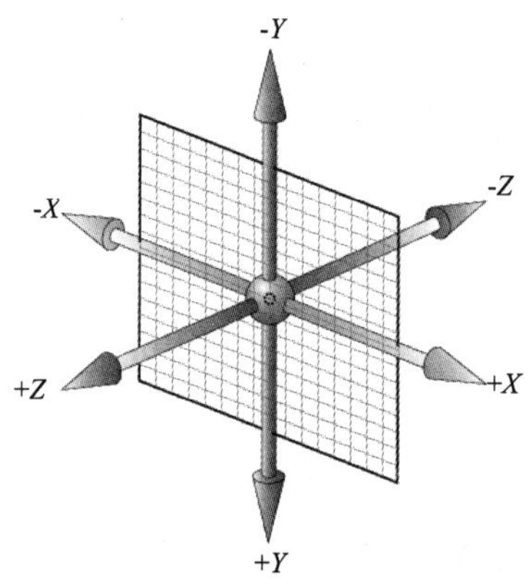

图 12.1　CSS 3 的坐标系

➤➤ 12.1.1　4 种基本变形

通过前面介绍的函数不难发现，CSS 3 为如下 4 种基本变形提供了相应的函数。

➢ **位移变换**：translate 和所有以 translate 开头的函数都支持位移变换。

➢ **旋转变换**：rotate 和所有以 rotate 开头的函数都支持旋转变换。

➢ **缩放变换**：scale 和所有以 scale 开头的函数都支持缩放变换。

➢ **倾斜变换**：skew 和所有以 skew 开头的函数都支持倾斜变换。

通过为 transform 指定不同的变形函数，即可在页面上实现对 HTML 元素的变形。

如下页面示范了不同的旋转效果。

程序清单：codes\12\12.1\rotate.html

```
<!DOCTYPE html>
<html>
```

```
<head>
    <meta http-equiv="Content-Type" content="text/html; charset=utf-8" />
    <title> 变形 </title>
    <style type="text/css">
        div {
            display: inline-block;
            width: 60px;
            height: 60px;
            background-color: #bbb;
            border: 2px solid black;
            margin: 20px;
        }
    </style>
</head>
<body>
<div>文字</div> 旋转 30 度
<div style="transform:rotate(30deg);">文字</div><br/>
<div>文字</div> 旋转 45 度
<div style="transform:rotateZ(45deg);">文字</div><br/>
<div>文字</div> 绕 X 轴旋转 30 度
<div style="transform:rotateX(30deg);">文字</div><br/>
<div>文字</div> 绕 Y 轴旋转 30 度
<div style="transform:rotateY(30deg);">文字</div><br/>
<div>文字</div> 绕 Z 轴旋转 30 度
<div style="transform:rotateZ(30deg);">文字</div><br/>
<div>文字</div> 绕 X、Z 轴同时旋转 30 度
<div style="transform:rotateX(30deg) rotateZ(30deg);">文字</div><br/>
<div>文字</div> 绕 Y、Z 轴同时旋转 30 度
<div style="transform:rotateY(30deg) rotateZ(30deg);">文字</div>
</body>
</html>
```

在浏览器中浏览该页面，可以看到如图 12.2 所示的效果。

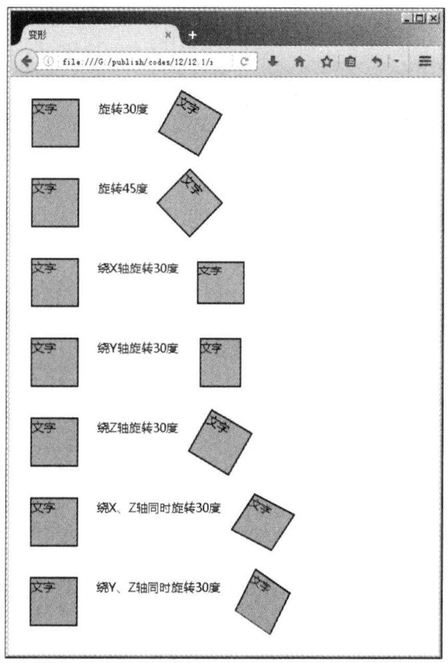

图 12.2　旋转变换

从图 12.2 可以看出，rotate 函数和 rotateZ 两个函数其实是一样的，它们都代表了绕 *Z* 轴旋转指定角度。之所以 CSS 3 提供这两个作用相同的函数，是由于早期 CSS 3 仅有一个 rotate

旋转函数，该旋转函数默认就代表了绕 *Z* 轴旋转，后来 CSS 3 为了更好地支持 3D 变换，又分别提供了 rotateX、rotateY、rotateZ 三个函数。

上面程序中最后两行粗体字代码示范了 CSS 3 控制 HTML 元素同时绕多个轴旋转的效果，只要为 transform 属性指定多个变换即可。多个变换之间以空格隔开，如下面代码所示。

```
transform:rotateY(30deg) rotateZ(30deg);
```

如下页面示范了不同的位移变换的效果。

程序清单：codes\12\12.1\translate.html

```
<!DOCTYPE html>
<html>
<head>
    <meta http-equiv="Content-Type" content="text/html; charset=utf-8" />
    <title> 变形 </title>
    <style type="text/css">
        div {
            display: inline-block;
            width: 60px;
            height: 60px;
            background-color: #bbb;
            border: 2px solid black;
            margin: 20px;
        }
    </style>
</head>
<body>
<div>文字</div> 未变形 <div>文字</div><br/>
<div>文字一</div> 沿 X 轴移动 120px
<div style="transform:translateX(120px);">文字一</div><br/>
<div>文字二</div> 沿 Y 轴移动-80px
<div style="transform:translateY(-80px);">文字二</div><br/>
<div>文字三</div> 位移 120px,-80px
<div style="transform:translate(120px,-80px);">文字三</div><br/>
<div>文字四</div> 沿 Z 轴移动 120px
<div style="transform:translateZ(120px);">文字四</div><br/>
<div>文字五</div> 沿 Z 轴移动-80px
<div style="transform:translateZ(-80px);">文字五</div>
</body>
</html>
```

在浏览器中浏览该页面，可以看到如图 12.3 所示的效果。

从图 12.3 可以看出，沿着 *X* 轴、*Y* 轴的变换效果都非常明显，但沿着 *Z* 轴的位移变换则看不到任何效果，这是因为沿着 *Z* 轴位移是垂直屏幕的，只有开启 3D 透视才能看出沿着 *Z* 轴平移的效果。下一节会详细介绍 CSS 3 提供的 3D 变换。

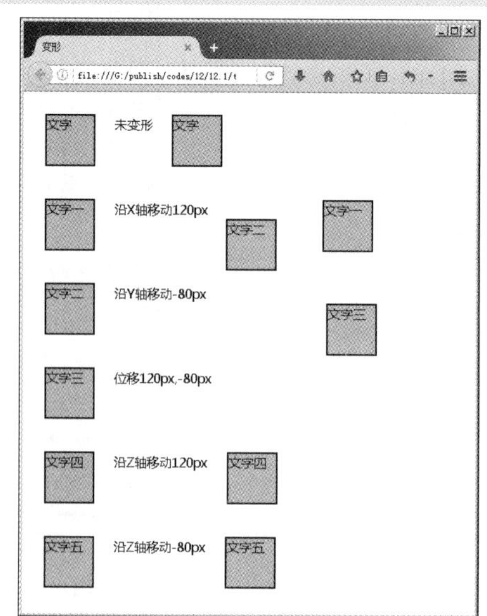

图 12.3　位移变换

如下页面示范了不同的缩放变换的效果。

程序清单：codes\12\12.1\scale.html

```
<!DOCTYPE html>
<html>
<head>
    <meta http-equiv="Content-Type" content="text/html; charset=utf-8" />
    <title> 变形 </title>
    <style type="text/css">
        div {
            display: inline-block;
            width: 60px;
            height: 60px;
            background-color: #bbb;
            border: 2px solid black;
            margin: 20px;
        }
    </style>
</head>
<body>
<div>文字</div> 未变形 <div>文字</div><br/>
<div>文字</div> 沿 X 轴缩放 1.9
<div style="transform:scaleX(1.9);">文字</div><br/>
<div>文字</div> 沿 Y 轴缩放 0.4
<div style="transform:scaleY(0.4);">文字</div><br/>
<div>文字</div> 缩放 1.9, 0.4
<div style="transform:scale(1.9,0.4);">文字</div><br/>
<div>文字</div> 缩放 0.8, 2.1
<div style="transform:scale(0.8, 2.1);">文字</div>
</body>
</html>
```

在浏览器中浏览该页面，可以看到如图 12.4 所示的效果。

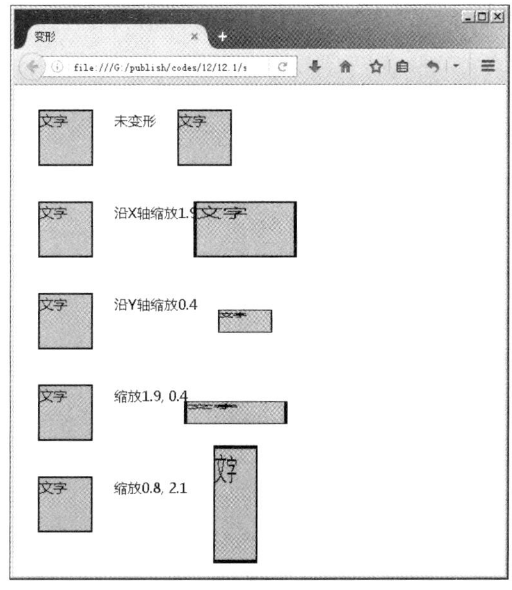

图 12.4　缩放变换

CSS 3 提供的 scaleZ 用于沿着 *Z* 轴进行缩放，但由于目前 HTML 元素基本都是平面的、沿着 *X*、*Y* 轴分布的，因此目前 scaleZ 暂时看不出效果。

如下页面示范了不同的倾斜变换的效果。

程序清单：codes\12\12.1\skew.html

```
<!DOCTYPE html>
<html>
<head>
    <meta http-equiv="Content-Type" content="text/html; charset=utf-8" />
    <title> 变形 </title>
    <style type="text/css">
        div {
            display: inline-block;
            width: 60px;
            height: 60px;
            background-color: #bbb;
            border: 2px solid black;
            margin: 20px;
        }
    </style>
</head>
<body>
<div>文字</div> 未变形 <div>文字</div><br/>
<div>文字</div> 沿 X 轴倾斜 30 度
<div style="transform:skewX(30deg);">文字</div><br/>
<div>文字</div> 沿 X 轴倾斜 30 度
<div style="transform:skewY(30deg);">文字</div><br/>
<div>文字</div> 沿 X 轴倾斜 30 度、沿 Y 轴倾斜 45 度
<div style="transform:skew(30deg, 45deg);">文字</div><br/>
<div>文字</div> 沿 X 轴倾斜 45 度、沿 Y 轴倾斜 30 度
<div style="transform:skew(45deg, 30deg);">文字</div>
</body>
</html>
```

在浏览器中浏览该页面，可以看到如图 12.5 所示的效果。

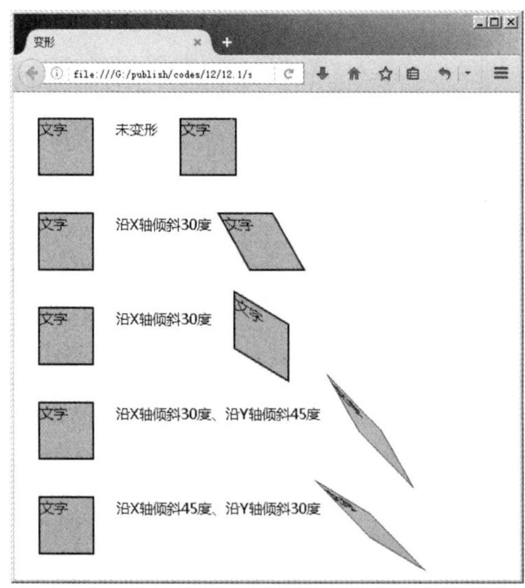

图 12.5　倾斜变换

需要说明的是，倾斜变换是二维变形，因此 CSS 3 没有提供 skewZ 函数。

12.1.2　同时应用多种变形

如果希望为 HTML 元素同时应用多种变形，则可以为 transform 同时指定多个变形函数。

实际上可以为 transform 属性同时指定无数个变形函数。例如如下页面代码。

程序清单：codes\12\12.1\multiTransform.html

```
<!DOCTYPE html>
<html>
<head>
    <meta http-equiv="Content-Type" content="text/html; charset=utf-8" />
    <title> 同时使用多种变形 </title>
    <style type="text/css">
        div {
            position: absolute;
            width: 140px;
            height: 140px;
            background-color: #bbb;
            border: 2px solid black;
            margin: 30px;
        }
    </style>
</head>
<body>
<div>文字</div><div style="transform:rotate(30deg)
    translate(260px, 60px) scale(2.4,0.4);">文字</div>
</body>
</html>
```

上面页面代码为后一个<div.../>元素指定了多种变形函数，包括旋转、位移和缩放。使用浏览器浏览该页面，将可以看到如图 12.6 所示的效果。

需要指出的是，变形处理的顺序很重要，即使是 3 种同样的变换，如果变换的顺序不同，得到的效果也不相同。对上面页面代码进行如下修改，即只是改变 3 种变换的顺序。例如，把<div.../>变换顺序调整为如下代码。

```
<div>文字</div><div style="transform:translate(260px, 60px)
rotate(30deg) scale(2.4,0.4);">文字</div>
```

再次浏览该页面，将看到如图 12.7 所示的效果。

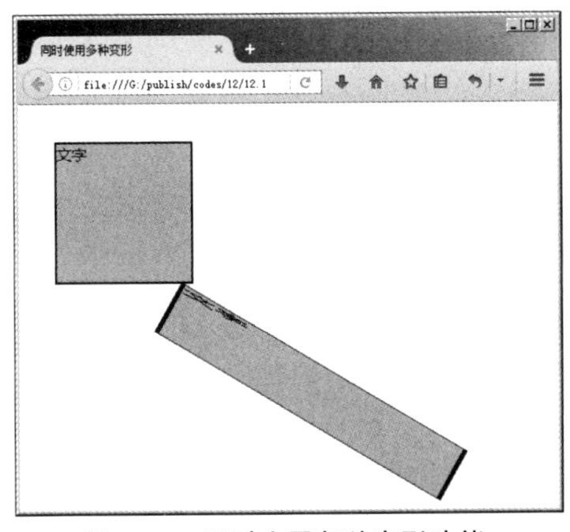

图 12.6　同时应用多种变形功能

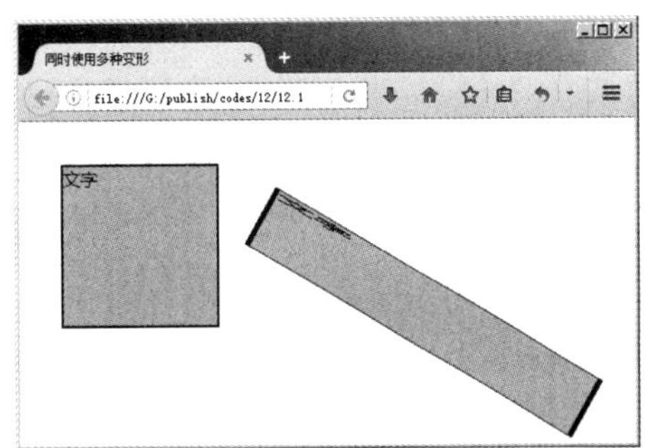

图 12.7　调整变换顺序后的效果

12.1.3　指定变换中心点

通过为 transform-origin 属性指定的两个值可以确定变换中心点。即使对于同一种变换，如果变换中心点发生了改变，实际变换得到的效果也是截然不同的。

如下页面示范了 transform-origin 属性的功能。

程序清单：codes\12\12.1\transform-origin.html

```
<!DOCTYPE html>
<html>
<head>
	<meta http-equiv="Content-Type" content="text/html; charset=utf-8" />
	<title> 变形 </title>
	<style type="text/css">
		div {
			position: absolute;
			width: 90px;
			height: 90px;
			background-color: rgba(180,180,180, 0.5);
			border: 2px solid black;
		}
		div.a {
			left: 80px;
			top: 30px;
		}
		div.b {
			left: 80px;
			top: 150px;
		}
		div.c {
			left: 80px;
			top: 270px;
		}
		div.d {
			left: 80px;
			top: 430px;
		}
		div.e {
			left: 80px;
			top: 550px;
		}
	</style>
</head>
<body>
<div class="a">
未变换之前
</div>
<div class="a" style="transform-origin:left top;transform:rotate(-25deg);">
左上角为变换中心
</div>
<div class="b">
未变换之前
</div>
<div class="b" style="transform-origin:right bottom;transform:rotate(65deg);">
右下角为变换中心
</div>
<div class="c">
未变换之前
</div>
<div class="c" style="transform-origin:right center;transform:rotate(-90deg);">
右边界的中间为变换中心
</div>
<div class="d">
未变换之前
</div>
<div class="d" style="transform-origin:left center;transform:scale(1.8, 0.4);">
左边界的中心为变换中心
</div>
```

```
<div class="e">
未变换之前
</div>
<div class="e" style="transform-origin:right bottom;transform:scale(1.8, 0.4);">
右下角为变换中心
</div>
</body>
</html>
```

在浏览器中浏览该页面，将可以看到如图 12.8 所示的效果。

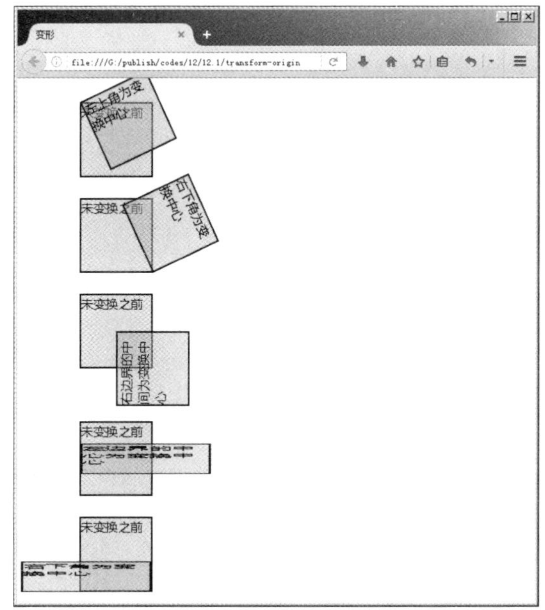

图 12.8　指定变形中心点

12.1.4　使用矩阵变换

对于 matrix(m11, m12, m21, m22, dx, dy)变形函数，其中(m11, m12, m21, m22)将会组成变换矩阵，变换前每个点(*x*, *y*)与该矩阵相乘后得到变换后该点的坐标。按矩阵相乘的算法：

$$\{x,y\}*\begin{Bmatrix} \mathrm{m11},\mathrm{m12} \\ \mathrm{m21},\mathrm{m22} \end{Bmatrix} = \{x*\mathrm{m11}+y*\mathrm{m21}, x*\mathrm{m12}+y*\mathrm{m22}\}$$

上面公式算出来的坐标还要加上 dx、dy 这两个横向、纵向上的偏移，因此对于点(*x*, *y*)，如果是在经过 matrix()函数变换后的坐标系统上，那么该点的坐标实际上是(*x**m11+*y**m21+dx, *x**m12+*y**m22+dy)。

提示：

前面介绍的 translate()、scale()、ratote()、skew()4 个变形函数其实都可以通过 matrix()函数来实现，只是通过 matrix()函数进行变形比较复杂。如果使用前面 4 个函数就可以完成变形，就没有必要使用 matrix()来进行变形了。

如下页面示范了使用 matrix()函数进行几何变形。

程序清单：codes\12\12.1\transform-matrix.html

```
<!DOCTYPE html>
<html>
<head>
```

```
    <meta http-equiv="Content-Type" content="text/html; charset=utf-8" />
    <title> matrix变形 </title>
    <style type="text/css">
        div {
            position: absolute;
            width: 120px;
            height: 120px;
            background-color: rgba(200,200,200,0.5);
            border: 2px solid black;
        }
        div.a {
            left: 50px;
            top: 50px;
        }
        div.b {
            left: 50px;
            top: 200px;
        }
    </style>
</head>
<body>
<div class="a">
未变换之前
</div>
<div class="a" style="transform-origin:left top;transform:matrix(1, 0, 0, 1, 80,
-30);">
左上角为变换中心,仅仅位移
</div>
<div class="b">
未变换之前
</div>
<div class="b" style="transform:matrix(1.5, 0, 0, 0.6, 0, 0);">
缩放1.5, 0.6
</div>
</body>
</html>
```

上面页面中定义了 4 个<div.../>元素，分别代表两个未变换之前的<div.../>和两个使用matrix()函数进行变换的<div.../>。在浏览器中浏览该页面，可以看到如图 12.9 所示的效果。

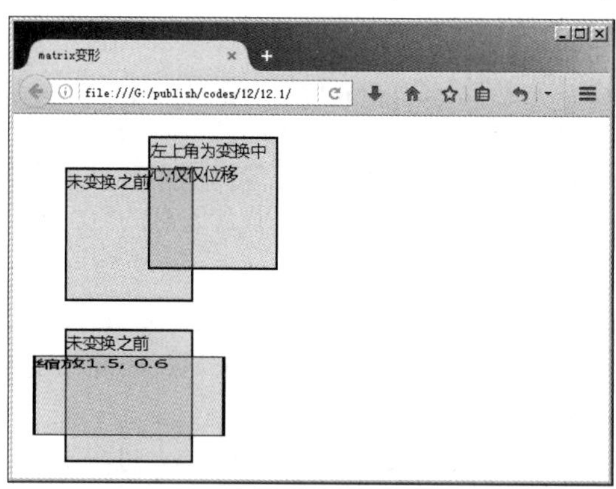

图 12.9　使用 matrix 函数进行变形

从图 12.9 可以看出，使用 matrix()函数执行的变形功能非常强大。如果页面开发者对于矩阵运算比较熟悉，那么完全可以使用 matrix()函数来完成更复杂的变形。

实际上，CSS 3 还提供了更复杂的 3D 坐标变换，3D 坐标变换的函数是 matrix3d(m11, m12, m13, m14, m21, m22, m23, m24, m31, m32, m33, m34, m41, m42, m43, m44)，该矩阵对空间坐标

点(x, y, z)需要额外添加一个 1 之后再进行变换，变换公式如下：

$$\{x,y,z,1\}*\begin{Bmatrix}\mathrm{m11,m12,m13,m14}\\\mathrm{m21,m22,m23,m24}\\\mathrm{m31,m32,m33,m34}\\\mathrm{m41,m42,m43,m44}\end{Bmatrix}=\begin{matrix}\{x*\mathrm{m11}+y*\mathrm{m21}+z*\mathrm{m31}+\mathrm{m41},\\x*\mathrm{m12}+y*\mathrm{m22}+z*\mathrm{m32}+\mathrm{m42},\\x*\mathrm{m13}+y*\mathrm{m23}+z*\mathrm{m33}+\mathrm{m43},\\\mathrm{m14}+\mathrm{m24}+\mathrm{m34}+\mathrm{m44}\}\end{matrix}$$

根据上面公式，点(x, y, z)经过变换矩阵变换之后的坐标为(x * m11+y * m21+z * m31+m41, x * m12+y * m22+z * m32+m42, x * m13+y * m23+z * m33+m43)。由此不难看出，m14、m24、m34、m44 这 4 个值其实没有什么意义，因此 3D 变换矩阵通常总是将 m14、m24、m34 设为 0，将 m44 设为 1。

无论多么复杂的 3D 空间变换，都可使用上面的变换矩阵来实现。比如 scale3d(sx,sy,sz)，对应的 3D 变换矩阵如下：

sx , 0 , 0 , 0
0 , sy , 0 , 0
0 , 0 , sz , 0
0 , 0 , 0 , 1

因此只要使用 matrix3d(sx,0, 0, 0, 0, sy, 0, 0, 0, 0, sz, 0 , 0 , 0 , 0, 1)即可实现。

再比如 translate3d(tx, ty, tz)，对应的 3D 变换矩阵如下：

1 , 0 , 0 , 0
0 , 1 , 0 , 0
0 , 0 , 1 , 0
tx , ty , tz , 1

因此只要使用 matrix3d(1, 0, 0, 0, 0, 1, 0, 0, 0, 0, 1, 0 , tx , ty , tz, 1)即可实现。

下面页面代码示范了使用 matrix3d 进行 3D 坐标变换的效果。

程序清单：codes\12\12.1\transform-matrix3d.html

```
<!DOCTYPE html>
<html>
<head>
   <meta http-equiv="Content-Type" content="text/html; charset=utf-8" />
   <title> matrix3d 变形 </title>
   <style type="text/css">
      div {
         position: absolute;
         width: 120px;
         height: 120px;
         background-color: rgba(200,200,200,0.5);
         border: 2px solid black;
      }
      div.a {
         left: 150px;
         top: 50px;
      }
      div.b {
         left: 150px;
         top: 200px;
      }
      div.c {
         left: 150px;
         top: 350px;
      }
```

```
        div.d {
            left: 150px;
            top: 500px;
        }
    </style>
</head>
<body>
<div class="a">
未变换之前
</div>
<div class="a" style="transform:scale3d(2, 0.6, 0.8)">
使用 scale3d 变换
</div>
<div class="b">
未变换之前
</div>
<div class="b"
style="transform:matrix3d(2, 0, 0, 0, 0, 0.6, 0, 0, 0, 0, 0.8, 0, 0, 0, 0, 1);">
使用 matrix3d 变换
</div>

<div class="c">
未变换之前
</div>
<div class="c" style="transform:translate3d(20px, -30px, 40px)">
使用 translate3d 变换
</div>
<div class="d">
未变换之前
</div>
<div class="d"
style="transform:matrix3d(1, 0, 0, 0, 0, 1, 0, 0, 0, 0, 1, 0, 20, -30, 40, 1);">
使用 matrix3d 变换
</div>
</body>
</html>
```

上面页面代码分别使用 scale3d 和 matrix3d 进行缩放，并使用 translate3d 和 matrix3d 进行位移，二者得到的效果是完全相同的。在浏览器中浏览该页面，将可以看到如图 12.10 所示的效果。

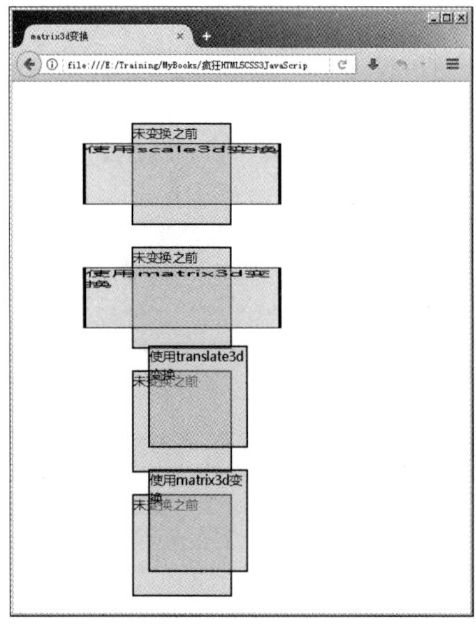

图 12.10　使用 matrix3d 函数进行变形

12.2　CSS 3 新增的 3D 变换

CSS 3 新增的 3D 变换体现在 translate3d、translateZ、scale3d、scaleZ、rotate3d、rotateZ、matrix3d 这些变换函数上，这些变换函数都涉及 Z 轴上的变换，因此都是 3D 变换相关函数。此外，CSS 3 的 3D 变换还涉及如下属性。

12.2.1　perspective 属性

perspective 属性用于设置 3D 透视点的距离。由于 Z 轴是垂直屏幕向外的，因此当 HTML 元素沿着 Z 轴位移时，实际上是垂直屏幕“移出”“移进”，如果不考虑 3D 透视效果，HTML 元素沿着 Z 轴位移将看不出任何效果。

所谓 3D 透视是一个图形学的概念：假设眼睛的位置是固定的，眼睛和被观察的空间物体之间有一面透明的玻璃，连接空间物体的关键点与眼睛形成视线，再相交于假想的玻璃，在玻璃上呈现的各个点的位置就是三维物体在二维平面上的点的位置。简单来说，3D 透视效果会形成“近大远小”的效果。

如果要看到 3D 透视效果，就必须设置 perspective 属性，该属性值是有效的长度值。

perspective 属性作用于父元素，保证设置了该属性的元素内的所有子元素具有透视效果。

下面是 perspective 属性的示范代码。

程序清单：codes\12\12.2\perspective.html

```
<!DOCTYPE html>
<html>
<head>
    <meta http-equiv="Content-Type" content="text/html; charset=utf-8" />
    <title> perspective </title>
    <style type="text/css">
        div {
            position: absolute;
            width: 120px;
            height: 120px;
            background-color: #eee;
            border: 2px solid black;
        }
        div.a {
            left: 220px;
            top: 30px;
        }
        div.b {
            left: 220px;
            top: 250px;
        }
        div.c {
            left: 220px;
            top: 450px;
        }
    </style>
</head>
<body style="perspective:500px">
<input type="range" min="100" max="2000" value="500" style="width:560px"
```

```
        onchange="document.body.style.perspective=this.value+'px';">
    <div class="a">文字一</div>
    <div class="a"
    style="transform:translateZ(120px);background-color:rgba(250,200,200,0.7);"> 文
字一</div>
    <div class="b">文字二</div>
    <div class="b"
    style="transform:translateZ(-80px);background-color: rgba(250,200,200,0.7);">文
字二</div>
    <div class="c">文字三</div>
    <div class="c"
    style="transform:rotateX(30deg);background-color: rgba(250,200,200,0.7);">文字三
</div>
    </body>
    </html>
```

上面页面代码中定义了 3 组<div.../>元素，其中前两组<div.../>元素测试沿着 *Z* 轴位移，后一组<div.../>元素测试绕 *X* 轴发生旋转。如果不设置透视效果，前两组<div.../>沿着 *Z* 轴位移是看不到任何效果的。该页面代码在<body.../>元素上设置了 perspective 为 500px，这就会产生透视效果。在浏览器中浏览该页面，可以看到如图 12.11 所示的效果。

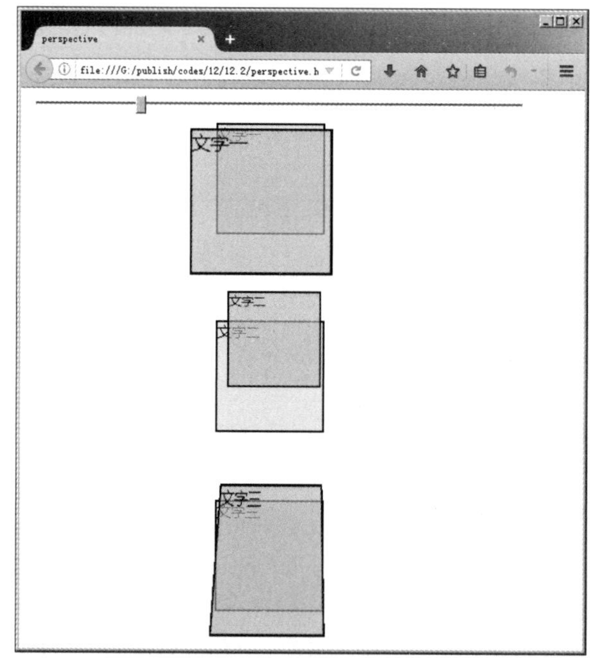

图 12.11　设置透视效果

从图 12.11 可以看出，第一组中沿着 *Z* 轴位移的<div.../>移动了 120px，这意味着该图形“移出”了屏幕，因此该图形被“放大”了；第二组中沿着 *Z* 轴位移的<div.../>移动了-80px，这意味着该图形“移进”了屏幕，因此该图形被“缩小”了。

页面上方的拖动条用于控制<body.../>元素的 perspective 属性，拖动该拖动条调小 perspective 属性值，将可以看到 HTML 元素的透视效果更加明显——近大远小的效果更明显，如图 12.12 所示。

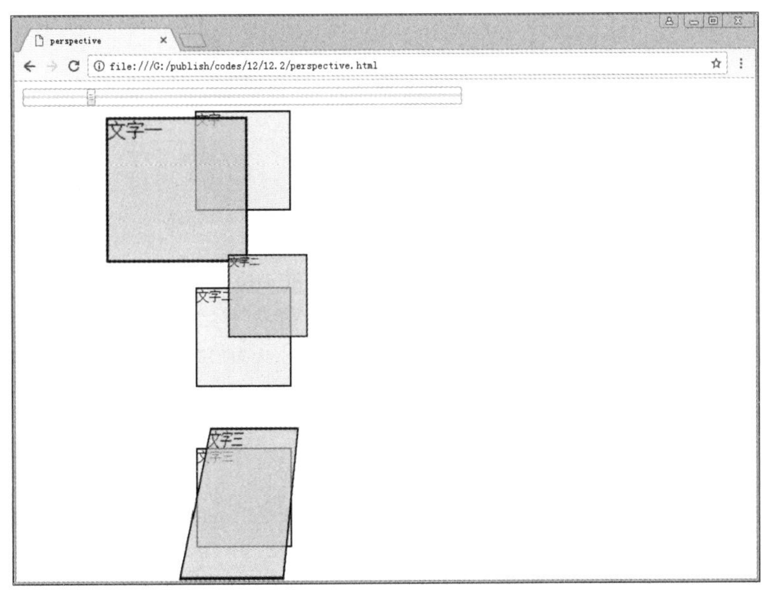

图 12.12 perspective 值越小，透视效果越明显

12.2.2 transform-style 属性

transform-style 属性指定是否在 3D 空间正确呈现元素的“遮挡”等嵌套关系。比如第一个元素绕 *Y* 轴旋转 30°，第二个元素绕 *Y* 轴旋转 20°，那么第二个元素“翘起来”的角度就更大一些，因此第一个元素有部分“转入屏幕”的更多一些，因此会被挡住；第一个元素有部分“转出屏幕”的也更多一些，因此会挡住第二个元素——这就是元素在 3D 空间的嵌套关系——如果希望正常看到 HTML 元素之间的嵌套关系，就需要设置 transform-style 属性。该属性支持如下两个属性值。

- flat：不保留子元素的 3D 位置。
- preserve-3d：子元素将保留 3D 位置。

下面页面示范了 transform-style 属性的作用。

程序清单：codes\12\12.2\transform-style.html

```
<!DOCTYPE html>
<html>
<head>
    <meta http-equiv="Content-Type" content="text/html; charset=utf-8" />
    <title> perspective-style </title>
    <style type="text/css">
        div {
            position: absolute;
            border: 1px solid black;
        }
        div#a {
            padding:60px;
            background-color: #eee;
            transform: rotateY(30deg);
            /* 设置子元素保持 3D 位置 */
            transform-style: preserve-3d;
        }
        div#b {
            padding:40px;
            background-color: #aaa;
            transform: rotateY(20deg);
```

```
        }
    </style>
</head>
<body>
<div id="a">
    <div id="b"></div>
</div>
</body>
</html>
```

正如从上面页面代码中所看到的，页面中 id 为 a 的<div../>元素绕 *Y* 轴旋转 30°，这意味着该元素有部分“转入”屏幕，有部分“转出”屏幕；id 为 b 的<div.../>元素绕 *Y* 轴旋转 20°，因此 id 为 a 的<div.../>元素和 id 为 b 的<div.../>元素会发生相互“遮挡”的嵌套关系。

上面页面代码为 id 为 a 的<div.../>元素指定了 transform-style: preserve-3d，这意味着它的子元素会保留 3D 位置，因此元素之间能正常显示遮挡、嵌套关系。使用浏览器浏览该页面，将可以看到如图 12.13 所示的效果。

如果取消 id 为 a 的<div.../>元素的 transform-style 属性，或将该属性设为 flat，将不再保留其子元素的 3D 位置，因此元素之间只是平铺显示，不会显示遮挡、嵌套关系。使用浏览器浏览该页面，将可以看到如图 12.14 所示的效果。

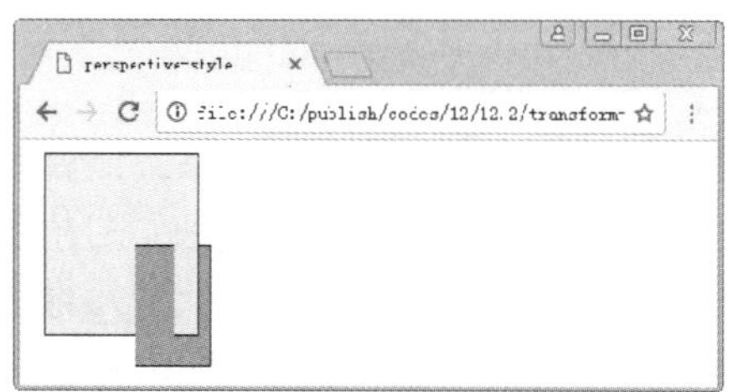

图 12.13　transform-style 为 preserve-3d 的效果

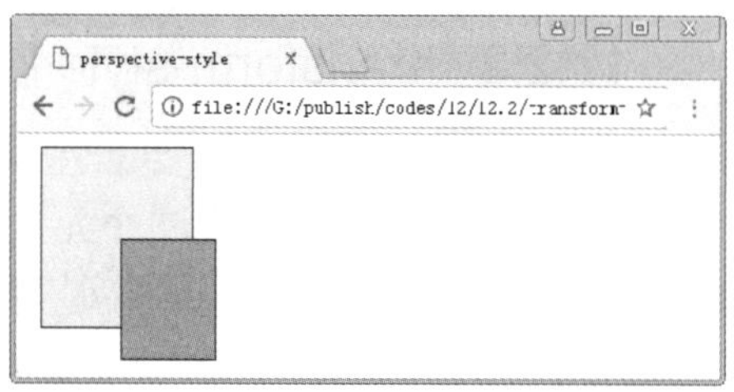

图 12.14　transform-style 为 flat 的效果

12.2.3　backface-visibility 属性

HTML 元素绕 *X* 轴或 *Y* 轴旋转，当旋转角度为 90°时，该 HTML 元素将完全垂直于屏幕，此时 HTML 元素将只能看到一条线，如果再次增加旋转角度，接下来将会看到的是 HTML 元素的背面。backface-visibility 属性用于设置 HTML 元素转到背面时是否可见。该属性支持如下两个属性值。

- visible：背面是可见的。
- hidden：背面是不可见的。

下面页面代码示范了 backface-visibility 属性的作用。

程序清单：codes\12\12.2\backface-visibility.html

```
<!DOCTYPE html>
<html>
<head>
    <meta http-equiv="Content-Type" content="text/html; charset=utf-8" />
    <title> backface-visibility </title>
    <style type="text/css">
        div{
            width: 120px;
            height: 60px;
            background-color: #bbb;
            border: 2px solid black;
            transform-origin: right center;
        }
        .a {
```

```
            transform: rotateY(30deg);
        }
        .b {
            transform: rotateY(130deg);
        }
    </style>
</head>
<body>
<div class="a" style="backface-visibility:hidden">文字</div><br>
<div class="a">文字</div>
<div class="b" style="backface-visibility:hidden">文字</div><br>
<div class="b">文字</div>
</body>
</html>
```

上面页面代码中定义了两组<div.../>元素，第一组<div.../>元素绕 *Y* 轴旋转 30°，此时第一组<div.../>元素看到的依然是正面，因此 backface-visibility 属性无论是 hidden 还是 visible，第一组<div.../>元素都可以看到；第二组<div.../>元素绕 *Y* 轴旋转 130°，此时第二组<div.../>元素看到的是背面，因此如果 backface-visibility 属性设置为 hidden，该元素就看不到了。在浏览器中浏览该页面，将可以看到如图 12.15 所示的效果。

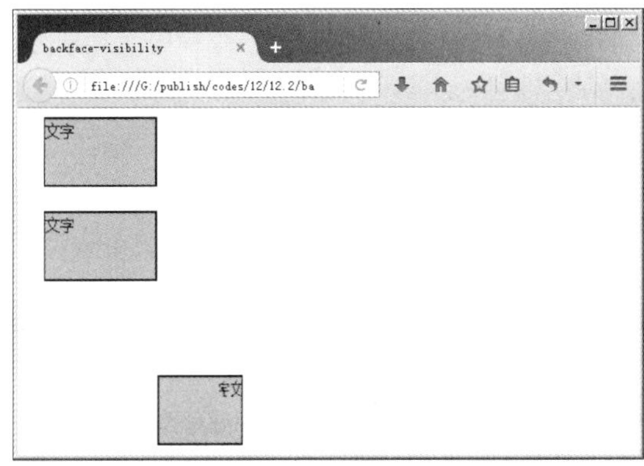

图 12.15 backface-visibility 属性

从图 12.15 可以看出，上面页面上第三个（第二组的第一个）<div.../>元素旋转了 130°，该元素显示的是背面，且该元素设置了 backface-visibility:hidden，因此页面上不再显示该元素。

12.3 CSS 3 提供的 Transition 动画

CSS 3 提供了 Transition 动画支持，Transition 动画可以控制 HTML 元素的某个属性发生改变时会经历一段时间、以平滑渐变的方式发生改变，这就产生了动画效果。

Transition 动画通过 transition 属性来指定。transition 属性的值包括如下 4 个部分。

- transition-property：指定对 HTML 元素的哪个 CSS 属性进行平滑渐变处理。该属性可以指定 background-color、width、height 等各种标准的 CSS 属性。
- transition-duration：指定属性平滑渐变的持续时间。
- transition-timing-function：指定渐变的速度。该部分支持如下几个值。
    - ease：动画开始时较慢，然后速度加快，到达最大速度后再减慢速度。
    - linear：线性速度。动画开始时的速度到结束时的速度保持不变。
    - ease-in：动画开始时速度较慢，然后速度加快。
    - ease-out：动画开始时速度很快，然后速度减慢。

- ease-in-out：动画开始时速度较慢，然后速度加快，到达最大速度后再减慢速度。
- cubic-bezier(x1, y1, x2, y2)：通过贝济埃曲线来控制动画的速度。该属性值完全可以代替 ease、linear、ease-in、ease-out、ease-in-out 等属性值。

➢ transition-delay：指定延迟时间，也就是指定经过多长时间的延迟才会开始执行平滑渐变。

下面页面代码示范了如何通过 transition 属性来实现动画。

程序清单：codes\12\12.3\transitionQs.html

```
<!DOCTYPE html>
<html>
<head>
    <meta http-equiv="Content-Type" content="text/html; charset=utf-8" />
    <title> 背景色变化 </title>
    <style type="text/css">
        div {
            width: 400px;
            height: 50px;
            border: 1px solid black;
            background-color: red;
            padding: 10px;
            transition: background-color 4s linear;
        }
        div:hover {
            background-color: yellow;
        }
    </style>
</head>
<body>
<div>鼠标移上来会发生颜色渐变</div>
</body>
</html>
```

上面粗体字代码指定当<div.../>元素的 background-color 属性发生改变时，系统会用平滑渐变的方式进行改变。上面页面还指定了当鼠标移到<div.../>元素上时，<div.../>元素的背景色会发生改变。在浏览器中浏览该页面，把鼠标移到该<div.../>元素上即可看到该元素背景色渐变的效果，如图 12.16 所示。

图 12.16 颜色渐变效果

12.3.1 多个属性同时渐变

transition 属性可以同时指定多组 property duration time-function delay 值，每组 property duration time-function delay 值控制一个属性值的渐变效果。

通过多个属性同时渐变可以非常方便地开发出动画效果。假如希望实现一个在页面上随鼠标漂移的气球——控制气球移动主要是修改气球图片的 left、top 两个属性值，让这两个属性值等于鼠标按下的 *X*、*Y* 坐标即可。如果再设置气球图片的 left、top CSS 属性不是突然改变，而是以平滑渐变的方式来进行，这就是动画了。下面页面代码示范了通过 transition 属性实现复杂的动画。

程序清单：codes\12\12.3\balloon.html

```
<!DOCTYPE html>
<html>
```

```
<head>
    <meta http-equiv="Content-Type" content="text/html; charset=utf-8" />
    <title> 漂浮的气球 </title>
    <style type="text/css">
        img#target {
            position: absolute;
            /* 指定气球图片的 left、top 属性会采用平滑渐变的方式来改变 */
            transition: left 5s linear , top 5s linear;
        }
    </style>
</head>
<body>
<img id="target" src="balloon.gif" alt="气球"/>
<script type="text/javascript">
    var target = document.getElementById("target");
    target.style.left = "0px";
    target.style.top = "0px";
    // 为鼠标按下事件绑定监听器
    document.onmousedown = function(evt)
    {
        // 将鼠标事件的 X、Y 坐标赋给气球图片的 left、top
        target.style.left = evt.pageX + "px";
        target.style.top = evt.pageY + "px";
    }
</script>
</body>
</html>
```

上面粗体字代码指定了气球图片的 left、top 两个 CSS 属性会以平滑渐变的方式发生改变，这样每次按下鼠标时，即可看到这个气球慢慢地漂浮过来的效果，如图 12.17 所示。

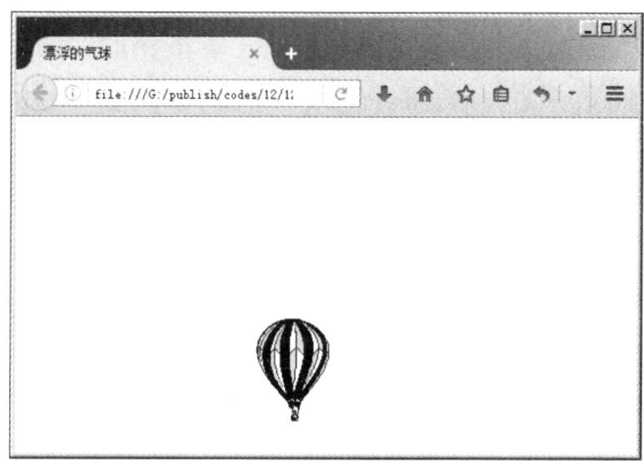

图 12.17　漂浮的气球

除了以平滑渐变的方式改变位置之外，也可以同时修改 HTML 的宽度、高度、背景色等。例如如下页面代码。

程序清单：codes\12\12.3\transition.html

```
<!DOCTYPE html>
<html>
<head>
    <meta http-equiv="Content-Type" content="text/html; charset=utf-8" />
    <title> Transition 动画 </title>
    <style type="text/css">
        div {
            width: 200px;
            height: 160px;
            background-color: red;
            /* 指定背景色、宽度、高度会以平滑渐变的方式来改变
```

```
            指定动画持续时间为 2 秒，动画会延迟 2 秒才启动
            */
            transition: background-color 2s linear 2s,
               width 2s linear 2s, height 2s linear 2s;
        }
    </style>
    <script type="text/javascript">
        // 定义目标元素的初始宽度、高度
        var originWidth = 200;
        var originHeight = 160;
        var zoom = function(scale, bgColor)
        {
            var target = document.getElementById("target");
            // 设置缩放之后的宽度、高度
            target.style.width = originWidth * scale + "px";
            target.style.height = originHeight * scale + "px";
            // 设置背景色
            target.style.backgroundColor = bgColor;
        }
    </script>
</head>
<body>
<button onclick="zoom(2 , 'blue');">放大</button>
<button onclick="zoom(0.5 , 'green');">缩小</button>
<button onclick="zoom(1 , 'red');">恢复</button>
<div id="target">
</div>
</body>
</html>
```

上面粗体字代码指定了<div.../>元素的背景色、宽度、高度都会以平滑渐变的方式改变，因此当用户单击页面上的“放大”“缩小”“恢复”三个按钮时，JavaScript 事件处理函数只是简单地修改了<div.../>元素的背景色、高度、宽度，但浏览器会以动画的方式来显示这种改变。

12.3.2 指定动画速度

指定 transition 属性时可通过 transition-timing-function 设置属性变化的速度，这个值的本质是通过一条贝济埃曲线来控制目标属性的改变。

图 12.18 显示了动画速度的计算方式。

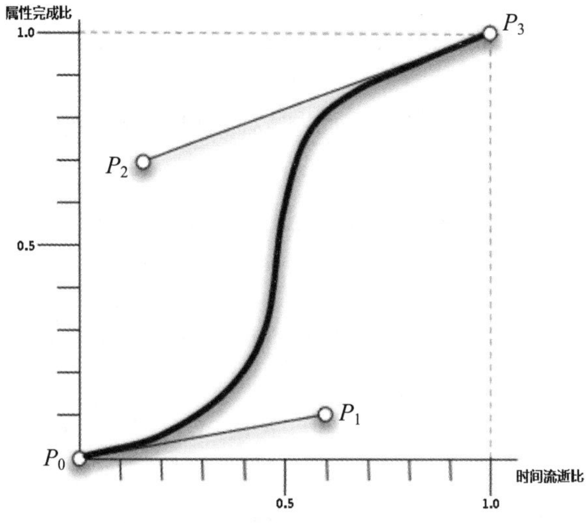

图 12.18 目标属性改变的示意图

图 12.18 中黑色的贝济埃曲线代表了目标属性与流逝时间的关系，左下角的原点处代表属性还未开始改变，时间也还未流逝；右上角的 1.0、1.0 处则代表属性已改变完成，时间也耗尽。曲线中间各点的横坐标代表在不同的时间点上，纵坐标代表目标属性在当前时间点的值。

transition-timing-function 值可通过 cubic-bezier(x1, y1, x2, y2)来指定，该函数中的 x1、y1 用于确定图 12.8 中 P_1 的坐标，x2、y2 则用于确定图 12.8 中 P_2 的坐标，一旦确定了 P_1、P_2 的位置，这条贝济埃曲线就可以确定下来，这样系统就可以根据这条曲线来确定目标属性的改变速度。

实际上，前面介绍的几种改变速度都只是 cubic-bezier(x1, y1, x2, y2)的应用。

- ease：相当于 cubic-bezier(0.25, 0.1, 0.25, 1.0)。
- linear：相当于 cubic-bezier(0.0, 0.0, 1.0, 1.0)。
- ease-in：相当于 cubic-bezier(0.42, 0, 1.0, 1.0)。
- ease-out：相当于 cubic-bezier(0, 0, 0.58, 1.0)。
- ease-in-out：相当于 cubic-bezier(0.42, 0, 0.58, 1.0)。

12.4 CSS 3 提供的 Animation 动画

CSS 3 提供了强大的 Tween 动画支持：Animation 动画，这种动画允许开发者定义多个关键帧，浏览器将会负责计算、插入关键帧之间的虚拟动画帧。

CSS 3 为 Animation 动画提供了如下几个属性。

- animation-name：指定动画名称。该属性指定一个已有的关键帧定义。
- animation-duration：指定动画的持续时间。
- animation-timing-function：指定动画的变化速度。
- animation-delay：指定动画延迟多长时间才开始执行。
- animation-iteration-count：指定动画的循环执行次数。
- animation：这是一个复合属性。该属性的格式为：animation-name animation-duration animation-timing-function animation-delay animation-iteration-count，使用该属性可以同时指定 animation-name、animation-duration、animation-timing-function、animation-delay 和 animation-iteration-count 等属性。

上面属性中 animation-name 的属性值应该是一个关键帧定义，这个关键帧定义满足如下格式：

```
@keyframes 关键帧名称 {
    from | to |百分比 {
        属性1:属性值1;
        属性2:属性值2;
        属性3:属性值3;
        ...
    }
    ...
}
```

上面语法格式中，from | to |百分比用于定义关键帧的位置，其中 from 代表开始处；to 代表动画结束帧；百分比则指定关键帧的出现位置。例如，10%代表关键帧出现在动画进行了 1/10 时间处。一个关键帧定义可以包含多个关键帧。

下面程序示范了 Animation 动画的效果。

程序清单：codes\12\12.4\Animation.html

```
<!DOCTYPE html>
<html>
<head>
    <meta http-equiv="Content-Type" content="text/html; charset=utf-8" />
    <title> Animation 动画 </title>
    <style type="text/css">
    /* 定义一个关键帧 */
    @keyframes fkjava {
        /* 定义动画开始处的关键帧 */
        0% {
            left: 100px;
        }
        /* 定义动画进行 40%时的关键帧 */
        40% {
            left: 150px;
        }
        /* 定义动画进行 60%时的关键帧 */
        60% {
            left: 75px;
        }
        /* 定义动画进行 100%时的关键帧 */
        100% {
            left: 100px;
        }
    }
    /* 为 div 元素定义 CSS 样式 */
    div{
        background-color: #ddd;
        border: 1px solid black;
        position: absolute;
        left: 100px;
        width: 60px;
        height: 60px;
    }
    /* 为鼠标悬停的 div 元素定义 CSS 样式 */
    div:hover {
        /* 指定执行 fkjava 动画 */
        animation-name: fkjava;
        /* 指定动画的执行时间 */
        animation-duration: 5s;
        /* 指定动画的循环次数为 1 */
        animation-iteration-count: 1;
    }
    </style>
</head>
<body>
<div>鼠标悬停、开始动画</div>
</body>
</html>
```

使用浏览器浏览该页面，并将鼠标移动到<div.../>元素上，将可以看到如图 12.19 所示的效果。

图 12.19 Animation 动画

12.4.1 同时改变多个属性的动画

定义关键帧时，不仅可以指定一个 left 属性，还可以指定多个 CSS 属性，包括前面介绍的 transform 属性，这样就可以实现更复杂的动画。例如如下页面代码。

程序清单：codes\12\12.4\complexAnim.html

```
<!DOCTYPE html>
<html>
<head>
    <meta http-equiv="Content-Type" content="text/html; charset=utf-8" />
    <title> Animation 动画 </title>
    <style type="text/css">
    /* 定义一个关键帧 */
    @keyframes complex {
        /* 定义动画开始处的关键帧 */
        0% {
            transform: rotate(0deg) scale(1);
            background-color: #f00;
        }
        /* 定义动画进行 40%时的关键帧 */
        40% {
            transform:rotate(720deg) scale(0.1);
            background-color: #ff0;
        }
        /* 定义动画进行 80%时的关键帧 */
        80% {
            transform:rotate(1080deg) scale(4);
            background-color: #f0f;
        }
        /* 定义动画进行 100%时的关键帧 */
        100% {
            transform:rotate(0deg) scale(1);
            background-color: #00f;
        }
    }
    /* 为 div 元素定义 CSS 样式 */
    div{
        background-color: gray;
        border: 1px solid black;
        position: absolute;
        left: 160px;
        top: 120px;
        width: 60px;
        height: 60px;
    }
    /* 为鼠标悬停的 div 元素定义 CSS 样式 */
    div:hover {
        /* 指定执行 fkjava 动画 */
        animation-name: complex;
        /* 指定动画的执行时间 */
        animation-duration: 8s;
        /* 指定动画的循环次数为 1 */
        animation-iteration-count: 1;
    }
    </style>
</head>
<body>
<div>鼠标悬停、开始动画</div>
</body>
</html>
```

使用浏览器浏览该页面，把鼠标移到<div.../>元素上，将可以看到如图 12.20 所示的效果。

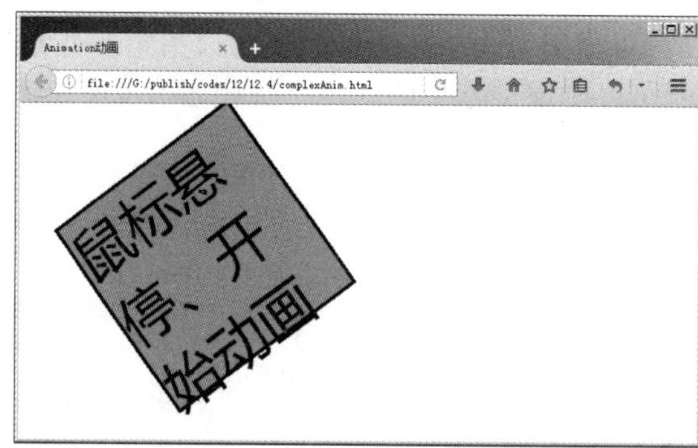

图 12.20　复杂的 Animation 动画

12.4.2　鱼眼效果

如果充分利用 Animation 动画的功能，前端开发者可以非常方便地实现各种网页特效，比如网页上常见的“鱼眼”效果——当鼠标移动到指定菜单项时，该菜单项会“凸出来”，显得特别突出。下面页面代码实现了这种鱼眼效果。

程序清单：codes\12\12.4\fisheye.html

```
<!DOCTYPE html>
<html>
<head>
    <meta name="author" content="Yeeku.H.Lee(CrazyIt.org)" />
    <meta http-equiv="Content-Type" content="text/html; charset=utf-8" />
    <title> fisheye </title>
    <style type="text/css">
        a:link {
            text-decoration: none;
        }
        div>a{
            display: inline-block;
            text-align: center;
            width: 120px;
            padding: 8px;
            background-color: #eee;
            border: 2px solid black;
            border-radius : 20px;
        }
        /* 定义一个关键帧 */
        @keyframes fisheye {
            /* 定义动画开始处的关键帧 */
            0% {
                transform: scale(1);
                background-color: #eee;
                border-radius : 10px;
            }
            /* 定义动画进行 40%时的关键帧 */
            40% {
                transform: scale(1.5);
                background-color: #bbb;
                border-radius : 10px;
            }
            /* 定义动画进行 100%时的关键帧 */
            100% {
                transform: scale(1);
                background-color: #eee;
```

```
                border-radius : 10px;
            }
        }
        div>a:hover {
            /* 指定执行 fkjava 动画 */
            animation-name: fisheye;
            /* 指定动画的执行时间 */
            animation-duration: 3s;
            /* 指定动画的循环无限次 */
            animation-iteration-count: infinite;
        }
    </style>
</head>
<body>
<div>
    <a href="http://www.crazyit.org" alt="crazyit">疯狂 Java 联盟</a>
    <a href="http://www.fkjava.org" alt="fkjava">疯狂软件教育</a>
    <a href="http://www.crazyit.org" alt="fkjava">关于我们</a>
    <a href="http://www.fkjava.org" alt="fkjava">疯狂成员</a>
</div>
</body>
</html>
```

上面粗体字代码定义了 3 个关键帧，其中开始处的关键帧是初始状态，此时<div.../>元素无须放大，也无须缩小；动画执行到 40%处时，<div.../>元素放大到 1.5 倍；当动画执行完成后，<div.../>元素再次恢复原来大小。接着程序指定当鼠标移动到<div.../>元素之上时，<div.../>元素开始执行 fisheye 动画。在浏览器中浏览该页面，可以看到如图 12.21 所示的效果。

图 12.21 鱼眼效果

12.5 本章小结

本章主要介绍了 CSS 3 提供的变形支持和动画功能。其中 CSS 3 提供的位移、旋转、缩放、倾斜变换可以控制 HTML 元素变形，这几种变换是学习本章的基础。借助于 CSS 3 提供的变形支持，CSS 3 提供了 Transition 动画和 Animation 动画，其中 Transition 动画用于指定需要对哪些 CSS 采用动画效果来执行变化；而 Animation 动画则允许指定多个关键帧。

CSS 3 提供的变形支持、Transition 动画、Animation 动画是读者学习本章需要重点掌握的知识。

CHAPTER

13

第 13 章 JavaScript 语法详解

本章要点

- JavaScript 简介
- 嵌入、运行 JavaScript 代码
- JavaScript 的数据类型和变量声明
- JavaScript 的正则表达式支持
- JavaScript 的运算符
- JavaScript 的语句形式
- JavaScript 的流程控制
- JavaScript 的函数
- 定义函数的 3 种方式
- 函数的参数处理机制
- 函数、方法、对象、变量和类的关系
- 使用函数创建对象
- 调用函数的 3 种方式
- 函数的独立性
- 对象和关联数组
- JavaScript 的类和对象
- 通过 prototype 动态地扩展一个类
- 创建对象的 3 种方式

JavaScript 是一种脚本语言，它由 LiveScript 改名而来，可能是为了更好地推广这个脚本语言（利用 Java 语言的知名度），因此 Netscape 公司在最后一刻决定将它改名为 JavaScript，但其实与 Java 没有什么关系。JavaScript 是一种基于客户端浏览器的，基于对象、事件驱动式的脚本语言。JavaScript 也具有跨平台的特点。如同所有的脚本语言，JavaScript 是动态解释执行的。

在没有 JavaScript 之前，互联网页都是静态内容，就像一张张写满内容的纸，Netscape 公司为了丰富互联网功能，所以在 Navigator 浏览器中扩展了 JavaScript 支持，这样就大大扩展了互联网页的功能，使得互联网页可以拥有丰富多彩的动画和用户交互。直到现在，运行 JavaScript 的主要环境依然是各种浏览器，因此通常会将 JavaScript 嵌入互联网页中，由浏览器负责解释执行。JavaScript 的主要功能为：动态修改 HTML 页面内容，包括创建、删除 HTML 页面元素，修改 HTML 页面元素的内容、外观、位置、大小等。

HTML 5 的出现更是突出了 JavaScript 的重要性，例如前面介绍的 HTML 5 绘图支持，页面上的绘图完全是由 JavaScript 完成的。不仅如此，接下来还要介绍的 HTML 5 新增的本地存储、离线应用、客户端通信等功能，更是大量使用了 JavaScript 编程，因此读者需要好好地掌握 JavaScript 编程相关知识。

13.1 JavaScript 简介

JavaScript 并不是 Java，它们之间甚至没有什么关系。但由于经常有些读者把 Java 和 JavaScript 搞混，所以说一说 JavaScript 与 Java 的区别。

- Java 和 JavaScript 完全是两个不同的产品，Java 是 Sun 公司推出的面向对象的程序设计语言；而 JavaScript 是 Netscape 公司的产品，其目的是为了扩展 Netscape 浏览器功能。JavaScript 是一种可以嵌入 Web 页面中的解释性语言。
- Java 是面向对象的程序设计语言，即使是开发简单的程序，也必须从类定义开始；JavaScript 是基于对象的，本身提供了非常丰富的内部对象供设计人员使用。Java 语言的最小程序单位是类定义；而 JavaScript 中充斥着大量函数。
- 两种语言的执行方式完全不一样。Java 语言必须先经过编译，生成字节码，然后由 Java 虚拟机运行这些字节码；而 JavaScript 是一种脚本语言，其源代码无须经过编译，由浏览器解释执行。
- 两种语言的变量声明也不一样。Java 是强类型变量语言，所有的变量必须先经过声明，才可以使用，所有的变量都有其固定的数据类型；而 JavaScript 是弱类型变量语言，其变量在使用前无须声明，由解释器在运行时检查其数据类型。
- 代码格式不一样。Java 采用一种与 HTML 无关的格式，必须像 HTML 中引用外媒体那样进行装载，其代码以字节代码的形式保存在独立的文档中；而 JavaScript 的代码采用一种文本字符格式，可以直接嵌入 HTML 文档中，并且可动态装载，编写 HTML 文档就像编辑文本文件一样方便。

在实际的使用中，还有另一种脚本语言：JScript 语言。JScript 与 JavaScript 的渊源比较深。事实上，两种语言的核心功能、作用基本一致，都是为了扩展浏览器的功能而开发的脚本语言，只是 JavaScript 是由 Netscape 公司开发的，而 JScript 语言是由 Microsoft 公司开发的。

早期的 JScript 和 JavaScript 差异相当大，Web 程序员不得不痛苦地为两种浏览器分别编写脚本。于是诞生了 ECMAScript，这是一个国际标准化的 JavaScript 版本，现在的主流浏览器都支持这个版本。现在平时所说的 JavaScript，严格意义上讲，其实应该是 ECMAScript。

提示： 由于 Internet Explorer 的日益边缘化，目前 JScript 正处于消亡阶段。

13.1.1　运行 JavaScript

前面已经介绍了JavaScript通常嵌在互联网页中执行，在HTML页面中嵌入执行JavaScript代码有两种方式。

- 使用 javascript:前缀构建执行 JavaScript 代码的 URL。
- 使用<script.../>元素来包含 JavaScript 代码。

对于第一种方式而言，所有可以设置 URL 的地方都可使用这种以 javascript:作为前缀的 URL，当用户触发该 URL 时，javascript:之后的 JavaScript 代码就会获得执行。

如果页面里需要包含大量的 JavaScript 代码，则建议将这些 JavaScript 脚本放在<script>和</script>标签之间。<script.../>元素既可作为<head.../>子元素，也可作为<body.../>子元素。

例如如下页面代码片段。

程序清单：codes\13\13.1\run.html

```
<body>
    <a href="javascript:alert('运行 JavaScript! ');">运行 JavaScript</a>
    <script type="text/javascript">
        alert("直接运行的 JavaScript! ");
    </script>
</body>
```

上面页面中粗体字代码示范了两种运行 JavaScript 代码的方式，第一种方式会生成一个超链接，当用户单击该超链接时，alert('运行 JavaScript！');就会获得执行。

13.1.2　导入 JavaScript 文件

为了让 HTML 页面和 JavaScript 脚本更好地分离，我们可以将 JavaScript 脚本单独保存在一个*.js 文件中，HTML 页面导入该*.js 文件即可。在 HTML 页面中导入 JavaScript 脚本文件的语法格式如下：

```
<script src="test.js" type="text/javascript"></script>
```

上面语法中 src 属性指定 JavaScript 脚本文件所在的 URL。

例如有如下*.js 文件。

程序清单：codes\13\13.1\test.js

```
//弹出一个对话框
alert("测试");
```

在当前路径（codes\13\13.1\）的 HTML 页面中增加如上所示的一行，与直接在这个 HTML 页面中增加该行 JavaScript 脚本的效果完全一样。

从前面介绍可以看出，HTML 5 使用<script.../>元素包含 JavaScript 脚本或引入外部 JavaScript 文件。<script.../>元素最常用的脚本语言是 JavaScript，不过早期浏览器确实也支持一些其他的脚本语言，比如前面提到的 JScript。

使用<script.../>元素时可指定如下属性。

- type：该属性指定该元素内包含的脚本语言的类型，通常都是 text/javascript。对于 JavaScript 脚本该属性可以省略。

- src：指定外部脚本文件的 URL。指定该属性之后，该<script.../>元素只能引入外部脚本，不能在该元素内部写脚本。
- charset：指定外部脚本文件所用的字符集。该属性只能与 src 属性一起使用。
- defer：HTML 5 增强的属性，用于指定脚本是否延迟执行。
- async：HTML 5 增强的属性，用于指定脚本是否异步执行。

<script.../>元素的前 3 个属性没什么需要特别介绍的，重点是 HTML 5 为该元素新增的 defer 和 async 两个属性，这两个属性都用于提升 JavaScript 的性能。

13.1.3 使用 script 元素的 defer 推迟脚本执行

defer 属性告诉浏览器要等整个页面载入之后、解析完毕才执行该<script.../>元素中的脚本，这个作用非常有用。下面页面代码是初学者经常犯的一个错误。

程序清单：codes\13\13.1\error.html

```
<!DOCTYPE html>
<html>
<head>
    <meta http-equiv="Content-Type" content="text/html; charset=utf-8" />
    <title> JavaScript 的执行时机 </title>
    <script type="text/javascript" src="defer.js">
    </script>
</head>
<body>
        <div id="target"></div>
</body>
</html>
```

上面页面代码中的粗体字代码导入了 defer.js 脚本文件，该脚本文件的代码如下。

程序清单：codes\13\13.1\defer.js

```
var tg = document.getElementById("target");
tg.innerHTML = "疯狂 HTML 5/CSS 3/JavaScript 讲义";
tg.style.backgroundColor = "#aab";
```

上面 JavaScript 脚本只有 3 行：先获取页面上 id 为 target 的元素，然后修改该元素的内容和背景色。这 3 行代码非常简单，看上去似乎没有任何问题。但如果使用浏览器浏览该页面，将可以看到页面上 id 为 target 的元素没有发生任何改变，这是为什么呢？

对于 HTML 5 以前的<script.../>元素，当浏览器解析到<script.../>元素时，浏览器会停止继续解析、执行 HTML 页面，而是执行如下两件事情：

1. 根据<script.../>元素的 src 属性下载对应的 JavaScript 脚本文件。
2. 解析、执行 JavaScript 脚本文件。

当浏览器执行 JavaScript 脚本时，此时浏览器还没有去解析 HTML 页面后面的内容，它还不知道后面有 id 为 target 的元素，因此脚本文件中的 var tg = document.getElementById("target"); 代码获取的元素不存在，所以后面的代码也就跟着出错了。

解决上面错误的传统做法是：将<head.../>部分的<script.../>元素移动到<body.../>元素的最后面——位于<body.../>元素内、所有其他元素的后面，这样就可以保证<script.../>元素中的 JavaScript 脚本能正常获取到 HTML 对象了。

此外，使用 defer 属性也可以解决该问题：defer 属性会告诉浏览器必须等整个页面载入之后、解析完毕才执行该<script.../>元素中的脚本，因此只要将上面页面中的<script.../>脚本改为如下形式即可。

```
<script type="text/javascript" src="defer.js" defer>
</script>
```

再次使用浏览器浏览该页面，将可以看到页面中 id 为 target 的元素的内容、背景色被修改成功，这表明该 defer 属性发挥了作用。

注意：

defer 属性只能作用于外部脚本文件，它对于<script.../>元素内嵌的脚本不起作用。

13.1.4　使用 script 元素的 async 异步执行脚本

正如前面所介绍的，在传统模式下，浏览器会按照从上到下的方式解析 HTML 页面的元素，如果页面上出现<script.../>元素，浏览器将会解析并指定<script.../>元素导入的脚本文件——在脚本文件执行完成之前，浏览器不会解析处理<script.../>元素之后的内容。

假设有一种极端的情况，<script.../>元素导入的脚本文件非常耗时，这将导致浏览器无法向下执行，页面将长时间显示一片空白——这不是用户希望看到的效果。此时就可以借助 async 属性来解决该问题，指定 async 属性的<script.../>元素会启动新线程、异步执行<script.../>元素导入的脚本文件，浏览器也会继续向下解析、处理页面内容。

例如如下页面代码。

程序清单：codes\13\13.1\async.html

```
<!DOCTYPE html>
<html>
<head>
    <meta http-equiv="Content-Type" content="text/html; charset=utf-8" />
    <title> 异步执行 JavaScript </title>
    <script type="text/javascript" src="async.js">
    </script>
</head>
<body>
    <div>疯狂 HTML 5/CSS 3/JavaScript 讲义</div>
</body>
</html>
```

上面页面代码中导入了名为 async.js 的脚本文件，该文件的内容如下。

程序清单：codes\13\13.1\async.js

```
var sum = 0;
for (var i = 0 ; i < 100000 ; i++)
{
    sum += i;
}
alert(sum);
```

上面 JavaScript 脚本要循环 100000 次，因此会比较耗时，在 JavaScript 循环完成、alert 弹出之前，<script.../>元素就没有执行完成，那么浏览器不会向下解析、执行<script.../>后面的内容，因此页面上将显示一片空白。

但如果将上面<script.../>元素改为如下形式：

```
<script type="text/javascript" src="async.js" async>
</script>
```

上面<script.../>元素的 async 属性指定浏览器以异步方式执行 JavaScript 脚本文件，因此浏览器会启动新线程、异步执行<script.../>元素导入的脚本文件，这样就不会影响浏览器继续解析、处理<script.../>元素之后的页面内容。使用浏览器浏览该页面，可以看到如图 13.1 所示的效果。

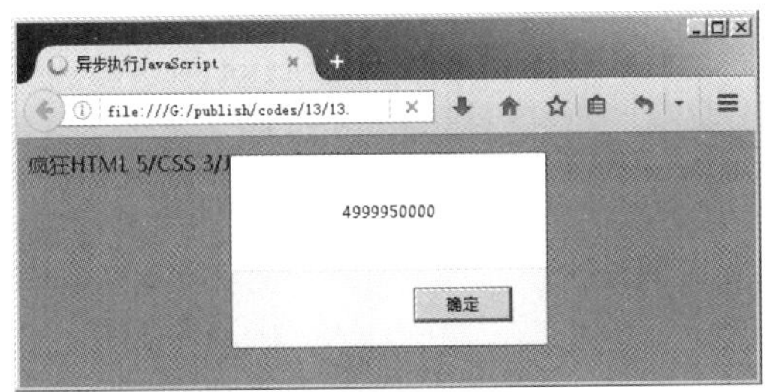

图 13.1　异步执行脚本

从图 13.1 可以看出，即使当前 JavaScript 脚本还处于执行阶段，但由于 JavaScript 脚本是以异步方式执行的，因此也不会影响浏览器解析、处理 HTML 页面内容，所以页面上的内容依然显示出来了。

async 属性只能作用于外部脚本文件，它对于<script.../>元素内嵌的脚本不起作用。

13.1.5　noscript 元素

<noscript.../>元素用来向不支持 JavaScript 或禁用了 JavaScript 的浏览器显示提示信息。该元素的用法非常简单，直接在该元素内放提示信息即可，无须指定任何属性。

下面页面代码示范了<noscript.../>元素的用法。

程序清单：codes\13\13.1\noscript.html

```
<!DOCTYPE html>
<html>
<head>
    <meta http-equiv="Content-Type" content="text/html; charset=utf-8" />
    <title> noscript </title>
    <script type="text/javascript" src="defer.js" defer>
    </script>
</head>
<body>
    <noscript>
        <h1>必须支持 JavaScript</h1>
        <p>必须使用支持 JavaScript 的浏览器，并打开浏览器的 JavaScript 功能</p>
    </noscript>
    <div id="target"></div>
</body>
</html>
```

使用禁用了 JavaScript 的浏览器来浏览该页面，将会看到如图 13.2 所示的效果。

图 13.2　noscript 元素的功能

13.2　数据类型和变量

任何语言都离不开数据类型和变量。虽然 JavaScript 语言是弱类型语言，但它一样支持变量声明，变量一样存在作用范围，即有局部变量和全局变量之分。下面依次介绍 JavaScript 中数据类型和变量的基本语法。

13.2.1　定义变量的方式

JavaScript 是弱类型脚本语言，使用变量之前，可以无须定义，想使用某个变量时直接使用即可。归纳起来，JavaScript 支持两种方式来引入变量。

- **隐式定义**：直接给变量赋值。
- **显式定义**：使用 var 关键字定义变量。

隐式定义的方式简单、快捷，需要使用变量时，直接给变量赋值即可。看下面代码。

程序清单：codes\13\13.2\implicit_var.html

```
<script type="text/javacript">
    // 隐式定义变量 a
    a = "Hello JavaScript";
    // 使用警告框输出 a 的值
    alert(a);
</script>
```

代码执行结果如图 13.3 所示。

图 13.3　隐式声明变量的效果

JavaScript 是弱类型语言，变量没有固定的数据类型，因此可以对同一个变量在不同时间赋不同类型的值。

显式声明方式是采用 var 关键字声明变量，声明时变量可以没有初始值，声明的变量数据类型是不确定的。当第一次给变量赋值时，变量的数据类型才确定下来，而且使用过程中变量的数据类型也可随意改变。看下面显式声明变量的示例代码。

程序清单：codes\13\13.2\explicit_var.html

```
<script type="text/javascript">
    // 显式声明变量 a
    var a ;
    // 给变量 a 赋值，赋值后 a 的数据类型为布尔型
    a = true;
    // 使用警告框输出 a 的值
    alert(a);
</script>
```

注意：

JavaScript 中的变量是区分大小写的。因此变量 abc 和 Abc 是两个不同的变量，读者编程时一定要注意。

与其他编程语言类似的是，JavaScript 也允许一次定义多个变量，代码如下：

```
// 一次定义了 a、b、c 三个变量
var a , b , c;
```

还可以在定义变量时为变量指定初始值，例如如下代码：

```
// 定义变量 i、j、k，其中 j、k 指定初始值
var i, j = 0, k = 0;
```

13.2.2　类型转换

JavaScript 支持自动类型转换，这种类型转换的功能非常强大，看如下代码。

程序清单：codes\13\13.2\autoConversion.html

```
<script type="text/javacript">
    // 定义字符串变量
    var a = "3.145";
    // 让字符串变量和数值执行算术运算
    var b = a - 2;
    // 让字符串变量和数值执行加法运算，到底是算术运算还是字符串运算呢
    var c = a + 2;
    //输出 b 和 c 的值
    alert (b + "\n" + c);
</script>
```

代码执行结果如图 13.4 所示。

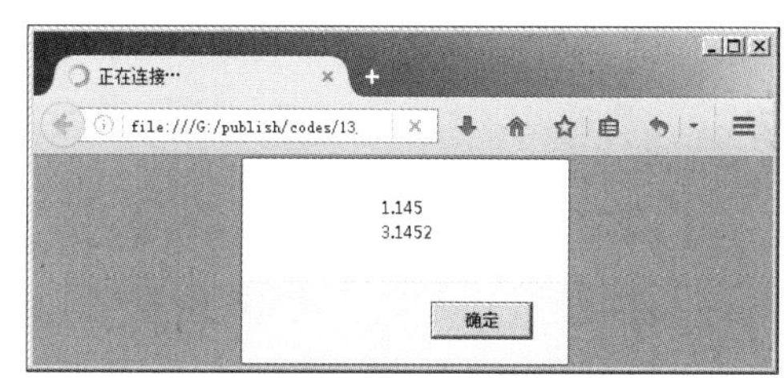

图 13.4　自动类型转换结果

在上面代码中，a 是值为 3.145 的字符串，让 a 和数值执行减法，则自动执行算术运算，并将 a 的类型转换为数值；让 a 和数值执行加法，则 a 的值转换为字符串。这就是自动类型转换，它的转换规律是：

- 对于减号运算符，因为字符串不支持减法运算，所以系统自动将字符串转换成数值。
- 对于加号运算符，因为字符串可用加号作为连接运算符，所以系统自动将数值转换成字符串，并将两个字符串进行连接运算。

各种类型自动类型转换的结果如表 13.1 所示。

表 13.1　各种类型自动类型转换的结果

值	目标类型			
	字符串类型	数值型	布尔型	对象
undefined	"undefined"	NaN	false	Error
null	"null"	0	false	Error
字符串	不变	数值或 NaN	true	String 对象
空字符串	不变	0	false	String 对象
0	"0"	0	false	Number 对象
NaN	"NaN"	NaN	false	Number 对象
Infinity	"Infinity"	Infinity	true	Number 对象
-Infinity	"-Infinity"	-Infinity	true	Number 对象
数值	数值字符串	不变	true	Number 对象
true	"true"	1	不变	Boolean 对象
false	"false"	0	不变	Boolean 对象
对象	toString()返回值	valueOf(),toString()或 NaN	true	不变

这种自动类型转换虽然方便，但程序可读性非常差，而且有时候我们就是希望让字符串和数值执行加法运算，这就需要使用强制类型转换了。JavaScript 提供了如下几个函数来执行强

制类型转换。

- toString()：将布尔值、数值等转换成字符串。
- parseInt()：将字符串、布尔值等转换成整数。
- parseFloat()：将字符串、布尔值等转换成浮点数。

如果需要让"3.145"+2 这种表达式的结果为 5.145，可以使用强制类型转换。

程序清单：codes\13\13.2\explicitConvert.html

```
<script type="text/javacript">
    // 定义值为 3.145 的字符串变量
    var a = "3.145";
    // 直接相加，使用自动类型转换
    var b = a + 2;
    // 使用强制类型转换
    var c = parseFloat(a) + 2;
    alert (b + "\n" + c);
</script>
```

代码执行结果如图 13.5 所示。

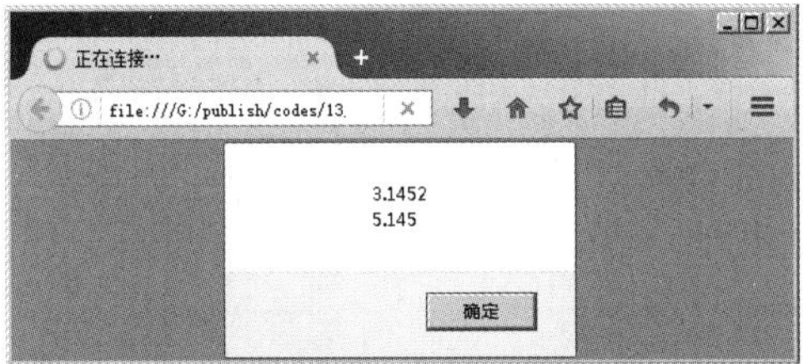

图 13.5　自动类型转换与强制类型转换对比

对于 3.145 这种可以正常转换成数值的字符串，可以成功转换为数值；但对于包含其他字符的字符串，将转换成 NaN。

当使用 parseInt()或 parseFloat()将各种类型的变量转换成数值类型时，结果如下。

- **字符串值**：如果字符串是一个数值字符串，则可以转换成一个数值，否则将转换成 NaN。
- **undefined、null、布尔值及其他对象**：一律转换成 NaN。

当使用 toString()函数将各种类型的值向字符串转换时，结果全部是 object。

13.2.3　变量作用域

变量是程序设计语言里最重要、最基本的概念。与强类型语言不同的是，JavaScript 是弱类型语言，同一个变量可以一会儿存储数值，一会儿存储字符串。正如前面所讲的，变量声明有两种方式，即显式声明和隐式声明。

变量还有个重要的概念：作用域。根据变量定义的范围不同，变量有全局变量和局部变量之分。在全局范围（不在函数内）定义的变量（不管是否使用 var）、不使用 var 定义的变量都是全局变量，全局变量可以被所有的脚本访问；在函数里定义的变量称为局部变量，局部变量只在函数内有效。

如下代码示范了变量作用域。

程序清单：codes\13\13.2\globalVar.html

```
<script type="text/javascript">
    // 定义全局变量 test
    var test = "全局变量";
    // 定义函数 myFun
    function myFun()
```

```
    {
        // 在函数内不使用 var 定义的 age 也是全局变量
        age = 20;
        // 在函数内使用 var 定义的 age 是局部变量
        var isMale = true;
    }
    myFun();
    alert(test + "\n"
        + age);
    alert(isMale);
</script>
```

上面程序代码中第一行粗体字代码使用 var 在全局范围定义了一个变量，该变量是全局变量；第二行粗体字代码在函数范围内没有使用 var 定义一个变量，该变量同样也是全局变量——当然必须等到定义该变量的函数执行之后。

上面程序执行 myFun 函数之后，在全局范围内定义的 test 和在函数范围内定义的 age，都变成全局可用的变量。在浏览器中浏览该页面，将会看到如图 13.6 所示的效果。

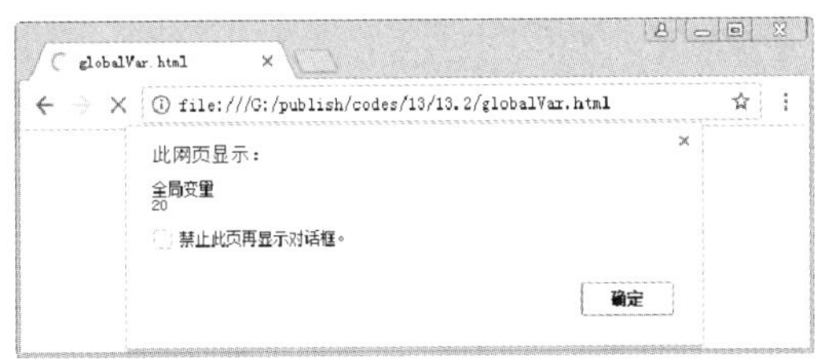

图 13.6 全局变量

上面程序还在 myFun 函数中使用 var 定义了名为 isMale 的变量，因此该变量是一个局部变量，只在 myFun 函数内有效，因此程序最后一行 alert(isMale);代码将会报错。

如果全局变量和局部变量使用相同的变量名，则局部变量将覆盖全局变量。看如下代码。

程序清单：codes\13\13.2\scopeTest.html

```
<script type="text/javascript">
    // 定义全局变量 test
    var test = "全局变量";
    // 定义函数 checkScope
    function checkScope()
    {
        // 定义局部变量
        var test = "局部变量";
        // 输出局部变量
        alert(test);
    }
    checkScope();
    alert(test);
</script>
```

代码的执行结果将会先输出“局部变量”，代码中定义了名为 test 的全局变量，但在函数中又定义了名为 test 的局部变量，函数中的局部变量覆盖了全局变量。接下来程序再次在函数外访问 test 变量，将会看到程序输出“全局变量”——这是因为离开函数之后，局部变量失效了，因此程序访问的就是全局变量。

与 Java、C 等语言不同的是，JavaScript 的变量没有块范围，看如下代码。

程序清单：codes\13\13.2\noBlockScope.html

```
<script type="text/javascript">
    function test(o)
```

```
    {
        // 定义变量 i，变量 i 的作用范围是整个函数
        var i = 0;
        if (typeof o == "object")
        {
            // 定义变量 j，变量 j 的作用范围是整个函数内，而不是 if 块内
            var j = 5;
            for(var k = 0; k < 10; k++)
            {
                // 因为 JavaScript 没有代码块范围
                // 所以 k 的作用范围是整个函数内，而不是循环体内
                document.write(k);
            }
        }
        // 即使出了循环体，k 的值依然存在
        alert(k + "\n" + j);
    }
    test(document);
</script>
```

代码执行结果如图 13.7 所示。

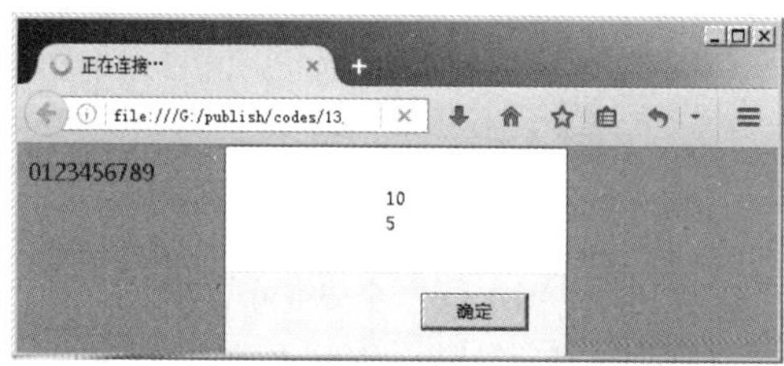

图 13.7　JavaScript 的变量没有块范围

在很多 JavaScript 编程人员的印象中，定义变量用 var 和不用 var 没有区别。但实际上是存在差异的。

- 如果使用 var 定义变量，那么程序会强制定义一个新变量。
- 如果没有使用 var 定义变量，系统将总是把该变量当成全局变量——不管前面是否曾定义过该全局变量。如果前面已定义了同名的全局变量，此时就是对已有的全局变量赋值；如果前面没定义过同名的全局变量（在函数范围内也没定义过同名的局部变量），此时就是定义一个全新的全局变量。

全局变量的作用范围对于执行 HTML 事件处理一样有效，看如下代码。

程序清单：codes\13\13.2\globalInHandler.html

```
<!DOCTYPE html>
<html>
<head>
    <meta http-equiv="Content-Type" content="text/html; charset=utf-8" />
    <title> 事件处理中的局部变量和全局变量 </title>
    <script type="text/javascript">
        //定义全局变量
        var x = "全局变量";
    </script>
</head>
<body>
<!-- 在 onclick 事件中重新定义了 x 局部变量 -->
<input type="button" value="局部变量"
    onclick="var x = '局部变量'; alert('输出 x 局部变量的值: ' + x);"/>
<!-- 直接输出全局变量 x 的值 -->
<input type="button" value="全局变量 "
```

```
    onclick="alert('输出 x 全局变量的值：  ' + x);" />
</body>
</html>
```

对于第一个按钮的事件处理脚本而言，因为该脚本中重新定义了局部变量 x，所以访问 x 变量将输出该局部变量的值；对于第二个按钮的事件处理脚本而言，由于该脚本中没有定义变量 x，所以访问变量 x 时将输出全局变量的值。单击第一个按钮将弹出局部变量的值，单击第二个按钮将弹出全局变量的值。

13.2.4　变量提升

通过前面介绍已经知道：当局部变量和全局变量同名时，局部变量会覆盖全局变量。下面再看一段 JavaScript 代码。

程序清单：codes\13\13.2\hoist.html

```
<script type="text/javascript">
    // 定义全局变量
    var scope = "全局变量";
    function test()
    {
        document.writeln(scope + "<br >");
        // 定义 scope 局部变量，其作用范围为整个函数内
        var scope = "局部变量";          //①
        // 再次输出 scope 的值
        document.writeln(scope + "<br >");
    }
    test();
</script>
```

运行上面代码，将看到如图 13.8 所示的效果。

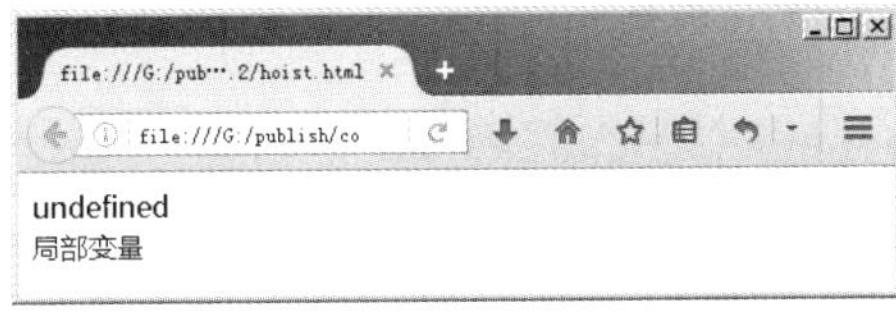

图 13.8　局部变量覆盖全局变量

代码第一次输出的 scope 值并不是“全局变量”，而是 undefined。这是什么原因呢？函数在①号代码处才定义 scope 局部变量，怎么在①号代码之前也不能访问全局的 scope 变量呢？

此处需要理解 JavaScript 的变量提升机制。所谓变量提升，指的是变量声明总是会被解释器“提升”到函数体的顶部。这意味着上面程序中①号代码定义了 scope 局部变量，但解释器会提升该 scope 变量——将该变量的声明提升到函数体的顶部。

变量提升只是提升变量声明部分，并不会提升变量赋值部分。

因此，上面的 test()函数实际上等同于如下形式：

```
function test()
{
    var scope;
    document.writeln(scope + "<br >");
    // 定义 scope 局部变量，其作用范围为整个函数内
    scope = "局部变量";          //①
```

```
        // 再次输出 scope 的值
        document.writeln(scope + "<br >");
}
```

从上面代码不难看出，局部变量 scope 从函数开始就出现了，它覆盖了全局变量 scope，但在①号代码之前，scope 还没被赋值，因此第一行粗体字代码输出 undefined。

JavaScript 变量提升甚至不需要定义变量的语句真正执行，只要在函数中包括了定义变量的语句，该变量声明就会被提升到函数体的顶部。例如如下代码。

程序清单：codes\13\13.2\hoist2.html

```
<script type="text/javascript">
    var x = 100;
    var y = 200;
    function foo()
    {
        document.writeln(x + "<br>");
        document.writeln(y);
        if (false)
        {
            var x = 1;
        }
        return;
        var y = 2;
    }
    foo();
</script>
```

上面代码中第一行粗体字代码位于条件为 false 的 if 块内，第二行粗体字代码位于 return 之后，这两行粗体字代码根本不会获得执行的机会，但 JavaScript 解释器依然会提升这两个变量，因此该 foo()函数其实等同于如下形式：

```
    function foo()
    {
        var x, y;
        if (false)
        {
            x = 1;
        }
        return;
        y = 1;
}
```

这意味着从 foo()函数开始，全局变量 x、y 就会被局部变量 x、y 覆盖，在 foo()函数内无法访问全局变量 x、y。在浏览器中浏览该页面，可以看到如图 13.9 所示的输出。

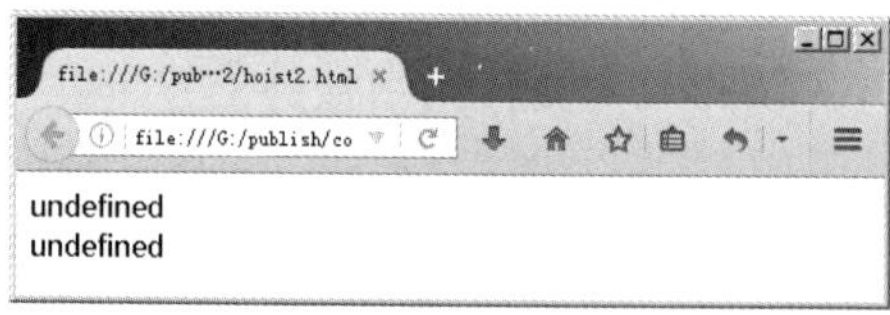

图 13.9 变量提升

13.2.5 新增的 let 变量

JavaScript 设计者意识到使用 var 定义变量可能存在如下问题：

- var 定义的变量没有块作用域。
- var 定义的全局变量会自动添加全局 window 对象的属性。
- var 定义的变量会提前装载。

let 关键字正是为了解决上述问题而出现的。先看如下示例使用 let 来定义循环变量。

程序清单：codes\13\13.2\letScope.html

```
<script type="text/javascript">
for (let i = 0; i < 10 ; i++)
{
    console.log(i);
}
// 报错：Uncaught ReferenceError: i is not defined
console.log("循环体之外：" + i);
</script>
```

上面程序在 for 循环中使用 let 来定义循环计数器，这样该循环计数器 i 将只在 for 循环中有效，因此程序在循环体之外访问 i 变量时将会导致如上所示的错误——如果将 for 循环中的 let 改为 var，那么在循环体中定义的 i 变量的作用域将会扩散到循环体之外。

再看下一个示例。

程序清单：codes\13\13.2\letWindow.html

```
<script type="text/javascript">
let name = 'yeeku';
console.log(name); // 输出 yeeku
console.log(window.name); // window.name 不存在
</script>
```

上面代码使用 let 定义了 name 变量，这个 name 变量不在任何函数内，因此它是一个全局变量。但与使用 var 定义全局变量不同的是，使用 let 定义的全局变量不会变成 window 对象的属性，因此上面程序访问 window.name 时将看不到任何输出。

使用 var 定义的变量会提前装载，而使用 let 定义的变量要等到程序流执行到定义变量的代码行时才会转载。看如下示例。

程序清单：codes\13\13.2\letNoPre.html

```
<script type="text/javascript">
var name = 'yeeku'
function func()
{
    // 下面的 name 变量不存在，因此程序导致错误
    console.log(name);
    let name = 'fkit';
    console.log(name);
}
func();
</script>
```

上面程序先定义了一个全局的 name 变量，接下来程序在 func()函数中使用 let 定义了同名的 name 变量，此时局部变量 name 会覆盖全局的 name 变量。但由于使用 let 定义的变量不会提前装载，因此 func()函数在使用 let 定义局部变量 name 之前访问 name 变量会导致错误——如果将 func()函数中定义 name 变量的关键字改为使用 var，则会先输出 undefined，再输出局部变量 name 的值。

综上所述，let 关键字的出现正是为了弥补 var 的缺陷，因此对于支持 let 关键字的浏览器，读者应该考虑使用 let 代替 var。

13.2.6 使用 const 定义常量

const 也是一个新增的关键字，JavaScript 允许使用该关键字定义常量。与 var、let 不同的

是，使用 const 定义的常量只能在定义时指定初始值（且必须指定初始值）。使用 const 声明常量以后不允许改变常量值。

例如，如下代码示范了 const 的用法。

```
const MAX_AGE = 120; // 正确
MAX_AGE = 200; // 语法错误
MAX_AGE++; // 自加可以改变 MAX_AGE 的值，因此也会导致错误
```

使用 const 定义的常量必须在定义的同时指定初始值，否则将会导致错误。例如如下代码：

```
const MAX_AGE; // const 常量没指定初始值，错误
```

13.3　基本数据类型

JavaScript 是弱类型脚本语言，声明变量时无须指定变量的数据类型。JavaScript 变量的数据类型是解释时动态决定的。但 JavaScript 的值保存在内存中时，也是有数据类型的。JavaScript 的基本数据类型有如下 5 个。

- **数值类型**：包含整数或浮点数。
- **布尔类型**：只有 true 或 false 两个值。
- **字符串类型**：字符串变量必须用引号括起来，引号可以是单引号，也可以是双引号。
- **undefined 类型**：专门用来确定一个已经创建但是没有初值的变量。
- **null 类型**：用于表明某个变量的值为空。

13.3.1　数值类型

与强类型语言如 C、Java 不同，JavaScript 的数值类型不仅包括所有的整型变量，也包括所有的浮点型变量。JavaScript 语言中的数值都以 IEEE 754 双精度浮点数格式保存。JavaScript 中的数值形式非常丰富，完全支持用科学计数法表示。科学计数法形如 5.12e2 代表 5.12 乘以 10 的 2 次方，5.12E2 也代表 5.12 乘以 10 的 2 次方。

科学计数法中 E 为间隔符号，E 不区分大小写。看如下代码。

程序清单：codes\13\13.3\simpleNumber.html

```
<script type="text/javascript">
    // 显式声明变量 a , b
    var a , b;
    // 给 a , b 使用科学计数法赋值，其值应该为 500
    a = 5E2;
    b = 1.23e-3;
    // 使用警告提示框输出变量 a 的值
    alert(a + "\n" + b);
</script>
```

代码执行结果如图 13.10 所示。

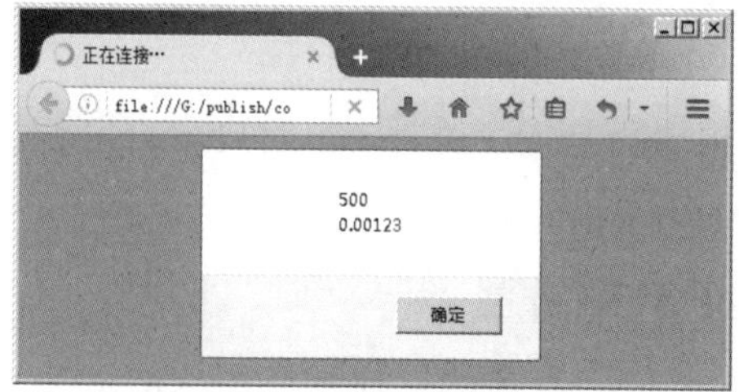

图 13.10　科学计数法表示的值

如果数值只有小数部分，则可以省略整数部分的 0，但小数点不能省略。看下面的代码。

程序清单：codes\13\13.3\simpleNumber2.html

```
<script type="text/javascript">
    // 使用隐式变量定义全局变量 b
    b = 3.12e1;
    // 使用隐式变量定义全局变量 c
    c = 45.0;
    // 使用隐式变量定义全局变量 d
    d = .34e4;
    // 使用隐式变量定义全局变量 e
    e = .24e-2;
    // 使用警告框输出四个全局变量值
    alert(b + '---' + c + '---' + d + '---' + e);
</script>
```

从上面代码不难看出，JavaScript 支持的数值格式相当丰富，上面代码的输出结果如图 13.11 所示。

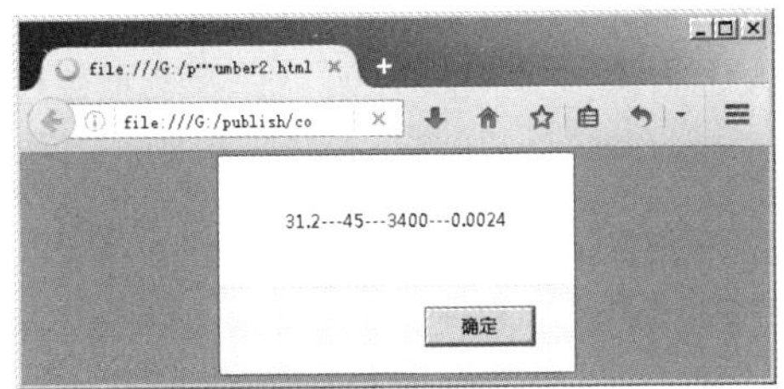

图 13.11　科学计数法表示的数值

数值直接量不要以 0 开头。因为 JavaScript 不仅支持十进制数，还支持其他进制数。八进制数以 0 开头，十六进制数以 0x 或者 0X 开头。

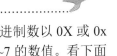

JavaScript 除了支持十进制数外，也支持十六进制数和八进制数。十六进制数以 0X 或 0x 开头，9 以上的数以 a~f 表示；八进制数以 0 开头，八进制数中只能出现 0~7 的数值。看下面代码。

程序清单：codes\13\13.3\octal.html

```
<script type="text/javascript">
    // 显式定义变量 a
    var a;
    // 使用十六进制数给 a 赋值
    a = 0x13;
    // 显式定义变量 b
    var b;
    // 使用八进制数给 b 赋值
    b = 014;
    //使用警告框输出两个变量的值
    alert(a + "---" + b);
</script>
```

代码运行结果如图 13.12 所示。

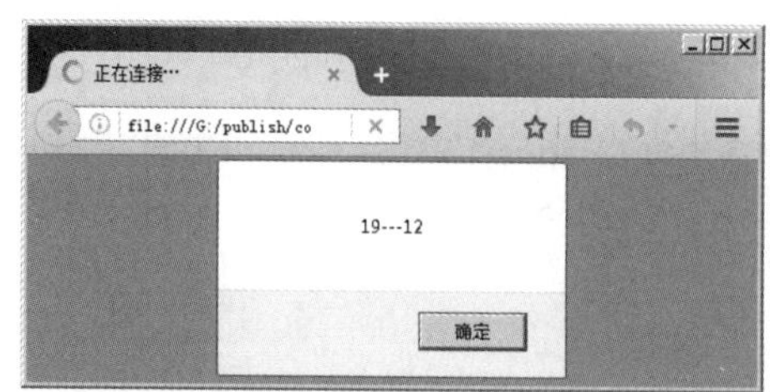

图 13.12　十六进制数和八进制数的输出结果

正如所期望的，0x13 转换成十进制数为 19，而 014 转换成十进制数为 12。

提示：

由于 HTML 代码很多地方都需要使用十六进制数，因此，十六进制数是非常有用的。八进制数并不是所有的浏览器都能支持，如需使用八进制数，请先确定代码运行的浏览器支持八进制数。

当数值变量的值超出了其表数范围时，将出现两个特殊值：Infinity（正无穷大）和-Infinity（负无穷大）。前者表示数值大于数值类型的最大值，后者表示数值小于数值类型的最小值。看如下代码。

程序清单：codes\13\13.3\infinity.html

```
<script type="text/javascript">
    // 定义 x 为最大的数值
    var x = 1.7976931348623157e308;
    // 再次增加 x 的值
    x = x + 1e292;
    // 使用警告框输出 x 的值
    alert(x);
</script>
```

代码输出结果如图 13.13 所示。

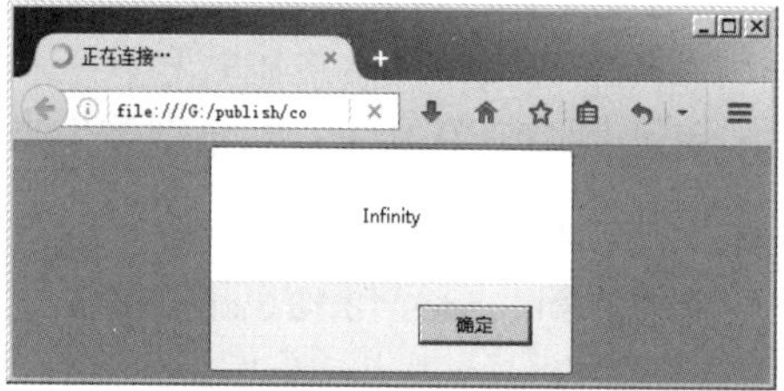

图 13.13　数值变量的值超出数值类型的表数范围

类似地，如果变量值小于数值变量的最小值将出现-Infinity 值。看如下代码。

程序清单：codes\13\13.3\-infinity.html

```
<script type="text/javascript">
    // 定义 x 为最小的数值
    var x = -1.7976931348623157e308;
    // 再次减小 x 的值
    x = x -1e292;
    // 使用警告框输出 x 的值
    alert(x);
</script>
```

代码的执行结果将显示 x 的值为-Infinity。

注意：

Infinity 与-Infinity 之间进行算术运算时，结果将变成另一个特殊值：NaN。Infinity、-Infinity 与其他普通数值进行算术运算时，得到的结果将依然是无穷大。Infinity 和-Infinity 可以执行比较运算：两个 Infinity 总是相等的，而两个-Infinity 也总是相等的。

例如如下代码。

程序清单：codes\13\13.3\infinityArith.html

```
<script type="text/javascript">
    // 定义 y 为最小的数值
    var y = -1.7976931348623157e308;
    // 再次减小 y 的值
    y = y - 1e292;
    // 使用警告框输出 y 的值
    alert('y=' + y);
    // 使用警告框输出 y 执行算术运算表达式的值
    alert('y + 3E3=' + (y + 3E3));
    alert('y * 3E3=' + (y * 3E3));
    alert('y * -3E3=' + (y * -3E3));
    alert('y + 3E3000='  + (y + 3E3000));
    // 定义 a 为 Infinity
    a = Number.POSITIVE_INFINITY;
    // 定义 b 为-Infinity
    b = Number.NEGATIVE_INFINITY;
    // 使用警告框输出 a+b 的值
    alert(a + b);
</script>
```

执行的结果是：第一次弹出警告框的值为-Infinity，接下来看 y+3E3，将看到-Infinity 加上一个普通数值得到的结果依然是-Infinity；y*3E3 得到的结果是-Infinity；y*-3E3 得到的结果是 Infinity；y+3E3000 中 3E3000 本身也是 Infinity，因此两个无穷大相加得到 NaN。

两个 Infinity 的值总是相等的，看如下代码。

程序清单：codes\13\13.3\infinityEqual.html

```
<script type="text/javascript">
    // 使用显式定义变量的方式定义变量 a
    var a = 3e30000;
    // 使用显式定义变量的方式定义变量 b
    var b = 5e20000;
    // 比较 a 是否等于 b
    alert(a == b);
</script>
```

在上面的变量定义代码中，a 的值与 b 的值明显不相等，但因为 a 和 b 都超出了数值的表数范围，因此它们的值都是 Infinit，因此执行的结果是 a 与 b 的值相等。

注意：

JavaScript 中的算术运算允许除数为 0（除数和被除数也可同时为 0，得到结果为 NaN），正数除零的结果就是 Infinity，负数除零的结果就是-Infinity。

NaN 是另一个特殊的数值，它是 Not a Number 三个单词的首字母，表示非数。0 除 0，或

两个无穷大执行算术运算都将产生 NaN 的结果。当然，如果算术表达式中有个 NaN 的数值变量，则整个算术表达式的值为 NaN。

注意：

NaN 与 Infinity 和-Infinity 不同的是，NaN 不会与任何数值变量相等，也就是 NaN==NaN 也返回 false。那如何判断某个变量是否为 NaN 呢？JavaScript 专门提供了 isNaN()函数来判断某个变量是否为 NaN。

例如下面的代码。

程序清单：codes\13\13.3\judgeNaN.html

```
<script type="text/javascript">
    // 定义 x 的值为 NaN
    var x = 0 / 0;
    // 判断两个 NaN 是否相等
    if (x != x)
    {
        alert("NaN 不等于 NaN");
    }
    // 调用 isNaN 判断变量
    if (isNaN(x))
    {
        alert("x 是一个 NaN");
    }
</script>
```

代码执行结束，将弹出两个警告框：表明两个 NaN 互不相等。isNaN()是 JavaScript 的内嵌函数，用于判断某个数值型变量是否为“非数”。

JavaScript 也提供了一些简单的方法访问这些特殊值，特殊值通过 JavaScript 的内嵌类 Number 访问，访问方式如表 13.2 所示。

表 13.2　Number 类的常量与特殊值的对应

Number 类的常量	特殊值
Number.MAX_VALUE	数值型变量允许的最大值
Number.MIN_VALUE	数值型变量允许的最小值
Number.POSITIVE_INFINITY	Infinity（正无穷大）
Number.NEGATIVE_INFINITY	-Infinity（负无穷大）
Number.NaN	NaN（非数）

关于浮点型数，必须注意其精度丢失的问题。看如下代码。

程序清单：codes\13\13.3\losePrecision.html

```
<script type="text/javascript">
    // 显式定义变量 a
    var a = .3333;
    // 定义变量 b，并为其赋值 a * 5
    var b = a * 5;
    // 使用对话框输出 b 的值
    alert(b);
</script>
```

在上面代码中，a*5 的值理论上为 1.6665，实际的结果如图 13.14 所示。

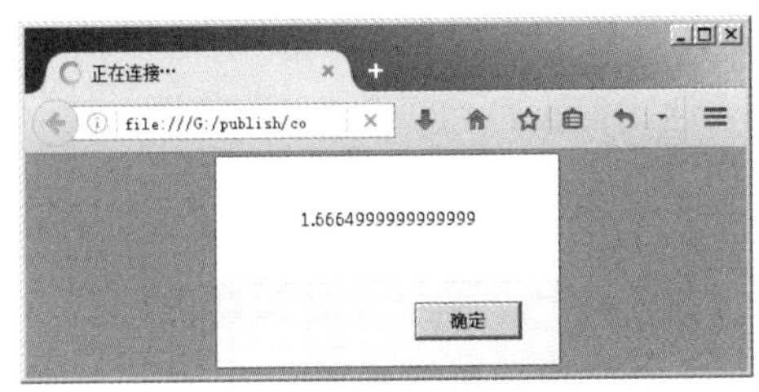

图 13.14　0.3333 * 5 的输出结果

这种由于浮点数计算产生的问题，在很多语言中都会出现。对于浮点数值的比较，尽量不要直接比较，例如直接比较 b 是否等于 1.6665，将返回不相等。为了得到 1.6665 与 b 相等的结果，推荐使用差值比较法——判断两个浮点型变量是否相等，通过判断两个浮点型变量的差值，只要差值小于一个足够小的数即可认为相等。

13.3.2　字符串类型

JavaScript 的字符串必须用引号括起来，此处的引号既可以是单引号，也可以是双引号。例如，下面两种定义字符串变量的方式都是允许的：

```
a = "Hello JavaScript";
b = 'Hello JavaScript';
```

这两种方式都是允许的，且 a 与 b 两个变量完全相等。

JavaScript 中没有字符类型，或者说字符类型和字符串类型是完全相同的，即使定义如下变量：

```
var a='a';
```

这种代码定义的 a 依然是字符串类型的变量，没有字符类型变量。

JavaScript 中的字符串与 Java 中的字符串主要有两点区别：①JavaScript 中的字符串可以用单引号引起来；②JavaScript 中比较两个字符串的字符序列是否相等使用==即可，无须使用 equals()方法。

JavaScript 以 String 内建类来表示字符串，String 类里包含了一系列方法操作字符串，String 类有如下基本方法和属性操作字符串。

- String()：类似于面向对象语言中的构造器，使用该方法可以构建一个字符串。
- charAt()：获取字符串特定索引处的字符。
- charCodeAt()：返回字符串中特定索引处的字符所对应的 Unicode 值。
- length：属性，直接返回字符串长度。JavaScript 中的中文字符算一个字符。
- toUpperCase()：将字符串的所有字母转换成大写字母。
- toLowerCase()：将字符串的所有字母转换成小写字母。
- fromCharCode()：静态方法，直接通过 String 类调用该方法，将一系列 Unicode 值转换成字符串。
- indexOf()：返回字符串中特定字符串第一次出现的位置。
- lastIndexOf()：返回字符串中特定字符串最后一次出现的位置。
- substring()：返回字符串的某个子串。
- slice()：返回字符串的某个子串，功能比 substring 更强大，支持负数参数。

- match()：使用正则表达式搜索目标子字符串。
- search()：使用正则表达式搜索目标子字符串。
- concat()：用于将多个字符串拼加成一个字符串。
- split()：将某个字符串分隔成多个字符串，可以指定分隔符。
- replace()：将字符串中某个子串以特定字符串替代。

下面代码测试了 String 类的几个简单属性和方法。

程序清单：codes\13\13.3\StringMethod.html

```
<script type="text/javascript">
    // 定义字符串变量 a
    var a = "abc 中国";
    // 获取 a 的长度
    var b = a.length;
    // 将一系列 Unicode 值转换成字符串
    var c = String.fromCharCode(97,98,99);
    // 输出 a 的长度，以及字符串 a 在索引 4 处的字符和
    // 相应的 Unicode 值，以及 c 字符串变量的值
    alert(b + "---" + a.charAt(4) + "---"
        + a.charCodeAt(4) + "---" + c);
</script>
```

代码执行结果如图 13.15 所示。

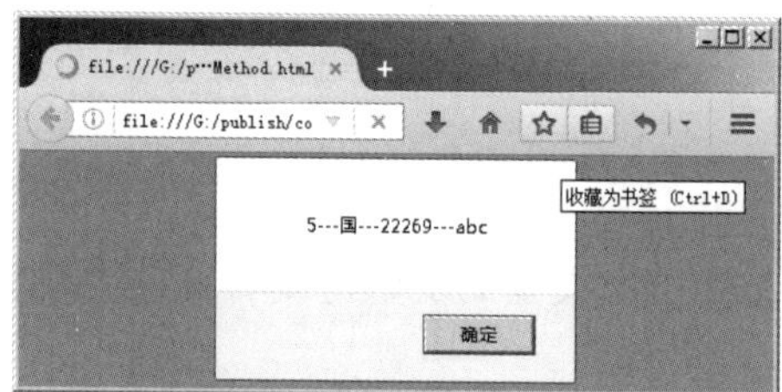

图 13.15　字符串函数的测试结果

indexOf()和 lastIndexOf()用于判断某个子串的位置。其语法格式如下。

- indexOf(searchString[, startIndex])：搜索目标字符串 searchString 出现的位置。其中 startIndex 指定不搜索左边 startIndex 个字符。
- lastIndexOf(searchString[, startIndex])：搜索目标字符串 searchString 最后一次出现的位置。如果字符串中没有包含目标字符串，则返回-1。功能更强大的搜索方法是 search()，它支持使用正则表达式进行搜索。

看下面代码。

程序清单：codes\13\13.3\StringSearch.html

```
<script type="text/javascript">
    var a = "hellojavascript";
    // 搜索 llo 子串第一次出现的位置
    var b = a.indexOf("llo");
    // 跳过左边 3 个字符，开始搜索 llo 子串
    var c = a.indexOf("llo" , 3);
    // 搜索 a 子串最后一次出现的位置
    var d = a.lastIndexOf("a");
    alert(b + "\n" + c + "\n" + d);
</script>
```

输出的 b 值为 2，而 c 值为-1，d 值为 8。-1 表示 a 字符串从索引 3 处开始搜索，无法找到 llo 的子串。a 字符串中最后一次出现 a 的位置为 8。

与 Java 字符串里字符索引类似，JavaScript 字符串里第一个字符的索引是 0，而不是 1。

JavaScript 中的 substring()和 slice()语法格式如下。

- substring(start [, end])：从 start（包括）索引处，截取到 end（不包括）索引处，不截取 end 索引处的字符。如果没有 end 参数，将从 start 处一直截取到字符串尾。
- slice(start[, end])：与 substring()的功能基本一致，区别是 slice()可以接受负数作为索引，当使用负索引值时，表示从字符串的右边开始计算索引，即最右边的索引为-1。

看如下代码。

程序清单：codes\13\13.3\StringSlice.html

```
<script type="text/javascript">
	var s = "abcdefg";
	// 取得第 1 个(包括)到第 5 个(不包括)的子串
	a = s.slice(0 , 4);
	// 取得第 3 个(包括)到第 5 个(不包括)的子串
	b = s.slice(2 , 4);
	// 取得第 5 个(包括)到最后的子串
	c = s.slice(4);
	// 取得第 4 个(包括)到倒数第 1 个(不包括)的子串
	d = s.slice(3 , -1);
	// 取得第 4 个(包括)到倒数第 2 个(不包括)的子串
	e = s.slice(3 , -2);
	// 取得倒数第 3 个(包括)到倒数第 1 个(不包括)的子串
	f = s.slice(-3 , -1);
	alert("a : " + a + "\nb : "
		+ b + "\nc : "
		+ c + "\nd : "
		+ d + "\ne : "
		+ e + "\nf : "
		+ f );
</script>
```

代码执行结果如图 13.16 所示。

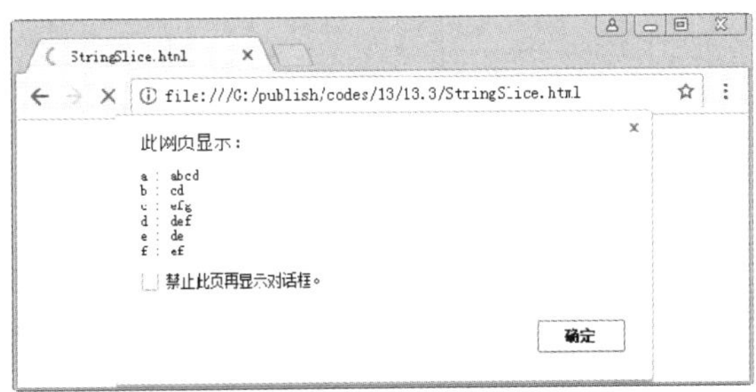

图 13.16　字符串 slice()方法的执行结果

match()和 search()方法都支持使用正则表示式作为子串；区别是前者返回匹配的子字符串，后者返回匹配的索引值。match()支持使用全局匹配，通过使用 g 标志来表示全局匹配，match()方法返回所有匹配正则表达式的子串所组成的数组。

match()方法的返回值为字符串数组或 null，如果包含匹配值，将返回字符串数组；否则就返回 null。search()返回值为整型变量，如果搜索到匹配子串，则返回子串的索引值；否则返回-1。

下面代码示范了 search()和 match()方法的用法。

程序清单：codes\13\13.3\StringRegex.html

```
<script type="text/javascript">
    // 定义字符串 s 的值
    var s = "abfd--abc@d.comcdefg";
    // 从 s 中匹配正则表达式
    a = s.search(/[a-z]+@d.[a-zA-Z]{2}m/);
    // 定义字符串变量 str
    var str = "1dfd2dfs3df5";
    // 查找字符串中所有单个的数值
    var b = str.match(/\d/g);
    // 输出 a 和 b 的值
    alert(a + "\n" + b);
</script>
```

代码执行结果如图 13.17 所示。

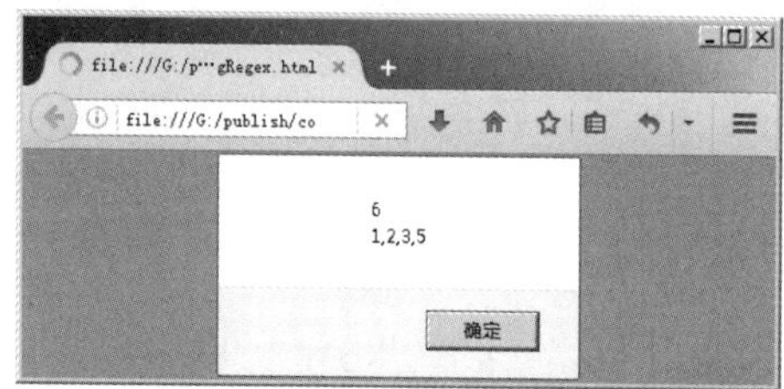

图 13.17　字符串 search()和 match()方法的执行结果

从上面的执行结果可以看出，a 的值为 6，这表明目标字符串中和正则表达式匹配的第一个子串的位置是 6，正则表达式匹配的子串是 abc@d.com。

match()方法在正则表达式后增加了 g 选项，表明执行全局匹配。匹配的结果返回一个数组，数组元素是目标字符串中的所有数值。

如果需要在字符串中使用单引号、双引号等特殊字符，则必须使用转义字符。JavaScript 的转义字符依然是“\”，下面是常用的转义字符。

- \b：代表退格。
- \t：表示一个制表符，即一个 Tab 空格。
- \n：换行回车。
- \v：垂直的制表符。
- \r：回车。
- \"：双引号。
- \'：单引号。
- \\：反斜线，即\。
- \OOO：使用八进制数表示的拉丁字母。OOO 表示一个 3 位的八进制整数，范围是 000~377。
- \xHH：使用十六进制数表示的拉丁字母，HH 表示一个 2 位的十六进制整数，范围是 00~FF。
- \uHHHH：使用十六进制数（该数值指定该字符的 Unicode 值）表示的字符，HHHH 表示一个 4 位的十六进制整数。

13.3.3　布尔类型

布尔类型的值只有两个：true 和 false。布尔类型的值通常是逻辑运算的结果，或者用于标识对象的某种状态。例如，使用如下代码判断浏览器是否允许使用 Cookie。

程序清单：codes\13\13.3\boolean.html

```
<script type="text/javascript">
    // 如果浏览器支持 Cookie
    if (navigator.cookieEnabled)
    {
        alert("浏览器允许使用 Cookie");
    }
    // 如果浏览器不支持 Cookie
    else
    {
        alert("浏览器禁用 Cookie");
    }
</script>
```

如果运行该脚本的浏览器支持 Cookie，执行结果如图 13.18 所示。

图 13.18　判断浏览器是否支持 Cookie

13.3.4 undefined 和 null

undefined 类型的值只有一个 undefined，该值用于表示某个变量不存在，或者没有为其分配值，也用于表示对象的属性不存在。null 用于表示变量的值为空。undefined 与 null 之间的差别比较微妙，总体而言，undefined 表示没有为变量设置值或属性不存在；而 null 表示变量是有值的，只是其值为 null。

但如果不进行精确比较，很多时候 undefined 和 null 本身就相等，即 null==undefined 将返回 true。如果要精确区分 null 和 undefined，应该考虑使用精确等于符（===）。

看如下代码：

```
var x = String.abc;
```

x 的值为 String 类的一个并不存在的属性 abc，因此 x 的值为 undefined。

关于 undefined 和 null 的区别，看如下代码。

程序清单：codes\13\13.3\undefined.html

```
<script type="text/javascript">
    // 声明变量 x , y
    var x , y = null;
    // 判断 x 的值是否为空
    if (x === undefined)
    {
        alert('声明变量后默认值为 undefined');
    }
    if (x === null)
    {
        alert('声明变量后默认值为 null');
    }
    // 判断 x（其值为 undefined）是否与 y（其值为 null）相等
    if (x == y)
```

```
    {
        alert("x (undefined) ==y (null) ");
    }
    // 测试一个并不存在的属性
    if(String.xyz === undefined)
    {
        alert("不存在的属性值默认为undefined");
    }
</script>
```

代码的执行结果是，x 为 undefined，且 x==y 返回真，String 的 xyz 属性值为 undefined。

定义一个变量后，如果没有为该变量赋值，该变量值默认为 undefined，这个值是系统默认分配的。访问对象并不存在的属性时，该属性值也将返回 undefined。

与 null 不同的是，undefined 并不是 JavaScript 的保留字，在 ECMAScript 3 标准规范中，undefined 是一个全局变量，其值就是 undefined——在这种情况下，我们把 undefined 当成关键字处理即可。某些浏览器可能不支持 undefined 值，则可以在 JavaScript 脚本的第一行定义如下变量：

```
var undefined;
```

13.3.5　正则表达式

本节不想详细叙述正则表达式林林总总的相关概念、各种细节，如果读者需要了解关于正则表达式更多的细节，可以参考疯狂 Java 体系《疯狂 Java 讲义》中介绍的正则表达式相关知识。本节主要从实用的角度来介绍正则表达式的用法。

正则表达式的本质是一种特殊字符串，这种特殊字符串允许使用“通配符”，因此一个正则表达式字符串可以匹配一批普通字符串。从这个意义上来看，任意一个普通字符串也可算作正则表达式，只是该正则表达式里不包含“通配符”，因而它只能匹配一个字符串。

JavaScript 的正则表达式必须放在两条斜线之间，如/abc/就是一个正则表达式，只是这个正则表达式只能匹配"abc"字符串。

正则表达式所支持的合法字符如表 13.3 所示。

表 13.3　正则表达式所支持的合法字符

字符	解释
x（x 可代表任何合法的字符）	字符 x
\0mnn	八进制数 0mnn 所表示的字符
\xhh	十六进制值 0xhh 所表示的字符
\uhhhh	十六进制值 0xhhhh 所表示的 Unicode 字符
\t	制表符（'\u0009'）
\n	新行（换行）符（'\u000A'）
\r	回车符（'\u000D'）
\f	换页符（'\u000C'）
\a	报警（bell）符（'\u0007'）
\e	Escape 符（'\u001B'）
\cx	x 对应的控制符。例如，\cM 匹配 Ctrl+M。x 值必须为 A~Z 或 a~z 之一

正则表达式所支持的“通配符”如表 13.4 所示。

表 13.4 正则表达式所支持的“通配符”

预定义字符	说明
.	可以匹配任何字符
\d	匹配 0~9 的所有数字
\D	匹配非数字
\s	匹配所有的空白字符，包括空格、制表符、回车符、换页符、换行符等
\S	匹配所有的非空白字符
\w	匹配所有的单词字符，包括 0~9 的所有数字，26 个英文字母和下画线（_）
\W	匹配所有的非单词字符
[]表示法	这种表示法最灵活。例如，[a-z]表示 a 到 z 之间任意一个字符；[axy]表示 a、x、y 三个字符之中任意一个字符；[^abc]表示非 a、b、c 的任意字符；[a-z0-9]表示 a 到 z 或 0 到 9 的任意一个字符；[\u4e00-\u9fff]匹配任意一个汉字（u4e00 到 u9fff 是汉字的 Unicode 码值范围）
$	匹配一行的结尾。要匹配$字符本身，请使用\$
^	匹配一行的开头。要匹配^字符本身，请使用\^

提示： 表 13.4 中前 7 个“通配符”其实很容易记忆：d 是 digit 的意思，代表数字；s 是 space 的意思，代表空白；w 是 word 的意思，代表单词。d、s、w 的大写形式恰好匹配与之相反的字符。

记住了这些“通配符”之后，还需要记住如表 13.5 所示的特殊字符（频率修饰词）。

表 13.5 特殊字符（频率修饰词）

特殊字符	说明
?	指定前面子表达式可以出现零次或一次。如要匹配?字符本身，请使用\?
*	指定前面子表达式可以出现零次或多次。如要匹配*字符本身，请使用*
+	指定前面子表达式可以出现一次或多次。如要匹配+字符本身，请使用\+
{*m*,*n*}表示法	这种表示法最灵活，前面子表达式最少出现 *m* 次，最多出现 *n* 次。*m*、*n* 两个数值都可以省略，如果省略 *m*，表示最少可出现 0 次；如果省略 *n*，表示最多可出现无限多次。如果直接写{*n*}，表明要求前面子表达式必须出现 *n* 次

除此之外，正则表达式还支持()表示法，用()可以将一个表达式形成一个固定组。还可以在()内使用竖线表示互斥，例如/((abc)|(efg))/可匹配 abc 或 efg。

掌握表 13.3 至表 13.5 所示的内容之后，就学会了正则表达式的基本用法了。JavaScript 的正则表达式提供了一个 test()方法，用于判断该正则表达式是否匹配某个字符串。

除此之外，JavaScript 的字符串 replace()方法也可使用正则表达式，考虑 JavaScript 没有提供截去字符串前后空白（包括空格、制表符等）的方法，下面利用正则表达式和 replace()实现一个 trim()方法。

程序清单：codes\13\13.3\regex.html

```
<script type="text/javascript">
// 用正则表达式来匹配超链接
alert(/^<a href=(\'|\")[a-zA-Z0-9\/:\.]*(\'|\")>.*<\/a>$/
    .test("<a href='http://www.crazyit.org'>疯狂 Java 联盟</a>"));
function trim(s)
{
    // \s 匹配任何空白字符，包括空格、制表符、换页符等
    //其中^\s*匹配字符串前面的多个空格，\s*$匹配字符串后面的多个空格
```

```
        // /g 表示尽可能多地匹配
        // 最后将所有匹配的内容替换成''（即截去前、后的空格）
        return s.replace(/(^\s*)|(\s*$)/g,"");
    }
    // 示范截去前后的空白
    alert(trim('   Hello,JavaScript  '));
    </script>
```

从上面代码可以看到正则表达式的强大功能。实际上，正则表达式正是 JavaScript 的强大工具之一。

13.4 复合类型

复合类型是由多个基本数据类型（也可以包括复合类型）组成的数据体。JavaScript 中的复合类型大致上有如下 3 种。

- Object：对象。
- Array：数组。
- Function：函数。

下面依次介绍这 3 种复合类型。

13.4.1 对象

对象是一系列命名变量、函数的集合。其中命名变量的类型既可以是基本数据类型，也可以是复合类型。对象中的命名变量称为属性，而对象中的函数称为方法。对象访问属性和函数的方法都是通过“.”实现的，例如如下代码用于判断浏览器的版本：

```
// 获得浏览器版本
alert("浏览器的版本为：" + navigator.appVersion);
```

正如前文提到的，JavaScript 是基于对象的脚本语言，它提供了大量的内置对象供用户使用。除 Object 之外，JavaScript 还提供了如下常用的内置类。

- Array：数组类
- Date：日期类。
- Error：错误类。
- Function：函数类。
- Math：数学类，该对象包含相当多的执行数学运算的方法。
- Number：数值类。
- Object：对象类。
- String：字符串类。

提示：关于 JavaScript 对象在 13.10 节、13.11 节还有更详细的介绍，读者可参阅后面的介绍了解 JavaScript 对象的更详细信息，此处不再赘述。

13.4.2 数组

数组是一系列的变量。与其他强类型语言不同的是，JavaScript 中数组元素的类型可以不相同。定义一个数组有如下 3 种语法：

```
var a = [3 , 5 , 23];
```

```
var b = [];
var c = new Array();
```

第一种在定义数组时已为数组完成了数组元素的初始化，第二种和第三种都只创建一个空数组。

看如下代码。

程序清单：codes\13\13.4\arr.html

```
<script type="text/javascript">
    // 定义一个数组，定义时直接给数组元素赋值
    var a = [3 , 5 , 23];
    // 定义一个空数组
    var b = [];
    // 定义一个空数组
    var c = new Array();
    // 直接为数组元素赋值
    b[0] = 'hello';
    // 直接为数组元素赋值
    b[1] = 6;
    // 直接为数组元素赋值
    c[5] = true;
    // 直接为数组元素赋值
    c[7] = null;
    // 输出三个数组的值和数组长度
    alert(a + "\n" + b + "\n" + c
        + "\na 数组的长度:" + a.length
        + "\nb 数组的长度:" + b.length
        + "\nc 数组的长度:"+ c.length);
</script>
```

代码执行结果如图 13.19 所示。

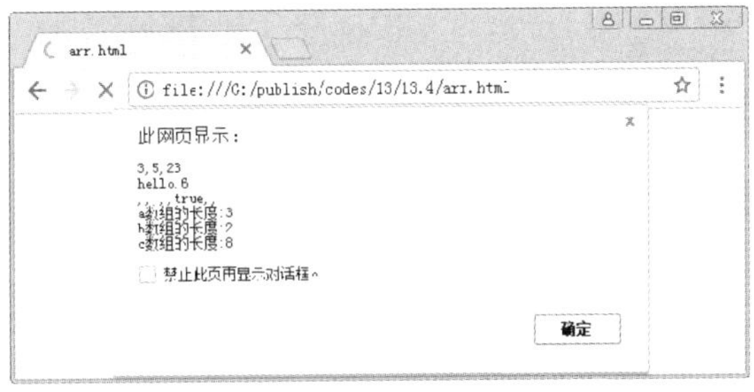

图 13.19 数组的输出结果

正如从代码中看到的，JavaScript 中数组的元素并不要求相同，同一个数组中的元素类型可以互不相同。

JavaScript 为数组提供了一个 length 属性，该属性可得到数组的长度，JavaScript 的数组长度可以随意变化，它总等于所有元素索引最大值+1。

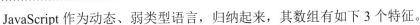

JavaScript 的数组索引从 0 开始。

JavaScript 作为动态、弱类型语言，归纳起来，其数组有如下 3 个特征。

- JavaScript 的数组长度可变。数组长度总等于所有元素索引最大值+1。
- 同一个数组中的元素类型可以互不相同。

➢ 访问数组元素时不会产生数组越界，访问并未赋值的数组元素时，该元素的值为undefined。

JavaScript数组本身就是一种功能非常强大的“容器”，它不仅可以代表数组，而且可以作为长度可变的线性表使用，还可以作为栈使用，也可以作为队列使用。

提示：

熟悉Java的读者可能知道：Java除了提供数组之外，还提供了List集合、Deque集合，其中List集合代表线性表；而Deque集合则代表双向队列、既可充当栈，也可充当队列使用。JavaScript的的数组则相当于Java中数组、List集合、Deque集合三者的角色。

JavaScript数组作为栈使用的两个方法如下。

➢ push(ele)：元素入栈，返回入栈后数组的长度。
➢ pop()：元素出栈，返回出栈的数组元素。

JavaScript数组作为队列使用的两个方法如下。

➢ unshift(ele)：元素入队列，返回入队列后数组的长度。
➢ shift()：元素出队列，返回出队列的数组元素。

下面代码示范了把JavaScript数组当成栈、队列使用。

程序清单：codes\13\13.4\ArrayTest.html

```
<script type="text/javascript">
    // 将数组当成栈使用
    var stack = [];
    // 入栈
    stack.push("孙悟空");
    stack.push("猪八戒");
    stack.push("白骨精");
    // 出栈
    console.log(stack.pop());
    console.log(stack.pop());
    // 将数组当成队列使用
    var queue = [];
    // 入队列
    queue.unshift("疯狂 Java 讲义");
    queue.unshift("轻量级 Java EE 企业应用实战");
    queue.unshift("疯狂前端开发讲义");
    // 出队列
    console.log(queue.shift());
    console.log(queue.shift());
</script>
```

使用浏览器执行该代码，可以在控制台看到如下输出：

```
白骨精
猪八戒
疯狂前端开发讲义
轻量级 Java EE 企业应用实战
```

此外，Array对象还定义了如下方法。

➢ concat(value, ...)：为数组添加一个或多个元素。该方法返回追加元素后得到的数组，但原数组并不改变。
➢ join([separator])：将数组的多个元素拼接在一起，组成字符串后返回。

- reverse()：反转数组包含的元素。
- slice(start, [end])：截取数组在 start 索引和 end 索引之间的子数组。如果省略 end 参数，则数组一直截取到数组结束；如果 tart、end 参数为正数，则从左边开始计数；如果 tart、end 参数为负数，则从右边开始计数。该方法返回截取得到的子数组，但原数组并不改变。
- sort([sortfunction])：对数组元素排序。
- splice(start, deleteCount, value, ...)：截取数组从 start 索引开始、deleteCount 个元素，再将多个 value 值追加到数组中。该方法返回数组被截取部分组成的新数组。

下面代码简单示范了上面方法的应用。

```
<script type="text/javascript">
var a = ["html", 2, "yeeku"];
console.log(a.concat(4, 5)); // 输出["html", 2, "yeeku", 4, 5]
console.log(a.concat([4, 5])); // 输出["html", 2, "yeeku", 4, 5]
console.log(a.concat([4,5],[6,7])); // 输出["html", 2, "yeeku", 4, 5, 6, 7]
var b = ["html", 20, "is", 99, "good"];
console.log(b.join()); // 输出html,20,is,99,good
console.log(b.join("+")); // 输出html,20,is,99,good
var c = ["html", "css", "jquery", "bootstrap"];
c.reverse();
console.log(c); // 输出["bootstrap", "jquery", "css", "html"]
var d = ["yeeku", "leegang", "crazyit", "fkit", "charlie"];
console.log(d.slice(3)); // 输出["fkit", "charlie"]
console.log(d.slice(2, 4)); // 输出["crazyit", "fkit"]
console.log(d.slice(1, -2)); // 输出["leegang", "crazyit"]
console.log(d.slice(-3, -2)); // 输出["crazyit"]
var e = ["yeeku", "leegang", "crazyit", "fkit", "charlie"];
// 输出["fkit", "charlie"], e变成["yeeku", "leegang", "crazyit"]
console.log(e.splice(3));
// 输出["leegang"], e变成["yeeku", "crazyit"]
console.log(e.splice(1, 1));
// 输出["yeeku"], e变成[20, 30, 40, "crazyit"]
console.log(e.splice(0, 1, 20, 30, 40));
console.log(e);
</script>
```

13.4.3 函数

函数是 JavaScript 中另一个复合类型。函数可以包含一段可执行性代码，也可以接收调用者传入参数。正如所有的弱类型语言一样，JavaScript 的函数声明中，参数列表不需要数据类型声明，函数的返回值也不需要数据类型声明。函数定义的语法格式如下：

```
function functionName(param1,param2,...)
{
}
```

下面代码定义了一个简单的函数。

程序清单：codes\13\13.4\simpleFunction.html

```
<script type="text/javascript">
    // 定义一个函数，定义函数时无须声明返回值类型，也无须声明变量类型
    function judgeAge(age)
    {
        // 如果参数值大于 60
        if(age > 60)
        {
            alert("老人");
```

```
        }
        // 如果参数值大于 40
        else if(age > 40)
        {
            alert("中年人");
        }
        // 如果参数值大于 15
        else if(age > 15)
        {
            alert("青年人");
        }
        // 否则
        else
        {
            alert("儿童");
        }
    }
    // 调用函数
    judgeAge(46);
</script>
```

上面代码定义了一个简单的函数，然后通过 judgeAge(46)调用函数。代码的执行结果是中年人。

调用函数的语法如下：

```
functionName(value1,value2...);
```

上面函数存在一个小小的问题：如果传入的参数不是数值会怎样呢？为了让程序更加严谨，应该先判断参数的数据类型，判断变量的数据类型使用 typeof 运算符，该函数用于返回变量的数据类型。关于 typeof 运算符的介绍，请参看 13.5 节内容。

为了让上面函数更加严谨，可以将函数修改为如下：

```
function judgeAge(age)
{
    // 要求 age 参数必须是数值
    if( typeof age === "number" )
    {
        // 如果参数值大于 60
        if(age > 60)
        {
            alert("老人");
        }
        // 如果参数值大于 40
        else if(age > 40)
        {
            alert("中年人");
        }
        // 如果参数值大于 15
        else if(age > 15)
        {
            alert("青年人");
        }
        // 否则
        else
        {
            alert("儿童");
        }
    }
    else
    {
```

```
        alert("参数必须为数值");
    }
}
```

从语法定义的角度来看，JavaScript 函数与 Java 方法有些相似。但实际上它们的差别很大，归纳起来，主要存在如下 4 点区别。

- JavaScript 函数无须声明返回值类型。
- JavaScript 函数无须声明形参类型。
- JavaScript 函数可以独立存在，无须属于任何类。
- JavaScript 函数必须使用 function 关键字定义。

如果从功能、语言本身来看，JavaScript 函数与 Java 方法的差异更是巨大，本章将会在 13.8 节更深入地介绍 JavaScript 函数的相关知识。

13.5 运算符

JavaScript 提供了相当丰富的运算符，运算符也是 JavaScript 语言的基础。通过运算符，可以将变量连接成语句，语句是 JavaScript 代码中的执行单位。

JavaScript 的运算符并不比其他高级语言的运算符少，它同样提供了算术运算符、逻辑运算符、位运算符。JavaScript 支持的运算符，与 Java、C 支持的运算符非常相似。下面依次介绍 JavaScript 中的运算符。

13.5.1 赋值运算符

赋值运算符用于为变量指定变量值，与 Java、C 类似，JavaScript 也使用“=”作为赋值运算符。通常，使用赋值运算符将一个常量值赋给变量。见如下示例代码。

程序清单：下面 4 段代码都来自 codes\13\13.5\assign.html

```
// 将变量 str 赋值为 JavaScript
var str = "JavaScript";
// 将变量 pi 赋值为 3.14
var pi = 3.14;
// 将变量赋值为 true
var visited = true;
```

除此之外，也可使用赋值运算符将一个变量的值赋给另一个变量。即如下代码也是正确的：

```
// 将变量 str 赋值为 JavaScript
var str = "JavaScript";
// 将变量 str 的值赋给 str2
var str2 = str
```

与 Java 类似的是，赋值语句本身是有值的，赋值语句的值就是等号（=）右边被赋的值。因此，赋值运算符支持连续赋值，通过使用多个赋值运算符，可以一次为多个变量赋值，如下代码也是正确的：

```
// 为 a, b , c ,d 赋值，四个变量的值都是 7
var a = b = c = d = 7;
// 输出四个变量的值
alert(a + '\n' + b + '\n' + c + '\n' + d);
```

赋值运算符还可用于将表达式的值赋给变量，如下代码也是正确的：

```
// 为变量 x 赋值为 12.34
var x = 12.34;
```

```
// 将表达式的值赋给 y
var y = x + 5;
// 输出 y 的值
alert(y);
```

赋值运算符还可与其他运算符结合后，成为功能更加强大的赋值运算符，参见 13.5.4 节。

13.5.2　算术运算符

JavaScript 支持所有的基本算术运算符，这些算术运算符用于执行基本的数学运算：加、减、乘、除和求余等。下面是 7 个基本的算术运算符：

程序清单：下面 5 段代码都来自 codes\13\13.5\arith.html

+：加法运算符。例如如下代码：

```
var a = 5.2;
var b = 3.1;
var sum = a + b;
// sum 的值为 8.3
alert(sum);
```

-：减法运算符。例如如下代码：

```
var c = 5.2;
var d = 3.1;
var sub = c - d;
// sub 的值为 2.1
alert(sub);
```

*：乘法运算符。例如如下代码：

```
var e = 5.2;
var f = 3.1;
var product= e * f;
// product 的值为 16.12
alert(product);
```

/：除法运算符。例如如下代码：

```
var m = 36;
var n = 9;
var div = m / n;
// div 的值为 4
alert(div);
```

%：求余运算符。例如如下代码：

```
var x = 5.2;
var y = 3.1;
var mod = x % y;
// mod 的值为 2.1
alert(mod);
```

++：自加。这是个单目运算符，运算符既可以出现在操作数的左边，也可以出现在操作数的右边，但出现在左边和右边的效果是不一样的。看如下代码。

程序清单：codes\13\13.5\selfAdd1.html

```
<script type="text/javascript">
    var a = 5;
    // 让 a 先执行算术运算，然后自加
    var b = a++ + 6;
    alert(a + "\n" + b);
</script>
```

执行完后，a 的值为 6，而 b 的值为 11。因为当++在 a 变量的右边时，程序先用 a 变量的值参与计算，此时 a 的值为 5，因此计算出来的结果为 11，因此变量 b 的值为 11。

当++在操作数的左边时，先执行自加，然后再执行算术运算。看如下代码。

程序清单：codes\13\13.5\selfAdd2.html

```
<script type="text/javascript">
    var a = 5;
    // 让 a 先执行自加，然后再执行算术运算
    var b = ++a + 6;
    alert(a + "\n" + b);
</script>
```

执行的结果是，a 的值为 6，b 的值为 12，当++在 a 变量的左边时，程序先对 a 变量执行自加，自加后 a 变量的值为 6，此时计算出来的结果为 12，因此 b 变量的值为 12。

--：自减。这也是个单目运算符，效果与++基本相似，只是将操作数的值减 1。

JavaScript 并没有提供其他更复杂的运算符，如需要完成乘方、开方等运算，可借助于 Math 类的方法完成复杂的数学运算，见如下代码。

程序清单：codes\13\13.5\Math.html

```
<script type="text/javascript">
    // 定义变量 a 为 3.2
    var a = 3.2;
    // 求 a 的 5 次方，并将计算结果赋给 b
    var b = Math.pow(a , 5);
    // 输出 b 的值
    alert(b);
    // 求 a 的平方根，并将结果赋给 c
    var c = Math.sqrt(a);
    // 输出 c 的值
    alert(c);
    // 计算随机数
    var d = Math.random();
    // 输出随机数 d 的值
    alert(d);
</script>
```

Math 类下包含了丰富的类方法，用于完成各种复杂的数学运算。

- 除了可以作为减法运算符之外，还可以作为求负运算符。例如如下代码：

```
// 定义变量 x，其值为-5
var x = -5;
// 将 x 求负，其值变成 5
x = -x;
```

+ 除了可作为数学的加法运算符外，还可作为字符串的连接运算符。

13.5.3 位运算符

JavaScript 支持的位运算符与 Java 支持的位运算符基本相似，大致有如下 7 个位运算符。

- &：按位与。
- |：按位或。
- ~：按位非。

➢ ^：按位异或。
➢ <<：左位移运算符。
➢ >>：右位移运算符。
➢ >>>：无符号右移运算符。

位运算符的运算结果表如表 13.6 所示。

表 13.6　位运算符的运算结果表

第一个运算数	第二个运算数	按位与	按位或	按位异或
0	0	0	0	0
0	1	0	1	1
1	0	0	1	1
1	1	1	1	0

看如下代码。

程序清单：codes\13\13.5\bit.html

```
<script type="text/javascript">
    // 输出 5 & 9 和 5 | 9 的值
    alert((5 & 9) + "==>" + (5 | 9));
    // 输出-5 异或和 5 异或的值
    alert(~-5 + "==>" + ~5);
</script>
```

执行结果先弹出如图 13.20 所示的警告框；再弹出警告框显示 4==>-6。

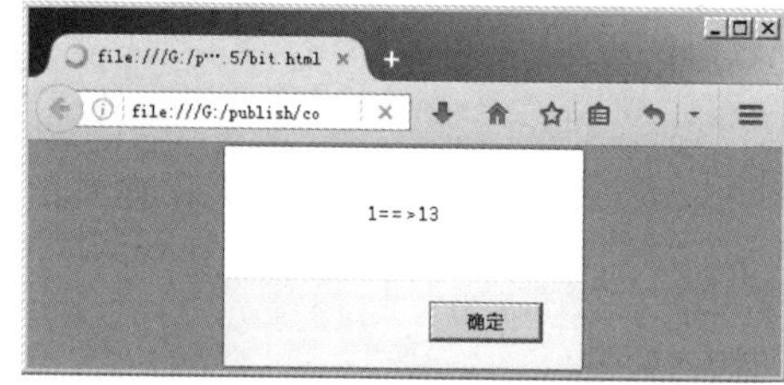

图 13.20　5&9 的结果

由此可见，5 & 9 的结果是 1，5 | 9 的结果是 13。下面介绍运算原理。

5 的二进制码是 00000101，9 的二进制码是 00001001。位运算过程如图 13.21 所示。

```
  00000101      00000101
& 00001001     |00001001
----------     ---------
  00000001      00001101
```

图 13.21　位运算过程

从上面运行结果可以看出，-5 异或的结果是 4，5 异或的结果是-6，这表明异或运算的规律是：先将运算数加 1，然后符号取反。比如-5 异或就是-5 加 1 变成-4，再执行符号取反得到 4；5 异或就是 5 加 1 变成 6，再执行符号取反得到-6。

位移运算符是将二进制码向左移动，右边以 0 补齐。看如下代码。

程序清单：codes\13\13.5\bitShift.html

```
<script type="text/javascript">
    // 输出 5 << 2 和 5 >> 2 的值
    alert((5 << 2) + "==>" + (5 >> 2));
</script>
```

代码执行结果如图 13.22 所示。

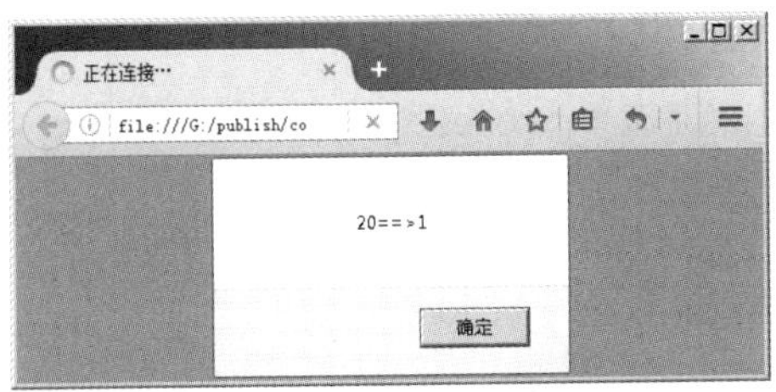

图 13.22　左位移运算结果

由此可见，5<<2 的结果是 20，而 5>>2 的结果是 1。下面介绍运算原理。

5 的二进制码为 00000101，左移 2 位成为 00010100，该二进制码为 20；右移 2 位成为 00000001，即 1。无符号右移与右移相似，>>运算后的左边以操作数二进制码的最高位补齐，而>>>运算后的左边以 0 补齐。

13.5.4　加强的赋值运算符

赋值运算符可以与算术运算符、位运算符等结合，从而成为功能更加强大的运算符。结合后的加强运算符如下。

- +=：对于 x += y，即对应于 x = x + y。
- -=：对于 x -= y，即对应于 x = x - y。
- *=：对于 x *= y，即对应于 x = x * y。
- /=：对于 x /= y，即对应于 x = x / y。
- %=：对于 x %= y，即对应于 x = x % y。
- &=：对于 x &= y，即对应于 x = x & y。
- |=：对于 x |= y，即对应于 x = x | y。
- ^=：对于 x ^&= y，即对应于 x = x ^ y。
- <<=：对于 x <<= y，即对应于 x = x << y。
- >>=：对于 x >>= y，即对应于 x = x >> y。
- >>>=：对于 x >>>= y，即对应于 x = x >>> y。

归纳起来，所有的双目运算符都能与赋值运算符结合，从而成为功能更加强大的运算符。

13.5.5　比较运算符

比较运算符用于判断两个变量或常量的大小，比较运算的结果是一个布尔值。JavaScript 支持的比较运算符如下。

- >：大于，如果前面变量的值大于后面变量的值，则返回 true。
- >=：大于等于，如果前面变量的值大于等于后面变量的值，则返回 true。
- <：小于，如果前面变量的值小于后面变量的值，则返回 true。
- <=：小于等于，如果前面变量的值小于等于后面变量的值，则返回 true。
- !=：不等于，如果前后两个变量的值不相等，则返回 true。
- ==：等于，如果前后两个变量的值相等，则返回 true。
- !==：严格不等于，如果前后两个变量的值不相等，或者数据类型不同，都将返回 true。
- ===：严格等于，必须前后两个变量的值相等，数据类型也相同，才会返回 true。

在上面的比较运算符中，前面 5 个比较常见。但后面的严格等于、严格不等于，与普通等于、普通不等于的区别在于是否支持自动类型转换。

正如前面介绍过的，JavaScript支持自动类型转换，"5"本来是个字符串，但在需要时，"5"可以自动转换成数值型。因此，由于自动类型转换的缘故，5 == "5"将返回true。看如下代码。

程序清单：codes\13\13.5\compare.html

```
<script type="text/javascript">
    // 判断5是否等于"5"
    alert(5 == "5");
    // 判断5是否严格等于"5"
    alert(5 === "5");
</script>
```

第一次弹出的对话框如图13.23所示。第二次弹出的对话框如图13.24所示。

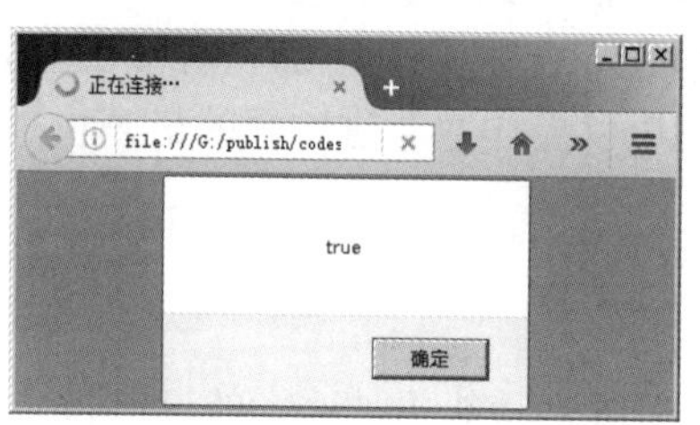

图13.23　5=="5"判断的结果

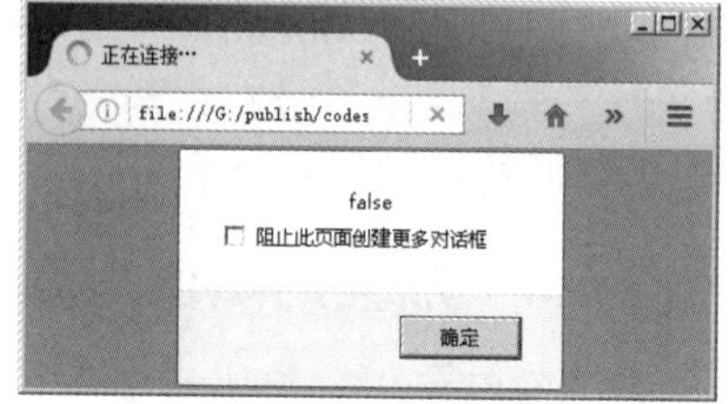

图13.24　5==="5"判断的结果

其中!=和!==的区别在于：!=可以支持自动类型转换，只有前后两个比较变量的值不相等才会返回true，忽略数据类型的比较；而!==则只要两个参与比较的变量的值不同或数据类型不同，就可以返回true。

值得注意的是，比较运算符不仅可以在数值之间进行比较，也可以在字符串之间进行比较。字符串的比较规则是按字母的Unicode值进行比较。对于两个字符串，先比较它们的第一个字母，其Unicode值大的字符串大；如果它们的第一个字母相同，则比较第二个字母……依此类推。看如下代码。

程序清单：codes\13\13.5\strCompare.html

```
<script type="text/javascript">
    //先比较第一个字母，z的Unicode值比a的Unicode值大，返回true
    alert("z" > "abc");
    //先比较第一个字母，a的Unicode值比Z的Unicode值大，返回true
    alert("abc" > "XYZ");
    //前两个字母相同，比较第三个字母，C的Unicode值比B的Unicode值大，返回true
    alert("ABC" > "ABB");
</script>
```

13.5.6　逻辑运算符

逻辑运算符用于操作两个布尔型的变量或常量。逻辑运算符主要有如下3个。

- &&：与，必须前后两个操作数都为true才返回true，否则返回false。
- ||：或，只要两个操作数中有一个为true，就可以返回true，否则返回false。
- !：非，只操作一个操作数，如果操作数为true，则返回false；如果操作数为false，则返回true。

如下代码示范了逻辑运算符的功能。

程序清单：codes\13\13.5\logic.html

```
<script type="text/javascript">
    // 直接对false求非运算，将返回true
    alert(!false);
```

```
    // 5>3 返回 true，'6'自动类型转换为整数 6，6>10 返回 false，求与返回 false
    alert(5 > 3 && '6' > 10);
    // 4>=5 返回 false，"abc">"abb"返回 true，求或返回 true
    alert(4 >= 5 || "abc" > "abb");
</script>
```

值得指出的是，JavaScript 虽然没有提供|（在 Java 中被称为不短路或）、&（在 Java 中被称为不短路与）、^（异或）等运算符，但实际上我们依然可将它们当成逻辑运算符使用。看如下代码。

程序清单：codes\13\13.5\fakeLogic.html

```
<script type="text/javascript">
    // 使用位运算符代替逻辑运算符
    alert( 6 > 5 | 3 > 4);
    alert( true ^ false);
</script>
```

执行上面代码将输出两个 1，但根据 JavaScript 的自动类型转换规则，当数值 1 转换为布尔类型变量时，将会得到 true。从这个意义上来看，我们完全可以将|、&和^当成逻辑运算符使用。

当把|当成逻辑运算符使用时，该运算符将会变成不短路或。看如下代码。

程序清单：codes\13\13.5\bitOr.html

```
<script type="text/javascript">
    // 定义变量 a，b，并为其赋值
    var a = 5;
    var b = 10
    // 如果 a>4，或 b>10
    if (a > 4 | b++ > 10)
        alert(a + '\n' + b);
</script>
```

代码执行结果如图 13.25 所示。

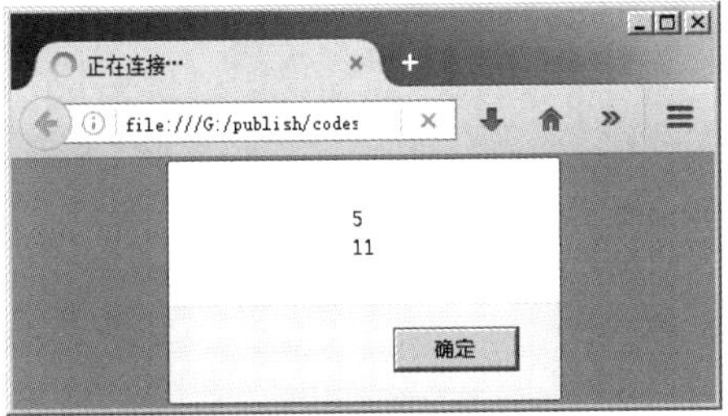

图 13.25　不短路或（|）的执行效果

再看如下代码，只是将上面示例的不短路或（|）改成了短路或（||）。

程序清单：codes\13\13.5\or.html

```
<script type="text/javascript">
    //定义变量 a，并为其赋值
    var a = 5;
    var b = 10
    //如果 a>4，或 b>10
    if (a > 4 || b++ > 10)
        alert(a + '\n' + b);
</script>
```

代码执行结果如图 13.26 所示。

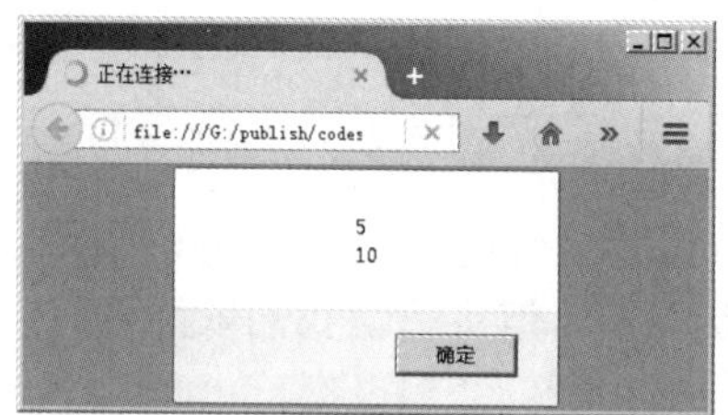

图 13.26 短路或（||）的执行效果

仅仅将按位或（不短路或）改成短路的逻辑或，程序最后输出的 b 值不再相同。因为对于短路的逻辑或（||）而言，如果第一个操作数返回 true，|| 将不再对第二个操作数求值，直接返回 true。不会计算 b++ > 10 这个逻辑表达式，因而 b++没有获得执行的机会。因此，最后输出的 b 值为 10。而按位或（|）总是执行前后两个操作数。

&与&&的区别类似：&总会计算前后两个操作数，而&&先计算左边的操作数，如果左边的操作数为 false，则直接返回 false，根本不会计算右边的操作数。

13.5.7 三目运算符

三目运算符只有一个“? :”，三目运算符的语法格式如下：

```
(expression) ? if-true-statement : if-false-statement;
```

三目运算符的运算规则是：先对逻辑表达式 expression 求值，如果逻辑表达式返回 true，则执行第二部分的语句；如果逻辑表达式返回 false，则返回第三部分的语句。看如下代码。

程序清单：codes\13\13.5\three.html

```
<script type="text/javascript">
    // 使用三目运算符
    5 > 3 ? alert("5 大于 3") : alert("5 小 3") ;
</script>
```

代码执行结果如图 13.27 所示。

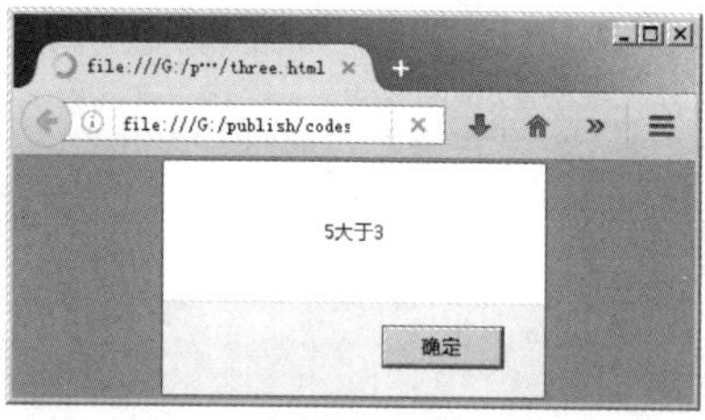

图 13.27 三目运算符的运算结果

大部分时候，三目运算符都是作为 if else 的精简写法。只要 if else 的条件执行体都只有一条语句，我们就可以将这种写法换成三目运算符写法。看下面代码：

```
// 如果 5 大于 3，将执行下面代码块
if(5 > 3)
{
    alert("5 大于 3");
}
// 否则，执行下面代码块
else
{
    alert("5 小 3");
}
```

这两种代码写法的效果是完全相同的。三目运算符和 if else 写法的区别在于：if 后的代码块可以有多个语句，但三目运算符是不支持多个语句的。看如下代码：

```
// 如果 5 大于 3，执行下面代码块
if(5 > 3)
{
    alert("多行语句");
    alert("5 大于 3");
}
// 否则，执行下面代码块
else
{
    alert("多行语句");
    alert("5 小 3");
}
```

对于上面的代码块，则无法转换成三目运算符。换成如下语句是无法正常运行的：

```
5 > 3 ? alert("多行语句");alert("5 大于 3") : alert("多行语句");alert("5 小 3")
```

13.5.8 逗号运算符

逗号运算符允许将多个表达式排在一起，整个表达式返回最右边表达式的值。看下面的代码。

程序清单：codes\13\13.5\comma.html

```
<script type="text/javascript">
    // 声明变量 a , b , c , d
    var a , b , c , d;
    // 使用逗号运算符为 a 赋值，最右边的表达式为 56，因此 a 的值为 56
    a = (b = 5, c = 7, d = 56);
    // 输出四个变量的值
    document.write('a = ' + a + ' b = '
        + b + ' c = ' + c + ' d = ' + d);
</script>
```

代码执行结果如图 13.28 所示。

图 13.28 使用逗号运算符的结果

函数的参数列表也使用逗号作为分隔符，但参数列表中的逗号并不是运算符。

13.5.9 void 运算符

void 运算符用于强行指定表达式不会返回值。看如下代码。

程序清单：codes\13\13.5\void.html

```
<script type="text/javascript">
    // 声明变量 a,b,c,d
    var a , b , c , d;
    // 虽然最右边的表达式为 56
    // 但由于使用了 void 强制取消返回值，因此 a 的值为 undefined
    a = void(b = 5, c = 7, d = 56);
    // 输出四个变量的值
    document.write('a = ' + a + ' b = '
```

```
        + b + ' c = ' + c + ' d = ' + d);
</script>
```

对(b=5, c=7, d=56)表达式使用了void运算符，强制指定该表达式没有返回值。因此a变量没有被赋值，代码执行结果如图13.29所示。

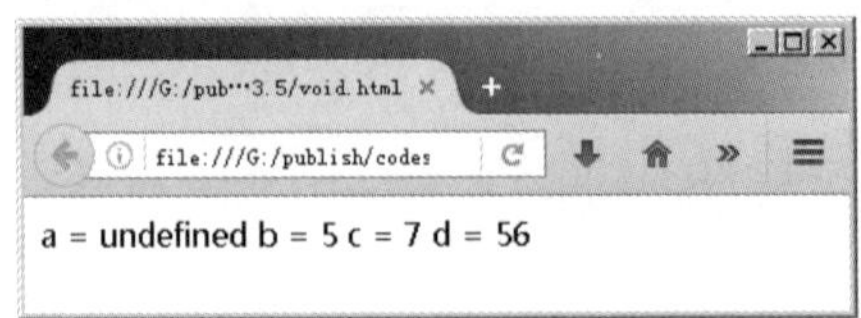

图13.29　使用void运算符的结果

13.5.10　typeof和instanceof运算符

typeof运算符用于判断某个变量的数据类型，它既可作为函数来使用，例如typeof(a)可返回变量a的数据类型；也可作为一个运算符来使用，例如typeof a也可返回变量a的数据类型。

不同类型参数使用typeof运算符的返回值类型如下：

- undefined值：undefined。
- null值：object。
- 布尔型值：boolean。
- 数字型值：number。
- 字符串值：string。
- 对象：object。
- 函数：function。

下面代码演示了typeof运算符的作用。

程序清单：codes\13\13.5\typeof.html

```
<script type="text/javascript">
    var a = 5;
    var b = true;
    var str = "hello javascript";
    alert(typeof(a) + "\n" + typeof(b) + "\n" + typeof(str));
</script>
```

上面代码使用typeof运算符分别判断3个变量的数据类型，代码执行结果如图13.30所示。

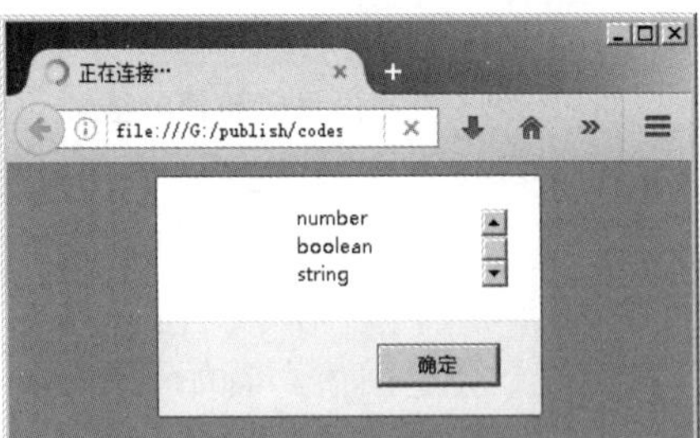

图13.30　typeof运算符的运算结果

与typeof类似的运算符还有instanceof，该运算符用于判断某个变量是否为指定类的实例，如果是，则返回true，否则返回false。例如如下代码。

程序清单：codes\13\13.5\instanceof.html

```
<script type="text/javascript">
    // 定义一个数组
```

```
    var a = [4, 5];
    // 判断 a 变量是否为 Array 的实例
    alert(a instanceof Array);
    // 判断 a 变量是否为 Object 的实例
    alert(a instanceof Object);
</script>
```

JavaScript 中所有的类都是 Object 的子类，a 变量是一个数组，因此运行上面程序将弹出两个警告提示框，提示框都提示 true。

13.6 语句

语句是 JavaScript 的基本执行单位。JavaScript 要求所有的语句都以分号（;）结束。语句既可以是简单的赋值语句，也可以是算术运算语句，还可以是逻辑运算语句等。除此之外，还有一些特殊的语句，下面具体介绍这些特殊的语句。

13.6.1 语句块

所谓语句块就是使用花括号包含的多个语句，语句块是一个整体的执行体，类似于一个单独的语句。下面是语句块示例：

```
{
    x = Math.PI;
    cx = Math.cos(x);
    alert("Hello JavaScript");
}
```

虽然语句块类似于一个单独的语句，但语句块后不需要以分号结束。但语句块中的每个语句都需要以分号结束。

注意：

虽然 JavaScript 支持使用语句块，但 JavaScript 的语句块不能作为变量的作用域。

13.6.2 空语句

最简单的空语句仅有一个分号（;），如下是一个空语句：

```
//空语句
;
```

上面的空语句没有丝毫用处，因此实际中几乎不会使用这种空语句。但空语句主要用于没有循环体的循环。看如下代码。

程序清单：codes\13\13.6\emptyStatement.html

```
<script type="text/javascript">
    // 声明一个数组
    var a = [];
    // 使用空语句，完成数组的初始化
    for (var i = 0 ; i < 10 ; a[i++] = i + 20);
    // 遍历数组元素
    for ( index in a)
    {
        document.writeln(a[index] + "<br />");
```

```
    }
</script>
```

上面的粗体字代码使用空语句完成数组的初始化，这种初始化更加简洁。

13.6.3 异常抛出语句

JavaScript 支持异常处理，支持手动抛出异常。与 Java 不同的是，JavaScript 的异常没有 Java 那么丰富，JavaScript 的所有异常都是 Error 对象。当 JavaScript 需要抛出异常时，总是通过 throw 语句抛出 Error 对象。抛出 Error 对象的语法如下：

```
throw new Error(errorString);
```

JavaScript 既允许在代码执行过程中抛出异常，也允许在函数定义中抛出异常。在代码执行过程中，一旦遇到异常，立即寻找对应的异常捕捉块（catch 块），如果没有对应的异常捕捉块，异常将传播给浏览器，程序非正常中止。看如下代码。

程序清单：codes\13\13.6\throw.html

```
<script type="text/javascript">
    //对计数器i循环
    for (var i = 0 ; i < 10 ; i++)
    {
        //在页面输出i
        document.writeln(i + '<br />');
        //当i > 4时，抛出用户自定义异常
        if (i > 4)
            throw new Error('用户自定义错误');
    }
</script>
```

代码执行结果如图 13.31 所示。

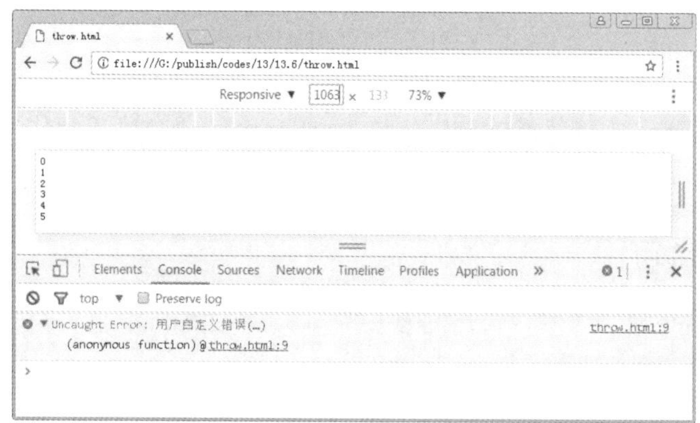

图 13.31 手动抛出异常的结果

正如图 13.31 中所显示的结果，当 i = 5 时，手动抛出异常，但没有得到处理，因而传播到浏览器，引起程序非正常中止，浏览器也有关于错误的提示。

提示：

Chrome 浏览器提供了强大的 JavaScript 调试工具，JavaScript 开发人员可以通过选择主菜单“工具→开发人员工具”，或者直接按“Ctrl+Shift+I”快捷键打开调试控制台，如图 13.31 所示。实际上，Firefox 浏览器也提供了功能强大的调试工具，同样可通过按“Ctrl+Shift+I”快捷键来打开调试工具。Firefox 打开调试工具后的界面如图 13.32 所示。

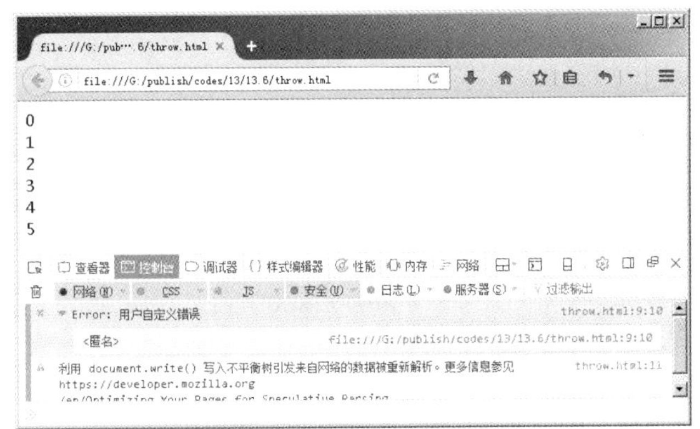

图 13.32　Firefox 调试界面

13.6.4　异常捕捉语句

当程序出现异常时，这种异常不管是用户手动抛出的异常，还是系统本身的异常，都可使用 catch 捕捉异常。JavaScript 代码运行中一旦出现异常，程序就跳转到对应的 catch 块。异常捕捉语句的语法格式如下：

```
try
{
    statements
}
catch(e)
{
    statements
}
finally
{
    statements
}
```

这种异常捕捉语句大致上类似于 Java 的异常捕捉语句，但有一些差别：因为 JavaScript 的异常体系远不如 Java 丰富，因此无须使用多个 catch 块。与 Java 异常机制类似的是，finally 块是可以省略的，但一旦指定了 finally 块，finally 代码块就总会获得执行的机会。看如下代码。

程序清单：codes\13\13.6\throwCatch.html

```
<script type="text/javascript">
try
{
    for (var i = 0 ; i < 10 ; i++)
    {
        // 在页面输出 i 值
        document.writeln(i + '<br>');
        // 当 i 大于 4 时，抛出异常
        if (i > 4)
            throw new Error('用户自定义错误');
    }
}
// 如果 try 块中的代码出现异常，则自动跳转到 catch 块执行
catch (e)
{
    document.writeln('系统出现异常' + e.message + '<br>');
}
// finally 块的代码总可以获得执行的机会
finally
{
```

```
    document.writeln('系统的finally块');
}
</script>
```

从上面粗体字代码可以看出，JavaScript 同样可以获取异常的描述信息，通过异常对象的 message 属性即可访问异常对象的描述信息。

代码执行结果如图 13.33 所示。

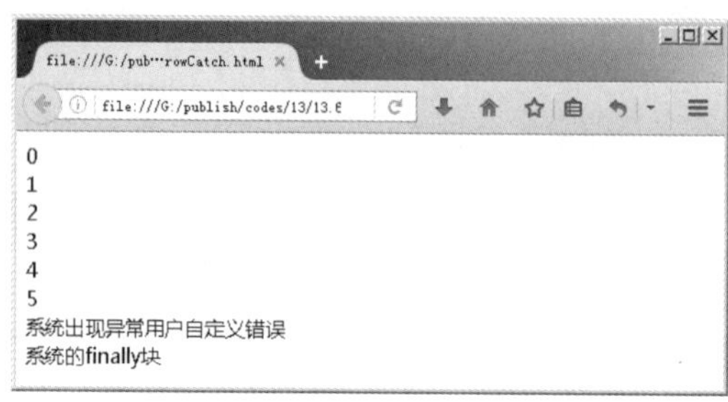

图 13.33　使用 try catch 块捕捉异常

归纳起来，JavaScript 异常机制与 Java 异常机制存在如下区别。

- JavaScript 只有一个异常类：Error，无须在定义函数时声明抛出该异常，所以没有 throws 关键字。
- JavaScript 是弱类型语言，所以 catch 语句后括号里的异常实例无须声明类型。
- JavaScript 只有一个异常类，所以 try 块后最多只能有一个 catch 块。
- 获取异常的描述信息是通过异常对象的 message 属性，而不是通过 getMessage()方法实现的。

13.6.5　with 语句

with 语句是一种更简洁的写法，使用 with 语句可以避免重复书写对象。with 语句的语法格式如下：

```
with(object)
{
    statements
}
```

如果 with 后的代码块只有一行语句，则可以省略花括号。但在只有一行语句的情况下，使用 with 语句意义不大。关于 with 语句的作用，看如下代码：

```
document.writeln("Hello<br>");
document.writeln("World<br>");
document.writeln("JavaScript<br>");
```

在上面的代码中，多次使用 document 的 writeln 方法重复输出静态字符串。使用 with 语句可以避免重复书写 document 对象。将上面代码该为如下形式，效果完全相同。

```
with(document)
{
    writeln("Hello<br>");
    writeln("World<br>");
    writeln("JavaScript<br>");
}
```

with 语句的主要作用是避免重复书写同一个对象。

 13.7 流程控制

JavaScript 支持的流程控制也很丰富，JavaScript 支持基本的分支语句，如 if、if ...else 等；也支持基本的循环语句，如 while、for 等；还支持 for in 循环等；循环相关的 break、continue，以及带标签的 break、continue 语句也是支持的。

13.7.1 分支

分支语句主要有 if 语句和 switch 语句。其中 if 语句有如下 3 种形式。

第一种形式：

```
if ( logic expression )
{
   statement...
}
```

第二种形式：

```
if (logic expression)
{
   statement...
}
else
{
   statement...
}
```

第三种形式：

```
if (logic expression)
{
   statement...
}
else if(logic expression)
{
   statement...
}
...//可以有多个 else if 语句
else//最后的 else 语句也可以省略
{
   statement..
}
```

通常，不要省略 if、else、else if 后执行块的花括号，但如果语句执行块只有一行语句时，则可以省略花括号。例如如下代码。

程序清单：codes\13\13.7\if.html

```
<script type="text/javascript">
    // 定义变量 a，并为其赋值
    var a = 5;
    // 如果 a>4，则执行下面的执行体
    if (a > 4)
        alert('a 大于 4');
    // 否则，执行下面的执行体
    else
        alert('a 不大于 4');
</script>
```

上面代码完全可以正常执行。但如果代码变成如下形式，则不可正常执行。

程序清单：codes\13\13.7\errIf.html

```
<script type="text/javascript">
    // 定义变量 a，并为其赋值
    var a = 5;
    // 如果 a>4，则执行下面的执行体
    if (a > 4)
        alert('a 大于 4');
    // 否则，执行下面的执行体
    else
        a--;
        alert('a 不大于 4');
</script>
```

上面代码中的 alert('a 不大于 4')，将总是会执行，即总会弹出 a 不大于 4 的对话框。因为这行代码并不在 else 的语句块内，如果要达到期望的效果，则应该修改为如下形式：

```
<script type="text/javascript">
    // 定义变量 a，并为其赋值
    var a = 5;
    // 如果 a>4，则执行下面的执行体
    if (a > 4)
        alert('a 大于 4');
    // 否则，执行下面的执行体
    else
    {
        a--;
        alert('a 不大于 4');
    }
</script>
```

switch 语句的语法格式如下：

```
switch (expression)
{
    case condition 1: statement(s)
        break;
    case condition 2: statement(s)
        break;
    ...
    case condition n: statement(s)
        break;
    default: statement(s)
}
```

这种分支语句的执行是先对 expression 求值，然后依次匹配 condition1、condition2、condition3 等条件，遇到匹配的条件即执行对应的执行体；如果前面的条件都没有正常匹配，则执行 default 后的执行体。看下面代码。

程序清单：codes\13\13.7\switch.html

```
<script type="text/javascript">
    // 声明变量 score，并为其赋值 C
    var score = 'C';
    // 执行 swicth 分支语句
    switch (score)
    {
        case 'A': document.writeln("优秀.");
            break;
        case 'B': document.writeln("良好.");
            break;
        case 'C': document.writeln("中");
            break;
```

```
        case 'D': document.writeln("及格");
            break;
        case 'F': document.writeln("不及格");
            break;
        default: document.writeln("成绩输入错误");
    }
</script>
```

上面代码是最基本的 switch 语句的用法，输出结果与期望的相同，代码将在页面输出“中”。

与 Java 的 switch 语句完全类似，JavaScript 的 switch 语句中也可省略 case 块后的 break 语句，如果省略了 case 块后的 break 语句，JavaScript 将直接执行后面 case 块里的代码，不会理会 case 块里的条件，直到遇到 break 语句为止。

与 Java 中的 switch 语句不同的是，switch 语句里的条件变量（就是 switch 后括号里的变量），它的数据类型不仅可以是数值类型，也可以是字符串类型，如上面程序所示。

流程控制除了有基本的分支语句外，还有循环语句，JavaScript 同样提供了丰富的循环语句支持，JavaScript 中的循环语句主要有 while 循环、do while 循环、for 循环、for in 循环。大部分时候，for 循环可以完全代替 while 循环、do while 循环。

13.7.2 while 循环

while 循环的语法格式如下：

```
while(expression)
{
   statement...
}
```

当循环体只有一行语句时，循环体的花括号可以省略。while 循环的作用是：先判断 expression 逻辑表达式的值，当 expression 为 true 时，执行循环体；当 expression 为 false 时，则结束循环。看如下代码。

程序清单：codes\13\13.7\while.html

```
<script type="text/javascript">
    var count = 0;
    // 只要 count < 10，程序就一直执行循环体
    while (count < 10)
    {
        document.write(count + "<br />");
        count++;
    }
    document.write("循环结束!");
</script>
```

这是一个标准的 while 循环，对于 while 循环，值得注意的是，一定要让 expression 有为 false 的时候，否则循环将成为死循环，永远无法结束循环。下面代码演示了一个死循环。

程序清单：codes\13\13.7\deadLoop.html

```
<script type="text/javascript">
    var count = 0;
    // 因为 count < 10 一直为 true，所以该循环是死循环
    while (count < 10)
    {
        document.write("不停执行的死循环 " + count + "<br />");
        count--;
    }
    document.write("永远无法执行到的语句");
</script>
```

注意：

while 循环必须包含循环条件，也就是 while 后括号里必须有一个逻辑表达式。

13.7.3 do while 循环

do while 循环与 while 循环的区别在于：while 循环是先判断循环条件，只有条件为真才执行循环体；而 do while 循环则先执行循环体，然后判断循环条件，如果循环条件为真，则执行下一次循环，否则中止循环。do while 循环的语法格式如下：

```
do
{
    statement...
}
while (expression);
```

例如如下简单的 do while 循环。

程序清单：codes\13\13.7\doWhile.html

```
<script type="text/javascript">
    // 定义变量 count
    var count = 0;
    // 执行 do while 循环
    do
    {
        document.write(count +"<br />");
        count++;
    // 当 count < 10 时执行下一次循环
    }while (count < 10);
    document.write("循环结束!");
</script>
```

与 while 循环类似的是，如果循环体只有一行语句，则循环体的花括号可以省略，即如下的代码是完全正确的。

程序清单：codes\13\13.7\doWhile2.html

```
<script type="text/javascript">
    // 定义变量 count
    var count = 0;
    // 执行 do while 循环
    do
        document.write(count++ +"<br />");
    // 当 count < 10 时执行下一次循环
    while (count < 10);
    document.write("循环结束!");
</script>
```

与 while 循环的区别在于：while 循环的循环体可能得不到执行，但 do while 的循环体至少执行一次。

13.7.4 for 循环

for 循环是更加简洁的循环语句，大部分情况下，for 循环可以代替 while 循环、do while 循环。for 循环的基本语法格式如下：

```
for (initialization; test condition; iteration statement)
```

```
{
    statements
}
```

例如，下面代码使用 for 循环代替前面的 while 循环。

程序清单：codes\13\13.7\for.html

```
<script type="text/javascript">
    for (var count = 0 ; count < 10 ; count++)
    {
        document.write(count + "<br />");
    }
    document.write("循环结束!");
</script>
```

与前面循环类似的是，如果循环体只有一行语句，则循环体的花括号可以省略。例如下面 for 循环也是完全正确的。

程序清单：codes\13\13.7\for2.html

```
<script type="text/javascript">
    for (var count = 0 ; count < 10 ; count++)
        document.write(count + "<br  />");
    document.write("循环结束!");
</script>
```

for 后面的括号里面只有两个分号是必需的，其他都是可以省略的。比如下面代码是没有语法错误的。

程序清单：codes\13\13.7\deadFor.html

```
<script type="text/javascript">
    // 下面的 for 循环是死循环
    for ( ; ; )
        document.write('count' + "<br />");
    // 下面语句永远都无法执行到
    document.write("Loop done!");
</script>
```

for 后的括号里面以两个分号隔开了三个语句，其中第一个语句是循环的初始化语句，每个循环语句只会执行一次，而且完全可以省略，因为初始化语句可以放在循环语句之前完成；第二个语句是一个逻辑表达式，用于判断是否执行下一次循环。因此，在通常情况下，第二个语句都是不可省略的，如果省略该循环条件，则循环条件一直为 true，也就变成了死循环；第三个语句是循环体执行完后最后执行的语句，这个语句也完全可以放在循环体的最后执行。

13.7.5　for in 循环

for in 循环的本质是一种 foreach 循环，它主要有两个作用：

- 遍历数组里的所有数组元素。
- 遍历 JavaScript 对象的所有属性。

for in 循环的语法格式如下：

```
for (index in object)
{
    statement...
}
```

与前面类似的是，如果循环体只有一行代码，则可以省略循环体的花括号。

当遍历数组时，for in 循环的循环计数器是数组元素的索引值。看如下代码。

程序清单：codes\13\13.7\forin1.html

```
<script type="text/javascript">
    // 定义数组
    var a = ['hello' , 'javascript' , 'world'];
    // 遍历数组的每个元素
    for (str in a)
        document.writeln('索引' + str + '的值是:' + a[str] + "<br />" );
</script>
```

此外，for in 循环还可遍历对象的所有属性。此时，循环计数器是该对象的属性名。看如下代码。

程序清单：codes\13\13.7\forin2.html

```
<script type="text/javascript">
    // 在页面输出静态文本
    document.write("<h1>navigator 对象的全部属性如下：</h1>");
    // 遍历 navigator 对象的所有属性
    for (propName in navigator)
    {
        // 输出 navigator 对象的所有属性名，以及对应的属性值
        document.write('属性' + propName + '的值是：' + navigator[propName]);
        document.write("<br />");
    }
</script>
```

代码执行结果如图 13.34 所示。

图 13.34　遍历 navigator 对象的全部属性

navigator 是 JavaScript 的内建对象，关于 navigator 对象的介绍，请参考本书下一章节的内容。

13.7.6　break 和 continue

break 和 continue 都可用于中止循环，区别是 continue 只是中止本次循环，接着开始下一次循环（我们也可以视 continue 为忽略本次循环剩下的执行语句）；而 break 则是完全中止整

个循环，开始执行循环后面的代码。看下面代码。

程序清单：codes\13\13.7\break.html

```
<script type="text/javascript">
    // 以 i 为计数器循环
    for (var i = 0 ; i < 5 ; i++)
    {
        // 以 j 为计数器循环
        for (var j = 0 ; j < 5 ; j++)
        {
            document.writeln('j 的值为：' + j);
            // 当 i >= 2 时，使用 break 中止循环
            if (i >= 2) break;
            document.writeln('i 值为：' + i);
            document.writeln('<br />');
        }
    }
</script>
```

因为使用 break 中止循环，完全跳出循环体本身。当 i = 2 时，嵌套循环的第一行代码可以执行，然后执行 break，跳出循环体。嵌套循环结束，外部循环计数器再次增加，即 i = 3，依此类推。当 i 等于 2、3、4 时，嵌套循环都只执行一行代码：打印出 j 的值为 0。代码执行结果如图 13.35 所示。

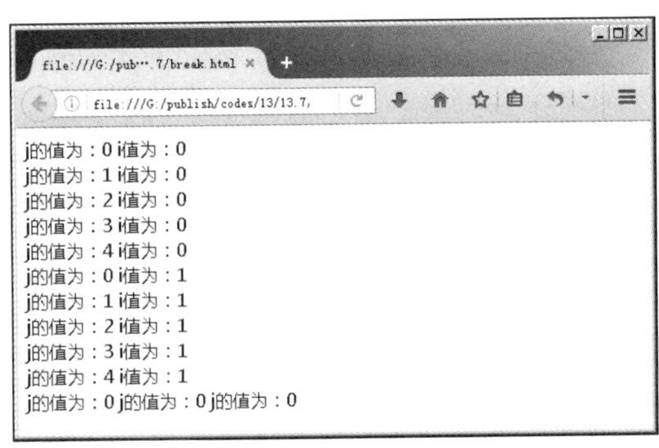

图 13.35 使用 break 中止循环的结果

使用 continue 中止循环的结果则完全不同，看如下代码。

程序清单：codes\13\13.7\continue.html

```
<script type="text/javascript">
    // 以 i 为计数器循环
    for (var i = 0 ; i < 5 ; i++)
    {
        // 以 j 为计数器循环
        for (var j = 0 ; j < 5 ; j++)
        {
            document.writeln('j 的值为：' + j);
            // 当 i >= 2 时，使用 continue 中止本次循环
            if (i >= 2) continue;
            document.writeln('i 的值为：' + i);
            document.writeln('<br>');
        }
    }
</script>
```

因为使用 continue 仅仅中止本次循环（即略过本次循环剩下的语句），并不完全跳出循环体。当 i = 2 时，执行了嵌套循环的第一行代码，即使用 continue 跳出循环：中止本次循环，

并不跳出循环体，而是开始第二次循环，还在嵌套循环内进行，此时 i 依然等于 2，j = 1，同样只能执行到第一行代码，再次中止本次循环，开始 j = 2 的循环。这就是使用 break 和 continue 的区别，图 13.36 是使用 continue 中止循环的结果。

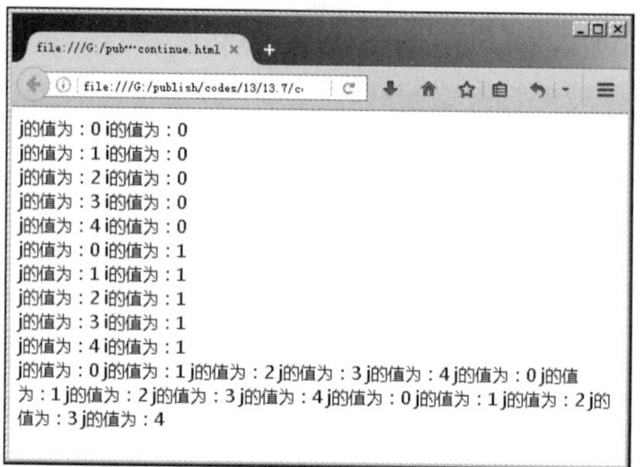

图 13.36 使用 continue 中止本次循环的结果

如果在 break 或 continue 后使用标签，则可以直接跳到标签所在的循环。至于使用 break 和 continue 的区别与前面类似，break 是完全中止标签所在的循环，而 continue 则是中止标签所在的本次循环。看如下代码。

程序清单：codes\13\13.7\breakLabel.html

```
<script type="text/javascript">
    // 使用 outer 标签表明外部循环
    outer:
    for (var i = 0 ; i < 5 ; i++)
    {
        for (var j = 0 ; j < 5 ; j++)
        {
            document.writeln('j 的值为: ' + j);
            // 当 j >= 2 时，使用 break 跳出 outer 循环
            if (j >= 2) break outer;
            document.writeln('i 的值为: ' + i);
            document.writeln('<br>');
        }
    }
</script>
```

提示：

所谓标签，就是在一个合法的标识符后紧跟一个英文冒号（:），标签只有放在循环之前才有效，标签放在其他地方将没有意义。

当 j = 2 时，使用 break 完全中止循环，break 后还有 outer 标签，这将完全中止 outer 标签对应的循环。即当 j = 2 时，仅执行了 document.writeln('j 的值为：' + j)代码，两层循环完全结束。

再看如下代码。

程序清单：codes\13\13.7\continueLabel.html

```
<script type="text/javascript">
    // 使用 outer 标签表明外部循环
    outer:
    for (var i = 0 ; i < 5 ; i++)
    {
```

```
        for (var j = 0 ; j < 5 ; j++)
        {
            document.writeln('j 的值为: ' + j);
            // 当 j >= 2 时，使用 continue 结束 outer 循环
            if (j >= 2) continue outer;
            document.writeln('i 的值为: ' + i);
            document.writeln('<br>');
        }
    }
</script>
```

当 j = 2 时，使用 continue 结束 outer 标签对应的循环，这意味着当执行到 j = 2 时，outer 标签所在的外层循环的后面语句被忽略，也就是不再执行内部嵌套循环，而是直接把外层循环的计数器 i 加 1 后再次开始执行下一次的外层循环。

 13.8　函数

JavaScript 是一种基于对象的脚本语言，JavaScript 代码复用的单位是函数，但它的函数比结构化程序设计语言的函数功能更丰富。JavaScript 语言中的函数就是"一等公民"，它可以独立存在；而且 JavaScript 的函数完全可以作为一个类使用（而且它还是该类唯一的构造器）；与此同时，函数本身也是一个对象，函数本身是 Function 实例。JavaScript 函数的功能非常丰富，如果想深入学习 JavaScript，那就必须认真学习 JavaScript 函数。

13.8.1　定义函数的 3 种方式

正如前面所介绍的，JavaScript 是弱类型语言，因此定义函数时，既不需要声明函数的返回值类型， 也不需要声明函数的参数类型。JavaScript 目前支持 3 种函数定义方式。

1. 定义命名函数

定义命名函数的语法格式如下：

```
function functionName(parameter-list)
{
    statements
}
```

下面代码定义了一个简单的函数，并调用函数。

程序清单：codes\13\13.8\simpleFunction.html

```
<script type="text/javascript">
    hello('yeeku');
    // 定义函数 hello，该函数需要一个参数
    function hello(name)
    {
        alert(name + "，你好");
    }
</script>
```

函数的最大作用是提供代码复用，将需要重复使用的代码块定义成函数，提供更好的代码复用。

注意：

从上面程序中可以看出，在同一个<script.../>元素中时，JavaScript允许先调用函数，然后再定义该函数——这实际上是JavaScript的“函数提升”特性，本节最后会详细介绍该特性。但在不同的<script.../>元素中时，必须先定义函数，再调用该函数。也就是说，在后面的<script.../>元素中可以调用前面<script.../>里定义的函数，但前面<script.../>元素不能调用后面<script.../>元素中定义的函数。

函数可以有返回值，也可以没有返回值。函数的返回值使用return语句返回，在函数的运行过程中，一旦遇到第一条return语句，函数就返回返回值，函数运行结束。看下面代码。

程序清单：codes\13\13.8\functionReturn.html

```
<script type="text/javascript">
    // 定义函数 hello
    function hello(name)
    {
        // 如果参数类型为字符串，则返回静态字符串
        if (typeof name == 'string')
        {
            return name + "，你好";
        }
        // 当参数类型不是字符串时，执行此处的返回语句
        return '名字只能为字符串'
    }
    alert(hello('yeeku'));
</script>
```

程序执行结果如图13.37所示。

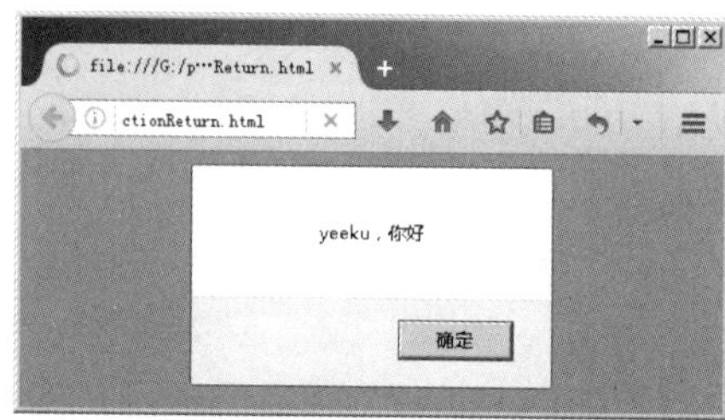

图 13.37　函数返回值

定义命名函数的语法简单易用，因此对很多JavaScript初级用户来说，这也是见得最多的一种函数定义语法。

下面介绍一种非常实用的定义函数的语法。

2. 定义匿名函数

JavaScript提供了定义匿名函数的方式，这种创建匿名函数的语法格式如下：

```
function(parameter list)
{
    statements
};
```

这种函数定义语法无须指定函数名，而是将参数列表紧跟function关键字。在函数定义语法的最后不要忘记紧跟分号（;）。

当通过这种语法格式定义了函数之后，实际上就是定义了一个函数对象（即Function实

例)，接下来可以将这个对象赋给另一个变量。例如如下代码。

程序清单：codes\13\13.8\annoymousFunction.html

```
<script type="text/javascript">
    var f = function(name)
    {
        document.writeln('匿名函数<br>');
        document.writeln('你好' + name);
    };
    f('yeeku');
</script>
```

上面代码中的粗体字代码就定义了一个匿名函数，也就是定义了一个 Function 对象。接下来将这个函数赋值给另一个变量 f，后面就可以通过 f 来调用这个匿名函数了。执行上面代码，将可以看到如图 13.38 所示的结果。

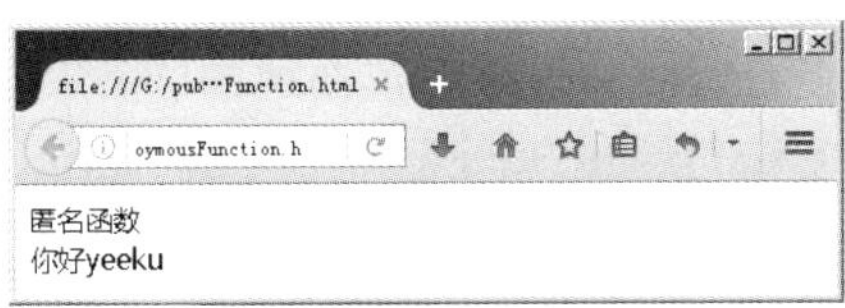

图 13.38　调用函数

对于这种匿名函数的语法，可读性非常好：程序使用 function 关键字定义一个函数对象（Function 类的实例)，然后把这个对象赋值给 f 变量，以后程序即可通过 f 来调用这个函数。

如果你是一个有经验的 JavaScript 开发者，或者阅读过大量优秀的 JavaScript 源代码（比如 jQuery 等)，将会在这些 JavaScript 源代码中看到它们基本都是采用这种方式来定义函数的。使用匿名函数的另一个好处是更加方便，当需要为类、对象定义方法时，使用匿名函数的语法能提供更好的可读性。

JavaScript 的函数非常特殊，它既是可重复调用的“程序块”，也是一个 Function 实例。

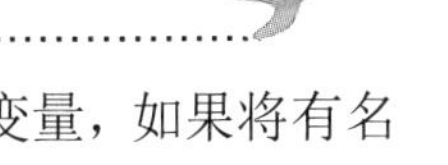

实际上 JavaScript 也允许将前面第一种方式定义的有名字的函数赋值给变量，如果将有名字的函数赋值给某个变量，那么原来为该函数定义的名字将会被忽略。例如如下代码。

程序清单：codes\13\13.8\annoymousFunction2.html

```
<script type="text/javascript">
    // 将有名字的函数赋值给变量 f，因此 test 将会被忽略
    var f = function test(name)
    {
        document.writeln('匿名函数<br />');
        document.writeln('你好' + name);
    };
    f('yeeku');
    // test 函数并不存在，下面代码出现错误
    test("abc");
</script>
```

上面代码定义了一个 test 函数，同时还将该函数赋值给变量 f，因此脚本中 test 函数将会消失，程序中粗体字代码将会出现错误。运行该程序，将出现如图 13.39 所示的错误提示。

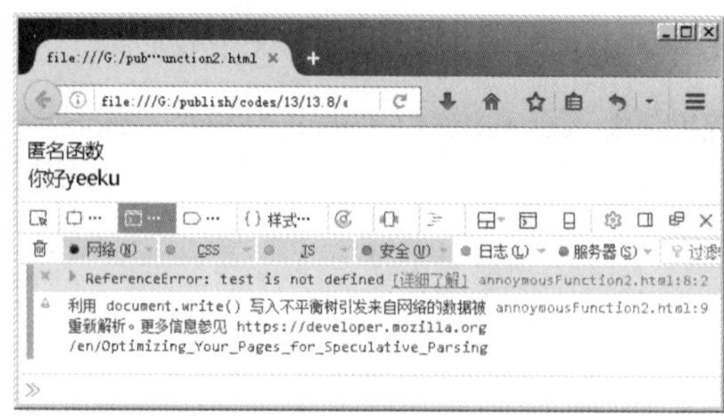

图 13.39　命名函数的函数名消失了

3. 使用 Function 类匿名函数

JavaScript 提供了一个 Function 类，该类也可以用于定义函数，Function 类的构造器的参数个数可以不受限制，Function 可以接受一系列的字符串参数，其中最后一个字符串参数是函数的执行体，执行体的各语句以分号（;）隔开，而前面的各字符串参数则是函数的参数。看下面定义函数的方式。

程序清单：codes\13\13.8\newFunction.html

```
<script type="text/javascript">
    // 定义匿名函数，并将函数赋给变量 f
    var f = new Function('name' ,
        "document.writeln('Function 定义的函数<br>');"
        + "document.writeln('你好' + name);");
    // 通过变量调用匿名函数
    f('yeeku');
</script>
```

上面代码使用 new Function()语法定义了一个匿名函数，并将该匿名函数赋给 f 变量，从而允许通过 f 来访问匿名函数。

调用 Function 类的构造器来创建函数虽然能明确地表示创建了一个 Function 对象，但由于 Function()构造器的最后一个字符串代表函数执行体——当函数执行体的语句很多时，Function 的最后一个参数将变得十分臃肿，因此这种方式定义函数的语法可读性也不好。

13.8.2　递归函数

递归函数是一种特殊的函数，递归函数允许在函数定义中调用函数本身。考虑对于如下计算：

$$n! = n * (n - 1) * (n - 2) * \ldots * 1$$

希望能写一个简单的函数完成对 $n!$的求值。观察上面等式发现：

$$(n - 1)! = (n - 1) * (n - 2) * \ldots * 1$$

则有如下等式：

$$n! = n * (n - 1)!$$

注意到等式左边需要求 n 的阶乘，而等式右边则是求 n-1 的阶乘。实质都是一个函数，因此可将求阶乘的函数定义如下。

程序清单：codes\13\13.8\factorial.html

```
<script type="text/javascript">
    // 定义求阶乘的函数
    var factorial = function(n)
```

```
    {
        // 只有 n 的类型是数值，才执行函数
        if (typeof(n) == "number")
        {
            // 当 n 等于 1 时，直接返回 1
            if (n == 1)
            {
                return 1;
            }
            // 当 n 不等于 1 时，通过递归返回值
            else
            {
                return n * factorial(n - 1);
            }
        }
        // 当参数不是数值时，直接返回
        else
        {
            alert("参数类型不对！");
        }
    }
    // 调用阶乘函数
    alert(factorial(5));
</script>
```

上面程序中粗体字代码再次调用了 factorial()函数，这就是在函数里调用函数本身，也就是所谓的递归。上面程序执行的结果是 120，可以正常求出 5 的阶乘。注意到程序中判断参数时，先判断参数 *n* 是否为数值，而且要求 *n* 大于 0 才会继续运算。事实上，这个函数不仅要求 *n* 为数值，而且必须是大于 0 的整数，否则函数不仅不能得到正确结果，而且将产生内存溢出。

对于上面递归函数，当 *n* 为一个大于 0 的整数，例如 5 时，5 的阶乘为 4 的阶乘和 5 的乘积；同理，4 的阶乘为 3 的阶乘和 4 的乘积……依此类推，直到最后 1 的阶乘，代码中已经写明：当 $n=1$ 时，返回值为 1。然后反算回去，所有的值都变成已知的。反过来，当 *n* 为负数，例如-1 时，-1 的阶乘为-1 与-2 的阶乘的乘积，-2 的阶乘为-2 和-3 的阶乘的乘积……这将一直追溯到负无穷大，没有尽头，导致程序溢出。

可见，递归的方向很重要，一定要向已知的方向递归。对于上例而言，因为 1 的阶乘是已知的，因此递归一定要追溯到 1 的阶乘，递归一定要给定中止条件，这一点与循环类似。没有中止条件的循环是死循环，不向中止点追溯的递归是无穷递归。

递归一定要向已知点追溯，这样才能保证递归有结束的时候。

13.8.3 局部变量和局部函数

前面已经介绍了局部变量的概念，在函数里使用 var 定义的变量称为局部变量，在函数外定义的变量和在函数内不使用 var 定义的变量则称为全局变量，如果局部变量和全局变量的变量名相同，则局部变量会覆盖全局变量。局部变量只能在函数里访问，而全局变量可以在所有的函数里访问。

与此类似的概念是局部函数，局部变量在函数里定义，而局部函数也在函数里定义。下面代码在函数 outer 中定义了两个局部函数。

程序清单：codes\13\13.8\localFunction.html

```
<script type="text/javascript">
    // 定义全局函数
    function outer()
    {
        // 定义第一个局部函数
        function inner1()
        {
            document.write("局部函数11111<br />");
        }
        // 定义第二个局部函数
        function inner2()
        {
            document.write("局部函数22222<br />");
        }
        document.write("开始测试局部函数...<br />");
        // 在函数中调用第一个局部函数
        inner1();
        // 在函数中调用第二个局部函数
        inner2();
        document.write("结束测试局部函数...<br />");
    }
    document.write("调用outer之前...<br />");
    // 调用全局函数
    outer();
    document.write("调用outer之后...<br />");
</script>
```

在上面代码中，在outer函数中定义了两个局部函数：inner1和inner2，并在outer函数内调用了这两个局部函数。因为这两个函数是在outer内定义的，因此可以在outer内访问它们。在outer外，则无法访问它们——也就是说，inner1、inner2两个函数仅在outer函数内有效。

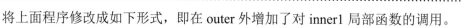

注意：

在外部函数里调用局部函数并不能让局部函数获得执行的机会，只有当外部函数被调用时，外部函数里调用的局部函数才会被执行。

将上面程序修改成如下形式，即在outer外增加了对inner1局部函数的调用。

程序清单：codes\13\13.8\localError.html

```
<script type="text/javascript">
    //定义全局函数
    function outer()
    {
        //定义第一个局部函数
        function inner1()
        {
            document.write("局部函数11111<br />");
        }
        //定义第二个局部函数
        function inner2()
        {
            document.write("局部函数22222<br />");
        }
        document.write("开始测试局部函数...<br />");
        //在浏览器中调用第一个局部函数
        inner1();
```

```
        //在浏览器中调用第二个局部函数
        inner2();
        document.write("结束测试局部函数...<br />");
    }
    document.write("调用 outer 之前...<br />");
    //调用全局函数
    outer();
    //在外部函数之外的地方调用局部函数
    inner1();
    document.write("调用 outer 之后...<br />");
</script>
```

在浏览器中运行该程序，将出现如图 13.40 所示的结果。

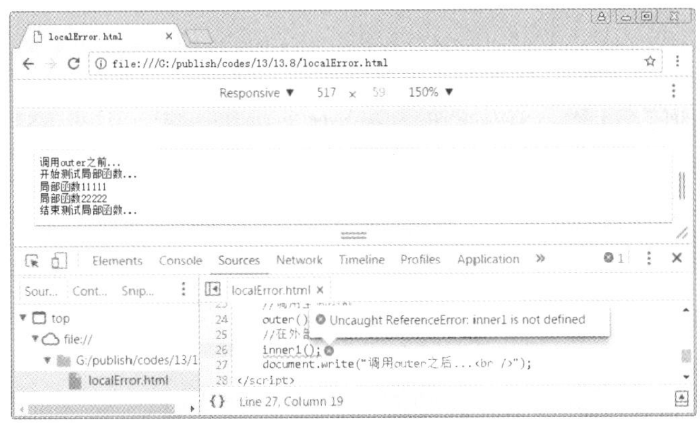

图 13.40 试图访问局部函数的结果

13.8.4 函数、方法、对象、变量和类

函数是 JavaScript 的“一等公民”，函数是 JavaScript 编程里非常重要的一个概念。当使用 JavaScript 定义一个函数后，实际上可以得到如下 4 项。

- **函数**：就像 Java 的方法一样，这个函数可以被调用。
- **对象**：定义一个函数时，系统也会创建一个对象，该对象是 Function 类的实例。
- **方法**：定义一个函数时，该函数通常都会附加给某个对象，作为该对象的方法。
- **变量**：在定义函数的同时，也会得到一个变量。
- **类**：在定义函数的同时，也得到了一个与函数同名的类。

函数可作为函数被调用，这在前面已经见到过很多例子，此处不再赘述。

函数不仅可作为函数使用，函数本身也是一个对象，是 Function 类的实例。例如如下代码。

程序清单：codes\13\13.8\functionObject.html

```
<script type="text/javascript">
    // 定义一个函数，并将它赋给 hello 变量
    var hello = function(name)
    {
        return name + "，您好";
    }
    // 判断函数是否为 Function 的实例，是否为 Object 的实例
    alert("hello 是否为 Function 对象：" + (hello instanceof Function)
        + "\nhello 是否为 Object 对象：" + (hello instanceof Object));
    alert(hello);
</script>
```

上面程序定义了一个函数，接着程序调用 instanceof 运算符判断函数是否为 Function 的实例，是否为 Object 的实例。在浏览器中运行上面代码，可以看到如图 13.41 所示的结果。

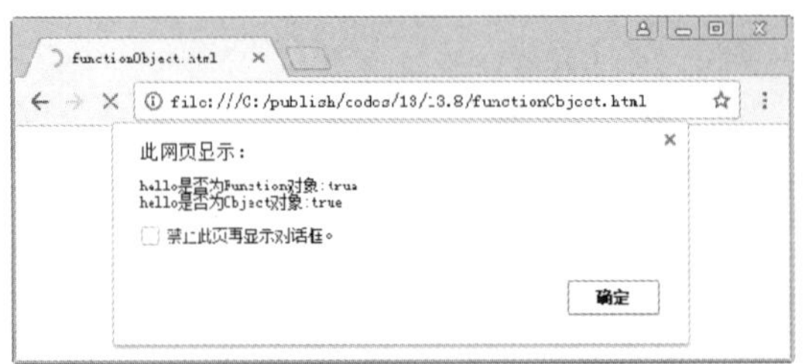

图 13.41　函数也是一个对象

如果直接输出函数本身，例如上面程序中的 alert(hello);，将会输出函数的源代码。

JavaScript 的函数不仅是一个函数，更是一个类，在定义一个 JavaScript 函数的同时，也得到了一个与该函数同名的类，该函数也是该类唯一的构造器。

因此定义一个函数后，有如下两种方式来调用函数。

- **直接调用函数**：直接调用函数总是返回该函数体内最后一条 return 语句的返回值；如果该函数体内不包含 return 语句，则直接调用函数没有任何返回值。
- **使用 new 关键字调用函数**：通过这种方式调用总有一个返回值，返回值就是一个 JavaScript 对象。

看如下代码。

程序清单：codes\13\13.8\functionClass.html

```
<script type="text/javascript">
    // 定义一个函数
    var test = function(name)
    {
        return "你好，" + name ;
    }
    // 直接调用函数
    var rval = test('leegang');
    // 将函数作为类的构造器
    var obj = new test('leegang');
    alert(rval + "\n" + obj);
</script>
```

上面程序中两行粗体字代码示范了两种调用函数的方式，第一种是直接调用该函数，因此得到的返回值是该函数的返回值；第二种是使用 new 关键字来调用该函数，也就是将该函数当成类使用，所以得到一个对象。执行上面程序将看到如图 13.42 所示的结果。

图 13.42　将函数当成类使用

下面程序定义了一个 Person 函数，也就是定义了一个 Person 类，该 Person 函数也会作为 Person 类唯一的构造器。定义 Person 函数时希望为该函数定义一个方法。

程序清单：codes\13\13.8\functionClass2.html

```
<script type="text/javascript">
    // 定义一个函数，该函数也是一个类
    function Person(name , age)
    {
        // 将参数 name 的值赋给 name 属性
        this.name = name;
        // 将参数 age 的值赋给 age 属性
        this.age = age;
        // 为函数分配 info 方法，使用匿名函数来定义方法
        this.info = function()
        {
            document.writeln("我的名字是：" + this.name + "<br />");
            document.writeln("我的年纪是：" + this.age + "<br />");
        };
    }
    // 创建 p 对象
    var p = new Person('yeeku' , 29);
    // 执行 info 方法
    p.info();
</script>
```

上面代码为 Person 类定义了一个方法，通过使用匿名函数，代码更加简洁。程序的执行结果如图 13.43 所示。

图 13.43 使用匿名函数为对象分配方法

上面程序中使用了 this 关键字，被 this 关键字修饰的变量不再是局部变量，它是该函数的实例属性。关于函数的实例属性参看下一节介绍。

正如从上面代码中看到的，JavaScript 定义的函数可以“附加”到某个对象上，作为该对象的方法。实际上，如果没有明确指定将函数“附加”到哪个对象上，该函数将“附加”到 window 对象上，作为 window 对象的方法。

例如如下代码。

程序清单：codes\13\13.8\functionInvoke.html

```
<script type="text/javascript">
    // 直接定义一个函数，并未指定该函数属于哪个对象
    // 该对象默认属于 window 对象
    function hello(name)
    {
        document.write(name + "，您好<br />");
    }
    // 以 window 作为调用者，调用 hello 函数
    window.hello("孙悟空");
    // 定义一个对象
    var p = {
        // 定义一个函数，该函数属于 p 对象
        walk: function()
        {
            for(var i = 0 ; i < 2 ; i++)
            {
                document.write("慢慢地走...");
            }
```

```
        }
    }
    p.walk();
</script>
```

从上面代码可以看出，如果直接定义一个函数，没有指定将该函数“附加”给哪个对象，那么这个函数将会被“附加”给 window 对象，作为 window 对象的方法。比如上面代码中第二行粗体字代码，以 window 作为调用者来调用 hello()方法。

此外，定义函数其实也引入了一个变量，该变量名与函数名同名，因此应该尽量避免 JavaScript 脚本的变量名与函数名重名的情况。

下面代码示范了函数和变量的关系。

程序清单：codes\13\13.8\functionVar.html

```
<script type="text/javascript">
    // 直接定义一个函数，并未指定该函数属于哪个对象
    // 该对象默认属于 window 对象
    function hello(name)
    {
        document.write(name + ", 您好<br />");
    }
    // 访问 hello，将输出 hello 函数的代码
    alert(hello);
    // 对 hello 变量赋值，相当于把 hello 函数（也是变量）重新赋值了
    hello = "疯狂软件";
    // hello 只是一个普通变量，不是函数了，下面代码出错
    hello("孙悟空");      // ①
</script>
```

上面代码开始定义了一个 hello()函数，这是一个再普通不过的函数，该函数除了可作为函数、类使用之外，定义该函数其实还相当于定义了一个名为 hello 的全局变量，因此程序可以用 alert()来输出 hello 变量——就像输出普通变量一样，只是此时将输出该函数的定义代码。接下来程序重新对 hello 变量赋值，这样就会覆盖 hello 原来的值（原来的值是函数），因此程序在①号代码处将出现错误——因为此时 hello 已经不再是函数，而是一个普通变量。运行该程序，将看到如图 13.44 所示的错误信息。

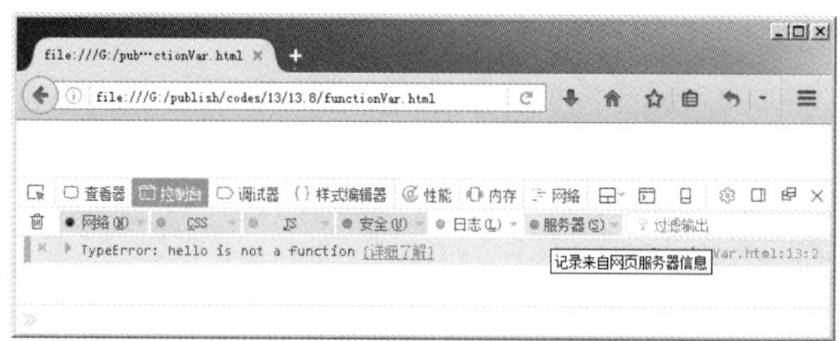

图 13.44　变量与函数同名的错误

注意：

定义变量、函数时尽量不要重名，否则会出现变量值覆盖函数的情形。另外，开发者在 JavaScript 代码中定义全局变量或函数时，务必要避免与 JavaScript 内置函数重名，否则会覆盖 JavaScript 内置函数，从而导致 JavaScript 内置函数失效。

13.8.5 函数的实例属性和类属性

由于 JavaScript 函数不仅仅是一个函数，而且是一个类，该函数还是此类唯一的构造器，只要在调用函数时使用 new 关键字，就可返回一个 Object，这个 Object 不是函数的返回值，而是函数本身产生的对象。因此在 JavaScript 中定义的变量不仅有局部变量，还有实例属性和类属性两种。根据函数中声明变量的方式，函数中的变量有 3 种。

- **局部变量**：在函数中以 var 声明的变量。
- **实例属性**：在函数中以 this 前缀修饰的变量。
- **类属性**：在函数中以函数名前缀修饰的变量。

前面已经对局部变量作了介绍，局部变量是只能在函数里访问的变量。实例属性和类属性则是面向对象的概念：实例属性是属于单个对象的，因此必须通过对象来访问；类属性是属于整个类（也就是函数）本身的，因此必须通过类（也就是函数）来访问。

同一个类（也就是函数）只占用一块内存，因此每个类属性将只占用一块内存；同一个类（也就是函数）每创建一个对象，系统将会为该对象的实例属性分配一块内存。看如下代码。

程序清单：codes\13\13.8\instanceProperty.html

```
<script type="text/javascript">
    // 定义函数 Person
    function Person(national, age)
    {
        // this 修饰的变量为实例属性
        this.age = age;
        // Person 修饰的变量为类属性
        Person.national = national;
        // 以 var 定义的变量为局部变量
        var bb = 0;
    }
    // 创建 Person 的第一个对象 p1：国籍为中国，年龄为 29
    var p1 = new Person('中国' , 29);
    document.writeln("创建第一个 Person 对象<br />");
    // 输出第一个对象 p1 的年龄和国籍
    document.writeln("p1 的 age 属性为" + p1.age + "<br />");
    document.writeln("p1 的 national 属性为" + p1.national + "<br />");
    document.writeln("通过 Person 访问静态 national 属性为"
        + Person.national + "<br />");
    // 输出 bb 属性
    document.writeln("p1 的 bb 属性为" + p1.bb + "<br /><hr />");
    // 创建 Person 的第二个对象 p2
    var p2 = new Person('美国' , 32);
    document.writeln("创建两个 Person 对象之后<br />");
    // 再次输出 p1 的年龄和国籍
    document.writeln("p1 的 age 属性为" + p1.age + "<br />");
    document.writeln("p1 的 national 属性为" + p1.national + "<br />");
    // 输出 p2 的年龄和国籍
    document.writeln("p2 的 age 属性为" + p2.age + "<br>");
    document.writeln("p2 的 national 属性为" + p2.national + "<br />");
    // 通过类名访问类属性名
    document.writeln("通过 Person 访问静态 national 属性为"
        + Person.national + "<br />");
</script>
```

Person 函数的 age 属性为实例属性，因而每个实例的 age 属性都可以完全不同，程序应通过 Person 对象来访问 age 属性；national 属性为类属性，该属性完全属于 Person 类，因此必须通过 Person 类来访问 national 属性，Person 对象并没有 national 属性，所以通过 Person 对象访问该属性将返回 undefined；而 bb 则是 Person 的局部变量，在 Person 函数以外无法访问该变量。程序的执行结果如图 13.45 所示。

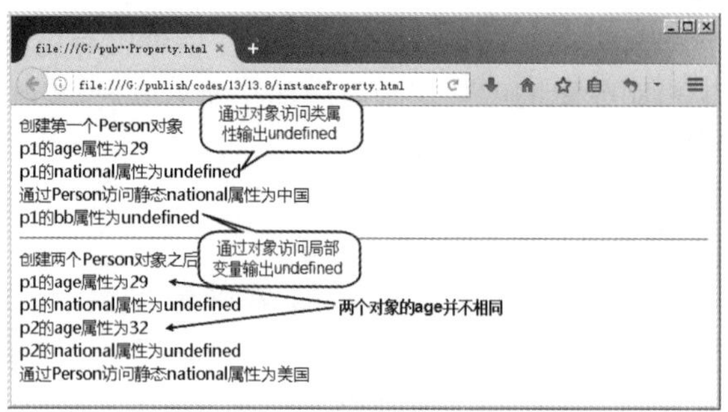

图 13.45　类属性和实例属性

值得指出的是，JavaScript 与 Java 不一样，它是一种动态语言，它允许随时为对象增加属性和方法，当直接为对象的某个属性赋值时，即可视为给对象增加属性。例如如下代码。

程序清单：codes\13\13.8\dynaProperty.html

```
<script type="text/javascript">
    function Student(grade , subject)
    {
        // 定义一个 grade 实例属性
        // 将 grade 形参的值赋给该实例属性
        this.grade = grade;
        // 定义一个 subject 类属性
        // 将 subject 形参的值赋给该类属性
        Student.subject = subject;
    }
    s1 = new Student(5, 'Java');
    with(document)
    {
        writeln('s1 的 grade 属性: ' + s1.grade + "<br />");
        writeln('s1 的 subject 属性: ' + s1.subject + "<br />");
        writeln('Student 的 subject 属性: ' + Student.subject + "<br />");
    }
    // 为 s1 对象的 subject 属性赋值，即为它增加一个 subject 属性
    s1.subject = 'Ruby';
    with(document)
    {
        writeln('<hr />为 s1 的 subject 属性赋值后<br />');
        writeln('s1 的 subject 属性: ' + s1.subject + "<br />");
        writeln('Student 的 subject 属性: ' + Student.subject + "<br />");
    }
</script>
```

上面程序中粗体字代码为 s1 的 subject 属性赋值，赋值后该 subject 属性值为'Ruby'，但这并不是修改 Student 的 subject 属性，这行代码仅仅是为 s1 对象动态增加了一个 subject 属性。运行上面程序，将看到如图 13.46 所示的结果。

从图 13.46 中可以看出，当我们为 s1 的 subject 属性赋值时，Student 的 subject 并不会受任何影响，这表明 JavaScript 对象不能访问它所属类的类属性。

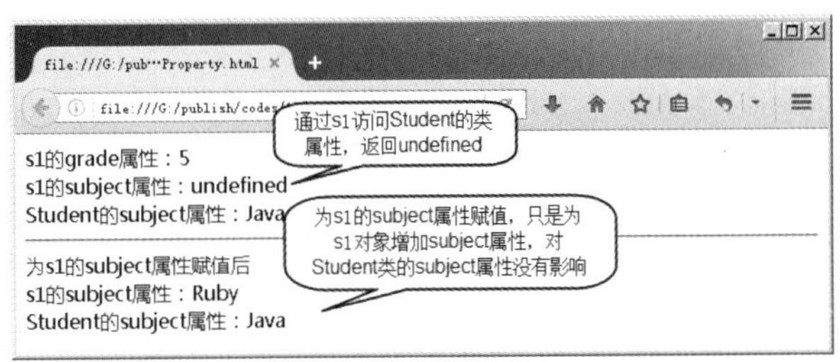

图 13.46　为 JavaScript 对象动态增加实例属性

> **提示：**
> 如果直接定义一个全局变量，实际上这个全局变量会“附加”到 window 对象上，作为 window 对象的实例属性。因此，程序可以 window 对象作为调用者来访问这个全局变量。

13.8.6　调用函数的 3 种方式

定义一个函数之后，JavaScript 提供了 3 种调用函数的方式。

1. 直接调用函数

直接调用函数是最常见、最普通的方式。这种方式直接以函数附加的对象作为调用者，在函数后括号内传入参数来调用函数。这种方式是前面最常见的调用方式。例如如下代码：

```
// 调用 window 对象的 alert 方法
window.alert("测试代码");
// 调用 p 对象的 walk 方法
p.walk()
```

当程序使用 window 对象来调用方法时，可以省略方法前面的 window 调用者。

2. 以 call()方法调用函数

直接调用函数的方式简单、易用，但这种调用方式不够灵活。有些时候调用函数时需要动态地传入一个函数引用，此时为了动态地调用函数，就需要使用 call 方法来调用函数了。

例如需要定义一个形如 each(array, fn)的函数，这个函数可以自动迭代处理 array 数组元素，而 fn 函数则负责对数组元素进行处理——此时需要在 each 函数中调用 fn 函数，但目前 fn 函数并未确定，因此无法采用直接调用的方式来调用 fn 函数，需要通过 call()方法来调用函数。

如下代码实现了通过 call()方法来调用 each()函数。

程序清单：codes\13\13.8\functionCall.html

```
<script type="text/javascript">
    // 定义一个 each 函数
    var each = function(array , fn)
    {
        for(var index in array)
        {
            // 以 window 为调用者来调用 fn 函数
            // index、array[index]是传给 fn 函数的参数
            fn.call(null , index , array[index]);
        }
    }
    // 调用 each 函数，第一个参数是数组，第二个参数是函数
    each([4, 20 , 3] , function(index , ele)
    {
```

```
        document.write("第" + index + "个元素是：" + ele + "<br />");
    });
</script>
```

上面程序中粗体字代码示范了通过 call()动态地调用函数，从调用语法来看，不难发现通过 call()调用函数的语法格式为：

```
函数引用.call(调用者, 参数1, 参数2...)
```

由此可以得到直接调用函数与通过 call()调用函数的关系如下：

```
调用者.函数(参数1, 参数2...) = 函数.call(调用者, 参数1, 参数2...)
```

3. 以 apply()方法调用函数

apply()方法与 call()方法的功能基本相似，它们都可以动态地调用函数。apply()与 call()的区别如下：

- 通过 call()调用函数时，必须在括号中详细地列出每个参数。
- 通过 apply()动态地调用函数时，需要以数组形式一次性传入所有调用参数。

如下代码示范了 call()与 apply()的关系。

程序清单：codes\13\13.8\functionApply.html

```
<script type="text/javascript">
    // 定义一个函数
    var myfun = function(a , b)
    {
        alert("a 的值是：" + a
            + "\nb 的值是：" + b);
    }
    // 以 call()方法动态地调用函数
    myfun.call(window, 12 , 23);
    // 以 apply()方法动态地调用函数
    myfun.apply(window , [12 , 23]);        // ①
    var example = function(num1 , num2)
    {
        // 直接用 arguments 代表调用 example 函数时传入的所有参数
        myfun.apply(this, arguments);
    }
    example(20 , 40);
</script>
```

对比上面两行粗体字代码不难发现，当通过 call()动态地调用方法时，需要为被调用方法逐个地传入参数；当通过 apply()方法动态地调用函数时，需要以数组形式一次性传入所有参数，因此程序中①号粗体字代码以数组[12, 23]的形式为 myfun()函数传入两个参数。

此外，由于 arguments 在函数内可代表调用该函数时传入的所有参数，因此在其他函数内通过 apply()动态调用 myfun 函数时，能直接传入 arguments 作为调用参数——如上程序中第三行粗体字代码所示。

由此可见，apply()和 call()的对应关系如下：

```
函数引用.call(调用者, 参数1, 参数2...) = 函数引用.apply(调用者, [参数1, 参数2...])
```

13.8.7 函数的独立性

虽然定义函数时可以将函数定义成某个类的方法，或定义成某个对象的方法。但 JavaScript 的函数是“一等公民”，它永远是独立的，函数永远不会从属于其他类、对象。

下面代码示范了函数的独立性。

程序清单：codes\13\13.8\functionIndepend.html

```
<script type="text/javascript">
    function Person(name)
    {
        this.name = name;
        // 定义一个 info 方法
        this.info = function()
        {
            alert("我的 name 是：" + this.name);
        }
    }
    var p = new Person("yeeku");
    // 调用 p 对象的 info 方法
    p.info();
    var name = "测试名称";
    // 以 window 对象作为调用者来调用 p 对象的 info 方法
    p.info.call(window);
</script>
```

上面程序为 Person 类定义了一个 info()方法，info()方法只有一行代码，这行代码用于输出 this.name 实例属性值。程序在第一行粗体字代码处直接通过 p 对象来调用 info()方法，此时 p 对象的 name 实例属性为"yeeku"，因此程序将会输出"yeeku"。

需要指出的是，JavaScript 函数永远是独立的。虽然程序的确是在 Person 类中定义了 info()方法，但这个 info()方法依然是独立的，程序只要通过 p.info()即可引用这个函数。因此程序在第二行粗体字代码处以 call()方法来调用 p.info()方法，此时 window 对象是调用者，因此 info()方法中的 this 代表的就是 window 对象了，访问 this.name 将返回"测试名称"。因此将看到如图 13.47 所示的输出。

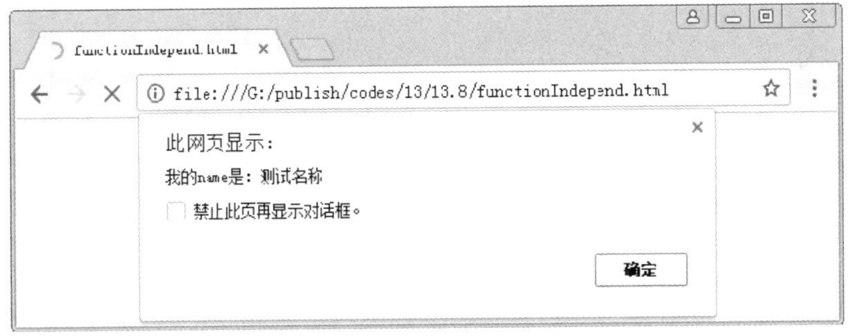

图 13.47　函数永远是独立的

当使用匿名内嵌函数定义某个类的方法时，该内嵌函数一样是独立存在的，该函数也不是作为该类实例的附庸存在，这些内嵌函数也可以被分离出来独立使用，包括成为另一个对象的函数。如下代码再次证明了函数的独立性。

程序清单：codes\13\13.8\separateFunction.html

```
<script type="text/javascript">
    // 定义 Dog 函数，等同于定义了 Dog 类
    function Dog(name , age , bark)
    {
        // 将 name、age、bark 形参赋值给 name、age、bark 实例属性
        this.name = name;
        this.age = age;
        this.bark = bark;
        // 使用内嵌函数为 Dog 实例定义方法
```

```
        this.info = function()
        {
            return this.name + "的年龄为：" + this.age
                + ",它的叫声:" + this.bark;
        }
    }
    // 创建Dog的实例
    var dog = new Dog("旺财" , 3 , '汪汪,汪汪...');
    // 创建Cat函数，对应Cat类
    function Cat(name,age)
    {
        this.name = name;
        this.age = age;
    }
    // 创建Cat实例
    var cat = new Cat("kitty" , 2);
    // 将dog实例的info方法分离出来，再通过call方法来调用info方法
    // 此时以cat为调用者
    alert(dog.info.call(cat));
</script>
```

上面程序中第一段粗体字代码使用内嵌函数为Dog定义了名为info()的实例方法，但这个info()方法并不完全属于Dog实例，它依然是一个独立函数，所以程序在最后一行粗体字代码处将该函数分离出来，并让Cat实例来调用这个info()方法。

执行这段代码，将看到如图13.48所示的结果。

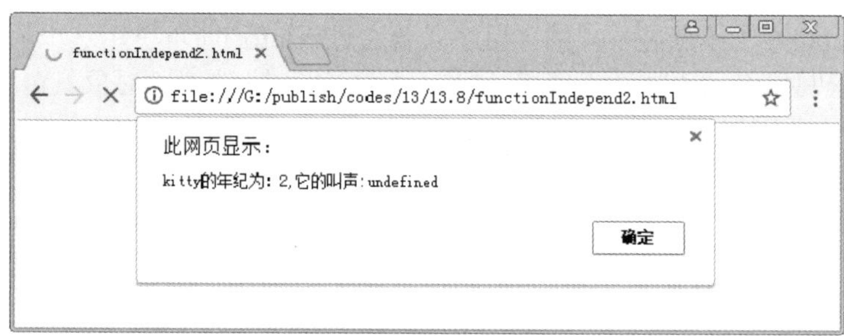

图13.48　函数是独立的

13.8.8　函数提升

前面已经介绍过，在同一个<script.../>元素内，JavaScript允许先调用函数，然后在后面再定义函数，这就是典型的函数提升：JavaScript会将全局函数提升到<script.../>元素的顶部定义。

例如如下代码。

程序清单：codes\13\13.8\functionHoist.html

```
<script type="text/javascript">
    // 调用add函数
    console.log(add(2, 5));
    // 定义add函数（会发生函数提升）
    function add(a , b)
    {
        console.log("执行add函数");
        return a + b;
    }
</script>
```

上面代码先调用add()函数，然后再定义add()函数，这段JavaScript代码完全可以正常执行。这是因为JavaScript会将add()函数提升到<script.../>元素的顶部，也就是说，上面这段脚

本和下面代码的效果是一样的。

```
<script type="text/javascript">
    // 定义 add 函数
    function add(a , b)
    {
        console.log("执行 add 函数");
        return a + b;
    }
    // 调用 add 函数
    console.log(add(2, 5));
</script>
```

如果使用程序先定义匿名函数，然后将匿名函数赋值给变量，在这种方式下依然会发生函数提升，但此时只提升被赋值的变量，函数定义本身不会被提升。例如如下代码。

程序清单：codes\13\13.8\functionHoist2.html

```
<script type="text/javascript">
    // 调用 add 函数
    console.log(add(2, 5));
    // 定义 add 函数，此时只提升 add 变量名，函数定义不会被提升
    var add = function(a , b)
    {
        console.log("执行 add 函数");
        return a + b;
    }
</script>
```

上面脚本中粗体字代码先定义了一个匿名函数，然后将该匿名函数赋值给 add 变量。对于使用这种方式定义的函数，JavaScript 将只提升 add 变量，将 add 变量提升到<script.../>元素的顶部，但函数定义本身并不会提升。

使用浏览器执行上面代码，将会看到如图 13.49 所示的错误。

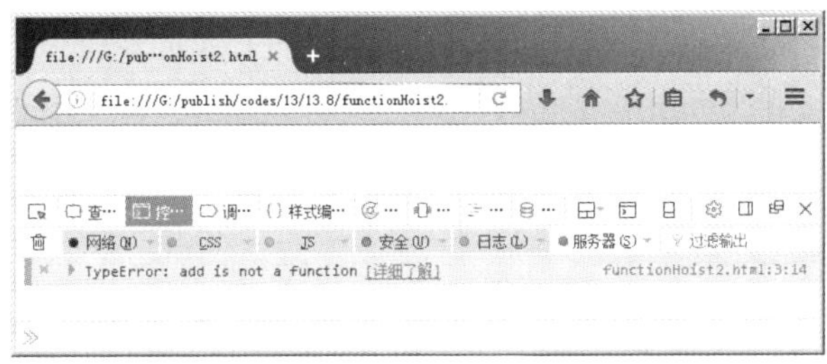

图 13.49　匿名函数赋值给变量后的提升

局部函数会被提升到所在函数的顶部。例如如下代码。

程序清单：codes\13\13.8\functionHoist3.html

```
<script type="text/javascript">
    function test(){
        // 调用 add 函数
        console.log(add(2, 5));
        // 定义 add 函数（会发生函数提升）
        function add(a , b)
        {
            console.log("执行 add 函数");
            return a + b;
        }
    }
    test();
</script>
```

上面 JavaScript 代码在 test()函数中定义了一个局部函数 add()，JavaScript 会将该 add()函数提升到 test()函数的顶部，因此上面程序完全可以先调用 add()函数，然后再定义 add()函数。

同理，如果程序先定义匿名函数，然后将匿名函数赋值给局部变量，那么 JavaScript 将只提升该局部变量的变量定义，不会提升函数定义本身。例如如下代码。

程序清单：codes\13\13.8\functionHoist4.html

```
<script type="text/javascript">
    function test(){
        // 调用 add 函数
        console.log(add(2, 5));
        // 定义 add 函数，此时只提升 add 变量名，函数定义不会被提升
        var add = function(a , b)
        {
            console.log("执行 add 函数");
            return a + b;
        }
    }
    test();
</script>
```

上面 JavaScript 代码在 test()函数中定义了一个匿名函数，然后将该匿名函数赋值给局部变量 add，此时程序只是将该 add 变量提升到 test()函数的顶部，并不会提升函数定义本身，因此程序先调用 add()函数将会导致错误。

使用浏览器执行上面代码，将会看到如图 13.50 所示的错误。

图 13.50　局部的匿名函数

需要指出的是，如果匿名函数被赋值的变量没有使用 var 声明，那么该变量就是一个全局变量，因此该匿名函数将会变成一个全局函数。例如如下代码。

程序清单：codes\13\13.8\functionHoist5.html

```
<script type="text/javascript">
    function test(){
        // 定义 add 函数，此时只提升 add 变量名，函数定义不会被提升
        add = function(a , b)
        {
            console.log("执行 add 函数");
            return a + b;
        }
    }
    test();
    // test()函数执行之后，该函数内定义的 add 变成全局函数
    console.log(add(2, 5));
</script>
```

上面程序在 test()函数内定义了匿名函数，该匿名函数被赋值给 add 变量，但由于该变量并未使用 var 声明，因此该变量是一个全局变量——test()函数被调用之后，add 函数就变成全局可用的函数。使用浏览器执行上面代码，可以看到如图 13.51 所示的输出。

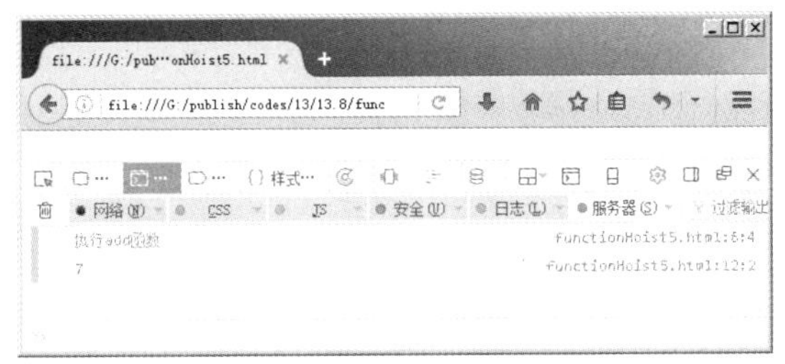

图 13.51 不使用 var 的匿名函数

前面还介绍过，JavaScript 编程时应该尽量避免变量名和函数名同名，否则会发生互相覆盖的情形。从实际测试结果来看，这种覆盖可分为两种情况。

- 定义变量时只使用 var 定义变量，不分配初始值，此时函数的优先级更高，函数会覆盖变量。
- 定义变量时为变量指定了初始值，此时变量的优先级更高，变量会覆盖函数。

下面代码测试了函数与变量相互覆盖的情形。

程序清单：codes\13\13.8\functionHoist6.html

```
<script type="text/javascript">
    function a(){
    }
    var a; // 定义变量，不指定初始值
    console.log(a);// 输出 a 的函数体
    var b; // 定义变量，不指定初始值
    function b(){
    }
    console.log(b);// 输出 b 的函数体
    var c = 1; // 定义变量，并指定初始值
    function c(){
    }
    console.log(c);// 输出 1
    function d(){
    }
    var d = 1; // 定义变量，并指定初始值
    console.log(d);// 输出 1
</script>
```

上面代码开始分别定义了名为 a、b 的函数和变量，由于定义变量 a、b 时并未指定初始值，因此不管这些变量放在同名的函数之前还是之后，变量都会被函数覆盖；代码接下来定义了名为 c、d 的函数和变量，由于定义变量 c、d 时还指定了初始值，因此不管这些变量放在同名的函数之前还是之后，变量都会覆盖函数。

13.8.9 箭头函数

箭头函数相当于其他语言的 Lambda 表达式或闭包语法，箭头函数是普通函数的简化写法。箭头函数的语法格式如下：

```
(param1, param2, …, paramN) => { statements }
```

该箭头函数实际上相当于定义了如下函数：

```
function(param1, param2, …, paramN){
```

```
    statements
}
```

如果箭头函数的执行体只有一条 return 语句，则允许省略函数执行体的花括号和 return 关键字。也就是说，如下两种语法有等同效果：

```
(param1, param2, …, paramN) => expression
// 等同于： (param1, param2, …, paramN) => { return expression; }
```

如果箭头函数的形参列表只有一个参数，则允许省略形参列表的圆括号。也就是说，如下两种语法有等同效果：

```
(singleParam) => { statements }
// 等同于：singleParam => { statements }
```

下面代码示范了使用箭头函数代替传统函数。

程序清单：codes\13\13.8\arrowFunction.html

```
<script type="text/javascript">
var arr = ["yeeku", "fkit", "leegang", "crazyit"];
// 使用函数作为map()方法的参数
var newArr1 = arr.map(function(ele){
    return ele.length;
});
// 使用箭头函数作为map()方法的参数
var newArr2 = arr.map((ele) => {
    return ele.length;
});
// 由于箭头函数只有一个形参，可以省略形参列表的圆括号
// 箭头函数的执行体只有一条 return 语句，可以省略 return 关键字
var newArr3 = arr.map(ele => ele.length);
console.log(newArr3);
// 使用函数作为 forEach()方法的参数
arr.forEach(function(ele){
    console.log(ele);
});
// 使用箭头函数作为 forEach()方法的参数
arr.forEach((ele) => {
    console.log(ele);
});
// 由于箭头函数只有一个形参，可以省略形参列表的圆括号
// 箭头函数的执行体只有一条语句，可以省略执行体的花括号
arr.forEach(ele => console.log(ele));
</script>
```

如果函数不需要形参，那么箭头函数的形参列表的圆括号不可以省略。例如如下程序。

程序清单：codes\13\13.8\arrowFunction2.html

```
<script type="text/javascript">
// 定义箭头函数，将箭头函数赋值给 f 变量
var f = () => {
    console.log("测试箭头函数");
    console.log("函数结束");
}
// 执行 f 函数
f();
</script>
```

与普通函数不同的是，箭头函数并不拥有自己的 this 关键字——对于普通函数而言，如果程序通过 new 调用函数创建对象，那么该函数中的 this 代表所创建的对象；如果直接调用普通函数，那么该函数中的 this 代表全局对象（window）。例如，如下代码示范了普通函数中的

this 关键字的功能。

程序清单：codes\13\13.8\thisTest.html

```
<script type="text/javascript">
function Person() {
    // Person()作为构造器使用时，this 代表该构造器创建的对象
    this.age = 0;
    setInterval(function growUp(){
        // 对于普通函数来说，直接执行该函数时，this 代表全局对象（window）
        // 因此下面的 this 不同于 Person 构造器中的 this
        console.log(this === window);
        this.age++;
    }, 1000);
}
var p = new Person();
setInterval(function(){
    console.log(p.age); // 此处访问 p 对象的 age，将总是输出 0
}, 1000);
</script>
```

箭头函数中的 this 总是代表包含箭头函数的上下文。例如如下程序。

程序清单：codes\13\13.8\thisTest2.html

```
<script type="text/javascript">
function Person() {
    // Person()作为构造器使用时，this 代表该构造器创建的对象
    this.age = 0;
    setInterval(() => {
        // 箭头函数中的 this 总是代表包含箭头函数的上下文
        console.log(this === window);
        // 此处的 this，将完全等同于 Person 构造器中的 this
        this.age++;
    }, 1000);
}
var p = new Person();
setInterval(function(){
    console.log(p.age); // 此处访问 p 对象的 age，将总是输出数值不断加 1
}, 1000);
</script>
```

如果直接在全局范围内定义箭头函数，那么箭头函数的上下文就是 window 本身，此时箭头函数中的 this 代表全局对象 window。例如如下程序。

程序清单：codes\13\13.8\thisTest3.html

```
<script type="text/javascript">
var f = () => { return this; };
console.log(f() === window); // 输出 true
</script>
```

上面程序中的箭头函数返回了 this，由于该箭头函数直接定义在全局范围内，因此这个 this 关键字代表了全局对象 window。

箭头函数并不绑定 arguments，因此不能在箭头函数中通过 arguments 来访问调用箭头函数的参数。箭头函数中的 arguments 总是引用当前上下文的 arguments。例如如下程序。

程序清单：codes\13\13.8\argumentsTest.html

```
<script type="text/javascript">
var arguments = "yeeku";
// 箭头函数中的 arguments 引用当前上下文的 arguments，即"yeeku"字符串
var arr = () => arguments;
```

```
console.log(arr()); // 输出 yeeku
function foo()
{
    // 箭头函数中的 arguments 引用当前上下文的 arguments
    // 此时 arguments 代表调用 foo 函数的参数
    var f = (i) => 'Hello,' + arguments[0];
    return f(2);
}
console.log(foo("yeeku", "fkit")); // 输出 Hello,yeeku
</script>
```

上面程序在两个地方的箭头函数中使用了 arguments，其中第一个箭头函数处于 window 全局范围内，因此箭头函数中的 arguments 将代表全局的 arguments 变量——如果不存在这个变量，程序将会报错；第二个箭头函数处于 foo()函数内，函数中的 arguments 代表调用该函数的参数，因此箭头函数中的 arguments 代表调用 foo()函数的参数。

由于箭头函数语法的特殊性，因为容易导致犯如下错误。

1. 函数返回对象的错误

看如下程序：

```
<script type="text/javascript">
var f = () => {name:'yeeku'};
console.log(f());
</script>
```

上面程序希望让箭头函数返回一个 Object 对象，因此程序直接使用花括号构建了一个对象。但由于箭头函数的执行体也需要一对花括号，因此程序系统会将{name:'yeeku'}的花括号解析为函数执行体，而不是 JavaScript 对象。为了避免引起误会，程序应该将该 JavaScript 对象放在圆括号内，即写成如下形式：

```
<script type="text/javascript">
var f = () => ({name:'yeeku'});
console.log(f());
</script>
```

箭头函数不允许在形参列表和箭头之间包含换行；否则会提示语法错误。例如，如下函数将会提示语法错误：

```
var func = ()
    => 'Hello'; // 提示错误：SyntaxError: Unexpected token =>
```

箭头函数允许在箭头与函数执行体之间包含换行，因此如下函数是正确的。

```
var func = () =>
    'Hello';
```

2. 解析顺序导致的错误

虽然箭头函数所包含的箭头不是运算符，但是当箭头函数与其他运算符在一起时，也可能由于解析顺序导致错误。例如如下程序：

```
var func;
func = func || () => "yeeku";
```

开发者可能希望系统先解析后面的箭头函数，然后再处理“||”运算符，但是系统并没有先处理后面的箭头函数，而是先处理 func||()，这样处理就会导致代码发生错误。为了避免这种错误，开发者应该将箭头函数放在圆括号中，也就是改为如下形式：

```
var func;
func = func || (() => "yeeku");
```

13.9　函数的参数处理

大部分时候，函数都需要接受参数传递。与 Java 完全类似，JavaScript 的参数传递也全部是采用值传递方式。

13.9.1　基本类型和复合类型的参数传递

对于基本类型参数，JavaScript 采用值传递方式，当通过实参调用函数时，传入函数里的并不是实参本身，而是实参的副本，因此在函数中修改参数值并不会对实参有任何影响。看下面程序。

程序清单：codes\13\13.9\transfer.html

```
<script type="text/javascript">
    // 定义一个函数，该函数接受一个参数
    function change(arg1)
    {
        // 对参数赋值，对实参不会有任何影响
        arg1 = 10;
        document.write("函数执行中 arg1 的值为：" + arg1 + "<br/>");
    }
    // 定义变量 x 的值为 5
    var x = 5;
    // 输出函数调用之前 x 的值
    document.write("函数调用之前 x 的值为：" + x + "<br />");
    change(x);
    document.write("函数调用之后 x 的值为：" + x + "<br />");
</script>
```

当使用 x 变量作为参数调用 change()函数时，x 并未真正传入 change()函数中，传入的仅仅是 x 的副本，因此在 change()中对参数赋值不会影响 x 的值。代码执行结果如图 13.52 所示。

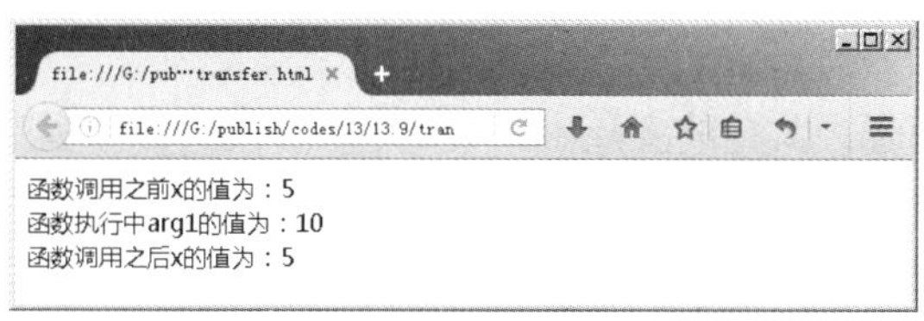

图 13.52　采用值传递方式的参数传递

从图 13.52 中看到，在函数调用之前，x 的值为 5；在函数调用之后，x 的值依然为 5。虽然在函数体内修改了 x 的值，但实际上 x 的值根本没有改变。这是因为 JavaScript 基本类型的参数传递采用值传递方式，实际传入函数的只是 x 的副本，所以 x 本身是不会有任何改变的。

但对于复合类型的参数，实际上采用的依然是值传递方式，只是很容易混淆，看如下程序。

程序清单：codes\13\13.9\transfer2.html

```
<script type="text/javascript">
    // 定义函数，该函数接受一个参数
    function changeAge(person)
    {
        // 改变 person 的 age 属性
        person.age = 10;
        // 输出 person 的 age 属性
        document.write("函数执行中 person 的 age 值为："
            + person.age + "<br />");
        // 将 person 变量直接赋值为 null
```

```
        person = null;
    }
    // 使用 JSON 语法定义 person 对象
    var person = {age : 5};
    // 输出 person 的 age 属性
    document.write("函数调用之前 person 的 age 的值为："
        + person.age + "<br />");
    // 调用函数
    changeAge(person);
    // 输出函数调用后 person 实例的 age 属性值
    document.write("函数调用之后 person 的 age 的值为："
        + person.age + "<br />");
    document.write("person 对象为：" + person);
</script>
```

上面代码中使用了 JSON 语法创建 person 对象，关于 JSON 语法请参考 13.11.3 节。在上面程序中，传入 changeAge()函数中的不再是基本类型变量，而是一个复合类型变量。

执行上面代码，可以看到如图 13.53 所示的结果。

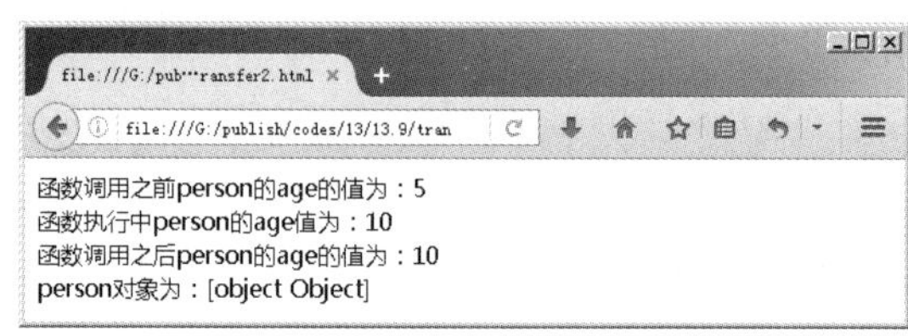

图 13.53　复合类型的参数传递

如果仅从 person 对象的 age 属性值被改变来看，很多资料、书籍非常容易得到一个结论：复合类型的参数采用了引用传递方式，不再是采用值传递方式。

看 changeAge()函数中最后一行粗体字代码，将 person 对象直接赋值为 null，但 changeAge()函数执行结束后，后面的 person 对象依然是一个对象，并不是 null，这表明 person 本身并未传入 changeAge()函数中，传入 changeAge()函数的依然是副本。

上面程序的关键是，复合类型的变量本身并未持有对象本身，复合类型的变量只是一个引用（类似于 Java 的引用变量），该引用指向实际的 JavaScript 对象。当把 person 复合类型的变量传入 changeAge()函数时，传入的依然是 person 变量的副本——只是该副本和原 person 变量指向同一个 JavaScript 对象。因此不管是修改该副本所引用的 JavaScript 对象，还是修改 person 变量所引用的 JavaScript 对象，实际上修改的是同一个对象。JavaScript 的复合类型包括对象、数组等。

13.9.2　空参数

看如下程序代码。

程序清单：codes\13\13.9\emptyArg.html

```
<script type="text/javascript">
    function changeAge(person)
    {
        if (typeof person == 'object')
        {
            // 改变参数的 age 属性
            person.age = 10;
            // 输出参数的 age 属性
            document.write("函数执行中 person 的 age 值为："
```

```
                + person.age + "<br />");
        }
        else
        {
            alert("参数类型不符合:" + typeof person);
        }
    }
    changeAge();
</script>
```

上面代码的函数声明中包含了一个参数，但调用函数时并没有传入任何参数。这种形式对于强类型语言，如 Java 或 C 都是不允许的；但对于 JavaScript 却没有任何语法问题，因为 JavaScript 会将没有传入实参的参数值自动设置为 undefined 值。如图 13.54 所示是上面程序的执行结果。

图 13.54　使用空参数

使用空参数完全没有任何程序问题，程序可以正常执行，只是没有传入实参的参数值将作为 undefined 处理。

由于 JavaScript 调用函数时对传入的实参并没有要求，即使定义函数时声明了多个形参，调用函数时也并不强制要求传入相匹配的实参。因此 JavaScript 没有所谓的函数“重载”，对于 JavaScript 来说，函数名就是函数的唯一标识。

如果先后定义两个同名的函数，它们的形参列表并不相同，这也不是函数重载，这种方式会导致后面定义的函数覆盖前面定义的函数。例如如下代码。

程序清单：codes\13\13.9\noOverload.html

```
<script type="text/javascript">
    function test()
    {
        alert("第一个无参数的 test 函数");
    }
    // 后面定义的函数将会覆盖前面定义的函数
    function test(name)
    {
        alert("第二个带 name 参数的 test 函数：" + name);
    }
    // 即使不传入参数，程序依然调用带一个参数的 test 函数
    test();
</script>
```

上面程序中定义了两个名为 test()的函数，虽然两个 test()函数声明的形参个数不同，但第二个 test()函数会覆盖第一个 test()函数。因此程序中粗体字代码调用 test()函数时，无论是否传入参数，程序始终都是调用第二个 test()函数。

13.9.3　参数类型

JavaScript 函数声明的参数列表无须类型声明，这是它作为弱类型语言的一个特征。但

JavaScript 语言又是基于对象的编程语言，这一点往往非常矛盾。例如，对于如下的 Java 方法定义：

```
public void changeAge(Person p)
{
    p.setAge(34);
}
```

这个程序没有任何问题，因为 Java 要求参数列表具有类型声明，因而参数 p 属于 Person 实例，而 Person 实例具有 setAge()方法。如果 Person 类没有 setAge()方法，程序将在编译时出现错误。调用该方法时，如果没有传入参数，或者传入参数的类型不是 Person 对象，都将在编译时出现错误。

将上面程序简单转换成 JavaScript 写法，即变成如下形式：

```
function changeAge(p)
{
    p.setAge(34);
}
```

值得注意的是，JavaScript 无须类型声明，因此调用函数时，传入的 p 完全可以是整型变量，或者是布尔型变量，这些类型的数据都没有 setAge()方法，但程序强制调用该方法，肯定导致程序出现错误，程序非正常中止。

提示：

JavaScript 函数定义的参数列表无须类型声明，这一点为函数调用埋下了隐患，这也是 JavaScript 语言程序不如 Java、C 语言程序健壮的一个重要原因。

实际上这个问题并不是 JavaScript 所独有的，而是所有弱类型语言所共有的问题。由于声明函数时形参无须定义数据类型，所以导致调用这些函数时可能出现问题。

为了解决弱类型语言所存在的问题，弱类型语言提出了所谓“鸭子类型（Duck Type）”的概念，他们认为：当你需要一个“鸭子类型”的参数时，由于编程语言本身是弱类型的，所以无法保证传入的参数一定是“鸭子类型”，这时你可以先判断这个对象是否能发出“嘎嘎”声，并具有走路左右摇摆的特征，也就是具有“鸭子类型”的特征——一旦该参数具有“鸭子类型”的特征，即使它不是“鸭子”，程序也可以将它当成“鸭子”使用。

简单地说，“鸭子类型”的理论认为：如果弱类型语言的函数需要接受参数，则应先判断参数类型，并判断参数是否包含了需要访问的属性、方法。只有当这些条件都满足时，程序才开始真正处理调用参数的属性、方法。看如下代码。

程序清单：codes\13\13.9\duckType.html

```
<script type="text/javascript">
    // 定义函数 changeAge，函数需要一个参数
    function changeAge(person)
    {
        // 首先要求 person 必须是对象，而且 person 的 age 属性为 number
        if (typeof person == 'object'
            && typeof person.age == 'number')
        {
            // 执行函数所需的逻辑操作
            document.write("函数执行前 person 的 age 值为："
                + person.age + "<br />");
            person.age = 10;
            document.write("函数执行中 person 的 age 值为："
```

```
                + person.age + "<br />");
        }
        // 否则将输出提示，参数类型不符合
        else
        {
            document.writeln("参数类型不符合" +
                typeof person + "<br />");
        }
    }
    // 分别采用不同的方式调用函数
    changeAge();
    changeAge('xxx');
    changeAge(true);
    // 采用 JSON 语法创建第一个对象
    p = {abc : 34};
    changeAge(p);
    // 采用 JSON 语法创建第二个对象
    person = {age : 25};
    changeAge(person);
</script>
```

这种语法要求：函数对参数执行逻辑操作之前，首先判断参数的数据类型，并检查参数的属性是否符合要求，当所有的要求满足后才执行逻辑操作；否则弹出警告。图 13.55 显示了代码的执行结果。

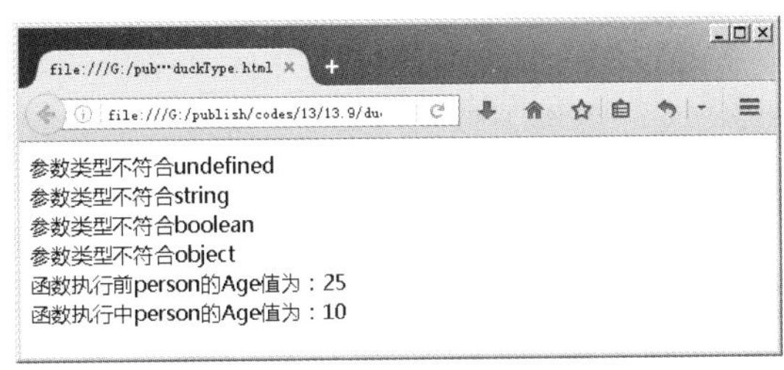

图 13.55 严格的参数检查

13.10 面向对象

JavaScript 并不严格地要求使用对象，甚至可以不使用函数，将代码堆积成简单的顺序代码流。但随着代码的增加，为了提供更好的软件复用，建议使用对象和函数。

13.10.1 面向对象的概念

JavaScript 并不是面向对象的程序设计语言，面向对象设计的基本特征：继承、多态等没有得到很好的实现。在纯粹的面向对象语言里，最基本的程序单位是类，类与类之间提供严格的继承关系。比如 Java 中的类，所有的类都可以通过 extends 显式继承父类，或者默认继承系统的 Object 类。而 JavaScript 并没有提供规范的语法让开发者定义类。

在纯粹的面向对象程序设计语言里，严格使用 new 关键字创建对象，而 new 关键字调用该类的构造器，通过这种方式可以返回该类的实例。例如，在 Java 中可以通过如下代码创建 Person 实例：

```
Person p = new Person();
```

假设 Person 类已有了 Person 的构造器，通过构造器即可返回 Person 实例。但 JavaScript 则没有这样严格的语法，JavaScript 中的每个函数都可用于创建对象，返回的对象既是该类的实例，也是 Object 类的实例。看如下代码。

程序清单：codes\13\13.10\objectTest.html

```
<script type="text/javascript">
    // 定义简单函数
    function Person(name)
    {
        this.name = name;
    }
    // 使用 new 关键字，简单创建 Person 类的实例
    var p = new Person('yeeku');
    // 如果 p 是 Person 类的实例，则输出静态文本
    if (p instanceof Person)
        document.writeln("p 是 Person 的实例<br />");
    // 如果 p 是 Object 类的实例，则输出静态文本
    if(p instanceof Object)
        document.writeln("p 是 Object 的实例");
</script>
```

上面的 JavaScript 在定义 Person 函数的同时，也得到了一个 Person 类，因此程序通过 Person 创建的对象既是 Person 类的实例，也是 Object 类的实例。

由于 JavaScript 的函数定义不支持继承语法，JavaScript 没有完善的继承机制。因此习惯上称 JavaScript 是基于对象的脚本语言。

JavaScript 不允许开发者指定类与类之间的继承关系，JavaScript 并没有提供完善的继承语法，因此开发者定义的类没有父子关系，但这些类都是 Object 类的子类。

13.10.2　对象和关联数组

JavaScript 对象与纯粹的面向对象语言的对象存在一定的区别：JavaScript 中的对象本质上是一个关联数组，或者说更像 Java 里的 Map 数据结构，由一组 key-value 对组成。与 Java 中 Map 对象存在区别的是，JavaScript 对象的 value，不仅可以是值（包括基本类型的值和复合类型的值），也可以是函数，此时的函数就是该对象的方法。当 value 是基本类型的值或者复合类型的值时，此时的 value 就是该对象的属性值。

因此，当需要访问某个 JavaScript 对象的属性时，不仅可以使用 obj.propName 的形式，也可以采用 obj[propName]的形式，有些时候甚至必须使用这种形式。例如下面代码。

程序清单：codes\13\13.10\objectTest2.html

```
<script type="text/javascript">
    function Person(name , age)
    {
        //将 name、age 形参的值分别赋给 name、age 实例属性
        this.name = name;
        this.age = age;
        this.info = function()
        {
            alert('info method!');
        }
    }
    var p = new Person('yeeku' , 30);
    for (propName in p)
    {
        //遍历 Person 对象的属性
        document.writeln('p 对象的' + propName
```

```
            + "属性值为: " + p[propName] + "<br />");
    }
</script>
```

上面程序中粗体字代码遍历了 Person 对象的每个属性，因为遍历每个属性时循环计数器是 Person 对象的属性名，因此程序必须根据属性名来访问 Person 对象的属性，此时不能采用 p.propName 的形式，如果采用 p.propName 的形式，JavaScript 不会把 propName 当成变量处理，它试图直接访问该对象的 propName 属性——但该属性实际并不存在。在浏览器中浏览该页面，将看到如图 13.56 所示的效果。

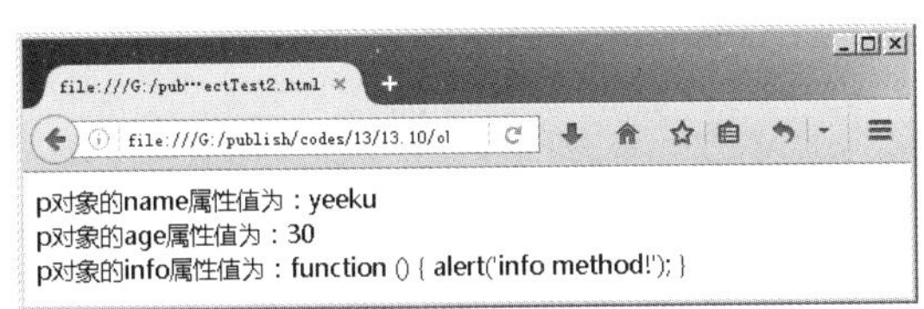

图 13.56 遍历 JavaScript 对象的属性

13.10.3 继承和 prototype

JavaScript 的函数没有提供显式的继承语法，因而 JavaScript 中的对象全部是 Object 的子类。这在前面已经介绍过了，因而各对象之间完全平等，各对象之间并不存在直接的父子关系。JavaScript 提供了一些内建类，通过这些内建类可以方便地创建各自的对象。

在面向对象的程序设计语言里，类与类之间有显式的继承关系，一个类可以显式地指定继承自哪个类，子类将具有父类的所有属性和方法。JavaScript 虽然也支持类、对象的概念，但没有继承的概念，只能通过特殊的手段来扩展原有的 JavaScript 类。

事实上，每个 JavaScript 对象都是相同基类（Object 类）的实例，因此所有的 JavaScript 对象之间并没有明显的继承关系。而且 JavaScript 是一种动态语言，它允许自由地为对象增加属性和方法，当程序为对象的某个不存在的属性赋值时，即可认为是为该对象增加属性。例如如下代码：

```
// 定义一个对象，该对象没有任何属性和方法
var p = {};
// 为p对象增加age属性
p.age = 30;
// 为p对象增加info属性，该属性值是函数，也就是增加了info方法
p.info = function()
{
    alert("info method!");
}
```

前面已经介绍过，定义 JavaScript 函数时，也就得到了一个同名的类，而且该函数就是该类的构造器。因此，我们认为定义一个函数的同时，实质上也是定义了一个构造器。

当定义函数时，函数中以 this 修饰的变量是实例属性，如果某个属性值是函数时，即可认为该属性变成了方法。例如如下代码。

程序清单：codes\13\13.10\classTest.html

```
<script type="text/javascript">
    // 创建Person函数
    function Person(name , age)
    {
        this.name = name;
        this.age = age;
        // 为Person对象指定info方法
```

```
        this.info = function()
        {
            // 输出Person实例的name和age属性
            document.writeln("姓名：" + this.name);
            document.writeln("年龄：" + this.age);
        }
    }
    // 创建Person实例p1
    var p1 = new Person('yeeku' , 29);
    // 执行p1的info方法
    p1.info();
    document.writeln("<hr />");
    // 创建Person实例p2
    var p2 = new Person('wawa' , 20);
    // 执行p2的info方法
    p2.info();
</script>
```

代码中在定义 Person 函数的同时，也定义了一个 Person 类，而且该 Person 函数就是该 Person 类的构造器，该构造器不仅为 Person 实例完成了属性的初始化，还为 Person 实例提供了一个 info 方法。

但使用上面方法为 Person 类定义增加 info 方法相当不好，主要有如下两个原因。

- **性能低下：**因为每次创建 Person 实例时，程序依次向下执行，每次执行程序中粗体字代码时都将创建一个新的 info 函数——当创建多个 Person 对象时，系统就会有很多个 info 函数——这就会造成系统内存泄漏，从而引起性能下降。实际上，info 函数只需要一个就够了。
- **使得 info 函数中的局部变量产生闭包：**闭包会扩大局部变量的作用域，使得局部变量一直存活到函数之外的地方。看如下代码。

程序清单：codes\13\13.10\closureTest.html

```
<script type="text/javascript">
    // 创建Person函数
    function Person()
    {
        // locVal是个局部变量，原本应该该函数结束后立即失效
        var locVal = '疯狂Java联盟';
        this.info = function()
        {
            // 此处会形成闭包
            document.writeln("locVal的值为：" + locVal);
            return locVal;
        }
    }
    var p = new Person();
    // 调用p对象的info()方法
    var val = p.info();
    // 输出val返回值，该返回值就是局部变量locVal
    alert(val);
</script>
```

从上面代码中可以看出，由于在 info 函数里访问了局部变量 locVal，所以形成了闭包，从而导致 locVal 变量的作用域被扩大，在最后一行粗体字代码处可以看到，即使离开了 info 函数，程序依然可以访问到局部变量的值。

为了避免这两种情况，通常不建议直接在函数定义（也就是类定义）中直接为该函数定义方法，而是建议使用 prototype 属性。

JavaScript的所有类（也就是函数）都有一个prototype属性，如果为JavaScript类的prototype属性增加属性、方法，则可视为对原有类的扩展。我们可理解为：增加了prototype属性的类继承了原有的类——这就是JavaScript所提供的一种伪继承机制。看如下程序。

程序清单：codes\13\13.10\prototypeTest.html

```
<script type="text/javascript">
    // 定义一个Person函数，同时也定义了Person类
    function Person(name , age)
    {
        // 将局部变量name、age赋值给实例属性name、age
        this.name = name;
        this.age = age;
        // 使用内嵌函数定义了Person类的方法
        this.info = function()
        {
            document.writeln("姓名：" + this.name + "<br />");
            document.writeln("年龄：" + this.age + "<br />");
        }
    }
    // 创建Person的实例p1
    var p1 = new Person('yeeku' , 29);
    // 执行Person的info方法
    p1.info();
    // 此处不可调用walk方法，变量p还没有walk方法
    // 将walk方法增加到Person的prototype属性上
    Person.prototype.walk = function()
    {
        document.writeln(this.name + '正在慢慢溜达...<br />');
    }
    document.writeln('<hr />');
    // 创建Person的实例p2
    var p2 = new Person('leegang' , 30);
    // 执行p2的info方法
    p2.info();
    document.writeln('<hr />');
    // 执行p2的walk方法
    p2.walk();
    // 此时p1也具有了walk方法——JavaScript允许为类动态增加方法和属性
    //执行p1的walk方法
    p1.walk();
</script>
```

上面程序中粗体字代码为Person类的prototype属性增加了walk函数，即可认为程序为Person类动态地增加了walk实例方法——实际上，JavaScript是一门动态语言，它不仅可以为对象动态地增加属性和方法，也可以动态地为类增加属性和方法。

在为Person类增加walk实例方法之前，p1对象不能调用walk方法；当为Person类增加了walk实例方法之后，新创建的p2对象以及前面创建的p1对象都拥有了walk方法，所以可调用walk方法。

上面程序采用prototype为Person类增加了一个walk方法，这样会让所有的Person实例共享一个walk方法，而且该walk方法不在Person函数之内，因此不会产生闭包。

与Java等真正面向对象的继承不同，虽然使用prototype属性可以为一个类动态地增加属性和方法，这可被当成一种“伪继承”；但这种“伪继承”的实质是修改了原有的类，并不是产生了一个新的子类，这一点尤其需要注意。因此原有的那个没有walk方法的Person类将不再存在！

注意：

JavaScript 并没有提供真正的继承，当通过某个类的 prototype 属性动态地增加属性或方法时，其实质是对原有类的修改，并不是真正产生一个新的子类，所以这种机制依然只是一种伪继承。

通过使用 prototype 属性，可以对 JavaScript 的内建类进行扩展。下面的代码为 JavaScript 内建类 Array 增加了 indexof 方法，该方法用于判断数组中是否包含了某元素。

程序清单：codes\13\13.10\extendsArray.html

```
<script type="text/javascript">
    // 为Array增加indexof方法，将该函数增加到prototype属性上
    Array.prototype.indexof = function(obj)
    {
        // 定义result的值为-1
        var result = -1;
        // 遍历数组的每个元素
        for (var i = 0 ; i < this.length ; i ++)
        {
            // 当数组的第i个元素值等于obj时
            if (this[i] == obj)
            {
                // 将result的值赋为i，并结束循环
                result = i;
                break;
            }
        }
        // 返回元素所在的位置
        return result;
    }
    var arr = [4, 5, 7, -2];
    // 测试为arr新增的indexof方法
    alert(arr.indexof(-2));
</script>
```

上面程序中第一段粗体字代码为 Array 类动态地增加了 indexof 方法，使得其后的所有数组对象都可以直接使用 indexof 方法，程序中最后一行粗体字代码就直接测试使用了数组对象的 indexof 方法。

如果将上面代码放在 JavaScript 代码最上面，则代码中的所有数组都会增加 indexof 方法。一定要将这段代码放在 JavaScript 脚本的开头，因为只有将 indexof 方法增加到 prototype 函数之后，创建的 Array 实例才有 indexof 方法。

虽然可以在任何时候为一个类增加属性和方法，但通常建议在类定义结束后立即增加该类所需的方法，这样可避免造成不必要的混乱。同时，对于需要在类定义中定义方法的情形，尽量避免直接在类定义中定义方法，这样可能造成内存泄漏和产生闭包。比较安全的方式是通过 prototype 属性为该类增加属性和方法。

注意：

尽量避免使用内嵌函数为类定义方法，而应该使用增加 prototype 属性的方式来增加方法。通过 prototype 属性来为类动态地增加属性和方法会让程序更加安全，性能更加稳定。

此外，JavaScript 类的 prototype 属性代表了该类的原型对象。在默认情况下，JavaScript 类的 prototype 属性值是一个 Object 对象，将 JavaScript 类的 prototype 设为父类实例，可实现 JavaScript 语言的继承。例如如下程序。

程序清单：codes\13\13.10\inherit.html

```
<script type="text/javascript">
    // 定义一个 Person 类
    function Person(name, age)
    {
        this.name = name;
        this.age = age;
    }
    // 使用 prototype 为 Person 类添加 sayHello 方法
    Person.prototype.sayHello = function()
    {
        console.log(this.name + "向您打招呼！");
    }
    var per = new Person("牛魔王", 22);
    per.sayHello(); // 输出：牛魔王向您打招呼！
    // 定义一个 Student 类
    function Student(grade){
         this.grade = grade;
    }
    // 将 Student 的 prototype 设为 Person 对象
    Student.prototype = new Person("未命名" , 0);
    // 使用 prototype 为 Student 类添加 intro 方法
    Student.prototype.intro = function(){
        console.log("%s 是个学生，读%d 年级" , this.name, this.grade);
    }
    var stu = new Student(5);
    stu.name = "孙悟空";
    console.log(stu instanceof Student); // 输出 true
    console.log(stu instanceof Person); // 输出 true
    stu.sayHello(); // 输出：孙悟空向您打招呼！
    stu.intro(); //输出：孙悟空是个学生，读 5 年级
</script>
```

上面程序中定义了一个 Person 类，然后程序使用 prototype 属性为 Person 类定义了 sayHello()方法。

接下来程序定义了一个 Student 类，并将该 Student 类的 prototype 属性设为 Person 对象，这就表明 Student 的原型是 Person 对象，也就相当于设置 Student 继承了 Person，这样 Student 类将会得到 Person 类的属性和方法。

程序后面创建了 Student 对象，程序中第二行粗体字代码判断 Student 对象是否为 Person 类及其子类的实例，此处将会返回 true。此外，Student 对象既可调用 Person 定义的实例方法，也可调用 Student 定义的实例方法。

使用浏览器执行上面代码，将会看到如图 13.57 所示的输出。

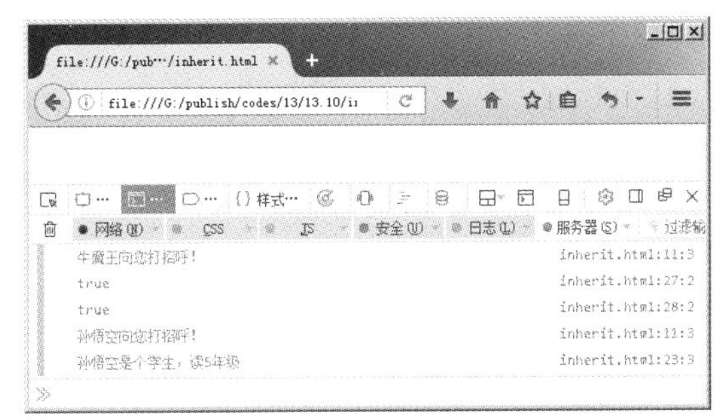

图 13.57 使用 prototype 实现继承

13.10.4 构造器实现伪继承

下面再介绍一种伪继承的实现方式，例如如下代码。

程序清单：codes\13\13.10\fakeInherit.html

```
<script type="text/javascript">
    // 定义一个Person类
    function Person(name, age)
    {
        this.name = name;
        this.age = age;
        // 为Person类定义sayHello方法
        this.sayHello = function()
        {
            console.log(this.name + "向您打招呼！");
        }
    }
    var per = new Person("牛魔王", 22);
    per.sayHello(); // 输出：牛魔王向您打招呼！
    // 定义Student类
    function Student(name, age, grade)
    {
        // 定义一个实例属性引用Person类
        this.inherit_temp = Person;
        // 调用Person类的构造器
        this.inherit_temp(name, age);
        this.grade = grade;
    }
    // 使用prototype为Student类添加intro方法
    Student.prototype.intro = function(){
        console.log("%s是个学生，读%d年级" , this.name, this.grade);
    }
    var stu = new Student("孙悟空", 34, 5);
    console.log(stu instanceof Student); // 输出true
    console.log(stu instanceof Person); // 伪继承，所以输出false
    stu.sayHello(); // 输出：孙悟空向您打招呼！
    stu.intro(); // 输出：孙悟空是个学生，读5年级
</script>
```

上面程序先定义了一个Person类，并为Person类定义了实例属性和实例方法。接下来程序定义了一个Student类，Studnet类中第一行粗体字代码将Person直接赋值给Student的inherit_temp实例属性（该属性名可以任意），第二行粗体字代码以this为调用者，调用了Person构造器——这样Person构造器中this就全部换成了当前的Student，这样即可将Person类中定义的实例属性、方法都移植到Student类中。

程序后面创建了一个Student对象，该对象既可调用Person定义的实例方法，也可调用Student定义的实例方法。但由于这种方式并不是JavaScript真正的继承机制，只是一种伪继承，因此程序使用instanceof判断Student对象是否为Person的实例时将返回false。

使用浏览器执行上面代码，将会看到如图13.58所示的输出。

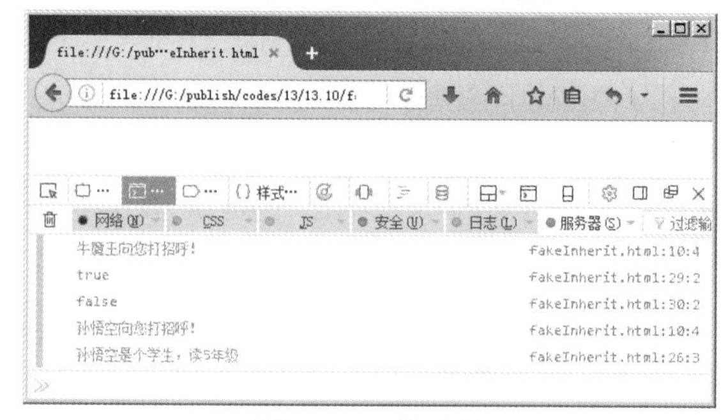

图13.58 伪继承

13.10.5 使用 apply 或 call 实现伪继承

上面介绍的伪继承的关键在于子类构造器需要以 this 作为调用者来调用父类构造器，这样父类构造器中的 this 就会变成代表子类，子类就可以得到原父类定义的实例属性和方法，因此这种伪继承方式完全可以用 apply 或 call 来实现，只要在使用 apply 或 call 调用时指定 this 作为调用者即可。

例如如下代码。

程序清单：codes\13\13.10\fakeInherit2.html

```
<script type="text/javascript">
    // 定义一个 Person 类
    function Person(name, age)
    {
        this.name = name;
        this.age = age;
        // 为 Person 类定义 sayHello 方法
        this.sayHello = function()
        {
            console.log(this.name + "向您打招呼！");
        }
    }
    var per = new Person("牛魔王", 22);
    per.sayHello(); // 输出：牛魔王向您打招呼！
    // 定义 Student 类
    function Student(name, age, grade)
    {
//      Person.call(this, name, age);
        Person.apply(this, [name, age]);
        this.grade = grade;
    }
    // 使用 prototype 为 Student 类添加 intro 方法
    Student.prototype.intro = function(){
        console.log("%s 是个学生，读%d 年级" , this.name, this.grade);
    }
    var stu = new Student("孙悟空", 34, 5);
    console.log(stu instanceof Student); // 输出 true
    console.log(stu instanceof Person); // 伪继承，所以输出 false
    stu.sayHello(); // 输出：孙悟空向您打招呼！
    stu.intro(); //输出：孙悟空是个学生，读 5 年级
</script>
```

上面程序中粗体字代码以 this 作为调用者调用 Person 的构造器——这种方式既可用 apply 调用实现，也可用 call 调用实现，这行 apply 调用或 call 调用即可代替前面伪继承实现方式的构造器中两行粗体字代码。该程序剩下部分与前一个程序完全相同，因此运行该程序的输出结果也完全相同。

13.11 创建对象

正如前文介绍的，JavaScript 对象是一个特殊的数据结构，JavaScript 对象只是一种特殊的关联数组。创建对象并不是总需要先创建类，与纯粹面向对象语言不同的是，JavaScript 中创建对象可以不使用任何类。JavaScript 中创建对象大致有 3 种方式：

- 使用 new 关键字调用构造器创建对象。
- 使用 Object 类创建对象。

➢ 使用 JSON 语法创建对象。

13.11.1　使用 new 关键字调用构造器创建对象

使用 new 关键字调用构造器创建对象，这是最接近面向对象语言创建对象的方式，new 关键字后紧跟函数的方式非常类似于 Java 中 new 后紧跟构造器的方式，通过这种方式创建对象简单、直观。JavaScript 中所有的函数都可以作为构造器使用，使用 new 调用函数后总可以返回一个对象。看如下代码。

程序清单：codes\13\13.11\newObject.html

```
<script type="text/javascript">
    // 定义一个函数，同时也定义了一个 Person 类
    function Person(name , age)
    {
        // 将 name、age 形参赋值给 name、age 实例属性
        this.name = name;
        this.age = age;
    }
    // 分别以两种方式创建 Person 实例
    var p1 = new Person();
    var p2 = new Person('yeeku' , 29);
    // 输出 p1 的属性
    document.writeln("p1 的属性如下:"
        + p1.name + p1.age + "<br />");
    // 输出 p2 的属性
    document.writeln("p2 的属性如下:"
        + p2.name + p2.age);
</script>
```

在上面代码中，以两种不同的方式创建了 Person 对象。因为 JavaScript 支持空参数特性，所以调用函数时，依然可以不传入参数，如果没有传入参数，则对应的参数值是 undefined。

前面已经介绍过，在函数中使用 this 修饰的变量是该函数的实例属性，以函数名修饰的变量则是该函数的类属性。实例属性以实例访问，类属性则以函数名访问。以这种方式创建的对象是 Person 的实例，也是 Object 的实例。上面代码的执行结果是，p1 的两个属性都是 undefined；而 p2 的 name 属性为 yeeku，age 属性为 29。

13.11.2　使用 Object 直接创建对象

JavaScript 的对象都是 Object 类的子类，因此可以采用如下方法创建对象。

```
// 创建一个默认对象
var myObj = new Object();
```

这是空对象，该对象不包含任何的属性和方法。与 Java 不同的是，JavaScript 是动态语言，因此可以动态地为该对象增加属性和方法。在静态语言（如 Java、C#）中，一个对象一旦创建成功，它所包含的属性值可以变化，但属性的类型、属性的个数都不可改变，也不可增加方法。

JavaScript 既可以为对象动态地增加方法，也可以动态地增加属性。看如下代码。

程序清单：codes\13\13.11\dynaObject.html

```
<script type="text/javascript">
    // 创建空对象
    var myObj = new Object();
    // 增加属性
    myObj.name = 'yeeku';
```

```
    // 增加属性
    myObj.age = 29;
    // 输出对象的两个属性
    document.writeln(myObj.name  + myObj.age);
</script>
```

上面代码直接为对象增加两个属性，这种语法从某个侧面反映了 JavaScript 对象的本质：它是一个特殊的关联数组。事实上，JavaScript 完全允许使用数组语法来访问属性，在 13.10.2 节已经看到这种访问方式。

在 13.10.3 节的代码中使用匿名函数为对象增加方法。此处没有必要使用有名字的函数，当然也可以使用有名字的函数。例如：

```
// 为对象增加方法
myObj.info = function abc()
{
    document.writeln("对象的 name 属性:" + this.name);
    document.writeln("<br />");
    document.writeln("对象的 age 属性:" + this.age);
};
```

上面定义的 function abc(){}函数中 abc 名称将会被忽略。

提示： 早期 IE 浏览器还会保留 abc 这个函数名，但这种做法是非主流的，因此最新版本的 IE 浏览器也抛弃了这种行为。

正如前面提到的，JavaScript 还可以通过 new Function()的方法来定义匿名函数，因此完全可以通过这种方式来为 JavaScript 对象增加方法，如下代码所示。

程序清单：codes\13\13.11\dynaObject2.html

```
<script type="text/javascript">
    var myObj = new Object();
    myObj.name = 'yeeku';
    myObj.age = 29;
    // 为对象增加方法
    myObj.info = new Function("document.writeln('对象的 name 属性:' + this.name);"
        + "document.writeln('<br />');"
        + "document.writeln('对象的 age 属性:' + this.age)");
    document.writeln("<hr / >");
    myObj.info();
</script>
```

此外，JavaScript 也允许将一个已有的函数添加为对象的方法，看如下代码。

程序清单：codes\13\13.11\dynaObject3.html

```
<script type="text/javascript">
    // 创建空对象
    var myObj = new Object();
    // 为空对象增加属性
    myObj.name = 'yeeku';
    myObj.age = 29;
    // 创建一个函数
    function abc()
    {
        document.writeln("对象的 name 属性:" + this.name);
        document.writeln("<br />");
        document.writeln("对象的 age 属性:" + this.age);
    };
```

```
    // 将已有的函数添加为对象的方法
    myObj.info = abc;
    document.writeln("<hr />");
    // 调用方法
    myObj.info();
</script>
```

上面程序中第一段粗体字代码定义了一个普通函数，程序的最后一行粗体字代码将 abc 函数直接赋值给 myObj 对象的 info 属性，这样就为 myObj 对象添加了一个 info 方法。

值得指出的是，将已有的函数添加为对象方法时，不能在函数名后添加括号。一旦添加了括号，将表示调用函数，不再是将函数本身赋给对象的方法，而是将函数的返回值赋给对象的属性。

注意：

为对象添加方法时，不要在函数后添加括号。一旦添加了括号，将表示要把函数的返回值赋给对象的属性。

13.11.3 使用 JSON 语法创建对象

JSON（JavaScript Object Notation）语法提供了一种更简单的方式来创建对象，使用 JSON 语法可避免书写函数，也可避免使用 new 关键字，可以直接创建一个 JavaScript 对象。为了创建 JavaScript 对象，可以使用花括号，然后将每个属性写成“key : value”对的形式。

对于早期的 JavaScript 版本，如果要使用 JavaScript 创建一个对象，在通常情况下可能会这样写：

```
// 定义一个函数，作为构造器
function Person(name, sex)
{
    this.name = name;
    this.sex = sex;
}
// 创建一个 Person 实例
var p = new Person('yeeku', 'male');
```

从 Javascript 1.2 开始，创建对象有了一种更快捷的语法，语法如下：

```
var p = {
    name: 'yeeku',
    gender : 'male'
};
alert(p);
```

这种语法就是一种 JSON 语法。显然，使用 JSON 语法创建对象更加简捷、方便。图 13.59 显示了这种语法示意图。

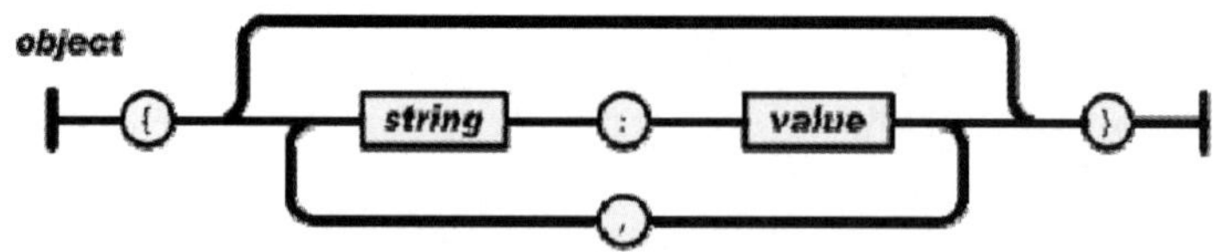

图 13.59 JSON 创建对象的语法示意图

在图 13.59 中，创建对象时，总以{ 开始，以 }结束，对象的每个属性名和属性值之间以英文冒号（:）隔开，多个属性定义之间以英文逗号（,）隔开。语法格式如下：

```
object =
{
```

```
    propertyName1 : propertyValue1,
    propertyName2 : propertyValue2,
    ...
}
```

必须注意的是，并不是每个属性定义后面都有英文逗号（,），必须后面还有属性定义时才需要逗号（,），也就是最后一个属性定义后不再有英文逗号（,）。因此，下面的对象定义是错误的。

```
person =
{
    name : 'yeeku',
    gender: 'male',
}
```

因为 gender 属性定义后多出一个英文逗号，最后一个属性定义的后面直接以 } 结束了，不能再有英文逗号（,）。

使用 JSON 语法创建 JavaScript 对象时，属性值不仅可以是普通字符串，也可以是任何基本数据类型，还可以是函数、数组，甚至可以是另外一个 JSON 语法创建的对象。例如：

```
person =
{
    name : 'yeeku',
    gender : 'male',
    // 使用 JSON 对象为其指定一个属性
    son : {
        name:'nono',
        grade:1
    },
    // 使用 JSON 语法为 person 直接分配一个方法
    info : function()
    {
        document.writeln("姓名：" + this.name + "性别：" + this. gender);
    }
}
```

JSON 语法不仅仅可用于创建对象，使用 JSON 语法创建数组也是非常常见的情形，在早期的 JavaScript 语法里，我们通过如下方式来创建数组：

```
// 创建数组对象
var a = new Array();
// 为数组元素赋值
a[0] = 'yeeku';
// 为数组元素赋值
a[1] = 'nono';
```

也可以通过如下方式创建数组：

```
// 创建数组对象时直接赋值
var a = new Array('yeeku', 'nono');
```

但使用 JSON 语法创建数组则更加简单：

```
// 使用 JSON 语法创建数组
var a = ['yeeku', 'nono']
```

图 13.60 是使用 JSON 创建数组的语法示意图。

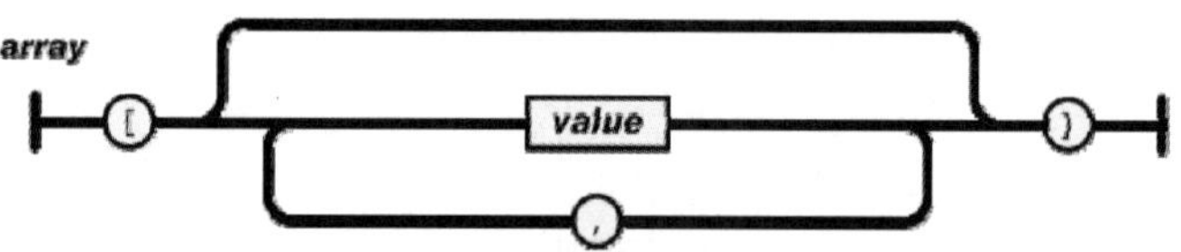

图 13.60　使用 JSON 创建数组的语法示意图

正如从图 13.60 所见到的，使用 JSON 创建数组总是以英文方括号（[）开始，然后依次放入数组元素，元素与元素之间以英文逗号（,）隔开，最后一个数组元素后面不需要英文逗号，以英文反方括号（]）结束。使用 JSON 创建数组的语法格式如下：

```
arr = [value1 , value 2 ...]
```

与使用 JSON 语法创建对象相似的是，数组的最后一个元素后面不能有逗号（,）。如下代码定义了一个更复杂的 JSON 对象。

程序清单：codes\13\13.11\json.html

```
<script type="text/javascript">
    // 定义一个对象
    var person =
    {
        // 定义第一个简单属性
        name : 'wawa',
        // 定义第二个简单属性
        age : 29 ,
        // 定义第三个属性：数组
        schools : ['小学' , '中学' , "大学"],
        // 定义第四个属性：对象数组
        parents :[
            {
                name : 'father',
                age : 60,
                address : '广州'
            }
            ,
            {
                name : 'mother',
                age : 58,
                address : '深圳'
            }
        ]
    };
    alert(person.parents);
</script>
```

实际上，JSON 已经发展成一种轻量级的、跨语言的数据交换格式，目前已经明确支持 JSON 语法的编程语言非常多，比如 Java、C/C++、C#、Ruby、Python、PHP、Perl 等主流编程语言都支持 JSON 格式的数据。JSON 的官方站点是 http://www.json.org，读者可以登录该站点了解关于 JSON 的更多信息。

由于 JSON 格式的数据交换具有轻量级、易理解、跨语言的优势，因此 JSON 格式已成为 XML 数据交换格式的有力竞争者。假设需要交换一个 Person 对象，其 name 属性为 yeeku，其 gender 属性为 male，其 age 属性为 29，使用 JSON 语法可写成如下形式：

```
person =
{
    name:'yeeku',
    gender:'male',
    age:29
}
```

如果使用 XML 数据交换格式，则需要写成如下形式：

```
<person>
    <name>yeeku</name>
    <gender>male</gender>
    <age>29</age>
</person>
```

对比两种表示方式，前一种方式明显比第二种方式更加简洁，数据传输量也更小。因此，在需要跨平台、跨语言地进行数据交换时，有时候宁愿选择 JSON 作为数据交换格式，而不是 XML。

13.12 本章小结

本章主要介绍了 JavaScript 语言相关知识，包括 JavaScript 的变量、数据类型等，并全面介绍了 JavaScript 的各种运算符，还介绍了 JavaScript 的流程控制语句。本章重点介绍了 JavaScript 的函数，在介绍函数的同时，力图全面阐释 JavaScript 基于对象的特征，以及它与面向对象语言存在差异的地方。JavaScript 的类、对象和伪继承等也是本章介绍的重点。本章另一个重要的知识点是掌握创建对象的 3 种语法。

本章的难点是理解 JavaScript 函数的复杂性：JavaScript 函数既是一个函数，也可作为一个方法，还是一个对象，并可作为一个类使用，而且还是该类唯一的构造器。除此之外，创建函数的 3 种方式、调用函数的 3 种方式也需要重点掌握。本章的另一个难点是理解 JavaScript 的动态特征：它的数组长度允许动态改变，它允许为对象动态地增加属性和方法，还允许通过 prototype 为类动态地增加属性和方法。

CHAPTER

14

第 14 章 DOM 编程详解

本章要点

- DOM 模型概述
- DOM 模型的思想和作用
- DOM 和 HTML 文档
- HTML 元素在 DOM 模型中实现类
- HTML 元素之间的包含关系
- 访问 HTML 元素的几种方法
- 修改 HTML 元素
- 增加 HTML 元素的几种方法
- 删除 HTML 元素的几种方法
- 传统的 DHTML 模型
- DHTML 模型的包含关系
- window 对象的常用方法和功能
- navigator 对象的常用属性和功能
- HTML 5 新增的 geolocation 属性
- document 对象的常用方法和功能

DOM 是文档对象模型（Document Object Model）的简称。借助 DOM 模型，可以将结构化文档转换成 DOM 树，程序可以访问、修改树里的节点，也可以新增、删除树里的节点。程序操作这棵 DOM 树时，结构化文档也会随之动态改变。

简单地说，DOM 采取直观、一致的方式对结构化文档进行模型化处理，形成一棵结构化的文档树，从而提供访问、修改该文档的简易编程接口。因此，一旦掌握了 DOM 编程模型，就拥有了使用 JavaScript 脚本动态修改 HTML 页面的能力。

通过 DOM 技术，不仅可以操作 HTML 页面的内容，包括新增节点、修改节点属性、删除节点等，而且还能操纵 HTML 页面的风格样式。DOM 由 W3C 组织所倡导。因此，绝大部分主流浏览器都支持这项技术。

14.1 DOM 模型概述

正如前面介绍的，HTML 文档只有一个根节点，而其他节点以根节点的子节点或孙子节点的形式存在，最终形成一个结构化文档。DOM 模型则用于导航、访问结构化文档的节点，并提供新增、修改、删除结构化文档的能力。

DOM 并不是一种技术，它只是访问结构化文档（主要是 XML 文档和 HTML 文档）的一种思想。基于这种思想，各种语言都有自己的 DOM 解析器。

DOM 解析器的作用就是完成结构化文档和 DOM 树之间的转换关系。通常来说，DOM 解析器解析结构化文档，就是将磁盘上的结构化文档转换成内存中的 DOM 树；而从 DOM 树输出结构化文档，就是将内存中的 DOM 树转换成磁盘上的结构化文档。图 14.1 显示了这种转换关系。

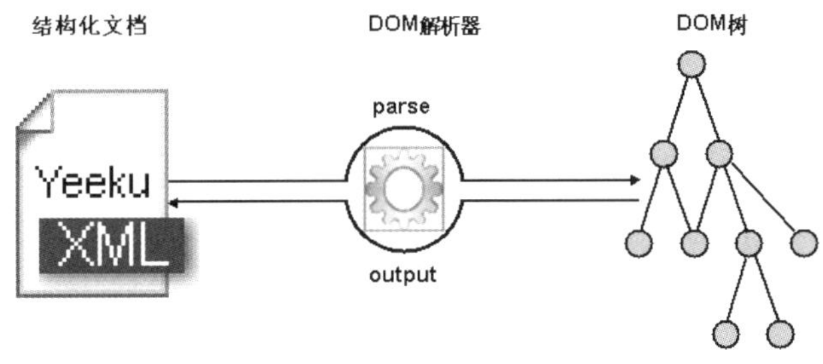

图 14.1 DOM 解析器的功能

对于支持 DOM 模型的浏览器而言，当浏览器装载一个 HTML 页面后，浏览器里已经得到了该 HTML 文档对应的 DOM 树。在通过 JavaScript 脚本修改这棵 DOM 树时，浏览器里的 HTML 页面会随之改变。

提示：

主流浏览器通过网络 IO 下载得到 HTML 文档之后，大体上会执行如下 4 步。

① 解析 HTML 文档来构建 DOM 树。

② 解析外部 CSS 文件及<style.../>元素中的样式信息，这些样式信息将会作用于 HTML 元素用于构建 Render 树。

③ Render 树构建好之后，接下来会执行布局过程，也就是确定每个节点在屏幕上的确切坐标。

④ 绘制 Render 树。

在 Firefox 浏览器中查看 HTML 文档及对应的 DOM 视图，如图 14.2 所示。

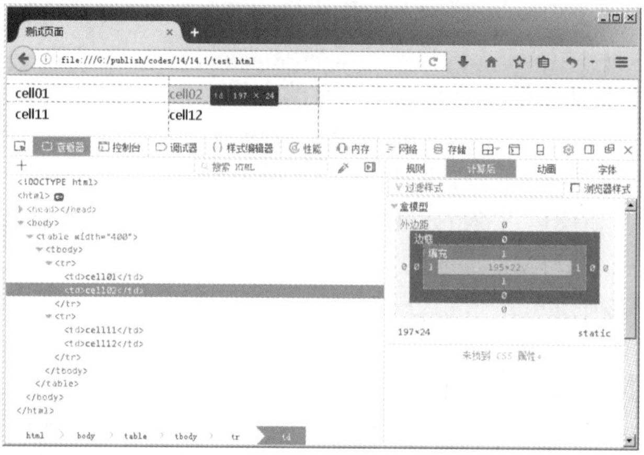

图 14.2　HTML 文档与 DOM 树的对应关系

在如图 14.2 所示的 DOM 树中，用鼠标选中<td.../>元素时，上边 HTML 文档中也以高亮的方式选中了对应的单元格。由此可见，DOM 模型中各个 DOM 节点，与 HTML 文档中各个 HTML 元素正好一一对应。通过使用 DOM 模型，JavaScript 可以动态地更新 HTML 页面的内容。

14.2　DOM 模型和 HTML 文档

HTML 文档是一种结构化文档，虽然 HTML 5 为 HTML 文档增加了一些自由的格式，但浏览器去解析 HTML 5 文档时依然会把它当成格式化文档进行处理，因此能使用 DOM 来操作 HTML 5 文档。

14.2.1　HTML 元素之间的继承关系

DOM 为常用的 HTML 元素提供了一套完整的继承体系。从页面的 document 对象到每个常用的 HTML 元素，DOM 模型都提供了对应的类，每个类都提供了相应的方法来操作 DOM 元素本身、属性及其子元素。DOM 模型允许以树的方式操作 HTML 文档中的每个元素。

虽然 JavaScript 不是一门纯粹的面向对象语言，但 DOM 还是为 HTML 元素提供了一种简单的继承关系。DOM 模型里 HTML 元素的继承关系如图 14.3 所示。

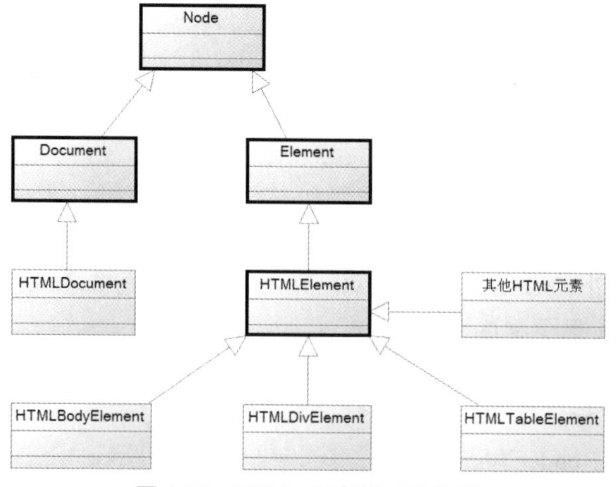

图 14.3　HTML 元素的继承关系

在图 14.3 中，粗线框框出的 4 个元素：Node、Document、Element、HTMLElement 都是普通 HTML 元素的超类，不直接对应于 HTML 页面控件，但它们所包含的方法也可被其他页面元素调用。除此之外，还有如下常用的 HTML 元素。

- HTMLDocument：代表 HTML 文档本身。
- HTMLBodyElement：代表 HTML 文档中的<body.../>控件。
- HTMLDivElement：代表 HTML 文档中的普通<div.../>控件。
- HTMLFormElement：代表 HTML 文档中的表单控件。
- HTMLSelectElement：代表 HTML 文档中的列表框、下拉列表控件。
- HTMLOptionElement：代表 HTML 文档中的列表框选项控件。
- HTMLIFrame：代表 HTML 文档中的<iframe.../>控件。
- HTMLInputElement：代表 HTML 文档中的单行文本框、密码框、按钮等控件。
- HTMLTableElement：代表 HTML 文档中的表格控件。
- HTMLTableCaptionElement：代表 HTML 文档中表格的标题控件。
- HTMLTableRowElement：代表 HTML 文档中表格的表格行控件。
- HTMLTableColElement：代表 HTML 文档中表格的列控件。
- HTMLTableCellElement：代表 HTML 文档中表格的单元格控件。
- HTMLTextAreaElement：代表 HTML 文档中的多行文本域控件。
- HTMLOLElement：代表 HTML 文档中的有序列表控件。
- HTMLULElement：代表 HTML 文档中的无序列表控件。
- HTMLLIElement：代表 HTML 文档中的列表项控件。

正如在第 3 章中所看到的，HTML 元素之间的父子关系有比较严格的限制。例如，HTMLCellElement 通常只能作为 HTMLColElement 的子元素使用。下面介绍这种常用的包含关系。

14.2.2 HTML 元素之间常见的包含关系

有些 HTML 元素之间可以互相嵌套，例如<div.../>元素可以互相嵌套；但有些 HTML 元素则不可互相嵌套，例如<td.../>元素只能作为<tr.../>元素的子元素，<option.../>元素只能作为<select.../>元素的子元素。图 14.4 描述了常用 HTML 元素之间的包含关系。

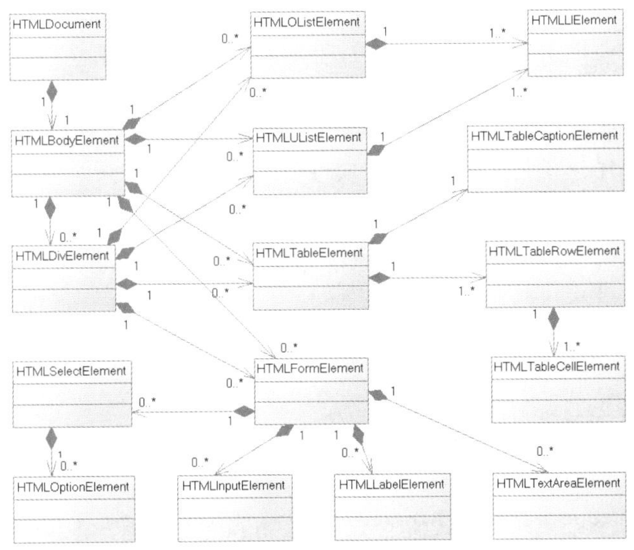

图 14.4 常用 HTML 元素之间的包含关系

从图 14.4 中可以看出，HTMLDocument 对象作为整个 HTML 文档的最大对象，里面可以包含一个 HTMLBodyElement 对象。HTML 文档中还有两个对象体系：表单对象和表格对象。

- 表单对象里可以包含基本的输入对象，还可以包含<select.../>元素，<select.../>元素可以包含多个<option.../>元素。
- 表格对象可以包含标题（HTMLTableCaptionElement）控件，还可以包含多个表格行（HTMLTableColElement）控件，每个表格行又可以包含多个单元格（HTMLTableCellElement）控件。

使用 DOM 元素增加子元素时，必须注意元素之间合理的包含关系。例如，不要为<td.../>元素添加<tr.../>子元素，虽然语法上没有错误，但这种结构在 HTML 文档上无法显示；在定义<table.../>元素时，至少要为其增加一个<tr.../>元素，否则该表格将没有任何显示。

14.3 访问 HTML 元素

为了动态地修改 HTML 元素，必须能访问 HTML 元素，DOM 提供了两种方式来访问 HTML 元素：

- 根据 ID 访问 HTML 元素。
- 根据 CSS 选择器访问 HTML 元素。
- 利用节点关系访问 HTML 元素。

前一种方式简单易用，主要由 document 提供的 getElementById()方法来完成；后一种方式则利用树节点之间的父子、兄弟关系来访问。

14.3.1 根据 ID 访问 HTML 元素

根据 ID 访问 HTML 元素由如下方法实现。

- document.getElementById(idVal)：返回文档中 id 属性值为 idVal 的 HTML 元素。

上面这个方法简单易用，只要被访问 HTML 元素具有唯一的 id 属性，那么 JavaScript 脚本就可以方便地访问到该元素。

在设计良好的 HTML 页面中，建议为页面中的每个 HTML 元素都设置唯一的 id 属性值；或者要求其他成员开发 HTML 页面时尽量为每个元素设置唯一的 id 属性值。早期的很多 HTML 页面并不是规范的 HTML 页面，而且早期的很多页面只是简单的静态页，不需要使用 JavaScript 动态修改页面内容，因此页面中可能有些 HTML 元素没有指定 id 属性值。但现在不同了，现在可能经常需要动态修改 HTML 页面内容，经常需要根据 ID 来访问 HTML 元素，因此建议为每个 HTML 元素指定唯一的 id 属性值。

下面的页面代码示范了如何根据 ID 来访问 HTML 元素。

程序清单：codes\14\14.3\accessById.html

```
<!DOCTYPE html>
<html>
<head>
    <meta http-equiv="Content-Type" content="text/html; charset=utf-8" />
    <title> 根据 ID 访问 HTML 元素 </title>
    <script type="text/javascript">
        var accessById = function()
        {
            alert(document.getElementById("a").innerHTML + "\n"
                + document.getElementById("b").value);
        }
```

```
    </script>
    </head>
<body>
    <div id="a">疯狂 Java 讲义</div>
    <textarea id="b" rows="3" cols='25'>
        轻量级 Java EE 企业应用实战</textarea>
    <input type="button" value="访问 2 个元素" onclick="accessById();"/>
</body>
</html>
```

上面的页面中定义了一个 id 为 a 的<div.../>元素、一个 id 为 b 的<textarea.../>元素，页面中还定义了一个简单按钮，当用户单击该按钮时执行 accessById()函数，该函数只是弹出一个警告提示框，该提示框输出<div.../>元素的 innerHTML 属性和<textarea.../>元素的 value 属性。

在浏览器中浏览该页面，并单击页面中的“访问 2 个元素”按钮，可以看到如图 14.5 所示的警告框。

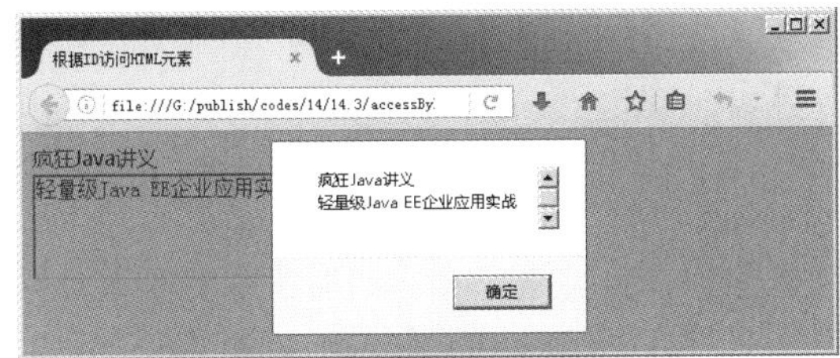

图 14.5 根据 ID 访问 HTML 元素

从图 14.5 中可以看出，该警告框的内容正好是<div.../>元素和<textarea.../>元素的“内容”。由此可见，使用 document.getElementById()方法来访问 HTML 元素非常简单。

可能有读者感到奇怪，程序中为了访问<div.../>元素和<textarea.../>元素的“内容”，为何一个用 innerHTML 属性，另一个用 value 属性呢？这是因为 DOM 模型扩展了 HTML 元素，为几乎所有的 HTML 元素都新增了 innerHTML 属性，该属性代表该元素的“内容”——当某个元素的开始标签、结束标签之间都是字符串内容时（不包含其他子元素），JavaScript 子元素可通过它的 innerHTML 属性返回这些字符串内容。但<textarea.../>例外，因为它是一个表单控件，它的开始标签和结束标签之间的内容是它的值，因此只能通过 value 属性来访问。不仅如此，还有<input.../>元素所生成的表单控件，包括单行文本框、各种按钮等，它们的可视化文本都由 value 属性控制，因此也通过 value 来获取它们的“内容”。除此之外的其他 HTML 元素，包括列表框、下拉菜单的列表项、<label.../>表单域、<button.../>按钮，都应通过 innerHTML 来获取它们的“内容”。

14.3.2 根据 CSS 选择器访问 HTML 元素

根据 CSS 选择器来访问 HTML 元素由 document 的如下方法提供支持。

- Eelemnt querySelector(selectos)：该方法的参数既可是一个 CSS 选择器，也可是用逗号隔开的多个 CSS 选择器，该方法返回 HTML 文档中第一个符合选择器参数的 HTML 元素。
- NodeList querySelectorAll(selectors)：该方法与前一个方法的用法类似，只是该方法将返回所有符合 CSS 选择器的 HTML 元素。

对于指定了唯一的 id 属性值的 HTML 元素，既可使用前面介绍的 getElementById()方法来获取，也可使用此处的 querySelector()方法来获取，此处只要传入 CSS 的 ID 选择器即可。

下面代码示范了 querySelector()的用法。

程序清单：codes\14\14.3\querySelector.html

```
<!DOCTYPE html>
<html>
<head>
    <meta http-equiv="Content-Type" content="text/html; charset=utf-8" />
    <title> 根据选择器访问 HTML 元素 </title>
    <script type="text/javascript">
        var accessById = function()
        {
            alert(document.querySelector("#a").innerHTML + "\n"
                + document.querySelector("#b").value);
        }
    </script>
    </head>
<body>
    <div id="a">疯狂 Java 讲义</div>
    <textarea id="b" rows="3" cols='25'>轻量级 Java EE 企业应用实战
        </textarea>
    <input type="button" value="访问 2 个元素" onclick="accessById();"/>
</body>
</html>
```

从上面代码可以看出，该示例与前一个示例基本相同，只是粗体字代码不再使用 getElementById()方法来获取 HTML 元素，而是使用 querySelector()方法来获取——由于此处使用 ID 选择器来获取 HTML 元素，因此需要使用#idVal 的形式。

下面代码示范了 querySelectorAll()方法同时获取多个 HTML 元素的情形。

程序清单：codes\14\14.3\querySelectorAll.html

```
<!DOCTYPE html>
<html>
<head>
    <meta http-equiv="Content-Type" content="text/html; charset=utf-8" />
    <title> 根据选择器访问 HTML 元素 </title>
    <script type="text/javascript">
        var change = function()
        {
            var divList = document.querySelectorAll("div");
            alert(divList);
            for (var i in divList)
            {
                divList[i].innerHTML = "测试内容" + i;
                divList[i].style.width = "300px";
                divList[i].style.height = "50px";
                divList[i].style.margin = "10px";
                divList[i].style.backgroundColor = "#faa";
            }
        }
    </script>
    </head>
<body>
    <div></div>
    <div></div>
    <div></div>
    <input type="button" onclick="change();" value="修改全部 div 元素"/>
</body>
</html>
```

上面页面代码中定义了 3 个<div.../>元素，粗体字代码使用 querySelectorAll("div")获取页面上所有的<div.../>元素，这样即可同时返回 3 个<div.../>元素组成的 NodeList。接下来程序采用循环遍历 NodeList 所包含的每个 HTML 元素，并逐个修改它们的宽度、高度、背景色等。

在浏览器中浏览该页面，并单击页面上的按钮，即可看到如图 14.6 所示的效果。

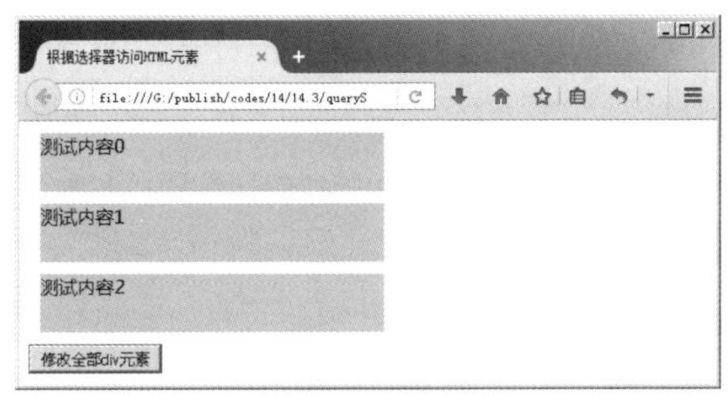

图 14.6　根据选择器访问多个 HTML 元素

14.3.3　利用节点关系访问 HTML 元素

一旦获取了某个 HTML 元素，由于该元素实际上与 DOM 树的某个节点对应，因此可以利用节点之间的父子、兄弟关系来访问 HTML 元素。

利用节点关系访问 HTML 元素的属性和方法如下。

- Node parentNode：返回当前节点的父节点。只读属性。
- Node previousSibling：返回当前节点的前一个兄弟节点。只读属性。
- Node nextSibling：返回当前节点的后一个兄弟节点。只读属性。
- Node[] childNodes：返回当前节点的所有子节点。只读属性。
- Node[] getElementsByTagName(tagName)：返回当前节点的具有指定标签名的所有子节点。
- Node firstChild：返回当前节点的第一个子节点。只读属性。
- Node lastChild：返回当前节点的最后一个子节点。只读属性。

下面的页面代码示范了如何利用节点关系访问 HTML 元素。

程序清单：codes\14\14.3\accessByNodeRelation.html

```
<!DOCTYPE html>
<html>
<head>
    <meta http-equiv="Content-Type" content="text/html; charset=utf-8" />
    <title> 根据节点关系访问 HTML 元素 </title>
    <style type="text/css">
        /* 定义改变背景色的 CSS，表示被选中的项 */
        .selected {
            background-color:#66f
        }
    </style>
    </head>
    <body>
    <ol id="books">
        <li id="java">疯狂 Java 讲义</li>
        <li id="ssh">轻量级 Java EE 企业应用实战</li>
        <li id="ajax" class="selected">疯狂 Ajax 讲义</li>
        <li id="xml">疯狂 XML 讲义</li>
        <li id="ejb">经典 Java EE 企业应用实战</li>
        <li id="android">疯狂 Android 讲义</li>
    </ol>
```

```
    <input type="button" value="父节点"
       onclick="change(curTarget.parentNode);"/>
    <input type="button" value="第一个"
       onclick="change(curTarget.parentNode.firstChild.nextSibling);"/>
    <input type="button" value="上一个"
       onclick="change(curTarget.previousSibling.previousSibling);" />
    <input type="button" value="下一个"
       onclick="change(curTarget.nextSibling.nextSibling);" />
    <input type="button" value="最后一个"
       onclick="change(curTarget.parentNode.lastChild.previousSibling);"/>
    <script type="text/javascript">
       var curTarget = document.getElementById("ajax");
       var change = function(target)
       {
          alert(target.innerHTML);
       }
    </script>
</body>
</html>
```

上面的页面代码定义 id 为 ajax 的<li.../>元素为当前元素，页面中提供了 5 个按钮，分别访问当前元素的“父元素”和“第一个”“上一个”“下一个”“最一个”等兄弟元素，页面中的粗体字代码是访问这些节点的关键代码。

例如，访问当前节点的“上一个”兄弟节点，页面中使用 curTarget.previousSibling.previousSibling，程序中两次调用 previousSibling 属性，这并没有错误！读者可能感到疑惑：这不是访问上两个兄弟节点吗？没错！确实是访问上两个节点！

需要指出的是，<ol.../>节点一共包含 13 个子节点，而不是 6 个子节点！因为在每两个<li.../>节点之间都有一片“空白”（换行和空格），每片“空白”也将被当成<ol.../>元素的子节点。因为在使用 curTarget.previousSibling 访问当前节点的上一个节点时，实际上得到一个“空白”节点；此处需要访问上一个<li.../>节点，实际上是上两个节点。

注意：

对于 HTML 页面而言，浏览器会将元素之间的“空白”也当成文本节点，在使用 DOM 模型访问 HTML 页面元素时必须小心处理。

在浏览器中浏览该页面，并单击“上一个”按钮，将看到如图 14.7 所示的提示框。

图 14.7　根据节点关系访问 HTML 元素

注意：

早期的 IE 浏览器，比如 IE 8 以前的浏览器并不会把元素之间的“空白”当成子元素。但主流的浏览器，包括最新的浏览器都会把元素之间的“空白”也当成子元素。

14.3.4 访问表单控件

表单在 DOM 中由 HTMLFormElement 对象表示，该对象除了可调用前面介绍的基本属性和方法之外，还拥有如下几个常用属性。

- action：返回该表单的 action 属性值，该属性用于指定表单的提交地址。读写属性。
- elements：返回表单内全部表单控件所组成的数组。使用该数组可以访问该表单内的任何表单控件。只读属性。
- length：返回表单内表单域的个数，该属性等于 elements.length 的值。只读属性。
- method：返回该表单的 method 属性，该属性通常有 POST 和 GET 两个值，默认采用 GET 方式。该属性用于确定表单发送请求的方式。读写属性。
- target：用于确定提交表单时的结果窗口，可以是_self、_parent、_top、_blank 等值。读写属性。

除此之外，HTMLFormElement 对象还有如下两个常用方法。

- reset()：重设表单，将所有表单域的值设置为初始值。
- submit()：提交表单。

因为 HTMLFormElement 提供了 elements 属性返回表单内的全部表单控件，因此可通过该属性访问表单里的表单控件。看如下页面代码。

程序清单：codes\14\14.3\accessFormElement.html

```
<!DOCTYPE html>
<html>
<head>
    <meta http-equiv="Content-Type" content="text/html; charset=utf-8" />
    <title> 访问表单控件 </title>
</head>
<body>
    <form id="d" action="" method="get">
        <input name="user" type="text" /><br />
        <input name="pass" type="text" /><br />
        <select name="color">
            <option value="red">红色</option>
            <option value="blue">蓝色</option>
        </select><br />
        <input type="button" value="第一个" onclick=
            "alert(document.getElementById('d').elements[0].value);" />
        <input type="button" value="第二个" onclick=
            "alert(document.getElementById('d').elements['pass'].value);" />
        <input type="button" value="第三个"   onclick=
            "alert(document.getElementById('d').color.value);" />
    </form>
</body>
</html>
```

上面的粗体字代码先访问页面的表单元素，再使用表单元素的 elements 属性来访问该表单内的表单控件，例如 document.getElementById('d').elements[0]即表示访问该表单内的第一个表单控件。

实际上，HTMLFormElement 的 elements 属性值并不是一个普通数组，而是一个 HTMLCollection 对象，该对象既可当成普通数组使用（即通过数字索引访问元素），也可通过关联数组来访问（即通过字符串索引来访问元素）。因此上面页面的第一行代码可通过 elements['pass']，即表单里 name 或 id 属性值为 pass 的表单控件来访问——如果表单内有多个表单控件的 name 或 id 属性值为 pass，则 elements['pass']将再次返回一个 HTMLCollection 对象。

不仅 HTMLFormElement 的 elements 属性值是 HTMLCollection 对象。实际上，HTML 元素中许多可能返回对象数组的方法、属性值得到的都是一个 HTMLCollection 对象，例如前面介绍的 Node 所提供的 childNodes 等。

根据上面代码不难看出，HTMLFormElement 访问表单控件有如下 3 种语法。

- formObj.elements[index]：返回表单中第 index 个表单控件。
- formObj.elements['elementName']：返回表单中 id 或 name 为 elementName 的表单控件。
- formObj.elementName：返回表单中 id 或 name 为 elementName 的表单控件。

上面方法中的后 2 个方法也根据表单控件的 id 或 name 属性来访问表单控件，因此第三行粗体字代码使用 document.getElementById('d').color 来访问该表单里 id 或 name 为 color 的表单控件。与前面类似的是，如果该表单里包含多个 id 为 color 的表单控件，则 document.getElementById('d').color 将再次得到一个 HTMLCollection 对象。

14.3.5 访问列表框、下拉菜单的选项

HTMLSelectElement 代表一个列表框或下拉菜单，HTMLSelectElement 对象除了可使用普通 HTML 元素的各种属性和方法外，还支持如下额外的属性。

- form：返回列表框、下拉菜单所在的表单对象。只读属性。
- length：返回列表框、下拉菜单的选项个数。该属性的值可通过增加或删除列表框的选项来改变。只读属性。
- options：返回列表框、下拉菜单里所有选项组成的数组。只读属性。
- selectedIndex：返回下拉列表中选中选项的索引，如果有多个选项被选中，则只返回第一个被选中选项的索引。读写属性。
- type：返回下拉列表的类型，即是否允许多选。如果允许多选，则返回 select-multiple；如果不支持多选，则返回 select-one。

HTMLSelectElement 的 options 属性可直接访问列表框、下拉菜单的所有列表项，传入指定索引即可访问指定列表项，语法格式如下。

- select.options[index]：返回列表框、下拉菜单的第 index+1 个选项。

  列表框、下拉菜单的选项由 HTMLOptionElement 对象表示，除了前面介绍的普通属性之外，该对象还提供了如下几个常用属性。
- form：返回包含该选项所处列表框、下拉菜单的表单对象。
- defaultSelected：返回该选项默认是否被选中。只读属性。
- index：返回该选项在列表框、下拉菜单中的索引。只读属性。当然也可以通过增加或删除列表框的选项来改变该选项的索引值。
- selected：返回该选项是否被选中，通过修改该属性可以动态改变该选项是否被选中。
- text：返回该选项呈现的文本，就是<option>和</option>之间的文本。对 HTMLOptionElement 而言，该属性与 innerHTML 属性相同。
- value：返回每个选项的 value 属性，可以通过设置该属性来改变选项的 value 值。

下面的页面代码示范了访问列表框、下拉菜单中列表项的用法。

程序清单：codes\14\14.3\accessSelect.html

```
<!DOCTYPE html>
<html>
<head>
    <meta http-equiv="Content-Type" content="text/html; charset=utf-8" />
    <title> 访问列表项 </title>
```

```
</head>
<body>
    <select id="mySelect" name="mySelect" size="6">
        <option value="java">疯狂 Java 讲义</option>
        <option value="ssh">轻量级 Java EE 企业应用实战</option>
        <option value="ajax" selected>疯狂 Ajax 讲义</option>
        <option value="xml">疯狂 XML 讲义</option>
        <option value="ejb">经典 Java EE 企业应用实战</option>
        <option value="android">疯狂 Android 讲义</option>
    </select><br />
    <input type="button" value="第一个" onclick=
        "change(curTarget.options[0]);" />
    <input type="button" value="上一个"  onclick=
        "change(curTarget.options[curTarget.selectedIndex - 1]);" />
    <input type="button" value="下一个" onclick=
        "change(curTarget.options[curTarget.selectedIndex + 1]);" />
    <input type="button" value="最后一个" onclick=
        "change(curTarget.options[curTarget.length - 1]);" />
    <script type="text/javascript">
        var curTarget = document.getElementById("mySelect");
        var change = function(target)
        {
            alert(target.text);
        }
    </script>
</body>
</html>
```

上面页面中的粗体字代码是 HTMLSelectElement 对象访问各选项的方法，这些方法可以在各种浏览器中运行良好。

14.3.6　访问表格子元素

HTMLTableElement 代表表格，HTMLTableElement 对象除了可使用普通 HTML 元素的各种属性和方法外，还支持如下额外的属性。

- caption：返回该表格的标题对象。可通过修改该属性来改变表格标题。
- HTMLCollection rows：返回该表格里的所有表格行，该属性会返回<thead.../>、<tfoot.../>和<tbody.../>元素里的所有表格行。只读属性。
- HTMLCollection tBodies：返回该表格里所有<tbody.../>元素组成的数组。
- tFoot：返回该表格里的<tfoot.../>元素。
- tHead：返回该表格里的所有<thead.../>元素。

在获得一个表格之后，完全可以通过上面提供的一系列属性来访问表格“内容”，例如 caption 属性返回该表格标题，rows 属性返回该表格的全部表格行……与前面介绍的完全相似，如果需要访问表格的指定表格行，只需要使用如下格式即可。

- table.rows[index]：返回该表格第 index + 1 行的表格行。

HTMLTableRowElement 代表表格行，HTMLTableRowElement 对象除了可使用普通 HTML 元素的各种属性和方法外，还支持如下额外的属性。

- cells：返回该表格行内所有的单元格组成的数组。只读属性。
- rowIndex：返回该表格行在表格内的索引值。只读属性。
- sectionRowIndex：返回该表格行在其所在元素（<tbody.../>、<thead.../>等元素）的索引值。只读属性。

HTMLTableCellElement 代表单元格，HTMLTableCellElement 对象除了可使用普通 HTML

元素的各种属性和方法外，还支持如下额外的属性。

➢ cellIndex：返回该单元格在该表格行内的索引值。只读属性。

下面的代码示范了如何访问 HTML 表格的内容。

程序清单：codes\14\14.3\accessTable.html

```
<!DOCTYPE html>
<html>
<head>
    <meta http-equiv="Content-Type" content="text/html; charset=utf-8" />
    <title> 访问表格元素 </title>
</head>
<body>
    <table id="d" border="1">
    <caption>疯狂 Java 体系</caption>
        <tr>
            <td>疯狂 Java 讲义</td>
            <td>轻量级 Java EE 企业应用实战</td>
        </tr>
        <tr>
            <td>疯狂 Ajax 讲义</td>
            <td>经典 Java EE 企业应用实战</td>
        </tr>
        <tr>
            <td>疯狂 XML 讲义</td>
            <td>疯狂 Android 讲义</td>
        </tr>
    </table>
    <input type="button" value="表格标题" onclick=
        "alert(document.getElementById('d').caption.innerHTML);" />
    <input type="button" value="第一行、第一格" onclick=
        "alert(document.getElementById('d').rows[0].cells[0].innerHTML);" />
    <input type="button" value="第二行、第二格" onclick=
        "alert(document.getElementById('d').rows[1].cells[1].innerHTML);" />
    <input type="button" value="第三行、第二格" onclick=
        "alert(document.getElementById('d').rows[2].cells[1].innerHTML);" />
</body>
</html>
```

14.4 修改 HTML 元素

访问到指定 HTML 元素之后，还可以对该元素进行修改，通过修改 HTML 元素就可以实现动态更新 HTML 页面的目的了。

修改节点通常是修改节点的内容，修改节点的属性，或者修改节点的 CSS 样式。总结起来一句话：HTML 元素的所有读写属性都可被修改！一旦 HTML 元素的属性值被修改，HTML 页面上对应的内容也就随之改变。修改 HTML 元素通常通过修改如下几个常用属性来实现。

➢ innerHTML：大部分 HTML 页面元素如<div.../>、<td.../>的呈现内容由该属性控制。

➢ value：表单控件如<input.../>、<textarea.../>的呈现内容由该属性控制。

➢ className：修改 HTML 元素的 CSS 样式，该属性的合法值是一个 class 选择器名。

➢ style：修改 HTML 元素的内联 CSS 样式。

➢ options[index]：直接对<select.../>元素的指定列表项赋值，可改变列表框、下拉菜单的指定列表项。

下面的示例代码演示了一个可编辑的表格，在页面中指定需要修改的表格行、列，然后输入要修改的值，即可动态修改单元格的内容。

程序清单：codes\14\14.4\changeValue.html

```
<!DOCTYPE html>
<html>
<head>
    <meta http-equiv="Content-Type" content="text/html; charset=utf-8" />
    <title> 编辑表格值 </title>
</head>
<body>
    改变第<input id="row" type="text" size="2" />行,
    第<input id="cel" type="text" size="2" />列的值为:
    <input id="celVal" type="text" size="16" /><br />
    <input id="chg" type="button" value="改变" onclick="change();" />
    <table id="d" border="1" style="width:580px;border-collapse:collapse;">
        <tr>
            <td>疯狂 Java 讲义</td>
            <td>轻量级 Java EE 企业应用实战</td>
        </tr>
        <tr>
            <td>疯狂 Ajax 讲义</td>
            <td>经典 Java EE 企业应用实战</td>
        </tr>
        <tr>
            <td>疯狂 XML 讲义</td>
            <td>疯狂 Android 讲义</td>
        </tr>
    </table>
    <script type="text/javascript">
        var change = function()
        {
            var tb = document.getElementById("d");
            var row = document.getElementById("row").value ;
            row = parseInt(row);
            // 如果需要修改的行不是整数，则弹出警告
            if(isNaN(row))
            {
                alert("您要修改的行必须是整数");
                return false;
            }
            var cel = document.getElementById("cel").value ;
            cel = parseInt(cel);
            // 如果需要修改的列不是整数，则弹出警告
            if(isNaN(cel))
            {
                alert("您要修改的列必须是整数");
                return false;
            }
            // 如果需要修改的行或者列超出了表格的行或列，则弹出警告
            if (row > tb.rows.length ||
                cel > tb.rows.item(0).cells.length)
            {
                alert("要修改的单元格不在该表格内");
                return false;
            }
            // 修改单元格的值
```

```
            tb.rows.item(row - 1).cells.item(cel - 1).innerHTML
                = document.getElementById("celVal").value;
        }
    </script>
</body>
</html>
```

上面程序中的粗体字代码是关键代码：直接为单元格的 innerHTML 属性赋值即可修改该单元格的内容。在相应行、列中输入要改变的值，然后单击“改变”按钮，页面效果如图 14.8 所示。

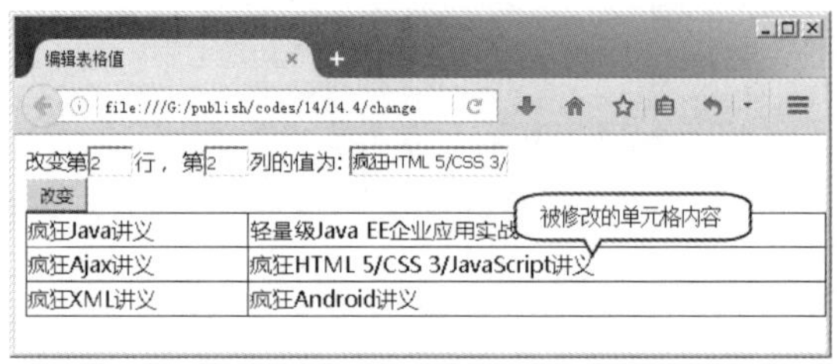

图 14.8　动态修改单元格的值

当然，要修改文本框里的值，直接修改该元素的 value 属性即可，并不需要使用 innerHTML 属性。关于元素的外观样式，可通过修改该元素的内联 CSS 样式实现，具体方法请参考本书中介绍 CSS 的相关内容。

14.5　增加 HTML 元素

JavaScript 脚本可以为 DOM 动态增加节点，程序为 DOM 树增加节点时，页面会动态地增加 HTML 元素。当需要为页面增加 HTML 元素时，应按如下两个步骤操作。

1. 创建或复制节点。
2. 添加节点。

14.5.1　创建或复制节点

创建节点通常借助于 document 对象的 createElement 方法来实现，语法如下。

➢ document.createElement(Tag)：创建 Tag 标签对应的节点。

下面的代码演示了如何创建一个节点。

程序清单：codes\14\14.5\createElement.html

```
<script type="text/javascript">
    // 创建一个新节点
    var a = document.createElement("div");
    // 使用警告框输出节点
    alert(a);
</script>
```

在浏览器中浏览该页面，会弹出如图 14.9 所示的对话框。

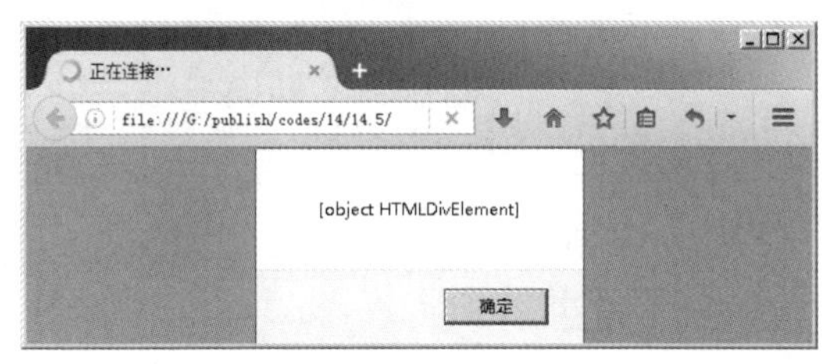

图 14.9　创建节点

当调用 document.createElement("div")创建节点后，将自动生成一个 HTMLDivElement 对象，该对象对应于 HTML 文档中的<div.../>元素。因此，在创建元素时，传入的参数字符串并不是随意填写的，必须是一个合法的标签名。再看下面的代码。

程序清单：codes\14\14.5\createElementError.html

```
<script type="text/javascript">
    // 创建一个新节点，传入不合法的标签名
    var a = document.createElement("divxxx");
    // 使用警告框输出节点
    alert(a);
</script>
```

在浏览器中浏览该页面，将出现如图 14.10 所示的对话框。

图 14.10 创建了一个未知的 HTML 元素

调用 document.createElement()方法时，传入的参数必须是一个合法的 HTML 标签。

创建一个节点的开销可能过大，实际上还复制一个已有的节点，复制已有节点的系统开销略小。通过调用 Node 的 cloneNode()方法即可复制一个已有节点，该方法的语法格式如下。

➢ Node cloneNode(boolean deep)：复制当前节点。当 deep 为 true 时，表示在复制当前节点的同时，复制该节点的全部后代节点；当 deep 为 false 时，表示仅复制当前节点。

如下代码示范了如何复制节点。

程序清单：codes\14\14.5\cloneElement.html

```
<ul id = "d">
    <li>疯狂 Java 讲义</li>
</ul>
<script type="text/javascript">
    // 获取 ID 为 d 的节点
    var ul = document.getElementById("d");
    // 复制 ul 的第二个子节点（不复制当前节点的后代节点）
    var ajax = ul.firstChild.nextSibling.cloneNode(false);
    // 修改被复制的节点
    ajax.innerHTML = "疯狂 Ajax 讲义";
    // 将复制的节点添加到页面中
    ul.appendChild(ajax);
</script>
```

上面的粗体字代码示范了如何复制新的节点，在浏览器中浏览该页面，可以看到如图 14.11 所示的效果。

图 14.11 复制节点

14.5.2 添加节点

正如在14.5.1节所见到的，当一个节点创建成功后，一定要将该节点添加到DOM树中才能显示出来。对于普通的节点，可采用Node对象的如下方法来添加节点。

- appendChild(Node newNode)：将newNode添加成当前节点的最后一个子节点。
- insertBefore(Node newNode, Node refNode)：在refNode节点之前插入newNode节点。
- replaceChild(Node newChild, Node oldChild)：将oldChild节点替换成newChild节点。

在前面已经看到了appendChild()方法的用法，下面仅对该代码进行简单修改，将原有的appendChild()修改成insertBefore()，修改后的关键代码如下。

程序清单：codes\14\14.5\insertChild.html

```
// 将复制的节点插入ul的第一个子节点之前
ul.insertBefore(ajax, ul.firstChild);
```

在浏览器中浏览该页面，可以看到如图14.12所示的效果。

图14.12 在指定节点之前插入节点

至于其他特殊的HTML元素，则包含了更多的添加节点的方法。例如<select.../>有更简单的方法来添加子节点，<table.../>、<tr.../>也有其他方法添加子节点。

14.5.3 为列表框、下拉菜单添加选项

为列表框、下拉菜单添加子节点，也就是为列表框、下拉菜单添加选项。添加选项有两种方法：

- 调用HTMLSelectElement的add()方法添加选项。
- 直接为<select.../>的指定选项赋值。

HTMLSelectElement包含如下方法用于添加新选项。

- add(HTMLOptionElement option, HTMLOptionElement before)：在before选项之前添加option选项。如果想将option选项添加在最后，则将before指定为null即可；或者依然使用之前介绍的appendChild(option)添加亦可。

下面的代码示范了通过这种方式来添加选项。

程序清单：codes\14\14.5\addOption.html

```
<body id="test">
    <script type="text/javascript">
        // 创建<select.../>对象
        var a = document.createElement("select");
        // 为<select.../>对象添加10个选项
        for (var i = 0 ; i < 10 ; i++)
        {
            // 创建一个<option.../>元素
            var op = document.createElement("option");
            op.innerHTML = '新增的选项' + i;
            // 将新的选项添加到列表框的最后
            a.add(op , null);
        }
```

```
        // 设置列表框高度为 5
        a.size = 5;
        // 将列表框添加成 body 元素的子节点
        document.getElementById("test").appendChild(a);
    </script>
</body>
```

在浏览器中浏览该页面，可以看到如图 14.13 所示的效果。

图 14.13　为列表框动态添加选项

上面的页面程序在早期的 IE 浏览器（如 IE 8 及以前版本）中将出现错误，主要是因为它不允许调用 add()方法时指定最后一个参数为 null。为了避免这种情况，可使用直接为指定选项赋值的方法来添加选项。

为指定选项赋值所支持的值必须是一个有效的选项，创建选项除了可使用前面所示的 createElement()方法之外，还可使用如下构造器。

```
new Option(text, value, defaultSelected, selected)
```

该构造器有 4 个参数，这 4 个参数说明如下。

- text：该选项的文本，即该选项所呈现的“内容”。
- value：选中该选项的值。
- defaultSelected：设置默认是否选中该选项。
- selected：设置该选项当前是否被选中。

并不是每次构造该选项都需要指定 4 个参数，也可以只指定一个参数或者两个参数。如果构造 Option 对象时只指定了一个参数，则该参数是 Option 的 text 值；如果指定了两个参数，则第一个参数是 text，第二个参数是 value。

注意：

在早期的 IE 浏览器（如 IE 8 以前的浏览器）中运行时，如果直接为指定列表项赋值，则赋值的<option.../>元素必须是通过 new Option()方法得到的，而不能是通过 document.createElement ("option")得到的。

下面的代码示范了利用第二种方法来为列表框、下拉菜单添加选项。

程序清单：codes\14\14.5\addOption2.html

```
<body id="test">
    <script type="text/javascript">
        // 创建<select.../>对象
        var a = document.createElement("select");
        a.style.width = "200px";
        // 为<select.../>对象添加 10 个选项
        for (var i = 0 ; i < 10 ; i++)
        {
            // 创建一个<option.../>元素
            var op = new Option('新增的选项' + i , i);
```

```
            // 直接为指定选项赋值
            a.options[i] = op;
        }
        // 设置列表框高度为5
        a.size = 5;
        // 将列表框添加成body元素的子节点
        document.getElementById("test").appendChild(a);
    </script>
</body>
```

上面的页面代码可以在 Firefox、Opera、Chrome、Safari、IE 等各种主流浏览器中运行良好。在 Internet Explorer 中浏览该页面，可以看到如图 14.14 所示的效果。

图 14.14 动态添加选项

14.5.4 动态添加表格内容

表格元素、表格行则另有添加子元素的方法。实际上，它们可以在添加子元素的同时创建这些子元素。也就是说，添加表格子元素时，往往无须使用 document 的 createElement()方法来创建节点。

HTMLTableElement 对象有如下方法。

- insertRow(index)：在 index 处插入一行。返回新创建的 HTMLTableRowElement。
- createCaption()：为该表格创建标题。返回新创建的 HTMLTableCaptionElement。如果该表格已有标题，则返回已有的标题对象。
- createTFoot()：为该表格创建<tfoot.../>元素。返回新创建的 HTMLTableFootElement。如果该表格已有<tfoot.../>元素，则返回已有的<tfoot.../>元素。
- createTHead()：为该表格创建<thead.../>元素。返回新创建的 HTMLTableHeadElement。如果该表格已有<thead.../>元素，则返回已有的<thead.../>元素。

HTMLTableRowElement 对象代表表格行，该对象包含如下方法用于插入单元格。

- insertCell(long index)：在 index 处创建一个单元格，返回新创建的单元格。

下面通过脚本在页面中动态生成一个表格。

程序清单：codes\14\14.5\addTd.html

```
<body id="test">
    <script type="text/javascript">
        // 创建一个表格对象
        var a = document.createElement("table");
        a.style.width = "800px";
        a.style.borderCollapse = "collapse";
        // 设置表格的边框为1
        a.border=1;
        var caption = a.createCaption();
        caption.innerHTML = "表格标题";
        // 为表格循环插入5行
        for (var i = 0 ; i < 5 ; i++)
        {
            // 插入行
            var tr = a.insertRow(i);
            // 为每行循环插入7列
```

```
            for (var j = 0 ; j < 7 ; j++)
            {
                // 循环插入 7 列
                var td = tr.insertCell(j);
                td.style.padding = "5px";
                // 设置每个单元格的内容
                td.innerHTML = "单元格内容 " + i + j;
            }
        }
        //将表格元素添加到 HTML 文档内
        document.getElementById("test").appendChild(a);
    </script>
</body>
```

上面代码中的粗体字代码就是为表格添加表格行、为表格行添加单元格的关键代码。在浏览器中浏览该页面，可以看到如图 14.15 所示的效果。

表格标题

单元格内容 00	单元格内容 01	单元格内容 02	单元格内容 03	单元格内容 04	单元格内容 05	单元格内容 06
单元格内容 10	单元格内容 11	单元格内容 12	单元格内容 13	单元格内容 14	单元格内容 15	单元格内容 16
单元格内容 20	单元格内容 21	单元格内容 22	单元格内容 23	单元格内容 24	单元格内容 25	单元格内容 26
单元格内容 30	单元格内容 31	单元格内容 32	单元格内容 33	单元格内容 34	单元格内容 35	单元格内容 36
单元格内容 40	单元格内容 41	单元格内容 42	单元格内容 43	单元格内容 44	单元格内容 45	单元格内容 46

图 14.15 通过脚本动态生成的表格

图 14.15 中的表格结构为 HTMLTableElement→HTMLRowElement→HTMLCellElement。每个表格元素包含若干个表格行子节点，每个表格行节点又包含若干个单元格子节点。整个表格看起来其实就是 DOM 树的子树。

14.6 删除 HTML 元素

删除 HTML 元素也是通过删除节点来完成的。对于普通的 HTML 元素，可用通用方法来删除节点，而列表框、下拉菜单、表格则有额外的方法来删除 HTML 元素。

14.6.1 删除节点

删除节点通常借助于其父节点，Node 对象提供了如下方法来删除子节点。

- removeChild(oldNode)：删除 oldNode 子节点。

在从父节点中删除该子节点后，该子节点代表的内容也会消失。下面的代码通过控制 HTML 增加、删除节点来使页面中的表格出现、隐藏。

程序清单：codes\14\14.6\removeChild.html

```
<body id="test">
    <input id="add" type="button" value="增加" disabled
        onclick="add();"/>
    <input id="del" type="button" value="删除"
        onclick="del();"/>
    <div id="target" style="width:240px; height:50px;
        border:1px solid black">被控制的目标元素
    </div>
    <script type="text/javascript">
        //获取 body 元素
        var body = document.getElementById("test");
```

```
        //获取被控制的目标元素
        var target = document.getElementById("target");
        var add = function()
        {
            // 添加目标元素
            body.appendChild(target);
            document.getElementById("add").disabled = "disabled";
            document.getElementById("del").disabled = "";
        }
        var del = function()
        {
            // 删除目标元素
            body.removeChild(target);
            document.getElementById("del").disabled = "disabled";
            document.getElementById("add").disabled = "";
        }
    </script>
</body>
```

在浏览器中浏览该页面，可以看到“增加”和“删除”两个按钮，单击“删除”按钮，将看到如图 14.16 所示的页面。

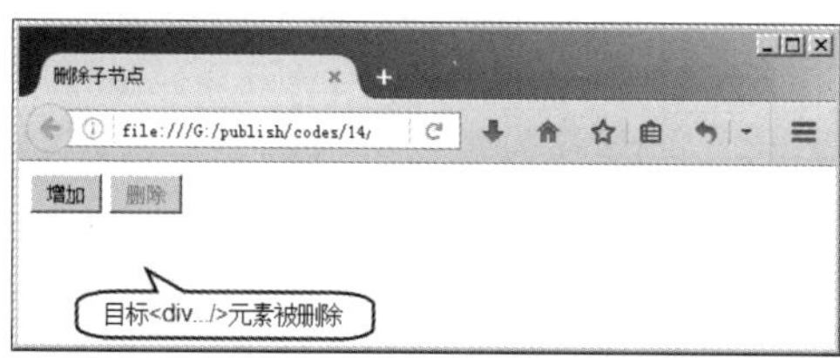

图 14.16　删除子元素

与之对应的是，<select.../>元素和<table.../>元素也为删除子节点提供了更简便的操作方法。

14.6.2　删除列表框、下拉菜单的选项

删除列表框、下拉菜单的选项有两种方法：

- 利用 HTMLSelectElement 对象的 remove()方法删除选项。
- 直接将指定选项赋为 null 即可。

对于 HTMLSelectElement 对象而言，它提供了如下方法用于删除选项。

- remove(long index)：删除指定索引处的选项。

上面方法中的 index 是需要删除选项所在的索引值。如果该索引值比下拉列表中选项的最大索引值还大，或者索引值小于 0，则该方法不会删除任何选项。下面的页面演示了动态增加下拉列表的选项，并可以删除下拉列表的选项。

程序清单：codes\14\14.6\removeOption.html

```
<body>
    <input id="opValue" type="text"/>
    <input id="add" type="button" value="增加"
        onclick="add();"/>
    <input id="del" type="button" value="删除"
        onclick="del();"/><br />
    <select id="show" size="8" style="width:180px;">
    </select>
    <script type="text/javascript">
        var show = document.getElementById("show");
        // 增加下拉列表选项的函数
```

```
        var add = function()
        {
            // 以文本框的值创建一个<option.../>元素
            var op = new Option(document
                .getElementById('opValue').value);
            // 增加选项
            show.options[show.options.length] = op;
        }
        var del = function()
        {
            // 如果有选项
            if(show.options.length > 0)
            {
                // 删除最后的一个选项
                show.remove(show.options.length - 1);
            }
        }
    </script>
</body>
```

在浏览器中浏览该页面，在文本框中输入一个值，单击“添加”按钮就可将其添加到下拉列表中；如果单击“删除”按钮，则将删除最新增加的一个选项，浏览效果如图 14.17 所示。

除此之外，直接将指定选项赋为 null 也可删除该选项，因此可以将上面程序中的 del()函数改为如下形式。

图 14.17 动态增加、删除选项

程序清单：codes\14\14.6\removeOption2.html

```
var del = function()
{
    // 如果有选项
    if (show.options.length > 0)
    {
        // 删除最后的一个选项
        show.options[show.options.length - 1] = null;
    }
}
```

两个页面的浏览效果完全相同。

提示：

如果想删除某个列表框、下拉菜单的全部选项，没有必要采用循环的方式逐一删除每个选项，将列表框或下拉菜单的 innerHTML 属性赋为 null，即可一次性删除该列表框、下拉菜单的全部选项。

14.6.3 删除表格的行或单元格

删除表格的指定表格行使用 HTMLTableElement 对象的如下方法。

- deleteRow(long index)：删除表格中 index 索引处的行。

删除表格行的指定单元格使用 HTMLRowElement 对象的如下方法。

- deleteCell(long index)：删除某行 index 索引处的单元格。

下面的代码可以动态删除页面中的表格行，也可以动态删除表格中的单元格。

程序清单：codes\14\14.6\removeTable.html

```
<body>
<input id="delrow" type="button" value="删除表格最后一行"
   onclick="delrow();" /><br />
<input id="delcell" type="button" value="删除最后一行的最后一格"
   onclick="delcell();" /><br />
   <table id="test" border="1" style="width:500px;">
      <caption>疯狂 Java 体系</caption>
      <tr>
         <td>疯狂 Java 讲义</td>
         <td>轻量级 Java EE 企业应用实战</td>
      </tr>
      <tr>
         <td>疯狂 Ajax 讲义</td>
         <td>经典 Java EE 企业应用实战</td>
      </tr>
      <tr>
         <td>疯狂 XML 讲义</td>
         <td>疯狂 Android 讲义</td>
      </tr>
   </table>
   <script type="text/javascript">
      // 获取目标表格
      var tab = document.getElementById("test");
      // 删除行的函数
      var delrow = function()
      {
         if (tab.rows.length > 0)
         {
            // 删除最后一行
            tab.deleteRow(tab.rows.length - 1);
         }
      }
      // 删除目标表格的最后一格
      var delcell = function()
      {
         // 获取表格的所有行
         var rowList = tab.rows;
         // 获取表格的最后一行
         var lastRow = rowList.item(rowList.length - 1);
         if(lastRow.cells.length > 0)
         {
            // 删除表格的最后一格
            lastRow.deleteCell(lastRow.cells.length - 1);
         }
      }
   </script>
</body>
```

该页面在浏览器中的浏览效果如图 14.18 所示。

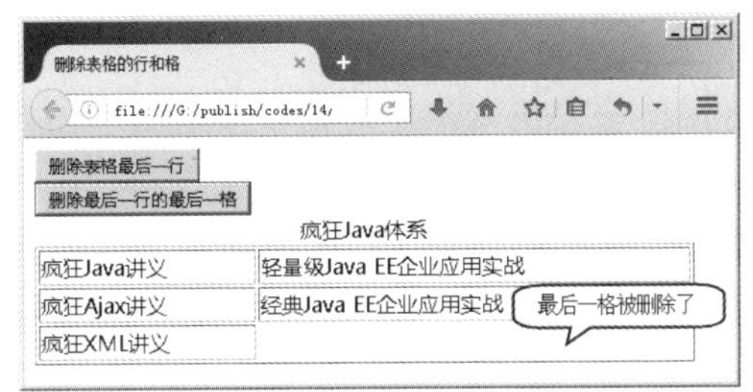

图 14.18 动态删除表格的行或单元格

14.7 传统的 DHTML 模型

在 DOM 出现以前，JavaScript 采用传统的 DHTML 模型来访问、动态更新 HTML 页面。在 DHTML 模型里，各元素之间有严格的包含关系，JavaScript 脚本可通过它们的 id 和 name 属性来访问它们。使用 DHTML 对象模型访问和更新 HTML 页面时，不可避免地需要查询相关技术手册。因为 HTML 元素很多，每个 HTML 元素都有很多独有的属性、方法和事件。

相比之下，DOM 比 DHTML 对象模型功能更强大，它提供了对整个 HTML 文档的访问模型，而不再局限于单一的 HTML 元素。DOM 将文档转换为树形（Tree）结构，树的每个节点对应 HTML 元素。树形结构精确地描述了 HTML 文档的元素间以及文本项间的相互关联，这种关联性包括父子节点关系、兄弟节点关系等。

在采用 DOM 技术访问和更新 HTML 页面内容时，任何手册都可以放在一边。只要先查看一下 HTML 源代码，推算出页面的 DOM 结构模型；然后，按照节点关系导航到指定节点，再修改其指定属性即可。

DHTML 对象模型则不包含 Tree 结构，因此不具备页面对象的相互导航功能。如果从一个 HTML 元素开始时，不能用父子节点、兄弟节点的关系来导航到指定元素。例如，采用 DHTML 对象模型访问<table.../>中的指定单元格（<cell.../>）内容时，首先要确定单元格所在的行、列，然后再通过<table.../>元素提供的特殊方法来访问指定单元格。

提示：

虽然理论上 DOM 模型和 DHTML 模型存在一定的差异，但实际应用中我们不会区分哪种方式属于 DOM 模型，哪种方式属于 DHTML 模型。编写 JavaScript 脚本本来就是一件乏味、挫折感极强的事情：互相冲突的浏览器环境，缺乏有效的调试机制……所以我们在编写 JavaScript 脚本时，考虑最多的还是如何跨浏览器，如何保持高性能。

在 DHTML 模型里，window 对象代表整个窗口，该窗口可以是浏览器窗口，也可以只是浏览器页面内的一个 Frame。

DHTML 虽然没有提供一种完备的树形结构，却也提供了一种简单的方法来访问页面中各种子元素，这种访问主要借助于 DHTML 的包含关系来实现。DHTML 对象模型的包含关系如图 14.19 所示。

如图 14.19 所示，在 DHTML 对象模型中，window 对象是整个对象模型的顶层对象，该对象包含一个 document 属性，该属性代表该窗口内的 HTML 文档，如果该窗口内有多个 Frame，则可使用 frames[]方法依次访问该窗口的每个 Frame。

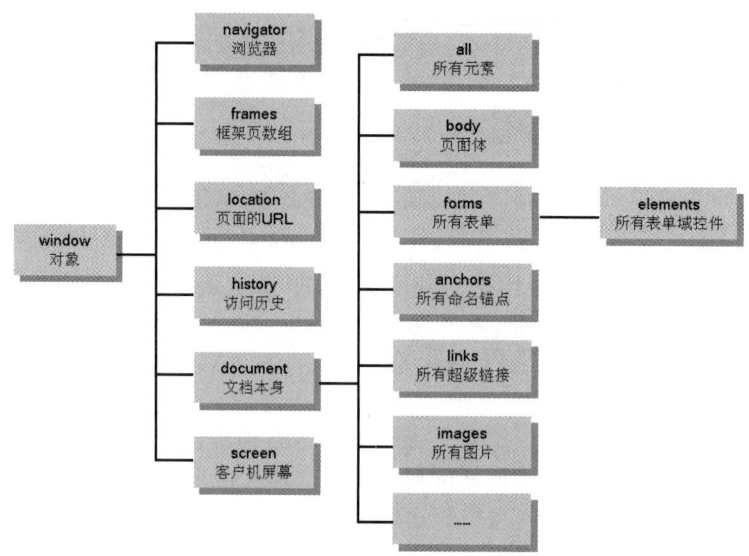

图 14.19　DHTML 对象模型包含关系图

document 对象代表 HTML 文档本身，document 对象又包含了一系列的属性：forms、anchors、links、images……这些属性的返回值以关联数组的形式存在，为了访问文档内的指定控件，访问这些属性数组的指定元素即可。访问页面控件有如下 3 种语法。

- document.images[0]：返回页面内第一个图片元素。
- document.images[id]：返回页面内 id 或 name 为 id 的图片对象。
- document.images.id：返回页面内 id 或 name 为 id 的图片对象。

而 document 的 all 属性则比较独特，它返回该页面内的所有控件。在早期的 DHTML 对象模型中，all 属性可作为 getElementById()方法的替代者，使用 all 属性时一样可采用上面 3 种语法格式来访问页面里的控件。

如下代码示范了利用 DHTML 对象模型来访问页面控件。

程序清单：codes\14\14.7\dhtml.html

```
<body id="bd">
    <a href="http://www.crazyit.org">疯狂 Java 联盟</a><br />
    <img id="lee" src="http://www.crazyit.org/logo.jpg"
    alt="疯狂 Java 联盟" /><br />
    <form>
        <input type="text" name="user" value="文本框"/><br />
        <input type="button" id='bn' value="按钮"/>
    </form>
    <script type="text/javascript">
        // 访问 body 元素
        alert(document.body.id);
        // 访问第一个超链接
        alert(document.links[0].href);
        // 访问 id 或 name 为 lee 的图片
        alert(document.images['lee'].alt);
        // 访问页面的第一个表单
        form = document.forms[0];
        alert(form.innerHTML);
        // 访问表单里的第一个元素
        alert(form.elements[0].value);
        // 访问表单里 id 或 name 为 bn 的元素
        alert(form.elements['bn'].value);
```

```
        // 下面的代码在 Internet Explorer 6 中可行
        alert(document.all['bn'].value);
    </script>
</body>
```

上面代码中的粗体字代码示范了 DHTML 对象模型中访问页面控件的方法，各浏览器都能很好地支持该属性。

14.8 使用 window 对象

window 对象是整个 JavaScript 脚本运行的顶层对象。在定义一个全局变量时，该变量是作为 window 对象的一个属性存在的。看如下代码。

程序清单：codes\14\14.8\windowVar.html

```
<script type="text/javascript">
    // 定义全局变量 a
    var a = 5;
    // 判断 window 对象的属性 a 和全局变量 a 是否相等
    alert(window.a === a);
    // 为 window 对象增加属性
    window.book = "疯狂 Ajax 讲义";
    // 访问全局变量，将输出“疯狂 Ajax 讲义”
    alert(book);
</script>
```

可以看到 window.a 和全局变量 a 是完全相等的，而且访问全局变量 book 时，实际上输出的是 window 的 book 属性值。

因此此处必须澄清一个概念：在定义了一个所谓的全局变量后，它仅仅在当前的 window 对象中具有全局性。如果在同一个页面里有多个 Frame，则意味着有多个 window 对象，且每个 window 中的全局对象不会互相影响。

实际上，不仅直接定义的全局变量将以 window 对象的属性存在，直接定义一个普通函数时，该函数也是作为 window 对象的方法存在的——也就是说，window 对象所包含的方法，JavaScript 脚本可以直接调用。window 提供了如下几个方法，这些方法可以在 JavaScript 脚本中直接使用。

- alert()、confirm()、prompt()：分别用于弹出警告框、确认对话框和提示输入对话框。
- close()：关闭窗口。
- focus()、blur()：让窗口获得焦点、失去焦点。
- moveBy()、moveTo()：移动窗口。
- open()：打开一个新的顶级窗口，用于装载新的 URL 所指向的地址，并可指定一系列的新属性，包括隐藏菜单等。
- print()：打印当前窗口或 Frame。
- resizeBy()、resizeTo()：重设窗口大小。
- scrollBy()、scrollTo()：滚动当前窗口中的 HTML 文档。
- setInterval()、clearInterval()：设置、删除定时器。
- setTimeout()、clearTimeout()：也是设置定时器。推荐使用 setInterval()和 clearInterval ()。

此外，window 对象还提供了如下的常用属性，通过这些属性即可访问 window 对象包含的一系列对象，例如 location、history 等。

- closed：该属性返回一个 boolean 值，用于判断该窗口是否处于关闭状态。

- defaultStatus、status：返回浏览器状态栏的文本。
- document：返回该窗口内装载的 HTML 文档。
- frames[]：返回该窗口内包含的 Frame 对象，每个 Frame 对象又是一个 window 对象。
- history：返回该窗口的浏览历史。
- location：返回该窗口装载的 HTML 文档的 URL。
- name：返回该窗口的名字。
- navigator：返回浏览当前页面的浏览器。
- parent：如果当前窗口是一个 Frame，则该属性返回包含本 Frame 的窗口，即该 Frame 的直接父窗口。
- screen：返回当前浏览者的屏幕对象。
- self：返回自身。
- top：如果当前窗口是一个 Frame，则该属性指向包含本 Frame 的顶级父窗口。

下面先看看如何通过 status 改变窗口的状态栏文字。

程序清单：codes\14\14.8\status.html

```
<script type="text/javascript">
    // 修改窗口的状态栏文字
    window.status="自定义状态栏文字";
</script>
```

如果在 Internet Explorer 中浏览该文档，将可以看到窗口的状态栏文字变成了“自定义状态栏文字”。如果结合定时器函数，将可以做出状态栏的动态文字效果。看下面的页面代码。

程序清单：codes\14\14.8\status2.html

```
<body onload="stack();">
    <script type="text/javascript">
        // 自定义的状态栏文字
        var statusText = "自定义的动画状态栏文字...";
        var out = "";
        // 动画间隔时间
        var pause = 25;
        // 动画宽度
        var animateWidth = 20;
        var position = animateWidth;
        var i = 0 ;
        var stack = function()
        {
            if (statusText.charAt(i) != " ")
            {
                out = "";
                // 将 0 到 i-1 个字符拼成输出字符串
                for (var j = 0; j < i; j++)
                {
                    out += statusText.charAt(j);
                }
                // 增加一定宽度的空格
                for (j = i; j < position; j++)
                {
                    out += " ";
                }
                // 将第 i 个字符添加到输出字符串里
                out += statusText.charAt(i);
```

```
            for (j = position; j < animateWidth; j++)
            {
                out += " ";
            }
            window.status = out;
            // 如果后出来的字符紧靠前面的字符串
            if (position == i)
            {
                animateWidth++;
                position = animateWidth;
                // i 加 1，对应为多出现一个字符
                i++;
            }
            else
            {
                position--;
            }
        }
        else
        {
            i++
        }
        if (i < statusText.length)
        {
            setTimeout("stack()",pause);
        }
    }
  </script>
</body>
```

在 Internet Explorer 中浏览该文档，将可以看到如图 14.20 所示的状态栏效果。

图 14.20 状态栏的动画文字

提示：

很多浏览器出于节省空间的考虑，默认会隐藏状态栏，需要浏览者手动打开浏览器的状态栏才能看到本例的效果。

14.8.1 访问页面 URL

window 对象还包含一个 location 属性，该属性可用于访问该窗口或 Frame 所装载文档的地址。location 对象还包含如下几个常用属性。

- hostname：文档所在地址的主机名。
- href：文档所在地址的 URL 地址。
- host：文档所在地址的主机地址。
- port：文档所在地址的服务端口。
- pathname：文档所在地址的文件地址。
- protocol：装载该文档所使用的协议，例如 http:等。

下面的代码示范了访问 location 对象的常用属性。

程序清单：codes\14\14.8\location.html

```
<script type="text/javascript">
    var loc = window.location;
    var locStr = "当前的 location 信息是:\n";
    // 遍历 location 对象的全部属性
    for (var propname in loc)
    {
        locStr += propname + ": " + loc[propname] + "<br>"
    }
    document.writeln(locStr);
</script>
```

在浏览器中浏览该页面，可以看到如图 14.21 所示的提示框。

图 14.21　location 对象

14.8.2　客户机屏幕信息

window 对象有一个 screen 属性，它返回当前浏览者的屏幕对象，可用于获取用户屏幕当前的大小、色深、屏幕分辨率等参数。该对象的属性也随不同的平台存在变化，但通常会包含如下属性。

- width：屏幕的横向分辨率。
- height：屏幕的纵向分辨率。
- colorDepth：当前屏幕的色深。

当然，通常没有必要记住该对象到底包含多少属性，可通过如下简单的代码测试该对象到底包含多少属性。

程序清单：codes\14\14.8\screen.html

```
<script type="text/javascript">
    alert(window.screen);
    var str = "当前的屏幕信息是:\n";
    // 遍历 screen 对象的所有属性
    for(var propname in window.screen)
    {
        str += propname + ": "
            + window.screen[propname] + "<br>"
    }
    document.writeln(str);
</script>
```

在浏览器中浏览该页面，可以看到如图 14.22 所示的对话框。

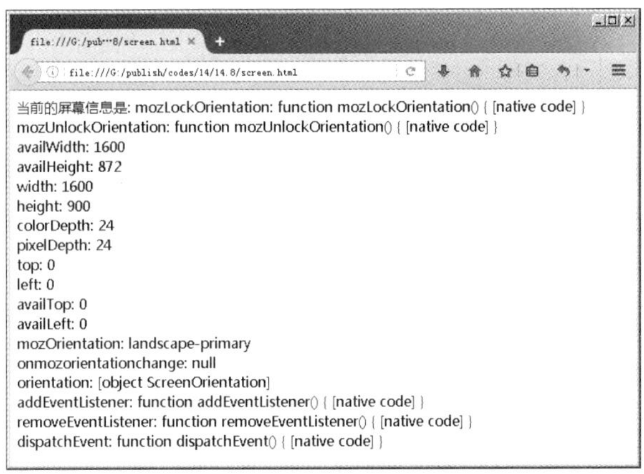

图 14.22 屏幕相关信息

14.8.3 弹出新窗口

window 的 open()方法用于打开一个新窗口。结合 screen 对象的属性，可将打开的窗口放大到满屏，形成满屏效果。看如下的简单代码。

程序清单：codes\14\14.8\open.html

```
<script type="text/javascript">
    // 获取当前屏幕的大小
    var width = window.screen.width;
    var height = window.screen.height;
    // 打开一个新的满屏窗口
    window.open("status.html", "_blank", "left=0, top=0, width="
        + width + ", height=" + height
        + ", toolbar = no, menubar = no, resize = no");
    // 关掉自身
    window.close();
</script>
```

当然，这种 open()方法可以被像 Firefox 等一些浏览器禁用。大量的弹出窗口是对浏览者耐心的挑战，因此尽量少用弹出式窗口。

14.8.4 确认对话框和输入对话框

在前面的 JavaScript 代码中大量使用了 alert()方法弹出对话框。实际上，window 对象还提供了两种对话框：用于取得用户确认（confirm）的确认对话框和用于获得用户输入（prompt）的输入对话框。

confirm()方法弹出一个确认对话框，返回一个 boolean 值。如果用户单击了“确定”按钮，将返回 true；如果用户单击了“取消”按钮，则返回 false。

看下面的简单代码，该代码使用 confirm 对话框取得用户的确认，确认是否使用超链接导航到下一个页面。

```
<a href="http://www.crazyit.org" onclick=
"return confirm('请确认是否导航到疯狂 Java 联盟');">疯狂 Java 联盟</a>
```

在浏览器中浏览该页面，单击该页面中的超链接，可以看到如图 14.23 所示的对话框。

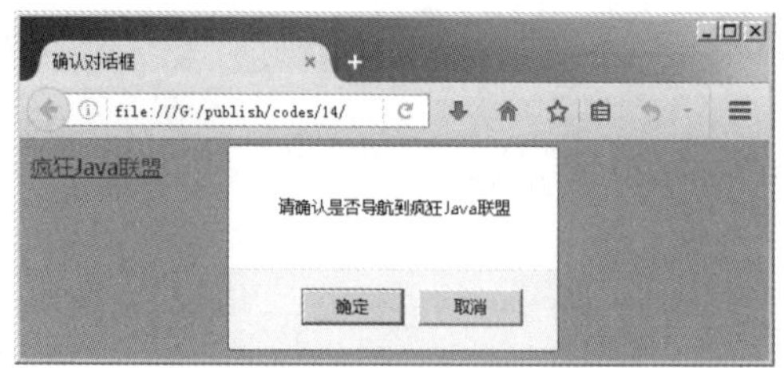

图 14.23 confirm 确认对话框

prompt()方法则弹出一个输入对话框，该对话框可获取用户的输入，返回用户输入的内容。看下面的简单代码。

程序清单：codes\14\14.8\prompt.html

```
<body>
    你的名字是：<span id="name"></span>
    <script type="text/javascript">
        name = prompt("请输入你的名字：" ,"");
        document.getElementById("name").innerHTML = name;
    </script>
</body>
```

在浏览器中浏览该页面，可以看到如图 14.24 所示的对话框。

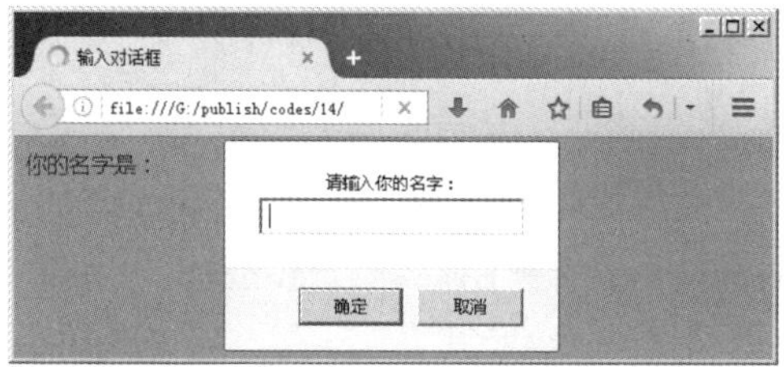

图 14.24 使用 prompt 对话框获取用户的输入

14.8.5 使用定时器

window 提供了如下 4 个方法来支持定时器。

- setInterval("code", interval)、clearInterval (timer)：设置、删除定时器。setInterval 设置每隔 interval 毫秒重复执行一次 code。
- setTimeout("code", interval)、clearTimeout(timer)：也是设置定时器。推荐使用 setInterval()和 clearInterval ()。setTimeout 设置在 interval 毫秒延迟后执行一次 code。

如果需要让一段代码、一个 JavaScript 函数以固定频率重复执行，则应该使用 setInterval()函数；如果需要让一段代码、一个 JavaScript 函数在指定延迟后仅仅执行一次，则应该使用 setTimeout()函数。

下面的页面示范了一个简单的“动画”效果。

程序清单：codes\14\14.8\timer.html

```
<body onload="setTime();">
    <span id="tm"></span>
    <script type="text/javascript">
        // 定义定时器变量
        var timer;
        // 保存页面运行的起始时间
        var cur = new Date().getTime();
        var setTime = function()
        {
```

```
            // 在 tm 元素中显示当前时间
            document.getElementById("tm").innerHTML =
                new Date().toLocaleString();
            // 如果当前时间比起始时间大于 60 秒，则停止定时器的调度
            if (new Date().getTime() - cur > 60 * 1000)
            {
                // 清除 timer 定时器
                clearInterval(timer);
            }
        }
        // 指定每隔 1000 毫秒执行 setTime()函数一次
        timer = window.setInterval("setTime();" , 1000);
    </script>
</body>
```

从上面的页面代码中可以看出，setInterval()定时器与 Java 定时器基本相似，只是 setInterval()是控制一条或多条代码以指定时间间隔重复执行；而 Java 定时器则是控制事件监听器以指定时间间隔不断被触发。

实际上，上面的代码也可改为使用 setTimeout()方法来实现，看如下代码。

程序清单：codes\14\14.8\timer2.html

```
<body>
    <span id="tm"></span>
    <script type="text/javascript">
        // 定义定时器变量
        var timer;
        // 保存页面运行的起始时间
        var cur = new Date().getTime();
        var setTime = function()
        {
            // 在 tm 元素中显示当前时间
            document.getElementById("tm").innerHTML
                = new Date().toLocaleString();
            // 如果当前时间比起始时间小于等于 60 秒，则执行定时器的调度
            if (new Date().getTime() - cur <= 60 * 1000)
            {
                // 指定延迟 1000 毫秒后执行 setTime()函数
                window.setTimeout("setTime();" , 1000);
            }
        }
        // 直接调用 setTime()函数
        setTime();
    </script>
</body>
```

上面的代码需要直接调用 setTime()函数，一旦 setTime()函数执行起来后，在 1 秒钟内，该函数将会重复执行——因为 setTime()函数的最后一行调用了 setTimeout("setTime();" , 1000);，该代码指定在 1 秒钟之后再次执行 setTime()函数。

提示： 对于 setTimeout()和 setInterval()定时器的区别，可以举一个现实生活中的例子。假如有位先生希望周期性地和某位小姐约会，他有两种实现方式：第一种方式是制订一个约会时间表，比如每隔一天就约会一次，这样只需每次到时间进行约会即可；第二种方式需要先获取第一个约会，然后每次约会结束后再次约定下次约会的时间，这种方式需要每次约会结束后重新约定下次约会的时间。setInterval()定时器采用的是第一种方式；而 setTimeout()则采用第二种方式。

14.8.6 桌面通知

HTML 5 新增了一个 Notification 类，该类的实例代表了桌面通知。不管用户正在浏览哪个标签页的内容，只要程序创建一个 Notification 实例，浏览器就会在桌面右下角弹出一个通知。

使用 Notification 创建桌面通知的步骤很简单，只要如下两步即可。

① 判断或请求用户允许桌面通知的权限。

② 创建 Notification 对象。

由于 Notification 类是 HTML 5 新增的 API，因此可能有些早期浏览器并不支持。如果程序需要判断浏览器是否支持 Notification API，可通过如下代码进行：

```
// 检查当前浏览器是否支持通知 API
if (!("Notification" in window))
{
    alert("当前浏览器不支持桌面通知！");
}
```

Notification 类提供了 Notification(title, options)构造器，该构造器的第一个参数 title 代表该通知的标题；第二个参数 options 是一个对象，用于指定创建通知的各种选项。该对象支持如下属性。

- dir：该属性指定通知的显示方向。该属性的默认值为 auto，表示让通知的显示方向与浏览器的语言设置保持相同。该属性支持 ltr（从左向右）和 rtl（从右向左）两个属性值。
- lang：该属性指定通知的语言。该属性值必须是一个有效的 BCP 47 语言代码。
- badge：该属性指定一张图片的 URL 用于代表通知的徽章。当空间不够时，系统会用徽章来代表通知。
- body：该属性指定通知的消息体。
- tag：该属性指定代表该通知的唯一标识。
- icon：该属性指定一个图标的 URL 代表该通知的图标。
- image：该属性指定一张图片的 URL，该图片将会被显示在通知中。
- data：该属性用于为通知添加任意的额外数据。
- vibrate：该属性指定一种振动模式，用于指定该通知将要激活的振动。
- renotify：当新通知将要取代旧通知时，该 Boolean 属性值指定是否需要重新通知用户。该属性值默认为 false。
- requireInteraction：该 Boolean 属性值用于指定该通知是否应该一直保持激活状态，直到用户点击或关闭通知。

通知被显示出来之后，程序可调用 Notification 实例的 close()方法关闭该通知。

如果程序需要监听通知的运行过程，则可监听通知的如下事件。

- error：处理通知出现错误时将激发该事件。
- click：用户点击通知时将激发该事件。
- close：通知被关闭时将激发该事件。
- show：通知被显示出来时将激发该事件。

下面程序简单示范了如何发送通知和关闭通知。

程序清单：codes\14\14.8\Notification\Notification.html

```
<!DOCTYPE html>
<html>
```

```
<head>
    <meta http-equiv="Content-Type" content="text/html; charset=utf-8" />
    <title> 通知测试 </title>
    <script type="text/javascript">
    let fkNotify;
    function notifyMe() {
        // 检查当前浏览器是否支持通知 API
        if (!("Notification" in window))
        {
            alert("当前浏览器不支持桌面通知！");
        }
        // 如果通知已经得到了用户授权
        else if (Notification.permission === "granted")
        {
            // 创建通知
            fkNotify = new Notification("您好，来自 yeeku 的通知！"
            , {icon:"fklogo.gif"});
        }
        // 如果通知 API 没有被用户明确拒绝
        else if (Notification.permission === "default")
        {
            // 请求获得通知权限
            Notification.requestPermission(function (permission) {
                // 如果用户授权接受通知 API
                if (permission === "granted")
                {
                    fkNotify = new Notification("您好，来自 yeeku 的通知！"
            , {icon:"fklogo.gif"});
                }
            });
        }
        if(fkNotify)
        {
            fkNotify.addEventListener("show" , function(){
                alert("通知被显示出来");
            }, false);
            fkNotify.addEventListener("close" , function(){
                alert("通知被关闭");
            }, false);
        }
        // 如果用户明确拒绝了通知 API，程序将不再使用通知 API
    }
    function closeNotify()
    {
        fkNotify.close();
    }
    </script>
</head>
<body>
<button onclick="notifyMe();">发送通知</button>
<button onclick="closeNotify();">关闭通知</button>
</body>
</html>
```

上面程序中前两行粗体字代码创建 Notification 对象用于发送通知，第三行粗体字代码调用 Notification 对象的 close()方法用于关闭通知。

在浏览器中浏览该页面，单击页面上的“发送通知”按钮，即可看到如图 14.25 所示的效果。

从图 14.25 可以看出，桌面右下角弹出的是 Notification 发出的通知。由于程序监听了 Notification 对象的 show 事件，因此在界面上还可看到 alert 弹出框。

如果用户单击界面上的“关闭通知”按钮，将可以看到右下角的通知被关闭，显示如图 14.26 所示的弹出框。

图 14.25　发送通知

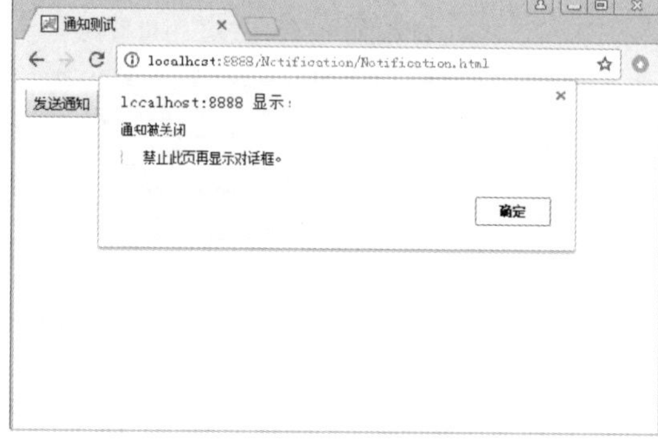

图 14.26　关闭通知

消息的唯一标识由 Notification 对象的第二个参数的 tag 属性指定，如果不指定 tag 属性，则意味着这些通知互不相同，此时系统会以“堆叠”的方式显示多条不同的通知。比如程序使用如下函数创建多条通知。

程序清单：codes\14\14.8\Notification\MultiNotifi.html

```
function createMultiNotifi()
{
    for (let i = 0; i < 5; i++ )
    {
        new Notification("消息标题！"
            , {icon:"fklogo.gif", body: "第" + i + "条文本消息"});
    }
}
```

在浏览器中激发该函数创建多条通知，将可以看到如图 14.27 所示的效果。

图 14.27　多条通知堆叠

如果为多条通知指定相同的 tag，那么它们都是同一条通知，此时就不会发生这种情况。

例如，将上面函数改为如下形式：

```
function createMultiNotifi()
{
    for (let i = 0; i < 5; i++ )
    {
        new Notification("消息标题! "
            , {icon:"fklogo.gif", body: "第" + i + "条文本消息", tag:"fkit"});
    }
}
```

在浏览器中激发该函数创建多条通知，将可以看到如图 14.28 所示的效果。

图 14.28　同一条通知

14.9　navigator 和地理定位

window 对象有一个 navigator 属性，该属性对应于 Navigator 对象，该对象代表浏览该页面所使用的浏览器。该对象在不同平台上的信息并不完全相同，但总包含如下几个常用的属性。

- appName：返回该浏览器的内核名称。
- appVersion：返回该浏览器当前的版本号。
- platform：返回当前浏览器所在的操作系统。

其实没有必要记住它到底包含了多少个属性，可以通过如下简单的代码测试它在对应平台下所包含的属性以及属性值。

程序清单：codes\14\14.9\navigator.html

```
<script type="text/javascript">
    alert(window.navigator);
    var browser = "当前的浏览器信息是:\n";
    // 遍历该浏览器的全部属性
    for(var propname in window.navigator)
    {
        // 将所有属性名、属性值连缀在一起
        browser += propname + ": " + window.navigator[propname] + "\n"
    }
    alert(browser);
</script>
```

在浏览器中浏览该页面，可以看到如图 14.29 所示的对话框。

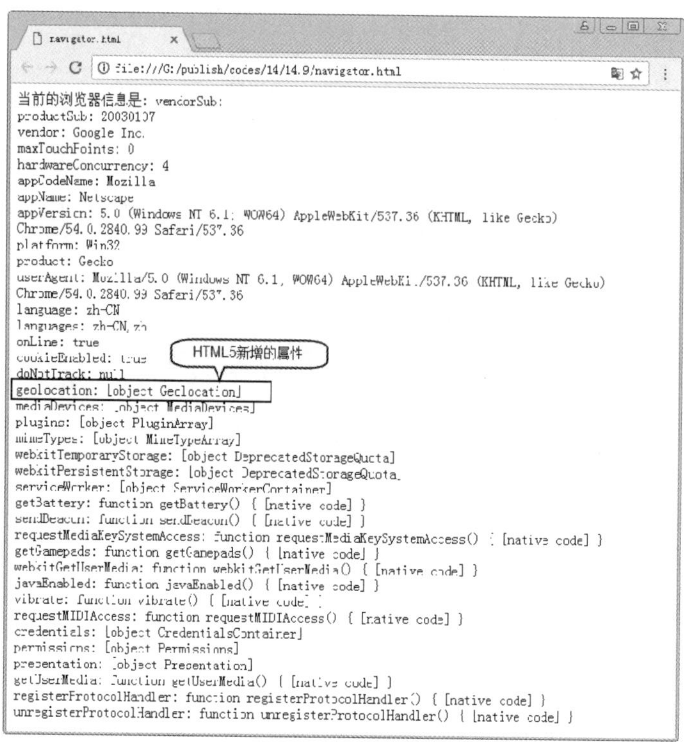

图 14.29　访问当前浏览器的信息

14.9.1　HTML 5 新增的 geolocation 属性

正如从图 14.29 中所看到的，HTML 5 为 navigator 新增了一个 geolocation 属性，这个属性是一个 Geolocation 对象，通过该对象获取浏览者的地理位置。

Geolocation 对象提供了如下 3 个方法。

- getCurrentPosition(onSuccess, onError, options)：该方法请求获取地理位置。该方法可以指定 3 个参数，其中第一个参数代表成功获取地理位置时触发的回调函数；第二个参数代表获取地理位置失败后触发的回调函数；第三个参数用于传入一些额外的选项。该函数的后两个参数是可选的。
- int watchCurrentPosition(onSuccess, onError, options)：该方法用于持续监听地理位置（该方法相当于周期性地调用 getCurrentPosition()方法），该方法的 3 个参数的意义与前一个方法的 3 个参数完全相同。该方法返回一个 int 类型的标识，该标识是这个“监听器”的标识 ID，从而允许程序在后面调用 clearWatch(watchId)来取消监听。
- clearWatch(watchId)：该方法用于停止持续监听地理位置。该方法的参数值就是 watchCurrentPosition ()方法返回的“监听器”的标识。

上面介绍的 3 个方法中，前两个方法的形参完全相同，下面详细介绍这两个方法所需的 3 个形参。

1. 获取成功的回调函数

上面介绍的前两个方法的第一个形参就是获取成功的回调函数，它是一个形如 function(postion){}的回调函数，该回调函数中的 position 表示浏览器所获取的地理信息。position 对象包含如下两个属性。

- timestamp：该属性返回获取地理位置时的时间。

- coords：该属性返回一个 Coordinates 对象。该对象里包含了详细的地理信息。该对象包含如下属性。
    - longitude：返回经度值。
    - latitude：返回纬度值。
    - altitude：返回高度值。
    - accuracy：返回经度和纬度的精度值，以米为单位。
    - altitudeAccuracy：返回高度的精度值，以米为单位。
    - speed：返回浏览器所在设备的移动速度。不能获取速度时返回 null。
    - heading：返回浏览器所在设备移动的方向，以指向正北方向顺时针转过的角度来表示。不能获取移动方向时返回 null。
    - timestamp：返回获取地理位置时的时间戳。

2. 获取失败的回调函数

上面介绍的前两个方法的第二个形参就是获取失败的回调函数，它是一个形如 function(error){}的回调函数，该回调函数中的 error 包含了错误信息。该 error 对象包含如下两个属性。

- code：返回错误代码。该 code 有如下几种情况。
  1：用户拒绝了位置服务。
  2：无法获取地址位置信息。
  3：获取地理位置信息超时。
- message：返回错误描述信息。但实际上很多浏览器并未提供错误描述信息。

通过浏览器来获取浏览者的地理位置信息属于获取用户隐私，因此需要征求浏览者的同意。当用户通过浏览器来获取地理位置信息时，浏览器将会显示如图 14.30 所示的询问提示。

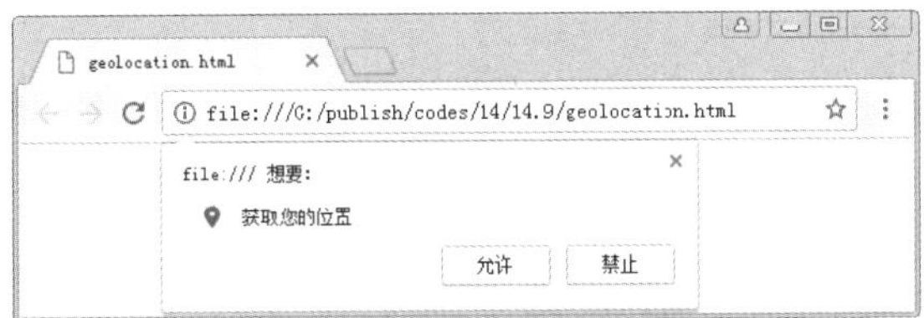

图 14.30　浏览器询问是否共享地理位置

如果在图 14.30 所示的提示框中拒绝共享地址位置信息，getCurrentPosition()方法将会触发 onError 回调函数。

3. 额外的选项

上面介绍的前两个方法的第三个形参就是获取地理信息时的额外选项。该参数应该是一个 JavaScript 对象，该对象支持如下属性。

- enableHighAccuracy：指定是否要求高精度的地理位置信息。
- timeout：指定获取地理位置信息时的超时时长。如果没有在该时间内获取到地理位置信息，将会引发错误。
- maximumAge：指定地理信息的缓存时间，以毫秒为单位。

14.9.2　获取地理位置

如果需要获取浏览器所在设备的地理位置，只要调用 Geolocation 对象的 getCurrentPosition()

方法，并传入合适的参数即可。例如如下代码所示。

程序清单：codes\14\14.9\geolocation.html

```
<script type="text/javascript">
    var geoHandler = function(position)
    {
        var geoMsg = "用户所在的地理位置信息是：<br/>";
        geoMsg += "timestamp 属性为：" + position.timestamp + "<br/>";
        // 获取 Coordinates 对象，该对象里包含了详细的地理位置信息
        var coords = position.coords;
        // 遍历 Coordinates 对象的所有属性
        for(var prop in coords)
        {
            geoMsg += prop + "-->" + coords[prop] + "<br>";
        }
        // 输出地理位置信息
        document.writeln(geoMsg);
    }
    var errorHandler = function(error)
    {
        // 为不同错误代码定义错误提示
        var errMsg = {
            1: '用户拒绝了位置服务',
            2: '无法获取地址位置信息',
            3: '获取地理位置信息超时'
        };
        // 弹出错误提示
        alert(errMsg[error.code]);
    }
    // 获取地理位置信息
    navigator.geolocation.getCurrentPosition(geoHandler
        , errorHandler
        , {
            enableHighAccuracy:true,
            maximumAge:1000
        });
</script>
```

上面程序中第一段粗体字代码通过 Coordinates 对象来获取详细的地理位置信息，第二段粗体字代码则调用了 Geolocation 的 getCurrentPosition()方法来获取当前的地理位置信息。

在浏览器中浏览该页面，并同意让浏览器访问地理位置信息，将可以看到如图 14.31 所示的界面。

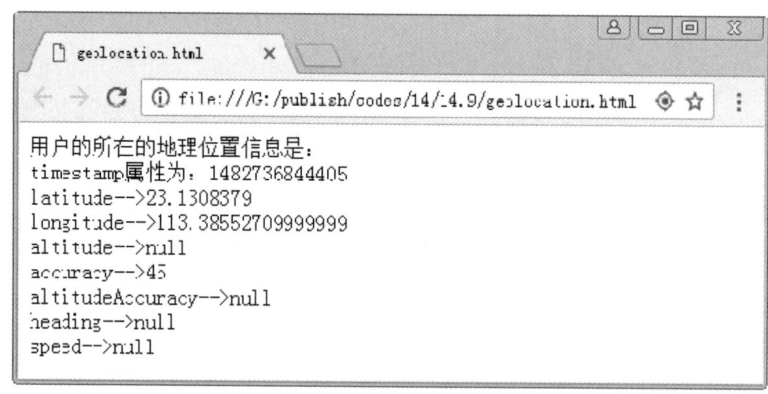

图 14.31　访问用户的地理位置信息

使用 Firefox、Opera、Safari、Chrome、IE 等主流浏览器的最新版本浏览该页面，浏览器

都会询问用户是否需要共享地理位置信息，如果用户同意共享地理位置，该页面将会把用户的当前位置显示出来。

14.9.3 在高德地图上定位

通过浏览器获取地理位置信息之后，接下来可以利用地理位置信息做很多事情，比如在社交网络应用中，通过地理位置信息识别到用户的地理位置，这样用户就可以选择距离自己最近的用户交流。

下面将会在 HTML 页面上引入高德地图，并利用浏览器获取的地理位置信息在高德地图上定位。关于 HTML 页面上使用高德地图的方法，请参考 http://lbs.amap.com/api/javascript-api/。

下面页面代码示范了在高德地图上定位。

程序清单：codes\14\14.9\map.html

```
<!DOCTYPE html>
<html>
<head>
    <meta name="author" content="Yeeku.H.Lee(CrazyIt.org)" />
    <meta http-equiv="Content-Type" content="text/html; charset=utf-8" />
    <title> 在地图上定位 </title>
    <style type="text/css">
        html { height: 100% }
        body { height: 100%; margin: 0px; padding: 0px }
        #container { height: 100%; width:100%}
    </style>
    <script type="text/javascript"
src="http://webapi.amap.com/maps?v=1.3&key=64620d4e376822f07d4fc16f5118b6f9">
    </script>
    <script type="text/javascript">
    function initialize()
    {
        navigator.geolocation.getCurrentPosition(function(position)
        {
            // 获取浏览器提供的地理位置信息
            var lnglat = [position.coords.longitude,
                position.coords.latitude];
            // 创建高德地图，指定把地图显示到 container 元素上
            var map = new AMap.Map('container',{
                resizeEnable: true,
                zoom: 16,
                center: lnglat
            });
            // 构建显示位置的信息窗口
            var infoWindow = new AMap.InfoWindow({
                content: "我在这里<br>疯狂软件教育中心"
            });
            // 打开信息窗口
            infoWindow.open(map, lnglat);
        },
        function(error){alert("您的浏览器没有提供地理位置信息！");}
        ,
        {
            enableHighAccuracy:true,
            maximumAge:1000
        });
    }
    </script>
</head>
<body onload="initialize();">
```

```
    <div id="container"></div>
</body>
</html>
```

上面页面代码中的粗体字代码获取了浏览者的地理位置信息，然后在页面上初始化了高德地图，并在高德地图上显示了当前的地理位置。在浏览器中浏览该页面，将可以看到如图 14.32 所示的界面。

图 14.32　在高德地图上定位

14.9.4　获取电池信息

navigator 对象还提供了一个 getBattery()方法，该方法返回一个电池服务的 Promise，该对象 resolved 得到一个 BatteryManager 对象，通过 BatteryManager 对象既可获取设备的电池相关信息，也可监听设备电池的充电改变、电池电量改变等事件。

提示：

关于 Promise 的介绍可参考本书 18.5 节。

得到 BatteryManager 之后，可通过该对象的如下属性来获取电池相关信息。

- charging：该属性返回当前是否处于充电状态。
- chargingTime：该属性返回正在充电的秒数。
- dischargingTime：该属性返回电池还剩多少时间会电量耗尽。
- level：该属性返回电池的充电水平。

此外，如果程序要检测系统电池的状态改变情况，则可监听 BatteryManager 的如下事件。

- chargingchange：当电池的充电状态发生改变时激发该事件。
- chargingtimechange：当电池的 chargingTime 发生改变时激发该事件。
- dischargingtimechange：当电池的 dischargingTime 发生改变时激发该事件。
- levelchange：当电池的 level 发生改变时激发该事件。

如下程序示范了如何获取电池相关信息。

程序清单：codes\14\14.9\battery.html

```
<script type="text/javascript">
// 调用 getBattery()获取电池相关信息
navigator.getBattery().then(function(battery)
{
    // 获取电池的 chargingchange 事件添加监听器
    battery.addEventListener('chargingchange', function()
    {
        // 获取电池相关信息
        console.log("电池是否正在充电：" + battery.charging);
        console.log("充电时间：" + battery.chargingTime);
        console.log("不充电时间：" + battery.dischargingTime);
        console.log("充电程度：" + battery.level);
    });
});
</script>
```

上面程序先调用 navigator 的 getBattery()方法获取 Promise 对象，该对象 resolved 得到一个 BatteryManager 对象。程序中粗体字代码用于为 BatteryManager 的 chargingchange 事件添加监听器——当电池的充电状态发生改变时，该事件将会被激发。程序在该事件监听器中获取电池相关信息。

使用浏览器浏览该页面，随着用户改变系统的充电状态，将可以看到浏览器的控制台输出如图 14.33 所示。

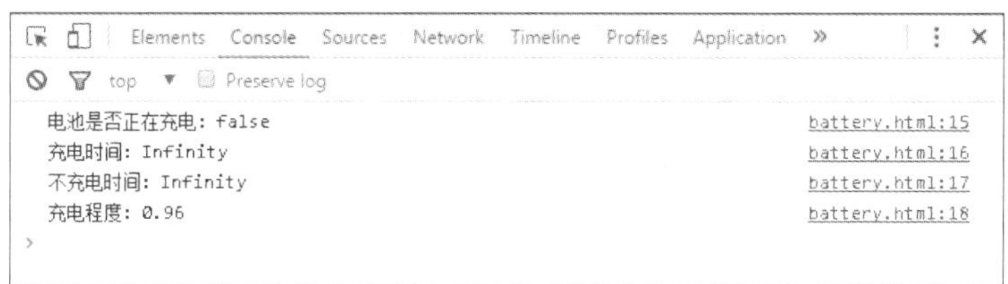

图 14.33　获取电池充电信息

14.10　HTML 5 增强的 History API

window 的 history 属性是一个 History 对象，该对象表示当前窗口的浏览历史。传统的 History 对象支持如下几个方法。

- back()：后退到上一个浏览页面，如果该页面是第一个打开的，则该方法没有任何效果。
- foward()：前进到下一个浏览页面，前提是之前使用了 back 或 go 方法。
- go(intValue)：该方法可指定前进或后退多少个页面，其中的 intValue 控制前进、后退的页面数。其中 intValue 为正，表示前进；intValue 为负，表示后退。

下面代码示范了访问 window 的 history 属性（History 对象）。

程序清单：codes\14\14.10\history.html

```
<script type="text/javascript">
    alert(window.history);
    var his = "当前的浏览器信息是:<br>";
    // 遍历该浏览器的全部属性
    for(var propname in window.history)
    {
        // 将所有属性名、属性值连缀在一起
```

```
        his += propname + ": " + window.history[propname] + "<br>"
    }
    document.writeln(his);
</script>
```

在浏览器中浏览该页面，可以看到如图 14.34 所示的效果。

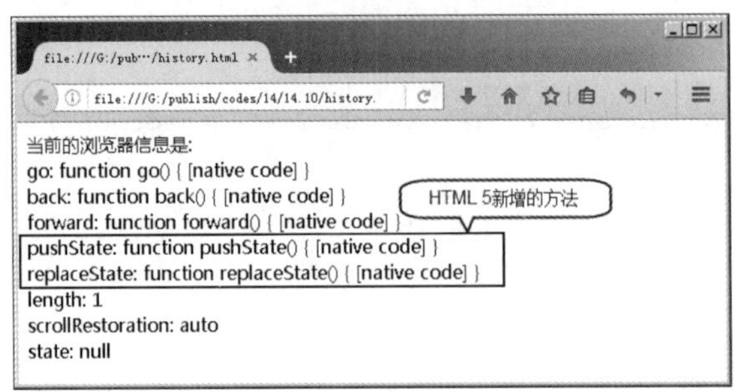

图 14.34　History 对象

从图 14.34 可以看出，HTML 5 为 History API 增加了两个方法。

- pushState(data, title, url)：该方法用于向 History 对象的最后“压入”一个新的状态。
- replaceState(data, title, url)：该方法用于替换 History 对象最后的的状态。

上面两个方法的用法大致相似，都用于操作 History 对象的“状态”，区别只是 pushState()方法是添加状态，而 replaceState()方法则是替换状态。这两个方法都涉及 3 个参数。

- data：该参数代表该状态所关联的数据，该参数可以是任意 JavaScript 对象。
- title：该状态对应的页面标题。
- url：该状态对应的页面 URL。

pushState()、replaceState()方法都会改变浏览器地址栏的地址，只要调用它们，浏览器地址栏的内容就会变成这两个方法的 url 参数所指定的地址，页面标题将变成这两个方法的 title 参数所指定的标题。

可能有读者感到疑惑：pushState()、replaceState()方法与原有的 go()方法不是差不多吗？其实不然，go()方法不仅会改变浏览器地址栏的地址，而且会让浏览器重新加载地址栏中新的地址，并刷新整个页面。

pushState()、replaceState()方法虽然会改变浏览器地址栏的内容，但并不会让浏览器重新加载改变后的地址、刷新页面，这两个方法只是将状态添加到 History 对象中。

当用户单击浏览器的“前进”按钮时，浏览器地址栏将会变成 History 对象后一个状态的 URL；当用户单击浏览器的“后退”按钮时，浏览器地址栏将会变成 History 对象前一个状态的 URL——浏览器依然不会重新加载改变后的地址、刷新页面，但会触发 window 对象的 onpopstate 事件，如果希望页面在 History 状态弹出之后做出某些特定的处理，则应通过 window 对象的 onpopstate 事件处理函数来实现。

提示：

简单归纳一下：pushState()、replaceState()方法会改变浏览器地址栏的内容，但浏览器不会重新加载新地址并刷新页面。当 History 的 state 弹出导致浏览器地址栏发生改变时，如果开发者系统页面做出处理，则需要为 window 对象的 onpopstate 事件绑定处理函数。

在实际应用中，pushState()、replaceState()两个方法主要与 Ajax 结合使用：Ajax 技术能以异步方式向服务器发送请求，获取服务器响应之后通过 JavaScript 更新在页面上。

Ajax 的优势在于：避免页面的整体刷新，使用异步请求获取服务器响应实现页面的局部更新。Ajax 的缺陷在于：使用 Ajax 技术时，浏览器地址栏的内容不会发生任何改变，因此用户不能使用浏览器的“前进”“后退”按钮。

提示：

关于 Ajax 技术的详细介绍，请参考疯狂 Java 体系的《疯狂前端开发讲义》。

History 对象的 pushState()、replaceState()两个方法恰好可以弥补 Ajax 的缺陷，这两个方法既能改变浏览器地址栏的内容，又不会导致浏览器刷新页面，因此可以和 Ajax 的局部刷新结合使用。

下面实现一个简单的 Ajax 示例，当用户单击页面中的导航菜单时，页面会以 Ajax 方式更新局部内容，与此同时，History 对象会调用 pushState()方法“压入”当前浏览状态，这样浏览器地址栏的内容就会发生改变；当用户单击浏览器的“前进”“后退”按钮时，浏览器地址栏的内容也会发生改变，window 的 onpopstate 事件处理函数会根据当前 History 状态重新加载服务器响应。

先看本例的服务器响应页面。该服务器响应页面采用 JSP 技术实现，因此本例必须部署到 Java Web 服务器（如 Tomcat）中才能看到效果。下面是本例的服务器端 JSP 页面代码。

程序清单：codes\14\14.10\history\books.jsp

```
<%@page pageEncoding="UTF-8"%>
<%
    String id = request.getParameter("id");
    String result = null;
    switch(id)
    {
        case "java":
            result = "覆盖 Java 8 的 Lambda 表达式、函数式编程、流式编程、并行支持、改进的类型推断、JDBC 4.2 等新特性";
            break;
        case "ee":
            result = "国内知名 IT 图书作家李刚老师基于曾荣获中国书刊发行业协会“年度全行业畅销品种”大奖的《轻量级 Java EE 企业应用实战（第 3 版）》全新升级；";
            break;
        case "android":
            result = "开卷数据显示 2014 年度 Android 图书排行榜第一名，曾获评 CSDN 年度具有技术影响力十大原创图书";
            break;
        case "html":
            result = "适合开发者入门的 HTML 5 图书，本书繁体中文版已经输出到台湾地区";
            break;
        case "front":
            result = "基于畅销书《疯狂 Ajax 讲义》升级而来，全面介绍 jQuery、Ext JS、BootStrap 等主流前端开发库";
            break;
    }
    out.println(result);
%>
```

该服务器页面比较简单，只是简单地判断 id 请求参数，根据请求参数返回一段字符串作为响应。

本例的 HTML 页面将会使用 History 对象的 pushState()和 replaceState()两个方法管理状态。页面代码如下。

程序清单：codes\14\14.9\history\index.html

```
<!DOCTYPE html>
<html>
<head>
    <meta http-equiv="Content-Type" content="text/html; charset=utf-8" />
    <title> 首页 </title>
    <style type="text/css">
        /* 设置表格的样式 */
        table{
            display: inline-table;
            width: 320px;
            border: 1px solid lightgrey;
            border-collapse: collapse;
            vertical-align: top;
            margin-right: 0px;
        }
        /* 设置单元格的样式 */
        td{
            padding:15px;
            cursor: pointer;
            border: 1px solid lightgrey;
        }
        /* 设置表格行的背景色 */
        tr{
            background: linear-gradient(to right, #f6f6f6, #fff);
        }
        /* 设置鼠标悬停时表格行的背景色 */
        tr:hover{
            background: linear-gradient(to right, #eee, #f6f6f6);
        }
        /* 设置显示内容的div元素的样式 */
        div>div {
            display: inline-block;
            width:400px;
            height:300px;
            padding:10px;
            box-sizing: border-box;
            border:1px solid lightgrey;
            margin-left: 0px;
        }
    </style>
</head>
<body>
<div style="width:725px;">
    <table border="1">
        <tr><td title="java">疯狂 Java 讲义</td></tr>
        <tr><td title="ee">轻量级 Java EE 企业应用实战</td></tr>
        <tr><td title="android">疯狂 Android 讲义</td></tr>
<tr><td title="html">疯狂 HTML 5/CSS 3/JavaScript 讲义</td></tr>
<tr><td title="front">疯狂前端讲义</td></tr>
    </table><div id="show"></div>
</div>
<script type="text/javascript">
    var xhr = new XMLHttpRequest();
    window.onload = function(){
        // 页面加载时，替换history的状态
        history.replaceState(null, "首页",
            "index.html?id=java")
    }
    // 获取页面上所有td元素
    var tdList = document.querySelectorAll("td");
    // 遍历所有td元素，为它们的onclick事件绑定处理函数
```

```
    for(var i = 0; i < tdList.length ; i++)
    {
        tdList[i].onclick = function(src){
            // 以当前单元格的 title 为参数发送异步请求
            sendGet("books.jsp?id=" + src.target.title);
            // 向 history 压入状态
            history.pushState({"cellTitle":src.target.title},
                "首页", "index.html?id=" + src.target.title);
            // 取消所有 td 元素的背景色
            var tdList = document.querySelectorAll("td");
            for(var i = 0; i < tdList.length ; i++)
            {
                tdList[i].style = undefined;
            }
            // 为当前单击的单元格设置背景色
            src.target.style.background =
                "linear-gradient(to right, #ddd, #eee)";
        }
    }
    function sendGet(url){
        // 设置处理响应的回调函数
        xhr.onreadystatechange = function()
        {
            if(xhr.readyState == 4 && xhr.status == 200)
            {
                // 获取服务器响应
                document.querySelector("#show").innerHTML = xhr.responseText;
            }
        };
        // 发送异步请求
        xhr.open("GET" , url  , true);
        // 发送请求
        xhr.send();
    }
    // 为窗口的 popstate 事件绑定监听器
    window.addEventListener("popstate", function(){
        // 获取 histroy 的状态数据
        var curTitle = history.state["cellTitle"];
        var tdList = document.querySelectorAll("td");
        // 取消所有单元格的背景色，只设置被选中单元格的背景色
        for(var i = 0; i < tdList.length; i++)
        {
            if(tdList[i].title == curTitle)
                tdList[i].style.background = "linear-gradient(to right, #ddd, #eee)";
            else
                tdList[i].style = undefined;
        }
        // 通过窗口地址栏获取请求参数
        queryStr = window.location.href.split("?")[1];
        // 发送异步请求
        sendGet("books.jsp?" + queryStr);
    });
</script>
</body>
</html>
```

上面页面代码中第一行粗体字代码位于 window 的 onload 事件处理函数内，表明当页面加载完成时，History 会替换最后一个状态，该状态对应的 URL 为"index.html?id=java"，这意味着即使用户直接访问 index.html 页面，最后地址栏后面也会“自动”变成："index.html?id=java"，如图 14.35 所示。

图 14.35　地址栏内容发生了改变

页面中第二行粗体字代码位于 onclick 事件处理函数内——页面左边的 5 个单元格都绑定了事件处理函数，用户单击任意一个单元格都会激发 onclick 事件处理函数，该函数先调用 sendGet()向服务器发送异步请求，服务器响应到来后页面会局部更新，但浏览器地址栏原本不会发生改变——于是程序添加了第二行粗体字代码，这样就会改变浏览器地址栏的内容，如图 14.36 所示。

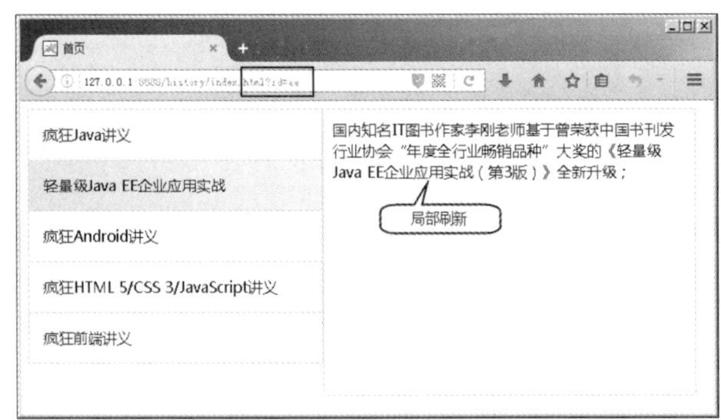

图 14.36　pushState 改变浏览器地址栏的内容

从图 14.36 可以看出，调用 pushState 后浏览器地址栏的内容发生了改变，但浏览器并没有重新加载页面，而是使用 Ajax 对页面进行了局部更新。

当用户单击浏览器的"后退"按钮时，History 会"弹出"状态，从而激发 window 的 popstate 事件，因此程序最后部分为 window 的 popstate 事件绑定了事件处理函数。该函数中粗体字代码根据当前 History 状态重新发送异步请求，再次局部更新页面，这样就弥补了 Ajax 技术不能使用浏览器"后退"按钮的弊端。

 14.11　使用 document 对象

document 对象既是 HTMLDocument 类的一个实例，也是 DHTML 模型中的一个对象。因此，JavaScript 的 document 既可以作为 HTMLDocument 使用，也可以作为 DHTML 的 document 使用。该对象除了可以使用标准 DOM 模型的方法之外，还可以使用如下几个常用方法。

- close()：结束一个通过 open 方法打开的 document 对象。
- open()：打开一个 document 对象。
- write()：向 document 对象中输出一条字符串，输完后不换行。
- writeln()：向 document 对象中输出一条字符串，输完后换行。

除此之外，还有如下常用属性。

- alinkColor、linkColor、vlinkColor、bgColor、fgColor：5 个颜色属性，分别对应 HTML 文档中超链接激活时的颜色、没有访问过的超链接的颜色、访问过的超链接的颜色、背景色和前景色。
- all：该属性返回该文档中的所有子元素。
- anchors：该属性返回文档中的所有命名锚点组成的集合。
- applets：该属性返回文档中所有的 Applet 组成的集合。
- cookie：该属性用于读写 HTTP cookie。
- documentElement：该属性返回文档的根元素。通常就是返回<html.../>元素。
- forms：该属性返回该 document 包含的全部表单组成的集合。
- frames：该属性返回该 document 包含的全部 Frame 集合。
- images：该属性返回该 document 包含的全部图像组成的集合。
- lastModified：该属性返回该 document 的最后修改时间。
- links：该属性返回该 document 内包含的全部超链接组成的集合。
- location：该属性的作用类似于 URL。
- referrer：该属性返回上一个页面的 URL，且上一个页面中的超链接负责导航当前页面。
- scripts：该属性返回该 document 对象中包括的所有脚本组成的集合。
- styleSheets：该属性返回该 document 对象的全部 CSS 样式组成的集合。
- title：该属性返回 document 对象标题，就是<title>和</title>之间的部分。
- URL：该属性返回 document 所在的 URL，该属性的值与 location 的 href 属性值相同。

14.11.1 动态页面

借助于 document 对象的 open 和 write 方法，可以动态生成一个页面，看下面的代码。

程序清单：codes\14\14.11\dynaDocument.html

```
<body>
    <script type="text/javascript">
        // 计数器
        var n = 0;
        var win = null;
        // 用于弹出窗口显示提示信息的函数
        var show = function(msg)
        {
            // 判断弹出窗口是否为空
            if ((win == null) || (win.closed))
            {
                // 打开一个新的弹出窗口
                win = window.open("","console"
                    ,"width=400,height=250,resizable");
                // 将弹出窗口的文档打开成一个 text/html 文档
                win.document.open("text/html");
            }
            // 让弹出窗口得到焦点
            win.focus();
            // 在弹出窗口装载的文档中输出信息
            win.document.writeln(msg);
        }
    </script>
    <!-- 触发事件的按钮 -->
    <input type="button" value="单击"
```

```
        onclick="show('您单击了按钮:' + ++n + '次。<br/>');">
</body>
```

上面页面代码中的粗体字代码可打开一个新的文档，每次调用 document.writeln()方法时即可动态改变该文档的内容。在浏览器中浏览该页面，多次单击“单击”按钮，即可看到如图 14.37 所示的窗口。

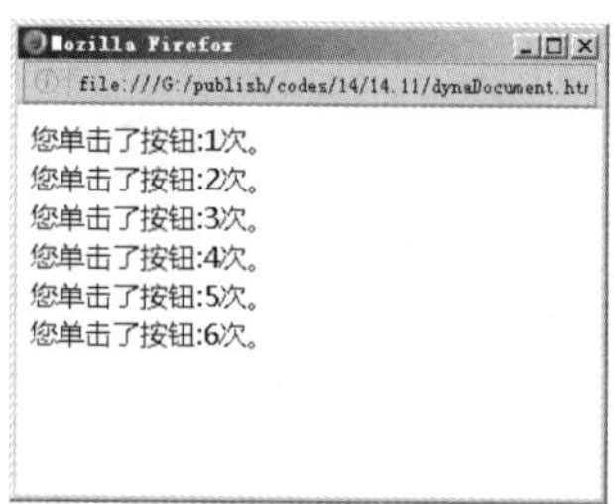

图 14.37　动态生成的文档

14.11.2　读写 Cookie

Cookie 是一些 name=value 对数据，这些数据可以由浏览器写入客户机硬盘，也可以由浏览器从客户机硬盘读取。Cookie 通常用于持久记录客户的某些信息，比如客户的用户名及客户的喜好等，因而可以把 Cookie 当成一种简单的数据持久化方法。

通常而言，读写 Cookie 都是由服务器程序（比如 JSP 页面或 Servlet 等）控制的，但实际读写 Cookie 的依然是浏览器，因此 JavaScript 一样可以控制浏览器读写 Cookie。

使用 JavaScript 控制浏览器写 Cookie 很简单，直接给 document.cookie 属性赋值即可，这个属性值必须为如下格式：

```
<name>=<value>
```

上面的各种<name>和<value>都可由开发者任意指定。除此之外，添加 Cookie 时还可指定如下几个属性。

- max-age：指定该 Cookie 存活的最长有效期。以秒为单位。
- expires：指定 Cookie 的过期时间。
- path：指定该 Cookie 的路径。
- domain：指定该 Cookie 属于哪个域。
- secure：指定该 Cookie 的安全属性。

下面的代码通过 document.cookie 写入 Cookie，并指定该 Cookie 的最长有效期为一年。

```
document.cookie = "name=crazyit; max-age=" + (60*60*24*365);
```

下面的代码通过 document.cookie 写入 Cookie，并指定该 Cookie 的最长有效期为一年，而且该 Cookie 属于 crazyit.org 域。

```
document.cookie = "name=crazyit; max-age=" + (60*60*24*365)
   + ";domain=crazyit.org";
```

读取 Cookie 则略微复杂一点，需要先访问 document.cookie 属性，该属性返回一个字符串，然后使用 JavaScript 脚本分析该 Cookie 字符串。下面的代码示范了如何写入、读取 Cookie。

程序清单：codes\14\14.11\Cookie.html

```
<script type="text/javascript">
var setCookie = function(name , value)
{
    // 定义变量，保存当前时间
```

```
        var expdate = new Date();
        // 将 expdate 的月份 + 1
        expdate.setMonth(expdate.getMonth() + 1);
        // 添加 Cookie
        document.cookie = name + "=" + escape(value) ;
            + "; expires=" + expdate.toGMTString() +  ";";
    }
    var getCookie = function(name)
    {
        // 访问 Cookie 的 name 开始处
        var offset = document.cookie.indexOf(name)
        // 如果找到指定 Cookie
        if (offset != -1)
        {
            // 从 Cookie 名后位置开始搜索
            offset += name.length + 1;
            // 找到 Cookie 名后第一个分号（;）
            end = document.cookie.indexOf(";", offset) ;
            // 如果没有找到分号
            if (end == -1)
            {
                end = document.cookie.length;
            }
            // 截断字符串中 Cookie 的值
            return unescape(document.cookie.substring(offset, end));
        }
        else
        {
            return "";
        }
    }
    setCookie('user' , 'crazyit.org');
    alert(getCookie('user'));
    </script>
```

上面页面代码的第一行粗体字代码用于添加 Cookie，第二行粗体字代码用于读取 Cookie。从页面代码中可以看出，添加 Cookie 就是为 document.cookie 属性赋值；读取 Cookie 就是截取 document.cookie 属性值的合适子串。

 14.12　HTML 5 新增的浏览器分析

HTML 5 为 window 对象新增了 performance 属性，也就是新增了一个全局可用的 performance 对象——就像 document、navigator 等对象一样，通过该对象可以对浏览器进行相关分析。

14.12.1　分析时间性能

假如以前需要分析加载一个 HTML 页面的时间开销，可能会采用如下代码。

程序清单：codes\14\14.12\rawTiming.html

```
<!DOCTYPE html>
<html>
<head>
    <meta http-equiv="Content-Type" content="text/html; charset=utf-8" />
    <title> 分析页面加载时间 </title>
    <script type="text/javascript">
        // 记录进入页面的时刻
        var start = new Date().getTime();
```

```
        var load = function()
        {
            // 获取页面加载完成时的时刻
            var now = new Date().getTime();
            var page_load_time = now - start;
            alert("页面加载时间： " + page_load_time);
        }
    </script>
</head>
<body onload="load();">
<img src="http://www.crazyit.org/logo.jpg" alt="疯狂 Java 联盟"/>
</body >
</html>
```

上面页面中的粗体字代码定义了进入该页面时的时刻，再用页面加载完成时的时刻减去进入页面时的时刻，即可得到该页面的加载时间。在浏览器中浏览该页面，可以看到浏览器弹出如图 14.38 所示的界面。

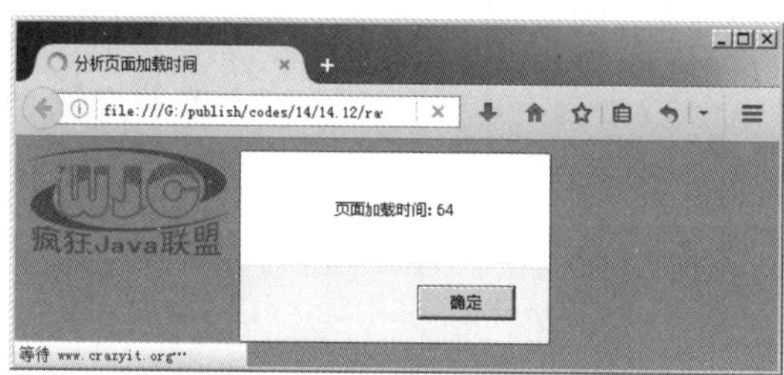

图 14.38　获取页面加载时间

通过 performance 对象可以让上面代码更加简洁，因为 performance 对象的 timing 属性中已经包含了进入该页面的时刻。借助 performance 对象可以将上面的页面代码改为如下形式。

程序清单：codes\14\14.12\timing.html

```
<!DOCTYPE html>
<html>
<head>
    <meta http-equiv="Content-Type" content="text/html; charset=utf-8" />
    <title> 分析页面加载时间 </title>
    <script type="text/javascript">
        var load = function()
        {
            // 记录页面加载完成时的时刻
            var now = new Date().getTime();
            var page_load_time = now - performance.timing.navigationStart;
            alert("页面加载时间： " + page_load_time);
        }
    </script>
</head>
<body onload="load();">
<img src="http://www.crazyit.org/logo.jpg" alt="疯狂 Java 联盟"/>
</body >
</html>
```

正如从上面粗体字代码所看到的，通过 performance 的 timing 属性的 navigationStart 属性即可获取进入该页面的时刻。

performance 对象包含了一个 timing 属性，该属性是一个 PerformanceTiming 对象，该对象提供了如下属性。

- navigationStart：该属性返回浏览器成功卸载前一个文档的时间。如果不存在前一个文档，该属性的返回值与 fetchStart 属性返回的时间相同。

- unloadEventStart：该属性返回浏览器开始卸载前一个文档的时间。如果不存在前一个文档，该属性返回 0。
- unloadEventEnd：该属性返回浏览器卸载前一个文档完成时的时间。如果不存在前一个文档，该属性返回 0。
- redirectStart：该属性返回浏览器开始重定向的时间。
- redirectEnd：该属性返回浏览器重定向结束时的时间。
- fetchStart：该属性返回浏览器开始获取该资源的时间。
- domainLookupStart：该属性返回浏览器开始查找当前文档所在域名的时间。
- domainLookupEnd：该属性返回浏览器查找当前文档所在域名结束时的时间。
- connectStart：该属性返回浏览器与远程服务器开始建立连接时的时间。
- connectEnd：该属性返回浏览器与远程服务器建立连接完成时的时间。
- requestStart：该属性返回浏览器开始向远程服务器请求该文档时的时间。
- responseStart：该属性返回浏览器接收到远程服务器返回的当前文档第一个字节时的时间。
- responseEnd：该属性返回浏览器接收完远程服务器返回的当前文档所有字节时的时间。
- loadEventStart：该属性返回当前文档的 onload 事件监听器被触发时的时间。如果该事件监听器没有被触发过，则该属性返回 0。
- loadEventEnd：该属性返回当前文档的 onload 事件监听器响应完成时的时间。如果该事件监听器没有被触发过，则该属性返回 0。

通过上面列表不难看出，借助于 performance 的 timing 属性，可以获取浏览器的各种事件发生、完成时的时间。

14.12.2　分析导航行为

performance 对象除了包括 timing 属性之外，还包括一个 navigation 属性，该属性是一个 PerformanceNavigation 对象，该对象包括如下两个属性。

- type：该属性返回进入该页面的方式。该属性可能返回如下属性值。
  - TYPE_NAVIGATE（数值 0）：代表正常进入到该页面。比如通过超链接、直接输入页面 URL、提交表单等方式进入该页面。
  - TYPE_RELOAD（数值 1）：代表通过“重新加载”的方式进行该页面。比如用户单击了浏览器的“刷新”按钮，或者在 JavaScript 中调用 location.reload();重新加载该页面。
  - TYPE_BACK_FORWARD（数值 2）：通过“后退”或“前进”的方式进入该页面。比如用户通过单击浏览器的“后退”或“前进”按钮进入该页面。
  - TYPE_RESERVED（数值 255）：如果不是上面几种情况，将会返回该属性值。
- redirectCount：该属性返回重定向的次数。

下面页面代码示范了识别用户如何访问该页面。

程序清单：codes\14\14.12\navigation.html

```
<script type="text/javascript">
    switch (performance.navigation.type)
    {
        case 0:
            alert("正常导航到该页面！");
            break;
```

```
        case 1:
            alert("用户重新加载该页面！");
            break;
        case 2:
            alert("用户“前进”到该页面！");
            break;
        default :
            alert("其他方法进入该页面！");
            break;
    }
</script>
```

用户直接在浏览器中访问该页面，将可以看到如图 14.39 所示的提示框。

如果用户通过“前进”按钮前进到该页面，将可以看到如图 14.40 所示的提示框。

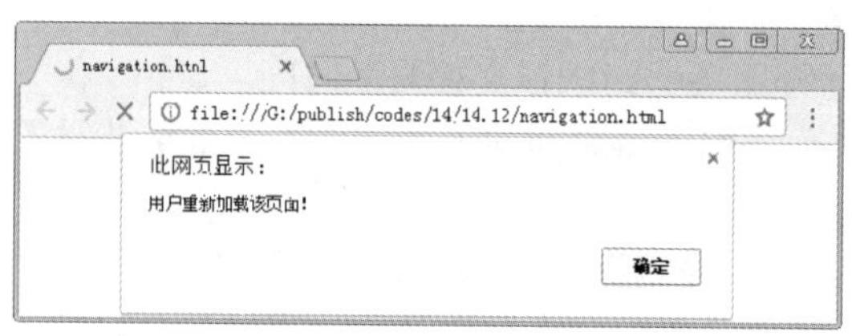

图 14.39　直接访问该页面

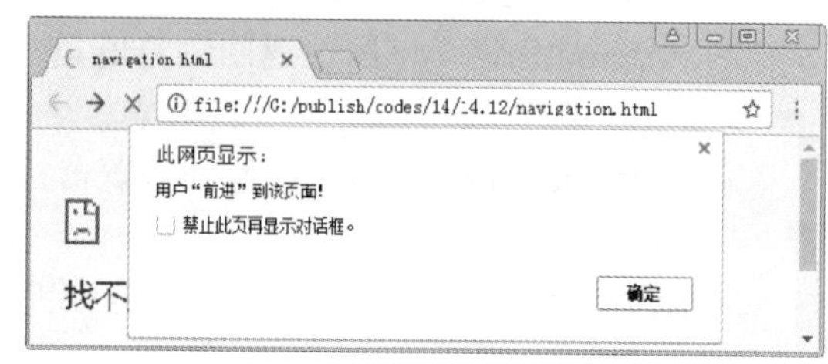

图 14.40　“前进”到该页面

14.13　本章小结

本章详细介绍了 DOM 模型的相关知识，主要介绍了如何利用 DOM 动态改变 HTML 文档。学习本章的基础是掌握 DOM 模型的思想，掌握结构化文档和 DOM 树之间的转化关系。本章的重点是通过 DOM 动态更新 HTML 文档，包括访问 HTML 元素的 5 种情况，修改 HTML 元素，增加 HTML 元素的 3 种情况和删除 HTML 元素的 3 种情况。本章也介绍了传统的 DHTML 对象模型，并介绍了传统的 DHTML 模型里对象的包含关系。除此之外，本章还介绍了 window 和 document 两个重要的对象，读者需要掌握这两个对象的常用方法和功能。

CHAPTER

15

第 15 章 事件处理机制

本章要点

- 事件模型的基本概念
- 绑定事件处理函数的 3 种基本方法
- 事件处理函数中的 this 关键字
- 访问事件对象
- 使用返回值取消事件的默认行为
- 事件的调用顺序
- 在代码中触发事件
- 事件的捕获机制、冒泡机制
- 取消事件的默认行为
- 转发事件
- 不同事件类型的区别
- 针对文档事件进行处理
- 处理鼠标滚轮事件
- 处理键盘相关事件
- 处理触屏和移动设备相关事件

前一章已经介绍了DOM编程，通过使用DOM模型，开发者可以动态地改变HTML页面内容。在前一章的许多示例中，为了让页面内容随用户单击事件而改变，就需要在页面中为HTML元素指定onclick属性——实际上这已经用到了事件处理机制。

就像AWT、Swing界面编程的事件处理一样，若要让程序运行时能与用户交互，这时候就需要事件机制了。JavaScript也提供了完备的事件机制，允许HTML页面实现良好的用户交互。

事件机制使得客户端的JavaScript有机会被激活，从而得到调用。在一个Web页面装载之后，运行脚本的唯一机会，就是响应系统或者用户的动作。从第一个支持脚本编程的浏览器面世以来，简单的事件机制一直都是JavaScript脚本的一部分。现在，绝大部分浏览器都实现了强壮的事件模型，使脚本可以更加智能地处理事件。

15.1 事件模型的基本概念

事件机制不是JavaScript特有的概念，几乎所有的GUI编程都会涉及事件机制。事件机制采用的是异步事件编程模型，当浏览器、窗口、document、HTML元素上发生某些事情时，Web浏览器就会对外生成Event对象——这就是事件。比如用户用鼠标单击某个元素时，浏览器就会产生click事件。

事件既可能来自用户的行为，比如刚才介绍的用户鼠标动作可以激发click事件；也可能来自JavaScript对象自身，比如前面介绍的<video.../>元素，随着该元素装载的视频数据状态发生变化，Web浏览器也会不断产生相关事件。

在JavaScript事件模型中可能涉及如下概念。

- **事件类型（event type）**：就是一个用于说明类型的普通字符串，比如“click”代表单击事件、“mouseover”代表鼠标进入某个元素的事件、“load”可代表HTML文档（或其他资源）从网络加载完成的事件。
- **事件目标（event target）**：就是其他事件模型中的事件源，也就是引发事件的对象，比如窗口、document或HTML元素等。JavaScript之所以采用“事件目标”这种说法，是因为DOM事件模型中的事件对象可通过target属性来访问事件源（事件目标）。一般来说，提到事件时需要同时说明事件目标和事件类型，比如window对象的load事件、button对象的click事件。
- **事件（event）**：当浏览器、窗口、document、HTML元素上发生某些事情时，Web浏览器负责生成的对象，该对象中封装了所发生事件的详细信息。通常来说，事件至少包括两个属性，即type和target，其中type代表事件类型，target代表事件目标（在IE 8以及更早版本的IE浏览器中，要通过srcElement访问事件目标）。对于标准的DOM事件模型而言，Web浏览器生成事件对象之后，该事件对象会以参数形式传给事件处理函数，因此定义事件处理时通常会定义一个参数，用于接收事件对象。但对于IE 8及更早版本的IE浏览器，程序应该通过全局的event属性（window.event）来访问事件对象。
- **事件处理器（event handler）或事件监听器（event listener）**：都是代表用于处理或响应事件的JavaScript函数，因此事件处理器也被称为事件处理函数。在其他GUI事件模型中，事件处理器和事件监听器可能有一定的差异，但在JavaScript事件模型中，事件处理器和事件监听器其实是同一个东西。当浏览器、窗口、document、HTML元素上发生某些事情时，Web 浏览器就会对外生成 Event 对象，注册在浏览器、窗口、document、HTML 元素上的事件处理器（函数）就会被自动执行——这个过程被称为“触发（trigger）”。

为事件源注册事件处理函数也被称为绑定事件处理函数，下面开始介绍如何为浏览器、窗口、document、HTML 元素等事件目标绑定事件处理函数。

15.2　绑定事件处理函数

JavaScript 提供了多种方式来绑定事件处理函数，下面详细介绍这些方式。

15.2.1　绑定 HTML 元素属性

常用的绑定事件处理器的方法是直接绑定到 HTML 元素的属性，正如在前一章示例程序中所看到的，程序为多个 HTML 元素指定了 onclick 属性值。

绑定到 HTML 元素属性时，属性值是一条或多条 JavaScript 脚本，多条脚本之间以英文分号分隔。

大部分表单的数据校验都会采用这种方式。在提交表单时，JavaScript 的事件处理程序将会对表单域进行校验，如果不能通过数据校验，则弹出警告对话框。

事件属性名称由事件类型前加一个“on”前缀构成，例如 onclick、ondblclick 等。这些属性的值也被称为事件处理器，因为它们指定了如何“处理”特定的事件类型。事件处理器属性的值是多条 JavaScript 脚本，最常见的值是一条调用某个 JavaScript 函数的语句。

下面介绍一个表单校验的示例程序。下面的 HTML 页面包含 3 个表单控件：用户名、密码、电邮，其中用户名、密码不能为空；而电子邮件不能为空，且必须满足电子邮件格式。在浏览器中浏览该页面，可以看到如图 15.1 所示的效果。

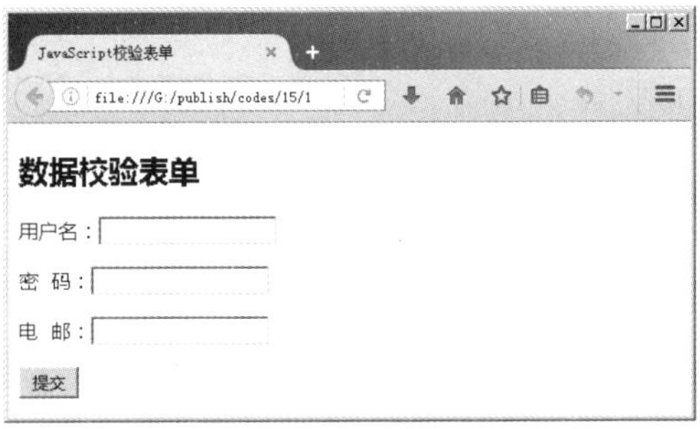

图 15.1　数据校验的输入页面

当用户提交如图 15.1 所示的表单时，JavaScript 的处理函数将自动触发，对上面的 3 个输入域进行输入校验。为了绑定校验函数，只需要为该<form.../>的 onsubmit 属性指定合适的属性值即可。绑定数据校验函数的代码如下。

程序清单：codes\15\15.2\elementBind.html

```
<h2>数据校验表单</h2>
<form method="post" onsubmit="return check(this);"
    id="register" name="register" action="#">
    用户名：<input type="text" name="user" /><p>
    密  码：<input type="password" name="pass" /><p>
    电  邮：<input type="text" name="email" /><p>
    <input type="submit" value="提交" />
</form>
```

上面的<form.../>元素的 onsubmit 属性为"return check();"，之所以使用 return 语句，是为了保证数据校验不能通过时拒绝表单提交。而 check()函数就是负责校验表单的函数，当该表单被提交时，该 check()函数就会被触发，从而获得执行的机会。

check()函数则使用 DOM 模型访问页面中的表单，并对表单里的表单控件进行校验，校验表单控件里的值是否符合业务要求。该页面的 JavaScript 片段如下。

程序清单：codes\15\15.2\elementBind.html

```
<script type="text/javascript">
    // 为字符串增加 trim 方法，使用正则表达式截取空格
    String.prototype.trim = function()
    {
        return this.replace( /^\s*/, "" ).replace( /\s*$/, "" );
    }
    // 负责处理表单 submit 事件的函数
    var check = function()
    {
        // 访问页面中的第一个表单
        var form = document.forms[0];
        // 错误字符串
        var errStr = "";
        // 当用户名为空时
        if (form.user.value == null
            || form.user.value.trim() == "")
        {
            errStr += "\n 用户名不能为空!";
            form.user.focus();
        }
        // 当密码为空时
        if (form.pass.value == null
            || form.pass.value.trim() == "")
        {
            errStr += "\n 密码不能为空!";
            form.pass.focus();
        }
        // 当电子邮件为空时
        if (form.email.value == null
            || form.email.value.trim() == "")
        {
            errStr += "\n 电子邮件不能为空!";
            form.email.focus();
        }
        // 使用正则表达式校验电子邮件的格式是否正确
        if(!/^\w+([-+.]\w+)*@\w+([-.]\w+)*\.\w+([-.]\w+)*$/
            .test(form.email.value.trim()))
        {
            errStr += "\n 电子邮件的格式不正确!";
            form.email.focus();
        }
        //如果错误字符串不为空，则表明校验出错
        if( errStr != "" )
        {
            // 弹出出错信息
            alert(errStr);
            // 返回 false，用于阻止表单提交
            return false;
        }
    }
</script>
```

如果不输入用户名，不输入密码，并且输入的电子邮件格式不正确，单击“提交”按钮，将弹出如图 15.2 所示的对话框。

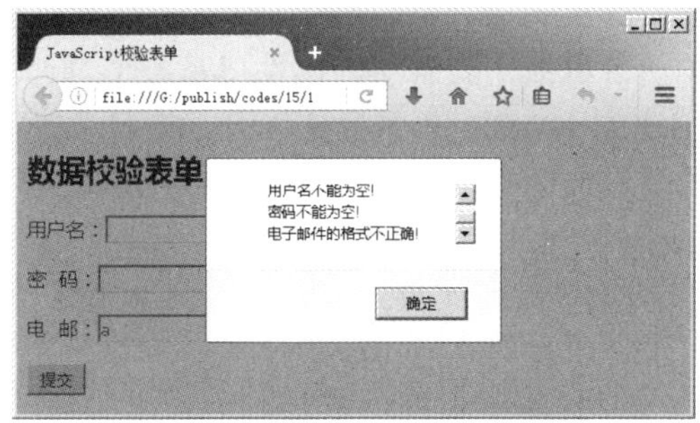

图 15.2 绑定 HTML 元素属性

当为 HTML 元素的属性指定多条 JavaScript 代码作为事件处理代码时，浏览器会把这些代码转换到类似于如下的函数中。

```
function(event){
    with(document) {
        with(this.form || {}) {
            with(this) {
                // 下面列出事件属性中指定的多条代码
            }
        }
    }
}
```

这种事件绑定方式简单易用，但绑定事件处理器时需要直接修改 HTML 页面代码，因此存在如下几个坏处。

- 直接修改 HTML 元素属性，增加了页面逻辑的复杂度。
- 开发人员需要直接修改 HTML 页面，不利于团队协作开发。

此外，有些事件只能在浏览器本身（window 对象）而非任何特定 HTML 元素上触发。但由于在 HTML 文档中并不能访问 window 对象，因此通常会把这些处理代码放在<body.../>元素上，浏览器实际上会将这些事件处理代码注册到 window 对象上。表 15.1 显示了 HTML 5 规范定义的这类事件的完整列表。

表 15.1 window 对象上注册的事件

onafterprint	onfocus	ononline	onresize	onbeforeprint
onhashchange	onpagehide	onstorage	onbeforeunload	onload
onpageshow	onundo	onblur	onmessage	onpopstate
onunload	onerror	onoffline	onredo	

例如，在 HTML 页面的<body.../>元素上添加如下配置：

```
<body onresize="console.info(event);">
</body>
```

上面粗体字代码为<body.../>元素指定了 onresize 事件处理器，但浏览器实际上会将该事件处理器注册给 window 对象，因此当浏览器窗口发生改变时可以看到在控制器下打印窗口大小发生改变的事件。

15.2.2 绑定 JavaScript 对象属性

绑定到 JavaScript 对象属性时，开发者无须修改 HTML 元素的代码，而是将事件处理函数放在 JavaScript 脚本中绑定。

为了给特定的 HTML 元素绑定事件处理函数，必须先在代码中获得需要绑定事件处理函数的 HTML 元素对应的 JavaScript 对象，该 JavaScript 对象就是触发事件的事件源，然后给该 JavaScript 对象的 onclick 等属性赋值，其合法的属性值是一个 JavaScript 函数的引用。

值得指出的是，因为绑定到 JavaScript 对象属性时，该属性值只是一个 JavaScript 函数的引用，因此千万不要在函数后添加括号——一旦添加括号，那就变成了调用该函数，于是只是将该函数返回值赋给 JavaScript 对象的 onclick 等属性。

同样是如图 15.1 所示的页面，此时不再为<form.../>元素指定 onsubmit 属性，下面是表单的代码片段。

程序清单：codes\15\15.2\objectBind.html

```
<form method="post" name="register" action="#">
...
</form>
```

上面的表单元素没有直接绑定事件处理函数，因此需要通过绑定 JavaScript 对象属性来设置事件处理函数。只要在 JavaScript 脚本最后添加如下一行：

```
// 为第一个表单的 onsubmit 绑定事件处理器
document.forms[0].onsubmit = check;
```

上面粗体字代码中的 onsubmit 属性值只是 check 函数引用，没有在 check 函数后添加括号。在这种方式下，JavaScript 事件绑定机制与 Java 事件绑定机制非常相似：事件源通常是一个可视化控件，事件处理器就是一个 JavaScript 函数（因为函数是 JavaScript 的"一等公民"）。

当采用这种方式为 JavaScript 对象绑定事件处理函数时，开发者无须修改 HTML 文档，只需在该页面中增加一行代码用于绑定即可。正如 14.1.2 节所介绍的，大部分时候都应该将 JavaScript 脚本写在单独的*.js 文件中，这样开发者无须修改 HTML 页面，只需修改*.js 文件即可，这样更有利于团队协作。

正如 Java 事件机制中不同的可视化控件支持不同的事件类型一样，不同的 HTML 控件也支持触发不同的事件。

15.2.3 addEventListener 与 attachEvent

DOM 事件模型还提供了一种事件绑定机制，这种机制通过事件绑定方法 addEventListener() 实现，该方法的语法格式如下。

```
objectTarget.addEventListener("eventType", handler, captureFlag)
```

上面方法为 objectTarget 绑定事件处理器 handler，其第一个参数是事件类型字符串（将前面的事件属性去掉前缀"on"，例如 click、mousedown、keypress 等）；第二个参数是事件处理函数；第三个参数用于指定监听事件传播的哪个阶段（true 表示监听捕获阶段，false 表示监听冒泡阶段）。

前面介绍的两种方式为事件目标注册事件处理器时，由于采用的是直接对属性赋值的方式，因此不能为同一个事件目标注册多个事件处理器；但使用 addEventListener 方法注册事件处理器时，完全可以为同一个事件目标注册多个不同函数作为事件处理器。

捕获（capture）和冒泡（bubble）是事件传播过程中的两个概念，比如用户单击某个 HTML 元素，但由于该元素处于父元素内，该父元素又处于 document 对象中，document 对象又处于 window 对象中，因此该单击事件实际上同时发生在该元素、父元素、document、window 对象上，而事件传播过程就是浏览器决定依次触发哪个对象的事件处理函数的过程。

DOM 事件模型将事件传播过程分两个阶段：捕获阶段和冒泡阶段。在事件传播过程中，先经历捕获阶段，再经历冒泡阶段。

在事件捕获阶段，事件从最顶级的父元素逐层向内传递；在事件冒泡阶段，事件从事件发生的直接元素，逐层向父元素传递。

图 15.3 显示了事件传播的大致示意。

下面代码示范了使用 addEventListener()方法来绑定事件处理器。

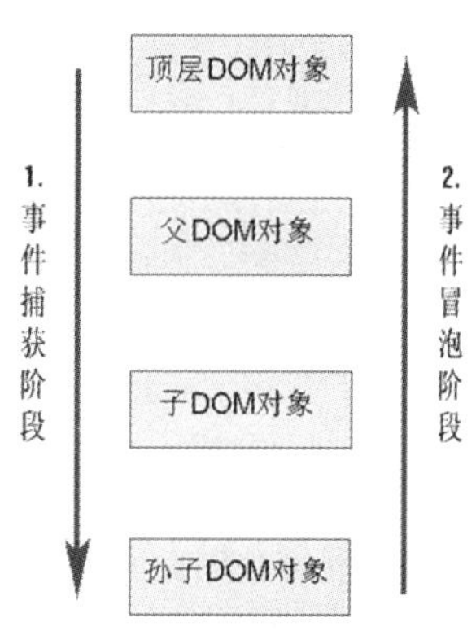

图 15.3 事件传播示意图

程序清单：codes\15\15.2\addEventListener.html

```
<body>
<!-- 将测试的 div 元素 -->
<div id="test">
    <!-- div 元素的子元素：按钮 -->
    <input id="testbn" type="button" value="单击我" />
</div>
<hr />
<div id="results"> </div>
<script type="text/javascript">
    // 事件处理函数
    var gotClick1 = function(event)
    {
        // 该事件处理函数简单输出事件的当前对象
        document.getElementById("results").innerHTML +=
            "事件捕获阶段: " + event.currentTarget + "<br />";
    }
    // 事件处理函数
    function gotClick2(event)
    {
        // 该事件处理函数简单输出事件的当前对象
        document.getElementById("results").innerHTML +=
            "事件冒泡阶段: " + event.currentTarget + "<br />";
    }
    // 为 testbn 按钮绑定事件处理函数（捕获阶段）
    document.getElementById("testbn")
        .addEventListener("click" , gotClick1 , true);
    // 为 test 对象绑定事件处理函数（捕获阶段）
    document.getElementById("test")
        .addEventListener("click" , gotClick1 , true);
    // 为 testbn 按钮绑定事件处理函数（冒泡阶段）
    document.getElementById("testbn")
        .addEventListener("click" , gotClick2 , false);
    // 为按钮所在的 div 对象绑定事件处理函数（冒泡阶段）
    document.getElementById("test")
        .addEventListener("click" , gotClick2 , false);
</script>
</body>
```

正如在上面代码中所看到的，页面中的粗体字代码分别为按钮、<div.../>元素的 onclick 事件绑定了事件处理器，当浏览者单击“单击我”按钮时，由于该按钮处于<div.../>元素之内，所以该<div.../>元素也将被单击。

在浏览器中浏览该页面，并单击“单击我”按钮，将出现如图 15.4 所示的界面。

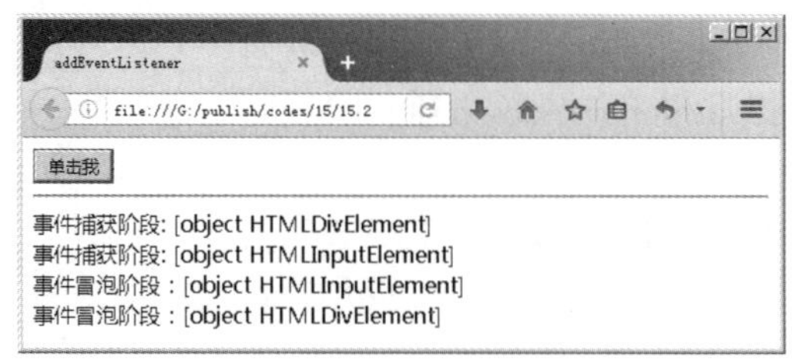

图 15.4　分阶段绑定事件处理器

上面代码中为“单击我”按钮和所在的<div.../>元素分别绑定了两个事件处理函数。绑定两个事件处理函数时，最后一个参数不同，两个参数的值分别为 true 和 false，表明该元素在两个阶段都绑定对应的事件处理函数。

注意图 15.13 显示的效果：事件捕获阶段的两个事件处理函数先被触发，而事件冒泡阶段的两个事件处理函数后被触发。而且，在捕获阶段，先触发<div.../>元素；而在冒泡阶段，则先触发<input.../>元素，这与 DOM 的事件传播机制有关。

与 addEventListener()方法相对应，DOM 也提供了一个方法用于删除事件处理器，该方法为 removeEventListener，其语法格式如下：

```
objectTarget.removeEventListener("eventType",handler,captureFlag)
```

上面方法为 objectTarget 删除事件处理器 handler，其参数与 addEventListener()方法的 3 个参数完全类似，此处不再赘述。

事件对象（Event）提供了一个 eventPhase 属性，该属性主要有如下 3 个值。

- 1（Event.CAPTURING_PHASE）：表明该事件正处于捕获阶段，该事件正沿着父元素逐层向事件目标传播。
- 2（Event.AT_TARGET）：表明该事件已到达事件目标。
- 3（Event.BUBBLING_PHASE）：表明该事件正处于冒泡阶段，该事件正沿着事件目标逐层向父元素传播。

可能有读者会有疑问：前面介绍的两种方式会将事件处理函数绑定在哪个阶段？答案是：冒泡阶段。前面介绍的两种注册事件处理器的方式几乎兼容所有的浏览器，而 IE 8 以及更早的 IE 浏览器压根就不支持捕获阶段。

attachEvent()方法就是 IE 8 及更早的 IE 浏览器专门提供的注册事件处理器的方法，该方法的语法格式如下：

```
objectTarget.attachEvent("eventTypeWithOn", handler)
```

从上面语法可以看出，attachEvent()方法比 addEventListener()方法少一个参数，正是少了那个指明捕获、冒泡阶段的参数，这也表明 IE 8 及更早版本的 IE 浏览器不支持事件捕获阶段。

此外，attachEvent 与 addEventListener 有如下两点区别。

- IE 的 attachEvent()方法的第一个参数要求在事件名前添加“on”前缀，比如给 addEventListener()传入“click”事件时，为 attachEvent()要传入“onclick”事件。
- attachEvent()方法甚至允许将同一个事件处理函数注册多次，当特定的事件发生时，事件处理函数的执行次数和注册次数相同。

类似 removeEventListener 用于删除事件处理函数，早期 IE 也提供了 detachEvent()方法来删除事件处理函数。其语法格式如下：

```
objectTarget.detachEvent("eventTypeWithOn",handler)
```

如果希望开发出同时兼容早期 IE 浏览器的代码，则可以通过如下代码来注册事件处理函数。

```
var b = document.getElementById("btn");
var handler = function(event){
    ...
};
if (b.addEventListener){
    b. addEventListener("click" , handler , false);
}else if(b.attachEvent){
    b.attachEvent("onclick" , handler);
}
```

15.3 事件处理函数的执行环境

事件处理函数执行时，可能需要通过事件目标、事件对象来访问事件的相关信息，因此了解事件处理函数的执行环境是非常重要的。

15.3.1 事件处理函数中 this 关键字

JavaScript 脚本通常处于 window 对象下运行，如果 JavaScript 脚本中使用 this 关键字，则通常引用到 window 本身。看如下代码片段。

程序清单：codes\15\15.3\this.html

```
<input type="button" value="按钮" name="bn"
    onclick="showThisName();"/>
<script type="text/javascript">
    // 为当前的浏览器窗口的 name 属性赋值
    window.name = "测试窗口";
    var showThisName = function()
    {
        // 此时的 this 将引用到脚本所在的窗口
        alert(this.name);
    }
</script>
```

在上面代码中，alert(this.name)中的 this 将引用窗口本身，当单击“按钮”按钮时，将弹出如图 15.5 所示的对话框。

图 15.5 this 通常引用窗口本身

当为 HTML 元素的 onclick 等属性指定一系列 JavaScript 脚本时，如果在这些 JavaScript 脚本中使用关键字 this，则该关键字引用该 HTML 元素本身。

当为 JavaScript 对象的 onclick 等属性指定一个函数作为事件处理函数时——由于 JavaScript 是一门动态语言，因此可以随时为某个对象添加属性和方法——可认为这种方式就是为该 JavaScript 对象增加了一个方法。因此，在该函数中使用 this 关键字时，该 this 也是引用该 JavaScript 对象本身。

在一种极端的情况下，如果 JavaScript 对象的 onclick 等属性指定的不是一个独立的

JavaScript 函数，而是某个对象的方法。例如如下代码：

```
// 将对象 p 的 info 方法设置为按钮 bn3 的事件处理器
document.getElementById("bn3").onclick = p.info;
```

在上面代码中，程序将按钮 bn3 的 onclick 属性赋值为对象 p 的 info 属性。在这种情况下，bn3 的 onclick 属性、对象 p 的 info 实际上引用了同一个函数，因此这行代码相当于为按钮 bn3 增加了一个 onclick 方法。

注意：

JavaScript 函数是"一等公民"，它永远独立而不从属于任何对象。即使将某个匿名函数定义为一个对象的方法，它也依然是独立的。

因此当用户单击按钮 bn3 时，按钮 bn3 的 onclick 方法被触发——与对象 p 没有任何关系，所以 info()函数中的 this 依然引用按钮 bn3。

与此对应的是，如果直接调用对象 p 的 info()方法，则 info()函数中的 this 引用到对象 p。

看如下 HTML 页面代码。

程序清单：codes\15\15.3\thisTest.html

```
<body>
<input id="bn1" type="button" value="按钮 1"
    onclick="alert(this.value);"/>
<input id="bn2" type="button" value="按钮 2" />
<input id="bn3" type="button" value="按钮 3" />
<script type="text/javascript">
    var test = function()
    {
        alert(this.value);
    }
    // 将 test 函数设置为按钮 bn3 的事件处理器
    document.getElementById("bn2").onclick = test;
    // 使用 JSON 格式定义一个对象
    var p =
    {
        value: 'p 对象',
        info: function()
        {
            alert(this.value);
        }
    }
    // 将对象 p 的 info 方法设置为按钮 bn3 的事件处理器
    document.getElementById("bn3").onclick = p.info;
    // 直接调用对象 p 的 info()方法
    p.info();
</script>
</body>
```

在上面页面代码中，当单击"按钮 1"、"按钮 2"和"按钮 3"中的任意一个时，3 个按钮的事件处理函数中的 this 分别引用不同的按钮。只有最后一行代码直接调用对象 p 的 info()方法时，info()方法中的 this 才引用对象 p。

当用户单击按钮时，所触发的事件处理函数中的 this 默认是引用绑定该事件处理函数的事件目标，如果确实需要让该 this 引用到原有的 JavaScript 对象，则可以"曲线实现"。例如，将代码改为如下形式：

```
document.getElementById("bn3").onclick = function(){p.info();}
```

在上面代码中将 onclick 属性赋值为一个新的匿名函数，该匿名函数里直接调用了对象 p 的 info()方法，这样 info()函数里的 this 总是引用对象 p。

提示：通过使用这种方式也可在绑定 JavaScript 对象属性时为事件处理函数传入参数，因为这种方式的实质是重新构建一个匿名函数，在该匿名函数中可以直接调用事件处理函数。

当程序使用 addEventListener()方法注册事件处理函数，事件处理函数执行时，this 关键字指的同样是事件目标。

但对于 IE 8 及更早版本的 IE 浏览器，如果使用 attachEvent()方法来注册事件处理函数，事件处理函数执行时，this 关键字指的不是事件目标，而是当前窗口对象（window）。

15.3.2 访问事件对象

DOM 事件模型与 IE 8 及更早版本的 IE 浏览器的事件模型访问事件对象的方式不同，在 DOM 事件模型中，当浏览器检测到发生了某个事件时，将自动创建一个 Event 对象，并隐式地将该对象作为事件处理函数的第一个参数传入。

看下面代码。

程序清单：codes\15\15.3\event.html

```
<body>
    <button id="a">按钮</button>
    <script type="text/javascript">
        // 定义一个形参 evt
        var clickHandler = function(evt)
        {
            // 事件对象将作为第一个参数传入 clickHandler 对象
            alert(evt.target.innerHTML);
        }
        // 为按钮 a 绑定事件处理器
        document.getElementById("a").onclick = clickHandler;
    </script>
</body>
```

从上面代码可以看出，clickHandler()函数包含了一个 evt 参数，但该函数从未被显式调用，而是被绑定为按钮 a 的事件监听器。在 DOM 事件模型中，当用户单击该按钮时，浏览器会将该单击事件封装成 Event 对象，并将该对象传给 clickHandler()的 evt 参数。

在浏览器中浏览该页面，并单击“按钮”按钮，可以看到如图 15.6 所示的对话框。

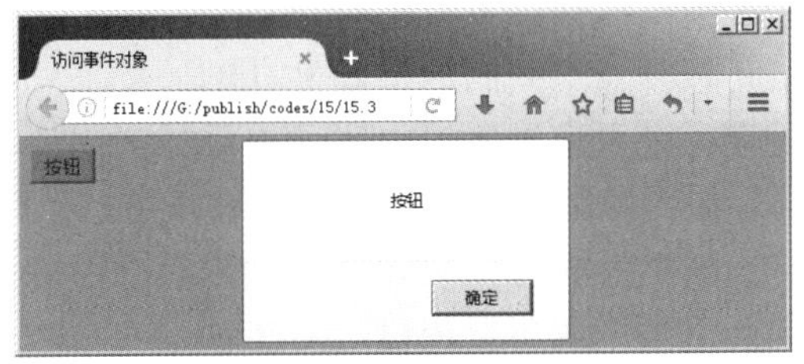

图 15.6 访问 DOM 事件模型的事件对象

在 IE 8 及更早版本的 IE 浏览器中，事件对象是一个隐式可用的全局对象：event，当一个事件在浏览器中发生时，浏览器创建一个隐式可用的事件对象，JavaScript 脚本通过 event 就可访问该对象。

如果需要写一个跨浏览器的程序，容易想到的做法是：将事件处理函数绑定到 HTML 元素，并将 event 显式作为参数传入事件处理函数。

但将事件处理函数绑定到 HTML 元素属性不是一种好的做法。实际上，即使将事件处理函数绑定到 DOM 对象的属性，也一样可以实现跨浏览器。例如如下事件处理函数：

```
function handler(event){
    // 如果 event 不可用，就使用 window.event
    event = event || window.event;
    ...
}
```

对于 IE 8 及更早版本的 IE 浏览器，不管使用哪种方式注册事件处理函数，都可通过隐式可用的 event 对象来访问事件本身。

由于 IE 8 及更早版本的 IE 浏览器的事件模型与 DOM 事件模型有太多的地方存在差异，为了更好地实现跨浏览器，在访问这些有冲突的对象、属性和方法之前，应该首先判断该浏览器是否支持该对象、属性和方法。

下面介绍一种可跨浏览器访问事件的方法，看如下代码。

程序清单：codes\15\15.3\event2.html

```
<body>
    <button id="a">按钮</button>
    <script type="text/javascript">
    // 定义一个形参 evt
    var clickHandler = function(event)
    {
        event = event || window.event;
        // 对于 DOM 事件模型，访问事件目标用 target 属性
        if (event.target)
        {
            alert(event.target.innerHTML);
        }
        // // 对于 IE 8 及更早版本的 IE 浏览器
        else
        {
            // 对于 IE 8 及更早版本的 IE 浏览器，访问事件目标用 srcElement 属性
            alert(event.srcElement.innerHTML);
        }
    }
    // 为按钮 a 绑定事件处理器
    document.getElementById("a").onclick = clickHandler;
    </script>
</body>
```

上面的代码就是一份跨浏览器的代码，程序在使用属性、方法之前，总是先判断该属性、方法是否存在，从而就可以针对不同的浏览器进行不同的处理。在主流浏览器中测试该页面，可以看到如图 15.6 所示的效果；在 IE 8 及更早版本的IE浏览器中浏览该页面，单击“按钮”按钮，同样可以看到类似于图 15.6 所示的效果。

DOM 提供了一套完整的事件继承体系。DOM 的事件继承图如图 15.7 所示。

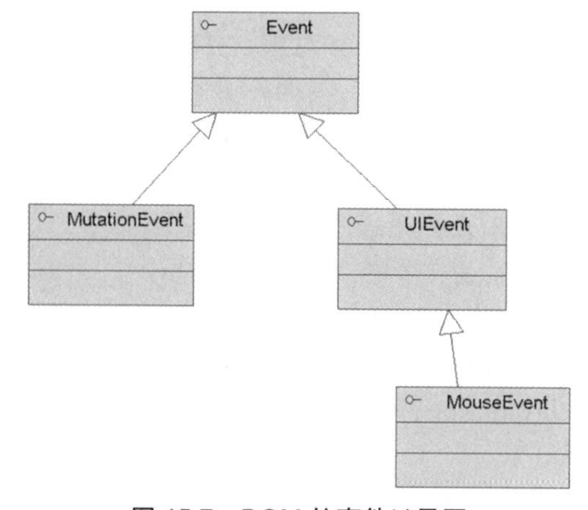

图 15.7　DOM 的事件继承图

DOM 事件模型中的每个具体事件都是上面事件接口的一个实例。下面是具体的对应关系。

- Event：对应有 abort、blur、change、error、focus、load、reset、resize、scroll、select、submit、unload 等事件。
- MouseEvent：对应有 click、mousedown、mousemove、mouseout、mouseover、mouseup 等事件。
- UIEvent：对应有 DOMActivate、DOMFocusIn、DOMFocusOut 等事件。
- MutationEvent：对应有 DOMAttrModified、DOMCharacterDataModified、DOMNodeInserted、DOMNodeInsertedIntoDocument、DOMNodeRemoved、DOMNodeRemovedFromDocument、DOMSubtreeModified 等事件。

在 Event 接口里定义了如下属性。

- type：返回该事件的类型，该属性值与注册事件处理器时所用的事件类型字符串相同（例如 click、mouseover 等）。
- target：返回触发事件的事件目标。
- currentTarget：返回事件当前所在的事件源。该属性值与 target 属性可以不同，如果在捕获或冒泡阶段处理该事件，则该属性值与 target 属性返回的对象并不相同。基本上，该属性可以代替事件处理器中的关键字 this。
- eventPhase：返回该事件正处在哪个阶段，可能的值有 Event.CAPTURING_PHASE（捕获阶段）、Event.AT_TARGET 或 Event.BUBBLING_PHASE（冒泡阶段）。
- timeStamp：返回一个 Date 对象，代表事件的发生时间。
- bubbles：返回一个 boolean 值，用以表示该类事件是否支持冒泡。
- cancelable：返回一个 boolean 值，用以指定该事件具有默认行为，且可以通过 preventDefault()方法来取消该默认行为。

UIEvent 接口定义了如下两个属性。

- view：返回 window 对象，也就是发生该事件的窗口。
- detail：返回一个数字，该数字可以提供一些附加意义。例如对 click、mousedown 和 mouseup 事件，event 属性返回 1 代表单击，2 代表双击，3 代表三击（鼠标每次单击都会产生一个事件，如果两次单击的时间足够接近，它们就会变成一次双击事件）。

MouseEvent 接口继承了 UIEvent，它不仅可以使用 Event 接口的所有属性，也可以访问 UIEvent 接口的全部属性，该接口里包含如下几个属性。

- button：返回一个数字，代表触发事件的鼠标键。其中 0 代表鼠标左键，1 代表鼠标中键，2 代表鼠标右键。只有当浏览者改变了鼠标键状态时才可以访问该属性，例如 mousemove 事件就不可访问该属性。
- altKey、ctrlKey、metaKey、shiftKey：这 4 个属性都返回 boolean 值，用于显示发生该鼠标事件时，是否同时按下了 Alt、Ctrl、Meta 或 Shift 功能键。
- clientX、clientY：返回鼠标事件的发生位置，该位置以浏览者的浏览器窗口作为坐标系。注意：该位置完全不考虑 document 的滚动位置，即使把浏览器滚动条拖到下面，只要鼠标事件在浏览器上方发生，clientY 属性依然是 0。DOM 模型并没有提供标准方法来完成 window 坐标到 document 坐标之间的转换，所以开发者必须手动实现转换。在除 IE 之外的其他浏览器中，可以再为这两个属性分别添加 window.pageXOffset 和 window.pageYOffset 来完成 window 坐标到 document 坐标的转换。
- screenX、screenY：返回鼠标事件的发生位置，该位置以用户显示器作为鼠标位置的坐标系。当开发者试图在鼠标位置打开一个新的浏览器时，这两个属性比较有用。

- relatedTarget：返回该事件事件源的相关节点。对于 mouseover 事件，该属性值返回在鼠标划过某个 HTML 元素之前离开的 HTML 元素；对于 mouseout 事件，该属性值返回在鼠标离开某个 HTML 元素后立即进入的 HTML 元素。其他事件通常没有该属性。

15.3.3 使用返回值取消默认行为

有些 HTML 元素上特定的事件具有自己的默认行为。例如，单击超链接将导致页面导航到超链接所指的页面，单击表单的“提交”按钮将导致表单提交……但如果为这些元素增加对应的事件处理函数，将可以改变这种默认行为。例如阻止超链接导航，看下面的代码：

```
<!-- 增加了事件处理函数的超链接 -->
<a href="http://www.crazyit.org" onclick="return false;">疯狂 Java 联盟</a>
```

上面的“疯狂 Java 联盟”超链接绑定了 onclick 事件处理器。如果没有指定该事件处理函数，单击该链接时页面将导航到“疯狂 Java 联盟”站点。但该超链接绑定了 onclick 事件处理代码，该代码简单地返回 false，这将阻止超链接的导航功能。还有 15.2.1 节所介绍的，如果表单提交事件的事件处理函数返回 false，也将阻止表单提交。

除了可以直接使用 return 返回值之外，还可以使用 confirm 提示框，单击该提示框的“确定”按钮将返回 true，而单击“取消”按钮则返回 false。看下面的代码：

```
<a href="http://www.crazyit.org "
    onclick="return confirm('是否转入疯狂 Java 联盟？');">疯狂 Java 联盟</a>
```

当单击“疯狂 Java 联盟”超链接时，将弹出如图 15.8 所示的对话框。

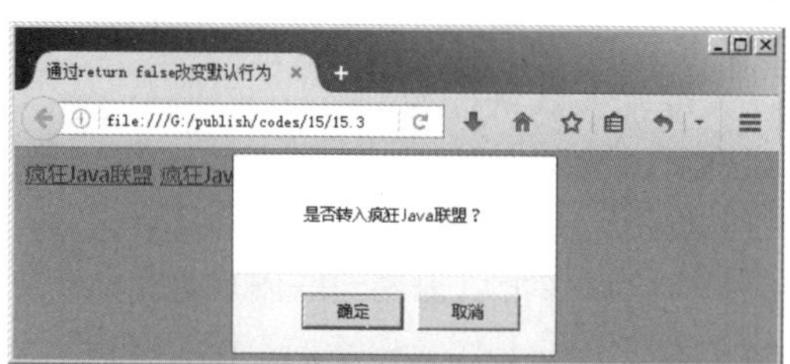

图 15.8 使用确认对话框确定是否导航

如果单击“确定”按钮，页面将导航到“疯狂 Java 联盟”站点；如果单击“取消”按钮，页面将不会导航。表 15.2 显示了 HTML 元素的事件处理函数返回 false 时所产生的行为。

表 15.2 当事件处理函数返回 false 时 HTML 元素的行为

事件处理属性	当事件处理函数返回 false 时产生的行为
click	对于单选钮、复选框，将阻止选择该项；对于表单的提交按钮，将阻止表单提交；对于表单的重置按钮，将阻止表单重置；对于超链接，则阻止页面导航
dragdrop	取消拖放事件
keydown	取消“按下键”事件

15.3.4 调用顺序

document 或其他元素可通过 addEventListener()方法注册多个事件处理函数，当特定的事件发生时，浏览器必须按如下顺序调用所有的事件处理程序。

1. 通过 HTML 元素事件属性或 JavaScript 对象事件属性设置的事件处理程序一直优先调用。
2. 使用 addEventListener()方法注册的事件处理程序将按它们的注册顺序调用。
3. 对于 IE 8 及更早版本的 IE 浏览器，使用 attachEvent()方法注册的事件处理程序可能按任何顺序调用。

15.3.5 在代码中触发事件

除了可以让用户动作、窗口动作等触发 JavaScript 中的事件外，JavaScript 还允许在脚本中触发事件，程序触发事件与用户动作触发事件的效果完全相同。所谓在脚本中触发事件，其关键就在于先获得该 DOM 对象或 HTML 对象，然后在 JavaScript 脚本中调用该对象的方法。

对于 15.2.1 节所示的应用，将按钮的 type 属性设置为 button，表明这个按钮没有提交表单的功能。下面是该表单的代码。

程序清单：codes\15\15.3\scriptTrigger.html

```
<h2>脚本触发事件</h2>
<form method="post" name="register"
   action="http://www.crazyit.org">
   用户名：<input type="text" name="user" /><br />
   密  码：<input type="password" name="pass" /><br />
   电  邮：<input type="text" name="email" /><br />
   <input type="button" id="regist" value="提交"/>
</form>
```

上面的<form.../>元素内包含一个“提交”按钮，该按钮有一个 id 属性，该属性不能为 submit 等值，否则下面的程序将出现错误。关于这个陷阱，笔者当年也是费了一番功夫的。

当表单控件的 id 为 submit 等属性值时，由于 JavaScript 是一种动态语言，它允许动态地为对象增加属性和方法。前面已经介绍过，访问表单控件有一种简单的方法：formObj.elementName，其中 elementName 就是表单域的 id 或 name 属性值——这样可视为表单对象有一个 elementName 属性，也就是说，当表单 a 内包含 id 或 name 分别为 x、y 的两个表单域时，相当于为该表单对象增加了 x、y 两个属性！

理解了上面的理论之后，不难明白：当指定<form.../>元素中<input.../>元素的 id 属性值为 submit 时，<form.../>元素对应的 DOM 对象就增加了 submit 属性——这就覆盖了该对象中原有的 submit()方法，从而导致无法提交表单。

实际上，定义表单控件的 name、id 属性值时，这些属性值不应该和表单对象原有的方法名、属性名相同，否则这些表单控件就会覆盖原有的方法、属性。

上面的按钮类型是 button，表明单击该按钮时不会引发表单提交。接下来在脚本中为该按钮绑定事件处理函数，绑定事件处理函数的代码如下。

程序清单：codes\15\15.3\scriptTrigger.html

```
<script type="text/javascript">
   // 为字符串增加 trim 方法，使用正则表达式截取空格
   String.prototype.trim = function()
   {
      return this.replace( /^\s*/, "" ).replace( /\s*$/, "" );
   }
   // 负责处理表单 submit 事件的函数
   var check = function ()
   {
      // 访问页面中第一个表单
      var form = document.forms[0];
      // 错误字符串
      var errStr = "";
      // 当用户名为空时
      if (form.user.value == null
         || form.user.value.trim() == "")
```

```
        {
            errStr += "\n 用户名不能为空!";
            form.user.focus();
        }
        // 当密码为空时
        if (form.pass.value == null
            || form.pass.value.trim() == "")
        {
            errStr += "\n 密码不能为空!";
            form.pass.focus();
        }
        // 当电子邮件为空时
        if (form.email.value == null
            || form.email.value.trim() == "")
        {
            errStr += "\n 电子邮件不能为空!";
            form.email.focus();
        }
        //如果错误字符串不为空，表明数据校验出错
        if(errStr != "")
        {
            // 弹出出错提示
            alert(errStr);
        }
        // 如果错误字符串为空，表明数据校验通过，可以提交表单
        else
        {
            // 在代码中手动提交表单
            form.submit();
        }
    }
    // 为第一个表单的 onclick 绑定事件处理器
    document.getElementById("regist").onclick = check;
</script>
```

上面程序中的粗体字代码调用 form 的 submit()方法手动提交了表单——这就是在脚本中触发事件。

表 15.3 显示了常见 HTML 元素触发事件的方法。

表 15.3 常见 HTML 元素触发事件的方法

触发事件的方法	所支持的 HTML 元素
click()	<input type="button">、<input type="checkbox">、<input type="reset">、<input type="submit">、<input type="radio">、<a>
blur()	<select>、<input>、<textarea>、<a>
focus()	<select>、<input>、<textarea>、<a>
select()	<input type="text">、<input type="password">、<input type="file">、<textarea>
submit()	<form>
reset()	<form>

15.3.6 事件传播

DOM 模型标准的事件先后沿着两个方向传播：在第一个阶段，也就是前面提到的事件捕获阶段，事件从最顶层的对象依次向下传播，因此先触发顶层对象的事件处理函数，然后依次向下，直到传播到事件所发生的最底层对象；接着进入第二个阶段，也就是前面提到的事件冒泡阶段，事件传播从底层一直上溯，直到最顶层的对象。

整个 DOM 模型的事件传播可以分成两个阶段：捕获阶段和冒泡阶段。捕获阶段的事件触发器总是比冒泡阶段的触发器先触发：在事件捕获阶段，顶层对象的事件处理器先被触发；而在事件冒泡阶段，则是底层对象的事件触发器先被触发。

前面的 addEventListener.html 页面和图 15.4 已经展示了 DOM 模型的事件传播机制，此处不再给出示例。

为了阻止事件传播，DOM 为 Event 对象提供了 stopPropagation()方法，该方法的语法格式如下：

➢ event.stopPropagation()：阻止 event 事件传播。如果我们在事件捕获阶段调用该方法阻止事件传播，则该事件根本不会进入事件传播阶段。

一旦调用该方法，该事件的传播就将被完全停止。值得注意的是 DOM 模型的事件传播顺序：在事件捕获阶段，事件从顶层对象传播到事件发生的目标对象；而在事件冒泡阶段，事件从事件发生的目标对象向上传播到顶层对象。

看如下代码。

程序清单：codes\15\15.3\stopPropagation.html

```
<body>
友情链接：<br />
<!-- 目标超链接 -->
<a id="mylink" href="http://www.crazyit.org">疯狂 Java 联盟</a>
<div id="show"></div>
<script type="text/javascript">
    // 事件捕获阶段的处理函数
    var killClick1 = function(event)
    {
        // 取消默认事件的默认行为
        event.preventDefault();
        // 阻止事件传播
        event.stopPropagation();
        document.getElementById("show").innerHTML
            += '事件捕获阶段' + event.currentTarget + "<br />";
    }
    //事件冒泡阶段的处理函数
    var killClick2 = function(event)
    {
        // 取消事件的默认行为
        event.preventDefault();
        // 阻止事件传播
        event.stopPropagation();
        document.getElementById("show").innerHTML
            += '事件冒泡阶段' + event.currentTarget + "<br />";
    }
    // 在事件捕获阶段，分别为超链接对象、document 对象绑定事件处理函数
    document.addEventListener("click", killClick1, true);
    document.getElementById("mylink").addEventListener(
        "click", killClick1, true);
    // 在事件冒泡阶段，分别为超链接对象、document 对象绑定事件处理函数
    document.addEventListener("click", killClick2, false);
    document.getElementById("mylink").addEventListener(
        "click", killClick2, false);
</script>
</body>
```

根据上面的介绍，当事件传播处于捕获阶段时，从顶层对象向下传播，最先触发 document 对象的事件处理函数，该对象的事件处理函数阻止了事件传播，因而超链接对象上的事件处理函数不会触发，事件传播更不会进入事件冒泡阶段。

在浏览器中浏览该页面，并单击“疯狂 Java 联盟”超链接，可以看到如图 15.9 所示的结果。

图 15.9　只有 document 对象的事件处理函数被触发

从图 15.9 可以看出，在事件捕获阶段，事件先触发 document，所以该对象上的事件处理器被触发，且阻止了事件传播。所以在图 15.18 中可以看到：当事件传播处于捕获阶段时，仅仅触发了 document 上的事件处理器。

如果将事件捕获阶段的事件处理函数注释掉，即只为 document 对象和超链接对象的事件冒泡阶段绑定事件处理函数，此时超链接对象上的事件处理函数将先被触发，然后阻止事件传播，而 document 对象上的事件处理函数将不会被触发。

在浏览器中浏览该页面，并单击“疯狂 Java 联盟”超链接，可以看到如图 15.10 所示的结果。

图 15.10　只有超链接对象的事件处理函数被触发

提示：

上面的程序还调用了事件的 preventDefault()方法来取消事件的默认行为。关于取消事件默认行为的介绍，请参见本书 15.3.7 节。

DOM 实现了完备的事件处理机制，只要任何 HTML 元素在捕获阶段捕获了事件，并阻止了该事件的继续传播，事件就不会进入事件传播阶段，这对实现鼠标拖放等效果已经足够了。下面将实现一个跨浏览器的拖放效果，为了实现跨浏览器，程序在访问对象、属性或方法之前，总是先判断该浏览器是否支持该对象、属性或方法。

程序清单：codes\15\15.3\drag.js

```
var drag = function(target, event)
{
    // 定义开始拖动时的鼠标位置（相对 window 坐标）
    var startX = event.clientX;
    var startY = event.clientY;
    // 定义将要被拖动元素的位置（相对于 document 坐标）
    // 因为该 target 的 position 为 absolutely,
    // 所以可认为它的坐标系是基于 document 的
    var origX = target.offsetLeft;
    var origY = target.offsetTop;
    // 因为后面根据 event 的 clientX、clientY 来获取鼠标位置时,
    // 只能获取 windows 坐标系的位置，所以需要计算 window 坐标系
```

```
    // 和 document 坐标系的偏移
    // 计算 windows 坐标系和 document 坐标系之间的偏移
    var deltaX = startX - origX;
    var deltaY = startY - origY;
    // 鼠标松开的事件处理器
    var upHandler = function(evt)
    {
        // 在 IE 8 及更早版本的 IE 浏览器中获取事件对象
        if (!evt) evt = window.event;
        // 取消被拖动对象的鼠标移动（mousemove）和鼠标松开（mouseup）的事件处理器
        if (document.removeEventListener)
        {
            // 取消在事件捕获阶段的事件处理器
            document.removeEventListener("mouseup", upHandler, true);
            document.removeEventListener("mousemove", moveHandler, true);
        }
        // 在 IE 8 及更早版本的 IE 浏览器中取消事件处理器
        else if (document.detachEvent)
        {
            target.detachEvent("onlosecapture", upHandler);
            target.detachEvent("onmouseup", upHandler);
            target.detachEvent("onmousemove", moveHandler);
            target.releaseCapture( );
        }
        // 阻止事件传播
        stopProp(evt);
    }
    // 阻止事件传播（该函数可以跨浏览器）
    var stopProp = function(evt)
    {
        // 如果支持 stopPropagation 函数，则调用该函数取消事件传播
        if (evt.stopPropagation)
        {
            evt.stopPropagation();
        }
        // 处理 IE 8 及更早版本的 IE 浏览器
        else
        {
            // 调用 cancelBubble 取消冒泡
            evt.cancelBubble = true;
        }
    }
    // 为被拖动对象的鼠标移动（mousemove）和鼠标松开（mouseup）注册事件处理器
    if (document.addEventListener)
    {
        // 在事件捕获阶段绑定事件处理器
        document.addEventListener("mousemove", moveHandler, true);
        document.addEventListener("mouseup", upHandler, true);
    }
    else if (document.attachEvent)
    {
        // 在 IE 8 及更早版本的 IE 浏览器中，设置该元素直接捕获该事件
        target.setCapture();
        // 为该元素鼠标移动时绑定事件处理器
        target.attachEvent("onmousemove", moveHandler);
        // 为鼠标松开时绑定事件处理器
        target.attachEvent("onmouseup", upHandler);
        // 将失去捕获事件当成鼠标松开处理
        target.attachEvent("onlosecapture", upHandler);
    }
```

```
    // 阻止事件传播
    stopProp(event);
    // 跨浏览器取消事件默认行为
    if (event.preventDefault)
    {
        // 取消默认行为
        event.preventDefault( );
    }
    else
    {
        // 在 IE 8 及更早版本的 IE 浏览器中取消事件的默认行为
        event.returnValue = false;
    }
    // 鼠标移动的事件处理器
    function moveHandler(evt)
    {
        // 在 IE 8 及更早版本的 IE 浏览器中获取事件对象
        if (!evt) evt = window.event;
        // 将被拖动元素的位置移动到当前鼠标位置
        // 先将 window 坐标系位置转换成 document 坐标系位置，再修改目标对象的 CSS 位置
        target.style.left = (evt.clientX - deltaX) + "px";
        target.style.top = (evt.clientY - deltaY) + "px";
        // 阻止事件传播
        stopProp(evt);
    }
}
```

上面程序中的粗体字代码用于对浏览器进行判断，判断浏览器到底是支持 DOM 事件模型，还是支持早期 IE 浏览器的事件模型，在确定浏览器支持某种事件模型后，才能调用相应的方法来处理鼠标的按下、拖动和松开事件。

从上面粗体字代码可以看出，IE 8 及更早版本的 IE 浏览器可通过设置事件对象的 cancelBubble 为 true 来取消冒泡，这就相当于阻止了冒泡阶段的事件传播。

但由于 IE 8 及更早版本的 IE 浏览器并不支持事件的捕获阶段，为了弥补这个不足，早期的 IE 浏览器支持让 HTML 元素完全捕获鼠标事件，这样可以让事件完全不会发生冒泡。

早期 IE 浏览器中的事件对象提供了如下两个方法来捕获事件、释放捕获。

- target.setCapture()：设置 target 对象捕获该事件。
- target.releaseCapture()：设置 target 对象释放捕获。

这是所有 HTML 元素的方法，一旦调用某元素的 setCapture()方法来捕获事件，该事件将被直接定位到该元素上，直接触发该元素上绑定的事件处理器，而根本不会发生事件冒泡！

这两个方法仅仅对鼠标事件有效，这些鼠标事件包括所有鼠标相关事件，如 mousedown、mouseup、mousemove、mouseover、mouseout、click 和 dblclick 等。

当某个元素调用了 setCapture()方法之后，在元素上发生的鼠标事件将直接定位到该元素，触发该元素上绑定的事件处理器，直到该元素调用 releaseCapture()方法或“鼠标捕获”被中断。浏览器失去焦点、弹出 alert()对话框或显示系统菜单都会导致“鼠标捕获”被中断。当该元素的“鼠标捕获”被中断时，该元素会触发“失去捕获”事件，程序可通过 onlosecapture 属性来监听该事件。

上面的 JavaScript 代码主要定义了 drag()函数，将该函数绑定到任何 HTML 元素的 onmousedown 属性，即可使 HTML 元素可拖放。例如如下页面代码。

程序清单：codes\15\15.3\drag.html

```
<body>
<!-- 导入 JavaScript 脚本文件 -->
<script src="drag.js"></script>
<!-- 定义被拖放的元素 -->
<div style="position:absolute;
          left:120px;
          top:150px;
          width:250px;
          border:1px solid black;">
    <div style="background-color:#416ea5;
             width:250px;
             height:22px;
             cursor:move;
             font-weight:bold;
             border-bottom:1px solid black;"
        onmousedown="drag(this.parentNode, event);">
        可拖动标题
    </div>
    <p>可被拖动的窗口</p>
    <p>窗口内容</p>
</div>
<!-- 定义一个可拖动的图片 -->
<img src="image/logo.jpg" alt="按住 Shift 可拖动"
    style="position:absolute;"
    onmousedown="if(event.shiftKey) drag(this, event);" />
</body>
```

在浏览器中浏览该页面，可以看到如图 15.11 所示的效果。

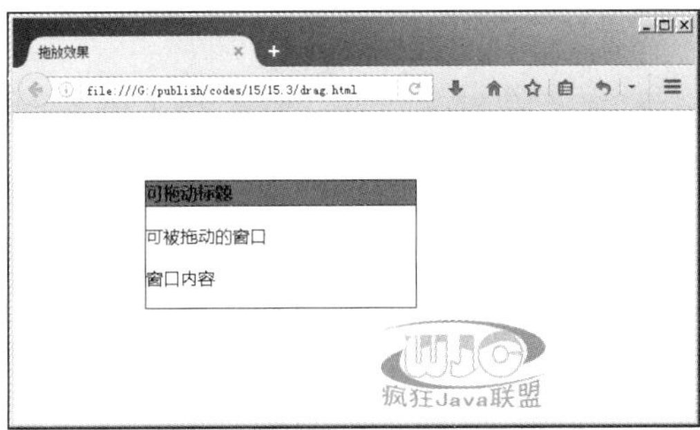

图 15.11　跨浏览器的拖放效果

15.3.7　取消事件的默认行为

DOM 也提供了取消事件默认行为的方法，DOM 中的事件对象都提供了 preventDefault() 方法，该方法不需要参数，只要执行了给定事件的 preventDefault 方法，该事件的默认行为就将失效。该方法的语法格式如下：

- event.preventDefault()：取消 event 事件的默认行为。

IE 8 及更早版本的 IE 浏览器则不支持 preventDefault()方法来取消事件的默认行为，而是通过设置事件对象的 returnValue 属性为 false 来取消默认行为。

假设下面函数是一个事件处理函数，该函数使用了 3 种方式来取消事件的默认行为。

```
function handler(event)
{
    var event = event || window.event;
    // 下面是事件处理代码
    ...
```

```
    // 下面是3种取消事件默认行为的方式
    if (event.preventDefault) event.preventDefault(); // 标准方式
    if (event.returnValue) event.returnValue = false; // IE 8 及更早版本的 IE 浏览器
    return false; // 用于处理使用对象属性注册的事件处理程序
}
```

下面代码示范了如何利用 preventDefault()方法来取消事件的默认行为。

程序清单：codes\15\15.3\preventDefault.html

```
<body>
    友情链接：<br />
    <a id="mylink" href="http://www.crazyit.org">疯狂 Java 联盟</a>
    <script type="text/javascript">
        var killClicks = function(event)
        {
            event = event || window.event;
            // 取消事件的默认行为
            if (event.preventDefault) event.preventDefault(); // 标准方式
            if (event.returnValue) event.returnValue = false; // IE 8 及更早版本的 IE 浏览器
            alert("超链接被单击");
        }
        // 为按钮绑定事件处理函数（捕获阶段）
        document.getElementById("mylink")
            .addEventListener("click", killClicks, true);
    </script>
</body>
```

上面代码使用 preventDefault 方法取消了事件的默认行为。值得注意的是，该方法虽然取消了事件的默认行为，但并未阻止事件处理函数的执行，也不会影响事件传播。图 15.12 显示了单击超链接的结果。

图 15.12　阻止事件的默认行为

如图 15.12 所示，用户单击该超链接，页面弹出了警告对话框，但由于使用 preventDefault()方法取消了单击事件的默认行为，因此页面不会导航到“疯狂 Java 联盟”站点。

preventDefault()方法虽然取消了事件的默认行为，但不会阻止事件传播，下面的代码为超链接和 document 在事件传播阶段绑定了事件处理函数。

程序清单：codes\15\15.3\preventDefault2.html

```
<body>
    友情链接：<br />
    <a id="mylink" href="http://www.crazyit.org">疯狂 Java 联盟</a>
    <!-- 显示信息输出的 div 元素 -->
    <div id="show"></div>
    <script type="text/javascript">
        var killClicks = function(event)
        {
            event = event || window.event;
            // 取消事件的默认行为
            if (event.preventDefault) event.preventDefault(); // 标准方式
```

```
        if (event.returnValue) event.returnValue = false; // IE 8 及更早版本的 IE 浏览器
        document.getElementById("show").innerHTML
            += "事件捕获阶段: " + event.currentTarget + "<br>";
    }
    // 为 document 对象绑定事件处理函数
    document.addEventListener("click", killClicks, true);
    // 为超链接绑定事件处理函数
    document.getElementById("mylink")
        .addEventListener("click", killClicks, true);
</script>
</body>
```

在浏览器中浏览该页面，并单击“疯狂 Java 联盟”超链接，可以看到如图 15.13 所示的结果。

图 15.13 取消事件的默认行为并未阻止事件传播

15.3.8 转发事件

DOM 事件模型提供了 dispatchEvent 方法用于事件的转发，该方法属于 Node 对象，因此 DOM 的每个 Node 元素都可调用该方法，从而将事件直接转发到本节点。该方法的语法格式如下：

- target.dispatchEvent(Event event)：将 event 事件转发到 target 上。

dispatch()方法必须转发人工合成事件（Synthetic Event），不能直接转发系统创建的事件。DOM 为创建人工合成事件提供了如下方法。

- document.createEvent(type)：该方法创建一个事件对象，其中 type 参数用于指定事件类型，普通事件可使用 Events，UI 事件可使用 UIEvents，鼠标事件可使用 MouseEvents。

通过上面的方法得到一个事件后，可调用事件的如下方法来初始化。

- initEvent(String eventTypeArg,boolean canBubbleArg, boolean cancelableArg)：用于初始化一个普通事件，第一个参数用于指定该事件类型，如 click 等；第二个参数用于指定该事件是否支持冒泡；第三个参数用于指定该事件是否有默认行为，且可通过 preventDefault()方法取消该默认行为。
- initUIEvent(String typeArg, boolean canBubbleArg, boolean cancelableArg, Window viewArg, long detailArg)：该方法的前 3 个参数的意义与上一个方法中的 3 个参数完全相同。后两个参数的意义与介绍 UIEvent 时的 view、detail 两个属性相同。
- initMouseEvent(String typeArg, boolean canBubbleArg, boolean cancelableArg, AbstractView viewArg, long detailArg, long screenXArg, long screenYArg, long clientXArg, long clientYArg, boolean ctrlKeyArg,boolean altKeyArg, boolean shiftKeyArg, boolean metaKeyArg, unsigned short buttonArg, Element relatedTargetArg)：该方法的前 5 个参数的意义与上一个方法中的 5 个参数完全相同。后面参数的意义与介绍 MouseEvent 时的各属性相同。

看如下代码。

程序清单：codes\15\15.3\dispatchEvent.html

```
<body>
    <!-- 测试用的第一个按钮 -->
    <input id="bn1" type="button" value="按钮 1" />
    <!-- 测试用的第二个按钮 -->
    <input id="bn2" type="button" value="按钮 2" />
    <div id="show"></div>
    <script type="text/javascript">
        // 第一个按钮被单击时的事件处理函数
        var rd = function(evt)
        {
            document.getElementById("show").innerHTML
                += '事件冒泡阶段:' + evt.currentTarget.value
                + "被单击了<br />";
            // 创建一个普通事件
            var e = document.createEvent("Events");
            // 初始化事件对象，指定该事件支持冒泡，不允许取消默认行为
            e.initEvent("click", true, false);
            // 将事件转发到按钮 bn2
            document.getElementById("bn2").dispatchEvent(e);
        }
        // 第二个按钮被单击时的事件处理函数
        var gotClick = function(evt)
        {
            document.getElementById("show").innerHTML
                += '事件冒泡阶段:' + evt.currentTarget.value + "<br />";
        }
        // 分别为两个按钮绑定事件处理函数
        document.getElementById("bn1")
            .addEventListener("click", rd, false);
        document.getElementById("bn2")
            .addEventListener("click", gotClick, false);
    </script>
</body>
```

上面程序中的粗体字代码创建了人工合成事件，并将该事件初始化为 click 事件，然后将其转发到按钮 bn2。在浏览器中浏览该页面，并单击“按钮 1”按钮，可以看到如图 15.14 所示的结果。

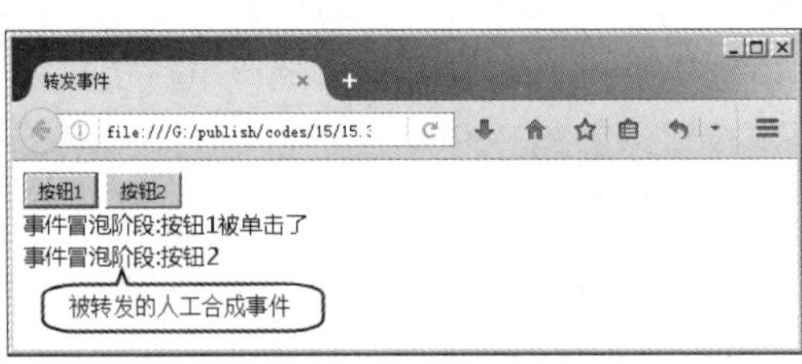

图 15.14　转发人工合成事件

IE 8 及更早版本的 IE 浏览器提供了 fireEvent()方法来重定向事件，该方法的语法格式如下：

➢ target.fireEvent(eventType, Event event)：将 event 事件重定向到 target 对象。

与 dispatchEvent()方法不同的是，fireEvent()方法可以直接转发系统创建的事件。

需要指出的是，由于 IE 8 及更早版本的 IE 浏览器直接转发了系统事件，因此执行事件转发时，必须要相当小心：事件被转发之后依然会继续执行冒泡传播，因此很容易形成死循环。

如果想阻止事件冒泡，一定要记得将 event 的 cancelBubble 属性设置为 true 来阻止事件冒泡。

15.4　事件类型

在 Web 开发早期，客户端 JavaScript 只能使用很少的事件，比如传统的 click、load、mouseover 等。随着 HTML 5 规范的逐渐完善，现在 HTML 支持的事件越来越多。

15.4.1　事件类型概述

目前 JavaScript 所能使用的事件大致可分为如下几类。

- **传统事件：** 传统事件是早期 Web 编程的遗产，也是普通开发者最熟悉的事件类型，如常见的 click 事件、window 事件等。
- **DOM 3 规范的事件：** DOM 3 规范重新引入了一些新的事件类型，某些浏览器可能并不完全支持这些事件。
- **HTML 5 规范引入的新事件：** 比如前面介绍的<video.../>引入的事件、拖放 API 所引入的事件等。此外，本书后面介绍的本地存储和离线应用等都涉及大量 HTML 5 引入的新事件。本书后面章节会详细介绍 HTML 5 新增的相关事件。
- **基于移动触屏设备的事件：** 由于 iOS 和 Android 等设备的广泛使用，引入了一些支持触摸和手势的事件。

实际上，不管是哪种事件，对于开发者而言，处理方法都是相同的，开发者只要为事件目标绑定事件处理函数，当事件目标上发生相关事件时，浏览器就会将事件封装成 Event 对象，再将 Event 对象作为参数传给事件处理函数。

下面简单介绍一下目前 JavaScript 编程常用的事件类型。

传统表单事件大致如表 15.4 所示。

表 15.4　传统表单事件

事件属性	对应的含义	支持该属性的 HTML 标签
submit	当表单提交时触发，通常通过单击表单的提交按钮触发	<form>
reset	当用户重置表单时触发	<form>
change	当表单域（包括单选钮和复选框）的值被修改时触发 对于文本输入框而言，只有当用户完成输入交互并通过 Tab 键或单击方式移动焦点时才会触发该事件	<input>、<select>、<textarea>
click	单击某个标签时触发	大多数可显示的标签
input	用户输入文字（或者通过键盘输入或剪切、粘贴输入）时触发	<input>、<textarea>
select	当用户选择文本框或文本域的某段文字时触发	<input>、<textarea>
focus	当某个标签得到焦点时触发，通常是用户单击或者使用 Tab 键切换了焦点	<button>、<input>、<label>、<select>、<textarea>、<body>
blur	当某个 HTML 元素失去焦点时触发该事件，通常意味着用户已经激活了另一个 HTML 元素，对应用户单击了另一个 HTML 元素，或使用 Tab 键切换了焦点	<button>、<input>、<label>, <select>、<textarea>、<body>

在上面的表单事件中，除了 focus 和 blur 两个事件不会冒泡，其他所有表单事件都支持冒泡。

传统窗口事件大致如表 15.5 所示。

表 15.5　传统窗口事件

事件属性	对应的含义	支持该属性的 HTML 标签
load	当某个对象被装载完毕时触发	<body>、<iframe>、<img>
unload	当某个对象从窗口或框架中卸载完毕时触发。unload 事件处理函数可用于保存用户状态，但不能用于取消用户跳转（因为已卸载完成）	<body>、<iframe>、<img>
beforeunload	当某个对象从窗口或框架中将要卸载时触发。beforeunload 事件处理函数可用于取消用户跳转	<body>、<iframe>
error	加载出错时触发该事件，通常可能是由于网络等原因导致的加载错误	<body>、<iframe>、<img>
focus	当窗口得到焦点时触发	<button>、<input>、<label>、<select>、<textarea>、<body>
blur	当窗口失去焦点时触发	<button>、<input>、<label>, <select>、<textarea>、<body>
resize	当窗口大小被改变时触发	<body>、<iframe>
scroll	当用户滚动窗口或滚动其他任何可滚动的元素时（设置了 overflow 属性的元素）触发该事件	<body>、设置了 overflow 的元素

传统鼠标事件大致如表 15.6 所示。

表 15.6　传统鼠标事件

事件属性	对应的含义	支持该属性的 HTML 标签
click	单击事件	大多数可显示的标签
contextmenu	当上下文菜单即将出现时触发该事件。通常鼠标右击时会显示上下文菜单，因此该事件也能像 click 事件一样使用	大多数可显示的标签
dblclick	双击事件	大多数可显示的标签
mousedown	当焦点停留在当前元素上，并且按下鼠标键时触发	大多数可显示的标签
mousemove	当鼠标在当前元素上面，并且移动时触发	大多数可显示的标签
mouseout	当鼠标移出某个元素时触发，即鼠标一开始停留在元素上面	大多数可显示的标签
mouseover	当鼠标移动到该元素上面时触发	大多数可显示的标签
mouseup	当焦点在当前元素上，并且松开鼠标键时触发该事件	大多数可显示的标签

鼠标事件描述了事件发生时鼠标的位置和按键状态，还标识了当时是否有任何辅助键被按下。鼠标事件大致包含如下属性。

- clientX：返回鼠标事件的发生点在窗口坐标系中的 *X* 坐标。
- clientY：返回鼠标事件的发生点在窗口坐标系中的 *Y* 坐标。
- button（which）：返回被按下的鼠标键。0 代表主按键，也就是鼠标左键；1 代表辅助键，通常就是滚轮或鼠标中键；2 代表鼠标右键；3 代表鼠标第 4 个键，通常就是浏览器后退键；4 代表鼠标第 5 个键，通常就是浏览器前进键。
- detail：返回鼠标单击、双击或三击。
- altKey、ctrlKey、metaKey、shiftKey：如果发生鼠标事件时还按下了键盘上的辅助键，这些属性会返回 true。
- relatedTarget：当鼠标从某个元素上移出，使之不再悬停在该元素上面时，浏览器就会触发 mouseout 事件，此时 relatedTarget 属性就返回该过程涉及的其他元素。

传统键盘事件大致如表 15.7 所示。

表 15.7　传统键盘事件

事件属性	对应的含义	支持该属性的 HTML 标签
keydown	当焦点在当前元素上，按下键盘上的某个键时触发	表单域控件标签和<body>标签
keypress	当焦点在当前元素上，单击键盘上的某个键时触发	表单域控件标签和<body>标签
keyup	当焦点在当前元素上，并且松开了键盘上的某个键时触发	表单域控件标签和<body>标签

键盘事件提供了 keyCode 属性，返回用户按下或松开了哪个键。此外，键盘事件也支持 altKey、ctrlKey、metaKey、shiftKey 用于描述辅助键的按下情形。

keydown 和 keyup 事件是低级键盘事件，无论按下或松开哪个键（包括辅助键）都会触发它们；keypress 是较为高级的文本事件，因此只有当 keydown 事件按下的是可打印字符时，在 keydown 和 keyup 之间才会触发 keypress 事件，keypress 事件针对的是所产生的字符，而不是按下的键。

DOM 3 新增或重定义的事件大致如表 15.8 所示。

表 15.8　DOM 3 新增或重定义的事件

事件属性	对应的含义	支持该属性的 HTML 标签
focusin	相当于 focus 事件，但该事件支持冒泡	<button>、<input>、<label>、<select>、<textarea>、<body>
focusout	相当于 blur 事件，但该事件支持冒泡	<button>、<input>、<label>、<select>、<textarea>、<body>
mouseenter	相当于 mouseover 事件，但该事件不会冒泡，该事件暂未广泛实现	大多数可显示的标签
mouseleave	相当于 mouseout 事件，但该事件不会冒泡，该事件暂未广泛实现	大多数可显示的标签
wheel	当鼠标滚轮发生滚动时触发该事件 该事件提供 deltaX、deltaY、deltaZ 属性来返回滚轮在 3 个方向上滚动的距离	<body>
textinput	文本输入事件，该事件不是键盘特定的事件，无论用户通过键盘输入、复制/粘贴还是拖放操作，只要发生了文本输入就会触发该事件	<input>、<textarea>

15.4.2　文档事件

很多时候，客户端 JavaScript 可能需要在文档装载完成后执行某些行为，此时可通过为 window 对象添加 load 事件处理函数来实现；如果程序需要在窗口离开该页面（重新加载新页面）之前执行某些行为（比如进行提示），此时可通过为 window 对象添加 beforeunload 事件监听器来实现。

下面代码示范了页面加载完成后执行某些行为，以及页面离开之前执行某些特定行为。

程序清单：codes/15/15.4/load.html

```
<!DOCTYPE html>
<html>
<head>
    <meta http-equiv="Content-Type" content="text/html; charset=utf-8" />
    <title> load 和 unload </title>
    <script type="text/javascript">
    // 为 load 事件绑定事件处理函数
    window.addEventListener("load", function(event)
```

```
    {
        document.querySelector("#out").innerHTML = "页面加载完成";
    });
    // 为beforeunload事件绑定事件处理函数
    window.addEventListener("beforeunload", function(event)
    {
        event.returnValue = "\o/";
    });
    </script>
</head>
<body>
<div id="out"></div>
</body>
</html>
```

上面程序代码为 load 事件绑定了事件处理函数，这样当页面加载完成后就会执行该函数中的行为，为 id 为 out 的元素设置元素内容。

此外，程序还为 beforeunload 事件绑定了事件处理函数，该事件处理函数将 returnValue 设为"\o/"来阻止事件的默认行为。假如用户尝试关闭该页面，将可以看到如图 15.15 所示的提示页面。

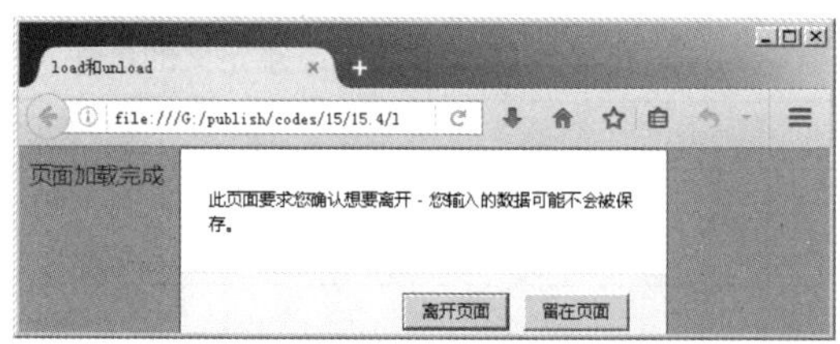

图 15.15　确认是否离开该页面

beforeunload 事件有些特殊，在该事件的处理函数中仅使用 preventDefault() 并不能完全阻止事件的默认行为，需要将 returnValue 设为"\o/"来阻止事件的默认行为。

另外，Safari 浏览器也有些特殊，如果希望实现能兼容所有浏览器的 beforeunload 事件处理函数，则可将代码改为如下形式：

```
window.addEventListener("beforeunload", function(event)
{
    var confirmMsg = "\o/";
    (event || window.event).returnValue = confirmMsg;
    return confirmMsg; // 兼容Safari浏览器
});
```

HTML 5 还为 document 添加了一个 readystatechange 事件，该事件仅在 load 事件之前触发。例如如下代码。

程序清单：codes/15/15.4/readystatechange.html

```
<script type="text/javascript">
    document.onreadystatechange = function(event)
    {
        console.log(document.readyState);
    }
</script>
```

在页面加载完成之前，readystatechange 事件处理函数将会被触发两次，分别是 interactive 和 complete。在浏览器中浏览该页面，将可以看到如图 15.16 所示的效果。

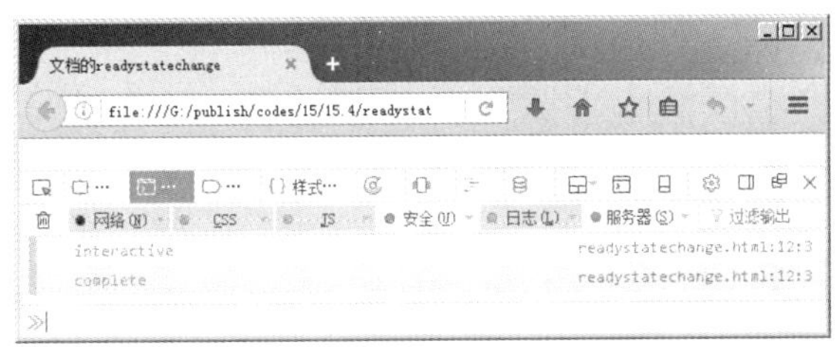

图 15.16 readystatechange 事件

15.4.3 鼠标滚轮事件

当用户滚动鼠标滚轮时，浏览器会触发鼠标滚轮事件。通常，浏览器会根据鼠标滚轮的滚动来缩放文档，开发人员可通过 preventDefault()方法阻止事件的默认行为。

由于历史原因，鼠标滚轮事件在不同浏览器的实现中并不完全相同，下面分别介绍。

DOM 3 事件规范：这是目前大部分最新版浏览器正在或即将遵守的规范，该规范定义了 wheel 事件作为鼠标滚轮事件。wheel 事件具有 deltaX、deltaY、deltaZ 三个属性，其中 deltaX、deltaY 分别代表鼠标滚轮在水平方向、垂直方向上的滚动距离，deltaZ 返回鼠标滚轮顺时针或逆时针旋转的距离。

对于大部分 Windows 用户而言，普通鼠标滚轮压根就不能水平滚动（只能垂直滚动），更别提顺时针或逆时针旋转了。DOM 3 事件规范是为了兼顾所有硬件平台：在 Mac 机器上，鼠标滚轮（其实是轨迹球）完全支持水平滚动，也支持顺时针或逆时针旋转。

早期大部分浏览器：早期大部分浏览器支持 mousewheel 事件，该事件具有 wheelDelta 属性，该属性返回鼠标滚轮所滚动的距离。远离用户方向的一次鼠标滚动所触发的 mousewheel 返回的 wheelDelta 为 120，而向着用户方向的一次鼠标滚动所触发的 mousewheel 返回的 wheelDelta 为-120。这表明：wheelDelta 属性值除以-120 才能等于 DOM 3 的 wheel 事件的 deltaY 属性值。为了支持二维鼠标，mousewheel 事件也支持 wheelDeltaX 和 wheelDeltaY 两个属性，其中 wheelDelta 属性值与 wheelDeltaY 属性值始终相同——简单来说，wheelDelta 相当于 wheelDeltaY 的简化写法。

早期 Firefox 浏览器：早期 Firefox 浏览器支持使用非标准的 DOMMouseScroll 事件代替 mousewheel 事件，且 DOMMouseScroll 支持 detail 属性。远离用户方向的一次鼠标滚动所触发的 DOMMouseScroll 返回的 detail 为-3，而向着用户方向的一次鼠标滚动所触发的 DOMMouseScroll 返回的 detail 为 3。这表明：detail 属性值除以 3 才能等于 DOM 3 的 wheel 事件的 deltaY 属性值。

下面程序示范了一个使用鼠标滚轮事件支持目标元素滚动的效果。下面是 JavaScript 库的代码。

程序清单：codes\15\15.4\wheel.js

```
/**
 * 该函数使用 div 元素包装 content 元素，使得 content 可以在 div 内滚动
 * content: 指定被包装的元素
 * frameWidth: 指定 div 元素的宽度
 * frameHeight: 指定 div 元素的高度
 * contentX: 指定 content 元素在 div 元素内的初始 X 坐标
 * contentY: 指定 content 元素在 div 元素内的初始 Y 坐标
```

```
   */
function enclose(content, frameWidth, frameHeight, contentX, contentY)
{
    // 保证 frameWidth、frameHeight 最少要大于 100
    frameWidth = Math.max(frameWidth, 100);
    frameHeight = Math.max(frameHeight, 100);
    contentX = Math.min(contentX, 0) || 0;
    contentY = Math.min(contentY, 0) || 0;
    // 创建一个 div 元素，并设置该元素的样式
    var frame = document.createElement("div");
    frame.style.border = "5px solid black";
    frame.style.margin = "5px;";
    frame.style.width = frameWidth + "px"; // 设置该 div 的宽度和高度
    frame.style.height = frameHeight + "px";
    frame.style.overflow = "hidden"; // 不显示滚动条
    frame.style.boxSizing = "border-box";
    // 使用 div 元素包装原有的 content 元素，并代替 content 元素
    content.parentNode.insertBefore(frame, content);
    frame.appendChild(content);
    // 设置 content 的 position 为 relative，保证该元素可在 div 内移动
    content.style.position = "relative";
    // 设置 content 的初始位置
    content.style.left = contentX + "px";
    content.style.top = contentY + "px";
    // 判断浏览器
    var isFirefox = (navigator.userAgent.indexOf("Gecko") !== -1);
    var isChrome = (navigator.userAgent.indexOf("Chrome") !== -1);
    // 注册鼠标滚轮事件处理函数
    frame.onwheel = wheelHandler;  // 兼容支持 DOM 3 的浏览器
    frame.onmousewheel = wheelHandler;  // 兼容早期大部分浏览器
    if (isFirefox)  // 兼容早期 Firefox 浏览器
        frame.addEventListener("DOMMouseScroll", wheelHandler, false);
    function wheelHandler(event)
    {
        // 兼容早期 IE 浏览器的事件
        var e = event || window.event;
        // 下面计算滚动距离
        // DOM 3 使用 deltaX、deltaY、deltaZ 属性
        // 目前主流浏览器使用的 mousewheel 事件，
        // 支持 wheelDeltaX、wheelDeltaY、wheelDeltaZ
        var deltaX = e.deltaX * -10 || // 兼容 DOM 3 的 wheel 事件
            e.wheelDeltaX / 12 ||  // 兼容早期的主流浏览器
            0;    // 如果不支持该属性
        var deltaY = e.deltaY * -10 || // 兼容 DOM 3 的 wheel 事件
            e.wheelDeltaY / 12 ||  // 兼容早期的主流浏览器
            (e.wheelDeltaY===undefined && // 如果不支持两个方向的滚动事件
            e.wheelDelta / 4) ||  // 仅使用一个属性
            e.detail * -10 ||  // 兼容早期 Firefox 浏览器
            0;    // 如果不支持该属性
        // 为兼容 Chrome 浏览器，该浏览器中 deltaX、deltaY 属性返回 100 或-100
        if(isChrome){
            deltaX /= 10;
            deltaY /= 10;
        }
        // 获取 content 元素的当前大小
        var contentbox = content.getBoundingClientRect();
        var contentWidth = contentbox.right - contentbox.left;
        var contentHeight = contentbox.bottom - contentbox.top;
        // 如果有 X 轴（水平方向）的滚动距离，水平移动 content 元素
        if (deltaX) {
            // 滚动记录不要超过 frameWidth 宽度
```

```
            var minOffset = Math.min(frameWidth-contentWidth, 0);
            // 在原 contentX 基础上加上 deltaX
            contentX = Math.max(contentX + deltaX, minOffset);
            // 新 contentX 不得大于 0
            contentX = Math.min(contentX, 0);
            content.style.left = contentX + "px";
        }
        // 如果有 Y 轴（垂直方向）的滚动距离，垂直移动 content 元素
        if (deltaY) {
            var minOffset = Math.min(frameHeight - contentHeight, 0);
            // 在原 contentY 基础上加上 deltaX，且新 contentY 不得小于 minOffset
            contentY = Math.max(contentY + deltaY, minOffset);
            // 新 contentY 不得大于 0
            contentY = Math.min(contentY, 0);
            content.style.top = contentY + "px";
        }
        // 取消默认行为并阻止传播
        if (e.preventDefault) e.preventDefault();
        if (e.stopPropagation) e.stopPropagation();
        e.returnValue = false; // 兼容早期 IE 浏览器的取消默认行为
        e.cancelBubble = true; // 兼容早期 IE 浏览器的取消冒泡
        return false;
    }
}
```

上面程序开始包含 3 行粗体字代码，这 3 行粗体字代码都完成同一件事情：为鼠标滚轮事件绑定事件处理函数，此处兼容了 3 种不同的浏览器规范。

程序接下来一段粗体字代码计算了 deltaX、deltaY 两个滚动距离（大部分 Windows 用户的鼠标只能用到 deltaY）。但由于 DOM 3 的 wheel 事件的 deltaX、deltaY 与 mousewheel 事件的 wheelDeltaX、wheelDeltaY 属性值之间存在-120 的倍率，因此这段粗体字代码对滚动距离进行了换算。

提示：

在实际测试中，Chrome 也表现得极为“奇葩”，鼠标滚轮每滚动一次，它的 wheel 事件的 deltaX、deltaY 都总是返回 100 或-100，因此上面程序也处理了这种情况。

定义了上面 JavaScript 库之后，接下来即可使用该 enclose()函数来包装任意 HTML 元素。例如如下 HTML 页面代码。

程序清单：codes\15\15.4\wheel.html

```
<!DOCTYPE html>
<html>
<head>
    <meta http-equiv="Content-Type" content="text/html; charset=utf-8" />
    <title> 滚轮事件 </title>
    <script type="text/javascript" src="wheel.js"></script>
    <script type="text/javascript">
        window.addEventListener("load", function(){
            enclose(document.getElementById("content"),
                400, 120, -20, -300);
        });
    </script>
</head>
<body>
```

```
<img id="content" src="android.png"/>
</body>
</html>
```

使用浏览器浏览该页面，接下来即可使用鼠标滚轮来滚动显示页面中 enclose()函数所包装的元素，效果如图 15.17 所示。

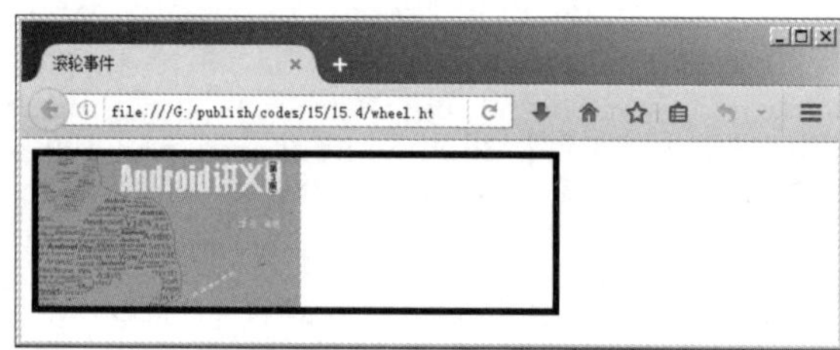

图 15.17　鼠标滚轮事件

15.4.4　键盘事件

低级键盘事件有 keydown 和 keyup 两个事件，程序可通过键盘事件的 keyCode 来获取用户按下或松开了哪个键。

下面 JavaScript 库定义了一个 keyMove()函数，该函数用于包装目标 HTML 元素，被包装的 HTML 元素可以在屏幕上响应键盘事件，用户按下上、下、左、右方向键即可自由移动被包装的元素。下面是该 JavaScript 库的代码。

程序清单：codes\15\15.4\keyMove.js

```
function keyMove(content)
{
    var frame = document.createElement("div");
    frame.style.position = "absolute";
    frame.style.boxSizing = "border-box";
    // 使用 div 元素包装原有的 content 元素，并代替 content 元素
    content.parentNode.insertBefore(frame, content);
    frame.appendChild(content);
    // 注册鼠标滚轮事件处理函数
    window.onkeydown = keyHandler;
    function keyHandler(event)
    {
        // 兼容早期 IE 浏览器的事件
        var e = event || window.event;
        var framebox = frame.getBoundingClientRect();
        // 判断 keyCode 的值，根据 keyCode 的值改变 frame 元素的位置
        switch(e.keyCode)
        {
            case 37:
                frame.style.left = (framebox.left - 5) + "px";
                break;
            case 38:
                frame.style.top = (framebox.top - 5) + "px";
                break;
            case 39:
                frame.style.left = (framebox.left + 5) + "px";
                break;
            case 40:
                frame.style.top = (framebox.top + 5) + "px";
                break;
        }
        // 取消默认行为并阻止传播
        if (e.preventDefault) e.preventDefault();
```

```
        if (e.stopPropagation) e.stopPropagation();
        e.returnValue = false; // 兼容早期 IE 浏览器的取消默认行为
        e.cancelBubble = true; // 兼容早期 IE 浏览器的取消冒泡
        return false;
    }
}
```

上面程序中粗体字代码为 window 的 keydown 事件绑定了事件处理函数，这样当用户按下键时将会激发对应的事件处理函数。上面程序中 switch 代码段用于判断用户按下了哪个键，这样即可根据用户按下的键改变界面上 frame 元素的位置。

例如，如下页面代码使用上面的 keyMove()函数将页面上指定元素包装成可移动的元素。

程序清单：codes\15\15.4\key.html

```
<!DOCTYPE html>
<html>
<head>
    <meta http-equiv="Content-Type" content="text/html; charset=utf-8" />
    <title> 键盘事件 </title>
    <script type="text/javascript" src="keyMove.js"></script>
    <script type="text/javascript">
        window.addEventListener("load", function(){
            keyMove(document.getElementById("plane"));
        });
    </script>
</head>
<body>
<img id="plane" src="plane.png"/>
</body>
</html>
```

15.4.5 触屏事件和移动设备事件

随着移动互联网的强势崛起，手机、平板电脑等各种移动终端大都支持触屏，这些触屏并不需要使用鼠标，而是使用手指触碰进行交互。在大部分情况下，触屏事件（如单击、双击）完全可以映射成传统事件（如 click、dblclick 等）。

触屏涉及如下事件。

- touchstart：手指触碰屏幕时触发该事件。
- touchmove：手指在屏幕上滑动时触发该事件。
- touchend：手指离开屏幕时触发该事件。

当触屏事件被触发之后，浏览器会将触发事件封装成 Event 对象，该 Event 对象包含如下属性。

- touches：该属性返回当前屏幕上所有触碰点组成的数组。
- targetTouches：该属性返回当前 HTML 元素上所有触碰点组成的数组。
- changedTouches：当前触屏事件所涉及的所有触碰点组成的数组。

上面这些数组的元素都是代表触碰点的 Touch 对象，Touch 对象包括了触碰的详细信息，其主要属性如下。

- clientX / clientY：返回触碰点在浏览器窗口坐标系中的坐标。
- pageX / pageY：返回触碰点在当前页面坐标系中的坐标。
- screenX / screenY：返回触碰点在设备屏幕坐标系中的坐标。
- identifier：返回该 Touch 对象的标识。
- target：返回该触屏事件的目标对象。

需要说明的是，当手指在屏幕上滑动时，滑动事件可能有默认的行为，比如导致浏览器窗口滚动或者缩放。如果程序希望禁用浏览器默认的缩放和滚动，则可通过如下方式进行。

通过<meta.../>元素设置禁止缩放，例如：

```
<meta name="viewport" content="target-densitydpi=320,width=640,user-scalable=no">
```

还应通过 preventDefault()方法来阻止事件的默认行为。

此外，当用户选择移动设备时，浏览器会自动触发 window 对象的 orientationchange 事件，当该事件被触发时，事件本身并没有太多的价值，但 window 对象的 orientation 属性能给出设备当前的方向。该属性可能返回 0、90、-90 或 180，其中 0 代表设备正立，90 代表设备顺时针旋转 90°（横屏显示）；-90 代表设备逆时针旋转 90°（横屏显示）；180 表示设备倒立显示。

下面代码实现了一个通过触碰滑动来切换图片的效果。

程序清单：codes\15\15.4\touch.html

```
<!DOCTYPE html>
<html>
<head>
    <meta http-equiv="Content-Type" content="text/html; charset=utf-8" />
    <meta name="viewport" content="target-densitydpi=320,width=640,user-scalable=no"/>
    <title>移动端触屏滑动</title>
    <style type="text/css">
        * {
            margin:0;
            padding:0;
        }
        /* 定义滑动元素外层容器的 CSS 样式 */
        .slider-container {
            width: 600px; /* 外层容器宽 600px */
            margin: 50px 20px;
            overflow: hidden;
        }
        .slider-container .content {
            position: relative;
            left: 0;
            width: 3000px; /* 支持 5 张图片，故总宽度为 3000px */
        }
        .slider-container .content li {
            list-style: none;
            float: left;
            width: 600px;
        }
        /* 定义被滑动的图片样式 */
        .slider-container .content img {
            display: block;
            width: 100%;
            height: 480px;
        }
        .slider-container .content p {margin:20px 0; text-align:center}
        .slider-container .icons {text-align:center;color:#000;}
        .slider-container .icons span {margin: 0 5px;}
        .slider-container .icons .red {color:red;}
        /* 为图片切换定义动画 */
        .f-anim {
            transition:left 0.3s linear;
            /* 兼容移动端早期的浏览器 */
            -webkit-transition:left 0.3s linear;
        }
    </style>
```

```
</head>
<body>
<div class="slider-container">
    <ul class="content" id="slider">
        <li>
            <img src="images/java.png" alt="java">
            <p>疯狂 Java 讲义</p>
        </li>
        <li>
            <img src="images/javaee.png" alt="javaee">
            <p>轻量级 Java EE 企业应用实战</p>
        </li>
        <li>
            <img src="images/android.png" alt="android">
            <p>疯狂 Android 讲义</p>
        </li>
        <li>
            <img src="images/ios.png" alt="ios">
            <p>疯狂 iOS 讲义</p>
        </li>
        <li>
            <img src="images/html.png" alt="html">
            <p>疯狂 HTML 5/CSS 3/JavaScript 讲义</p>
        </li>
    </ul>
    <div class="icons" id="icons">
        <span class="red">1</span>
        <span>2</span>
        <span>3</span>
        <span>4</span>
        <span>5</span>
    </div>
</div>
<script type="text/javascript">
var handlers = {
    index: 0,  // 显示元素的索引
    slider: document.querySelector('#slider'),
    icons: document.getElementById('icons'),
    icon: this.icons.getElementsByTagName('span'),
    // 三个触屏事件都使用该事件处理函数
    handleEvent: function(event){
        if(event.type == 'touchstart')
        {
            this.start(event);
        }
        else if(event.type == 'touchmove')
        {
            this.move(event);
        }
        else if(event.type == 'touchend')
        {
            this.end(event);
        }
    },
    // 处理触屏开始事件的函数
    start:function(event){
        // touches 数组对象获得屏幕上所有的 touch，取第一个 touch
        var touch = event.targetTouches[0];
        // 取第一个 touch 的坐标值
        startPos = {x: touch.pageX, y: touch.pageY,
            time: +new Date()};
```

```
        isScrolling = 0;   // 这个参数判断是垂直滚动还是水平滚动
        this.slider.addEventListener('touchmove' , this, false); // ②
        this.slider.addEventListener('touchend' , this, false);  // ③
    },
    // 处理触屏移动事件的函数
    move:function(event){
        // 当屏幕有多个touch时或者页面被缩放过，就不执行move操作
        if(event.targetTouches.length > 1
            || event.scale && event.scale !== 1) return;
        // 获取第一个touch
        var touch = event.targetTouches[0];
        endPos = {x: touch.pageX - startPos.x,
            y: touch.pageY - startPos.y};
        // 判断到底是纵向滑动还是横向滑动，其中1代表纵向滑动，0代表横向滑动
        isScrolling = Math.abs(endPos.x) < Math.abs(endPos.y) ? 1 :0;
        if(isScrolling === 0){
            // 阻止触摸事件的默认行为，即阻止滚屏
            event.preventDefault();
            // 根据滑动距离改变slider的X坐标
            this.slider.style.left = -this.index * 600 + endPos.x + 'px';
        }
    },
    // 处理触屏结束事件的函数
    end:function(event){
        // 计算滑动的持续时间
        var duration = +new Date() - startPos.time;
        // 如果是横向滑动
        if(isScrolling === 0)
        {
            // 取消设置代表当前页索引的数字的红色
            this.icon[this.index].className = '';
            // 滑动时间大于10ms才处理滑动事件
            if(Number(duration) > 10)
            {
                // 判断是左移还是右移，当偏移量大于10时执行
                if(endPos.x > 10)
                {
                    if(this.index !== 0) this.index -= 1;
                }
                else if(endPos.x < -10)
                {
                    if(this.index !== this.icon.length-1) this.index += 1;
                }
            }
            // 取消设置代表当前页索引的数字的红色
            this.icon[this.index].className = 'red';
            // 设置过渡动画
            this.slider.className = 'content f-anim';
            this.slider.style.left = -this.index * 600 + 'px';
        }
        // 取消绑定事件处理函数
        this.slider.removeEventListener('touchmove', this, false);
        this.slider.removeEventListener('touchend', this, false);
    }
};
// 判断设备是否支持touch事件
if(('ontouchstart' in window)||
        window.DocumentTouch && document instanceof DocumentTouch)
{
    // addEventListener的第二个参数可以传一个对象，
```

```
	// 系统会自动调用该对象的 handleEvent 属性作为事件监听函数
	document.querySelector('#slider').addEventListener(
		'touchstart', handlers, false);  // ①
}
</script>
</body>
</html>
```

上面程序中先定义了一个 handlers 对象，该对象封装了所有触屏、滑动的逻辑，程序使用①号粗体字代码为 touchstart 事件绑定了事件处理函数，这样当触屏事件开始时，程序将会调用 handlers 对象的 handleEvent 属性来处理该事件。

handleEvent 属性是一个简单的函数，该函数将 touchstart 事件交给 handlers 对象的 start()方法来处理。

start()方法的处理逻辑非常简单，该方法只是简单地获取触屏事件在页面坐标系中的坐标和该事件的发生时间。该方法中②、③两行粗体字代码再次为 touchmove、touchend 两个事件绑定了事件处理函数，这样当 touchmove、touchend 事件发生时，程序会依然调用 handlers 对象的 handleEvent 属性来处理该事件。实际上，touchmove 事件发生时，该事件会交给 handlers 对象的 move()方法来处理；touchend 事件发生时，该事件会交给 handlers 对象的 end()方法来处理。

move()方法的处理逻辑也很简单，该方法获取 touchmove 事件的触碰点在页面坐标系中的坐标，然后根据该事件的坐标来改变 slider 元素的水平坐标，这样即可保证该元素随用户手指的滑动而滑动。

end()方法先计算 touchstart 事件和 touchend 事件之间的时间差，如果时间差小于 10ms，系统将忽略该事件；如果时间差大于 10ms，且触屏事件是水平滑动时，程序将改变 handlers 对象的 index 属性（该属性记录当前显示第一张图片），并根据该 index 属性计算 slider 元素的水平坐标，这样就可以根据用户滑动显示上一张、下一张图片。

使用手机浏览器浏览该页面，可以看到如图 15.18 所示的效果。

图 15.18　触碰滑动切换图片

15.5 本章小结

本章详细介绍了 JavaScript 的事件处理机制，包括 3 种绑定事件处理器的方式、事件处理函数中 this 关键字和事件对象。事件处理模型中事件的调用顺序、取消事件的默认行为、事件的传播机制、事件转发也是本章详细介绍的重点内容。此外，本章还详细介绍了几种典型的事件类型，包括文档事件的处理、鼠标滚轮事件的处理、键盘相关事件的处理、触屏和移动设备相关事件的处理，这些都需要读者认真掌握。

CHAPTER

16

第 16 章 本地存储与离线应用

本章要点

- 本地存储的功能和意义
- Web Storage 的作用
- Storage 接口的功能和用法
- Session Storage 与 Local Storage 的区别
- 使用 Storage 存储、读取数据
- 使用 Storage 存储、读取结构化数据
- 理解 Indexed 数据库 API
- 使用 IDBFactory 打开数据库
- 创建 Object Store 和索引
- 在 Object Store 中操作数据
- 在 Object Store 中检索数据
- 离线应用与浏览器缓存
- 构建离线应用的方法
- 判断浏览器的在线状态
- 使用 ApplicationCache 控制缓存
- 离线应用的事件与事件监听器

在传统 HTML 时代，浏览器只是一个简单的“界面呈现工具”：浏览器负责向远程服务器发送请求，并读取服务器响应的 HTML 文档，负责“呈现”HTML 文档。在传统 HTML 时代，只有浏览器保持在线状态才可正常使用，如果浏览器处于离线状态，浏览器将无法向服务器发送请求，也无法把数据提交给服务器。

HTML 5 的出现改变了这种局面，HTML 5 允许开发离线应用，离线应用可以显式地控制浏览器需要缓存哪些页面、哪些资源，这样使得浏览器即使处于离线状态，依然可以使用本应用；不仅如此，现在还提供了 Web Storage 的本地存储支持，当浏览器处于离线状态、无法把数据提交给远程服务器时，本地存储可以把用户提交的数据存储在本地，当浏览器下一次处于联网状态时，程序可以把存储在本地的数据集中提交给远程服务器。

将本地存储和离线应用结合在一起，可以开发出功能更加强大的 Web 应用，用户不仅可以在联网状态下使用该应用，也可以在离线状态下使用该应用。

16.1 Web Storage

在传统 HTML 时代，浏览器的主要功能只是负责展现 HTML 页面，即使增加了 JavaScript 脚本，也依然只是为动态修改 HTML 页面服务，因此浏览器只是一个“界面呈现工具”。

如果开发者需要在客户端存储少量数据，早期只能通过 Cookie 来实现，但 Cookie 存在如下 3 点不足：

- Cookie 的大小被限制为 4KB。
- Cookie 会包含在每个 HTTP 请求中向服务器发送，这样势必导致多次发送重复数据。
- Cookie 在网络传输时并未加密（除非整个应用都使用 SSL），因此可能存在一些安全隐患。

HTML 5 的出现改变了这种局面，HTML 5 新增了 Web Storage 功能。通过 Web Storage，可以让应用程序在客户端运行时在客户端保存程序数据，从而把浏览器变成一个真正的“程序运行环境”，而不是简单的“界面呈现工具”。

打开浏览器的调试界面，将可以看到浏览器对 Web Storage 的跟踪界面，如图 16.1 所示。

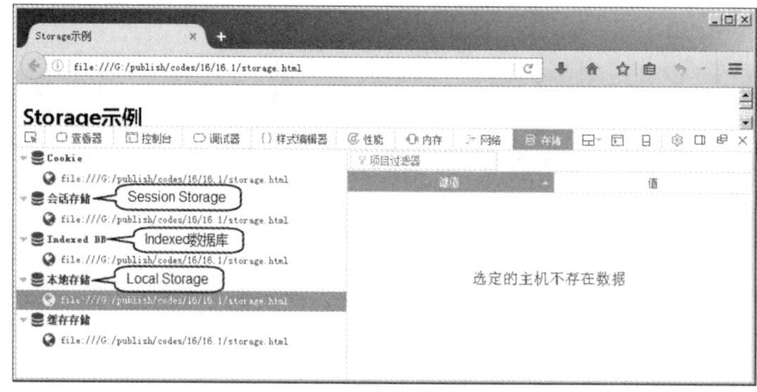

图 16.1 浏览器的本地存储支持

Web Storage 目前已经得到了 Firefox、Opera、Chrome、Safari 各主流浏览器的支持，开发者完全可以放心地使用这个功能。

16.1.1 Storage 接口

从图 16.1 中可以看出，Web Storage 又可分为如下两种。

- Session Storage：基于 Session 的 Web Storage。Session Storage 保存的数据生存期限与

用户 Session 期限相同，用户 Session 结束时，Session Storage 保存的数据也就丢失了。

提示： 用户 Session 期限指的是从用户第一次访问某网站开始，到用户关闭浏览器、离开该网站的这段时间。

- Local Storage：保存在用户磁盘的 Web Storage。通过 Local Storage 保存的数据生存期限很长，除非用户或程序显式地清除这些数据，否则这些数据将会一直存在。

window 对象里提供了 sessionStorage、localStorage 两个属性，这两个属性分别代表了 Session Storage 和 Local Storage。Session Storage 和 Local Storage 都是 Storage 接口的实例，因此它们的功能和用法几乎是相同的，只是它们保存数据的生存期限不同而已。

W3C 组织为 Storage 制订的接口定义如下：

```
interface Storage
{
    readonly attribute unsigned long length;
    DOMString? key(unsigned long index);
    getter DOMString getItem(DOMString key);
    setter creator void setItem(DOMString key, DOMString value);
    deleter void removeItem(DOMString key);
    void clear();
};
```

从上面接口定义可以看出，Storage 提供了如下属性和方法。

- length：该属性返回该 Storage 里保存了多少组 key-value 对。
- key(index)：该方法返回该 Storage 中第 index 个 key。
- getItem(key)：该方法返回该 Storage 中指定 key 对应的 value。
- set(key, value)：该方法用于向该 Storage 存入指定的 key-value 对。
- removeItem(key)：该方法用于从该 Storage 删除指定 key 对应的 key-value 对。
- clear()：该方法用于删除该 Storage 中所有的 key-value 对。

从上面介绍可以看出，Session Storage、Local Storage 添加 key-value 的代码为：

```
// 添加 key-value 对
storage.setItem("myname","crazyit.org");
```

由于 JavaScript 语言的特征，也可使用下标方式来添加。下面代码与上面代码的作用完全相同。

```
// 添加 key-value 对
storage["myname"] = "crazyit.org";
```

Session Storage、Local Storage 根据 key 来读取 value 的代码为：

```
// 读取 myname 对应的 value
var name = storage.getItem("myname");
```

当然，也可使用下标方式来访问，例如如下代码：

```
// 读取 myname 对应的 value
var name = storage["myname"];
```

如果希望遍历 Session Storage、Local Storage 里所有的 key-value 对，则可通过如下代码来完成：

```
for(var i=0 ; i < storage.length ; i++)
{
    // key(i)获得相应的 key，再用 getItem()方法获得对应的 value
```

```
    document.write(storage.key(i)+ "-->" + storage.getItem(storage.key(i)) +
"<br/>");
}
```

如果改为使用下标方式，上面循环也可改为如下形式：

```
for(var i=0 ; i < storage.length ; i++)
{
    // key(i)获得相应的 key，再用 getItem()方法获得对应的 value
    document.write(storage.key(i)+ "-->" + storage[storage.key(i)] + "<br/>");
}
```

16.1.2 使用 Storage 存储、读取数据

下面页面示范了如何使用 Storage 来存储、读取数据。

程序清单：codes\16\16.1\storage.html

```
<body>
    <h2> Storage 示例</h2>
    <input type="text" id="input"/>
    <!-- 定义是否用 Local Storage 保存数据的复选框 -->
    使用 Local Storage 保存：<input type="checkbox" id="local"/>
    <div id="show"></div>
    <input type="button" value="保存数据"
        onclick="saveStorage('input');"/>
    <input type="button" value="读取数据"
        onclick="loadStorage('show');"/>
    <script type="text/javascript">
        var saveStorage = function(id)
        {
            // 如果勾选了复选框，则使用 Local Storage 保存数据
            // 否则使用 Session Storage 保存数据
            var checked = document.querySelector("#local").checked;
            var storage = checked ? localStorage : sessionStorage;
            var target = document.getElementById(id);
            storage["message"] = target.value;
        }
        var loadStorage = function(id)
        {
            // 如果勾选了复选框，则使用 Local Storage 保存数据
            // 否则使用 Session Storage 保存数据
            var checked = document.querySelector("#local").checked;
            var storage = checked ? localStorage : sessionStorage;
            var target = document.getElementById(id);
            // 读取数据
            target.innerHTML = storage["message"];
        }
    </script>
</body>
```

上面页面代码先根据用户是否勾选了复选框来判断是使用 Local Storage 还是使用 Session Storage。页面代码中的粗体字代码就是使用 Storage 保存、读取数据的关键代码。

在浏览器中浏览该页面，如果不勾选页面上的复选框保存数据，数据将会被保存到 Session Storage 中，在浏览器的调试界面中可以看到如图 16.2 所示的界面。

在浏览器中浏览该页面，如果勾选页面上的复选框保存数据，数据将会被保存到 Local Storage 中，在浏览器的调试界面中可以看到如图 16.3 所示的界面。

图 16.2　把数据保存到 Session Storage 中

图 16.3　把数据保存到 Local Storage 中

单击“读取数据”按钮，如果用户没有勾选“使用 Local Storage 保存”复选框，浏览器将会从 Session Storage 里读取数据——如果用户关闭过浏览器，将无法读到数据；如果用户勾选了“使用 Local Storage 保存”复选框，浏览器将会从 Local Storage 里读取数据——即使用户关闭过浏览器，依然可以读到数据。读取数据后看到的界面如图 16.4 所示。

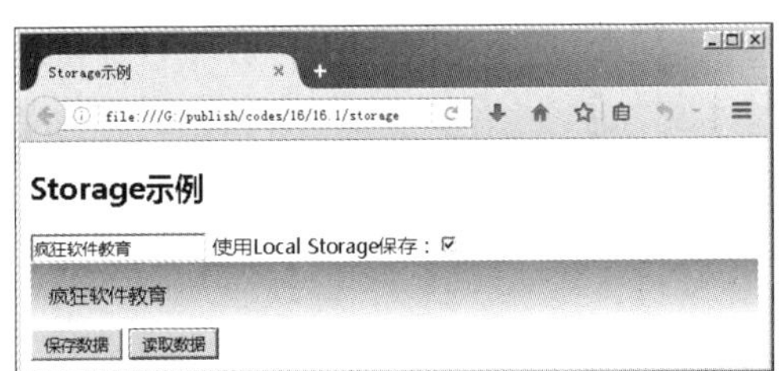

图 16.4　从 Local Storage 中读取数据

16.1.3　基于 Web Storage 的记事本

使用 Local Storage 的存储机制，可以把用户添加的记事信息存储在 Local Storage 里，只要用户不主动删除其发布的记事信息，Local Storage 将会永久保存这些记事信息。

下面页面代码实现了一个基于 Web Storage 的客户端记事本。

程序清单：codes\16\16.1\message.html

```
<body>
    <h2>客户端记事本</h2>
    <textarea id="msg" name="msg" cols="50" rows="8"></textarea><br/>
    <input type="button" value="添加事件" onclick="addMsg();"/>
    <input type="button" value="清除事件" onclick="clearMsg();"/>
```

```
    <hr/>
    <table style="width:600px">
        <tr>
            <th>事件</th>
            <th>添加时间</th>
        </tr>
        <tbody id="show"></tbody>
    </table>
    <script type="text/javascript">
        // 加载事件信息
        var loadMsg = function()
        {
            var tb = document.getElementById("show");
            // 清空原来显示的内容
            tb.innerHTML = "";
            // 遍历所有事件信息
            for(var i = 0 ; i < localStorage.length ; i++)
            {
                var key = localStorage.key(i);
                var date = new Date();
                date.setTime(key);
                // 获取添加时间
                var datestr = date.toLocaleDateString()
                    + " " + date.toLocaleTimeString();
                // 获取事件内容
                var value = localStorage[key];
                var row = tb.insertRow(i);
                // 添加第一个单元格，并显示事件内容
                row.insertCell(0).innerHTML = value;
                // 添加第二个单元格，并显示添加时间
                row.insertCell(1).innerHTML = datestr;
            }
        }
        var addMsg = function()
        {
            var msgElement = document.getElementById("msg");
            var time = new Date().getTime();
            // 以当前时间为key来保存事件信息
            localStorage[time] = msgElement.value;
            msgElement.value = "";
            alert("数据已保存。");
            loadMsg();
        }
        function clearMsg()
        {
            // 清空Local Storage里保存的数据
            localStorage.clear();
            alert("全部事件信息已被清除。");
            loadMsg();
        }
        window.onload = loadMsg();
    </script>
</body>
```

上面页面代码中示范了Storage的几个最常用方法的功能，包括向Storage中添加key-value对，根据key从Storage中获取value，清除所有key-value对。

在浏览器中浏览该页面，用户可以向该客户端记事本上添加事件。即使用户关闭过浏览器，当再次打开该页面时，依然可以看到上次添加的事件信息。记事本的运行效果如图16.5所示。

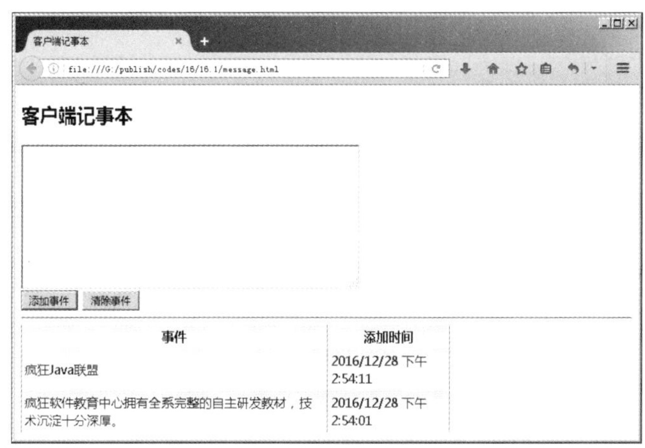

图 16.5 客户端记事本

16.1.4 存储结构化数据

正如前面所看到的，使用 Storage 保存 key-value 对时，key、value 都只能是字符串，这对于简单数据来说已经足够了。但如果需要保存更复杂的数据，比如保存类似于表记录的数据，那该怎么办呢？

为了解决结构化数据存储的问题，W3C 组织本来制订了 Web SQL Database 规范，允许开发者直接在客户端 JavaScript 中通过 JavaScript 访问、操作本地数据库（关于 Web SQL Database 规范，可以参考 http://www.w3.org/TR/2010/NOTE-webdatabase-20101118/页面）。但这个规范现在已经被 WAWG（Web Applications Working Group）废弃了，不再推荐使用。

结合前面介绍过的 JSON 知识，可以考虑按如下步骤来存储结构化数据。

1. 把结构化数据封装成 JSON 对象。
2. 把 JSON 对象转换为字符串后再进行保存。

读取数据时则可按如下步骤进行。

1. 读取 JSON 格式的字符串。
2. 把 JSON 格式的字符串转换为 JSON 对象。
3. 通过 JSON 对象的属性来提取数据。

提示：

为了存储复杂的结构化数据，开发者也可利用下一节介绍的 Indexed 数据库 API。

下面开发了一个更复杂的记事本，这个记事本不仅允许用户添加普通的事件信息，还允许用户添加事件标题、添加人等信息。页面代码如下。

程序清单：codes\16\16.1\complexMsg.html

```
<body>
    <h2>客户端记事本</h2>
    标题：<input id="title" name="title" type="text" size="60"/><br/>
    事件信息：<textarea id="content" name="content" cols="50" rows="8"></textarea><br/>
    添加人：<input id="user" name="user" type="text"/><br/>
    <input type="button" value="添加事件" onclick="addMsg();"/>
    <input type="button" value="清除事件" onclick="clearMsg();"/>
    <hr/>
    <table style="width:800px">
```

```
        <tr>
            <th>标题</th>
            <th>事件内容</th>
            <th>添加人</th>
            <th>添加时间</th>
        </tr>
        <tbody id="show"></tbody>
    </table>
    <script type="text/javascript">
        // 加载事件信息
        var loadMsg = function()
        {
            var tb = document.getElementById("show");
            // 清空原来显示的内容
            tb.innerHTML = "";
            // 遍历所有事件信息
            for(var i = 0, j = 0 ; i < localStorage.length ; i++)
            {
                var key = localStorage.key(i);
                // 如果 key 以_fk 开头
                if (key.indexOf('_fk') == 0)
                {
                    var date = new Date();
                    // 去掉 key 前面的_fk 前缀才能作为时间
                    date.setTime(key.substring(3));
                    // 获取添加时间
                    var datestr = date.toLocaleDateString()
                        + " " + date.toLocaleTimeString();
                    // 获取事件内容字符串
                    var msgStr = localStorage[key];
                    // 把事件内容字符串转换成 JavaScript 对象
                    var msg = JSON.parse(msgStr);
                    var row = tb.insertRow(j++);
                    // 添加第一个单元格，并显示标题
                    row.insertCell(0).innerHTML = msg.title;
                    // 添加第二个单元格，并显示事件内容
                    row.insertCell(1).innerHTML = msg.content;
                    // 添加第三个单元格，并显示添加人
                    row.insertCell(2).innerHTML = msg.user;
                    // 添加第四个单元格，并显示添加事件
                    row.insertCell(3).innerHTML = datestr;
                }
            }
        }
        var addMsg = function()
        {
            var titleElement = document.getElementById("title");
            var contentElement = document.getElementById("content");
            var userElement = document.getElementById("user");
            // 将标题、事件内容、添加用户封装成对象
            var msg = {
                title: titleElement.value,
                content: contentElement.value,
                user: userElement.value
            }
            var time = new Date().getTime();
            // 以当前时间（加_fk 前缀）为 key 来保存事件信息
            localStorage['_fk' + time] = JSON.stringify(msg);
            titleElement.value = "";
            contentElement.value = "";
            userElement.value = "";
            alert("数据已保存。");
```

```
            loadMsg();
        }
        function clearMsg()
        {
            // 清空 Local Storage 里保存的数据
            localStorage.clear();
            alert("全部事件信息已被清除。");
            loadMsg();
        }
        window.onload = loadMsg();
    </script>
</body>
```

上面页面代码中的粗体字代码就是保存结构化数据的关键代码。当需要保存结构化数据时，程序使用 JSON 对象的 stringify()方法把 JavaScript 对象转换为 JSON 字符串，以方便 Storage 对象保存这个字符串；读取结构化数据时，程序使用 JSON 对象的 parse()方法把 JSON 字符串恢复成 JavaScript 对象，然后从该对象中提取数据即可。

在浏览器中浏览该页面，可以看到如图 16.6 所示的界面。

图 16.6　保存结构化数据

此时如果打开浏览器的调试窗口，可以看到在 Local Storage 中保存的数据，如图 16.7 所示。

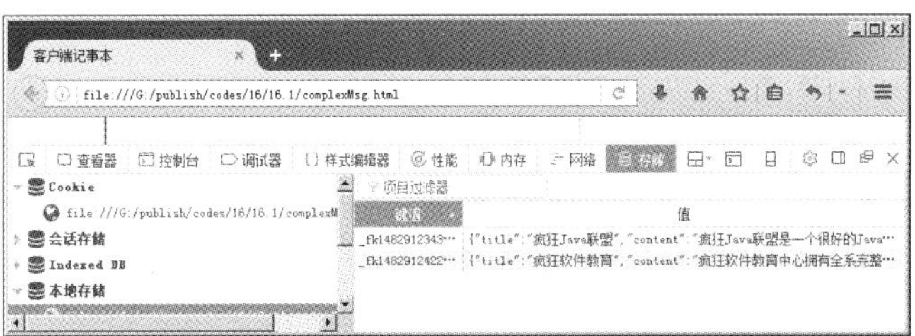

图 16.7　保存结构化数据（在 Local Storage 中）

从图 16.7 可以看出，Local Storage 所保存的依然是字符串，只是这个字符串符合 JSON 格式，因此可用于存储结构化数据。

16.1.5　监听存储事件

当程序向 Session Storage 或 Local Storage 中存入数据时，window 对象会触发 storage 事件，因此程序监听 window 的 storage 事件，即可实时检测是否有页面正在访问 Session Storage 或

Local Storage。

storage 事件对象包含如下几个属性。

- key：该属性值代表 Session Storage 或 Local Storage 中被修改的 key。
- oldValue：该属性值代表被修改之前的属性值；如果程序是向 Storage 中添加新值，该属性值返回 null。
- newValue：该属性值代表被修改之后的属性值；如果程序是删除 Storage 中已有的值，该属性值返回 null。
- url：该属性返回修改 Storage 的页面 URL。
- storageArea：该属性返回发生改变的 Session Storage 或 Local Storage 对象。

下面定义了一个页面用于向 Local Storage 存入信息，页面代码如下。

程序清单：codes\16\16.1\listener\modify.html

```
<!DOCTYPE html>
<html>
<head>
    <meta http-equiv="Content-Type" content="text/html; charset=utf-8" />
    <title> 添加 storage 属性 </title>
</head>
<body>
<input type="text" id="val"/><button
onclick="localStorage['a']=document.querySelector('#val').value;">修改</button>
<div id="show"></div>
</body>
</html>
```

从上面粗体字代码可以看出，如果用户单击页面上的“修改”按钮，该按钮对应的事件处理代码将会把用户输入的内容保存到 Local Storage 中。

另一个页面会监听 window 的 storage 事件，只要有人操作 Local Storage 或 Session Storage 内的数据，storage 事件对应的监听器就会被触发。下面是监听页面的代码。

程序清单：codes\16\16.1\listener\listener.html

```
<!DOCTYPE html>
<html>
<head>
    <meta http-equiv="Content-Type" content="text/html; charset=utf-8" />
    <title> 监听存储事件 </title>
    <script type="text/javascript">
    window.onstorage = function(event){
        var str = "被修改的 key 为：" + event.key;
        var str = str + "<br>被修改之前的值：" + event.oldValue;
        var str = str + "<br>被修改之后的值：" + event.newValue;
        var str = str + "<br>修改 Storage 的页面：" + event.url;
        var str = str + "<br>被修改的 Storage 为：" + event.storageArea;
        document.querySelector("#show").innerHTML = str;
    };
    </script>
</head>
<body>
<div id="show"></div>
</body>
</html>
```

上面程序中粗体字代码为 window 的 storage 事件绑定了事件处理函数，在事件处理函数中依次获取了 storage 事件的 key、oldValue、newValue、url 和 storageArea 属性。

监听 storage 事件时只能监听同一个域（同一个网站）内其他网页的 Storage 操作，不能去监听其他网站的网页所做的修改。因此，此处需要将上面的 listener.html 和 modify.html 页面部署在同一个应用中才有效，本例已将它们放在 listener Web 应用中，读者只要将 listener 应用部署到 Java Web 服务器（如 Tomcat）中即可。

使用浏览器浏览 listener.html 页面，将看到页面显示一片空白；然后使用浏览器浏览 modify.html 页面，在页面中的文本框内输入任何内容，单击"修改"按钮，即可看到 listener.html 页面上显示如图 16.8 所示的效果。

图 16.8　监听 Storage 的数据改变

16.2　Indexed 数据库 API

前面介绍的 Web Storage 主要用于存储 key-value 对，但 Web Storage 没有提供 key 检索、对 value 的高效搜索等功能。为了解决这个问题，HTML 5 规范新增了 Indexed 数据库 API，这是一种 NoSQL 数据库 API，它允许开发者在客户端存储结构化数据，而且提供高效的数据检索功能。

Indexed 数据库 API 规范地址是 https://www.w3.org/TR/2015/REC-IndexedDB-20150108/，目前该规范即将推出 2.0 版本。但由于目前 2.0 版本还未正式发布，因此本书介绍的内容依然以 1.0 规范为主。

16.2.1　使用 IDBFactory 打开数据库

HTML 5 要求浏览器内置一个 indexedDB 对象，但千万不要被该对象的名字给欺骗了，该对象并不是数据库对象，该对象实际上是一个 IDBFactory 对象。该对象包含如下方法。

- open(name[, version])：打开并连接名为 name 的数据库，第二个参数 version 指定打开数据库的版本，如果没有传入该参数，默认版本是 1。调用该方法会立即返回一个 IDBOpenDBRequest 对象，但该方法实际上会以异步方式打开数据库连接。如果数据库打开成功，会触发 IDBOpenDBRequest 对象的 success 事件；如果数据库打开失败，会触发 IDBOpenDBRequest 对象的 error 事件。
- deleteDatabase(name)：删除名为 name 的数据库。调用该方法会立即返回 IDBOpenDBRequest 对象，但该方法实际上会以异步方式删除数据库。如果数据库删除成功，会触发 IDBOpenDBRequest 对象的 success 事件；如果数据库删除失败，会触发 IDBOpenDBRequest 对象的 error 事件。

IDBOpenDBRequest 是 IDBRequest 的子接口，IDBRequest 提供了一个 result 属性，用于

获取数据库操作的结果。比如此处的IDBOpenDBRequest就代表打开数据库操作，因此result属性就返回被打开的数据库。

调用IDBFactory的open()方法打开数据库时，如果数据库存在，则直接打开已有的数据库；如果数据库不存在，则会创建新的数据库。

例如，如下页面代码示范了打开本地的Indexed数据库。

程序清单：codes\16\16.2\open.html

```
<!DOCTYPE html>
<html>
<head>
    <meta http-equiv="Content-Type" content="text/html; charset=utf-8" />
    <title> 打开数据库 </title>
    <script type="text/javascript">
        function openDb()
        {
            var dbName = "fkDb";
            // 打开数据库连接
            var request = indexedDB.open(dbName);
            request.onsuccess = function(event)
            {
                // request 的 result 属性代表被打开的数据库
                alert("数据库打开成功:" + request.result);
            }
            request.onerror = function(event)
            {
                alert("数据库打开失败!");
            }
        }
    </script>
</head>
<body>
<button onclick="openDb();">打开数据库</button>
</body>
</html>
```

上面页面代码中第一行粗体字代码调用indexedDb对象的open()方法打开数据库，该方法返回IDBOpenDBRequest对象，数据库打开成功就会触发该对象的onsuccess事件处理函数；数据库打开失败就会触发该对象的onerror事件处理函数。

在浏览器中浏览该页面，并单击页面上的“打开数据库”按钮，即可看到页面弹出如图16.9所示的提示框。

图16.9　数据库打开成功

从图16.9可以看出，数据库打开成功后，IDBOpenDBRequest对象的onsuccess事件处理函数被触发，该对象的request属性返回刚打开的Indexed数据库，该数据库由IDBDatabase对象代表。

如果按下“Ctrl+Shift+I”快捷键打开浏览器的调试界面，可以看到浏览器在本地保存了刚刚创建的 Indexed 数据库，如图 16.10 所示。

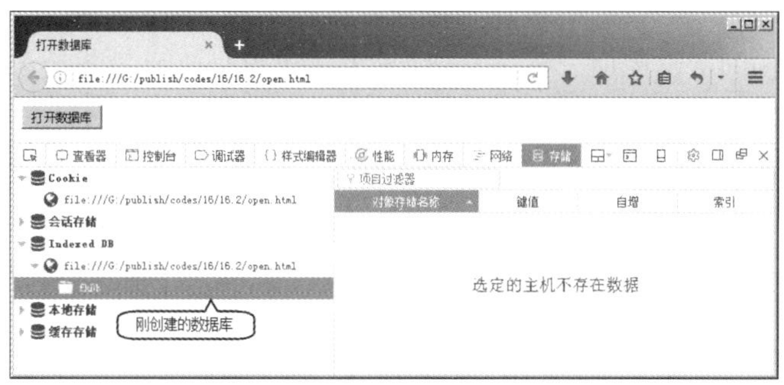

图 16.10 刚刚创建的数据库

正如从图 16.10 所看到的，此时浏览器的 Indexed DB 下多了一个 fkDb 数据库，但该数据库下还没有任何数据。

16.2.2 使用 IDBDatabase 创建对象存储和索引

打开数据库连接之后会获得 IDBDatabase 对象，该对象代表 Indexed 数据库。IDBDatabase 提供了如下属性。

- name：该只读属性返回数据库的名称。
- version：该只读属性返回数据库的版本。该版本就是前面打开数据库时传入的第二个参数。
- objectStoreNames：该只读属性返回数据库所包含的所有对象存储名组成的集合。

此外，IDBDatabase 还提供了如下方法。

- close()：关闭数据库。
- createObjectStore(name, options)：为数据库创建新的对象存储（Object Store）。
- deleteObjectStore(name)：删除数据库中已有的对象存储。
- transaction(storeNames, mode)：开启事务，该方法返回 IDBTransaction 对象。

Indexed 数据库需要使用对象存储来保存数据，如果数据库中没有对象存储，那么意味着还不能存储数据。Indexed 数据库中的对象存储对应于关系数据库的表。关系数据库中的概念与 Indexed 数据库中的概念有如表 16.1 所示的对应关系。

表 16.1 关系数据库与 Indexed 数据库的对应关系

关系数据库	Indexed 数据库
表	对象存储
行	对象
列	属性
主键	主键
索引	索引

为了在 Indexed 数据库中保存数据，必须先创建对象存储，并为对象存储创建主键、索引等。那么应该何时创建对象存储呢？

IDBOpenDBRequest 除了提供 onsuccess 和 onerror 事件之外，还提供了 onupgradeneeded 事件，当打开数据库的版本升级时会触发该事件处理函数。当程序调用 IDBFactory 的 open() 方法打开数据库时可指定一个 version 参数，该参数就决定了所使用的数据库的版本——也就是说，数据库的版本是由程序员控制的。只要调用 open()方法时指定的版本号高于之前指定的版本号，系统就会自动触发 onupgradeneeded 事件处理函数。此外，调用 IDBFactory 的 open()方法打开一个不存在的数据库时，onupgradeneeded 事件处理函数也会被触发。由此可见，onupgradeneeded 事件处理函数正好适合创建对象存储、主键和索引。

另外，如果要创建的对象存储已经存在，在 Firefox 浏览器中会导致错误。因此程序在创建对象存储之前，应该先判断该对象存储是否存在，如果存在则应该先删除该对象存储。

一旦对象存储创建成功，就会得到一个 IDBObjectStore，该对象提供了如下两个方法来创建索引和删除索引。

- createIndex(objectIndexName, objectKeypath, options)：为该对象存储创建索引。该方法的第一个参数是索引名，第二个参数指定对哪个属性建立索引，第三个参数指定创建索引的选项。第三个参数是可选的。
- deleteIndex(indexName)：删除对象存储中已有的索引。

下面页面代码示范了如何创建对象存储、主键和索引。

程序清单：codes\16\16.2\createObjectStore.html

```
<!DOCTYPE html>
<html>
<head>
    <meta http-equiv="Content-Type" content="text/html; charset=utf-8" />
    <title> 创建 Object Store </title>
    <script type="text/javascript">
        function openDb()
        {
            var dbName = "fkDb";
            // 打开数据库连接
            var request = indexedDB.open(dbName, 5);
            var idb;
            request.onsuccess = function(event)
            {
                idb = request.result;
                // request 的 result 属性代表被打开的数据库
                alert("数据库打开成功:" + idb);
            }
            request.onerror = function(event)
            {
                alert("数据库打开失败!");
            }
            request.onupgradeneeded = function(event)
            {
                idb = request.result;
                // 定义对象存储的名称
                var storeName = "books";
                // 如果要创建的对象存储已经存在，就先删除它
                if (idb.objectStoreNames.contains(storeName))
                {
                    idb.deleteObjectStore(storeName);  // ①
                }
                // 定义创建对象存储的选项
                var opt = {
                    // 指定主键
                    keyPath: "isbn",
                    // 关闭主键的自增长
                    autoIncrement: false
                };
                // 创建对象存储
```

```
                var store = idb.createObjectStore(storeName, opt);  // ②
                // 对 name 属性创建唯一索引
                store.createIndex("by_name", "name", {unique: true});
                // 对 content 属性创建索引
                store.createIndex("by_content", "content");
                // 对 author 属性创建索引
                store.createIndex("by_author", "author");
                // 对 price 属性创建索引
                store.createIndex("by_price", "price");
            }
        }
    </script>
</head>
<body>
<button onclick="openDb();">创建 Object Store</button>
</body>
</html>
```

上面代码中①号粗体字代码就是先判断当前是否已存在名为 books 的对象存储，如果存在，①号粗体字代码会删除该对象存储。

接下来程序中②号粗体字代码在数据库中创建对象存储（相当于关系数据库的建表），创建对象存储时传入了如下参数：

```
{
    keyPath: "isbn",
    autoIncrement: false
};
```

其中，keyPath 参数为该对象存储创建主键，autoIncrement 参数指定该主键是否启用自增长——如果设置了主键的自增长，且添加数据记录时没有指定主键值，对象存储将会自动指定该主键值为现存的最大主键值+1。此处将 autoIncrement 指定为 false，表示关闭自增长，这意味着添加数据记录时需要显式指定主键值。

对象存储保存的数据以对象的形式存在，每个对象相当于关系数据库的一条记录，而主键值则作为该对象（相当于记录）的唯一标识。

②号粗体字代码之后的粗体字代码都用于创建索引，创建索引时的第一个参数指定索引名，第二个参数指定针对对象的哪个属性创建索引，第三个参数指定创建索引的选项。该选项支持如下两个属性值。

- unique：指定该索引是否为唯一索引。
- multiEntry：指定该索引是否支持多个值。

很多时候，JavaScript 对象的属性值并不是简单的值，而是一个数组，比如如下图书对象：

```
{
    isbn: "1333",
    name: "test",
    authors: ["abc", "xyz']
}
```

此时该对象的 authors 属性是一个数组，当程序针对 authors 属性创建索引时，multiEntry 选项即可派上用场了——如果将 multiEntry 设置为 true，表明该索引可能会有多个值，因此程序会将"abc"、"xyz"两个值都添加到索引中；如果将 multiEntry 设置为 false，表明该索引不支持多个值，因此程序会将["abc","xyz"]整体添加到索引中。

最后造成的结果是，如果将 multiEntry 设置为 true，那么索引库中为该对象的 authors 属性保存了"abc"、"xyz"两个值，因此无论使用哪个值都能检索到这个对象；但如果将 multiEntry 设置为 false，那么索引库中为该对象的 authors 属性只保存了["abc","xyz"]整体，因此只有用该数组整体才能检索到这个对象。

使用浏览器运行上面的页面，并单击页面上的按钮，即可看到系统创建对象存储成功，并且为该对象存储创建了主键和索引。打开浏览器的开发界面，可以看到如图16.11所示的效果。

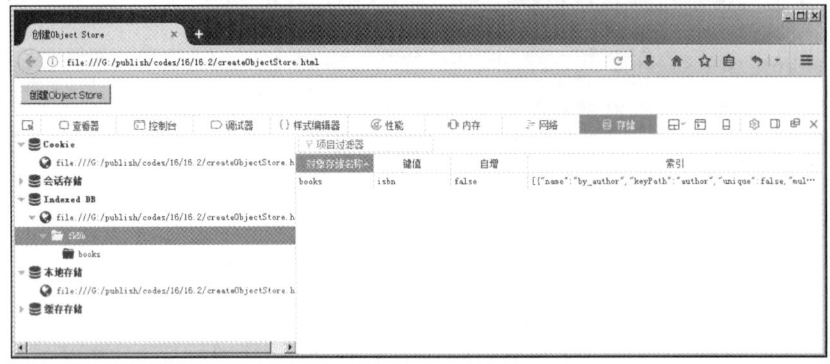

图16.11　创建对象存储

16.2.3　使用IDBTransaction（事务）

创建对象存储成功之后，接下来就要开始数据库操作了。Indexed数据库的所有数据操作都需要在事务内进行，Indexed数据库事务可分为如下3种。

- **版本更新事务**：该事务专门用于更新数据库的版本。
- **只读事务**：该事务只能用于读取数据。
- **读写事务**：该事务可读取数据，也可修改数据。

前面介绍的创建对象存储、索引等操作都是在onupgradeneeded事件处理方法中完成的，onupgradeneeded事件会触发并开启一个版本更新的事务。而onupgradeneeded事件处理方法就是版本更新事务的回调函数。

如果要对对象存储执行数据操作，则需要开启只读事务或读写事务。IDBDatabase提供了transaction(storeNames, mode)方法来开启事务。该方法的第一个参数表示该事务要操作的一个或多个对象存储，第二个参数则代表事务模式。第二个参数可接受如下参数值。

- readonly：打开只读事务。
- readwrite：打开读写事务。

例如，如下代码用于打开对books对象存储的只读事务。

```
// idb为已经打开的数据库
var tx = idb.transaction("books", "readonly");
```

如下代码用于打开对books和users两个对象存储的只读事务。

```
// idb为已经打开的数据库
var tx = idb.transaction(["books", "users"], "readonly");
```

如下代码用于打开对books和users两个对象存储的读写事务。

```
// idb为已经打开的数据库
var tx = idb.transaction(["books", "users"], "readwrite");
```

如下代码用于打开对所有对象存储的只读事务：

```
// idb为已经打开的数据库
var tx = idb.transaction(idb.objectStoreNames, "readonly");
```

上面代码中objectStoreNames属性返回指定数据库内所有的对象存储。

可能有人出于简单考虑，会使用如下代码来开启事务：

```
// idb 为已经打开的数据库
var tx = idb.transaction(idb.objectStoreNames, "readwrite");
```

上面代码打开了对所有对象存储的读写事务，这样一来，程序就可对任何对象存储执行任何数据库操作了。但这样打开事务非常不好，因为打开事务实际上意味着对底层数据的锁定，如果程序只是为了访问某个对象存储的数据就把整个数据库内所有对象存储都锁定，则会造成非常严重的性能下降。

一般来说，使用 Indexed 数据库开启事务时，范围应该尽量小，权限应该尽量小——程序要访问哪些对象存储的数据，就只对哪些对象存储开启事务；如果只是读取数据，就不要开启读写事务，开启只读事务即可。

与关系数据库不同的是，Indexed 数据库 API 只提供了开启事务的方法，并没有提供提交事务的方法，因此 Indexed 数据库 API 要求将打开事务的 transaction()方法写在函数内，这样该事务将会随着函数的结束而自动提交（commit）。

IDBTransaction 虽然没有提供提交事务的方法，但它提供了事务回滚的方法：abort()，这意味着程序可以在任意需要的时候调用 abort()方法来回滚事务。例如如下代码模板：

```
try
{
    var tx = idb.transaction(["books", "users"], "readwrite");
    // 执行数据库操作
    ...
}
catch(e)
{
    tx.abort(); // 回滚事务
}
```

另外，如果程序需要在事务提交或事务回滚时执行某些特定的操作，则可通过为 IDBTransaction 设置如下两个事件处理函数来实现。

- oncomplete：事务完成时触发该事件处理函数。
- onabort：事务回滚时触发该事件处理函数。

例如如下代码片段：

```
var tx = idb.transaction(["books", "users"], "readwrite");
tx.oncomplete = function(e) {
    // 接下来写事务完成时的处理代码
    ...
}
tx.onabort = function(e) {
    // 接下来写事务回滚时的处理代码
    ...
}

// 执行数据库操作
...
```

16.2.4 使用 IDBObjectStore 执行 CRUD 操作

开启事务之后，接下来即可利用 IDBObjectStore 对本对象存储内的数据执行 CRUD 操作了。它提供了如下方法来执行 CRUD 操作。

- add(object[, optionalKey])：添加对象。
- put(myItem[, optionalKey])：添加对象，如果添加的对象已经存在，则修改已有的对象。

- get(key)：根据 key 获取指定的对象。
- getAll(key 或 keyRange, count)：获取符合条件的全部数据。其中两个参数都可以省略。如果指定了第一个参数，则只获取指定 key 对应的数据；如果指定了 count 参数，则只获取指定数量的记录。
- getAllKeys(key 或 keyRange, count)：获取符合条件的全部 key。其中两个参数都可以省略。如果指定了第一个参数，则只获取指定 key 对应的数据；如果指定了 count 参数，则只获取指定数量的记录。
- objectStore.delete(key 或 keyRange)：删除指定 key 或 key 范围。
- clear()：删除该对象存储中的所有对象。

在调用上面这些方法之前，需要先打开事务，然后执行 CRUD 操作。程序在调用 IDBObjectStore 的以上方法时都会立即返回一个 IDBRequest 对象，程序实际上会用另一条线程异步操作底层数据库，如果要检测 CRUD 是否操作成功，则需要为 IDBRequest 的 onsuccess 事件或 onerror 事件绑定事件处理函数。

下面页面代码将会示范如何对 Indexed 数据库执行 CRUD 操作。该页面的初始界面如图 16.12 所示。

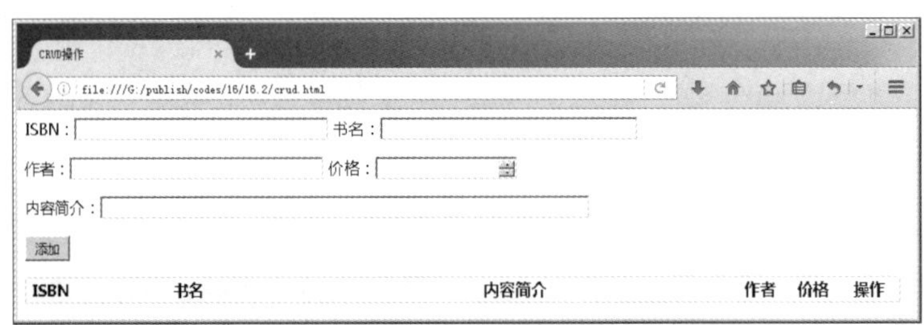

图 16.12 Indexed 数据库的 CRUD 界面

图 16.12 所示界面上方的各文本框用于输入图书信息，用户输入完信息之后，单击“添加”按钮即可完成图书的添加。

程序清单：codes\16\16.2\crud.html

```
<!DOCTYPE html>
<html>
<head>
    <meta http-equiv="Content-Type" content="text/html; charset=utf-8" />
    <title> CRUD 操作</title>
    <style type="text/css">
        /* 设置表格的样式 */
        table{
            width: 900px;
            border: 1px solid lightgrey;
            border-collapse: collapse;
            vertical-align: top;
        }
        /* 设置单元格的样式 */
        td{
            padding: 5px;
            border: 1px solid lightgrey;
        }
        /* 设置表格行的背景色 */
        tr{
            background: linear-gradient(to right, #f6f6f6, #fff);
        }
        /* 设置鼠标悬停时表格行的背景色 */
```

```
        tr:hover{
            background: linear-gradient(to right, #eee, #f6f6f6);
        }
    </style>
</head>
<body>
<form id="bookForm">
ISBN：<input id="isbn" name="isbn" type="text" size="40"/>
书名：<input id="name" name="name" type="text" size="40"/><p>
作者：<input id="author" name="author" type="text" size="40"/>
价格：<input id="price" name="price" type="number" min="10" max="200" step="0.1"/>
<p>
内容简介：<input id="content" name="content" type="text" size="80"/><p>
<button onclick="add();" type="button">添加</button>
</form>
<table>
<tr>
    <th width="6%">ISBN</th><th>书名</th><th>内容简介</th>
    <th width="6%">作者</th><th  width="6%">价格</th><th width="7%">操作</th>
</tr>
<tbody id="bookTb">
</tbody>
</table>
</body>
</html>
```

从上面粗体字代码可以看出，当用户单击“添加”按钮时，程序将会触发 add()函数，因此接下来需要在上面页面上添加<script.../>元素，并在该元素中定义 add()函数。下面是 add()函数的代码。

```
    <script type="text/javascript">
        function createDb(event)
        {
            idb = event.target.result;
            // 定义对象存储的名称
            var storeName = "books";
            // 如果要创建的对象存储已经存在，就先删除它
            if (idb.objectStoreNames.contains(storeName))
            {
                idb.deleteObjectStore(storeName);  // ①
            }
            // 定义创建对象存储的选项
            var opt = {
                // 指定主键
                keyPath: "isbn",
                // 关闭主键的自增长
                autoIncrement: false
            };
            // 创建对象存储
            var store = idb.createObjectStore(storeName, opt);  // ②
            // 对 name 属性创建唯一索引
            store.createIndex("by_name", "name", {unique: true});
            // 对 content 属性创建索引
            store.createIndex("by_content", "content");
            // 对 author 属性创建索引
            store.createIndex("by_author", "author");
            // 对 price 属性创建索引
            store.createIndex("by_price", "price");
        }
        var dbName = "fkDb";
        var version = 2;
```

```
        function add()
        {
            // 打开数据库连接
            var request = indexedDB.open(dbName , version);
            var idb;
            request.onsuccess = function(event)
            {
                idb = request.result;
                // 打开针对books对象存储的读写事务
                var tx = idb.transaction("books", "readwrite");
                var booksStore = tx.objectStore("books");
                var book = {
                    isbn: document.querySelector("#isbn").value,
                    name: document.querySelector("#name").value,
                    content: document.querySelector("#content").value,
                    author: document.querySelector("#author").value,
                    price: parseFloat(document.querySelector("#price").value),
                }
                // 添加图书
                var objectStoreRequest = booksStore.add(book);
                // 为添加数据的请求绑定事件处理函数
                objectStoreRequest.onsuccess = function(event)
                {
                    alert("数据添加成功！");
                    // 重设表单内所有表单控件的值
                    document.querySelector("#bookForm").reset();
                };
            }
            request.onerror = function(event)
            {
                alert("数据库打开失败!");
            }
            request.onupgradeneeded = createDb;
        }
    </script>
```

上面程序中先定义了一个createDb()函数，该函数将作为onupgradeneeded事件处理函数，这意味着当数据库版本升级时，createDb()函数负责创建对象存储、主键和索引。

add()函数先调用IDBFactory的open()方法打开数据库连接，接下来程序为request对象的onsuccess事件绑定了事件处理函数——当数据库打开成功时将会触发该函数。该函数的第一行粗体字代码针对books对象存储打开了读写事务，第二行粗体字代码获取了books对象存储，接下来程序将用户输入的内容封装成JavaScript对象，第三行粗体字代码调用了IDBObjectStore的add()方法来添加对象，该方法立即返回IDBRequest对象，该方法将以异步方式执行数据操作。

为了检测IDBObjectStore的底层数据操作是否成功，程序为IDBRequest的onsuccess绑定了事件处理函数——当数据添加成功时，该事件处理函数会被触发。

使用浏览器浏览该页面，并在页面上添加图书信息后单击“添加”按钮，即可看到页面弹出提示信息。打开浏览器的调试界面，可以看到如图16.13所示的界面。

图16.13是Chrome的调试界面，Chrome的调试界面显示Indexed数据库时比Firefox更友好，调试界面的左边显示了该数据库内有一个books对象存储，该对象存储内包含了4个索引，分别是by_name、by_author、by_price和by_content。

调试时单击调试界面左边的books节点或任意一个索引节点，都可以在右边看到该对象存储内所有对象。

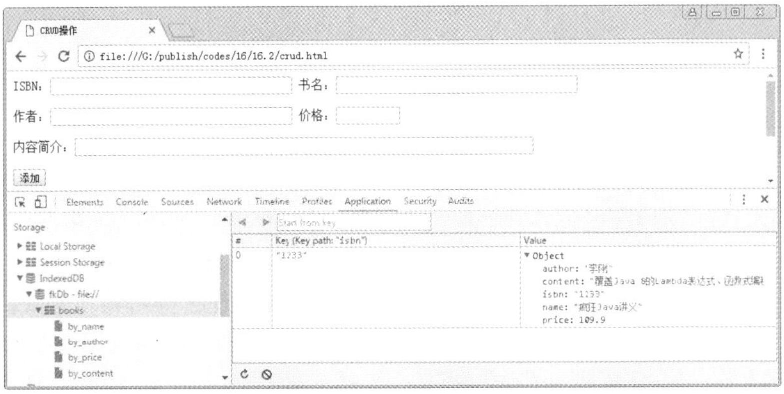

图 16.13 添加对象成功

该页面的下方是一个表格，页面加载时会自动加载并显示当前 Indexed 数据库中所有数据。因此，将会在<body.../>元素中添加 onload="list();"，这表明当页面加载完成时会自动触发 list()事件处理函数。list()事件处理函数则会调用 IDBObjectStore 的 get()方法来加载全部数据。下面是 list()函数的代码。

程序清单：codes\16\16.2\crud.html

```
function list()
{
    var dbName = "fkDb";
    // 打开数据库连接
    var request = indexedDB.open(dbName , version);
    var idb;
    request.onsuccess = function(event)
    {
        idb = request.result;
        // 打开针对 books 对象存储的只读事务
        var tx = idb.transaction("books", "readonly");
        var booksStore = tx.objectStore("books");
        // 获取全部图书
        var objectGetRequest = booksStore.getAll();
        // 为获取数据的请求绑定事件处理函数
        objectGetRequest.onsuccess = function(event)
        {
            // 获取页面上的 bookTb 元素
            var bookTb = document.querySelector("#bookTb");
            // 清空 bookTb 元素中原有的内容
            bookTb.innerHTML = "";
            // 获取查询得到的结果，该结果是一个数组
            var books = objectGetRequest.result;
            // 遍历结果数组，将数组中的对象添加到表格中
            for (var i = 0; i < books.length; i++ )
            {
                var row = bookTb.insertRow(i);
                var j = 0;
                for (var prop in books[i])
                {
                    var cell = row.insertCell(j++);
                    cell.innerHTML = books[i][prop];
                }
                var opCell = row.insertCell(5);
                opCell.innerHTML = "<button onclick='delBook(\"" +
                    books[i]['isbn'] + "\");'>删除</button>";
            }
        };
```

```
    }
    request.onerror = function(event)
    {
        alert("数据库打开失败!" + event);
    }
    request.onupgradeneeded = createDb;
}
```

上面 list()函数的第一行粗体字代码针对 books 对象存储打开了只读事务，第二行粗体字代码获取了 books 对象存储，第三行粗体字代码调用了 IDBObjectStore 的 getAll()方法获取该对象存储内所有对象，该方法立即返回 IDBRequest 对象，该方法将以异步方式执行数据操作。

为了检测 IDBObjectStore 的底层数据获取是否成功，程序为 IDBRequest 的 onsuccess 绑定了事件处理函数——当数据获取成功时，该事件处理函数会被触发。接下来程序通过 IDBRequest 的 result 属性即可得到所获取的全部数据，并通过 DOM 操作将所有数据显示在页面上。

页面加载时即可看到如图 16.14 所示的效果。

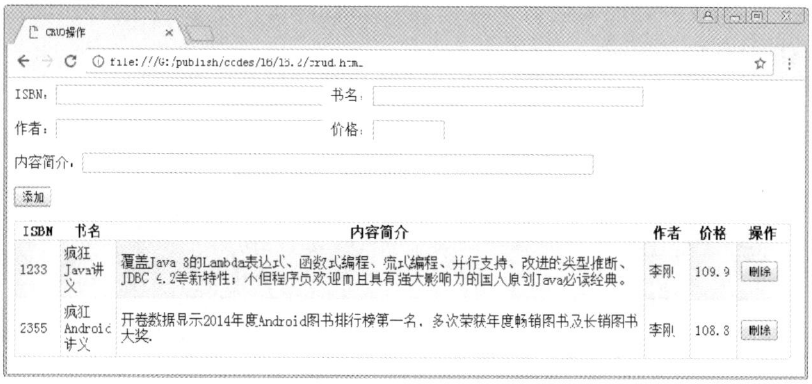

图 16.14　列出数据库内容

从图 16.14 可以看出，表格列表的最右边有一个“删除”按钮，用户单击该按钮将会触发 delBook()函数，调用该函数时会将当前图书的 ISBN 作为参数传入。因此，可以通过 IDBObjectStore 的 delete()方法来删除指定对象。

下面是 delBook()函数的代码。

程序清单：codes\16\16.2\crud.html

```
function delBook(key)
{
    var dbName = "fkDb";
    // 打开数据库连接
    var request = indexedDB.open(dbName , version);
    var idb;
    request.onsuccess = function(event)
    {
        idb = request.result;
        // 打开针对 books 对象存储的读写事务
        var tx = idb.transaction("books", "readwrite");
        var booksStore = tx.objectStore("books");
        // 删除指定图书
        var objectDeleteRequest = booksStore.delete(key);
        // 为删除数据的请求绑定事件处理函数
        objectDeleteRequest.onsuccess = function(event)
        {
            alert("图书删除成功! ");
```

```
            list();
        };
    }
    request.onerror = function(event)
    {
        alert("数据库打开失败!" + event);
    }
    request.onupgradeneeded = createDb;
}
```

上面 delBook()函数的第一行粗体字代码针对 books 对象存储打开了读写事务，第二行粗体字代码获取了 books 对象存储，第三行粗体字代码调用了 IDBObjectStore 的 delete()方法删除该对象存储内指定对象，该方法立即返回 IDBRequest 对象，该方法将以异步方式执行数据操作。

为了检测 IDBObjectStore 的底层数据删除是否成功，程序为 IDBRequest 的 onsuccess 绑定了事件处理函数——当数据删除成功时，该事件处理函数会被触发。

单击任何数据对应的“删除”按钮，即可看到这条数据被删除。

16.2.5　使用 IDBObjectStore 根据主键检索数据

IDBObjectStore 提供了如下方法来根据主键检索数据。

- getAll(keyRange, count)：获取符合条件的全部数据。其中两个参数都可以省略。如果指定了 keyRange 参数，则只获取主键位于 keyRange 范围的数据；如果指定了 count 参数，则只获取指定数量的记录。
- openCursor(keyRange, direction)：打开符合条件的数据对应游标。程序可通过遍历游标来获取数据。direction 参数用于指定游标的方向，该参数支持 next、nextunique、prev、prevunique 这 4 个属性值，该参数可以省略，如果省略该参数，默认值为 next。
- openKeyCursor(keyRange, direction)：该方法与前一个方法相似，只是该方法打开的游标只能获取数据的 key。
- count(keyRange)：统计符合条件的数据条数。

这些方法都涉及一个共同的参数：keyRange，该参数是一个 IDBKeyRange 对象，该对象代表了主键或索引值的范围。IDBKeyRange 提供了 bound()、lowerBound()、upperBound()、only()等类方法来创建 IDBKeyRange 对象。关于这些方法的解释如表 16.2 所示。

表 16.2　IDBKeyRange 的方法解释

IDBKeyRange 的方法	解释
IDBKeyRange.upperBound(x)	要求 keys <= x
IDBKeyRange.upperBound(x, true)	要求 keys < x
IDBKeyRange.lowerBound(x)	要求 keys >= x
IDBKeyRange.lowerBound(x, true)	要求 keys > x
IDBKeyRange.bound(x, y)	要求 keys >= x 且 keys <= y
IDBKeyRange.bound (x, y, true, true)	要求 keys > x 且 keys < y
IDBKeyRange.bound(x, y, true, false)	要求 keys > x 且 keys <= y
IDBKeyRange.bound(x, y, false, true)	要求 keys >= x 且 keys < y

提示：

IDBKeyRange 就相当于 SQL 查询 where 子句中的一个条件。

前面已经介绍了使用 getAll()来获取全部数据，如果使用 getAll()方法获取指定范围的数据，则只要传入一个 IDBKeyRange 参数即可。

下面将会在页面上增加一个查询功能，这个查询功能使用 IDBObjectStore 的 openCursor()方法来实现。使用代码在页面上增加两个文本框，用于输入主键的下限和上限，接下来程序就可根据用户输入来创建 IDBKeyRange，然后调用 openCursor()方法打开游标读取数据。

程序调用 openCursor()方法会立即返回一个 IDBRequest 对象，通过为该对象的 onsuccess 事件绑定处理函数即可判断打开游标是否成功，如果游标打开成功，IDBRequest 对象的 result 属性将会得到一个 IDBCursorWithValue 对象。

IDBCursorWithValue 对象的 value 属性即可获取该游标当前指向的对象；通过该游标取完数据之后，再次调用该游标的 continue()方法，该方法会将游标移动到下一个对象，并再次触发 IDBRequest 的 onsuccess 事件处理函数——通过这种方式即可将所有符合条件的数据取出来。

下面是本例使用的 query()函数代码。

程序清单：codes\16\16.2\keyQuery.html

```
function query()
{
    var dbName = "fkDb";
    // 打开数据库连接
    var request = indexedDB.open(dbName , version);
    var idb;
    request.onsuccess = function(event)
    {
        idb = request.result;
        // 打开针对 books 对象存储的只读事务
        var tx = idb.transaction("books", "readonly");
        var booksStore = tx.objectStore("books");
        // 使用用户输入的数据来创建 IDBKeyRange
        var range = IDBKeyRange.bound(
            document.querySelector("#isbnlower").value,
            document.querySelector("#isbnupper").value);
        // 获取符合条件的数据
        var objectQueryRequest = booksStore.openCursor(range);
        // 获取页面上的 bookTb 元素
        var bookTb = document.querySelector("#bookTb");
        // 清空 bookTb 元素中原有的内容
        bookTb.innerHTML = "";
        // 为查询数据的请求绑定事件处理函数
        objectQueryRequest.onsuccess = function(event)
        {
            // 获取查询得到的结果，该结果是一个数组
            var cursor = objectQueryRequest.result;
            if (cursor)
            {
                // 向 bookTb 内插入一行
                var row = bookTb.insertRow(0);
                var j = 0;
                // 通过 value 属性获取该 cursor 指向的数据
                for (var prop in cursor.value)
                {
                    var cell = row.insertCell(j++);
                    cell.innerHTML = cursor.value[prop];
                }
                var opCell = row.insertCell(5);
                opCell.innerHTML = "<button onclick='delBook(\"" +
                    cursor.value['isbn'] + "\");'>删除</button>";
```

```
                cursor.continue();
            }
        };
    }
    request.onerror = function(event)
    {
        alert("数据库打开失败!" + event);
    }
    request.onupgradeneeded = createDb;
}
```

上面 query()函数的第一段粗体字代码先创建了一个 IDBKeyRange 对象，这就指定了数据的 key 必须在指定范围之内；第二行粗体字代码调用了 IDBObjectStore 的 openCursor()方法执行查询、打开游标，该方法返回一个 IDBRequest 对象。

为了检测程序获取数据是否成功，程序为 IDBRequest 的 onsuccess 事件绑定处理函数，在该处理函数中通过 IDBRequest 的 result 属性即可访问到 IDBCursorWithValue 游标，然后通过游标的 value 属性即可访问该游标所指向的数据。

通过游标的 value 属性读取数据完成之后，调用 IDBCursorWithValue 的 continue 方法会让游标移动指向下一个对象，并自动触发 onsuccess 事件处理函数。

使用浏览器浏览该页面，在页面上执行查询，即可看到如图 16.15 所示的查询结果。

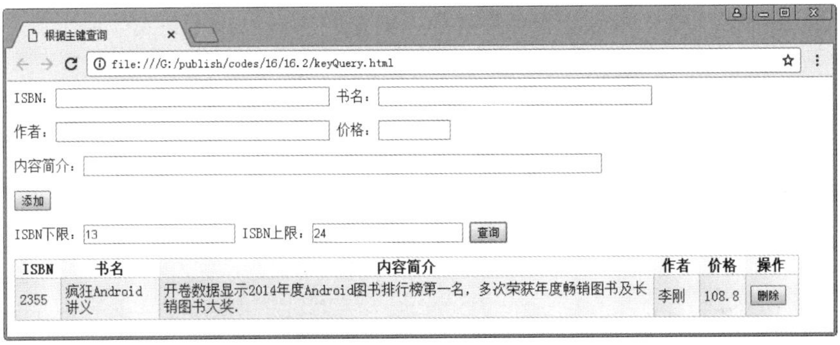

图 16.15 根据主键查询

从图 16.15 可以看出，输入 ISBN 的范围是"13"到"24"，因此只能查询 ISBN 为 2355 的数据，而 ISBN 为 1233 的数据查不出来。

需要指出的是，此处针对主键的大小比较规则是基于字符串的比较规则，并不是基于数值的比较规则。字符串的大小比较规则是：先比较第一个字符，如果第一个字符能分出大小，就不用比较第二个字符了；接下来比较第二个字符，如果第二个字符能分出大小，就不用比较第三个字符了，依此类推。

读者也可以在页面上输入其他 ISBN 下限和上限，从而看到更多的查询结果。

16.2.6 使用 IDBIndex 根据索引检索数据

对于 Indexed 数据库而言，只要创建了索引的属性，就都可用于检索数据。根据索引检索数据只要如下两步即可。

① 调用 IDBObjectStore 的 index(name)方法根据索引名来获取索引，该方法返回一个 IDBIndex 对象。

② 调用 IDBIndex 的方法检索数据。

IDBIndex 提供了如下方法来检索数据。

➢ get(key)：根据指定索引值来获取对应数据。

- getAll(keyRange, count)：获取符合条件的全部数据。其中两个参数都可以省略。如果指定了 keyRange 参数，则只获取索引值位于 keyRange 范围的数据；如果指定了 count 参数，则只获取指定数量的记录。
- getAllKeys(keyRange, count)：该方法与前一个方法相似，只是该方法只获取符合条件的数据的主键。
- openCursor(keyRange, direction)：打开符合条件的数据对应游标。程序可通过遍历游标来获取数据。direction 参数用于指定游标的方向，该参数支持 next、nextunique、prev、prevunique 这 4 个属性值，该参数可以省略，如果省略该参数，默认值为 next。
- openKeyCursor(keyRange, direction)：该方法与前一个方法相似，只是该方法打开的游标只能获取数据的主键。
- count(keyRange)：统计符合条件的数据的数量。

下面页面与前一个示例基本相似，只是该页面改为根据图书价格进行查询，价格并不是对象存储的主键，只是对象存储的索引，因此此处需要根据索引进行查询。下面首先介绍使用 IDBIndex 的 getAll()来执行查询，该方法查询后 IDBRequest 的 result 属性直接返回查询得到的对象数组。下面是查询代码。

程序清单：codes\16\16.2\indexQuery.html

```
function query()
{
    var dbName = "fkDb";
    // 打开数据库连接
    var request = indexedDB.open(dbName , version);
    var idb;
    request.onsuccess = function(event)
    {
        idb = request.result;
        // 打开针对 books 对象存储的只读事务
        var tx = idb.transaction("books", "readonly");
        var booksStore = tx.objectStore("books");
        // 使用用户输入的数据来创建 IDBKeyRange
        var range = IDBKeyRange.bound(
            parseFloat(document.querySelector("#priceLower").value),
            parseFloat(document.querySelector("#priceUpper").value));
        // 获取对象存储中名为 by_price 的索引
        var idx = booksStore.index("by_price");
        // 根据索引查询符合条件的数据
        var objectQueryRequest = idx.getAll(range);
        // 为查询数据的请求绑定事件处理函数
        objectQueryRequest.onsuccess = function(event)
        {
            // 获取页面上的 bookTb 元素
            var bookTb = document.querySelector("#bookTb");
            // 清空 bookTb 元素中原有的内容
            bookTb.innerHTML = "";
            // 获取查询得到的结果，该结果是一个数组
            var books = objectQueryRequest.result;
            // 遍历结果数组，将数组中的对象添加到表格中
            for (var i = 0; i < books.length; i++ )
            {
                var row = bookTb.insertRow(i);
                var j = 0;
                for (var prop in books[i])
                {
                    var cell = row.insertCell(j++);
                    cell.innerHTML = books[i][prop];
```

```
            }
            var opCell = row.insertCell(5);
            opCell.innerHTML = "<button onclick='delBook(\"" +
                books[i]['isbn'] + "\");'>删除</button>";
        }
    };
}
request.onerror = function(event)
{
    alert("数据库打开失败!" + event);
}
request.onupgradeneeded = createDb;
}
```

上面 query()函数的第一段粗体字代码先创建了一个 IDBKeyRange 对象，这就指定了数据的 by_price 索引必须在指定范围之内；第二行粗体字代码获取 booksStore 对象存储中名为 by_price 的索引；第三行粗体字代码则调用 IDBIndex 的 getAll()方法来查询符合条件的数据。

getAll()方法会以异步方式获取底层数据，因此程序为 getAll()方法返回的 IDBRequest 对象的 onsuccess 事件绑定了事件处理函数，在该事件处理函数中通过 IDBRequest 的 result 属性即可获取查询得到的全部数据。

下面再介绍一种查询方式，这种查询方式要通过游标执行查询。这种方式与前一种方式的功能相同，只是实现方式略有差异而已。下面是 queryUseCursor()函数的代码。

程序清单：codes\16\16.2\indexQuery.html

```
function queryUseCursor()
{
    var dbName = "fkDb";
    // 打开数据库连接
    var request = indexedDB.open(dbName , version);
    var idb;
    request.onsuccess = function(event)
    {
        idb = request.result;
        // 打开针对 books 对象存储的只读事务
        var tx = idb.transaction("books", "readonly");
        var booksStore = tx.objectStore("books");
        // 使用用户输入的数据来创建 IDBKeyRange
        var range = IDBKeyRange.bound(
            parseFloat(document.querySelector("#priceLower").value),
            parseFloat(document.querySelector("#priceUpper").value));
        // 获取对象存储中名为 by_price 的索引
        var idx = booksStore.index("by_price");
        // 根据索引查询符合条件的数据
        var objectQueryRequest = idx.openCursor(range);
        // 获取页面上的 bookTb 元素
        var bookTb = document.querySelector("#bookTb");
        // 清空 bookTb 元素中原有的内容
        bookTb.innerHTML = "";
        // 为查询数据的请求绑定事件处理函数
        objectQueryRequest.onsuccess = function(event)
        {
            // 获取查询得到的结果，该结果是一个数组
            var cursor = objectQueryRequest.result;
            if (cursor)
            {
                // 向 bookTb 内插入一行
                var row = bookTb.insertRow(0);
                var j = 0;
                // 通过 value 属性获取该 cursor 指向的数据
```

```
                for (var prop in cursor.value)
                {
                    var cell = row.insertCell(j++);
                    cell.innerHTML = cursor.value[prop];
                }
                var opCell = row.insertCell(5);
                opCell.innerHTML = "<button onclick='delBook(\"" +
                    cursor.value['isbn'] + "\");'>删除</button>";
                cursor.continue();
            }
        };
    }
    request.onerror = function(event)
    {
        alert("数据库打开失败!" + event);
    }
    request.onupgradeneeded = createDb;
}
```

上面 queryUseCursor()函数的第一段粗体字代码先创建了一个 IDBKeyRange 对象，这就指定了数据的 by_price 索引必须在指定范围之内；第二行粗体字代码获取 booksStore 对象存储中名为 by_price 的索引；第三行粗体字代码调用 IDBObjectStore 的 openCursor()方法执行查询、打开游标，该方法返回一个 IDBRequest 对象。

openCursor()方法底层以异步方式执行查询，因此程序为 IDBRequest 的 onsuccess 事件绑定处理函数，在该处理函数中通过 IDBRequest 的 result 属性即可访问到 IDBCursorWithValue 游标，然后通过游标的 value 属性即可访问该游标所指向的数据。

通过游标的 value 属性读取数据完成之后，调用 IDBCursorWithValue 的 continue 方法会让游标移动指向下一个对象，并自动触发 onsuccess 事件处理函数。

使用浏览器浏览该页面，在页面上执行查询，即可看到如图 16.16 所示的查询结果。

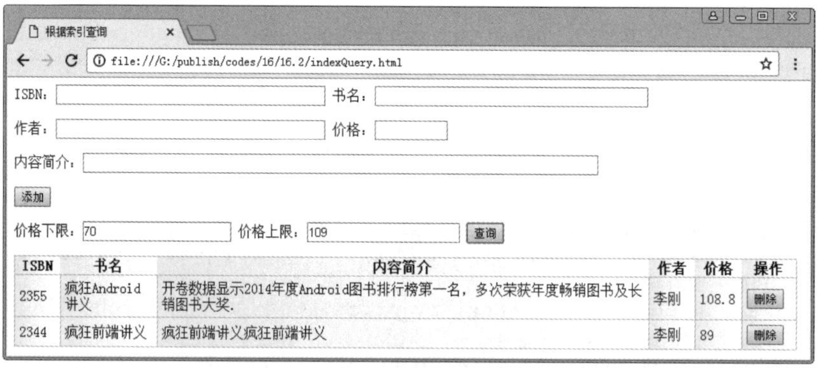

图 16.16　根据索引查询

从图 16.16 可以看出，此时要查询价格在 70 到 109 之间的图书，因此上面查询显示了两本图书，它们的价格都位于指定范围之内，但还有一本价格为 109.9 的图书没有被检索出来。

16.2.7　使用复合索引

某些时候，程序需要对多个属性建立复合索引，这时可在调用 IDBObjectStore 的 createIndex()方法时通过第二个参数传入多个属性组成的数组。需要说明的是，创建复合索引时，需要将 multiEntry 选项设置为 false——这是由于复合索引不可能同时支持多个值。

下面页面代码会在创建对象存储的同时创建复合索引。创建对象存储的 createDb()函数的代码如下。

程序清单：codes\16\16.2\multiIndex.html

```
function createDb(event)
{
    idb = event.target.result;
    // 定义对象存储的名称
    var storeName = "books";
    // 如果要创建的对象存储已经存在，就先删除它
    if (idb.objectStoreNames.contains(storeName))
    {
        idb.deleteObjectStore(storeName);
    }
    // 定义创建对象存储的选项
    var opt = {
        // 指定主键
        keyPath: "isbn",
        // 关闭主键的自增长
        autoIncrement: false
    };
    // 创建对象存储
    var store = idb.createObjectStore(storeName, opt);
    var indexOpts = {
        unique: true,
        multiEntry: false // 使用复合索引时不支持多个值
    };
    // 对 name、author 属性创建复合索引
    store.createIndex("by_name_author", ["name", "auhtor"], indexOpts);
    // 对 content 属性创建索引
    store.createIndex("by_content", "content");
    // 对 price 属性创建索引
    store.createIndex("by_price", "price");
}
```

上面代码中第一段粗体字代码创建了一个 JavaScript 对象，该对象将作为创建复合索引的选项，该选项指定了 unique:true，表明该索引是唯一索引；该选项还指定了 multiEntry:false，表明该索引不支持多个索引值——这对复合索引是必需的。接下来的粗体字代码通过 IDBObjectStore 的 createIndex()方法创建了一个复合索引。

在浏览器中浏览该页面，并添加使用复合索引的数据，将可以在浏览器的调试界面看到如图 16.17 所示的复合索引。

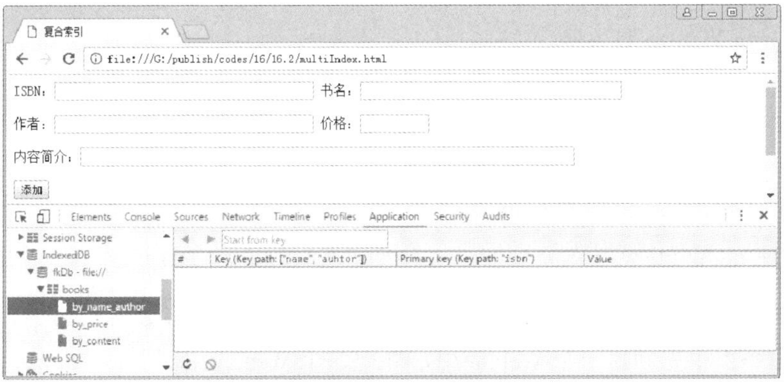

图 16.17　复合索引

相比普通索引，复合索引会针对对象的多个属性整体创建索引，而不是针对单个属性创建索引，因此索引的维护成本较小。但在执行数据检索时，复合索引需要组合多个属性值才能执行检索，因此复合索引检索时不如普通索引方便。

16.3　离线应用

前面介绍的客户端记事本只是存储在本地，只有当前浏览者才能看到，其他用户无法看到事件信息，那这个客户端记事本其实没有太大的实用价值。

客户端存储通常需要与离线应用结合使用，最通用的应用方式可细分为：

- 当用户在线、能连接服务器时，直接把数据提交给服务器，直接与服务器交互。
- 当用户离线、不能连接服务器时，用户浏览、操作的是离线应用——这样即使用户没有网络也可使用该 Web 应用，操作离线应用时所有的数据都通过本地存储保存用户数据。
- 当用户再次接入网络时，Web 应用程序控制把本地存储中保存的数据提交给远程服务器。

离线应用可以在浏览器中缓存部分或全部页面，这样即使用户没有接入互联网，也同样可以操作这个离线应用。

16.3.1　离线应用与浏览器缓存的区别

在介绍离线应用之前，可能有些人会把离线应用与浏览器缓存混淆起来，因为浏览器缓存也可以对网页进行缓存。但事实上，离线应用与浏览器缓存有着本质的差异。

- **服务范围不同**：离线应用控制对整个 Web 应用进行缓存。离线应用提供的是一种不在线的网站服务功能；而浏览器缓存则只是单纯地缓存网页。
- **可靠性不同**：离线应用可以精确地控制浏览器需要缓存哪些资源，它是非常可靠的；但浏览器缓存则完全依靠浏览器行为，具有一定的不可靠性。
- **可控制性不同**：离线应用可准确地控制缓存哪些资源，并可控制刷新缓存；但浏览器缓存则完全依赖于浏览器行为，程序无法控制缓存行为。

16.3.2　构建离线应用

为了构建离线应用，先要建一个“网站”。也就是说，我们需要先安装 Web 服务器，例如安装 IIS、Apache 等 Http 服务器。

如果读者是 Java 开发者，那么对 Tomcat 应该十分熟悉，本书就以 Tomcat 为例来构建离线应用。

提示：

> 如果读者没有安装 Tomcat 的经验，也可以选择使用 Apache 或 IIS 作为 Web 服务器。如果读者对安装这些服务器都不会，则可以参考疯狂 Java 体系的《轻量级 Java EE 企业应用实战》最新版的第 1 章，那里有安装 Tomcat 的详细步骤。

在 Web 服务器中先创建一个 Web 应用，并把这个 Web 应用部署在 Tomcat 服务器中。

为了更好地示范离线应用的功能，本示例构建了一个 Web 应用，并把这个 Web 应用部署在 Tomcat 服务器上。读者只要把 codes/16/16.3 目录下的 cacheQs 文件夹复制到 Tomcat 的 webapps 目录下，启动 Tomcat 服务器即可。

接下来我们在这个应用中提供了如下页面。

程序清单：codes\16\16.3\cacheQs\index.html

```
<!DOCTYPE html>
<html>
<head>
    <meta http-equiv="Content-Type" content="text/html; charset=utf-8" />
    <title> 测试页面 </title>
    <script type="text/javascript" src="test.js">
    </script>
</head>
<body>
<img src="logo.jpg" alt="疯狂 Java 联盟"/>
<input id="bn" type="button" value="单击"/>
</body>
</html>
```

上面的 HTML 页面非常简单，页面上只有一张图片、一个按钮，并导入了一段 JavaScript 代码。

为了给这个页面增加离线应用的功能，需要修改上面的<html.../>标签，为<html.../>标签增加 manifest 属性，该属性指定一个 manifest 文件。比如把上面的<html.../>标签修改为如下形式：

```
<html manifest="index.manifest">
```

上面的 HTML 标签指定了该页面使用 index.manifest 文件，该文件指定了要对哪些资源进行缓存。

程序清单：codes\16\16.3\cacheQs\index.manifest

```
CACHE MANIFEST
#该文件的第一行必须是 CACHE MANIFEST
#下面指定该清单文件的版本号
#version 1
#CACHE：后面列出的是需要缓存的资源
CACHE:
index.html
logo.jpg
#NETWORK：后面列出的是不进行缓存的资源
NETWORK:
*
#FALLBACK：后面每行需要列出两个资源
#第一个资源是处于在线状态时使用的资源
#第二个资源是处于离线状态时使用的资源
FALLBACK:
test.js offline.js
```

这份清单文件的格式很简单，主要是放置上面 4 行粗体字代码，其中 CACHE MANIFEST 是清单文件的第一行。接下来这份清单文件中可以包括如下 3 个部分。

- CACHE：该元素后面列出的所有资源是需要在本地缓存的资源。
- NETWORK：该元素后面列出的所有资源是显式指定不进行缓存的资源。
- FALLBACK：该元素后面的每行需要指定两个资源，第一个资源是处于在线状态时使用的资源，无须缓存；第二个资源是处于离线状态时使用的资源，需要在本地缓存。

为了让 Tomcat 能识别 index.manifest 文件，应该修改 Tomcat 安装目录下 conf 子目录下的 web.xml 文件，在该文件中增加一个 MIME 映射。也就是在该文件的根元素内增加如下子元素：

```
<!-- 将 manifest 后缀的文件映射成缓存清单文本文件 -->
<mime-mapping>
    <extension>manifest</extension>
```

```
    <mime-type>text/cache-manifest</mime-type>
</mime-mapping>
```

增加上面步骤之后，启动 Tomcat 服务器，使用浏览器来浏览该页面，并单击页面上的“单击”按钮，将看到如图 16.18 所示的界面。

把 Tomcat 服务器关掉，此时这个 Web 应用将不能对外提供服务。再次使用浏览器请求该页面（单击浏览器的“刷新”按钮即可），然后单击页面上的“单击”按钮，将看到如图 16.19 所示的界面。

图 16.18　应用在线的状态

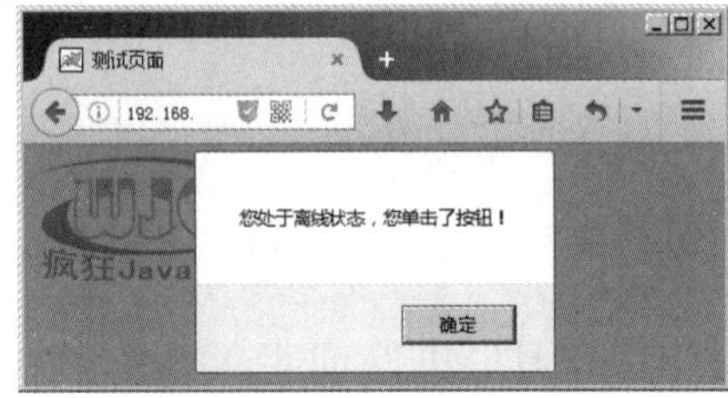

图 16.19　应用离线的状态

一般来说，如果没有显式地控制离线应用，当用户单击浏览器的“刷新”按钮时，浏览器就会显示“无法连接服务器”的错误，不可能显示如图 16.19 所示的应用，更不可能根据用户的在线状态使用不同的 JavaScript 脚本。通过图 16.19 所示的运行结果可以看出，该离线应用已经开始起作用了。

16.3.3　判断在线状态

为了判断浏览器的在线状态，HTML 5 提供了两种方法来检测是否在线。

- **navigator.onLine 属性**：navigator.onLine 属性可返回当前是否在线。如果返回 true，则表示在线；如果返回 false，则表示离线。当网络状态发生变化时，navigator.onLine 的值也随之变化。开发者可以通过读取它的值获取网络状态。
- **online/offline 事件**：如果开发者需要在网络状态发生变化时立刻得到通知，则可以通过 HTML 5 提供的 online/offline 事件来检测。当在线/离线状态切换时，body 元素上的 online/offline 事件将会被触发，并沿着 document.body、document 和 window 冒泡。因此，开发者可以通过它们的 online/offline 事件来检测网络状态的变化。

下面的页面代码示范了如何检测网络状态的变化：

程序清单：codes\16\16.3\cacheQs\onlineStatus.html

```
<!DOCTYPE html>
<html manifest="online.manifest">
<head>
    <meta http-equiv="Content-Type" content="text/html; charset=utf-8" />
    <title> 测试在线状态 </title>
</head>
<body>
<script type="text/javascript">
    // 为离线事件绑定事件监听器
    window.addEventListener("offline" , function()
    {
        alert("您已经变成了离线状态，所有数据将会保存到本地！");
    } , true);
    // 判断浏览器的在线状态
    if (navigator.onLine)
    {
        alert("在线");
```

```
    }
    else
    {
        alert("离线");
    }
</script>
</body>
</html>
```

上面的页面代码为 window 的离线事件绑定了事件监听器，当浏览器所在主机的网络断开时（读者可以手动关闭所有网络），在 Firefox 浏览器中可以看到如图 16.20 所示的提示框。

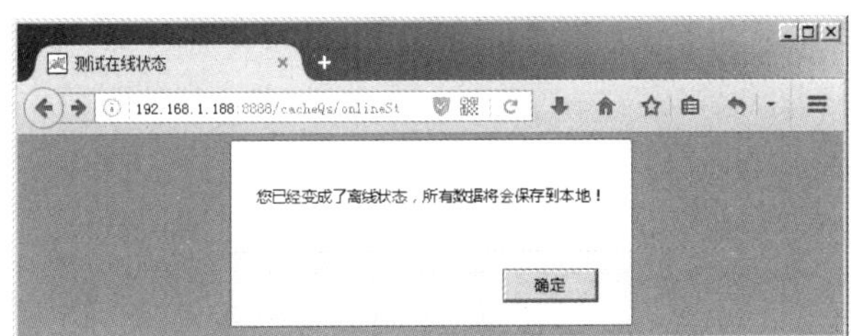

图 16.20　使有 Firefox 浏览器离线检测

使用 Safari 浏览器测试该页面时，可以看到如图 16.21 所示的离线检测效果。

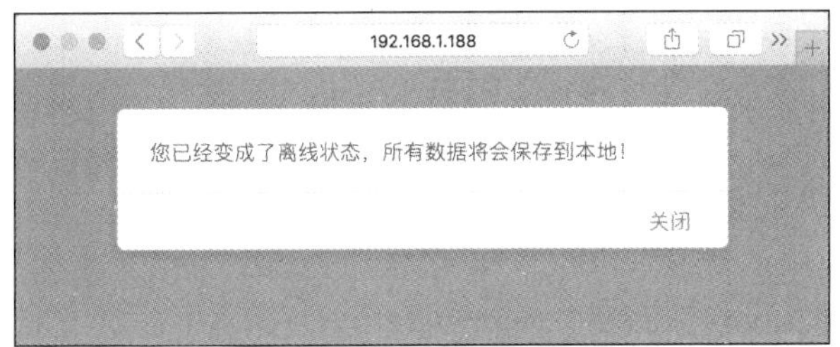

图 16.21　使用 Safari 浏览器离线检测

注意：

各主流浏览器（Firefox、Chrome、Safari、Opera、IE）的最新版完全支持上面的离线检测功能。需要注意的是，可通过关闭浏览器所在计算机的网络来测试离线检测的效果。不要通过关闭网络服务器（如 Tomcat）来测试离线检测的效果。

16.3.4　applicationCache 对象

开启离线应用之后，JavaScript 可以通过 applicationCache 来控制离线缓存，applicationCache 对象实现了 ApplicationCache 接口。ApplicationCache 接口定义如下：

```
interface ApplicationCache : EventTarget
{
    // 状态常量
    const unsigned short UNCACHED = 0;
    const unsigned short IDLE = 1;
    const unsigned short CHECKING = 2;
    const unsigned short DOWNLOADING = 3;
    const unsigned short UPDATEREADY = 4;
    const unsigned short OBSOLETE = 5;
    readonly attribute unsigned short status;
    // updates
    void update();
```

```
    void abort();
    void swapCache();
    // 事件
    [TreatNonCallableAsNull] attribute Function? onchecking;
    [TreatNonCallableAsNull] attribute Function? onerror;
    [TreatNonCallableAsNull] attribute Function? onnoupdate;
    [TreatNonCallableAsNull] attribute Function? ondownloading;
    [TreatNonCallableAsNull] attribute Function? onprogress;
    [TreatNonCallableAsNull] attribute Function? onupdateready;
    [TreatNonCallableAsNull] attribute Function? oncached;
    [TreatNonCallableAsNull] attribute Function? onobsolete;
};
```

从上面代码可以看出，ApplicationCache 接口包含了一个 status 属性，该属性可能返回如下几个状态值。

- UNCACHED：applicationCache 对象所在的主机没有开启离线应用功能。
- IDLE：空闲状态。
- CHECKING：正在检查本地缓存的 manifest 文件与服务器端 manifest 文件的差异。
- DOWNLOADING：正在下载需要缓存的数据。
- UPDATEREADY：已经从服务器把需要缓存的文件下载到本地，但还未更新本地缓存。
- OBSOLETE：缓存已经过期。

ApplicationCache 接口中定义了如下两个常用方法。

- void update()：该方法强制检查服务器上 manifest 文件是否有更新。
- void swapCache()：该方法用于手动更新本地缓存。它只能在 applicationCache 对象的 updateReady 事件被触发时调用。

下面的页面代码使用了 applicationCache 对象的 update 方法来周期性地检查服务器是否有更新，而且程序为 applicationCache 的 onupdateready 绑定了事件监听器。

程序清单：codes\16\16.3\cacheQs\swapCache.html

```
<!DOCTYPE html>
<html manifest="swapCache.manifest">
<head>
    <meta http-equiv="Content-Type" content="text/html; charset=utf-8" />
    <title> 检测服务器更新 </title>
</head>
<body>
<h2> 检测服务器更新 </h2>
<script type="text/javascript">
    setInterval(function()
    {
        // 手动检查服务器是否有更新
        applicationCache.update();
    } , 2000);
    applicationCache.onupdateready = function()
    {
        if(confirm("已从远程服务器下载了需要更新的缓存，是否立即更新？"))
        {
            // 立即更新缓存
            applicationCache.swapCache();
            // 重新加载页面
            location.reload();
        }
    }
</script>
</body>
</html>
```

上面的粗体代码为 applicationCache 的 onupdateready 事件绑定了事件监听器，当浏览器从远程服务器下载了需要更新的缓存后，程序会触发该事件。

除 Firefox 和 IE 之外，主流的 Chrome、Opara、Safari 浏览器都支持该特性。如果使用它们浏览该页面，都可以看到浏览器提示用户“更新缓存”。如果使用 Chrome 浏览器来浏览本页面，当服务器更新 swapCache.manifest 文件（比如更新该文件的版本号）时，可以看到如图 16.22 所示的界面。

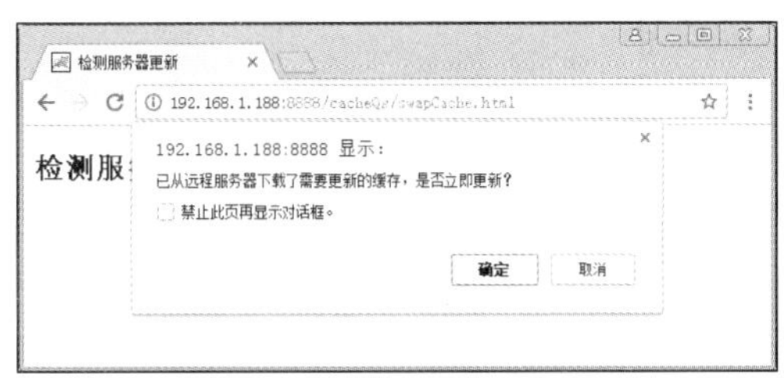

图 16.22　浏览器提示更新

16.3.5　离线应用的事件与监听

从上面关于 applicationCache 的介绍可以看出，在 applicationCache 的使用过程中会不断地触发一系列事件。

下面简单介绍离线应用的相关事件，当浏览者第一次访问指定网站如 http://192.168.1.188:8888/cacheQs/index.html 页面时，完整过程如下。

1. 浏览器请求 http://192.168.1.188:8888/cacheQs/index.html 页面。
2. 服务器返回 index.html 页面。
3. 浏览器检查该页面是否指定了 manifest 属性，如果没有指定该属性，则将不会有后面行为；如果指定了该属性，则触发 checking 事件，检查 manifest 属性所指定的 manifest 文件是否存在，如果不存在，则触发 error 事件，不会执行第 6 步及后续步骤。
4. 浏览器解析 index.html 页面，请求该页面所引用的其他资源，例如 JavaScript 文件、图片等。
5. 服务器返回所有被请求的资源。
6. 浏览器开始处理 manifest 文件。重新向服务器请求 manifest 文件中列出的所有资源，包括 index.html 页面。虽然前面已经下载过这些资源，但此时依然要重新下载一遍。
7. 服务器返回所有要求在本地缓存的资源。
8. 浏览器开始下载需要在本地缓存的资源。开始下载时触发 ondownloading 事件；在下载过程中不断地触发 onprogress 事件，以方便开发人员了解下载进度。
9. 下载完成后触发 oncache 事件，表明服务器缓存完成。

当浏览者再次访问 http://192.168.1.188:8888/cacheQs/index.html 页面时，前面的第 1～5 步完全相同。接下来浏览器会检查新下载的 manifest 文件与本地缓存的 manifest 文件是否有改变：

- 如果 manifest 没有改变，则触发 onnoupdate 事件，没有后续步骤。
- 如果 manifest 文件有改变，则继续执行上面的第 7、8 步，当把所有需要在本地缓存的文件下载完成后，浏览器触发 onupdateready 事件，而不是触发 oncached 事件。

下面页面代码为 applicationCache 的所有事件绑定了事件监听器。

程序清单：codes\16\16.3\cacheQs\event.html

```
<!DOCTYPE HTML>
<html manifest="event.manifest">
```

```
<head>
    <meta http-equiv="Content-Type" content="text/html; charset=utf-8" />
    <title> 测试 applicationCache 事件 </title>
    <script type="text/javascript">
    var test = function()
    {
        var msg = document.getElementById("msg");
        // 为 applicationCache 的不同事件绑定事件监听器
        applicationCache.onchecking = function()
        {
            msg.innerHTML += "onchecking<br/>";
        };
        applicationCache.onnoupdate = function()
        {
            msg.innerHTML += "onnoupdate<br/>";
        };
        applicationCache.ondownloading = function()
        {
            msg.innerHTML += "ondownloading<br/>";
        };
        applicationCache.onprogress = function()
        {
            msg.innerHTML += "onprogress<br/>";
        };
        applicationCache.onupdateready = function()
        {
            msg.innerHTML += "onupdateready<br/>";
        };
        applicationCache.oncached = function()
        {
            msg.innerHTML+="oncached<br/>";
        };
        applicationCache.onerror = function()
        {
            msg.innerHTML += "onerror<br/>";
        };
    }
    </script>
</head>
<body onload="test();">
    <h2>测试 applicationCache 事件</h2>
    <div id="msg"></div>
</body>
</html>
```

在浏览器中第一次浏览该页面时，将可以看到如图 16.23 所示的界面。

如果服务器端的 event.manifest 文件没有发生改变，则用户再次刷新该页面时将会看到如图 16.24 所示的界面。

图 16.23　第一次访问离线应用所触发的事件

图 16.24　离线应用没有更新所触发的事件

如果服务器端的 event.manifest 文件发生了改变，则用户再次刷新该页面时将会看到如图 16.25 所示的界面。

图 16.25 离线应用更新了所触发的事件

注意：

主流浏览器（Chrome、Opera、Safari、Firefox、IE）基本都能支持离线应用的 API，但如果在 Firefox 浏览器中测试上面的 event.html 页面，将看不到触发 onchecking 事件处理函数，这是由于 Firefox 对离线 API 支持还不完整。

16.4 本章小结

本章主要介绍了如何通过 HTML 5 提供的离线应用和本地存储来开发离线应用。HTML 5 提供的离线应用用于显式指定浏览器需要缓存哪些资源，这样即可保证浏览器在离线状态也可使用本应用；而 Web Storage 提供的本地存储则保证当应用处于离线状态时，Web Storage 可以把浏览者提交的数据存储在本地，不会丢失。当浏览器下一次处于联网状态时，应用程序再次把存储在本地的数据提交到远程服务器。读者学习本章需要掌握构建离线应用的方法，以及如何利用 Session Storage、Local Storage 来存储、读取简单数据，以及存储、读取复杂的结构化数据。

此外，本章还介绍了 HTML 5 新增的 Indexed 数据库 API，这是 HTML 5 为保存更复杂的数据所提供的 NoSQL 数据库。通过 Indexed 数据库 API 可以创建 Object Store 和索引，也可以添加、删除、修改数据，还可以以更高效的方式检索数据。

CHAPTER

17

第 17 章 文件支持与二进制数据

本章要点

- HTML 5 增强的文件上传域
- HTML 5 新增的 FileList 对象与 File 对象
- 使用 FileReader 读取文件内容
- 使用 ArrayBuffer 代表二进制数据缓冲区
- 使用 TypedArray 读写 ArrayBuffer 中的数据
- 使用 DataView 读写 ArrayBuffer 中的数据

本章将会详细介绍 HTML 5 提供的文件支持与二进制数据。HTML 5 增强了 type 为 file 类型的<input.../>元素，不仅允许用户设置上传的文件类型，而且允许用户设置是否上传多个文件。此外，HTML 5 还允许在浏览器客户端使用 JavaScript 访问要上传的文件内容。当客户端 JavaScript 脚本能访问到上传文件的内容之后，这样就增加了各种可能，JavaScript 程序既可将上传文件保存在本地 Indexed 数据库中，也可通过 XMLHttpRequst 上传到服务器。

此外，为了增加对二进制文件内容的支持，HTML 5 还新增了 ArrayBuffer，ArrayBuffer 用于代表二进制数据缓冲区，还为 ArrayBuffer 增加了 TypedArray 和 DataView 来读写 ArrayBuffer 缓冲区中的数据。

17.1　HTML 5 增强的文件上传域

在 HTML 5 以前，HTML 的文件上传域的功能具有很大的局限性，这种局限性主要体现为如下两点。

- 每次只能选择一个文件上传。
- 客户端代码只能获取被上传文件的文件路径，无法访问实际的文件内容。

HTML 5 规范改变了这种现状，HTML 5 允许同时选择多个文件上传，而且允许客户端 JavaScript 脚本访问实际的文件内容。

17.1.1　FileList 对象与 File 对象

HTML 5 为 type="file"的<input.../>元素增加了如下两个属性。

- accept：该属性控制允许上传的文件类型。该属性值为一个或多个 MIME 类型字符串。多个 MIME 类型字符串之间应以逗号分隔。
- multiple：该属性设置是否允许选择多个文件上传。

从上面介绍可以看出，只要为 type="file"的<input.../>元素增加 multiple 属性，就允许该文件上传域同时选择多个文件。

JavaScript 可以通过 files 属性访问 type="file"的<input.../>元素生成的文件上传域内的所有文件，该属性返回一个 FileList 对象，FileList 对象相当于一个数组，开发者可以使用类似于数组的方法来访问该数组内的每个 File 对象。

File 对象是一个 JavaScript 对象，JavaScript 可以通过该对象获取用户浏览的所有文件的信息。File 对象包含如下常用属性。

- name：返回该 File 对象对应的文件的文件名，不包括文件路径部分。
- type：返回该 File 对象对应的文件的 MIME 类型字符串。
- size：返回该 File 对象对应的文件的大小。

下面页面代码示范了如何通过 FileList、File 对象来访问文件上传域内所选择的多个文件。

程序清单：codes\17\17.1\file.html

```
<body>
浏览图片：<input id="images" type="file" multiple
	accept="image/*"/>
<input type="button" value="显示文件" onclick="showDetails();"/>
<script type="text/javascript">
var showDetails = function()
{
	var imageEle = document.getElementById("images");
	// 获取文件上传域内所选择的多个文件
```

```
        var fileList = imageEle.files;
        // 遍历每个文件
        for(var i = 0 ; i < fileList.length ; i ++)
        {
            var file = fileList[i];
            div = document.createElement("div");
            // 依次读取每个文件的文件名、文件类型、文件大小
            div.innerHTML = "第" + (i + 1) + "个文件的文件名是：" + file.name
                + "，该文件类型是：" + file.type
                + "，该文件大小为：" + file.size;
            // 把 div 元素添加到页面中
            document.body.appendChild(div);
        }
    }
    </script>
    </body>
```

在浏览器中浏览该页面，并通过该文件上传域选择多个文件，浏览器将会显示如图 17.1 所示的文件浏览窗口，该窗口将只显示图片文件（因为设置了 accept="image/*"属性）。

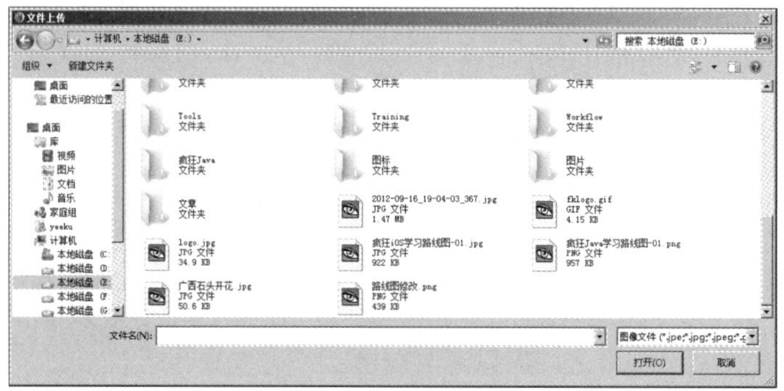

图 17.1　浏览图片文件

提示：

不要单靠 accept 属性来过滤文件类型，因为这只是客户端的文件类型过滤，这种文件类型过滤是很脆弱的，如果开发者需要进行文件上传，则必须在服务器端对文件类型进行过滤。

通过图 17.1 所示的文件浏览窗口选择指定的图片文件，然后单击“显示文件”按钮，将可以看到如图 17.2 所示的效果。

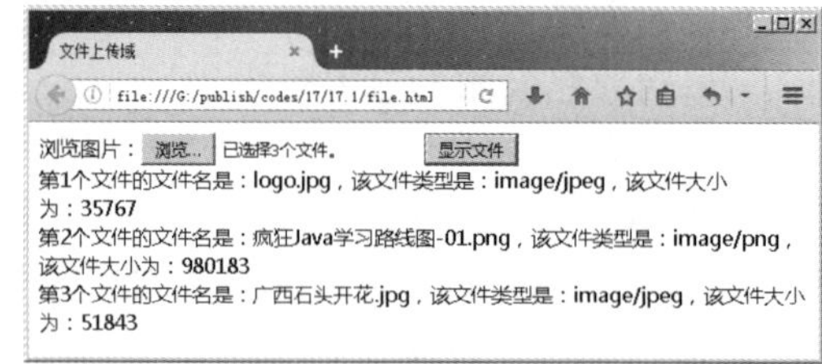

图 17.2　使用文件上传域浏览多个文件

通过 File 对象可以获取上传文件的文件名、文件类型、文件大小等信息，如果希望获取文件本身内容（如二进制数据等），则需要借助 FileReader 对象。

17.1.2　使用 FileReader 读取文件内容

FileReader 同样是一个 JavaScript 对象，开发者可以通过该对象在客户端读取文件上传域内所选择的文件内容。

FileReader 提供了如下方法。

- readAsText(file, encoding)：以文本文件方式来读取文件，其中 encoding 参数指定读取该文件时所用的字符集，该参数的默认值是 UTF-8。

➢ readAsBinaryString(file)：以二进制方式来读取文件。通过这种方式可以读取文件内容的二进制数据，这样就可以通过 Ajax 把数据上传到服务器。
➢ readAsArrayBuffer(file)：将文件内容读取到 ArrayBuffer 对象中。

提示：

ArrayBuffer 是 HTML 5 新增的类，专门用于装载二进制数据的缓冲区。

➢ readAsDataURL(file)：以 DataURL 方式来读取文件。这种方式也可用于读取二进制文件，只是会采用 base64 方式把文件内容编码成 DataURL 格式的字符串。

提示：

实际上 DataURL 也是一种保存二进制文件的方式，在一些特殊的场景下（比如一些不支持二进制流的网络环境下），也会考虑把二进制文件转换为 DataURL 格式的字符串，然后把这个字符串通过网络进行传输。需要的时候，我们也可以把 DataURL 格式的字符串恢复成原来的文件内容。

➢ abort()：停止读取。

需要指出的是，FileReader 的所有 readXxx()方法都是异步方法，这些方法都不会直接返回所读取的文件内容，程序必须以事件监听的方式来获取读取的结果。FileReader 提供了如下事件来监听读取过程。

➢ onloadstart：FileReader 开始读取数据时触发该事件指定的函数。
➢ onprogress：FileReader 正在读取数据时触发该事件指定的函数。
➢ onload：FileReader 成功读取数据后触发该事件指定的函数。
➢ onloadend：FileReader 读取数据完成后触发该事件指定的函数，无论读取成功还是读取失败都将触发该事件指定的函数。
➢ onerror：FileReader 读取失败时触发该事件指定的函数。

为了获取成功读取文件后的文件内容，可以通过为 onload 事件绑定事件监听器来实现。在 onload 事件指定的事件监听函数中，程序代码可通过 FileReader 的 result 属性访问读取文件的结果。例如，如下页面代码分别测试了 3 种读取文件内容的方式。

程序清单：codes\17\17.1\readFile.html

```
<body>
浏览文件：<input id="file1" type="file"/><br/>
<div id="result"></div>
<input type="button" value="读取文本文件" onclick="readText();"/><br/>
<input type="button" value="读取二进制文件" onclick="readBinary();"/><br/>
<input type="button" value="以 DataURL 方式读取" onclick="readURL();"/><br/>
<script type="text/javascript">
var reader = null;
// 如果浏览器支持 FileReader 对象
if(FileReader)
{
    reader = new FileReader();
}
// 如果浏览器不支持 FileReader 对象，则弹出提示信息
else
{
    alert("浏览器暂不支持 FileReader");
}
```

```
var readText = function()
{
    // 通过正则表达式验证该文件是否为文本文件
    // 如果用户选择的第一个文件是文本文件
    if(/text\/\w+/.test(document.getElementById("file1").files[0].type))
    {
        // 以文本文件方式读取用户选择的第一个文件
        reader.readAsText(document.getElementById("file1").files[0] , "gbk");
        // 当reader读取数据完成时将会触发该函数
        reader.onload = function()
        {
            document.getElementById("result").innerHTML = reader.result;
        };
    }
    else
    {
        alert("你选择的文件不是文本文件！");
    }
}
var readBinary = function()
{
    // 以二进制流的方式读取用户选择的第一个文件
    reader.readAsBinaryString(document.getElementById("file1").files[0]);
    // 当reader读取数据完成时将会触发该函数
    reader.onload = function()
    {
        document.getElementById("result").innerHTML = reader.result;
    };
}
var readURL = function()
{
    // 以DataURL方式读取用户选择的第一个文件
    reader.readAsDataURL(document.getElementById("file1").files[0]);
    // 当reader读取数据完成时将会触发该函数
    reader.onload = function()
    {
        document.getElementById("result").innerHTML = reader.result;
    };
}
</script>
</body>
```

在上面程序中，readAsText函数将会以文本文件方式来读取文件内容，在文件上传域中选择一个文本文件，并单击“读取文本文件”按钮，将可以看到如图17.3所示的效果。

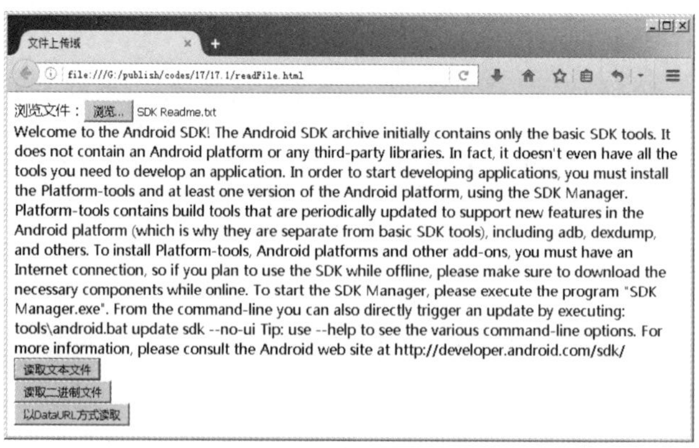

图17.3 读取文本文件

对于readAsBinaryString方法，它可以读取二进制文件。例如，随便选择一个文件，并单击“读取二进制文件”按钮，将可以看到如图 17.4 所示的效果。

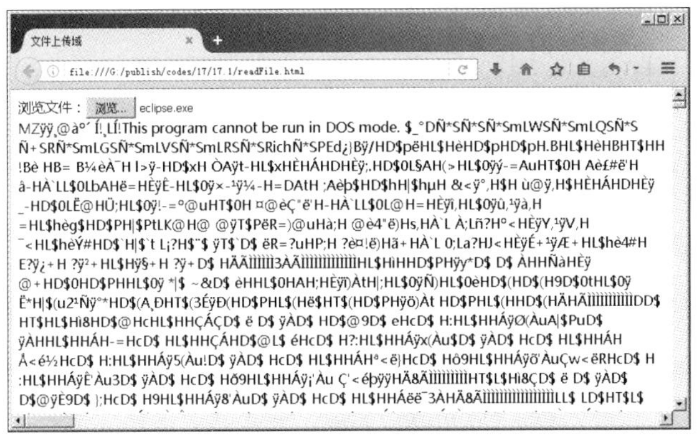

图 17.4 读取二进制文件

对于 readAsDataURL 方法，它也可以读取二进制文件，但它返回的是该二进制文件编码成 DataURL 格式的字符串。例如，随便选择一个文件，并单击“以 DataURL 方式读取”按钮，将可以看到如图 17.5 所示的效果。

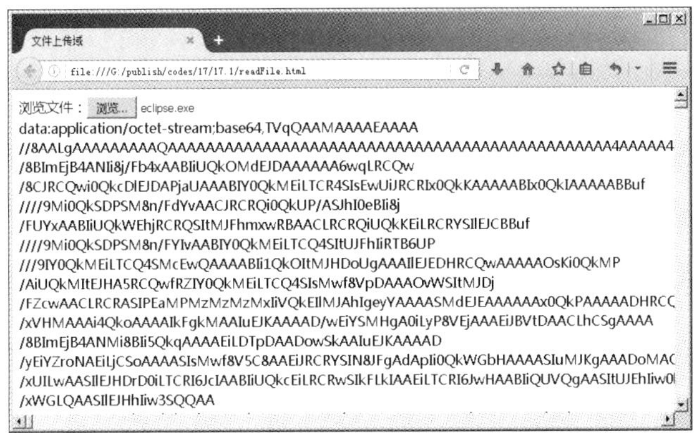

图 17.5 以 DataURL 方式读取二进制文件

FileReader 在读取文件的过程中可能多次触发 onprogress 事件，通过该事件绑定监听器即可实时监控文件的读取进度。例如，下面页面代码示范了使用<progress.../>元素来显示文件的读取进度。

程序清单：codes\17\17.1\progress.html

```
<body>
浏览文件：<input id="file1" type="file"/><br/>
上传进度：<progress id="pro" value="0"></progress>
<div id="result"></div>
<input type="button" value="读取二进制文件" onclick="readBinary();"/><br/>
<script type="text/javascript">
var reader = null;
// 如果浏览器支持 FileReader 对象
if(FileReader)
{
    reader = new FileReader();
}
// 如果浏览器不支持 FileReader 对象，则弹出提示信息
else
{
    alert("浏览器暂不支持 FileReader");
```

```
    }
    var readBinary = function()
    {
        // 以二进制流的方式读取用户选择的第一个文件
        reader.readAsBinaryString(document.getElementById("file1").files[0]);
        var pro = document.getElementById("pro");
        pro.max = document.getElementById("file1").files[0].size;
        // 在 reader 读取数据的过程中会不断触发该函数
        reader.onprogress = function(evt)
        {
            pro.value = evt.loaded;
        };
    }
    </script>
    </body>
```

上面粗体字代码为 FileReader 的 onprogress 事件指定了事件监听器，在文件上传过程中，FileReader 会多次触发 onprogress 事件监听函数，在该函数中程序修改了<progress.../>元素的 value 属性，这样即可让<progress.../>元素实时显示文件的上传进度。

使用浏览器浏览该页面，选择一个较大的文件（比如 100MB 左右的文件），然后单击“读取二进制文件”按钮，将可以看到如图 17.6 所示的效果。

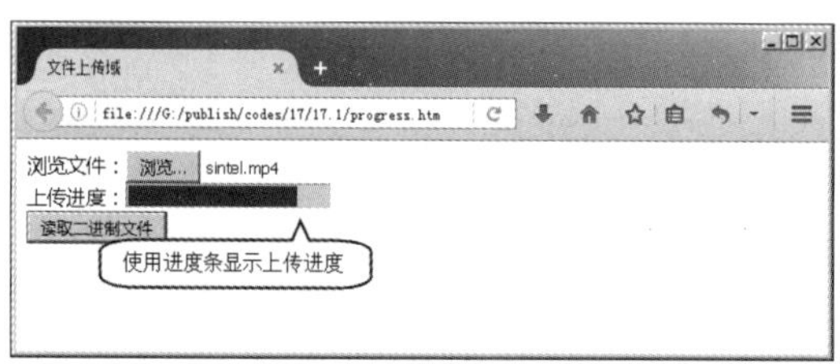

图 17.6　使用进度条显示上传进度

需要提醒用户的是，FileReader 只是客户端的 JavaScript 对象，使用 FileReader 进行的上传也只是把磁盘上的文件读到浏览器内存中，并未真正上传到服务器。如果需要真正把客户端文件上传到远程服务器，则可把文件数据以 POST 请求方式提交到远程服务器，远程服务器负责接收并解析文件数据，并把数据内容保存在服务器上。

 17.2　ArrayBuffer 与 TypedArray

HTML 5 新增了 ArrayBuffer 类，该实例代表一个通用的、固定长度的二进制数据缓冲区，但程序不能直接读写 ArrayBuffer 中的内容，程序必须创建 TypedArray 或 DataView 对象来读写数据缓冲区中的内容。

ArrayBuffer 只有一个构造器，该构造器需要传入一个 length 参数，该参数设置 ArrayBuffer 底层的字节长度。例如如下代码。

程序清单：codes\17\17.2\ArrayBufferTest.html

```
// 定义长度为 32 的 ArrayBuffer
var buf = new ArrayBuffer(32);
// 访问 ArrayBuffer 的字节长度
alert(buf.byteLength);
```

上面代码先创建了一个字节长度为 32 的 ArrayBuffer，该数据缓冲区中所有数据都被初始化为 0。程序接下来访问了该 ArrayBuffer 对象的 byteLength 属性，将会看到输出 12。

17.2.1 TypedArray 类

TypedArray 对象可作为 ArrayBuffer 的操作视图，允许程序通过 TypedArray 读写 ArrayBuffer 缓冲区中的数据。需要指出的是，JavaScript 并未真正提供 TypedArray 类，而是提供了如下具体的 TypedArray 类来操作 ArrayBuffer。

- Int8Array：数组元素为 8 位整数的数组。
- Uint8Array：数组元素为 8 位无符号整数的数组。
- Uint8ClampedArray：数组元素为 8 位无符号整数的数组。
- Int16Array：数组元素为 16 位整数的数组。
- Uint16Array：数组元素为 16 位无符号整数的数组。
- Int32Array()：数组元素为 32 位整数的数组。
- Uint32Array()：数组元素为 32 位无符号整数的数组。
- Float32Array()：数组元素为 32 位浮点数的数组。
- Float64Array()：数组元素为 64 位双精度浮点数的数组。

上面 9 个 TypedArray 类中，Uint8Array 和 Uint8ClampedArray 都是数组元素为 8 位无符号整数的数组，其中 Uint8Array 代表通用的无符号 8 位整数数组；而 Uint8ClampedArray 是一种特殊的 8 位无符号整数数组，主要用于代替 Canvas API 中的 CanvasPixelArray。Uint8ClampedArray 与 Uint8Array 的区别如下：

- Uint8ClampedArray 转换 ArrayBuffer 缓冲区中的数据时采用 clamping 算法。
- Uint8Array 转换 ArrayBuffer 缓冲区中的数据时采用 modulo 算法。

上面 9 个 TypedArray 类只是数组元素的类型不同，它们的功能和用法基本相同。它们都提供了如下构造器。

- new TypedArray(length)：以指定长度作为 length 创建 TypedArray 数组。
- new TypedArray(typedArray)：以一个已有的 TypedArray 对象为参数，构造一个新的 TypedArray。新的 TypedArray 底层的数据缓冲、typeOffset、length 与原 TypedArray 完全相同。
- new TypedArray(buffer [, byteOffset [, length]])：以 buffer 数组（ArrayBuffer 对象）中从 byteOffset 开始、长度为 length 的数据创建 TypedArray 对象。如果省略 byteOffset 参数，该参数默认为 0；如果省略 length 参数，默认取到 buffer 数组（ArrayBuffer 对象）的最后。

例如如下代码。

程序清单：codes\17\17.2\TypedArrayTest.html

```
// 创建长度为 10 的 Uint8Array
var arr = new Uint8Array(10);
// 依次对元素赋值
arr[0] = 97;
arr[1] = 98;
arr[2] = 99;
// 读取第二个元素
alert(arr[1]);
```

下面程序示范了使用 readAsArrayBuffer()方法读取文件内容，且所读取的文件内容以

ArrayBuffer 形式返回，接下来程序可用 TypedArray 来操作 ArrayBuffer 缓冲区中的数据。

程序清单：codes\17\17.2\readFile.html

```
<body>
浏览文件：<input id="file1" type="file"/><br/>
<div id="result"></div>
<input type="button" value="读取文本文件" onclick="read();"/><br/>
<script type="text/javascript">
var reader = null;
// 如果浏览器支持 FileReader 对象
if(FileReader)
{
    reader = new FileReader();
}
// 如果浏览器不支持 FileReader 对象，弹出提示信息
else
{
    alert("浏览器暂不支持 FileReader");
}
var read = function()
{
    // 通过正则表达式验证该文件是否为文本文件
    // 如果用户选择的第一个文件是文本文件
    if(/text\/\w+/.test(document.getElementById("file1").files[0].type))
    {
        // 以文本文件方式读取用户选择的第一个文件
        reader.readAsArrayBuffer(document.getElementById("file1").files[0]);
        // 当 reader 读取数据完成时将会激发该函数
        reader.onload = function()
        {
            // 将 ArrayBuffer 包装成 Uint8Array
            var data = new Uint8Array(reader.result);
            // 依次访问文件内容的每个字节
            console.log(data[0]);
            console.log(data[1]);
            console.log(data[2]);
        };
    }
    else
    {
        alert("你选择的文件不是文本文件！");
    }
}
</script>
</body>
```

为了能更好地看到效果，该示例限制只能访问文本文件（最好访问的是英文内容的文本文件）。

假如浏览一个文件内容开始为 abc 的文本文件，将可以看到如图 17.7 所示的输出。

图 17.7　使用 readAsArrayBuffer 方法

17.2.2 DataView 类

DataView 是一个功能更强大的类，它也可用于读写 ArrayBuffer 缓存区中的数据，而且能以用户希望的格式来读写数据。

DataView 提供了一个 new DataView(buffer [, byteOffset [, byteLength]])构造器，该构造器的第一个参数代表该 DataView 要操作的 ArrayBuffer 对象，程序使用 buffer 对象从 byteOffset 开始、长度为 byteLength 的数据来创建 DataView 对象；如果省略 byteLength 参数，则使用从 byteOffset 开始，直到 buffer 结束的数据来创建 DataView 对象；如果省略 byteOffset、byteLength 两个参数，则使用 buffer 对象的所有数据来创建 DataView 对象。

创建 DataView 对象之后，接下来即可通过如下方法来读取 ArrayBuffer 中的数据。

- getInt8(byteOffset)：获取 byteOffset 对应位置的 8 位整数值。每次读取 1 个字节。
- getUint8(byteOffset)：获取 byteOffset 对应位置的 8 位无符号整数值。每次读取 1 个字节。
- getInt16(byteOffset [, littleEndian])：获取 byteOffset 对应位置的 16 位整数值。每次读取 2 个字节。
- getUint16(byteOffset [, littleEndian])：获取 byteOffset 对应位置的 16 位无符号整数值。每次读取 2 个字节。
- getInt32(byteOffset [, littleEndian])：获取 byteOffset 对应位置的 32 位整数值。每次读取 4 个字节。
- getUint32(byteOffset [, littleEndian])：获取 byteOffset 对应位置的 32 位无符号整数值。每次读取 4 个字节。
- getFloat32(byteOffset [, littleEndian])：获取 byteOffset 对应位置的 32 位浮点数值。每次读取 4 个字节。
- getFloat64(byteOffset [, littleEndian])：获取 byteOffset 对应位置的 64 位双精度浮点数值。每次读取 8 个字节。

还提供了如下方法来设置 ArrayBuffer 中的数据。

- setInt8(byteOffset, value)：设置 byteOffset 对应位置的 8 位整数值。每次设置 1 个字节。
- setUint8(byteOffset, value)：设置 byteOffset 对应位置的 8 位无符号整数值。每次设置 1 个字节。
- setInt16(byteOffset, value [, littleEndian])：设置 byteOffset 对应位置的 16 位整数值。每次设置 2 个字节。
- setUint16(byteOffset, value [, littleEndian])：设置 byteOffset 对应位置的 16 位无符号整数值。每次设置 2 个字节。
- setInt32(byteOffset, value [, littleEndian])：设置 byteOffset 对应位置的 32 位整数值。每次设置 4 个字节。
- setUint32(byteOffset, value [, littleEndian])：设置 byteOffset 对应位置的 32 位无符号整数值。每次设置 4 个字节。
- setFloat32(byteOffset, value [, littleEndian])：设置 byteOffset 对应位置的 32 位浮点数值。每次设置 4 个字节。
- setFloat64(byteOffset, value [, littleEndian])：设置 byteOffset 对应位置的 64 位双精度浮点数值。每次设置 8 个字节。

上面方法分别提供了按 8 位、16 位、32 位、有符号、无符号整数以及浮点数的方式来读写 ArrayBuffer 中的数据。此外，如果按 16 位、32 位、64 位方式来读写数据时，还可以指定一个 boolean 类型的 littleEndian 参数，如果将该参数指定为 true，表明使用 little-endian 格式读写数据；如果不指定该参数，或者将该参数指定为 false，则使用 big-endian 格式读写数据。

little-endian 和 big-endian 是一种数据保存格式。在单字节（8 位）存储模式下，无须考虑 little-endian 和 big-endian 的问题，反正每个字节最多能支持 256 个编号，对于无符号整数，取值范围是 0~255；对于有符号整数，取值范围就是-128~127。如果要表示更大的数值，就需要使用多个字节，此时就产生了顺序问题。

比如要表示整数值：0X12345678，就需要 4 个字节（每个字节支持两位十六进制的数）来保存。如果使用 big-endian 格式，就是将高位放在左边（就像日常使用的个、十、百、千，也是高位在左边）——只是使用 256（FF）进制，此时计算机底层将该数存储为 0x12 0x34 0x56 0x78 形式。

如果使用 little-endian 格式，就是将高位放在右边，此时计算机底层将该数存储为 0x78 0x56 0x34 0x12 形式。

下面页面代码示范了使用 readAsArrayBuffer()方法读取文件内容，然后用 DataView 读取 ArrayBuffer 中的数据。

程序清单：codes\17\17.2\readFile2.html

```
<body>
浏览文件：<input id="file1" type="file"/><br/>
<div id="result"></div>
<input type="button" value="读取文本文件" onclick="read();"/><br/>
<script type="text/javascript">
var reader = null;
// 如果浏览器支持 FileReader 对象
if(FileReader)
{
    reader = new FileReader();
}
// 如果浏览器不支持 FileReader 对象，则弹出提示信息
else
{
    alert("浏览器暂不支持 FileReader");
}
var read = function()
{
    // 通过正则表达式验证该文件是否为文本文件
    // 如果用户选择的第一个文件是文本文件
    if(/text\/\w+/.test(document.getElementById("file1").files[0].type))
    {
        // 以文本文件方式读取用户选择的第一个文件
        reader.readAsArrayBuffer(document.getElementById("file1").files[0]);
        // 当 reader 读取数据完成时将会激发该函数
        reader.onload = function()
        {
            var data = new DataView(reader.result);
            var m = data.getInt8(0);
            console.log(m);
            // 使用 big-endian 格式读取
            var m2 = data.getInt16(0);
            console.log(m2);
            // 使用 little-endian 格式读取
            var m3 = data.getInt16(0, true);
            console.log(m3);
        };
```

```
        }
        else
        {
            alert("你选择的文件不是文本文件！");
        }
    }
    </script>
    </body>
```

上面程序先用 readAsArrayBuffer()方法读取文本文件内容，该方法返回一个代表二进制缓冲区的 ArrayBuffer 对象。接下来程序使用 DataView 读取 ArrayBuffer 中的内容，DataView 非常强大，它可以按指定格式每次读取 1 个字节、2 个字节、4 个字节或 8 个字节。

假如本例选取的文件内容开始是 abc（a 的编码是 97、b 的编码是 98），上面程序中第一行粗体字代码只读取 1 个字节，因此程序输出为 97；程序中第二行粗体字代码以 big-endian 格式（高位在左边）读取 2 个字节，因此此时读出的数值是 97×256+98，该数为 24930；程序中第三行粗体字代码以 little-endian 格式（高位在右边）读取 2 个字节，因此此时读出的数值是 98×256+97，该数为 25185。运行结果如图 17.8 所示。

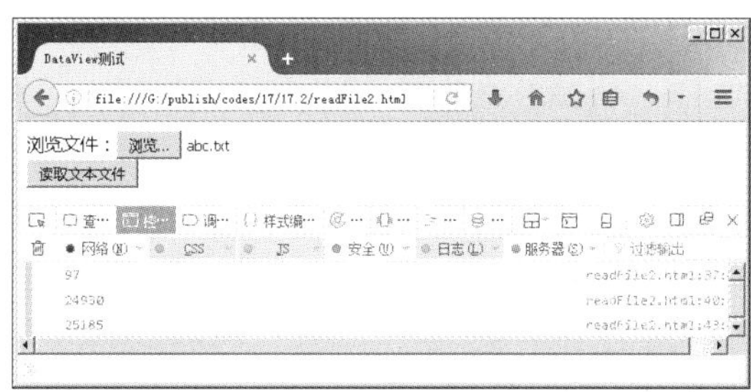

图 17.8 使用 DataView 读取数据

 17.3 Blob 类

HTML 5 新增了一个 Blob 类，用于代表原始的二进制数据，前面介绍的 File 类就继承了 Blob 类。

17.3.1 使用 Blob 对象

Blob 类提供了 Blob(array, options)构造器，该构造器需要两个参数。关于这两个参数的解释如下。

- array：该参数是一个数组，数组元素可以是 ArrayBuffer、TypedArray、Blob、String 对象，Blob 构造器负责将这些数组元素拼接成一个 Blob 对象。
- options：该参数是一个可选的选项参数，该选项支持 type 和 endings 两个属性，其中 type 用于指定该 Blob 的 MIME 类型；endings 用于指定字符串的行结束符。该选项支持 transparent、native 两个选项值，其中 transparent 指定使用"\n"作为行结束符；native 指定使用本地平台的换行符作为行结束符。

得到 Blob 对象之后，即可调用 Blob 对象的属性和方法。Blob 对象提供了如下属性和方法。

- size：该属性返回该 Blob 对象包含的字节数。
- type：该属性返回该 Blob 对象的 MIME 类型。如果该 Blob 对象没有指定 MIME 类型，该属性返回空字符串。

➢ slice([start [, end [, contentType]]])：该方法用于截取原 Blob 对象中从 start 到 end 之间的数据，从而返回一个新的 Blob 对象，contentType 参数用于指定新 Blob 对象的 MIME 类型。如果省略 end 参数，则截取从 start 开始，直到原 Blob 对象结束的全部数据；如果连 start 参数也省略，则相当于 start 参数为 0。

下面代码示范了创建 Blob 对象的基本用法。

程序清单：codes\17\17.3\BlobTest1.html

```
<script type="text/javascript">
var blob1 = new Blob(["hello" , "fkjava"]);
console.log(blob1.size); // blob1 包含 11 个英文字符，因此此处输出 11
var blob2 = new Blob(["html5"]);
var blob3 = new Blob([blob1, blob2], {type:"text/plain"});
console.log(blob3.size); // 输出 16
console.log(blob3.type); // 输出 text/plain
</script>
```

上面程序先使用字符串创建了两个 Blob 对象，第三个 Blob 对象基于已有的两个 Blob 对象来创建，这样第三个 Blob 对象将会把已有的两个 Blob 对象的数据拼接在一起。

使用浏览器执行上面程序，将会看到如图 17.9 所示的输出。

图 17.9 使用 Blob 对象

下面代码示范了使用 TypedArray 数组创建 Blob 对象。

程序清单：codes\17\17.3\BlobTest2.html

```
<script type="text/javascript">
// 创建长度为 32 的 Int16Array 数组
var arr = new Int16Array(32);
var b1 = new Blob([arr], {type:"text/plain"});
console.log(b1.size); // 输出 64
console.log(b1.type); // 输出 text/plain
// 截取 b1 对象从 2 开始，直到结束的全部数据
var b2 = b1.slice(2);
console.log(b2.size); // 输出 62
</script>
```

上面程序先创建了一个长度为 32 的 Int16Array 数组，但由于该数组的每个元素占 16 位（2 个字节），因此使用该对象创建的 Blob 对象包含 64 个字节的数据。

使用浏览器执行上面程序，将会看到如图 17.10 所示的输出。

图 17.10 使用 TypedArray 创建 Blob 对象

HTML 5 的 URL 类新增了一个 createObjectURL()方法，该方法可以根据 Blob 对象的二进制数据来创建 URL 地址，当用户访问该 URL 地址时会直接下载 Blob 对象内的二进制数据。例如如下页面代码。

程序清单：codes\17\17.3\downloadBlob.html

```
<body>
<h2> 生成 Blob 下载 </h2>
<textarea rows="3" cols="50"
   id="content" name="content"></textarea><p>
<button onclick="generate();">创建下载</button><p>
<div id="out"></div>
<script type="text/javascript">
   function generate()
   {
      // 获取用户在 content 文本框内输入的内容
      var str = document.querySelector("#content").value;
      // 将用户输入的内容转换成 Blob 对象
      var blob = new Blob([str], {type:"text/plain"});
      var out = document.querySelector("#out");
      // 使用 createObjectURL 将 Blob 对象转换成 URL 对象
      out.innerHTML = "<a download='content.txt' href='" +
         URL.createObjectURL(blob) + "' target='_blank'>下载</a>";
   }
</script>
</body>
```

上面程序中第一行粗体字代码将指定字符串创建成 Blob 对象，第二行粗体字代码使用 createObjectURL 方法将 Blob 对象转换成 URL 对象，当用户访问该 URL 地址时将会下载 Blob 对象内的二进制数据。

使用浏览器浏览该页面，单击页面上的“创建下载”按钮，JavaScript 脚本将会把用户输入的字符串包装成 Blob 对象，再将 Blob 对象转换成 URL 对象供用户下载。

17.3.2　存储 Blob 对象

Blob 对象代表原始的二进制数据，这些二进制数据既可在网络上传输（比如通过 XMLHttpRequest 对象提交到服务器），也可保存在本地 Indexed 数据库中。

下面示例将会示范如何将 Blob 对象存入本地 Indexed 数据库中，以及如何从本地 Indexed 数据库中取出 Blob 对象。

程序清单：codes\17\17.3\BlobStore.html

```
<!DOCTYPE html>
<html>
<head>
   <meta http-equiv="Content-Type" content="text/html; charset=utf-8" />
   <title> 存储 Blob 对象 </title>
   <script type="text/javascript">
      function createDb(event)
      {
         idb = event.target.result;
         // 定义对象存储的名称
         var storeName = "pics";
         // 如果要创建的对象存储已经存在，就先删除它
         if (idb.objectStoreNames.contains(storeName))
         {
            idb.deleteObjectStore(storeName);
         }
```

```
        // 定义创建对象存储的选项
        var opt = {
            // 指定主键
            keyPath: "pic_id",
            // 设置主键的自增长
            autoIncrement: true
        };
        // 创建对象存储
        var store = idb.createObjectStore(storeName, opt);
    }
    var dbName = "picDb";
    var version = 3;
    function add()
    {
        // 打开数据库连接
        var request = indexedDB.open(dbName , version);
        var idb;
        request.onsuccess = function(event)
        {
            idb = request.result;
            // 打开针对pics对象存储的读写事务
            var tx = idb.transaction("pics", "readwrite");
            var picsStore = tx.objectStore("pics");
            var pic = {
                pic: document.querySelector("#pic").files[0]
            };
            // 添加图片
            var objectStoreRequest = picsStore.put(pic);
            // 为添加数据的请求绑定事件处理函数
            objectStoreRequest.onsuccess = function(event)
            {
                alert("图片添加成功！");
                // 清除pic控件的内容
                document.querySelector("#pic").value = "";
            };
        }
        request.onerror = function(event)
        {
            alert("数据库打开失败!");
        }
        request.onupgradeneeded = createDb;
    }
    function get(key)
    {
        var iKey = parseInt(key);
        if( isNaN(iKey) )
        {
            alert("请输入整数作为图片ID");
            document.getElementById('id').value = "";
            return;
        }
        // 打开数据库连接
        var request = indexedDB.open(dbName , version);
        var idb;
        request.onsuccess = function(event)
        {
            idb = request.result;
            // 打开针对pics对象存储的只读事务
            var tx = idb.transaction("pics", "readonly");
            var picsStore = tx.objectStore("pics");
            // 读取图片
            var objectGetRequest = picsStore.get(iKey);
            // 为删除数据的请求绑定事件处理函数
```

```
                objectGetRequest.onsuccess = function(event)
                {
                    var obj = objectGetRequest.result;
                    // 取出图片内容
                    document.querySelector("#out").innerHTML =
                        "<img src='" + URL.createObjectURL(obj.pic)+ "'/>";
                };
            }
            request.onerror = function(event)
            {
                alert("数据库打开失败!" + event);
            }
            request.onupgradeneeded = createDb;
        }
    </script>
</head>
<body>
选择图片: <input type="file" id="pic" name="pic" accept="image/*"/><p>
<button onclick="add();">保存</button><p>
<input type="text" id="id" name="id" placeholder="请输入图片 id"/>
<button onclick="get(document.getElementById('id').value);">打开图片</button>
<div id="out"></div>
</body>
</html>
```

上面程序定义了两个函数：add()和 get()，其中 add()函数用于将 Blob 对象存入 Indexed 数据库中。该方法中第一段粗体字代码使用页面上文件选择框输入的文件构建了一个 JSON 对象，第二行粗体字代码调用了对象存储的 put()方法将该对象存入 Indexed 数据库中。

get()方法中第一行粗体字代码用于获取 Indexed 数据库中的对象，第二行粗体字代码用于获取该对象中的 Blob 属性，然后调用 URL 的 createObjectURL()方法将该 Blob 对象创建成 URL 对象，并将 URL 指定为<img.../>元素的 src 属性。

在浏览器中浏览该页面，先保存一些图片，然后加载、显示 Indexed 数据库中的图片，即可看到如图 17.11 所示的效果。

图 17.11 加载 Indexed 数据库中的 Blob 对象

17.4 本章小结

本章主要介绍了 HTML 5 的文件支持和二进制数据，学习本章内容需要重点掌握 HTML 5 增强的文件上传域。增强的文件上传域既允许设置上传的文件类型，也允许设置上传多个文件，甚至可以访问文件内容。此外，还需要掌握 ArrayBuffer、TypedArray、DataView、Blob 等各种二进制相关类的功能和用法。

CHAPTER

18

第18章 Web Worker 多线程 API

本章要点

- 单线程 JavaScript 脚本的不足
- 使用 Worker 创建多线程
- 使用多线程执行 JavaScript 脚本
- 与 Worker 线程交换数据
- Worker 线程中可用的 API
- 在 Worker 线程中嵌套 Worker 子线程
- 子线程之间的数据交换
- 使用 SharedWorker 创建子线程
- 使用 SharedWorker 创建共享子线程
- 使用 Promise 执行异步任务
- 使用 Promise 的 then 方法传入回调函数
- 链式调用 then 方法
- Promise 链式调用
- 使用 catch 方法传入回调函数
- all 和 race 方法的功能和用法

传统的 JavaScript 脚本只有一条“程序执行流”，也就是只有一个线程，如果 JavaScript 脚本执行时被阻塞了，那么就会阻塞整个 JavaScript 脚本的执行流程，甚至导致浏览器失去响应。在传统的 JavaScript 脚本编程中，开发人员无法启动子线程来执行 JavaScript 脚本。

Web Worker API 的出现改变了这种局面，开发者只要创建一个 Worker 对象，即可启动一条新的后台 JavaScript 线程，这意味着 JavaScript 并发编程时代的到来。通过 JavaScript 的多线程支持，我们可以把一个耗时的任务交给子线程去执行，从而避免这个耗时的任务阻塞当前执行流，避免阻塞浏览器。

Web Worker 的最新规范地址是 https://www.w3.org/TR/2015/WD-workers-20150924。

Worker 子线程的用法简单、方便，开发者只要传入一个 JavaScript 脚本的 URL，创建一个 Worker 对象，浏览器就会启动一个线程来执行这段 JavaScript 脚本。如果需要与 Worker 线程交换数据，Worker 提供了 postMessage(data)方法和 onmessage 事件监听器属性。也就是说，使用 Worker 进行多线程编程非常简单，本章将会详细介绍利用 Worker 进行多线程编程的相关知识。

18.1 使用 Worker 创建多线程

在介绍 JavaScript 多线程之前，先回顾以前的 JavaScript 编程：在前面介绍的所有 JavaScript 代码中，所有的 JavaScript 脚本都在主线程中执行。如果当前脚本包含复杂的、耗时的代码，那么 JavaScript 脚本的执行将会被阻塞，甚至整个浏览器都会提示失去响应。

下面假设程序需要计算、收集从 1~99999 之间的所有质数（在大于 1 的自然数中，除了 1 和该整数自身外，没法被其他自然数整除的数），如果程序不采用后台线程，而是直接使用 JavaScript 前台线程计算、收集质数，代码如下。

程序清单：codes\18\18.1\calPrime.html

```
<!DOCTYPE html>
<html>
<head>
    <meta http-equiv="Content-Type" content="text/html; charset=utf-8" />
    <title> 计算质数 </title>
</head>
<body>
    <p>已经发现的所有质数：<div id="result"></div></p>
    <script type="text/javascript">
        var n = 1;
        search:
        while (n < 99999)
        {
            // 开始搜寻下一个质数
            n += 1;
            for (var i = 2; i <= Math.sqrt(n); i ++)
            {
                // 如果除以 n 的余数为 0，则开始判断下一个数字
                if (n % i == 0)
                {
                    continue search;
                }
            }
            document.getElementById('result').innerHTML += (n + ", ");
        }
    </script>
</body>
</html>
```

使用浏览器打开该页面，将会看到如图18.1所示的界面。

从图 18.1 所示的浏览界面可以看出，当前台 JavaScript 脚本需要执行一个耗时的任务时，JavaScript 脚本会阻塞前台浏览器。只有当整个 JavaScript 脚本执行完成后，浏览器才会显示出这段 JavaScript 脚本的执行结果。

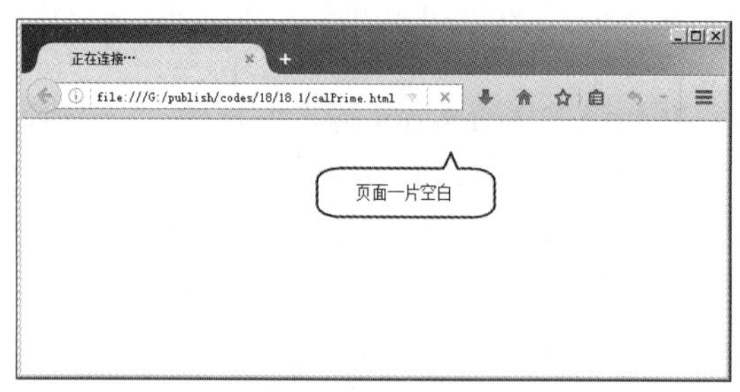

图 18.1　前台 JavaScript 脚本阻塞浏览器

如果需要继续增大收集的范围，比如要收集 1~999999 之间的质数，那就有可能导致浏览器停止响应了。

如果改为使用 Web Worker 启动多线程来执行这个任务，那么页面效果就完全不同了。使用 Worker 创建多线程非常简单，只要调用 Worker 的构造器即可。Worker 提供了如下构造器。

➢ Worker(scriptURL)：scriptURL 用于指定所使用 JavaScript 脚本的路径。

下面改为使用 Worker 启动多线程来计算、收集这些质数，页面代码如下。

程序清单：codes\18\18.1\workerCalPrime.html

```
<!DOCTYPE html>
<html>
<head>
    <meta http-equiv="Content-Type" content="text/html; charset=utf-8" />
    <title> 计算质数 </title>
</head>
<body>
    <p>已经发现的所有质数：<div id="result"></div></p>
    <script>
        // 使用 Worker 启动多线程来计算、收集质数
        var worker = new Worker('worker.js');
        worker.onmessage = function(event)
        {
            document.getElementById('result').innerHTML
                += event.data + ", ";
        };
    </script>
</body>
</html>
```

上面程序中的粗体字代码以 worker.js 为参数，创建另一个 Worker 对象，这就相当于创建了一个线程——换句话来说，worker.js 脚本将会被放在另一个“程序执行流”中执行，worker.js 的执行就不会阻塞前台线程，更不会阻塞浏览器了。

下面是 worker.js 脚本的代码。

程序清单：codes\18\18.1\worker.js

```
var n = 1;
search:
while (n < 99999)
{
    // 开始搜寻下一个质数
    n += 1;
    for (var i = 2; i <= Math.sqrt(n); i ++)
    {
        // 如果除以 n 的余数为 0，则开始判断下一个数字
        if (n % i == 0)
        {
            continue search;
```

```
        }
    }
    // 发现质数
    postMessage(n);        // ①
}
```

在浏览器中浏览该页面，可以看到页面上收集到的质数在不断增加，页面内容不会被阻塞，如图 18.2 所示。

提示： 使用 Chrome、Opera 浏览上面页面会报出“cannot be accessed from origin 'null'”错误，这是因为没有将该页面部署在服务器中的缘故，读者可以将该 HTML 文档、JavaScript 脚本文件复制到 Web 服务器（如 Tomcat）的应用路径下，启动 Web 服务器后，访问 Web 应用下的该页面即可看到一切正常。

正如上面的①号粗体字代码所示，Worker 启动的子线程找到质数之后，并不能直接把找到的质数更新在页面上显示，而是必须通过 postMessage(n);发送消息来与前台 JavaScript 通信。

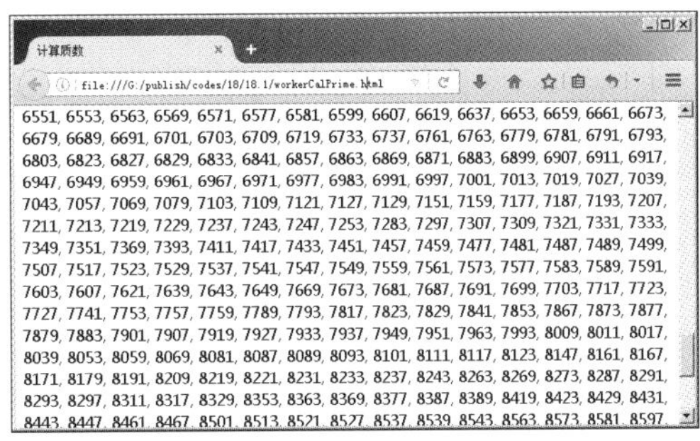

图 18.2 启动新线程执行 JavaScript 脚本

使用 Worker 创建的多线程执行时有一个限制，Worker 启动的多线程不允许使用 DOM API，包括 Node 对象及其子元素对象、Document 对象等。换句话来说，Worker 启动的多线程不能直接更新前台 HTML 页面。

18.2 与 Worker 线程进行数据交换

为了与 Worker 线程交换数据，Worker 提供了如下方法。

- postMessage(data)：发送消息，提交 data 数据。

除此之外，Worker 还提供了一个名为 onmessage 的事件监听器属性。当程序在前台 JavaScript 中调用 postMessage(data)发送消息时，将会触发 Worker 线程启动的 JavaScript 脚本中的 onmessage 函数；当 Worker 线程启动的 JavaScript 脚本调用 postMessage(data)发送消息时，将会触发为该 Worker 对象的 onmessage 事件绑定的监听器。

下面通过一个具体的例子来介绍前台 JavaScript 脚本与 Worker 之间的数据交换。

18.2.1 与 Worker 线程交换数据

为了与 Worker 线程交换更复杂的数据，我们可以把复杂数据封装成 JavaScrit 对象，再把 JavaScript 对象转换为 JSON 字符串之后进行传递。

下面开发一个示例，该示例允许用户输入两个数值，两个数值确定一个范围，而程序代码则负责计算、收集这个范围内的所有质数。

该程序的页面代码如下。

程序清单：codes\18\18.2\calPrime.html

```
<body>
    起始值：<input type="text" id="start" name="start"/><br/>
```

```
    结束值：<input type="text" id="end" name="end"/><br/>
    <input type="button" value="计算" onclick="cal();"/>
    <table id="show"></table>
    <script type="text/javascript">
        var cal = function()
        {
            // 得到用户输入的 start、end 两个值
            var start = parseInt(document.getElementById("start").value);
            var end = parseInt(document.getElementById("end").value);
            // 如果 start 大于、等于 end，则直接结束该函数
            if (start >= end)
            {
                return;
            }
            var cal = new Worker("worker.js");
            // 定义需要提交给 Worker 线程的数据
            var data = {
                start : start,
                end : end
            };
            // 向 Worker 线程提交数据
            cal.postMessage(JSON.stringify(data));
            cal.onmessage = function(event)
            {
                var table = document.getElementById("show");
                // 清空该表格原有的内容
                table.innerHTML = "";
                // 获取 Worker 线程返回的数据
                var result = event.data;
                var nums = result.split(",");
                // 定义表格总共包含多少列
                var COLS_NUM = 7;
                for (var i = 0 ; i <= (nums.length - 1) / COLS_NUM ; i++)
                {
                    // 添加表格行
                    var row = table.insertRow(i);
                    // 循环插入 7 个单元格
                    for(var j = 0 ; j < COLS_NUM &&
                        i * COLS_NUM + j < nums.length - 1 ; j++)
                    {
                        // 插入单元格，并为单元格设置 innerHTML 属性
                        row.insertCell(j).innerHTML = nums[i * COLS_NUM + j]
                    }
                }
            }
        };
    </script>
</body>
```

上面程序中的粗体字代码把用户输入的两个数值封装成 JavaScript 对象，接下来程序把 JavaScript 对象转换为 JSON 字符串提交给 Worker 线程。

当前台 JavaScript 脚本调用 Worker 对象的 postMessage()方法提交消息时，将会触发 Worker 线程所启动的 JavaScript 脚本里的 onmessge 方法。

下面是 Worker 对象启动的 JavaScript 脚本代码。

程序清单：codes\18\18.2\worker.js

```
onmessage = function(event)
{
    // 将数据提取出来
    var data = JSON.parse(event.data);
```

```
        // 取出 start 参数
        var start = data.start;
        // 取出 end 参数
        var end = data.end;
        var result = "";
        search:
        for (var n = start ; n <= end ; n++)
        {
            for (var i = 2; i <= Math.sqrt(n); i ++)
            {
                // 如果除以 n 的余数为 0，则开始判断下一个数字
                if (n % i == 0)
                {
                    continue search;
                }
            }
            // 搜集找到的质数
            result += (n + ",");
        }
        // 发送消息，将会触发前台 JavaScript 脚本中
        // Worker 对象的 onmessage 方法
        postMessage(result);
    }
```

使用浏览器来浏览该页面，并在两个文本框中输入两个整数，用于确定两个计算、收集质数的范围，然后单击页面上的“计算”按钮，程序将会把用户输入的数据提交给后台的 Worker 线程，当 Worker 线程计算、收集完成后，程序再次把计算结果返回给前台 JavaScript。此时将可以看到如图 18.3 所示的界面。

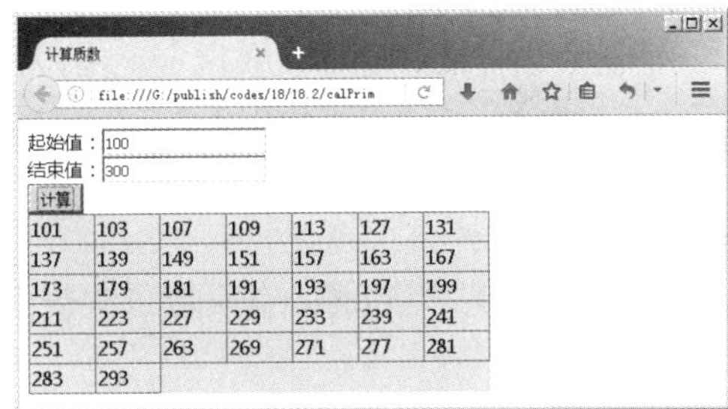

图 18.3　与 Worker 线程交换数据

18.2.2　Worker 线程中可用的 API

前面已经看到，Worker 线程所启动的 JavaScript 脚本不能访问 DOM API，不能动态地修改前台 HTML 界面组件。事实上，Worker 线程所启动的 JavaScript 脚本甚至不能调用 alert()、confirm()、prompt()等用户交互函数。

在 Worker 线程中可用的 API 大致有如下几个。

- onmessage：这是一个事件监听器属性，通过为该属性指定的函数可以获取前台 JavaScript 脚本提交过来的数据。
- postMessage(data)：这是 Worker 的核心方法。如果在 Worker 启动的 JavaScript 脚本中调用该方法提交消息，将会触发相应 Worker 对象的 onmessage 事件；如果调用前台 JavaScript 脚本中 Worker 对象的 postMessage()方法提交消息，将会触发该 Worker 对象启动的 JavaScript 脚本中的 onmessage 事件监听器。
- importScripts(urls)：这也是 Worker 的核心方法。该方法可用于导入 JavaScript 脚本，该方法可以同时导入多个 JavaScript 脚本，例如 importScripts("a.js" , "b.js" , "c.js");。
- sessionStorge/localStorage：完全可以在 Worker 线程中使用 Storage 来执行本地存储。
- Worker：Worker 线程可以创建新的 Worker 对象来启动嵌套线程。
- XMLHttpRequest：Worker 线程中可以使用 XMLHttpRequest 来发送异步请求。
- navigator：这是一个 WorkerNavigator 对象，该对象的功能与 window 里的 navigator 属性相似。

- location：这是一个 WorkerLocation 对象，该对象的功能与 window 里的 location 属性相似。
- self：这是一个 WorkerGlobalScope 对象，该对象就代表了当前 Worker 线程自身的作用域。调用 self 的 close()方法可以结束本线程。
- setTimeout()/setInterval()/eval()/isNaN()/parseInt()等：这些是与界面无关的 JavaScript 核心函数，包括使用 Array/Data/Math/Number/Object/String 等 JavaScript 核心类创建对象，以及使用这些类的对象。

18.3 Worker 线程嵌套

除了在 JavaScript 中通过 Worker 启动子线程之外，也可以在 Worker 中再次创建 Worker 对象来启动线程，这样就形成了线程嵌套。

18.3.1 嵌套 Worker 线程

为了启动嵌套子线程，在 Worker 线程中再次创建 Worker 对象即可。

下面假设需要计算、获取指定范围内指定数量的质数。为了实现这个功能，程序使用了嵌套 Worker 线程。本程序的思路是：

① 前台 JavaScript 脚本先启动一个 Worker 线程，该 Worker 线程负责收集该范围内的所有质数。

② 程序把收集到的所有质数再次提交给 Worker 线程处理，让 Worker 线程统计出指定数量的质数。

下面是程序的 HTML 页面代码，该 HTML 页面内包含了 3 个文本框，用于获取用户输入的最大值、最小值和希望获得的质数个数。

程序清单：codes\18\18.3\calPrime.html

```
<body>
    起始值：<input type="text" id="start" name="start"/><br/>
    结束值：<input type="text" id="end" name="end"/><br/>
    个数：<input type="text" id="count" name="count"/><br/>
    <input type="button" value="计算" onclick="cal();"/>
    <table id="show"></table>
    <script type="text/javascript">
        var cal = function()
        {
            // 得到用户输入的 start、end 两个值
            var start = parseInt(document.getElementById("start").value);
            var end = parseInt(document.getElementById("end").value);
            var count = parseInt(document.getElementById("count").value);
            // 如果 start 大于、等于 end，则直接结束该函数
            if (start >= end)
            {
                return;
            }
            var cal = new Worker("worker.js");
            // 定义需要提交给 Worker 线程的数据
            var data = {
                start : start,
                end : end,
                count : count
            };
            // 向 Worker 线程提交数据
```

```
        cal.postMessage(JSON.stringify(data));
        ...
    </script>
</body>
```

正如从上面的粗体字代码所看到的，由于此时需要将 3 个数据传给 Worker 线程，因此粗体字代码创建的 JavaScript 对象中包含了 3 个属性。

上面程序启动的 Worker 线程对应的 worker.js 代码如下。

程序清单：codes\18\18.3\worker.js

```
onmessage = function(event)
{
    // 将数据提取出来
    var data = JSON.parse(event.data);
    // 取出 start 参数
    var start = data.start;
    // 取出 end 参数
    var end = data.end;
    // 取出 count 参数
    var count = data.count;
    var result = "";
    search:
    for (var n = start ; n <= end ; n++)
    {
        for (var i = 2; i <= Math.sqrt(n); i ++)
        {
            // 如果除以 n 的余数为 0，则开始判断下一个数字
            if (n % i == 0)
            {
                continue search;
            }
        }
        // 搜集找到的质数
        result += (n + ",");
    }
    // 再次启动 Worker 线程
    var sub = new Worker("subworker.js");
    // 把需要处理的数据传入启动的 Worker 线程中
    sub.postMessage({result: result , count : count});
    sub.onmessage = function(event)
    {
        // 发送消息，将会触发前台 JavaScript 脚本中
        // Worker 对象的 onmessage 方法
        postMessage(event.data);
    }
}
```

正如从上面程序中的粗体字代码所看到的，当 worker.js 对应的 Worker 线程计算、收集到该范围内的所有质数之后，程序再次启动了 Worker 线程，并传入了刚刚收集到的所有质数和希望随机获取质数的个数。

下面是 subworker.js 的代码。

程序清单：codes\18\18.3\subworker.js

```
onmessage = function(event)
{
    // 将数据提取出来
    var data = event.data;
    // 提取所有质数
    var primeNums = data.result.split(",")
```

```
    var randResult = "";
    for (var i = 0 ; i < data.count ; i++ )
    {
        // 计算一个随机索引值
        var randIndex = Math.floor(Math.random()
            * (primeNums.length - 1));
        // 随机地“收集”一个质数
        randResult += (primeNums[randIndex] + ",");
    }
    // 发送消息，将会触发启动它的 JavaScript 脚本中
    // 对应 Worker 对象的 onmessage 方法
    postMessage(randResult);
}
```

从上面程序不难看出，与嵌套 Worker 线程通信的方式还是借助于 Worker 的 postMessage(msg)方法和 onmessage 事件监听器。

在浏览器中浏览该页面，输入计算、收集质数的范围及个数，然后单击“计算”按钮，将可以看到如图 18.4 所示的效果。

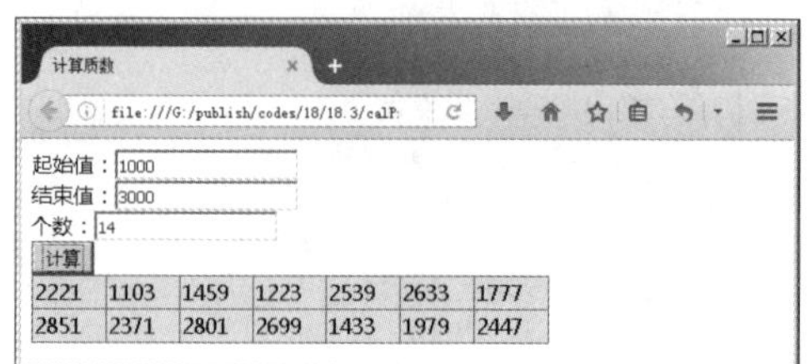

图 18.4　嵌套 Worker 线程

18.3.2　子线程之间的数据交换

除了在 Worker 线程中嵌套启动 Worker 线程之外，还可能出现的情况是，开发者需要在前台 JavaScript 脚本中启动多条 Worker 线程。

在前台 JavaScript 脚本中创建多个 Worker 对象，即可创建多条 Worker 线程。但如果程序需要在多条 Worker 线程之间交换数据，则只能让它们把需要交换的数据返回给前台 JavaScript 脚本，再由前台 JavaScript 脚本完成多条 Worker 线程之间的数据交换。

下面页面还是用于完成上面的功能，只是前台 JavaScript 脚本启动了两条 Worker 线程，其中一条 Worker 线程负责收集指定范围内的所有质数，另一条 Worker 线程则负责从收集到的所有质数中随机抽取指定数量的质数。页面代码如下。

程序清单：codes\18\18.3\multiWorker\calPrime.html

```
<body>
    起始值：<input type="text" id="start" name="start"/><br/>
    结束值：<input type="text" id="end" name="end"/><br/>
    个数：<input type="text" id="count" name="count"/><br/>
    <input type="button" value="计算" onclick="cal();"/>
    <table id="show"></table>
    <script type="text/javascript">
        var cal = function()
        {
            // 得到用户输入的 start、end 两个值
            var start = parseInt(document.getElementById("start").value);
            var end = parseInt(document.getElementById("end").value);
            var count = parseInt(document.getElementById("count").value);
            // 如果 start 大于、等于 end，则直接结束该函数
            if (start >= end)
            {
                return;
            }
            // 启动第一条 Worker 线程，该线程用于计算、收集指定范围内的所有质数
            var cal = new Worker("worker1.js");
            // 定义需要提交给 Worker 线程的数据
```

```
            var data = {
                start : start,
                end : end
            };
            // 向 Worker 线程提交数据
            cal.postMessage(JSON.stringify(data));
            // 监听 onmessage 方法，获取 worker1.js 对应的 Worker 线程返回的数据
            cal.onmessage = function(event)
            {
                // 启动第二条 Worker 线程，该线程用于随机抽取 count 个质数
                var rand = new Worker("worker2.js");
                rand.postMessage({result: event.data , count : count});
                // 监听 onmessage 方法，获取 worker2.js 对应的 Worker 线程返回的数据
                rand.onmessage = function(event)
                {
                    var table = document.getElementById("show");
                    // 清空该表格原有的内容
                    table.innerHTML = "";
                    // 获取 Worker 线程返回的数据
                    var result = event.data;
                    var nums = result.split(",");
                    // 定义表格总共包含多少列
                    var COLS_NUM = 7;
                    for (var i = 0 ; i <= (nums.length - 1) / COLS_NUM ; i++)
                    {
                        // 添加表格行
                        var row = table.insertRow(i);
                        // 循环插入 7 个单元格
                        for(var j = 0 ; j < COLS_NUM &&
                            i * COLS_NUM + j < nums.length - 1 ; j++)
                        {
                            // 插入单元格，并为单元格设置 innerHTML 属性
                            row.insertCell(j).innerHTML = nums[i * COLS_NUM + j]
                        }
                    }
                };
            };
        };
    </script>
</body>
```

上面程序中依次创建了两条 Worker 线程，并通过 cal 和 rand 变量引用这两条 Worker 线程，前台 JavaScript 脚本依次通过 postMessage(data)向 cal、rand 两条 Worker 线程发送数据。程序还为 cal、rand 两条 Worker 线程的 onmessage 事件绑定了事件监听器，这样就可以接收两条 Worker 线程返回的数据了。

通过上面介绍不难看出，当前台 JavaScript 脚本中启动两条 Worker 线程之后，两条 Worker 线程之间并不能直接交换数据，它们只能把需要交换的数据传给前台 JavaScript 脚本，以前台 JavaScript 脚本作为“中介”来完成数据交换。

在浏览器中浏览该页面，执行效果与图 18.4 所示的执行效果相同。

18.4　使用 SharedWorker 创建共享线程

SharedWorker 也可用于创建多线程，正如它的名字所暗示的，SharedWorker 主要用于创建共享线程。何为共享线程呢？同一个页面多次创建 SharedWorker 对象生成的线程，可能用的是同一个共享的线程实例。

18.4.1 SharedWorker的用法

使用SharedWorker创建多线程也非常简单，只要调用SharedWorker构造器创建SharedWorker实例即可。SharedWorker的构造器如下：

```
SharedWorker(scriptURL, name)
```

从该构造器可以看出，SharedWorker构造器比Worker构造器多了一个name参数，该name参数用于指定SharedWorker对象的名字，该参数也可以省略。

SharedWorker对象与共享线程的规则是：如果创建两个SharedWorker对象使用了相同的scriptURL和name，那么这两个SharedWorker对象使用同一个共享线程；反之，只要创建SharedWorker对象的scriptURL或name不同，它们就会分别使用不同的线程。当然，如果每个SharedWorker都使用不同的线程，那还不如直接使用前面介绍的Worker对象。

如下代码简单示范了两个SharedWorker何时使用同一个共享线程，何时使用不同的线程。

```
// 下面两个SharedWorker对象使用同一个共享线程
var worker1 = new SharedWorker("test1.js");
var worker2 = new SharedWorker("test1.js");
// 下面两个SharedWorker对象使用同一个共享线程
var worker1 = new SharedWorker("test1.js" , "fkjava");
var worker2 = new SharedWorker("test1.js" , "fkjava");
// 下面两个SharedWorker对象使用两个不同的线程
var worker1 = new SharedWorker("test1.js" , "fkjava");
var worker2 = new SharedWorker("test2.js" , "fkjava");
// 下面两个SharedWorker对象使用两个不同的线程
var worker1 = new SharedWorker("test1.js" , "fkjava");
var worker2 = new SharedWorker("test1.js" , "fkit");
```

普通Worker直接提供了postMessage()方法和onmessage事件处理函数来处理主线程与子线程的通信。SharedWorker则与此不同，SharedWorker专门提供了一个port属性用于处理主线程与子线程的通信，该port属性是一个MessagePort对象。MessagePort对象提供了如下方法。

- void postMessage(any message)：发送消息。
- void start()：激活MessagePort，开始监听端口是否接收到消息。
- void close()：关闭MessagePort。

此外，MessagePort还提供了一个onmessage属性，用于绑定事件处理函数，每当该MessagePort接收消息时，该事件处理函数将会被触发。

由此可见，如果使用Worker创建线程，可以直接通过Worker的postMessage()、onmessage来处理主线程和子线程的通信；如果使用SharedWorker创建线程，则需要通过SharedWorker的port属性的postMessage()、onmessage来处理主线程和子线程的通信。

例如如下代码片段：

```
var worker = new SharedWorker("test1.js");
// 通过port属性的postMessage向子线程发送消息
worker.port.postMessage(...);
// 通过port属性的onmessage事件处理函数接收来自子线程的消息
worker.port.onmessage = function(event)
{
    // 处理接收到的消息
    ...
};
```

可能有读者感到奇怪，从上面代码来看，MessagePort提供的start()方法似乎没有作用啊？其实不然，如果希望调用addEventListener()方法为MessagePort的message事件绑定事件处理函数，则需要调用 MessagePort 的 start()方法。例如，如下代码片段与前面代码的作用相同：

```
var worker = new SharedWorker("test1.js");
// 通过 port 属性的 postMessage 向子线程发送消息
worker.port.postMessage(...);
// 通过 port 属性的 onmessage 事件处理函数接收来自子线程的消息
worker.port.addEventListener("message", function(event)
{
    // 处理接收到的消息
    ...
}, false);
worker.port.start();
```

上面代码片段中并没有直接为 MessagePort 的 onmessage 属性绑定事件处理函数，因此需要调用 MessagePort 的 start()方法开始监听端口是否接收到消息，如上面粗体字代码所示。

对于使用 SharedWorker 创建子线程的 JavaScript 脚本，此时也不能直接调用 postMessage()方法向主线程发送消息，也必须通过 MessagePort 对象向主线程发送消息。为了让 JavaScript 脚本获取 MessagePort 对象，SharedWorker 要求作为子线程的 JavaScript 脚本为 onconnect 属性绑定事件处理函数，通过该事件处理函数的参数即可获取 MessagePort 对象。例如如下代码片段：

```
onconnect = function(e)
{
    // 获取第一个通信 port
    var port = e.ports[0];
    // 通过 port 的 onmessage 事件处理函数接收来自主线程的消息
    port.onmessage = function(event)
    {
        // 处理接收到的消息
        ...
    };
    // 通过 port 的 postMessage 向主线程发送消息
    port.postMessage(...);
}
```

下面示例同样需要从主页面获取质数的范围，然后主线程会将范围发送给 SharedWorker 子线程。该示例示范了 SharedWorker 的基本用法。

主页面代码如下。

程序清单：codes\18\18.4\calPrime.html

```
<body>
    起始值：<input type="text" id="start" name="start"/><br/>
    结束值：<input type="text" id="end" name="end"/><br/>
    <input type="button" value="计算" onclick="cal();"/>
    <table id="show"></table>
    <script type="text/javascript">
        var cal = function()
        {
            // 得到用户输入的 start、end 两个值
            var start = parseInt(document.getElementById("start").value);
            var end = parseInt(document.getElementById("end").value);
            // 如果 start 大于或等于 end，直接结束该函数
            if (start >= end)
            {
                return;
            }
            var worker = new SharedWorker("worker.js");
            // 定义需要提交给 SharedWorker 线程的数据
            var data = {
```

```
				start : start,
				end : end
			};
			// 向SharedWorker子线程提交数据
			worker.port.postMessage(JSON.stringify(data));
			// 监听来自SharedWorker子线程的数据
			worker.port.onmessage = function(event)
			{
				var table = document.getElementById("show");
				// 清空该表格原有的内容
				table.innerHTML = "";
				// 获取SharedWorker线程返回的数据
				var result = event.data;
				var nums = result.split(",");
				// 定义表格总共包含多少列
				var COLS_NUM = 7;
				for (var i = 0 ; i <= (nums.length - 1) / COLS_NUM ; i++)
				{
					// 添加表格行
					var row = table.insertRow(i);
					// 循环插入7个单元格
					for(var j = 0 ; j < COLS_NUM &&
						i * COLS_NUM + j < nums.length - 1 ; j++)
					{
						// 插入单元格，并为单元格设置innerHTML属性
						row.insertCell(j).innerHTML = nums[i * COLS_NUM + j]
					}
				}
			}
		};
	</script>
</body>
```

上面程序中第一行粗体字代码创建了一个SharedWorker实例，这样即可启动一条子线程；第二行粗体字代码调用SharedWorker对象的port属性的postMessage()方法向子线程提交数据；第三行粗体字代码为SharedWorker对象的port属性的onmessage绑定事件处理函数，这样即可监听来自子线程的数据。

下面是子线程的work.js代码。

程序清单：codes\18\18.4\work.js

```
onconnect = function(e)
{
	// 获取第一个通信port
	var port = e.ports[0];
	port.onmessage = function(event)
	{
		// 将数据提取出来。
		var data = JSON.parse(event.data);
		// 取出start参数
		var start = data.start;
		// 取出end参数
		var end = data.end;
		var result = "";
		search:
		for (var n = start ; n <= end ; n++)
		{
			for (var i = 2; i <= Math.sqrt(n); i ++)
			{
				// 如果除以n的余数为0，开始判断下一个数字
				if (n % i == 0)
```

```
                {
                    continue search;
                }
            }
            // 搜集找到的质数
            result += (n + ",");
        }
        // 发送消息，将会触发前台 JavaScript 脚本中
        // SharedWorker 对象的 port 属性的 onmessage 方法
        port.postMessage(result);
    }
}
```

上面 JavaScript 脚本中第一行粗体字代码为 onconnect 事件绑定了事件处理函数，这样 JavaScript 脚本即可通过该事件处理函数的参数获取 MessagePort 对象；程序中第三行粗体字代码为 port 的 onmessage 事件绑定了事件监听函数，这样即可获取来自主线程的数据；程序中第四行粗体字代码通过 port 的 postMessage()方法向主线程发送消息。

18.4.2　共享线程实例

前一个示例虽然使用了 SharedWorker 创建子线程，但该示例并没有体现出 SharedWorker 的优势，该示例使用普通的 Worker 同样可以实现。

下一个示例在页面上输入一个起始点，子线程将从该起始点获取 10 个质数；当用户再次需要获取 10 个质数时，程序希望接着上一次结束点获取——为了实现这个功能，每次用户希望获取 10 个质数时，程序都需要创建 SharedWorker 生成子线程——但两个 SharedWorker 对象可以共享同一个线程对象，这样后一个线程就可以接着上次生成的 10 个质数继续生成下 10 个质数。

下面是主页面代码。

程序清单：codes\18\18.4\share\main.html

```
<body>
    起始值：<input type="text" id="start" name="start"/><br/>
    <input type="button" value="计算 10 个质数" onclick="cal();"/>
    <table id="show"></table>
    <script type="text/javascript">
        var cal = function()
        {
            // 得到用户输入的 start 值
            var start = parseInt(document.getElementById("start").value);
            var worker = new SharedWorker("worker.js");
            // 定义需要提交给 SharedWorker 线程的数据
            var data = {
                start : start,
            };
            // 向 SharedWorker 线程提交数据
            worker.port.postMessage(JSON.stringify(data));
            // 为 worker.port 的 message 事件添加监听函数
            worker.port.addEventListener("message", function(event)
            {
                var table = document.getElementById("show");
                // 获取 SharedWorker 线程返回的数据
                var result = event.data;
                var nums = result.split(",");
                // 定义表格总共包含多少列
                var COLS_NUM = 10;
                for (var i = 0 ; i <= (nums.length - 1) / COLS_NUM ; i++)
                {
```

```
                // 添加表格行
                var row = table.insertRow(i);
                // 循环插入10个单元格
                for(var j = 0 ; j < COLS_NUM &&
                    i * COLS_NUM + j < nums.length - 1 ; j++)
                {
                    // 插入单元格，并为单元格设置innerHTML属性
                    row.insertCell(j).innerHTML = nums[i * COLS_NUM + j]
                }
            }
        }, false);
        // 开始监听
        worker.port.start();
    };
    </script>
</body>
```

上面程序中粗体字代码使用SharedWorker启动线程、提交数据给子线程的步骤与前一个示例基本相似，但本示例调用addEventListener()方法为port添加message事件监听函数，因此本示例必须调用port的start()方法开始监听——如上面最后一行粗体字代码所示。

本示例的变化是子线程的JavaScript代码。由于本示例的多个SharedWorker会共享同一个线程实例，因此程序会检测JavaScript脚本的变量，如果该线程实例中的变量已经保存了start值，则表明需要接着上次的结束点继续向下执行。下面是子线程的JavaScript脚本。

程序清单：codes\18\18.4\share\worker.js

```
var start;
onconnect = function(e)
{
    // 获取第一个通信port
    var port = e.ports[0];
    port.onmessage = function(event)
    {
        // 将数据提取出来
        var data = JSON.parse(event.data);
        if(!start){
            // 取出start参数
            start = data.start;
        }
        var result = "";
        search:
        for (var n = start,count = 0 ; count < 10; n++)
        {
            for (var i = 2; i <= Math.sqrt(n); i ++)
            {
                // 如果除以n的余数为0，开始判断下一个数字
                if (n % i == 0)
                {
                    continue search;
                }
            }
            // 搜集找到的质数
            result += (n + ",");
            start = n;
            count++; // 找到一个质数，count加1
        }
        start++;
        // 发送消息，将会触发前台JavaScript脚本中
        // SharedWorker对象的port属性的onmessage方法
```

```
        port.postMessage(result);
    }
}
```

上面程序中定义了 start 全局变量，每次程序找到一个质数之后，都会将该质数赋值给变量 start——由于程序创建多个 SharedWorker 使用的是同一个线程实例，因此下一个线程依然可以访问 start 变量的值，这样该线程就可以继续获取接下来的 10 个质数了。

在浏览器中浏览该页面，多次单击页面上的“计算 10 个质数”按钮，即可看到如图 18.5 所示的输出。

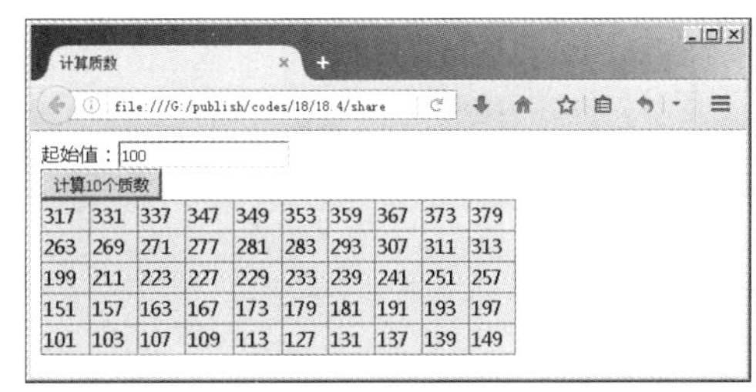

图 18.5　使用 SharedWorker 创建共享线程

从图 18.5 可以看出，程序每次获取的 10 个质数总是接着前 10 个质数的，这表明两个 SharedWorker 对象共享同一个线程实例。

18.5　Promise

如果程序需要异步完成某个任务，并希望任务完成后能执行特定的回调函数，任务失败后执行另外的回调函数，此时就应该使用 Promise。

18.5.1　Promise 基本用法

Promise 是一个类，该类具有如下构造器：

```
new Promise(function(resolve, reject) { ... })
```

从上面构造器可以看出，Promise 用于包装一个特定格式的函数，被包装的函数体就代表了使用 Promise 异步完成的任务。

被包装的函数必须具有 resolve 和 reject 两个参数——其中 resolve 参数代表异步任务完成后的回调函数，reject 参数代表异步任务失败（Promise 称之为“被拒绝”）后的回调函数。

Promise 如何确定被包装的函数（要完成的异步任务）是完成态，还是拒绝态呢？其实很简单，如果被包装的函数调用了 resolve 函数（可传入参数），那么该 Promise 进入完成态；如果被包装的函数调用了 reject 函数（可传入参数），那么该 Promise 进入拒绝态。

实际上，Promise 具有如下 3 种状态。

- 等待态（pending）：Promise 包装的异步任务正在执行中。
- 完成态（fulfilled）：Promise 包装的异步任务（函数）执行了 resolve 函数。
- 拒绝态（rejected）：Promise 包装的异步任务（函数）执行了 reject 函数。

由于创建 Promise 对象时就会执行 Promise 包装的异步任务（函数），因此通常建议将创建 Promise 对象的代码放在其他函数中，这样等调用函数时才会创建 Promise 对象，才会执行 Promise 包装的异步任务。

Promise 提供了一个 then()方法，该方法可以传入两个函数：第一个函数是 resolve 回调函数；第二个函数是 reject 回调函数。

Promise 的执行状态图如图 18.6 所示。

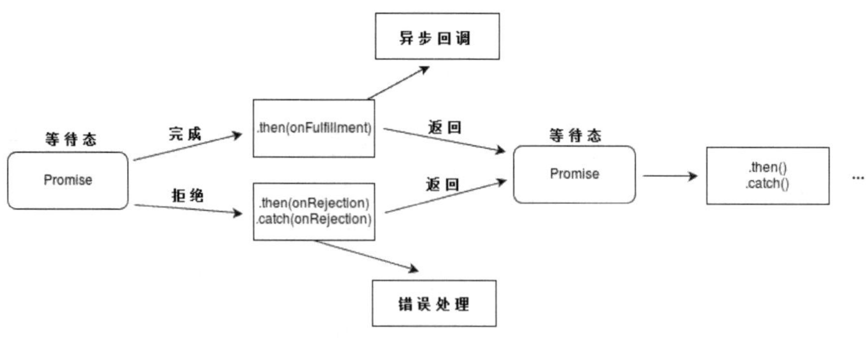

图 18.6　Promise 的执行状态图

从图 18.6 可以看出，如果 Promise 的 resolve 或 reject 回调函数再次返回 Promise 对象，那么就会形成 Promise 链。18.5.3 节将会详细介绍 Promise 链的内容。

下面程序示范了 Promise 的初步用法。

程序清单：codes\18\18.5\PromiseQs.html

```
<body>
选择文件：<input type="file" id="target" name="target"/><p>
<button onclick="show();">读取</button><p>
<div id="result"></div>
<script type="text/javascript">
function readFile(){
   var p = new Promise(function(resolve, reject){
      var fr = new FileReader();
      var file = document.querySelector("#target").files[0];
      // 如果文件内容不是文本文件
      if (/text\/\w+/.test(file.type))
      {
         fr.readAsText(file, "gbk");
         fr.onload = event => {
            // 调用 resolve 函数让 Promise 进入 fulfilled 状态
            resolve(fr.result);
         }
      }
      else
      {
         // 调用 reject 函数让 Promise 进入 rejected 状态
         reject("文件内容不符合，本例只接受文本文件！");
      }
   });
   return p;
}
function show()
{
   // 调用 then 方法，传入 resolve 和 reject 函数
   readFile().then(function(data)
   {
      document.querySelector("#result").innerHTML = data;
   }, function(reason){
      alert(reason);
   });
}
</script>
</body>
```

上面程序中第一行粗体字代码创建了 Promise 对象，创建该对象时传入一个带 resolve、reject 参数的函数，Promise 负责包装该函数。

被 Promise 包装的函数中第一行粗体字代码调用 resolve 将 Promise 转入完成态，第二行粗体字代码调用 reject 将 Promise 转入拒绝态。

上面程序中最后一段粗体字代码调用了 Promise 的 then 方法，调用该方法时传入的第一个函数是 resolve 回调函数，第二个函数是 reject 回调函数。

在浏览器中浏览器上面的页面，如果选择读取的文件是文本文件，程序将会调用 resolve 函数使 Promise 进入完成态，这样程序就会执行调用 then 方法时传入的第一个函数，如图 18.7 所示。

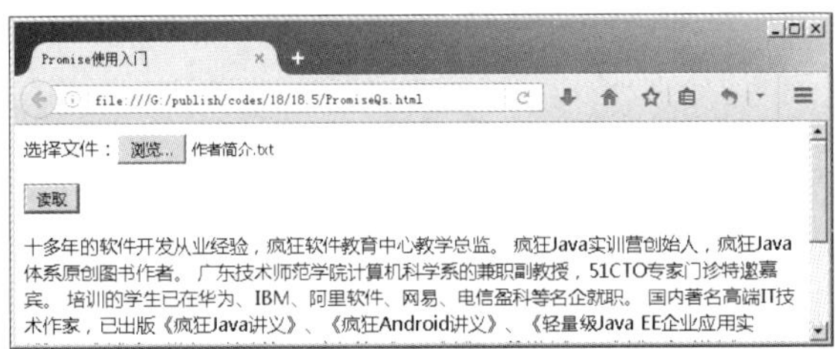

图 18.7 Promise 完成后执行 resolve 函数

如果选择读取的文件不是文本文件，程序将会调用 reject 函数使 Promise 进入拒绝态，这样程序就会执行调用 then 方法时传入的第二个函数，如图 18.8 所示。

图 18.8 Promise 被拒绝后执行 reject 函数

18.5.2 链式调用 then 方法

Promise 对象可以多次调用 then 方法，每次 then 方法内 resolve 函数或 reject 函数返回的结果都会再次传给 resolve 函数或 reject 函数。下面代码示范了使用链式调用 then 方法。

程序清单：codes\18\18.5\thenChain.html

```
<body>
选择文件：<input type="file" id="target" name="target"/><p>
<button onclick="show();">读取</button><p>
<div id="result"></div>
<script type="text/javascript">
function readFile(){
    var p = new Promise(function(resolve, reject){
        var fr = new FileReader();
        var file = document.querySelector("#target").files[0];
        alert(file.type);
        // 如果文件内容不是文本文件
        if (/text\/\w+/.test(file.type) || file.type == "")
        {
            fr.readAsText(file, "utf-8");
            fr.onload = event => {
                // 调用 resolve 函数让 Promise 进入 fulfilled 状态
                resolve(fr.result);
            }
        }
        else
```

```
        {
            // 调用 reject 函数让 Promise 进入 rejected 状态
            reject("文件内容不符合，本例只接受文本文件！");
        }
    });
    return p;
}
function show()
{
    // 调用 then 方法，传入 resolve 和 reject 函数
    readFile().then(function(data)
    {
        document.querySelector("#result").innerHTML = data;
        return data;
    }, function(reason){
        alert(reason);
    })
    // 再次调用 then 方法，本次只传入一个 resolve 函数
    .then(data => {
        // 解析上次 resolve 函数返回的数据
        var book = JSON.parse(data);
        document.querySelector("#result").innerHTML +=
            "<br/>书名：" + book.name;
        document.querySelector("#result").innerHTML +=
            "<br/>价格：" + book.price;
        document.querySelector("#result").innerHTML +=
            "<br/>作者：" + book.author;
    });
}
</script>
</body>
```

上面程序中粗体字代码在then方法调用之后再次调用了then方法，此次调用时只传入一个resolve函数，该resolve函数将会接受上次resolve函数返回的数据——本例是使用JSON解析得到的字符串。

在浏览器中运行该页面代码，并选择一个JSON内容的文本文件，将可以看到如图18.9所示的效果。

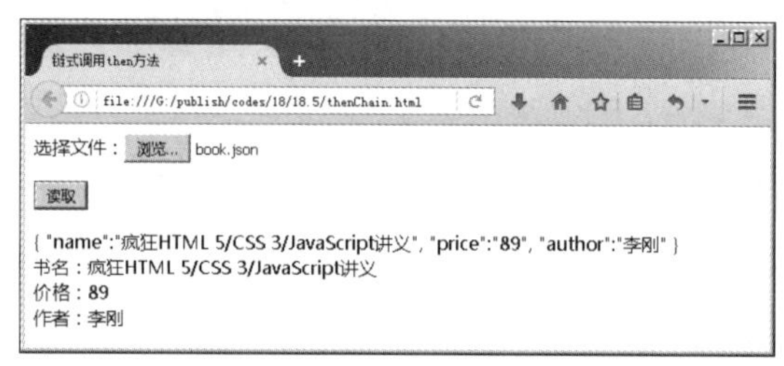

图 18.9　链式调用 then 方法

18.5.3　Promise 链

如果调用Promise的then方法时传入的函数再次返回了Promise对象，那么程序自然可以继续调用新Promise对象的then方法。

例如，如下程序示范了Promise链的效果。

程序清单：codes\18\18.5\PromiseChain.html

```
<script type="text/javascript">
function task(){
    var p = new Promise(function(resolve, reject){
        // 下面代码实现本任务的异步操作
        setTimeout(function(){
            console.log('耗时任务完成！');
            resolve('fkjava.org');
        }, 1000);
    });
```

```
    return p;
}
task().then(function(data){
    console.info(data);
    // 再次返回 task 函数的执行结果：Promise 对象
    return task();
}).then(function(data){
    console.info(data);
    // 再次返回 task 函数的执行结果：Promise 对象
    return task();
}).then(function(data){
    console.info(data);
});
</script>
```

上面程序中定义了一个简单的 task()函数，该函数内创建了一个 Promise 对象，该对象用于封装耗时的异步操作，此处使用延迟 1s 的操作来模拟耗时的异步操作。

上面程序调用 Promise 的 then 方法时传入的函数再次返回了一个 Promise 对象——如上面粗体字代码所示，程序返回的 Promise 对象完全可以继续调用 then 方法，这就是 Promise 链的用法。

图 18.10　Promise 链

使用浏览器浏览该页面，可以看到如图 18.10 所示的效果。

18.5.4　catch 的用法

Promise 对象除了可以使用 then()方法之外，还可以使用 catch()方法传入回调函数。实际上使用 catch()方法传入的回调函数与 then()方法的第二个参数一样，对应于 Promise 的拒绝态的回调函数。

例如如下代码：

```
// 为 then 方法传入两个回调函数
promise.then(function(data)
{
    console.info(data);
}, function(err)
{
    console.info(err);
});
```

上面代码与下面代码的效果基本相同。

```
// 为 then 方法只传入一个回调函数
promise.then(function(data)
{
    console.info(data);
}).catch(function(err) // 用 catch 方法传入 rejected 状态的回调函数
{
    console.info(err);
});
```

对于上面代码，使用 Promise 的 catch()方法并没有任何特别之处，它只是将 then(fun1, fun2)改写成 then(fun1).catch(fun2)形式，第二种形式显得更清晰一些而已。

但调用 catch()方法有一个额外的好处：假如执行 resolve 回调函数遇到了异常，如果采用

then()方法传入两个函数的形式，该异常会终止程序执行；但如果使用 catch()方法传入 resolve 回调函数，该异常不会终止程序执行，而是跳转到执行 catch()方法传入的回调函数。

例如如下程序代码。

程序清单：codes\18\18.5\catch.html

```
<script type="text/javascript">
function task(){
    var p = new Promise(function(resolve, reject){
        // 下面代码实现本任务的异步操作
        setTimeout(function(){
            console.log('耗时任务完成！');
            resolve('fkjava.org');
        }, 1000);
    });
    return p;
}
task().then(function(data){
    console.log(data);
    console.log(myData); // myData 不存在，程序会抛出异常
}).catch(function(err)
{
    console.log("错误：" + err);
});
</script>
```

上面程序通过 then()方法传入的 resolve 回调函数会引发异常，如程序中粗体字代码所示。但由于后面调用了 catch()方法，因此该异常不会终止程序，该异常将会被传给 catch()方法指定 reject 回调函数。在浏览器中执行上面程序，将可以看到如图 18.11 所示的效果。

图 18.11　catch 方法的作用

如果将上面代码改为使用 then()方法传入两个回调函数的形式，例如如下代码。

程序清单：codes\18\18.5\catch2.html

```
<script type="text/javascript">
function task(){
    var p = new Promise(function(resolve, reject){
        // 下面代码实现本任务的异步操作
        setTimeout(function(){
            console.log('耗时任务完成！');
            resolve('fkjava.org');
        }, 1000);
    });
    return p;
}
task().then(function(data){
    console.log(data);
    console.log(myData); // myData 不存在，程序会抛出异常
},function(err)
{
    console.log("错误：" + err);
```

```
});
</script>
```

上面程序使用 then()方法同时传入两个回调函数，分别作为 resolve 和 reject 回调函数，此时没有调用 catch()方法，resolve 回调函数中的异常将会终止程序执行。

18.5.5 all 和 race 的用法

Promise 提供了如下两个类方法。

- all(iterable)：该方法接受一个 iterable 对象（主要就是数组，每个元素都是 Promise 对象）作为参数。all()方法会并发执行 iterable 包含的所有 Promise 对象，当这些 Promise 全部成功完成（resolve）后才会执行 resolve 回调函数，但只要有任意一个 Promise 被拒绝就会执行 reject 回调函数。
- race(iterable)：该方法接受一个 iterable 对象（主要就是数组，每个元素都是 Promise 对象）作为参数。race()方法会并发执行 iterable 包含的所有 Promise 对象，只要任意一个 Promise 成功完成（resolve）或被拒绝（reject）就会执行 resolve 回调函数或 reject 回调函数。

通过上面介绍不难看出，all()和 race()这两个方法所需的参数、功能都差不多，它们都会并发执行数组参数所包含的多个 Promise 对象。区别只是触发 resolve 回调函数的时机不同，all()方法要求所有异步任务完成后才会执行 resolve 回调函数；而 race()方法要求只要一个异步任务完成就会执行 resolve 回调函数。

下面程序示范了 Promise 的 all()方法的用法。

程序清单：codes\18\18.5\all.html

```
<body>
选择文件：<input type="file" id="target" name="target" multiple/><p>
<button onclick="show();">读取</button><p>
<div id="result"></div>
<script type="text/javascript">
function readFile(file){
    var p = new Promise(function(resolve, reject){
        var fr = new FileReader();
        // 如果文件内容不是文本文件
        if (/text\/\w+/.test(file.type))
        {
            fr.readAsText(file, "gbk");
            fr.onload = event => {
                // 调用 resolve 函数让 Promise 进入 fulfilled 状态
                resolve(fr.result);
            }
        }
        else
        {
            // 调用 reject 函数让 Promise 进入 rejected 状态
            reject("文件内容不符合，本例只接受文本文件！");
        }
    });
    return p;
}
function readAll(){
    // 定义一个空数组
    var all = [];
    // 获取用户选择的所有文件
    var files = document.querySelector("#target").files;
    // 遍历用户选择的每个文件，为每个文件创建一个 Promise
```

```
    // 并将所有 Promise 添加到数组中
    for (var i = 0; i < files.length; i++)
    {
        all.push(readFile(files[i]));
    }
    return all;
}
function show()
{
    // 调用 all()方法创建 Promise
    // 当 all()方法中所有 Promise 都成功完成后才会执行 resolve 回调函数
    Promise.all(readAll()).then(function(dataArr)
    {
        dataArr.forEach(data => {
            document.querySelector("#result").innerHTML += data + "<p>";
        });
    }).catch(function(err)
    {
        alert("错误：" + err);
    });
}
</script>
</body>
```

上面程序中粗体字代码使用 all()方法来并发执行 readAll()方法返回的多个 Promise 对象，当所有 Promise 都成功完成之后才会触发 resolve 回调函数。由于 all()方法会并发执行多个 Promise 对象，因此此时 resolve 回调函数的参数是一个数组——用于接收多个 Promise 的 resolve 返回的结果。

使用浏览器执行上面页面代码，先通过文件浏览按钮选择 3 个文件，再单击“读取”按钮，将可以看到如图 18.12 所示的效果。

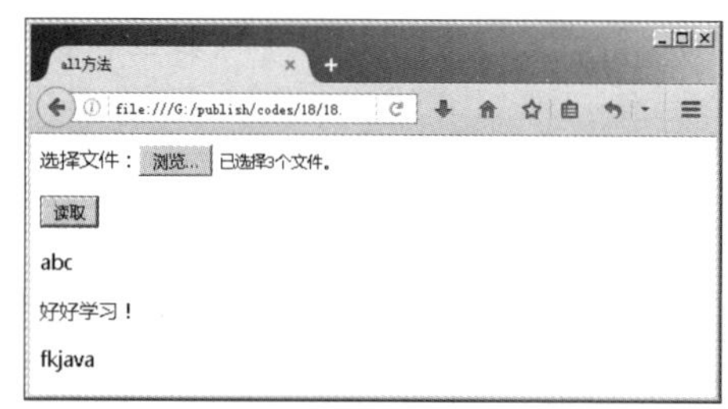

图 18.12　使用 all()方法并发执行多个任务

从图 18.12 可以看出，all()方法等到 3 个 Promise 都成功完成（每个 Promise 读取一个文件）后才会触发 resolve 回调函数，因此页面上显示了 3 个文件的内容。

如果对上面 show()函数中的代码略做修改，改为使用 Promise 的 race()方法来并发执行多个 Promise 任务，此时只要任意一个 Promise 成功完成或被拒绝就会触发 resolve 回调函数或 reject 回调函数，因次此时 resolve 回调函数的参数不是数组——只需接收一个 Promise 的 resolve 返回的结果。

将 show()函数改为如下形式。

程序清单：codes\18\18.5\race.html

```
function show()
{
    // 调用 race 方法创建 Promise
    // 当 race 方法中任意一个 Promise 成功完成后就会执行 resolve 回调函数
    Promise.race(readAll()).then(function(data)
    {
        document.querySelector("#result").innerHTML += data + "<p>";
    }).catch(function(err)
    {
        alert("错误：" + err);
    });
}
```

在浏览器中浏览该页面，继续选择和前一个示例相同的 3 个文件，再单击“读取”按钮，将可以看到如图 18.13 所示的效果。

图 18.13 使用 race()方法并发执行多个任务

使用 race()方法并发执行多个 Promise 时，只要任意一个 Promise（通常是最快的那个）成功完成就会触发 resolve 回调函数，因此在图 18.13 所示页面上只看到读取一个文件的内容——因为当一个 Promise 读取文件结束后就触发了 resolve 回调函数。

 18.6 本章小结

本章详细介绍了 JavaScript 多线程编程的相关知识，包括如何使用 Worker 创建多线程来执行 JavaScript 脚本，以及与 Worker 线程进行数据交换的相关知识。JavaScript 还允许在 Worker 线程中再次创建 Worker 对象来嵌套线程，也允许创建多个 Worker 对象来启动多条 Worker 线程，本章详细介绍了嵌套线程的创建方法和数据交换的相关知识，并给出了相应的示例程序。本章也详细介绍了创建多条 Worker 线程，以及进行数据交换的相关知识，并给出了相应的示例程序。此外，本章还介绍了如何使用 SharedWorker 创建子线程，以及使用 SharedWorker 创建共享子线程的方法。

本章还介绍了 Promise 机制，Promise 允许 JavaScript 程序以异步方式完成一个耗时任务。Promise 是一种非常优秀的机制，读者应该好好掌握并体会这种机制。

CHAPTER

19

第 19 章 客户端通信

本章要点

- 跨文档消息传递的功能和作用
- window 对象的 postMessage 与 onmessage
- 通过 postMesage 发送消息
- 跨文档传递复杂消息
- 实时通信的 Web 应用
- WebSocket 接口
- 使用 WebSocket 通信
- 使用 WebSocket 发送二进制数据
- Server-Sent Events API 的基本用法
- 掌握 EventSource 的生命周期

在以前的时代，如果需要在两个 window 分别装载的 HTML 文档之间传递消息，实现起来比较困难，因为 JavaScript 所定义的变量、函数都位于当前 window 作用域内，两个 window 对象之间无法相互调用。这是前端开发者所处的一个困境，跨文档消息传递机制的出现改变了这种局面，跨文档消息传递可以允许一个 window 将消息发送给另一个 window，也允许 window 接收来自其他 window 的消息。这样就可以轻松地实现不同 window 之间的数据交换。

本章还将介绍的 WebSocket 则是一个革命性的技术，WebSocket 可解决实时 Web 应用的困境：对于一些实时性要求比较高的应用，比如说在线游戏、在线证券、设备监控、新闻在线播报等，当客户端浏览器呈现这些信息的时候，服务器端的数据可能已经更新过了。如果服务器端能直接把信息“推送”给客户端浏览器，客户端浏览器能实时接收来自服务器端的信息，那么就可以很容易地解决这个问题。正是基于这种背景，WebSocket 规范出现了。WebSocket 允许浏览器与服务器之间建立一个“通信通道”，借助于这个“通信通道”，服务器端可以直接把数据“推送”给客户端浏览器，浏览器可以实时接收来自服务器端的数据；反过来，客户端浏览器也可以实时地把数据送给远程服务器，服务器端也可以实时接收来自客户端浏览器的数据。

本章将会向读者详细介绍这些客户端通信 API，包括跨文档消息传递的 API 和 WebSocket 的功能和用法。

19.1 跨文档消息传递

以前，由于所有的 JavaScript 脚本都是在一个 window 对象中装载并执行的，因此两个 window 对象中的 JavaScript 对象很难相互传递消息。

跨文档消息传递机制的出现改变了这种现状，跨文档消息传递机制可以保证两个不同 window 中的 JavaScript 脚本能互相通信，这样就可以解决它们的消息传递问题了。

19.1.1 postMessage 与 onmessage

跨文档消息传递靠的是 window 对象新增的一个方法和一个事件监听器属性。向指定窗口发送消息的方法如下。

- targetWindow.postMessage(message, targetOrigin, [transfer])：该方法用于向 targetWindow 中装载的 HTML 文档发送消息。该方法的第一个参数代表要发送的消息，第二个参数代表发送消息的目标网站；第三个参数是可选的，通常用于额外传递一些 Transferable 对象的数组。

从该方法不难看出，为了向指定 window 中装载的 HTML 文档发送消息，只要先获取装载该文档的 window 对象即可。

接收其他窗口发送过来的消息则靠的是 window 对象提供的如下事件监听器属性。

- onmessage：这是一个事件监听器属性，该事件监听器属性是一个形如 function(event){} 的函数。

onmessage 所指定的事件监听器函数中声明了一个 event 形参，这个 event 形参是一个 MessageEvent 对象，W3C 为 MessageEvent 制定的接口定义如下：

```
interface MessageEvent : Event {
    readonly attribute any data;
    readonly attribute DOMString origin;
    readonly attribute DOMString lastEventId;
    readonly attribute WindowProxy? source;
```

```
    readonly attribute MessagePort[]? ports;
};
```

从上面的接口定义不难看出，程序可通过 event 形参的属性来获取需要交换的信息。MessageEvent 提供了如下属性。

- data：该属性返回消息传递所交换的信息。
- origin：该属性返回发送该消息的源域名。
- lastEventId：该属性返回发送该消息的事件 ID。
- source：该属性返回发送该消息的窗口。

通过上面介绍可以发现，跨文档消息传递时发送消息的文档只要两步即可。

① 获取将要发送消息的目标窗口对应的 window 对象。

② 调用目标窗口的 window 对象的 postMessage(any message)方法发送消息。

接收其他文档的消息也只需要两步即可。

① 为 window 的 onmessage 事件绑定事件监听器。

② 在事件监听器函数中通过 event 形参获得需要交换的数据。

19.1.2 跨文档消息传递示例

下面以一个简单的示例来介绍跨文档消息传递。在这个例子中，程序调用 window 的 open()方法打开一个新窗口，接下来程序即可调用新窗口对应的 window 对象的 postMessage(msg)向该文档发送消息了。

提示： 为了更好地示范跨文档消息传递的功能，本示例构建了两个 Web 应用，并把这两个 Web 应用同时部署在 Tomcat 服务器上。读者只要把 codes/19/19.1 目录下的 source、target 两个文件夹复制到 Tomcat 的 webapps 目录下，启动 Tomcat 服务器即可。

下面先来看发送消息页面，该页面部署在 source 应用中，该页面代码如下。

程序清单：codes\19\19.1\source\source.html

```
<!DOCTYPE html>
<html>
<head>
    <meta http-equiv="Content-Type" content="text/html; charset=utf-8" />
    <title> 跨文档发送消息 </title>
    <script type="text/javascript">
    var send = function()
    {
        // 打开一个新窗口
        var targetWin = window.open('http://localhost:8888/target/target.html'
            ,'_blank','width=400,height=300');    // ①
        // 等该窗口装载完成时，向该窗口发送消息
        targetWin.onload = function ()
        {
            // 向 http://localhost:8888/target 发送消息
            targetWin.postMessage(document.getElementById("msg").value
                , "http://localhost:8888/target");    // ②
        }
    }
    // 通过 onmessage 监听器监听其他窗口发送过来的消息
    window.onmessage = function(ev)
```

```
    {
        // 忽略来自其他域名的跨文档消息（只接收 http://localhost:8888 的消息）
        if (ev.origin != "http://localhost:8888")
        {
            return;
        }
        var show = document.getElementById("show");
        // 显示消息
        show.innerHTML += (ev.origin + "传来了消息:" + ev.data + "<br/>");
    };
    </script>
</head>
<body>
    消息：<input type="text" id="msg" name="msg"/>
    <button onclick="send();">发送消息</button>
    <div id="show"></div>
</body>
</html>
```

上面程序中①号粗体字代码调用 window 的 open()方法打开了一个新窗口，程序也获得了该窗口对应的 window 对象。接下来程序的②号粗体字代码调用了 window 的 postMessage(message, targetOrigin)方法来发送消息。

不仅如此，上面页面还为该 window 的 onmessage 属性绑定了事件监听器，这样可以保证该 window 对象接收到来自其他文档的消息。

下面是接收消息页面，该页面部署在 target 应用中，该页面代码如下。

程序清单：codes\19\19.1\target\target.html

```
<!DOCTYPE html>
<html>
<head>
    <meta http-equiv="Content-Type" content="text/html; charset=utf-8" />
    <title> 跨文档发送消息接收 </title>
    <script type="text/javascript">
        window.onmessage = function(ev)
        {
            // 忽略来自其他域名的跨文档消息（只接收 http://localhost:8888 的消息）
            if (ev.origin != "http://localhost:8888")
            {
                return;
            }
            document.body.innerHTML = (ev.origin + "传来了消息:" + ev.data);
            // 向发送该消息的页面回传消息
            ev.source.postMessage("回传消息，这里是" + this.location
                , ev.origin);      // ①
        };
    </script>
</head>
<body>
</body>
</html>
```

上面程序中的粗体字代码为该 window 的 onmessage 事件绑定了事件监听器，这样即可接收到来自其他文档的消息。不仅如此，程序还在①号代码处向发送该消息的页面回传了一条消息。

在浏览器中浏览 source 应用里的 source 页面，并向指定应用发送消息，即可打开如图 19.1 所示的窗口，而且该窗口中接收到了上个页面发送过来的消息。

当图 19.1 所示的窗口接收到消息之后，它还会回传一条消息，回传的消息将会被 source

应用中的 source.html 页面接收到。图 19.2 显示了 source.html 页面接收到消息的效果。

图 19.1　接收跨文档消息

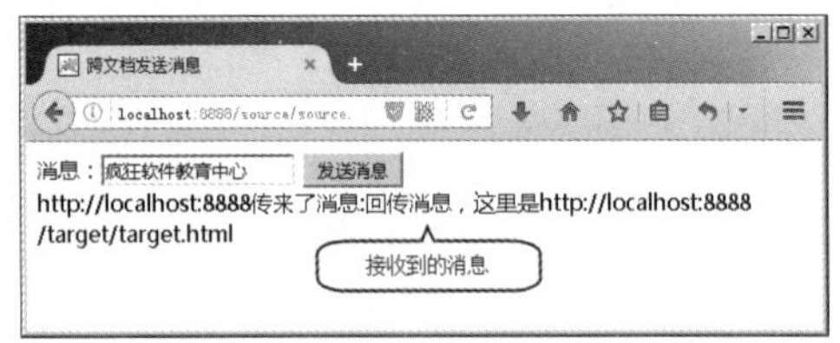

图 19.2　跨文档发送、接收消息

正如从前面代码中所看到的，跨文档消息传递有一点“安全隐患”：不再同一个域名下的两个 HTML 页面同样可以相互发送消息，这样可能导致某些未知网站的页面向本页面发送消息。为了避免这个问题，上面代码在提取消息之前，都需要通过 event.origin 判断消息的来源域名，如果来源域名不符合要求，程序就不处理消息。

19.1.3　发送复杂消息

跨文档消息传递除了可以发送这种简单消息之外，还可以发送 JSON 对象，通过使用 JSON 对象就可以在多个 HTML 文档之间传递复杂消息了。

下面将开发一个示例，该示例允许用户打开一个页面来选择图书，当用户选择了合适的图书之后，再把用户选择的图书传回主页面。

下面是发送消息的 HTML 页面代码。

程序清单：codes\19\19.1\source\viewBook.html

```
<!DOCTYPE html>
<html>
<head>
    <meta http-equiv="Content-Type" content="text/html; charset=utf-8" />
    <title> 选择图书 </title>
    <script type="text/javascript">
        var chooseBook = function()
        {
            // 打开一个新窗口
            var targetWin window.open('http://localhost:8888/target/chooseBook.html'
                ,'_blank','width=510,height=300');
            // 等该窗口装载完成时，向该窗口发送消息
            targetWin.onload = function ()
            {
                var data = [
                    {
                        name : '疯狂 Java 讲义',
                        price : 109,
                        author : 'yeeku'
                    },
                    {
                        name : '疯狂 Android 讲义',
                        price : 108,
                        author : 'yeeku'
                    },
                    {
                        name : '轻量级 Java EE 企业应用实战',
                        price : 108,
                        author : 'yeeku'
                    }
                ];
                // 向 http://localhost:8888/target 发送消息
                targetWin.postMessage(data
```

```
                , "http://localhost:8888/target");    // ①
            }
        }
    // 通过 onmessage 监听器监听其他窗口发送过来的消息
    window.onmessage = function(ev)
    {
        // 忽略来自其他域名的跨文档消息（只接收 http://localhost:8888 的消息）
        if (ev.origin != "http://localhost:8888")
        {
            return;
        }
        var show = document.getElementById("result");
        // 显示消息
        show.innerHTML = ("您选择的图书为：<br/>"
            + "书名：" + ev.data.name + "<br/>"
            + "价格：" + ev.data.price + "<br/>"
            + "作者：" + ev.data.author + "<br/>");
    };
    </script>
</head>
<body>
<a href="#" onclick="chooseBook();">选择图书</a>
<div id="result"></div>
</body>
</html>
```

正如从上面粗体字代码所看到的，页面先创建了一个数组，每个数组元素都是一个 JavaScript 对象，接着程序在①号代码处将数据发送给 targetWin 装载的 HTML 页面。

下面是接收消息的 HTML 页面代码。

程序清单：codes\19\19.1\target\chooseBook.html

```
<!DOCTYPE html>
<html>
<head>
    <meta http-equiv="Content-Type" content="text/html; charset=utf-8" />
    <title> 选择图书 </title>
    <style type="text/css">
        body>table {
            width:480px;
            border-collapse: collapse;
        }
        td,th {
            border: 1px solid black;
        }
    </style>
    <script type="text/javascript">
        var srcWin , srcOrigin;
        var chooseItem = function(td)
        {
            var currentRow = td.parentNode.parentNode;
            srcWin.postMessage(
                {
                    name: currentRow.cells[0].innerHTML ,
                    author: currentRow.cells[1].innerHTML ,
                    price: currentRow.cells[2].innerHTML
                } , srcOrigin);
            window.close();
        };
        window.onmessage = function(ev)
        {
            // 忽略来自其他域名的跨文档消息（只接收 http://localhost:8888 的消息）
            if (ev.origin != "http://localhost:8888")
```

```
            {
                return;
            }
            srcWin = ev.source;
            srcOrigin = ev.origin;
            // 接收到其他文档发送过来的消息
            var books = ev.data;
            var bookTb = document.getElementById("bookTb");
            for(var i = 0 ; i < books.length ; i++)
            {
                var row = bookTb.insertRow(i);
                row.insertCell(0).innerHTML = books[i].name;
                row.insertCell(1).innerHTML = books[i].price;
                row.insertCell(2).innerHTML = books[i].author;
                row.insertCell(3).innerHTML = "<input name='choose' type='radio'"
                    + " onclick='chooseItem(this);'/>";
            }
        };
    </script>
</head>
<body>
<table>
    <tr>
        <th>图书名</th>
        <th>价格</th>
        <th>作者</th>
        <th>选择</th>
    </tr>
    <tbody id="bookTb"></tbody>
</table>
</body>
</html>
```

上面页面中的粗体字代码用于获取其他页面发送过来的数据，并根据页面发送过来的数据创建一个表格供用户选择。当用户单击表格最后一列的单选钮时，将会触发 chooseItem()函数，该函数将会把用户选择的“图书信息”回传给上一个页面。

在浏览器中浏览 source 应用下的 viewBook.html 页面，单击“选择图书”超链接，将可以看到浏览器打开如图 19.3 所示的页面。

图 19.3 所示页面中列出的所有图书正是从上一个页面传过来的消息。当用户单击图 19.3 所示页面中最后一列的任意单选钮时，程序将再次返回 source 应用下的 viewBook.html 页面，会看到如图 19.4 所示的页面。

选择图书 - Mozilla Firefox

localhost:8888/target/chooseBook.html

图书名	价格	作者	选择
疯狂Java讲义	109	yeeku	○
疯狂Android讲义	108	yeeku	○
轻量级Java EE企业应用实战	108	yeeku	○

图 19.3　接收跨文档消息

图 19.4　接收回传的消息

正如从图 19.4 所看到的，该页面所显示的图书信息就是从上一个页面传回来的信息。

19.1.4　使用 MessageChannel 通信

使用 window 的 postMessage、onmessage 进行跨文档通信，虽然简单易用，但 window 的 onmessage 事件处理函数会接收到任何来源的消息，因此前面示例在 onmessage 事件处理函数中总需要先判断消息的来源，如果消息来源不可靠，程序就会忽略该消息。由此可见，通过

window 的 postMessage、onmessage 实现跨文档通信不仅麻烦，而且有一定的安全隐患。

HTML 5 为跨文档通信又提供了一个 MessageChannel API，MessageChannel 代表一个通信通道，该通道两端各有一个端口，需要通信的两个文档各持有一个端口，接下来这两个文档即可通过该 MessageChannel 进行通信。

MessageChannel 通信示意图如图 19.5 所示。

图 19.5 MessageChannel 通信示意图

那么程序如何获取 MessageChannel 呢？非常简单，创建一个即可。创建 MessageChannel 之后，该对象的 port1、port2 两个属性就代表该通道的两个端口，接下来本文档持有一个端口，将另一个端口传给与之通信的文档即可。

MessageChannel 的通信端口由 MessagePort 代表，该对象提供了如下 3 个方法。

- port.postMessage(message, transferList)：该方法用于向 port 发送消息。该方法的第一个参数代表要发送的消息；第二个参数是可选的，通常用于额外传递一些 Transferable 对象的数组。从该方法可以看出，使用 port 的 postMessage()方法时无须指定 targetOrigin，这是因为 port 所在的 MessageChannel 已经能确定消息的目的。
- port.start()：开始监听 port。
- port.close()：结束监听，并关闭 port。

下面示例会使用 MessageChannel 改写前一个示例。该示例的主页面代码如下。

程序清单：codes\19\19.1\source\viewBook2.html

```
<!DOCTYPE html>
<html>
<head>
    <meta http-equiv="Content-Type" content="text/html; charset=utf-8" />
    <title> 选择图书 </title>
    <script type="text/javascript">
    var chooseBook = function()
    {
        // 打开一个新窗口
        var targetWin = window.open('http://localhost:8888/target/chooseBook2.html'
            ,'_blank','width=510,height=300');
        // 创建通信通道
        var mc = new MessageChannel();
        // 等 targetWin 窗口装载完成时，向该窗口发送消息
        targetWin.onload = function ()
        {
            var data = [
                {
                    name : '疯狂 Java 讲义',
                    price : 109,
                    author : 'yeeku'
                },
                {
                    name : '疯狂 Android 讲义',
                    price : 108,
```

```
                author : 'yeeku'
            },
            {
                name : '轻量级 Java EE 企业应用实战',
                price : 108,
                author : 'yeeku'
            }
        ];
        // 向 http://localhost:8888/target 发送消息
        targetWin.postMessage(data
            , "http://localhost:8888/target", [mc.port2]);    // ①
    }
    // 通过 onmessage 监听器监听 mc 消息通道发送回来的消息
    mc.port1.addEventListener("message", function(ev)
    {
        var show = document.getElementById("result");
        alert(show);
        // 显示消息
        show.innerHTML = ("您选择的图书为：<br/>"
            + "书名：" + ev.data.name + "<br/>"
            + "价格：" + ev.data.price + "<br/>"
            + "作者：" + ev.data.author + "<br/>");
    }, false);
    // 开始监听
    mc.port1.start();
}
</script>
</head>
<body>
<a href="#" onclick="chooseBook();">选择图书</a>
<div id="result"></div>
</body>
</html>
```

上面程序中第一行粗体字代码创建了 MessageChannel 对象，接下来即可通过该对象实现跨文档通信。

程序中①号粗体字代码依然使用 window 的 postMessage()方法发送消息，这一步不仅将消息数据发送给目标页面，同时也将 MesageChannel 的 port2 发送给目标页面。

程序中第三行粗体字代码为 MessageChannel 的 port1 的 message 事件添加了事件监听函数，这样即可监听到目标页面传回的消息。第四行粗体字代码调用 MessageChannel 的 port1 的 start()方法开始监听。

目标页面的代码首先要获取 MessageChannel 的 port，然后即可通过该 port 进行通信。下面是该页面的代码。

程序清单：codes\19\19.1\target\chooseBook2.html

```
<!DOCTYPE html>
<html>
<head>
    <meta http-equiv="Content-Type" content="text/html; charset=utf-8" />
    <title> 选择图书 </title>
    <style type="text/css">
        body>table {
            width:480px;
            border-collapse: collapse;
        }
        td,th {
            border: 1px solid black;
        }
```

```
    </style>
    <script type="text/javascript">
        var port;
        var chooseItem = function(td)
        {
            var currentRow = td.parentNode.parentNode;
            // 使用port 发送消息
            port.postMessage(            // ②
                {
                    name: currentRow.cells[0].innerHTML ,
                    author: currentRow.cells[1].innerHTML ,
                    price: currentRow.cells[2].innerHTML
                }, []);
            window.close();
        };
        window.onmessage = function(ev)
        {
            // 忽略来自其他域名的跨文档消息（只接收 http://localhost:8888 的消息）
            if (ev.origin != "http://localhost:8888")
            {
                return;
            }
            // 获取来自其他页面的 port
            port = ev.ports[0];  // ①
            // 接收到其他文档发送过来的消息
            var books = ev.data;
            var bookTb = document.getElementById("bookTb");
            for(var i = 0 ; i < books.length ; i++)
            {
                var row = bookTb.insertRow(i);
                row.insertCell(0).innerHTML = books[i].name;
                row.insertCell(1).innerHTML = books[i].price;
                row.insertCell(2).innerHTML = books[i].author;
                row.insertCell(3).innerHTML = "<input name='choose' type='radio'"
                    + " onclick='chooseItem(this);'/>";
            }
        };
    </script>
</head>
<body>
<table>
    <tr>
        <th>图书名</th>
        <th>价格</th>
        <th>作者</th>
        <th>选择</th>
    </tr>
    <tbody id="bookTb"></tbody>
</table>
</body>
</html>
```

上面程序中①号粗体字代码在 onmessage 事件处理函数中获取对方传过来的 port，②号粗体字代码就使用 port 来发送消息。由于该页面不再需要监听来自 MessageChannel 的消息，因此本例并没有为 port 的 message 事件绑定事件处理函数。

19.2　使用 WebSocket 与服务器通信

WebSocket 是一个革命性的技术，它改变了传统 HTTP 协议的通信方式。通过 WebSocket 可以让服务器主动向浏览器“推送”数据。

19.2.1 WebSocket 接口

按照传统的HTTP协议，如果浏览器不向Web服务器发送请求，那么Web服务器就不能把数据“推送”给浏览器。在这样的技术背景下，如果需要构建实时性要求比较高的应用，比如说在线游戏、在线证券、设备监控、新闻在线播报等，当客户端浏览器呈现这些信息的时候，服务器端的数据可能已经更新过了。

为了让客户端和服务器端的信息同步是实时的，常用的解决方法有如下两种。

- **周期性发送请求**：浏览器以固定频率向服务器端发出请求，以频繁请求的方式来保持客户端和服务器端的同步。这种同步方案的最大问题是，当客户端以固定频率向服务器端发起请求的时候，服务器端的数据可能并没有更新，这样会带来很多无谓的网络传输，所以这是一种非常低效的实时方案。
- **隐藏的连接**：在浏览器页面上使用一个隐藏的窗口与服务器端建立长连接，服务器端通过这个长连接可以将数据源源不断地“推送”给浏览器。但这种机制需要针对不同的浏览器设计不同的解决方案，而且这种机制在并发量比较大的情况下，会加重服务器端的负担。

WebSocket的出现完全可以改变这种现状，WebSocket允许通过JavaScript建立与远程服务器的连接，从而允许远程服务器将数据推送给浏览器。正如名称所表示的一样，WebSocket使用的是基于TCP协议的Socket连接。使用WebSocket之后，服务器端和浏览器之间建立一个Socket连接，可以进行双向的数据传输。WebSocket的功能是很强大的，使用起来也灵活，可以适用于不同的场景。

下面是W3C对WebSocket的接口定义。

```
interface WebSocket : EventTarget {
    readonly attribute DOMString url;
    // readyState 状态值
    const unsigned short CONNECTING = 0;
    const unsigned short OPEN = 1;
    const unsigned short CLOSING = 2;
    const unsigned short CLOSED = 3;
    readonly attribute unsigned short readyState;
    readonly attribute unsigned long bufferedAmount;
    // 监听网络状态的事件监听器属性
    [TreatNonCallableAsNull] attribute Function? onopen;
    [TreatNonCallableAsNull] attribute Function? onerror;
    [TreatNonCallableAsNull] attribute Function? onclose;
    readonly attribute DOMString extensions;
    readonly attribute DOMString protocol;
    // 关闭网络连接的方法
    void close([Clamp] optional unsigned short code, optional DOMString reason);
    // 接收服务器消息的事件监听器函数
    [TreatNonCallableAsNull] attribute Function? onmessage;
       attribute DOMString binaryType;
    void send(DOMString data);
    void send(ArrayBuffer data);
    void send(Blob data);
};
```

从上面接口定义可以看出，WebSocket定义了如下两个方法。

- send()：向远程服务器发送数据。
- close()：关闭该WebSocket。

WebSocket还定义了如下事件监听器属性，通过为这些属性绑定事件监听器函数即可监听网络通信。

➢ onopen：当 WebSocket 建立网络连接时触发该事件。
➢ onerror：当网络连接出现错误时触发该事件。
➢ onclose：当 WebSocket 被关闭时触发该事件。
➢ onmessage：当 WebSocket 接收到远程服务器的数据时触发该事件。

WebSocket 还定义了一个 readyState 属性，该属性可以返回该 WebSocket 所处的状态。该属性可能返回如下几个状态值。

➢ CONNECTING（数值 0）：WebSocket 正在尝试与服务器建立连接。
➢ OPEN（数值 1）：WebSocket 与服务器已建立连接。
➢ CLOSING（数值 2）：WebSocket 正在关闭与服务器的连接。
➢ CLOSED（数值 3）：WebSocket 已经关闭了与服务器的连接。

掌握了上面的理论知识之后，如果需要使用 WebSocket 来与远程服务器通信，只需要如下 3 个步骤即可。

① 调用 WebSocket 的 Constructor(DOMString url, [DOMString protocols])创建一个 WebSocket 对象。

② 如果要发送消息，则调用 WebSocket 的 send()方法发送消息即可。

③ 如果要接收消息，则为 WebSocket 的 onmessage()方法绑定事件监听器即可。

19.2.2 使用 WebSocket 进行通信

下面将通过一个简单的例子来介绍 WebSocket 的基本用法。该页面打开时将向服务器发送一段字符串，并通过 onmessage 事件监听器来接收服务器返回的消息。页面代码如下。

程序清单：codes\19\19.2\simple\websocket.html

```
<body>
<script type="text/javascript">
    // 创建 WebSocket 对象
    var webSocket = new WebSocket("ws://127.0.0.1:8888/simple/simpleSocket");
    // 当 WebSocket 建立网络连接时触发该函数
    webSocket.onopen= function()
    {
        alert("已打开连接");
        // 发送消息
        webSocket.send("我是疯狂软件教育中心!");
    }
    // 为 onmessage 事件绑定监听器，接收消息
    webSocket.onmessage= function(event)
    {
        // 接收消息
        alert("收到的消息是：" + event.data);
    }
</script>
</body>
```

上面程序中的 3 行粗体字代码正是前面介绍的 3 步，分别用于创建 WebSocket 对象、发送数据和接收数据。

上面页面需要与服务器建立连接，因此此处将会利用 Tomcat 8 作为服务器来开发 WebSocket 服务端。

由于 WebSocket 已经成为主流的技术规范， Java EE 规范也加入了 WebSocket 支持，而 Tomcat 8 作为 Java Web 服务器，提供了对 WebSocket 的支持。

基于 Java EE 规范来开发 WebSocket 服务端非常简单，此处直接给出该 WebSocket 服务端代码。

程序清单：codes\19\19.2\simple\WEB-INF\classes\SimpleEndpoint.java

```
package org.fkjava.web;

import javax.websocket.*;
import javax.websocket.server.*;

// @ServerEndpoint 注解修饰的类将作为 WebSocket 服务端
@ServerEndpoint(value="/simpleSocket")
public class SimpleEndpoint
{
    @OnOpen // 该注解修饰的方法将在客户端连接时被激发
    public void start(Session session)
    {
        System.out.println("客户端连接进来了, session id:"
            + session.getId());
    }
    @OnMessage // 该注解修饰的方法将在客户端消息到达时被激发
    public void message(String message, Session session)
        throws Exception
    {
        System.out.println("接收到消息了:" + message);
        RemoteEndpoint.Basic remote = session.getBasicRemote();
        remote.sendText("收到! 收到! 欢迎加入 WebSocket 的世界! ");
    }
    @OnClose // 该注解修饰的方法将在客户端连接关闭时被激发
    public void end(Session session, CloseReason closeReason)
    {
        System.out.println("客户端连接关闭了, session id:"
            + session.getId());
    }
    @OnError // 该注解修饰的方法将在客户端出错时被激发
    public void error(Session session, Throwable throwable)
    {
        System.err.println("客户端连接出错了, session id:"
            + session.getId());
    }
}
```

关于上面这段 WebSocket 服务端的 Java 代码，此处就不详细解释了。如果读者需要深入学习 WebSocket 服务端的 Java 开发过程，请参考《轻量级 Java EE 企业应用实战》。

提示：

上面的 WebSocket 服务端程序必须部署在 Java Web 服务器中才有效，因此本示例需要将 simple 整个文件夹复制到 Tomcat 8 的 webapps 目录下，然后启动 Tomcat 即可。

在 Web 服务器中部署 simple 应用，并启动 Web 服务器之后，在浏览器中打开 websocket.html 页面，将可以看到页面弹出如图 19.6 所示的提示框。

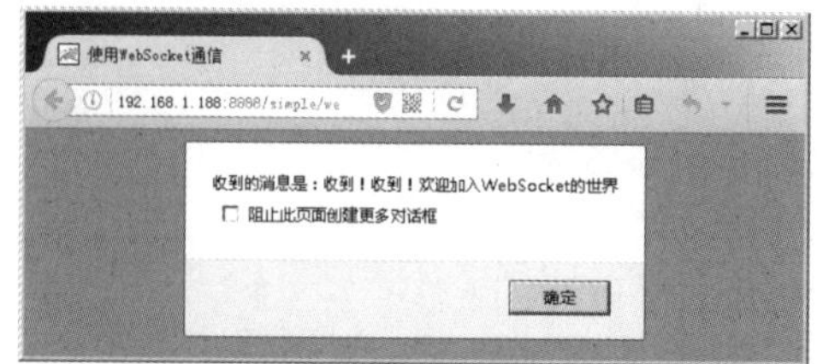

图 19.6　通过 WebSocket 接收服务器端的消息

而在服务器端则可以看到如图 19.7 所示的输出。

```
选定 Tomcat
arting ProtocolHandler ["ajp-nio-8009"]
02-Jan-2017 23:50:35.466 INFO [main] org.apache.catalina.startup.Catalina.start
Server startup in 5962 ms
客户端连接进来了，session:0
接收到消息了:我是疯狂软件教育中心
```

图 19.7　通过 WebSocket 接收浏览器的消息

正如从图 19.7 所看到的，当 WebSocket 与服务器建立连接，WebSocket 向服务器发送数据时都会激发服务端程序对应的方法。至于 WebSocket 底层的“握手（handshake）请求”、连接处理，都由 Tomca 负责处理。

19.2.3　基于 WebSocket 的多人实时聊天

下面将会实现一个基于 WebSocket 的多人实时聊天程序。在这个程序中，每个客户所用的浏览器都与服务器端建立一个 WebSocket，从而保持实时连接，这样客户端浏览器可以随时把数据发送到服务器端；当服务器端接收到任何一个浏览器发送过来的消息之后，再将该消息依次向每个客户端浏览器发送一遍。

图 19.8 显示了基于 WebSocket 的多人实时聊天示意图。

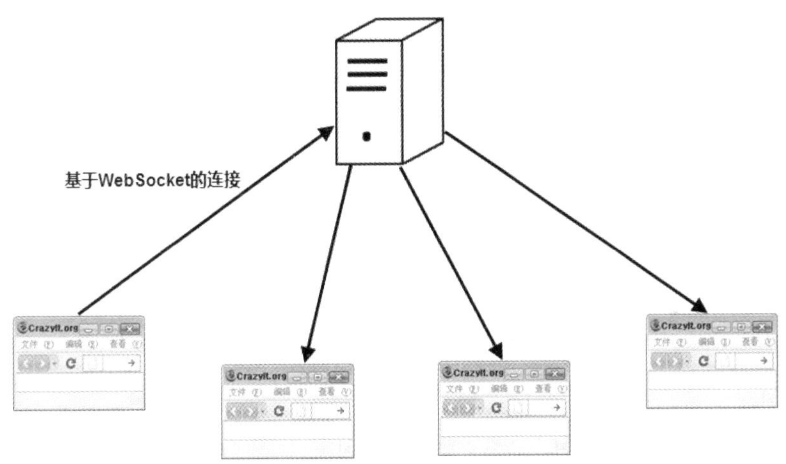

图 19.8　基于 WebSocket 的多人实时聊天示意图

这个应用程序的客户端代码并不复杂，同样只要使用 WebSocket 建立与远程服务器的连接，再通过 postMessage(msg)发送消息，并通过 onmessage 事件监听器来接收消息即可。下面是客户端 HTML 页面的代码。

程序清单：codes\19\19.2\chat\chat.html

```
<!DOCTYPE html>
<html>
<head>
    <meta http-equiv="Content-Type" content="text/html; charset=utf-8" />
    <title> 基于 WebSocket 的多人聊天 </title>
    <script type="text/javascript">
        // 创建 WebSocket 对象
        var webSocket = new WebSocket("ws://127.0.0.1:8888/simple/chatSocket");
        webSocket.onopen = function()
        {
            // 为 onmessage 事件绑定监听器，接收消息
            webSocket.onmessage= function(event)
```

```
            {
                // 接收并显示消息
                document.getElementById('show').innerHTML
                    += event.data + "<br/>";
            }
        };
        var sendMsg = function()
        {
            var inputElement = document.getElementById('msg');
            // 发送消息
            webSocket.send(inputElement.value);
            // 清空单行文本框
            inputElement.value = "";
        }
    </script>
</head>
<body>
<div style="width:600px;height:240px;
    overflow-y:auto;border:1px solid #333;" id="show"></div>
<input type="text" size="80" id="msg" name="msg"/>
<input type="button" value="发送" onclick="sendMsg();"/>
</body>
</html>
```

本应用的服务端程序同样需要基于 Tomcat 8，因此开发起来并不难。但由于本例的服务端程序需要在接收到 WebSocket 消息后将消息“广播”到每个 WebSocket 客户端，因此需要在服务端程序中定义一个集合来管理所有 WebSocket 客户端的 Session。

下面是该服务端程序的代码。

程序清单：codes\19\19.2\chat\WEB-INF\classes\ChatEndpoint.java

```
// @ServerEndpoint 注解修饰的类将作为 WebSocket 服务端
@ServerEndpoint(value="/chatSocket")
public class ChatEndpoint
{
    static List<Session> clients = Collections
        .synchronizedList(new ArrayList<Session>());
    @OnOpen // 该注解修饰的方法将在客户端连接时被激发
    public void start(Session session)
    {
        // 每当有客户端连接进来时，收集该客户端对应的 session
        clients.add(session);
    }
    @OnMessage // 该注解修饰的方法将在客户端消息到达时被激发
    public void message(String message, Session session)
        throws Exception
    {
        // 收到消息后，将消息向所有客户端发送一次
        for (Session s : clients)
        {
            RemoteEndpoint.Basic remote = s.getBasicRemote();
            remote.sendText(message);
        }
    }
    @OnClose // 该注解修饰的方法将在客户端连接关闭时被激发
    public void end(Session session, CloseReason closeReason)
    {
        // 每当有客户端连接关闭时，删除该客户端对应的 session
        clients.remove(session);
    }
    @OnError // 该注解修饰的方法将在客户端出错时被激发
    public void error(Session session, Throwable throwable)
```

```
    {
        // 每当有客户端连接出错时，删除该客户端对应的 session
        clients.remove(session);
    }
}
```

提示： 上面的 WebSocket 服务端程序必须部署在 Java Web 服务器中才有效，因此本示例需要将 chat 整个文件夹复制到 Tomcat 8 的 webapps 目录下，然后启动 Tomcat 即可。

在 Web 服务器中部署 chat 应用，并启动 Web 服务器之后，使用多个浏览器打开 chat.html 页面进行聊天，将可以看到如图 19.9 所示的多人聊天界面。

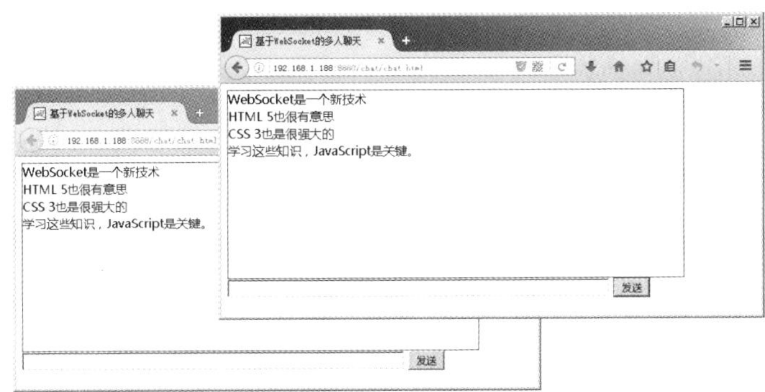

图 19.9 基于 WebSocket 的多人实时聊天

19.2.4 发送二进制数据

如果需要使用 WebSocket 发送普通的对象，则完全没有任何问题，只要使用 JSON 的 stringify()方法将对象转换成 JSON 字符串，然后以 JSON 字符串发送给服务器即可。

如果需要使用 WebSocket 发送二进制数据，也没有任何问题，因为 WebSocket 的 send()方法不仅可用于发送字符串，也可用于发送 ArrayBuffer 或 Blob 对象，这些对象都代表了二进制数据。

假如程序需要将<canvas.../>内绘制的图片发送给服务器，则可通过如下代码实现。

```
var sendBinMsg = function()
{
    var canvas = document.querySelector("#can");
    // 获取二进制图片数据
    var imgData = canvas.getContext('2d').getImageData(0, 0 , 480, 400);
    // 创建 Uint8Array 对象
    var bin = new Uint8Array(imgData.length);
    // 将图片数据复制到 Uint8Array 中
    for (var i = 0; i < imgData.length; i++)
    {
        bin[i] = imgData[i];
    }
    // 发送二进制数据
    webSocket.send(bin);
}
```

如果要将用户选择的图片通过 WebSocket 发送给服务器，则直接将 File 对象（File 是 Blob 的子类）发送过去即可。例如如下代码：

```
var sendBinMsg = function()
```

```
{
    var fileElement = document.querySelector("#fx");
    // 获取用户选择的文件
    var f = fileElement.files[0];
    // 发送二进制数据
    webSocket.send(f);
}
```

接下来将会对前一个示例进行一点改进：用户聊天时不仅可以发送简单的文本信息，还可以选择发送图片信息。

对于本例的客户端页面而言，只要将发送文件和发送图片文件进行分开处理，分别使用不同的函数来处理发送文本信息、图片信息即可。但对于接收到的服务器信息而言，这些信息有文本信息，也有二进制信息，因此程序需要进行判断。下面是该聊天页面的代码。

程序清单：codes\19\19.2\seniorChat\chat.html

```
<!DOCTYPE html>
<html>
<head>
    <meta http-equiv="Content-Type" content="text/html; charset=utf-8" />
    <title> 基于WebSocket的多人聊天 </title>
    <script type="text/javascript">
        // 创建WebSocket对象
        var webSocket = new WebSocket("ws://127.0.0.1:8888/seniorChat/seniorChat");
        webSocket.onopen = function()
        {
            var show = document.getElementById('show');
            // 为onmessage事件绑定监听器，接收消息
            webSocket.onmessage= function(event)
            {
                // 如果服务端数据是Blob数据
                if(event.data instanceof Blob)
                {
                    // 将Blob数据转换成图片
                    var img = document.createElement("img");
                    img.src = window.URL.createObjectURL(event.data);
                    // 显示图片
                    show.appendChild(img);
                    show.innerHTML += "<br/>";
                }
                else
                {
                    // 接收并显示消息
                    show.innerHTML += event.data + "<br/>";
                }
            }
        };
        var sendMsg = function()
        {
            var inputElement = document.getElementById('msg');
            // 发送消息
            webSocket.send(inputElement.value);
            // 清空单行文本框
            inputElement.value = "";
        }
        var reader = new FileReader();
        var sendBinMsg = function()
        {
            var fileElement = document.querySelector("#fx");
            var f = fileElement.files[0];
            // 发送二进制数据
```

```
            webSocket.send(f);
            fileElement.value = "";
        }
    </script>
</head>
<body>
<div style="width:600px;height:240px;
    overflow-y:auto;border:1px solid #333;" id="show"></div>
<input type="text" size="80" id="msg" name="msg"/>
<input type="button" value="发送" onclick="sendMsg();"/><br/>
<input type="file" size="80" id="fx" name="fx" accept="image/*"/>
<input type="button" value="发送二进制" onclick="sendBinMsg();"/>
</body>
</html>
```

上面程序中第一段粗体字代码对服务器响应进行了判断，程序判断服务器响应数据是否为 Blob 类型，如果响应数据是 Blob 类型，程序就创建<img.../>元素，并使用该元素来显示图片。

为了发送二进制图片数据，程序定义了 sendBinMsg()函数，该函数的处理非常简单，程序先获取用户选择的图片对应的 File 对象，然后调用 WebSocket 的 send()方法发送图片即可。

本例的服务端程序也不复杂，只要增加一个处理二进制数据的方法即可。下面是该例的 WebSocket 服务端程序。

程序清单：codes\19\19.2\seniorChat\WEB-INF\classes\SeniorChatEndpoint.java

```
// @ServerEndpoint 注解修饰的类将作为 WebSocket 服务端
@ServerEndpoint(value="/seniorChat")
public class SeniorChatEndpoint
{
    static List<Session> clients = Collections
        .synchronizedList(new ArrayList<Session>());
    @OnOpen // 该注解修饰的方法将在客户端连接时被激发
    public void start(Session session)
    {
        // 每当有客户端连接进来时，收集该客户端对应的 session
        clients.add(session);
    }
    @OnMessage // 该注解修饰的方法将在客户端消息到达时被激发
    public void message(String message, Session session)
        throws Exception
    {
        // 收到消息后，将消息向所有客户端发送一次
        for (Session s : clients)
        {
            RemoteEndpoint.Basic remote = s.getBasicRemote();
            remote.sendText(message);
        }
    }
    @OnMessage // 该注解修饰的方法将在客户端消息到达时被激发
    public void message(ByteBuffer data, boolean last, Session session)
        throws Exception
    {
        // 收到消息后，将消息向所有客户端发送一次
        for (Session s : clients)
        {
            RemoteEndpoint.Basic remote = s.getBasicRemote();
            remote.sendBinary(data, last);
        }
    }
    @OnClose // 该注解修饰的方法将在客户端连接关闭时被激发
    public void end(Session session, CloseReason closeReason)
    {
```

```
        // 每当有客户端连接关闭时，删除该客户端对应的 session
        clients.remove(session);
    }
    @OnError // 该注解修饰的方法将在客户端出错时被激发
    public void error(Session session, Throwable throwable)
    {
        // 每当有客户端连接出错时，删除该客户端对应的 session
        clients.remove(session);
    }
}
```

相比前一个示例的服务端程序，该服务端程序只是增加了粗体字 message()方法，该方法的第一个参数是 ByteBuffer 对象，该对象中封装了客户端传过来的二进制数据。该方法的处理同样简单，程序遍历所有 WebSocket 客户端，将二进制数据“广播”给每个客户端即可。

提示：

上面的 WebSocket 服务端程序必须部署在 Java Web 服务器中才有效，因此本示例需要将 seniorChat 整个文件夹复制到 Tomcat 8 的 webapps 目录下，然后启动 Tomcat 即可。

在 Web 服务器中部署 seniorChat 应用，并启动 Web 服务器之后，使用多个浏览器打开 chat.html 页面进行聊天，将可以看到如图 19.10 所示的多人聊天界面。

图 19.10 能发图片的多人聊天

19.3 使用 Server-Sent Events API

WebSocket 规范保证在浏览器与服务端之间建立一个双向的 Socket 通信通道，服务器可以把信息推送给浏览器，浏览器也可以将数据发送给服务器。WebSocket 的主要问题是略嫌麻烦，HTML 5 提供的 Server-Sent Events API 则简单多了，它是一种单向通信机制：只允许服务器将数据发送给客户端。因此对于简单的服务器数据推送，推荐使用 Server-Sent Events API。

19.3.1 使用 EventSource 获取数据

Server-Sent Events API 规范不像 WebSocket 那么复杂，它规定了服务端事件的文本格式，也为客户端浏览器定义了一个 EventSource 接口。

EventSource 的用法非常简单，基本只要两步即可。

① 调用 EventSource 的构造器创建对象。调用 EventSource 构造器的代码如下：

```
var source = new EventSource(url, configuration);
```

上面代码中第一个url参数指定服务端事件页面的URL;第二个参数指定额外的配置选项，这个参数可以省略。

② 为 EventSource 对象的 onmessage 事件绑定事件处理函数。例如如下代码片段：

```
source.onmessage = function(event)
{
    // 此处即可通过 event 获取事件信息
    ...
}
```

当服务器向浏览器推送事件时，EventSource 的 onmessage 事件处理函数将会被激发，程序即可通过事件处理函数的 event 形参来获取服务器发送过来的数据。

此外，Server-Sent Events API 还制订了服务端事件的规范，服务器事件协议是基于纯文本的简单协议。服务端响应的 MIME 类型是“text/event-stream”，响应文本的内容就相当于由多个事件按顺序组成的事件流。

下面给出了服务端响应事件的示例。

```
data: 第一个事件

data: 第二个事件
id: 1

event: fkevent1
data: 天亮了，一切都那么美
id: 2

: this is a comment
event: fkevent2
data: 新事件
data: 事件内容 1
data: 事件内容 2
id: 3

event: fkevent3
data: 好事情
data: 令人开心啊
data: 我学会 Server-Sent API 了
id: 4
retry: 3000
```

上面的事件流中定义了 4 个事件，其中第一个事件只有事件数据，由 data 指定；第二个事件有事件数据和事件 ID（由 id 指定）；第三个事件包含多个事件数据（由多个 data 指定）、事件名（由 event 指定）和事件 ID（由 id 指定）；第四个事件包含多个事件数据（由多个 data 指定）、事件名（由 event 指定）和事件 ID（由 id 指定）。此外，第四个事件还指定了 retry 参数，该参数指定浏览器隔 3 秒之后才会重新拦截获取下一个事件。

需要指出的是，Server-Sent Events API 规范要求文本响应的每行后面都要添加“\n\n”换行标志。

每个事件总可以支持如下参数。

➢ 参数为空白，表示该行是注释，处理事件时该行会被忽略。
➢ 参数为 event，表示该行用来声明事件的名称。
➢ 参数为 data，表示该行包含事件的数据，data 参数的行可以出现多次，所有这些行都是该事件的数据。

➢ 参数为 id，表示该行用来声明事件的标识符。

➢ 参数为 retry，表示该行用来声明浏览器在连接断开之后进行再次连接之前的等待时间。

下面先看本示例的客户端页面代码。

程序清单：codes\19\19.3\simpleSSE\sse.html

```
<!DOCTYPE html>
<html>
<head>
    <meta http-equiv="Content-Type" content="text/html; charset=utf-8" />
    <title> SSE 入门 </title>
    <script type="text/javascript">
        // 创建 EventSource 对象
        var source = new EventSource("server.jsp");
        // 为 EventSource 对象的 onmessage 事件绑定事件处理函数
        source.onmessage = function(event)
        {
            // 通过 event.data 获取事件数据
            document.querySelector("#show").innerHTML
                += event.data + "<br/>";
        }
    </script>
</head>
<body>
<div style="width:600px;height:240px;
    overflow-y:auto;border:1px solid #333;" id="show"></div>
</body>
</html>
```

上面程序中第一行粗体字代码创建了 EventSource 对象，第二行粗体字代码为 EventSource 绑定了 onmessage 事件处理函数，每当服务器有事件数据发送过来时，该 onmessage 事件处理函数就会被激发，而客户端页面即可通过该事件参数来获取服务端数据。

本例的服务端事件数据采用 JSP 页面充当，这是因为 JSP 页面可以生成动态数据，只要 JSP 页面生成的响应符合 Server-Sent Events API 规范即可。下面是服务端响应页面的代码。

程序清单：codes\19\19.3\simpleSSE\server.jsp

```
<%@ page contentType="text/event-stream; charset=utf-8"%>
<%response.setHeader("Cache-Control", "no-cache");
out.print("event:fkjava\n\n");
out.print("data:服务器时间：" + new java.util.Date() + "\n\n");
out.print("data:价格：" + Math.round(Math.random() * 100) + "\n\n");
out.flush();
%>
```

上面 JSP 页面中第一行粗体字代码设置该页面响应内容的 MIME 类型是 text/event-stream，这是 Server-Sent Events API 规范的要求，第二行粗体字代码设置该页面内容不使用缓存。接下来页面使用 out.print 来输出事件，此处只指定了 event 和 data 两个参数，其中 data 就代表了事件的数据。

使用浏览器浏览前面的 sse.html 页面，将可以看到如图 19.11 所示的输出。

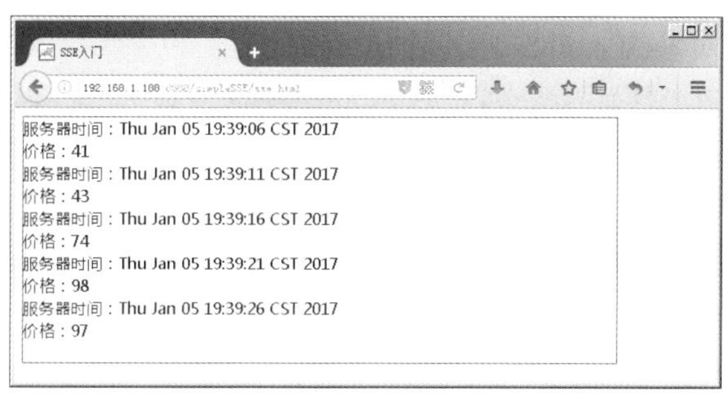

图 19.11 监听服务端事件

19.3.2 EventSource 的生命周期

从上一个示例的运行结果来看，虽然服务端只生成了一个事件，但浏览器页面会不断触发 onmessage 事件，这是由于浏览器会每隔一段时间（该时间可通过事件的 retry 参数来指定）就会自动与服务器建立一次连接，从创建 EventSource 时传入的 URL 地址中接收一次服务器发送的事件。

程序创建 EventSource 之后，该对象会立即与服务器建立一次连接，接收服务端事件，事件接收完成后，立即关闭与服务器的连接。

通过上面介绍不难发现，Server-Sent Events API 表面上看是服务器主动向浏览器发送事件，但实际上是浏览器主动建立与服务器的连接，然后接收服务端的事件数据。

如果打开上一个示例所使用的浏览器的调试界面，将可以看到如图 19.12 所示的网络监控界面。

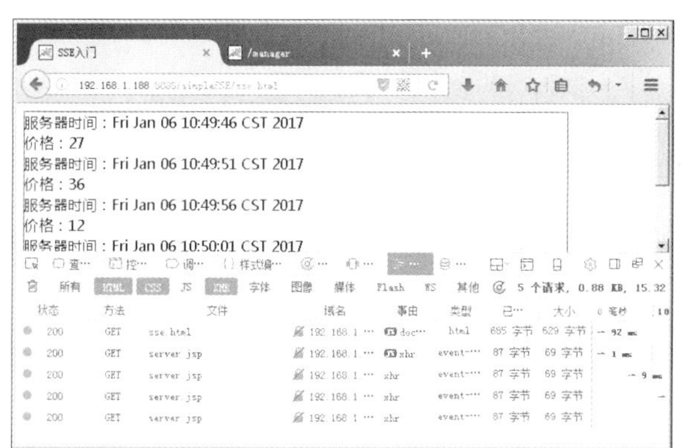

图 19.12 EventSource 的网络监控

从图 19.12 可以看出，EventSource 底层其实是通过 XHR 对象（即 XMLHttpRequest 对象）发送 GET 请求来实现的，这表明 EventSource 底层依然是基于请求-响应架构的，只不过使用 EventSource 之后，系统会自动在底层创建 XMLHttpRequest 对象，发送请求，然后接收服务端的事件信息。

由于 EventSource 底层是基于 XMLHttpRequest 对象的，因此 EventSource 对象同样有一个 readyState 属性，该属性的各属性值的意义如下。

- 0：表明该对象还未与服务器建立连接。
- 1：表明该对象与服务器已成功连接，正在处理接收到的事件及数据。
- 2：表明该对象与服务器连接失败，该对象不会继续建立与服务器的连接。

此外，EventSource 可调用 close()方法显式关闭与服务器的连接。当 EventSource 调用 close()

方法关闭连接之后，该对象的 readyState 属性值会变成 2。

为了监听 EventSource 的不同状态，EventSource 除了可以为 message 事件绑定事件监听函数之外，还可以为 open 事件、error 事件绑定事件监听函数。

- open 事件：EventSource 对象与服务器打开连接时触发该事件。
- error 事件：EventSource 对象与服务器连接失败，或 EventSource 主动关闭与服务器的连接时触发该事件。

下面示例测试了 EventSource 的运行过程，该示例的 HTML 页面不仅会监听 EventSource 的 message 事件，还会监听 open 和 error 事件。下面是 HTML 页面的代码。

程序清单：codes\19\19.3\lifecycle\lifecycle.html

```
<!DOCTYPE html>
<html>
<head>
    <meta http-equiv="Content-Type" content="text/html; charset=utf-8" />
    <title> SSE 各阶段 </title>
    <script type="text/javascript">
        // 创建 EventSource 对象
        var source = new EventSource("server.jsp");
        // 为 EventSource 对象的 onmessage 事件绑定事件处理函数
        source.onmessage = function(event)
        {
            // 通过 event.data 获取事件数据
            document.querySelector("#show").innerHTML
                += "onmessage 事件: " + event.data + "<br/>";
        }
        source.onopen = function(event)
        {
            if(source.readyState == 0)
            {
                document.querySelector("#show").innerHTML
                    += "onopen 事件: " + "连接断开" + "<br/>";
            }
            if(source.readyState == 1)
            {
                document.querySelector("#show").innerHTML
                    += "onopen 事件: " + "连接成功" + "<br/>";
            }
        }
        source.onerror = function(event)
        {
            document.querySelector("#show").innerHTML
                += "onerror 事件: " + "连接已经断开" + "<br/>";
        }
        function closeSSE()
        {
            // 调用 close()方法关闭 EventSource
            source.close();
            document.querySelector("#show").innerHTML
                += "调用 close()方法关闭连接" + "<br/>";
        }
    </script>
</head>
<body>
<div style="width:600px;height:240px;
    overflow-y:auto;border:1px solid #333;" id="show"></div>
<button onclick="closeSSE();">关闭连接</button>
</body>
</html>
```

本例的服务端事件页面也很简单，与前一个示例的页面代码基本相同，如下所示。

程序清单：codes\19\19.3\lifecycle\server.jsp

```
<%@ page contentType="text/event-stream; charset=utf-8"%>
<%response.setHeader("Cache-Control", "no-cache");
out.print("event:fkjava\n\n");
out.print("data:服务器时间: " + new java.util.Date() + "\n\n");
out.flush();
%>
```

使用浏览器浏览 lifecycle.html 页面，可以看到 EventSource 每次获取服务端事件时都需要触发 3 个事件。如果用户单击界面上的“关闭连接”按钮，程序将会调用 EventSource 的 close()方法关闭连接，这样将可以看到页面上生成如图 19.13 所示的连接。

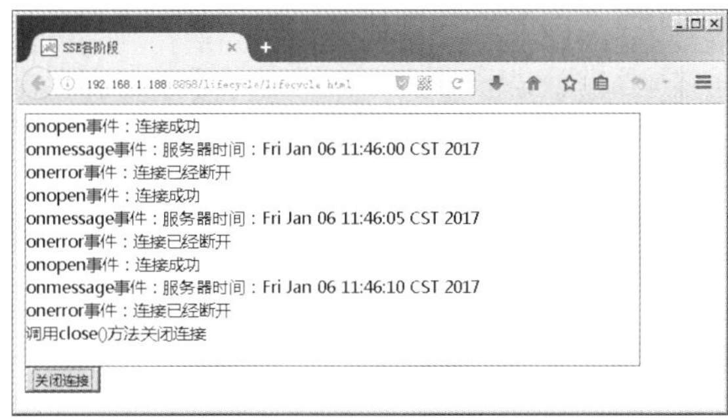

图 19.13　EventSource 各阶段

19.4　使用 Beacon

Server-Sent Events API 适用于服务器向浏览器单向发送消息；反过来，如果浏览器需要向服务器单向发送数据，不需要等待服务器响应，则可使用 Beacon API。

navigator 对象提供了一个 sendBeacon(url, data)方法，该方法的第一个参数 url 代表发送数据的 URL；第二个参数 data 代表要发送的数据，该参数可以是 ArrayBufferView、Blob 和字符串类型。

下面程序示范了如何通过 Beacon API 向服务器发送数据。

程序清单：codes\19\19.4\beacon\beacon.html

```
<!DOCTYPE html>
<html>
<head>
   <meta http-equiv="Content-Type" content="text/html; charset=utf-8" />
   <title> beacon 测试 </title>
   <script type="text/javascript">
   window.addEventListener("unload", handler, false);
   function handler()
   {
       // 指定向 a.jsp 发送数据
       navigator.sendBeacon("a.jsp", '来自客户端的 beacon 数据');
   }
   </script>
</head>
<body>
<button onclick="handler();">测试</button>
<a href="http://www.crazyit.org">疯狂 Java 联盟</a>
```

```
</body>
</html>
```

上面页面代码中定义了一个handler()函数，该函数中定义了一行简单的代码，这行代码调用navigator的sendBeacon()方法向a.jsp页面发送数据。

对于通过sendBeacon()发送的数据，服务器端页面可通过IO流进行读取。下面是本例所使用的JSP页面代码。

程序清单：codes\19\19.4\beacon\a.jsp

```
<%@ page contentType="text/html; charset=GBK" language="java" errorPage=""
    import="java.io.*"%>
<%
// 使用IO流读取客户端Beacon发送的数据
BufferedReader br = new BufferedReader(
    new InputStreamReader(request.getInputStream(), "utf-8"));
System.out.println("接收到的数据---" + br.readLine());
%>
```

从上面粗体字代码可以看出，该代码可通过二进制流读取客户端通过sendBeacon()发送的数据。当服务器获取到Beacon数据之后，可以对数据进行任意处理，但不能向客户端生成响应。

19.5　本章小结

本章主要介绍了HTML 5新增的两套通信相关的API，其中跨文档通信用于解决不同窗口里HTML文档的通信问题：JavaScript可以调用window对象的postMessage()方法实现跨文档发送信息；也可以调用window对象的onmessage方法来接收其他文档发送过来的消息。WebSocket则可解决Web应用的实时通信问题，使用WebSocket可以让浏览器与服务器端之间建立一个“通信Socket”，这样客户端浏览器可以随时把数据发送给服务器端，服务器端也可以随时把数据“推送”给客户端浏览器。

此外，本章还介绍了Server-Sent Events API规范，这种规范允许服务器与浏览器的HTML页面进行单向通信：服务器可以将数据发送给客户端。这种规范适用于服务器只要将简单的数据推送给HTML页面的场景。

CHAPTER 20

第 20 章 HTML 5 的疯狂俄罗斯方块

本章要点

- 开发单机休闲游戏的基本方法
- 单机游戏的界面分析
- 单机游戏的游戏界面与数据建模
- 初始化单机游戏的状态
- 使用 canvas 绘制游戏界面
- 处理事件监听
- 分情况分析游戏的逻辑处理
- 方块旋转时的坐标变换

本章将会介绍一个非常常见的小游戏：俄罗斯方块，这个游戏是一个单机休闲小游戏。在俄罗斯方块的游戏界面中，有一组正在"下落"的方块（通常有4个，组合成各种不同的形状），游戏玩家需要做的事情就是控制正在"下落"的方块的移动，将这组方块摆放到合适的位置。只要下面"某一行"全部充满方块，没有空缺，那么这行就可以"消除"，上面的所有方块会"整体掉下来"。

对于HTML 5、JavaScript学习者来说，学习开发这个小程序难度适中，而且能很好地培养学习者的学习乐趣。开发者需要从程序员的角度来看待玩家面对的游戏界面，游戏界面上的每个方块（既可涂上不同颜色，也可绘制不同图片）在底层只要使用一个数值标识来代表即可，不同的方块使用不同的数值标识。

开发俄罗斯方块游戏除了需要理解游戏界面的数据模型之外，开发者还需要理解为游戏添加事件监听方法，通过事件监听可以监控玩家的按键动作，当玩家按下不同按键时，程序控制正在 "下落"的方块移动或旋转。本程序稍微有点复杂的地方是，当方块组合旋转时，开发者需要计算每个方块旋转后的坐标。

20.1　俄罗斯方块简介

俄罗斯方块是一款非常经典、广为人知的游戏，既是最古老的游戏之一，也是拥有最广泛玩家的游戏之一。俄罗斯方块的玩法简单、耗时少，尤其适合玩家用于休闲、打发时间等。图20.1显示了俄罗斯方块的游戏界面。

从图20.1可以看出，在俄罗斯方块的游戏界面中，有一组正在"下落"的方块（通常有4个，组合成各种不同的形状），游戏玩家需要做的事情就是控制正在"下落"的方块的移动，将这组方块摆放到合适的位置。只要下面"某一行"全部充满方块，没有空缺，那么这行就可以"消除"，上面的所有方块会"整体掉下来"。

图20.2所示的一行已经全部都有了方块，因此这一行方块将会被消除。

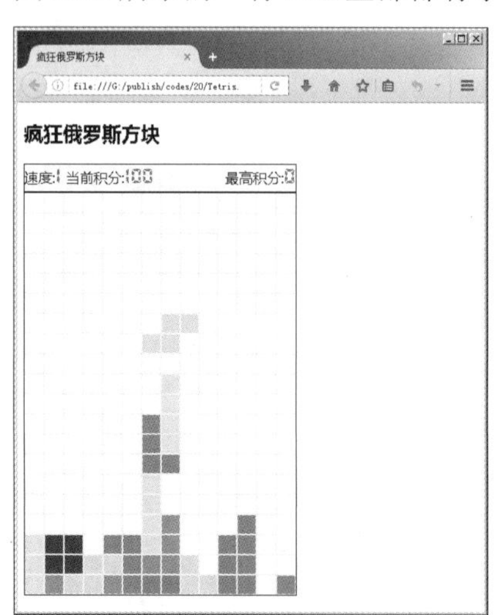

图20.1　俄罗斯方块的游戏界面

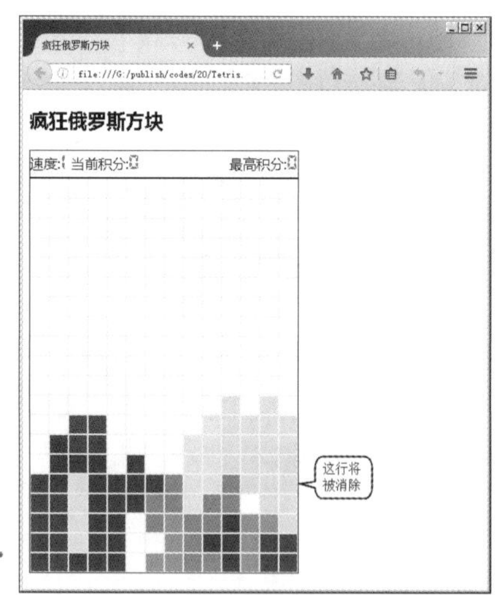

图20.2　可以消除的行

俄罗斯方块既可以做成单机小游戏，让脱机用户在适当的时候来独自放松；也可以做成网络对战游戏——让两个用户进行比赛：谁能在最短时间内消除游戏中更多的方块，谁就是胜利者。

俄罗斯方块的游戏界面比较简单，而且游戏的实现逻辑也不会太复杂，非常适合作为

HTML 5、JavaScript 学习者作为编程进阶的练习项目。本章将会采用 canvas 来绘制游戏界面，采用 Local Storage 来记录游戏状态。

20.2 开发游戏界面

本章所介绍的俄罗斯方块的游戏界面十分简单，大致上可分为两个区域：

- ➢ 速度、积分显示区。
- ➢ 主游戏界面区。

20.2.1 开发界面布局

本程序采用一个<div.../>元素作为速度、积分显示区，这个区域包括 3 个<span.../>元素，这 3 个<span.../>元素用于显示当前速度、当前积分、最高积分。为了更好地显示游戏界面上的速度、当前积分、最高积分，本程序使用了服务器字体。

游戏主界面的<canvas.../>组件则是由 JavaScript 动态生成的，因此在 HTML 页面中并没有定义。下面是俄罗斯方块游戏的 HTML 页面代码。

程序清单：codes\20\Tetris.html

```
<!DOCTYPE html>
<html>
<head>
    <meta http-equiv="Content-Type" content="text/html; charset=utf-8" />
    <title> 疯狂俄罗斯方块 </title>
    <script type="text/javascript" src="tetris.js">
    </script>
    <style type="text/css">
        @font-face {
            font-family: tmb;
            src: url("DS-DIGIB.TTF") format("TrueType");
        }
        body>div {
            font-size:13pt;
            padding-bottom: 8px;
        }
        span {
            font-family: tmb;
            font-size:20pt;
            color: green;
        }
    </style>
</head>
<body>
<h2>疯狂俄罗斯方块</h2>
<div style="width:336px;border:1px solid black;background:#ff9;"> 
<div style="float:left;">速度:<span id="curSpeedEle"></span>
当前积分:<span id="curScoreEle"></span></div>
<div style="float:right;">最高积分:<span id="maxScoreEle"></span></div>
</div>
</body>
</html>
```

上面程序中的第一段粗体字代码定义了服务器字体，这样可以保证即使客户端没有安装该字体，也能在游戏中使用这种字体。

20.2.2　开发游戏界面组件

本游戏的游戏界面是一个<canvas.../>组件，在<canvas.../>组件上可以使用 JavaScript 动态地绘制各种图形，包括游戏界面。

为了让程序可以动态地改变界面大小，该<canvas.../>的大小是由程序动态计算得到的，下面是程序动态计算、生成<canvas.../>组件的 JavaScript 脚本。

程序清单：codes\20\tetris.js

```
// 定义一个创建 canvas 组件的函数
var createCanvas = function(rows , cols , cellWidth, cellHeight)
{
    tetris_canvas = document.createElement("canvas");
    // 设置 canvas 组件的高度、宽度
    tetris_canvas.width = cols * cellWidth;
    tetris_canvas.height = rows * cellHeight;
    // 设置 canvas 组件的边框
    tetris_canvas.style.border = "1px solid black";
    // 获取 canvas 上的绘图 API
    tetris_ctx = tetris_canvas.getContext('2d');
    // 开始创建路径
    tetris_ctx.beginPath();
    // 绘制横向网格对应的路径
    for (var i = 1 ; i < TETRIS_ROWS ; i++)
    {
        tetris_ctx.moveTo(0 , i * CELL_SIZE);
        tetris_ctx.lineTo(TETRIS_COLS * CELL_SIZE , i * CELL_SIZE);
    }
    // 绘制竖向网格对应的路径
    for (var i = 1 ; i < TETRIS_COLS ; i++)
    {
        tetris_ctx.moveTo(i * CELL_SIZE , 0);
        tetris_ctx.lineTo(i * CELL_SIZE , TETRIS_ROWS * CELL_SIZE);
    }
    tetris_ctx.closePath();
    // 设置笔触颜色
    tetris_ctx.strokeStyle = "#aaa";
    // 设置线条粗细
    tetris_ctx.lineWidth = 0.3;
    // 绘制线条
    tetris_ctx.stroke();
}
```

上面的 JavaScript 脚本动态地创建了一个<canvas.../>组件，该组件的高度、宽度是由程序动态计算得到的。除此之外，上面程序还使用路径绘制了横向、竖向的线条，用于表示俄罗斯方块游戏界面上的网格。该<canvas.../>组件在浏览器中呈现出如图 20.3 所示的界面。

图 20.3　空白游戏界面

20.3　俄罗斯方块的数据模型

对于游戏玩家而言，游戏界面上看到的“元素”千差万别、变化多端；但对于游戏开发者而言，游戏界面上的元素在底层都是一些数据，只是不同数据所

绘制的图片存在差异而已。因此建立游戏的状态数据模型是实现游戏逻辑的重要步骤。

20.3.1 定义数据模型

俄罗斯方块的游戏界面是一个 $N \times M$ 的"网格"，每个网格上显示一张图片，但对于游戏开发者来说，这个网格只需要用一个二维数组来定义即可，而每个网格上所显示的色块（或图片），对于底层的数据模型来说，不同的色块（或图片）对应于不同的数值即可。图 20.4 显示了俄罗斯方块的数据模型示意图。

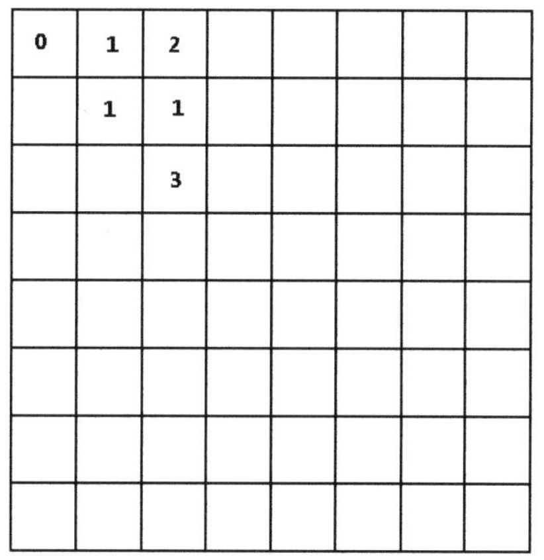

图 20.4 俄罗斯方块的数据模型示意图

对于图 20.4 所示的数据模型，只要让数值为 0 的网络上不绘制色块（或图片），其他数值的网格上则绘制相应的色块（或图片），就可显示出俄罗斯方块的游戏界面了。

本程序直接使用一个二维数组来保存游戏的状态数据，不过由于 JavaScript 是动态语言，因此使用二维数组时依然像一维数组。

除此之外，俄罗斯方块的游戏界面上还有一组正在下落的方块。这组正在下落的方块通常有 4 个，这 4 个方块的位置随时在改变，因此程序单独采用一个长度为 4 的数组来记录这 4 个方块的位置。这个数组具有如下所示的格式：

```
currentFall = [
    {x: blockArr[rand][0].x , y: blockArr[rand][0].y
        , color: blockArr[rand][0].color},
    {x: blockArr[rand][1].x , y: blockArr[rand][1].y
        , color: blockArr[rand][1].color},
    {x: blockArr[rand][2].x , y: blockArr[rand][2].y
        , color: blockArr[rand][2].color},
    {x: blockArr[rand][3].x , y: blockArr[rand][3].y
        , color: blockArr[rand][3].color}
];
```

在上面数组中，每个数组元素都是一个对象，对象包括 x、y、color 三个属性，分别代表了该方块所在的位置、颜色值。

20.3.2 初始化游戏状态数据

为了初始化游戏状态，程序需要创建一个二维数组，这个二维数组记录了游戏界面上每个位置的方块值（不同的值代表不同的颜色）。下面代码初始化了游戏状态数组。

程序清单：codes\20\tetris.js

```
// 该数组用于记录底下已经固定的方块
var tetris_status = [];
for (var i = 0; i < TETRIS_ROWS ; i++ )
{
    tetris_status[i] = [];
    for (var j = 0; j < TETRIS_COLS ; j++ )
    {
        tetris_status[i][j] = NO_BLOCK;
    }
}
```

从上面粗体字代码来看，程序创建了一个二维数组，并将这个二维数组的每个数组元素都赋值为NO_BLOCK（也就是0），这代表该游戏界面上还没有方块。

为了能随机生成各种向下掉的方块组合（4 个方块组成一组），程序预先把各种组合定义出来，然后每次需要开始“掉落”新的方块组时，让程序随机地取出一组即可。下面是随机获取“掉落”的方块组的代码。

程序清单：codes\20\tetris.js

```
// 定义几种可能出现的方块组合
var blockArr = [
    // 代表第一种可能出现的方块组合：Z
    [
        {x: TETRIS_COLS / 2 - 1 , y:0 , color:1},
        {x: TETRIS_COLS / 2 , y:0 ,color:1},
        {x: TETRIS_COLS / 2 , y:1 ,color:1},
        {x: TETRIS_COLS / 2 + 1 , y:1 , color:1}
    ],
    // 代表第二种可能出现的方块组合：反Z
    [
        {x: TETRIS_COLS / 2 + 1 , y:0 , color:2},
        {x: TETRIS_COLS / 2 , y:0 , color:2},
        {x: TETRIS_COLS / 2 , y:1 , color:2},
        {x: TETRIS_COLS / 2 - 1 , y:1 , color:2}
    ],
    // 代表第三种可能出现的方块组合： 田
    [
        {x: TETRIS_COLS / 2 - 1 , y:0 , color:3},
        {x: TETRIS_COLS / 2 , y:0 ,  color:3},
        {x: TETRIS_COLS / 2 - 1 , y:1 , color:3},
        {x: TETRIS_COLS / 2 , y:1 , color:3}
    ],
    // 代表第四种可能出现的方块组合：L
    [
        {x: TETRIS_COLS / 2 - 1 , y:0 , color:4},
        {x: TETRIS_COLS / 2 - 1, y:1 , color:4},
        {x: TETRIS_COLS / 2 - 1 , y:2 , color:4},
        {x: TETRIS_COLS / 2 , y:2 , color:4}
    ],
    // 代表第五种可能出现的方块组合：J
    [
        {x: TETRIS_COLS / 2  , y:0 , color:5},
        {x: TETRIS_COLS / 2 , y:1, color:5},
        {x: TETRIS_COLS / 2  , y:2, color:5},
        {x: TETRIS_COLS / 2 - 1, y:2, color:5}
    ],
    // 代表第六种可能出现的方块组合：条
    [
        {x: TETRIS_COLS / 2 , y:0 , color:6},
        {x: TETRIS_COLS / 2 , y:1 , color:6},
        {x: TETRIS_COLS / 2 , y:2 , color:6},
        {x: TETRIS_COLS / 2 , y:3 , color:6}
    ],
    // 代表第七种可能出现的方块组合：┻
    [
        {x: TETRIS_COLS / 2 , y:0 , color:7},
        {x: TETRIS_COLS / 2 - 1 , y:1 , color:7},
        {x: TETRIS_COLS / 2 , y:1 , color:7},
        {x: TETRIS_COLS / 2 + 1, y:1 , color:7}
    ]
];
// 定义初始化正在掉落的方块
var initBlock = function()
{
```

```
        var rand = Math.floor(Math.random() * blockArr.length);
        // 随机生成正在掉落的方块
        currentFall = [
            {x: blockArr[rand][0].x , y: blockArr[rand][0].y
                , color: blockArr[rand][0].color},
            {x: blockArr[rand][1].x , y: blockArr[rand][1].y
                , color: blockArr[rand][1].color},
            {x: blockArr[rand][2].x , y: blockArr[rand][2].y
                , color: blockArr[rand][2].color},
            {x: blockArr[rand][3].x , y: blockArr[rand][3].y
                , color: blockArr[rand][3].color}
        ];
    };
```

上面程序代码中先定义了一个数组，这个数组定义了所有可能出现的方块组合，本程序一共定义了 7 种组合。

如果开发者需要开发更具趣味性的俄罗斯方块，则可以在方块组合数组中定义更多可能出现的方块组合。

由于程序采用随机的方式从上面数组中取出可能出现的方块组合，因此程序完全可能出现上面 7 种掉落的方块组合。

图 20.5 显示了第一种可能出现的方块组合。

图 20.6 显示了第二种可能出现的方块组合。

图 20.5　第一种方块组合：Z

图 20.6　第二种方块组合：反 Z

图 20.7 显示了第三种可能出现的方块组合。

图 20.8 显示了第四种可能出现的方块组合。

图 20.7　第三种方块组合：田

图 20.8　第四种方块组合：L

图 20.9 显示了第五种可能出现的方块组合。

图 20.10 显示了第六种可能出现的方块组合。

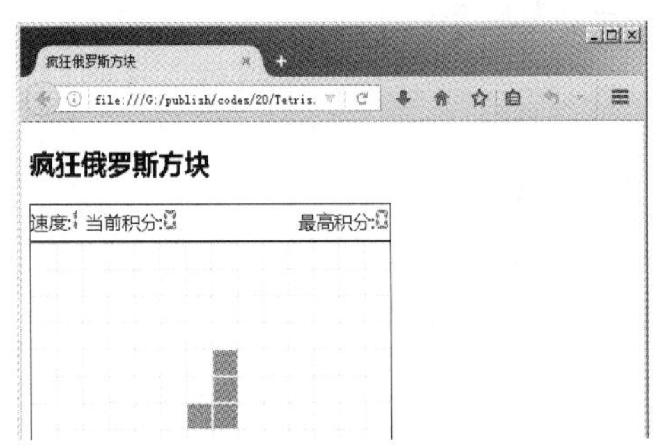

图 20.9　第五种方块组合：J

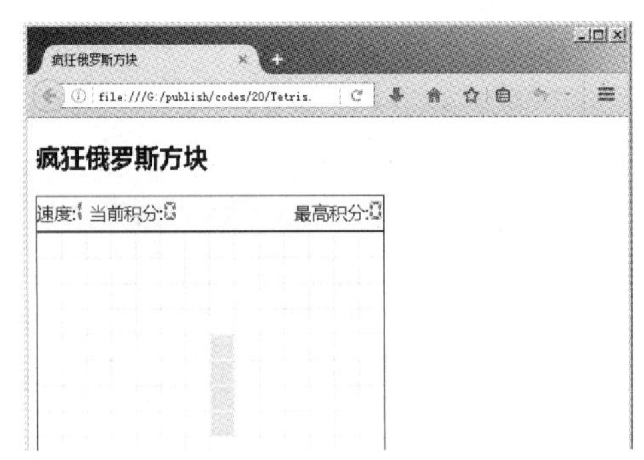

图 20.10　第六种方块组合：条

图 20.11 显示了第七种可能出现的方块组合。

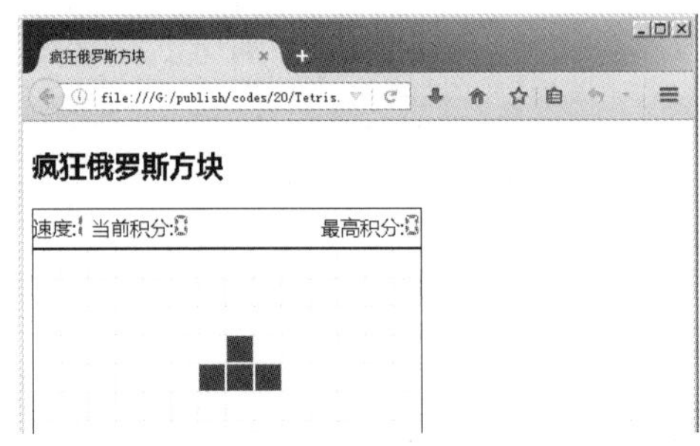

图 20.11　第七种方块组合：┴

20.4　实现游戏逻辑

定义了游戏状态模型之后，接下来程序需要处理方块组合“掉落”，还需要处理方块组合“左移”“右移”“旋转”等。本程序还使用了 Local Storage 来记录游戏状态。

20.4.1　处理方块掉落

前面已经介绍过，程序采用了一个长度为 4 的数组来记录当前正在掉落的方块组，这个长度为 4 的数组中每个数组元素都是一个形如{x:xVal, y:yVal, color:colorVal}的对象，其中 x、y 属性记录了该方块所在的位置，而 color 属性则记录了该方块的颜色。

如果让方块组合“掉落”，只需把每个方块的 y 属性增加 1 即可。但在处理方块组合掉落之前，需要判断方块组合是否可以掉落。如果出现如下两种情况，方块组合则不能掉落。

- 如果方块组合中任意一个方块已经到了最底下。
- 如果方块组合中任意一个方块的下面已有方块。

如果方块组合可以掉落，程序需要把方块组合原来所在位置的颜色清除，再把方块组合中每个方块的 y 属性增加 1，最后把当前方块所在位置“涂上”相应的颜色。

除此之外，每次方块掉落之后，程序还需要逐行“扫描”每一行，判断是否某一行的方块已满，当方块已满时将该行方块消除，并增加积分。

下面的 moveDown()函数定义了处理方块掉落的逻辑。

程序清单：codes\20\tetris.js

```
// 控制方块向下掉。
var moveDown = function()
{
    // 定义能否掉落的旗标
```

```
var canDown = true;    // ①
// 遍历每个方块，判断是否能向下掉落
for (var i = 0 ; i < currentFall.length ; i++)
{
    // 判断是否已经到“最底下”
    if(currentFall[i].y >= TETRIS_ROWS - 1)
    {
        canDown = false;
        break;
    }
    // 判断下一格是否“有方块”，如果下一格有方块，则不能向下掉落
    if(tetris_status[currentFall[i].y + 1][currentFall[i].x] != NO_BLOCK)
    {
        canDown = false;
        break;
    }
}
// 如果能向下“掉落”
if(canDown)
{
    // 将下移前的每个方块的背景色涂成白色
    for (var i = 0 ; i < currentFall.length ; i++)
    {
        var cur = currentFall[i];
        // 设置填充颜色
        tetris_ctx.fillStyle = 'white';
        // 绘制矩形
        tetris_ctx.fillRect(cur.x * CELL_SIZE + 1
            , cur.y * CELL_SIZE + 1 , CELL_SIZE - 2 , CELL_SIZE - 2);
    }
    // 遍历每个方块，控制每个方块的 y 坐标加 1
    // 也就是控制方块都掉落一格
    for (var i = 0 ; i < currentFall.length ; i++)
    {
        var cur = currentFall[i];
        cur.y ++;
    }
    // 将下移后的每个方块的背景色涂成该方块的颜色值
    for (var i = 0 ; i < currentFall.length ; i++)
    {
        var cur = currentFall[i];
        // 设置填充颜色
        tetris_ctx.fillStyle = colors[cur.color];
        // 绘制矩形
        tetris_ctx.fillRect(cur.x * CELL_SIZE + 1
            , cur.y * CELL_SIZE + 1 , CELL_SIZE - 2 , CELL_SIZE - 2);
    }
}
// 不能向下掉落
else
{
    // 遍历每个方块，把每个方块的值记录到 tetris_status 数组中
    for (var i = 0 ; i < currentFall.length ; i++)
    {
        var cur = currentFall[i];
        // 如果有方块已经到最上面了，则表明输了
        if(cur.y < 2)
        {
            // 清空 Local Storage 中的当前积分值、游戏状态、当前速度
            localStorage.removeItem("curScore");
            localStorage.removeItem("tetris_status");
            localStorage.removeItem("curSpeed");
```

```
                if(confirm("您已经输了！是否参与排名？"))
                {
                    // 读取Local Storage里的maxScore记录
                    maxScore = localStorage.getItem("maxScore");
                    maxScore = maxScore == null ? 0 : maxScore ;
                    // 如果当前积分大于localStorage中记录的最高积分
                    if(curScore >= maxScore)
                    {
                        // 记录最高积分
                        localStorage.setItem("maxScore" , curScore);
                    }
                }
                // 游戏结束
                isPlaying = false;
                // 清除计时器
                clearInterval(curTimer);
                return;
            }
            // 把每个方块当前所在位置赋为当前方块的颜色值
            tetris_status[cur.y][cur.x] = cur.color;
        }
        // 判断是否有“可消除”的行
        lineFull();
        // 使用Local Storage记录俄罗斯方块的游戏状态
        localStorage.setItem("tetris_status" , JSON.stringify(tetris_status));
        // 开始一组新的方块
        initBlock();
    }
}
```

上面程序中的①号粗体字代码定义了一个 canDown 旗标，该旗标用于标识方块组合是否能掉落。如果方块组合的任一方块已经到了最底下，或者方块组合的任一方块下方已有方块，程序将 canDown 旗标设为 false。

当方块组合能掉落时，程序先清除该方块组合所在位置的背景色，然后控制方块组合向下掉落，最后把掉落一格后的方块组合所在位置的背景涂上相应的颜色。

当方块组合不能向下掉落时，程序做了如下几件事情。

- 如果某个方块已经到了最上面，则表明游戏已经结束了，玩家输了。当游戏结束的时候，上面程序做了如下几件事情。
  - 清空 Local Storage 中的当前游戏积分、当前游戏速度、当前游戏状态。
  - 使用 confirm 对话框提示用户。
  - 将 isPlaying 旗标设为 false。
  - 清除计时器——该计时器控制方块组合不断地向下掉落。
- 判断是否有“可消除”的行。
- 使用 Local Storage 记录当前俄罗斯方块的游戏状态。
- 调用 initBlock()方法开始一组新的方块。

上面程序采用了 Local Storage 记录当前俄罗斯方块的游戏状态——就是把记录游戏状态的二维数组转换为字符串后写入 Local Storage，这样就可保证游戏状态不会丢失，即使在游戏过程中发生了断电、关闭浏览器等事件，下次打开浏览器时还可以接着上次的游戏状态继续。

上面程序中调用了 lineFull()函数来判断是否有“可消除”的行，如果发现某一行的方块已满，则程序处理积分增加，并且该行上面的所有行整体下移一行。下面是 lineFull()函数的代码。

程序清单：codes\20\tetris.js

```
// 判断是否有一行已满
var lineFull = function()
{
    // 依次遍历每一行
    for (var i = 0; i < TETRIS_ROWS ; i++ )
    {
        var flag = true;
        // 遍历当前行的每个单元格
        for (var j = 0 ; j < TETRIS_COLS ; j++ )
        {
            if(tetris_status[i][j] == NO_BLOCK)
            {
                flag = false;
                break;
            }
        }
        // 如果当前行已全部有方块了
        if(flag)
        {
            // 将当前积分增加 100
            curScoreEle.innerHTML = curScore+= 100;
            // 记录当前积分
            localStorage.setItem("curScore" , curScore);
            // 如果当前积分达到升级极限
            if( curScore >= curSpeed * curSpeed * 500)
            {
                curSpeedEle.innerHTML = curSpeed += 1;
                // 使用 Local Storage 记录 curSpeed
                localStorage.setItem("curSpeed" , curSpeed);
                clearInterval(curTimer);
                curTimer = setInterval("moveDown();" , 500 / curSpeed);
            }
            // 把当前行的所有方块下移一行
            for (var k = i ; k > 0 ; k--)
            {
                for (var l = 0; l < TETRIS_COLS ; l++ )
                {
                    tetris_status[k][l] =tetris_status[k-1][l];
                }
            }
            // 消除方块后，重新绘制一遍方块
            drawBlock();      // ②
        }
    }
}
```

当某行的所有位置都有方块之后，程序需要增加 curScore 游戏积分。除此之外，如果游戏积分已经达到了升级界限，程序就会增加游戏速度，并清空原有的计时器，根据现有的游戏速度启用新的游戏计时器——如上面程序中的粗体字代码所示。

当游戏消除了指定某一行的所有方块之后，程序需要调用 drawBlock()函数来绘制 tetris_status 数组中的所有方块。drawBlock()函数代码如下。

程序清单：codes\20\tetris.js

```
// 绘制俄罗斯方块的状态
var drawBlock = function()
{
    for (var i = 0; i < TETRIS_ROWS ; i++ )
    {
        for (var j = 0; j < TETRIS_COLS ; j++ )
```

```
        {
            // 有方块的地方绘制颜色
            if(tetris_status[i][j] != NO_BLOCK)
            {
                // 设置填充颜色
                tetris_ctx.fillStyle = colors[tetris_status[i][j]];
                // 绘制矩形
                tetris_ctx.fillRect(j * CELL_SIZE + 1
                    , i * CELL_SIZE + 1, CELL_SIZE - 2 , CELL_SIZE - 2);
            }
            // 没有方块的地方绘制白色
            else
            {
                // 设置填充颜色
                tetris_ctx.fillStyle = 'white';
                // 绘制矩形
                tetris_ctx.fillRect(j * CELL_SIZE + 1
                    , i * CELL_SIZE + 1 , CELL_SIZE - 2 , CELL_SIZE - 2);
            }
        }
    }
}
```

上面的 drawBlock()函数就是一个简单的“转换”函数，该函数负责把俄罗斯方块的数据模型转换成可视化的方块图。

20.4.2 处理方块左移

为了处理方块组合的左移，程序需要先给键盘事件绑定事件监听器，当用户按下不同按键时，程序调用不同的方法进行处理。下面是程序为按键事件绑定监听器的代码。

程序清单：codes\20\tetris.js

```
// 为窗口的按键事件绑定事件监听器
window.onkeydown = function(evt)
{
    switch(evt.keyCode)
    {
        // 按下了“向下”箭头
        case 40:
            if(!isPlaying)
                return;
            moveDown();
            break;
        // 按下了“向左”箭头
        case 37:
            if(!isPlaying)
                return;
            moveLeft();
            break;
        // 按下了“向右”箭头
        case 39:
            if(!isPlaying)
                return;
            moveRight();
            break;
        // 按下了“向上”箭头
        case 38:
            if(!isPlaying)
                return;
            rotate();
```

```
			break;
		}
	}
```

从上面程序可以看出，当该用户按下“向左”箭头时，如果还处于游戏中，则程序调用 moveLeft()函数来处理方块组合“左移”；当该用户按下“向右”箭头时，如果还处于游戏中，则程序调用 moveRight()函数来处理方块组合“右移”；当该用户按下“向上”箭头时，如果还处于游戏中，则程序调用 rotate()函数来处理方块组合“旋转”。

处理方块组合左移也比较简单，只要将方块组合里所有方块的 x 属性减 1 即可。但在左移之前先要判断是否可以左移：如果方块组合已经到了最左边，或者方块组合的左边已有方块，那么方块组合就不能左移。下面是处理方块组合左移的函数。

程序清单：codes\20\tetris.js

```
// 定义左移方块的函数
var moveLeft = function()
{
	// 定义能否左移的旗标
	var canLeft = true;
	for (var i = 0 ; i < currentFall.length ; i++)
	{
		// 如果已经到了最左边，则不能左移
		if(currentFall[i].x <= 0)
		{
			canLeft = false;
			break;
		}
		// 或左边的位置已有方块，则不能左移
		if (tetris_status[currentFall[i].y][currentFall[i].x - 1] != NO_BLOCK)
		{
			canLeft = false;
			break;
		}
	}
	// 如果能左移
	if(canLeft)
	{
		// 将左移前的每个方块的背景涂成白色
		for (var i = 0 ; i < currentFall.length ; i++)
		{
			var cur = currentFall[i];
			// 设置填充颜色
			tetris_ctx.fillStyle = 'white';
			// 绘制矩形
			tetris_ctx.fillRect(cur.x * CELL_SIZE +1
				, cur.y * CELL_SIZE + 1 , CELL_SIZE - 2, CELL_SIZE - 2);
		}
		// 左移所有正在掉落的方块
		for (var i = 0 ; i < currentFall.length ; i++)
		{
			var cur = currentFall[i];
			cur.x --;
		}
		// 将左移后的每个方块的背景涂成方块对应的颜色
		for (var i = 0 ; i < currentFall.length ; i++)
		{
			var cur = currentFall[i];
			// 设置填充颜色
			tetris_ctx.fillStyle = colors[cur.color];
			// 绘制矩形
```

```
            tetris_ctx.fillRect(cur.x * CELL_SIZE + 1
                , cur.y * CELL_SIZE + 1, CELL_SIZE - 2 , CELL_SIZE - 2);
        }
    }
}
```

20.4.3 处理方块右移

处理方块组合右移与处理方块左移的思路基本相似，都是先判断方块组合能否右移，如果可以右移，则将方块移动之前位置的背景色清空，将每个方块的 x 属性加 1，再将移动后的方块所在位置的背景涂上相应的颜色即可。

下面是处理方块右移的函数。

程序清单：codes\20\tetris.js

```
// 定义右移方块的函数
var moveRight = function()
{
    // 定义能否右移的旗标
    var canRight = true;
    for (var i = 0 ; i < currentFall.length ; i++)
    {
        // 如果已到了最右边，则不能右移
        if(currentFall[i].x >= TETRIS_COLS - 1)
        {
            canRight = false;
            break;
        }
        // 如果右边的位置已有方块，则不能右移
        if (tetris_status[currentFall[i].y][currentFall[i].x + 1] != NO_BLOCK)
        {
            canRight = false;
            break;
        }
    }
    // 如果能右移
    if(canRight)
    {
        // 将右移前的每个方块的背景涂成白色
        for (var i = 0 ; i < currentFall.length ; i++)
        {
            var cur = currentFall[i];
            // 设置填充颜色
            tetris_ctx.fillStyle = 'white';
            // 绘制矩形
            tetris_ctx.fillRect(cur.x * CELL_SIZE + 1
                , cur.y * CELL_SIZE + 1 , CELL_SIZE - 2 , CELL_SIZE - 2);
        }
        // 右移所有正在掉落的方块
        for (var i = 0 ; i < currentFall.length ; i++)
        {
            var cur = currentFall[i];
            cur.x ++;
        }
        // 将右移后的每个方块的背景涂成各方块对应的颜色
        for (var i = 0 ; i < currentFall.length ; i++)
        {
            var cur = currentFall[i];
            // 设置填充颜色
            tetris_ctx.fillStyle = colors[cur.color];
            // 绘制矩形
```

```
                tetris_ctx.fillRect(cur.x * CELL_SIZE + 1
                    , cur.y * CELL_SIZE + 1 , CELL_SIZE - 2, CELL_SIZE -2);
            }
        }
    }
```

20.4.4　处理方块旋转

处理方块旋转是比较复杂的，因此程序需要动态地计算方块旋转后的坐标。

如果是绕原点逆时针旋转 90°，则有如图 20.12 所示的示意图。

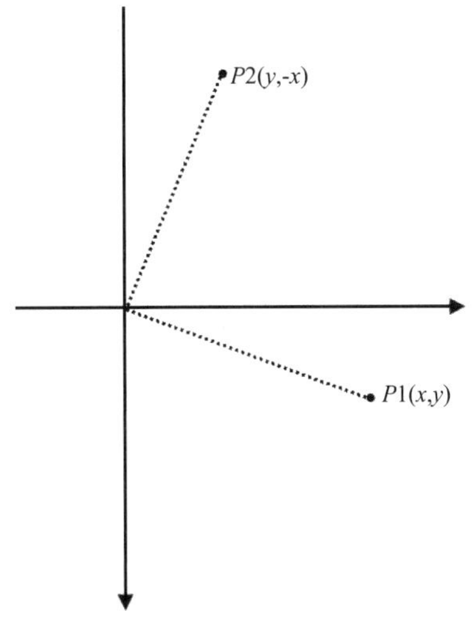

图 20.12　绕原点逆时针旋转 90°示意图

如果不是绕原点逆时针旋转 90°，则有如图 20.13 所示的示意图。

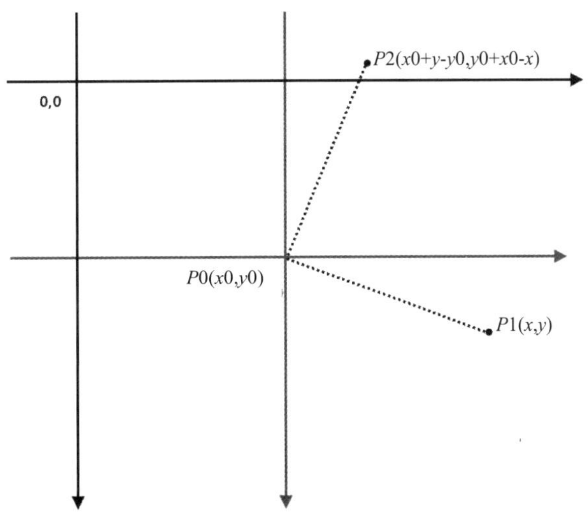

图 20.13　绕指定点逆时针旋转 90°示意图

从图 20.13 可以看出，*P*1(*x*,*y*)绕旋转中心 *P*0(*x*0,*y*0)逆时针旋转 90°后新的点的坐标为 *P*2(*x*0+*y*-*y*0,*y*0+*x*0-*x*)。

掌握了上面的旋转理论之后，接下来只要为整个方块组选择一个“旋转中心”，就可以计算出所有方块旋转后的坐标了。

当然，程序在对方块组进行旋转之前，同样需要先判断是否可以旋转方块，只有当方块可以旋转时才去进行旋转。下面是控制方块组逆时针旋转的代码。

程序清单：codes\20\tetris.js

```
// 定义旋转方块的函数
var rotate = function()
{
    // 定义记录能否旋转的旗标
    var canRotate = true;
    for (var i = 0 ; i < currentFall.length ; i++)
    {
        var preX = currentFall[i].x;
        var preY = currentFall[i].y;
        // 始终以第三个方块作为旋转中心
        // 当 i == 2 时，说明是旋转中心
        if(i != 2)
        {
            // 计算方块旋转后的 x、y 坐标
            var afterRotateX = currentFall[2].x + preY - currentFall[2].y;
            var afterRotateY = currentFall[2].y + currentFall[2].x - preX;
            // 如果旋转后所在位置已有方块，则表明不能旋转
            if(tetris_status[afterRotateY][afterRotateX + 1] != NO_BLOCK)
            {
                canRotate = false;
                break;
            }
            // 如果旋转后的坐标已经超出了最左边边界
            if(afterRotateX < 0 || tetris_status[afterRotateY - 1][afterRotateX] !=
NO_BLOCK)
            {
                moveRight();
                afterRotateX = currentFall[2].x + preY - currentFall[2].y;
                afterRotateY = currentFall[2].y + currentFall[2].x - preX;
                break;
            }
            if(afterRotateX < 0 || tetris_status[afterRotateY-1][afterRotateX] !=
NO_BLOCK)
            {
                moveRight();
                break;
            }
            // 如果旋转后的坐标已经超出了最右边边界
            if(afterRotateX >= TETRIS_COLS - 1 ||
                tetris_status[afterRotateY][afterRotateX+1] != NO_BLOCK)
            {
                moveLeft();
                afterRotateX = currentFall[2].x + preY - currentFall[2].y;
                afterRotateY = currentFall[2].y + currentFall[2].x - preX;
                break;
            }
            if(afterRotateX >= TETRIS_COLS - 1 ||
                tetris_status[afterRotateY][afterRotateX+1] != NO_BLOCK)
            {
                moveLeft();
                break;
            }
        }
    }
    // 如果能旋转
    if(canRotate)
    {
        // 将旋转前的每个方块的背景涂成白色
        for (var i = 0 ; i < currentFall.length ; i++)
```

```
        {
            var cur = currentFall[i];
            // 设置填充颜色
            tetris_ctx.fillStyle = 'white';
            // 绘制矩形
            tetris_ctx.fillRect(cur.x * CELL_SIZE + 1
                , cur.y * CELL_SIZE + 1 , CELL_SIZE - 2, CELL_SIZE - 2);
        }
        for (var i = 0 ; i < currentFall.length ; i++)
        {
            var preX = currentFall[i].x;
            var preY = currentFall[i].y;
            // 始终以第三个方块作为旋转中心
            // 当 i == 2 时，说明是旋转中心
            if(i != 2)
            {
                currentFall[i].x = currentFall[2].x +
                    preY - currentFall[2].y;
                currentFall[i].y = currentFall[2].y +
                    currentFall[2].x - preX;
            }
        }
        // 将旋转后的每个方块的背景涂成各方块对应的颜色
        for (var i = 0 ; i < currentFall.length ; i++)
        {
            var cur = currentFall[i];
            // 设置填充颜色
            tetris_ctx.fillStyle = colors[cur.color];
            // 绘制矩形
            tetris_ctx.fillRect(cur.x * CELL_SIZE + 1
                , cur.y * CELL_SIZE + 1 , CELL_SIZE - 2, CELL_SIZE - 2);
        }
    }
}
```

20.4.5 初始化游戏状态

正如前面所看到的，在游戏过程中，程序使用了 Local Storage 来保存游戏状态，包括游戏的当前积分、游戏速度、已有方块的状态等。

为了正常使用 Local Storage 所记录的游戏状态，程序可以在 window 装载完成时通过 Local Storage 读取这些数据，并把这些数据显示出来。下面是为 window 对象的 onload 事件绑定事件监听器的代码。

程序清单：codes\20\tetris.js

```
// 当页面加载完成时，执行该函数里的代码
window.onload = function()
{
    // 创建 canvas 组件
    createCanvas(TETRIS_ROWS , TETRIS_COLS , CELL_SIZE , CELL_SIZE);
    document.body.appendChild(tetris_canvas);
    curScoreEle = document.getElementById("curScoreEle");
    curSpeedEle = document.getElementById("curSpeedEle");
    maxScoreEle = document.getElementById("maxScoreEle");
    // 读取 Local Storage 里的 tetris_status 记录
    var tmpStatus = localStorage.getItem("tetris_status");
    tetris_status = tmpStatus == null ? tetris_status : JSON.parse(tmpStatus);
    // 把方块状态绘制出来
    drawBlock();
    // 读取 Local Storage 里的 curScore 记录
    curScore = localStorage.getItem("curScore");
```

```
    curScore = curScore == null ? 0 : parseInt(curScore);
    curScoreEle.innerHTML = curScore;
    // 读取Local Storage里的maxScore记录
    maxScore = localStorage.getItem("maxScore");
    maxScore = maxScore == null ? 0 : parseInt(maxScore);
    maxScoreEle.innerHTML = maxScore;
    // 读取Local Storage里的curSpeed记录
    curSpeed = localStorage.getItem("curSpeed");
    curSpeed = curSpeed == null ? 1 : parseInt(curSpeed);
    curSpeedEle.innerHTML = curSpeed;
    // 初始化正在掉落的方块
    initBlock();
    // 控制每隔固定时间执行一次向下“掉落”
    curTimer = setInterval("moveDown();" , 500 / curSpeed);
}
```

从上面代码可以看出，俄罗斯方块游戏开始时需要完成如下事情。

- 调用 createCanvas 创建 canvas 组件。
- 读取 Local Storage 记录的已有方块的状态。
- 读取 Local Storage 记录的当前积分数据。
- 读取 Local Storage 记录的当前速度数据。
- 读取 Local Storage 记录的最高积分数据。
- 初始化正在“掉落”的方块。
- 启动计时器，控制方块掉落。

上面这些事情，都被写在 window 的 onload 事件监听器中，当 window 装载文档完成时，这些事件就会被执行。

为了简化游戏界面，突出主题，本游戏没有添加“重新开始”、“暂停”等按钮，如果读者想为游戏添加“重新开始”按钮，其实完全可以为该按钮绑定一个事件监听器，该监听器的代码与 window 的 onload 事件的监听器代码基本相似，只是需要清楚 Local Storage 中的 tetris_status、curScore、curSpeed 三个数据项即可。如果需要添加“暂停”按钮，则只要在该按钮的事件监听器代码中把 isPlaying 设为 false、并取消计时器即可。

20.5　本章小结

本章开发了一个非常常见的单机休闲类游戏：基于 HTML 5 的俄罗斯方块，开发这个流行的小游戏难度适中，而且能充分激发学习热情，对于 HTML 5、JavaScript 学习者来说是一个不错的选择。学习本章需要重点掌握单机游戏的界面分析与数据建模的能力：游戏玩家眼中看到的是游戏界面；但开发者眼中看到的应该是数据模型。除此之外，单机游戏通常总会有一个比较美观的界面，因此通常都需要通过 canvas 组件来绘制游戏主界面。俄罗斯方块游戏中需要处理方块组合的旋转，这需要一定的坐标变换知识，这种几何变换、数学计算能力也是开发单机游戏需要重点提高的内容。

Broadview®
WWW.BROADVIEW.COM.CN

博文视点 · IT出版旗舰品牌

博文视点精品图书展台

专业典藏

移动开发

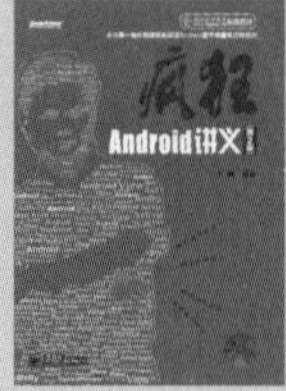

大数据 · 云计算 · 物联网

数据库

Web开发

程序设计

软件工程

办公精品

网络营销